119 현장 사례로 본

구급장비 운영론

개정판

119 현장 사례로 본

구급장비 운영론

박윤택 · 윤형완

2021 세종도서 학술부문

도서출판 한미의학

COI(Conflict of interest)와 구급장비 사용과 관련한 법적 책임에 대한 고지

이 책에서 언급되는 구급장비의 내용은 제조 및 유통 업체의 공개 자료를 참고하였으며, 저자와 직·간접적으로 이해관계가 없습니다. 119구급대에 사용 중인 여러 제품에 대해 올바른 사용을 위한 교육적인 목적에 있습니다.

응급구조학은 지속해서 변하는 과학 일부로 장비 사용과 관련한 의학적 견해는 출간 시점과 이후에도 정확한 지침이나 진리라 할 수 없습니다. 따라서, 이 책에 관한 내용은 참고용으로 제작된 것으로 임상적인 적용과 자격 및 면허에 따른 업무 범위에 대한 부분은 해당 부서의 지침에 따라야 할 것입니다.

119 현장 사례로 본

구급장비 운영론

초 판 1쇄 발행 2021년 2월 10일
개정판 1쇄 발행 2025년 9월 20일

지은이 박윤택, 윤형완
펴낸이 이광재
펴낸곳 도서출판 한미의학(2025 Printed in Korea)

책임편집 서영주
본문편집 오인택
책임교정 이순례, 전용찬
마 케 팅 이종희
경영지원 이종희, 박희숙

출판등록 1999년 7월 13일 제22-1586호
주소 서울시 마포구 동교로23길36 리앤리빌딩
전화 02-336-3477
팩스 02-336-6762
메일 k_medical@hanmail.net
www.hanmibook.co.kr

ISBN 979-11-90322-24-9 93510
정가 36,000원

서문

병원 전 단계의 응급의료서비스 수요가 매년 큰 폭으로 증가함에 따라, 서비스에 대한 질적 향상에 대한 국민의 요구가 높아지고 있다. 이에, 응급의료종사자들의 질적 향상과 응급의료장비의 개발과 보급 또한 활발히 이루어지고 있다.

중증환자에 대한 체계적인 훈련과 함께 전문 장비 사용법의 이해는 소생률 향상에 있어 필수적 요소라 할 수 있다. 이전 출간한 '한국형 병원 전 시나리오'가 다양한 현장의 노하우를 전달했다면, 구급장비 운영론을 통해 현장 경험을 바탕으로 장비의 발전 과정, 용도별 사용법, 유사 장비와의 비교를 통해 현장에서 도움이 되기를 바란다.

본 저서는 119구급대원에게만 국한하지 않고 학생과 현장에서 환자를 접하는 응급의료종사자 모두를 위해 장비 지침서로 활용되기를 바란다.

끝으로 제작 과정에서 함께 해주셨던 서포터즈 여러분, 끝까지 완주해 주신 공저자 윤형완 교수님, 기꺼이 감수를 맡아주신 김기운 교수님, 이재민 교수님께 감사드립니다. 그리고 한국형 병원 전 시나리오 도서부터 믿고 출간에 도움을 주신 도서출판 한미의학 이광재 대표님과 임직원 여러분께 감사의 마음을 전합니다.

대표 저자 박 윤 택

서문

응급의료종사자는 사고 현장에 출동하여 응급의료를 제공하는 병원 전 처치 단계를 주로 담당하고 있다. 그러나 사고 현장은 제한된 장비와 인력으로 응급의료를 제공해야 하며, 의료를 제공받는 응급의료종사자와 환자에게 손실을 가져올 수 있을 것이다. 본 저서는 이러한 상황에서 사용되는 장비의 활용도를 높여 조금이나마 도움을 주고자 저술하게 되었다.

「구급장비 운영론」은 사고 현장뿐만 아니라 응급실 등 응급환자에게 사용할 수 있는 장비로 구성하였고, 장비의 구분은 환자 질환별로 구분하였다. 제1장부터 만성폐쇄성폐질환, 호흡정지, 일산화탄소중독, 기도폐쇄 장비, 심근경색증, 심정지, 심실빠른맥 또는 심실위빠른맥, 당뇨, 아나필락시스 쇼크, 저체온증(한랭손상), 분만, 교통사고, 사지 손상사고, 중증외상, 감염보호장비, 흉부 손상까지 17장으로 이루어졌다.

이 저서는 저자의 현장 경험을 바탕으로 병원 전 단계와 병원 응급실에서 장비를 적용하는 방법과 관련 현장 시나리오, 각 장비의 적응증과 작동원리, 종류, 주의사항, 사용방법 및 장비 소개까지 현재 사용하는 장비부터 최신 장비까지 알아두면 유용한 정보를 담고 있다. 특히 장비의 사진과 장비를 이용하는 방법 등은 실제 현장 사진을 이용하여 이해를 쉽게 하였고, 다양한 장비를 다루어 환자 응급처치에 많은 도움을 주고자 하였다.

「구급장비 운영론」은 소방이나 해양경찰 구급대원, 의무부사관과 응급실 등 현장에서 활동하는 응급의료종사자의 장비 지침서로 활용하고자하며, 올바른 장비 사용으로 손실을 줄여보고자 한다. 또한 현장뿐만 아니라 응급처치를 배우는 학교 수업 등에 활용되었으면 한다.

끝으로 「구급장비 운영론」을 주도하고 끝까지 마무리 할 수 있도록 도와주신 대표저자 박윤택 선생님과 감수해 주신 김기운 교수님, 이재민 교수님 그리고 협조해 주신 응급구조사 선생님들께 감사의 말씀을 드립니다. 마지막으로 출간에 도움을 주신 도서출판 한미의학 이광재 대표님과 임직원 선생님께 진심으로 감사의 마음을 전합니다. 감사합니다.

전주비전대학교 응급구조학과 윤 형 완

집필진 및 함께하신 분

대표 저자

박윤택

편집위원

박윤택, 윤형완

저자

박윤택　경북소방본부 응급구조사

윤형완　전주비전대학교 응급구조학과 교수

감수자

김기운　순천향대학교 부천병원 응급의학과 교수

이재민　광주보건대학교 응급구조과 교수

도움 주신 분 (서포터즈)

김희태　서울소방본부 응급구조사

이송남　서울소방본부 응급구조사

김영부　경기소방본부 응급구조사

오　석　경기소방본부 응급구조사

곽은하　경기소방본부 간호사

박주호　경북소방학교 응급구조사

박해인　충남소방본부 응급구조사

장덕하　전북소방본부 응급구조사

정현석　대구소방본부 응급구조사

안효정　응급구조사

윤한원　응급구조사

목차

목차

Chapter 1

만성폐쇄성폐질환
(벤튜리 마스크, 비강 캐뉼라, 안면 마스크, OxyMask)

✧ 학습목적

호흡곤란 환자의 접근방법과 노인성 호흡곤란 환자에 대한 벤튜리 마스크, 비강 캐뉼라, 단순 안면 마스크 및 OxyMask를 적용할 수 있고 적절한 처치를 시행한다.

✱ 현장상황

| 현장모습 | 시골 한 농가 마당에서 할머니가 마중을 나와 구급대를 기다리고 있었고, 조그만 방 안에는 앙상하게 보일 정도로 쇠약한 70대 남자가 심한 호흡곤란으로 고통을 호소하고 있다. 이불 주위로 옷가지가 널려 있고 주위에는 온통 약봉지가 흩어져 있으며 산소발생 장치와 산소연결줄들이 보인다. 헐떡이고 안절부절못하며 신속한 이송을 해달라고 신경질적인 목소리로 구급대원들을 다그친다.

| 활력징후 | **혈압** 170/120mmHg, **맥박** 80회/분, **호흡** 26회/분, **SpO_2** 87%

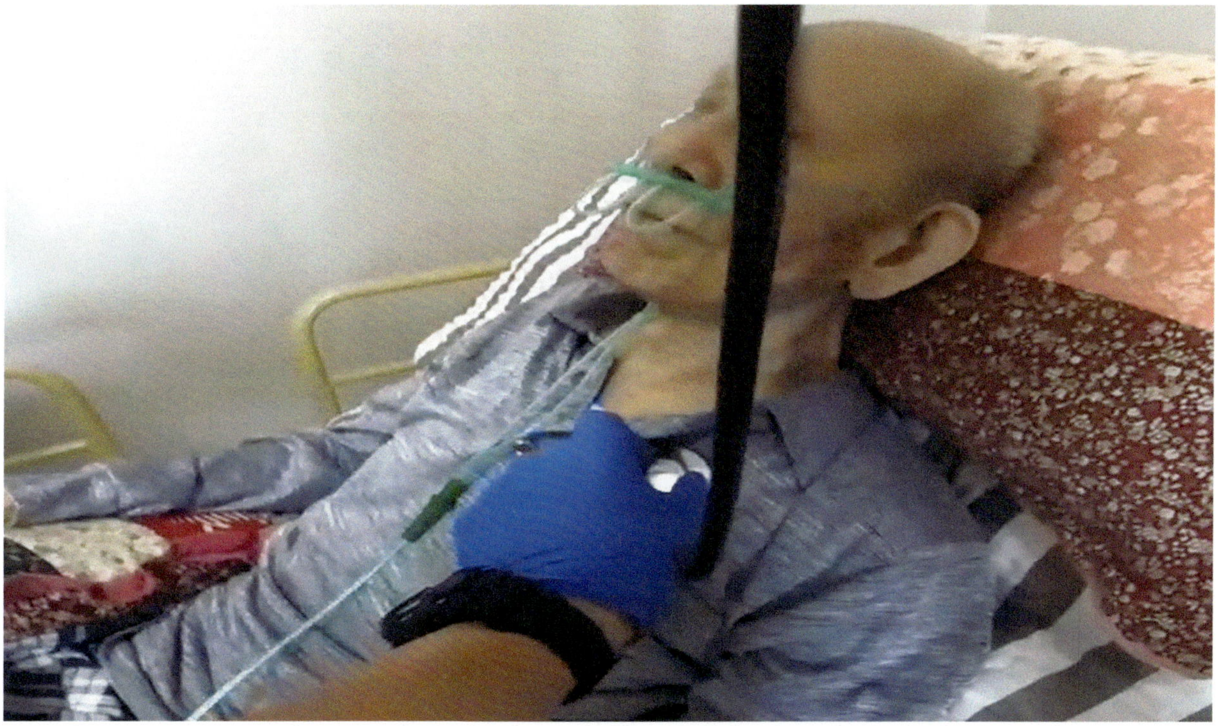

흡기로 들이마신 공기는 상기도와 하기도를 통해 폐로 전달된다. 폐에는 허파꽈리(폐포)라고 부르는 수백만 개의 공기주머니가 있는데, 여기서 산소와 이산화탄소를 교환하는 과정을 통해 환기가 이루어진다. 흔히 알려진 담배연기, 유해가스 등은 폐포에 비정상적인 염증 반응을 일으키며 공기의 흐름과 가스교환을 방해하여 호흡곤란을 발생시킨다.

흔히 외형적으로 청색증이나 호흡 보조근(목빗근, 목갈비근, 승모근, 큰가슴근, 작은가슴근, 전거근)을 사용하거나, 눕지 못하고 앉거나 몸을 앞으로 숙인 자세, 입술을 오므린 형태로 호흡하는 모습, 힘들어 하는 모습을 보인다.

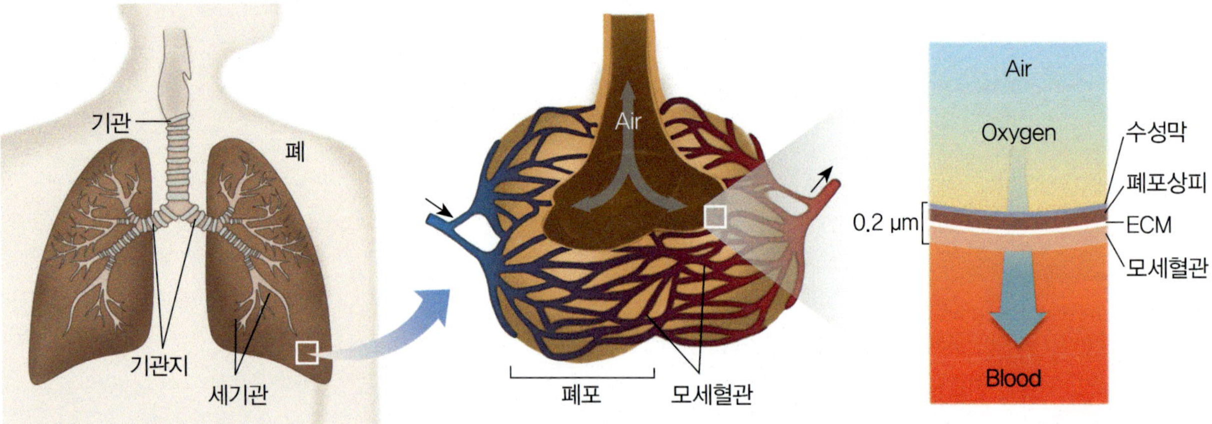

폐내의 공기통로 폐포 폐포에서의 가스교환

그림 1-1 폐내 가스교환

주로 기관지천식, 만성기관지염, 기관지확장증, 폐공기증 등의 증상을 말하며 치료하지 않으면 더욱 심해지는 진행성 질환이며 환자는 병원에서 처방받은 약과 산소발생기 같은 기구와 함께 생활하기도 한다. 119에 신고하는 경우 대부분 호흡곤란이 조절되지 않는 경우로 현장에 도착한 구급대원은 환자 병력과 생활습관, 증상을 통해 적절한 치료와 이송 계획을 세워야 한다.

특징적인 증상

가. 만성기관지염(Chronic bronchitis): 호흡곤란, 청색증, 길어지는 호기, 천명음, 딱딱거리는 마찰음, 나음(수포음), 기침, 점액 증가, 말초부종, 정상적인 호흡수

나. 폐기종(Emphysema): 호흡곤란, 술통 모양 가슴(Barrel Chest), 호흡보조근 사용, 가슴 앞뒤 직경 증가, 호기 시 천명음, 앉을 때 앞쪽으로 기댄 자세, 입술을 오므린 호흡

다. 천식(Asthma): 길어지는 호기, 오므린 입술로 호흡, 기침, 감소한 호흡음과 함께 천명음, 호흡곤란, 호흡보조근 사용, 산소포화도 감소

외형적으로는 쇠약한 모습과 정서적 불안감을 보이며, 임상적으로는 탄성을 잃은 기도와 기관지 협착증에 의해 쉰소리의 흡착음과 만성적 기침, 심한 호흡성 산증이 있는 경우에는 의식변화가 나타나기도 한다.

I 벤튜리 마스크 Venturi Mask

1. 개요

벤튜리 마스크는 캐나다 Mc Master 의대에서 근무하던 Dr. Edward James Moran Campbell이 호흡기 환자에게 간헐적 산소치료를 위해 개발한 이후로 원하는 FiO_2[1)]를 안면 마스크, 기관절개 고정장치, T-tube 등의 방법으로 높은 유량의 산소를 정확한 농도로 공급하는 장비이다. 목표 산소투여는 동맥혈가스 분석과 임상적 상태에 따라 결정되어야 하지만, 병원 전 단계에서는 벤튜리 마스크(없는 경우 일반 마스크)로 산소공급을 한다.

산소공급은 산소맥박포화도 측정장치와 환자의 임상적 반응을 수시로 평가하고 있어야 한다. 실제 현장에서는 일반 마스크에 비해 사용법이 번거롭고 고비용이라는 이유로 사용빈도가 낮은 편이며, 주로 병원 입원 환자에게 적용하는 경우가 많다.

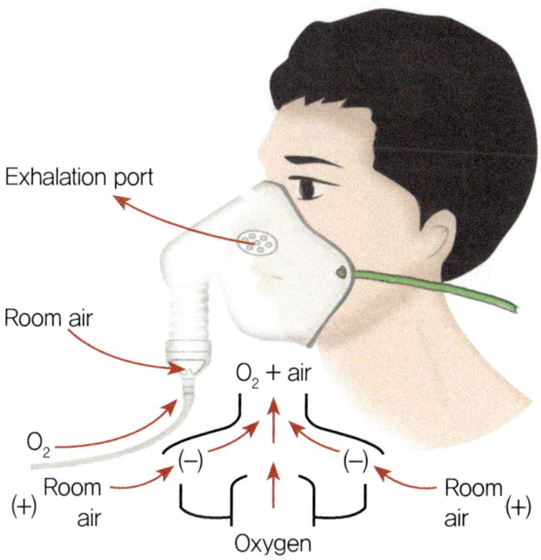

- 마스크와 Jet adapter로 구성되어 있다.
- 호기 및 초과가스 배출 포트가 있다.
- 산소연결관에는 100% 농도의 산소가 공급된다.
- 대기의 공기가 기류에 의해 좁아진 포트로 유입된다.
- 혼합된 공기는 Flexible tube와 마스크를 통하여 환자에게 흡입된다.
- 산소연결관으로 4~15L 유량을 공급할 수 있다.

그림 1-2 벤튜리 마스크의 작동원리

2. 적응증과 작동원리

1) 사용용도

환자의 호흡 패턴과 관계없이 미리 정해진 농도의 산소를 공급할 수 있으며, 낮은 농도의 산소를 많은 공기와 흡입시킴으로써 고농도의 산소투여로 인한 환자의 호흡수 감소를 방지할 수 있다. 산소를 가습화할 필요가 없으며, 주로 COPD 환자에게 다양한 농도의 산소를 투여하고자 할 때 사용된다.

1) Fraction of Inspired O_2: 흡입산소농도로 FiO_2로 표시하며 산소농도 21%는 FiO_2 0.21로 표시하며 1L 산소는 FiO_2 4%를 증가시킨다.

2) 작용원리

벤튜리 마스크는 관(tube)을 통과하는 공기의 속도가 빠른 곳에서는 압력이 낮아지고 느린 곳에서는 높아지는 Bernoulli의 원리(벤튜리 관을 흐르는 기류가 좁은 구멍을 빠져나간 가스의 속도가 증가하여 대기압보다 낮은 옆쪽 압력을 형성함으로써 대기가 주 기류에 유입되는 원리)를 이용하여 관을 통과하는 산소의 속도가 가장 빠른 부위에 구멍을 뚫어 측압(lateral pressure)이 낮은 대기가 유입되어 환자는 혼합된 가스를 흡입하게 된다.

- 산소 2~10L/min 투여하여 FiO_2 24~55% 유지할 수 있다.

3) 벤튜리 마스크의 종류

(1) 투여 농도 고정형 벤튜리 밸브

- 색깔별로 정해진 농도로 투여하고자 할 때 연결산소관에 연결하여 사용한다.
- 주입하고자 하는 산소농도에 따라서 각각의 크기가 다른 어댑터를 선택하여 사용한다.

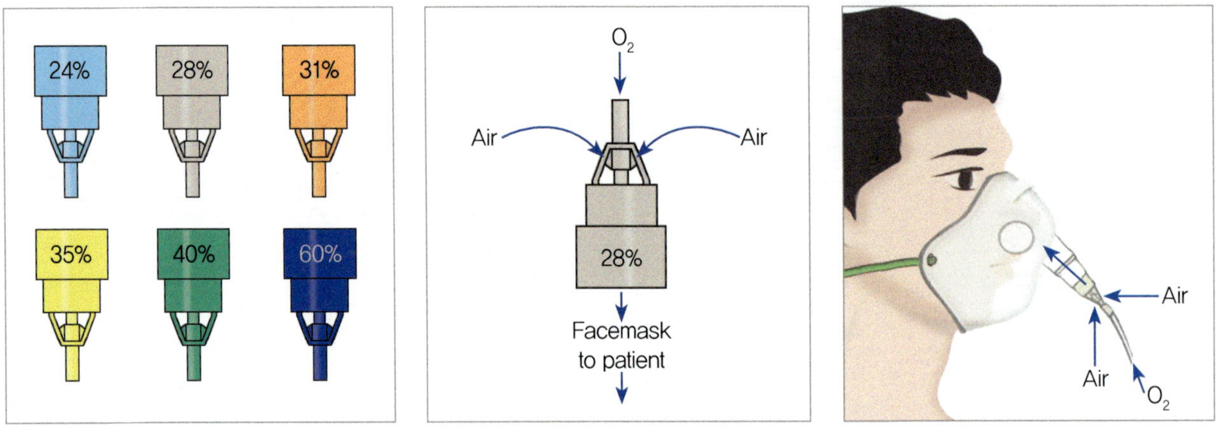

그림 1-3 벤튜리 마스크의 구조

(2) 투여 농도조절형 벤튜리 밸브

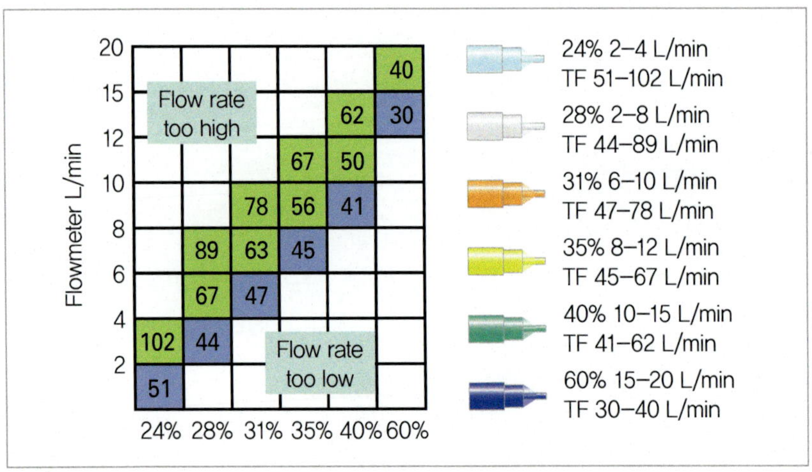

표의 이해

벤튜리 마스크에 산소 2~4L/min을 공급할 때 24% 농도로 투여된다.
[TF(Total Flow): 공기와 산소의 혼합에 의한 총 제공량]

그림 1-4 벤튜리 마스크의 FiO_2에 따른 산소농도표와 농도조절법

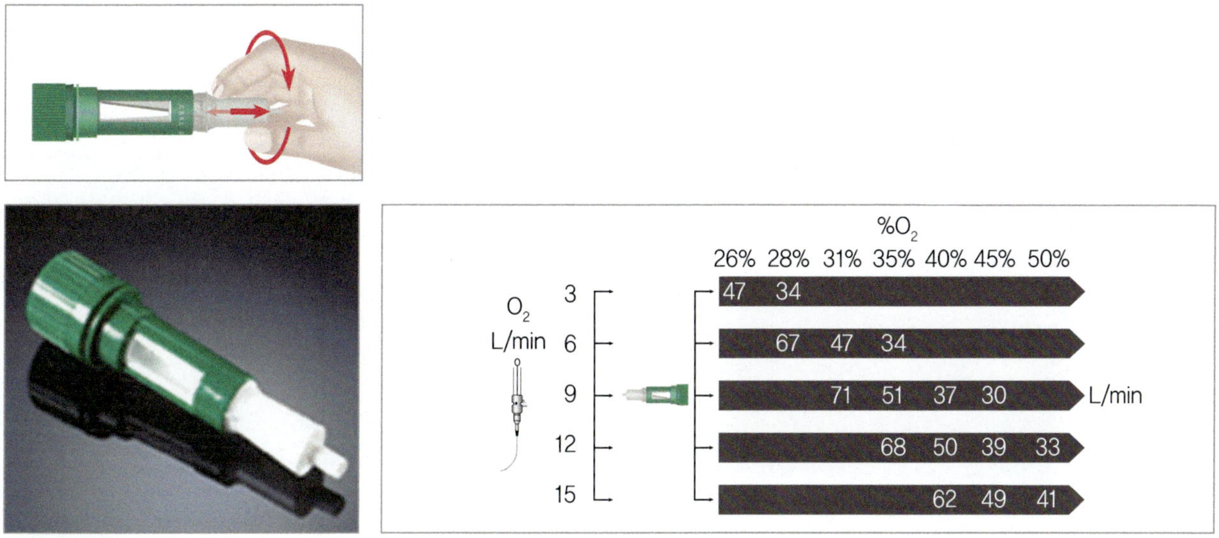

그림 1-4 벤튜리 마스크의 FiO_2에 따른 산소농도표와 농도조절법(계속)

3. 주의사항

현장에서의 처치는 부작용을 최소화하면서 증상을 완화시키는 것이 가장 큰 목표이며, 질병의 진행을 늦추고 합병증 예방 및 전문적 치료를 할 수 있는 의료기관으로 이송하는 것이다. 현장 및 이송 중 산소처치 교정 목표는 SpO_2 90~93% 유지하는 것이다. 만성폐쇄성폐질환자의 경우 혈중 이산화탄소 농도에 적응되어 있어서 동맥혈 산소농도에 의존하는데 환자의 혈액 내의 과도한 산소농도는 호흡수를 저하시킬 수 있으며 다음 사항을 주의하여야 한다.

- 산소투여는 투여 경로, 시간, 용량을 고려해야 한다.
- 환자는 대부분 이송 시 앉은 자세를 유지하기를 원하고, 주기적으로 환자의 활력징후 특히, 호흡수를 관찰하여야 한다.
- 환자의 나이별, 질환별로 요구사항을 이해하고, 사용법을 교육받고 자격을 가진 사람이 사용하되 적절한 산소투여 농도는 의료지도를 받도록 한다.
- 마스크에 의해 코와 입을 덮은 상태로 공급 산소의 압력과 습기로 인해 피부 손상이 올 수 있다.
- 마스크의 고정끈이 너무 조이면 피부에 압박을 받을 수 있으며, 50%를 초과한 산소농도로 장시간(48시간 이상) 공급할 경우 활성산소가 과다 생산되어 폐포 손상이 발생할 수도 있다.

4. 사용방법

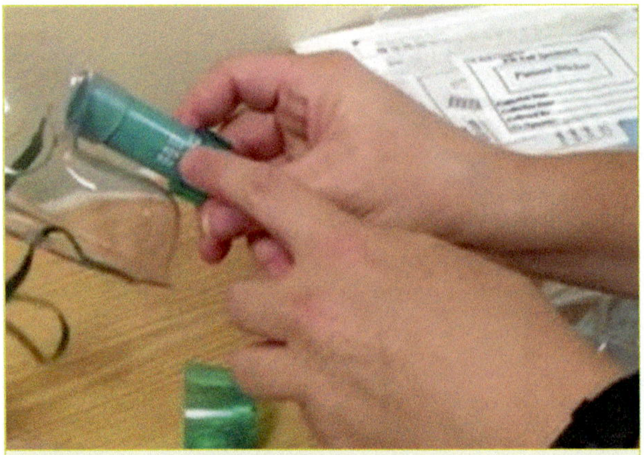

① 흰색 농도표시를 확인한다.

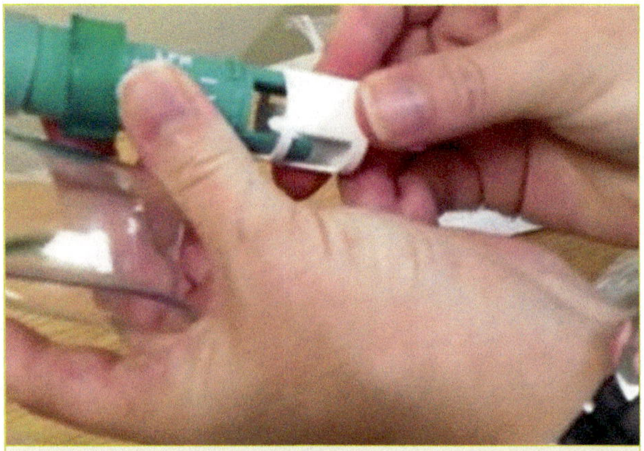

② 흰색 벤튜리 밸브를 끼운다.

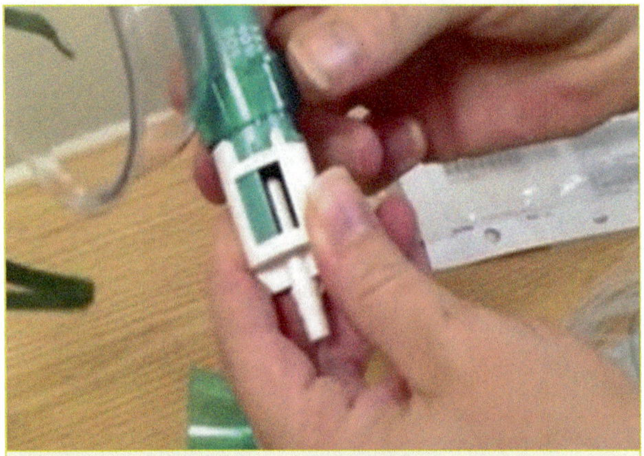

③ 산소투여 농도를 맞춘 후 녹색클립으로 고정시킨다.

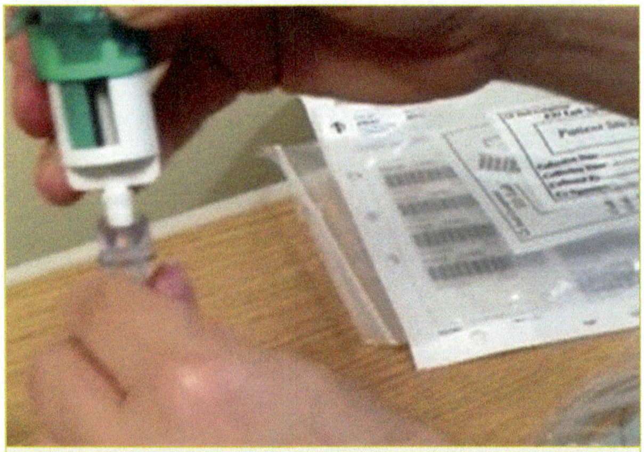

④ 산소연결관을 꽂는다.

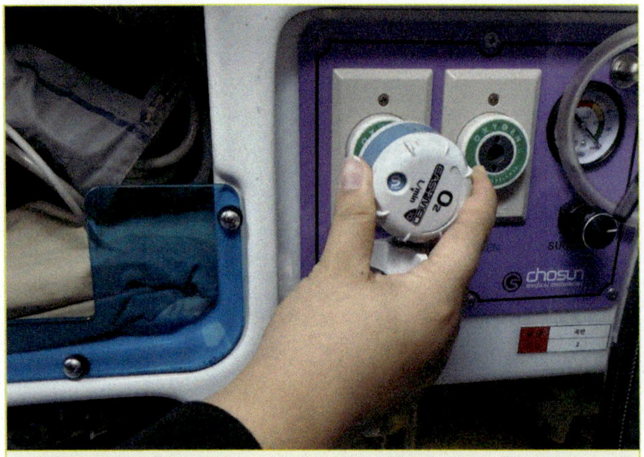

⑤ 산소연결 튜브를 유량계에 꽂고 적절한 FiO_2 농도를 조절한다.

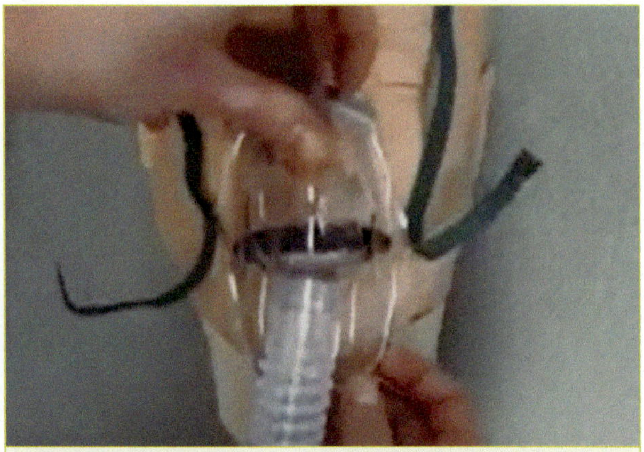

⑥ 환자의 얼굴에 마스크를 고정하고 설명한다.

II 비강 캐뉼라 Nasal Cannula

1. 개요

이 장비는 호흡을 보조하기 위해 사용되는 장비로 산소연결관과 콧구멍에 있는 작은 구멍을 통하여 산소를 흡입하는 일회용 제품으로 현장에서 COPD 환자에게 벤튜리 마스크 대용으로 흔히 사용된다.

1946년 Wilfed Jones(영국)는 낮은 농도의 산소를 오랜시간 공급할 수 있도록 고무튜브 끝에 두 개의 고무관을 세워 콧구멍에 넣는 형태로 제작하였고 지금의 형태와 다르지 않다.

2~6L/min의 유속으로 FiO_2 24~44의 산소농도로 제공할 수 있지만 호흡할 때 대기의 공기가 함께 유입되고, 호흡수, 흡기량, 비인두 공간 등에 따라 영향이 있어 정확한 설정이 어렵다.

가벼운 호흡곤란 환자에게 1차 장비로 사용할 수 있으며 중증 호흡곤란 환자에게는 효과가 약하거나 없으므로 즉시 비재호흡 마스크로 바꿔 주어야 한다.

2. 적응증과 작동원리

1) 적용

- 환자의 호흡 상태가 가벼운 경우 호흡 보조용으로 사용한다.
- 가정이나 병원에서 장기간 산소를 투여할 때 적합하다.
- 비교적 안전하고 적용하기 쉽고, 편안하게 사용할 수 있다.
- 산소를 공급하는 동안 식사, 대화에 장해를 받지 않는다.
- 과호흡증후군 환자의 경우 혈중 산소분압의 감소가 이산화탄소 증가보다 더 심하게 나타나기 때문에 봉지를 씌운 재호흡요법은 권장하지 않으며 비강 캐뉼라를 이용하여 산소포화도를 지속해서 감시하며 보조적으로 산소를 공급할 수 있다.
- COPD 환자에 대한 적절한 산소투여 농도: 4L/min 미만
- 성인 6L/min, 소아 3L/min, 영아 2L/min로 공급한다.

2) 산소 유량에 따른 흡입산소농도(FiO_2)

- 산소 유량이 1L/min 증가할 때마다 흡입산소농도는 약 4%씩 상승하나 대기의 21% 산소와 함께 흡입된다.

산소공급량이 1L/mim 증가할 때마다, 4%의 농도 증가하는 이유는?

평소 호흡량의 최대흡기속도는 20~30L/min이며 이 속에 21% 농도의 산소가 존재한다.
분당 호흡량에 의한 산소는 **최대흡기속도 × 21% = 630%**이며, 이것을 최대흡기속도로 나누면 **630 ÷ 30 = 21%**의 산소농도라 할 수 있다.

이것을 100% 산소농도 공급량과 계산하면 다음과 같다.
산소 마스크에서 1L/min을 공급하게 될 때 나머지 최대흡기량의 29%는 대기 공기에서 흡입하게 된다.
(100% × 1L/min) + (21% × 29L/min) = 609% 이것을 최대흡기량으로 나누면 23.63%가 된다.
반올림한 값으로 24%라고 표시하고 있는데, 100% 산소공급량을 1%씩 올릴 때마다 24%, 28%, 32% 등으로 증가한다.

3) 종류 Nasal Cannula Prong Shapes

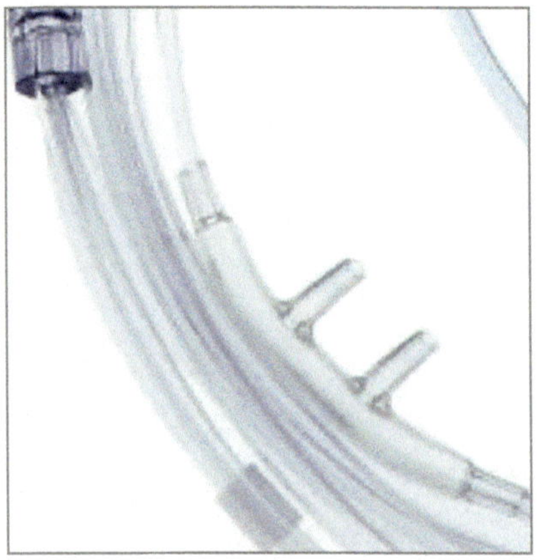

직선형
일반적인 형태

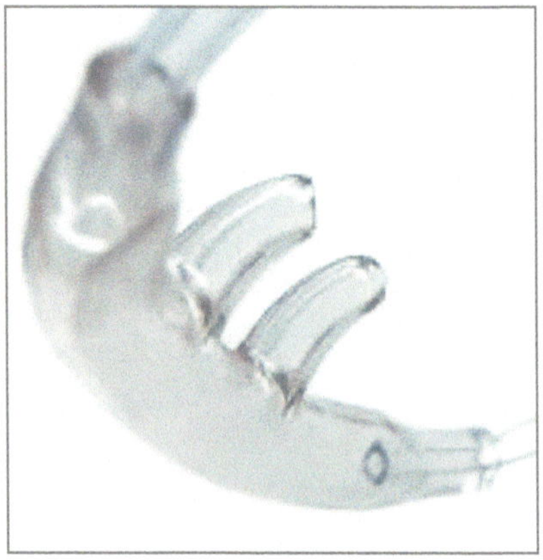

곡선형
해부학적 착용감 개선

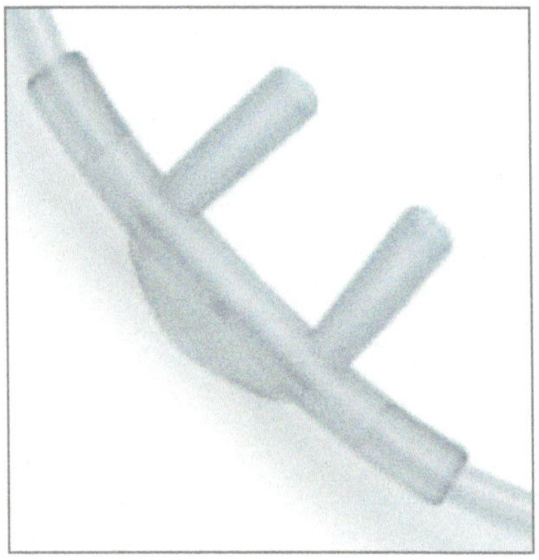

나팔형
공기의 흐름을 완화

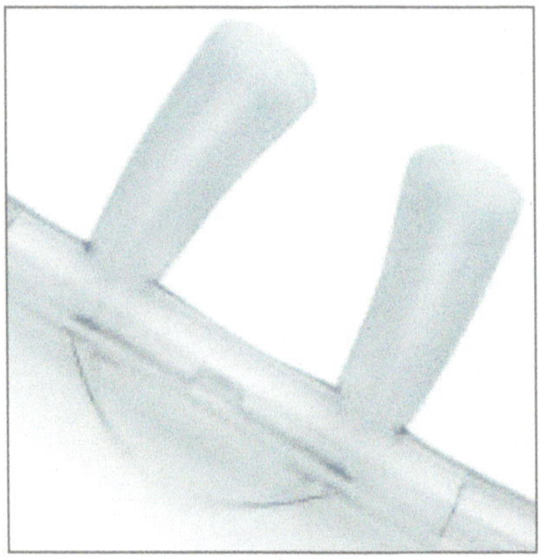

곡선 + 나팔형
각 캐뉼라의 장점을 혼합

그림 1-5 Nasal cannula prong shapes

3. 주의사항

- 의료지도에 따라 산소투여 농도를 확인하여야 한다.
- 코로 호흡하지 못하는 환자에게는 적용할 수 없고 환자가 움직일 때 쉽게 빠질 수 있다.
- 플라스틱이나 캐뉼라 고정 필름 등으로 피부에 손상을 입을 수 있다.
- 코의 정확한 위치에 사용하지 못할 때 산소의 손실이 크다.
- 입을 벌리고 호흡하는 환자에게는 효과가 없을 수 있다.
- 높은 유량(6L/min 이상)으로 공급할 경우 코 점막이 건조해져 불편감이 있다. 또한, 혼합공기량이 많아 산소농도는 더 증가하지 않는다.
- FiO_2는 유량, 환자의 호흡 깊이와 속도에 따라 달라지는데 일회 호흡량이 300~700mL, 호흡수 25회/min 이하일 때 효과적이다.

4. 사용방법

- 개인 보호장비를 착용하고 환자의 불안을 감소하기 위해 사용 목적과 방법을 설명한다.
- 환자의 가슴 부위가 확장되도록 가능하면 앉은 자세(반좌위)를 취해준다.
- 가습 용기에 증류수를 넣고 비강 캐뉼라의 연결 부위를 가습 용기에 연결한다.
- Nasal canula를 환자의 콧구멍 가운데에 위치하여 길이를 조절한 다음 그림과 같이 고정한다.

산소연결줄의 다양한 고정방법

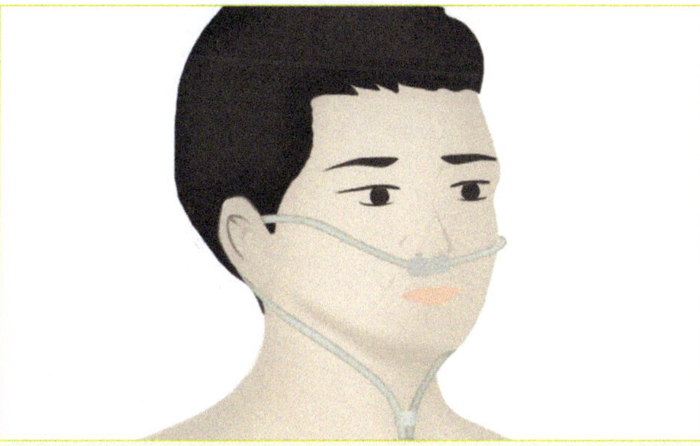

① 귀를 감아서 턱 밑에서 조인다.

② 머리 정수리에서 조인다.

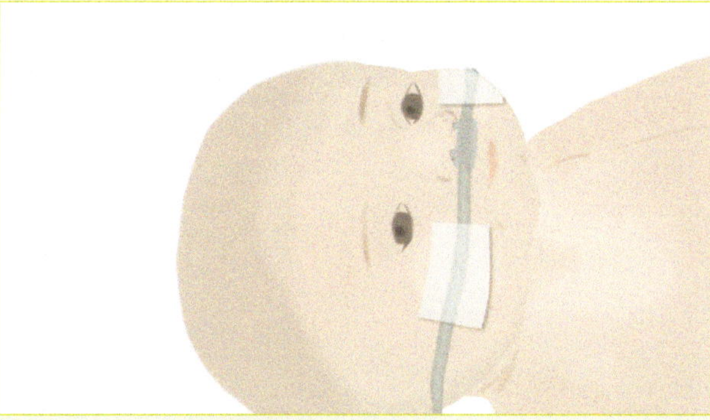

③ 영유아는 밴드로 고정할 수 있다.

Ⅲ 안면 마스크 Face Mask

1. 개요

환자의 입과 코를 덮어 고농도 산소를 공급할 수 있도록 제작된 산소 마스크는 구강 안면 수술을 하는 의사에 의해 개발된 이후 전쟁에서 공군 비행기 조종사들의 산소를 공급하는 용도로 개발되었다. 의료용 마스크는 개발자 이름을 따서 Hudson mask라고도 부르며 단순 안면 마스크, 부분 재호흡 마스크, 재호흡 마스크로 구분하며 때로는 벤튜리 마스크를 포함하기도 한다. 마스크의 측면 배기 포트로 호기된 CO_2를 배출할 수 있다. 주로 짧은 시간 동안 낮음~보통의 산소농도로 공급할 수 있으며 산소유량에 따라 투여 농도를 조절(의료지도에 따라 산소투여 농도를 확인)한다.

단순 안면 마스크의 경우 산소저장백이 없고 산소연결관이 마스크에 바로 연결되며, 외기 흡입이 가능한 구멍이 있다.

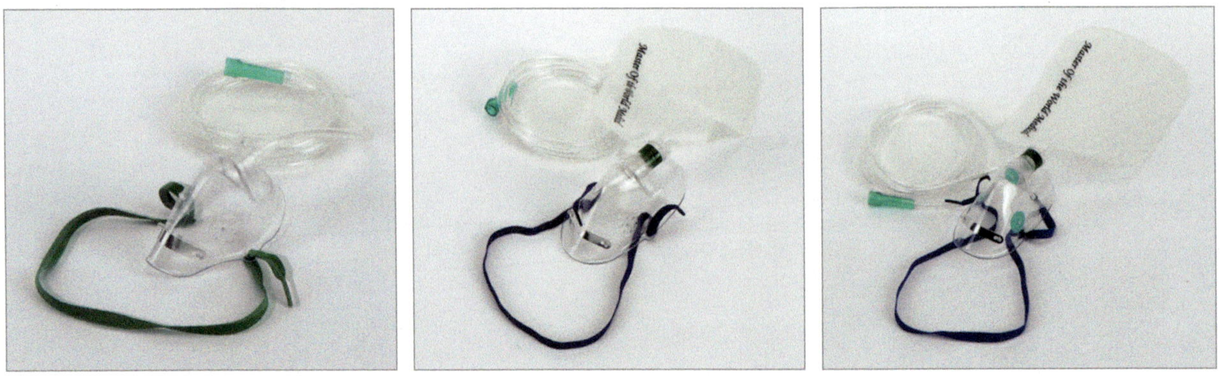

단순 안면 마스크 | 부분 재호흡 마스크 | 비재호흡 마스크

그림 1-6 안면 마스크의 종류

2. 적응증과 작동원리

단순 안면 마스크는 산소저장백이 없으며, 흡기 시 마스크 측면의 환기구로 대기 가스가 유입되어 산소와 혼합된 가스가 흡입된다. 주로 이동 중인 환자에게 유용하며 충분히 가습화된 산소공급이 가능하다.

부분재호흡 마스크는 600~1,000mL 저장백이 달린 것 외에는 단순 안면 마스크와 유사하며 환자에게 적용하기 전 충분히 부풀려 사용하여야 한다. 환자는 외부의 공기와 환자가 내쉰 공기의 1/3이 함께 흡입된다.

산소저장백 부풀리기

비재호흡 마스크는 마스크와 산소저장백 사이에 한 방향 밸브(one-way valve)가 최고농도의 산소를 흡입할 수 있고, 마스크 측면 두 개의 호기 포트에는 얇은 고무막(flaps)이 달려 외기가 흡입되는 것을 방지할 수 있다. 일반적으로 12시간보다 짧은 시간에 많은 양의 산소공급이 필요할 때 사용한다.

표 1-1 산소공급 장비와 유량에 따른 목표 FiO_2

공급 장비	산소 흐름 (L/min)	목표 Fio_2(%)
비강 캐뉼라	1	24
	2	28
	3	32
	4	36
	5	40
	6 (6L/min 이상은 사용하지 않는다.)	44
단순 안면 마스크	4 (3L/min 이하는 금기)	40
	5	50
	6	60

공급 장비	산소 흐름 (L/min)	목표 FiO_2(%)
부분 재호흡 마스크	5 (4L/min 이하는 금기)	40
	6~7	50
	7~8	60
비재호흡 마스크 (저장백 연결)	6 (5L/min 이하는 금기)	60
	7	70
	8	80
	9	90
	10	95
	10~15 이상	95 이상

* 산소 공급은 너무 낮아도 높아도 문제가 된다. 단순히 마스크는 환자가 내쉰 이산화탄소를 가둬 두기에 산소공급량을 4리터 이상으로, nasal canula는 6리터 이하로 암기한다.

3. 주의사항

- 마스크와 얼굴의 밀착 상태를 확인하여 산소가 새거나 지나치게 밀착되지 않도록 한다.
- 마스크 내 이산화탄소 재호흡 방지를 위해 유량은 5L/min 이상으로 조절하고 저장백이 찌그러지지 않도록 해야 한다.
- 영유아는 얼굴에 마스크가 놓인 것을 싫어하기 때문에 얼굴에서 거리를 두고 투여하거나 보호자의 도움이 필요할 때도 있다.
- 마스크 내부의 청결에 주의하여야 한다.
- 가습통에 사용되는 증류수는 24시간마다 새로운 것으로 교환한다. 증류수의 양이 아래 눈금 이하이면 가습효과가 감소하고, 윗 눈금 이상이면 캐뉼라 안으로 증류수가 넘쳐 불편감을 초래하고 산소전달의 효율성이 떨어진다[2].

4. 사용방법

- 개인 보호장비를 착용하고 환자의 불안감을 감소시키고 협조를 얻기 위해 목적과 방법을 설명하고, 안면 마스크 콧등 부분의 알루미늄을 비강 모양에 맞게 만든다.
- 산소통의 밸브는 개방 후 새는 곳이 없는지 확인하고 밸브는 완전히 개방한 후 반 바퀴 정도 되감아 놓아 작으면 밸브의 개방 정도를 확인할 수 있다.
- 산소저장백과 안면 마스크 사이의 입구를 막아 저장백이 부풀도록 한다. 사용 후에는 환자로부터 안면 마스크를 우선 제거한 후 유량계를 잠그고 산소탱크 개방 밸브를 잠근다.

2) 산소중독
가. 급성형 산소중독: 3기압의 압력으로 많은 양의 의료산소를 흡입하여 얼굴 경련, 중추신경계 마비 증상
나. 만성형 산소중독: 70% 이상의 의료용 산소를 흡입하여 폐수종, 호흡곤란 증상

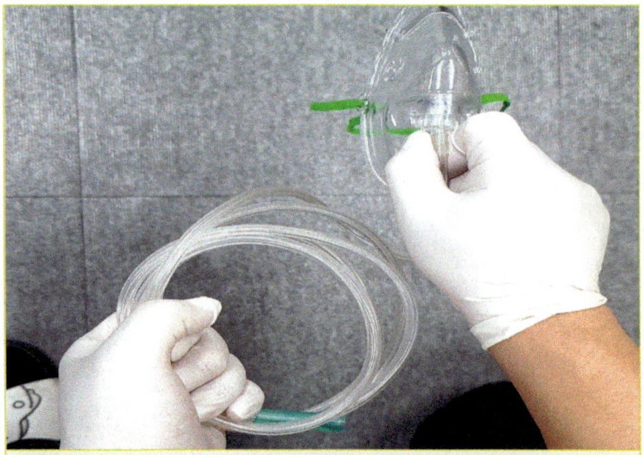

① 단순 안면 마스크를 준비한다.

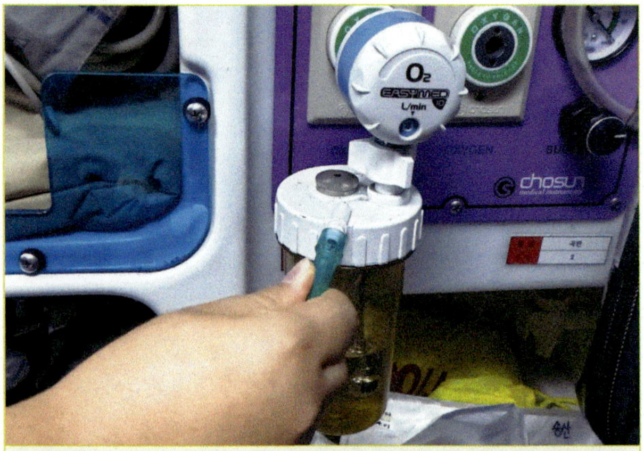

② 산소 유량계에 산소연결관을 연결한다.

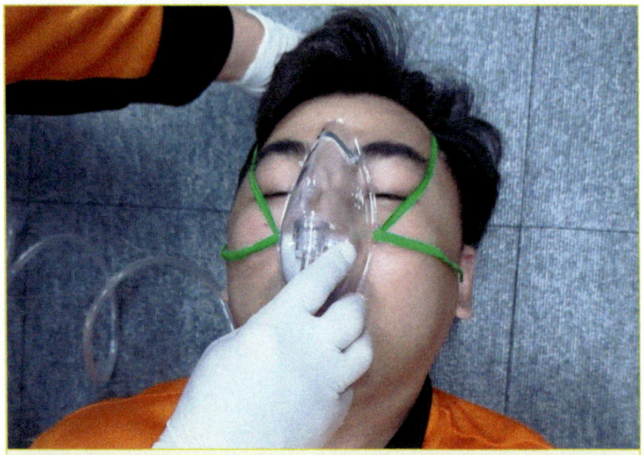

③ 안면 마스크의 가죽끈을 풀어서 마스크를 얼굴에 고정한다.

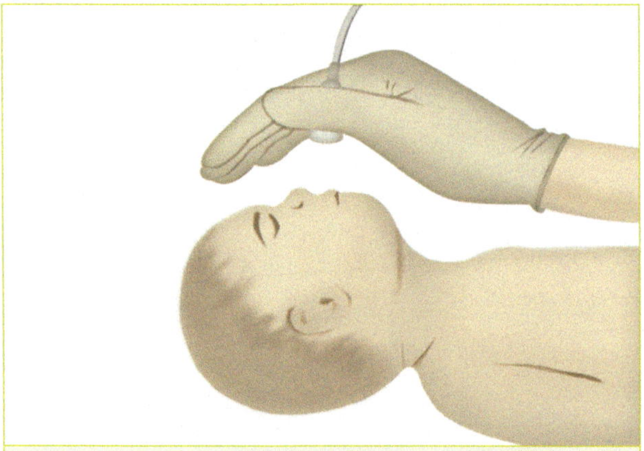

③' 영아 안면 마스크 대용

- 산소연결관을 이용하여 분당 투여 농도를 조절한 후 영아의 얼굴 근처에 위치시킨다.

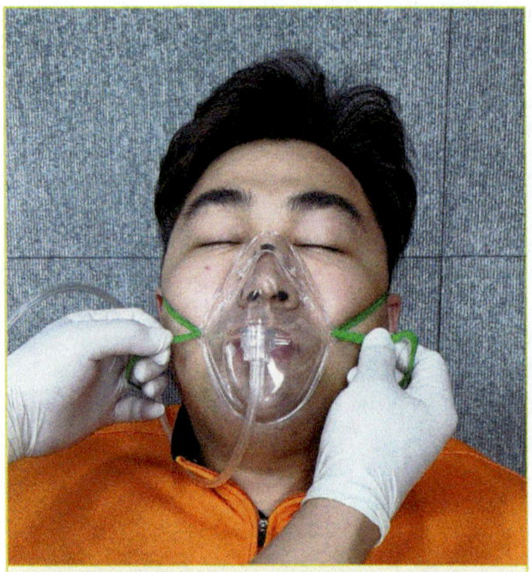

④ 콧등 부위의 모양조절 알루미늄을 얼굴 모형에 맞게 적절하게 조절한다.

⑤ 유량계의 유량조절 밸브를 조절하여 목표 투여량을 맞춘다.

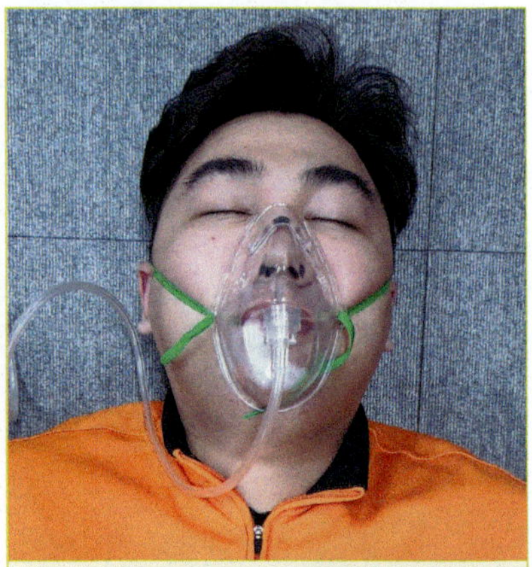

⑥ 환자의 상태를 관찰하며 불편함이 있는지 확인한다.

Ⅳ OxyMask

최근에는 낮은 농도(비강 캐뉼러)에서 높은 농도(비재호흡 마스크)까지 폭 넓은 범위에 적용이 가능한 마스크가 개발되기도 하였다.

의식 변화가 나타나기 시작하거나, 의식 및 호흡상태가 나빠질 수 있는 환자에게 마스크의 교환없이 하나의 마스크로 사용할 수 있다는 큰 장점이 있다.

1. 원리

마스크 안의 버섯 모양의 Pin은 공급되는 산소의 흐름방향을 전환시켜 와류(vortex: 산소소용돌이) 형태의 패턴과 농축된 산소 구름을 형성한다.

삼각형 모양의 Diffuser(확산기)는 산소 와류의 형태를 모아 환자의 코와 입 쪽으로 흐름을 만들게 한다.

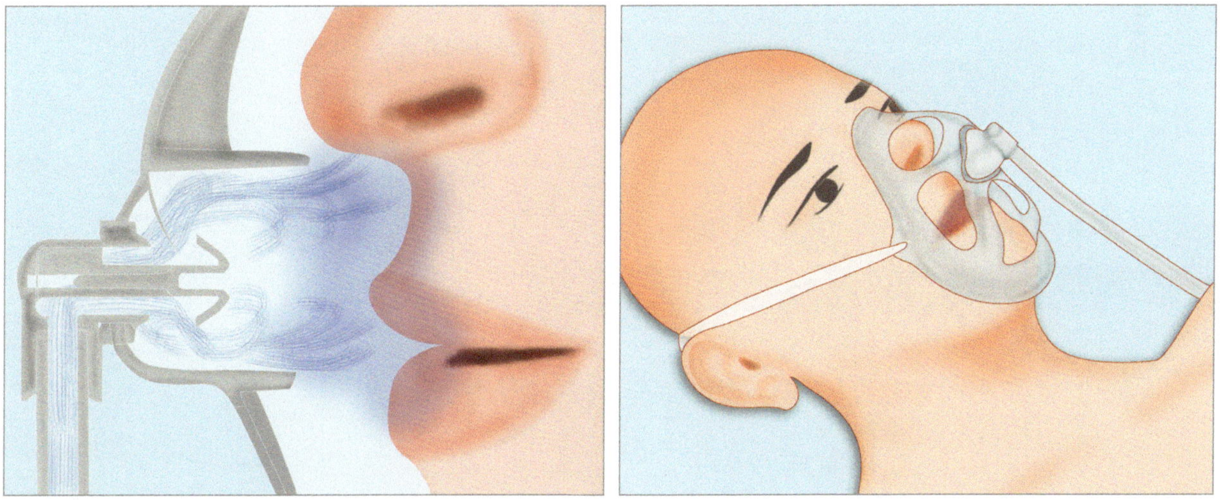

그림 1-7 OxyMask의 구조와 사용법

몇 연구에 의하면 OxyMask는 기존의 비재호흡 마스크와 산소공급 능력, 흡입 이산화탄소 수치 호흡을 하는 동안 이산화탄소 감소를 비교한 연구에서도 동일하거나 조금 더 우세한 것으로 나타났다.

표 1-2 OxyMask와 비재호흡 마스크의 성능 비교

Device	Flow rate, L/min	Respiratory rate, breaths/min	End tidal carbon dioxide	Oxygen	Inhaled carbon dioxide	Drop in carbon dioxide in first second of exhalation
OxyMask™*	2	15	5.2±0.1	52.1±1.6	2.1±0.1	74.0±6.4
Hudson RCI NRBM†	2	15	5.8±0.1	44.1±0.6	3.3±0.1	41.3±5.6
OxyMask™	2	20	5.4±0.1	50.5±1.1	2.7±0.1	84.8±7.5
Hudson RCI NRBM	2	20	5.9±0.2	39.7±2.0	3.6±0.1	59.8±7.8
OxyMask™	2	24	5.8±0.1	39.1±1.1	2.9±0.1	92.5±3.3
Hudson RCI NRBM	2	24	6.6±0.1	34.0±1.8	4.9±0.1	59.0±3.8
OxyMask™	15	15	4.9±0.0	84.3±1.8	1.5±0.1	80.0±2.2
Hudson RCI NRBM	15	15	4.8±0.0	82.2±3.9	1.4±0.1	73.5±2.8
OxyMask™	15	20	4.9±0.1	73.2±1.6	1.8±0.0	84.4±2.3
Hudson RCI NRBM	15	20	5.1±0.2	73.6±0.8	2.2±0.2	80.6±3.3
OxyMask™	15	24	4.9±0.1	71.9±0.9	2.1±0.1	82.7±1.8
Hudson RCI NRBM	15	24	5.4±0.0	68.6±1.0	2.8±0.0	68.6±1.2

Data presented as mean±SD % unless otherwise indicated. *Southmedic Inc, Canada;† Teleflex Inc, USA. NRBM Non-rebreather mask

표 1-3 OxyMask의 분당 산소량에 따른 흡입산소분율

Flow-rate	FiO_2
1 LPM	24~27%
2 LPM	24~27%
3 LPM	30~60%
4 LPM	33~65%
5 LPM	36~69%
7 LPM	48~80%
10 LPM	53~85%
12 LPM	57~89%
≥ 15 LPM	60~90%

2. 장점

① 산소 저장백을 부풀리는 사전 절차가 없고, 환자 움직임에 따른 산소 저장백 꼬임 현상이 없다.

② 높은 산소 농도를 전달하기 위해 마스크의 밀착 상태를 확인할 필요가 없다.

③ 개방형 구조는 호기시 이산화탄소 배출을 원활하게 하여 이산화탄소 재호흡이 낮으며, 높은 산소가 전달된다.

④ 마스크 착용 중에도 환자는 말을 하거나, 코 영양관, 흡인 등이 가능하다.

⑤ 환자의 밀실 공포증(claustrophobia)이 줄어든다.(소아와 정신질환자에서 유리하다.)

⑥ Room Air를 이용하므로 O_2 Bubble Bottle(Humidifier)가 필요 없다.

3. 단점

① 기존 마스크에 비해 가격이 비싸다

② 올바른 성능을 알지 못하면 적절한 사용이 어려워 사전 교육이 필요

③ 산소마스크 착용 시 Diffuser가 코와 입 중간사이에 정확하게 위치하지 못하면 산소전달력이 모자랄 수 있어 확인해야 한다.

기타 장비 참고

산소통

1) 종류

1) 4.9L(중량 8kg) 휴대용 산소소생기 구성품)
2) 10.2L(중량 16kg/ 165mm × 720mm, 재질 고강도 망간강): 일반적으로 구급차 내 사용
3) 40.2L[중량 46kg 뚜껑(보호대 포함)]: 주로 병원급에서 사용

2) 저장 용기의 외관과 표기법

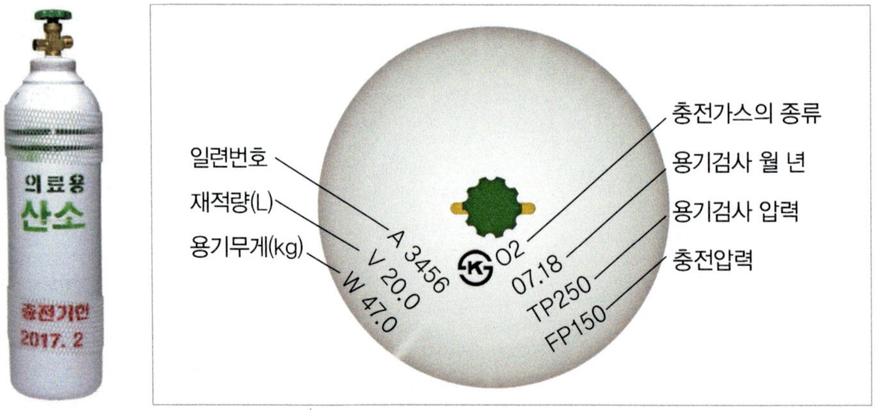

그림 1-8 산소공급 장비와 유량에 따른 목표 FiO_2

- 의료용 산소 용기: 도색은 백색, 용기 상단부에 폭 2cm 백색의 띠를 두 줄로 표시
- 용도 표시: 녹색 글씨로『의료용 산소』
- 충전기한 및 산소 용기 내압시험 기간이 있음

3) 관리규정 등(의료용 산소 관련)

- 이음매 없는 용기의 경우는 제조년이 10년 이하면 5년마다, 10년 초과하면 3년마다 재검사를 해야만 한다.
- 이음매 있는 용기(100L 미만, 아세틸렌 등)는 15년 미만은 3년마다, 20년 미만은 2년마다, 20년 이상은 1년마다 재검사를 해야 한다(용기 종류에 따라서 검사 기간은 약간씩 다르다).
- 밸브의 수명은 3년으로, 기간이 남았을 경우 재활용도 가능하며 보통은 용기 검사할 때 같이 교체하고, 용기의 수명은 따로 정해져 있지 않으며 검사 시 이상이 없으면 계속 사용이 가능하다.

KC마크

지식경제부, 노동부, 환경부, 방송통신위원회, 소방방재청 등 5개 부처에서 각각 부여하던 13개 법정 인증마크를 통합해 2009년 7월 1일부터 단일화한 국가 통합인증마크

4) 산소 잔량 계산표

(단위: 분)

크기: M60형 (10.2L) 고정식		산소탱크 압력(PSI)						
		300	500	700	900	1,000	1,200	1,500
유량 (L/min)	18	4	13	22	31	35	44	57
	15	5	16	26	37	42	53	68
	13	6	18	30	43	49	61	79
	12	7	20	33	46	53	66	86
	10	8	24	40	55	63	79	103
	8	10	30	49	69	79	99	128
	7	11	34	56	79	90	113	147
	5	16	47	79	111	126	158	205
	4	20	59	99	138	158	198	257
	3	26	79	132	184	211	263	342
	2	40	119	198	277	316	395	514
	1	79	237	395	553	632	790	1,027

'상수 0.79, 안전잔류량 200PSI

119구급대 구급차량 고정식 산소탱크 기준

(단위: 분)

크기: MD형 (2.8L) 휴대용		산소탱크 압력 (PSI)						
		200	300	400	500	700	800	900
유량 (L/min)	15	2	2	4	6	8	10	11
	12	2	2	6	7	10	12	13
	10	3	3	7	9	12	14	16
	7	4	4	10	12	18	20	23
	5	6	6	13	17	25	29	32
	3	10	10	22	29	41	48	54
	2	14	14	33	43	62	71	81
	1	29	29	67	86	124	143	162

'상수 0.19, 안전잔류량 50PSI

119구급대 휴대용 산소소생기에 포함된 산소용기 기준

Reference

1. 응급환자 관리학, 1쇄 발행. 우리 의학서적. 2015.2.10. p. 171
2. 대한마취과학회지: 산소요법(Oxygen Theraphy). 연세대학교 치과대학 구강악안면외과학 교실 강정완. 2008;8:10-15.
3. 한국형 병원 전 시나리오. 도서출판 한미의학. 2016. p. 125
4. Naver blog https://blog.naver.com/yajido/222046939988
5. 이것은 알아야 한다. 현장전문응급처치학 1쇄 발행. 아카데미아. 2020. p. 14
6. Keith Lamb RRT-ACCS, David Piper PE. Southmedic OxyMask TM compared with the Hudson RCI® Non-Rebreather Mask TM : Safety and performance comparison. Can J Respir Ther Vol 52 No 1 Winter 2016.
7. Jaime M Beecroft, BSc and Patrick J Hanly, MD FRCPC ABSM. Comparison of the OxyMask and Venturi mask in the delivery of supplemental oxygen: Pilot study in oxygen-dependent patients. Can Respir J. 2006 Jul-Aug; 13(5): 247-252.

Chapter 2

호흡정지
(기도유지기, 산소소생기, 후두경세트, 전문기도유지기)

✧ 학습목적

- 질병과 사고로 인해 중증의 호흡곤란을 겪는 환자가 적절한 처치를 받지 못하면 뇌손상이나 생명을 잃을 수도 있다.
- 호흡유지는 생명에 매우 중요한 부분으로 구급대에서 사용되고 있는 여러 장비들을 이해하고 사용하는 방법을 알아본다.

✱ 현장상황

| 현장모습 | 전날 저녁부터 호흡곤란증이 있었던 환자로 신고 2시간 전부터 숨쉬기 힘들다고 가족들에게 말했던 환자이다. 병원에 가기 위해 짐을 챙기는 중에 갑자기 청색증과 숨을 몰아쉬기 시작했다며 119에 신고했다. 구급대원이 현장에 도착했을 때 심각한 청색증을 보였고 환자는 산소소생기로 공급을 하던 도중 심정지가 발생하게 되었다.

| 활력징후 | **혈압** 80/50mmHg, **맥박** 36회/분, **호흡** 8회/분, SpO_2 70%

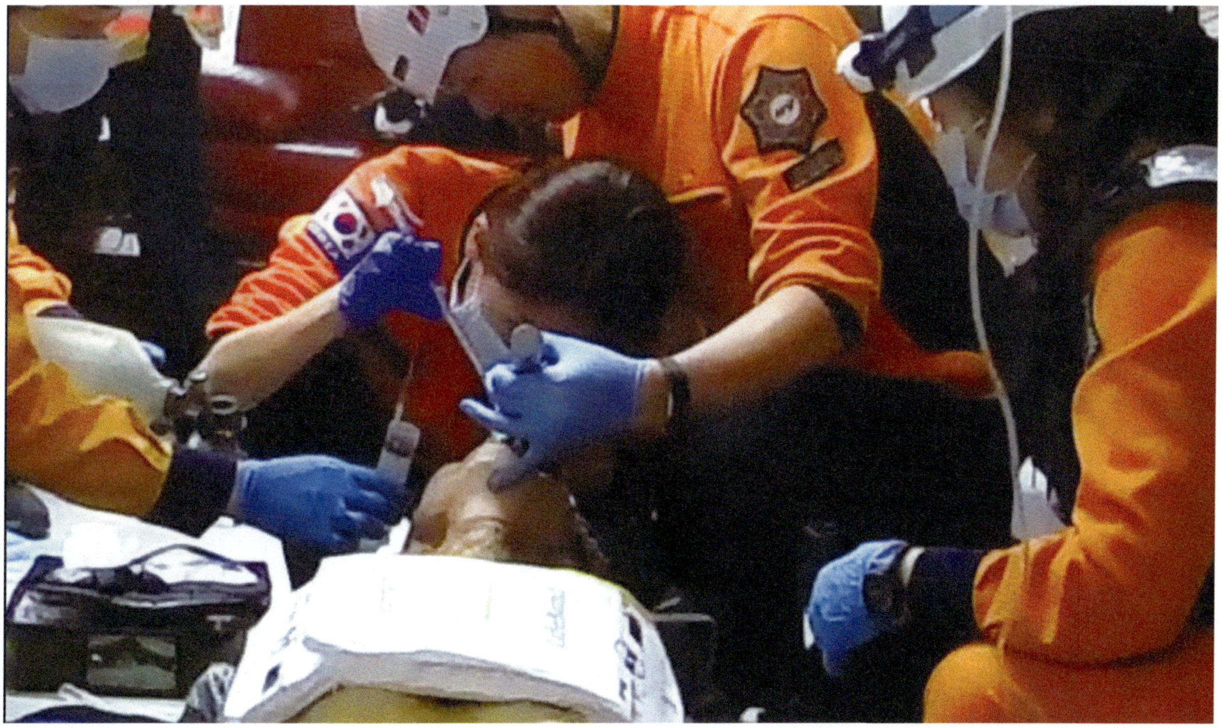

호흡기계 응급환자는 적절한 환기를 통해 산소를 공급받지 못하면 심각한 손상을 입을 수 있다. 부적절한 환기는 뇌손상이나 순환기계 응급상황이 될 수 있으므로 현장 단계에서부터 관련된 문제를 찾아내고 중재할 수 있어야 한다. 해결되지 못한 호흡곤란 증상은 저산소성 뇌손상(hypoxia brain damage), 호흡정지, 심정지로 이어질 수도 있는 응급상황이다.

초기에 기본 기도관리를 통해 교정할 수 있도록 노력해야 하며, 실패했을 때는 신속하고 정확한 전문기도관리가 되도록 평소 충분한 훈련을 필요로 한다. 호흡기계와 관련된 대부분의 장비는 외과 수술을 위한 마취행위와 관련이 있었는데, 대부분의 장비는 마취과 의사들이 수술 중에 쉽고 안전한 마취를 위해 발명하였다.

1) 기도유지(Airway management)의 유래

1856년 유럽의 마취과 의사들은 Chloroform[1)](클로로폼)에 의한 수술 중에 인두(pharynx) 뒤로 혀가 처지는 것 때문에 질식의 위험을 지적하였고, 해결책으로 엎드린 자세에 의한 기도폐쇄의 완화와 수술 중에 혀를 집게로 물린 후 당기는 방법들이 제시되었지만 해결책이 될 수는 없었다.

1874~1877년 외과 의사 Heiberg와 F. Von Esmarch는 아래턱을 당기는 법(Jaw thrust)을 소개하여 많은 동의를 받게 되었지만 누가 최초로 개발한 것인가에 대해서는 지금도 논란거리다. 이후, 1950년대와 1960년대에 진행되었던 방사선 연구 때문에 기도개방 원리에 대해 보다 명확하게 설명되고 있다.

2) 기도유지기의 발전

1850년대 유럽에서는 콜로로폼(Chloroform)을 활용한 마취법이 보편화되었는데 이때 마취 가스의 안정적인 공급을 위한 여러 가지 방법들이 개발되었다. 1859년 파리의 마취과 의사 Gustave Faure는 Coleman이 고무 튜브를 코에 연결하여 콜로로폼과 산소를 공급하였다고 언급한 것으로 기록되고 있는데, 지금의 코인두 기도유지기(nasophalngeal airway)와 다른 형태를 보였다.[1]

현대의 코인두 기도유지기 모양은 영국의 마취과 의사였던 W. Magil(1888~1986)가 1919년 영국 왕립병원에서 근무할 때 수술 중인 환자의 효율적인 기도확보를 위해 고무 튜브를 인두 뒤까지 삽입하도록 고안하였다. 그는 깊은 삽입을 막기 위해 초기모델에서 고무관에 클립을 끼워 넣어 막던 것을 둥근 형태로 제작하여 깊이를 조절하였고 다양한 크기로도 제작되었다.

입인두 기도유지기(oropharyngeal airway)는 1908년 영국의 마취과 의사 Frederick Hewitt (1857~1916)가 효과적으로 마취 가스를 흡입하게 할 목적으로 개발하였고 'Hewitt airway'로 불리게 되었다.

---

1) 일반적으로 사용되는 실험용 솔벤트이다. 이전에는 마취약으로 사용되었으나 발암성이 의심되어 미국 내에서는 사용이 금지되었다. [출처 MeSH]

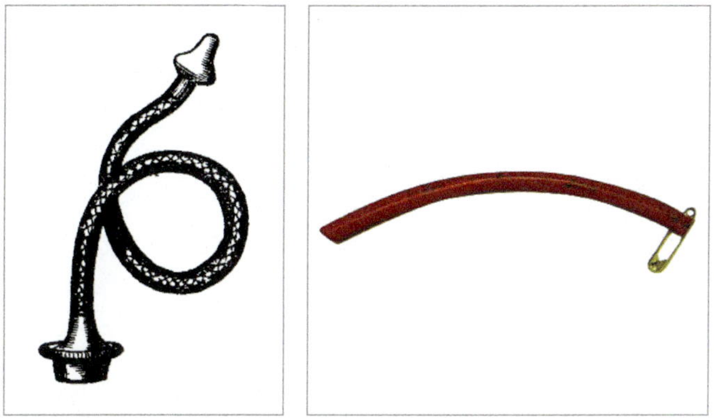

1859년 코를 통한 호흡도구　　1921년 Magil nasal tube

Frederick Hewitt가 개발한 초기의 입인두 기도유지기

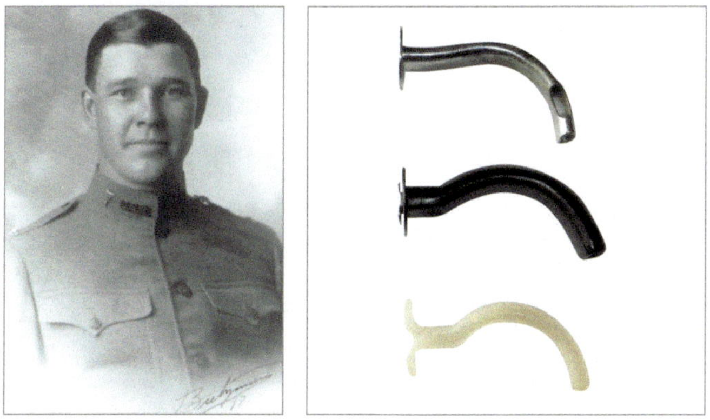

Arthur Ernest Guedel의 현대식 입인두 기도유지기

그림 2-1 입인두/코인두 기도유지기의 개발 당시 형태

오늘날의 기도유지기 모양을 갖추게 된 것은 1920년대 미국의 마취 의사 'Arthur Ernest Guedel'(1883~1956)이 입안의 해부학적 모양을 고려한 형태로 개발하게 되었다. 초기 철재 재질은 1933년 플라스틱 기술개발에 따라 지금의 모양으로 상용화되었으며, 이것은 혀가 후두개를 덮지 못하도록 하여 기도를 확보하는 장치로 설명되었다.

3) 수동식 환기 장치의 발전

외과수술이 복잡하고 다양하게 발전함에 따라 수술적 마취는 환자의 호흡을 보조하는 정도로는 감당할 수 없게 되었다. 마취는 보다 깊고 오랫동안 유지되어야 했기 때문에 기계적인 양압호흡이 필요했다.

1530년 스위스의 마취과 의사 'Paracelsus'(1493~1541)는 양압환기를 위해 'Bellows method'라는 장비를 개발하였다.

개발자 Paracelsus

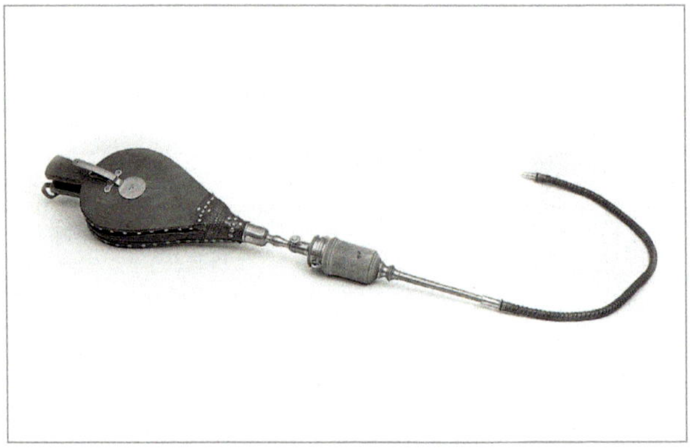

Bellows 장비

그림 2-2 산소소생기의 개발과 발전

ST JOHN 박물관

이 장비는 심폐소생술의 역사를 소개하는 데 있어 빠지지 않고 등장할 만큼 의미가 크며, 자발 호흡이 없는 경우 입에 삽입된 튜브에 Bellows[2](풀무)를 연결한 방법으로 Paracelsus 팽창법 또는 Bellows 소생법으로 알려진 최초의 기계식 환기장치라 할 수 있다. 이후 1943년 세계 제2차 대전 중 미국 군의관인 Dr. Joseph Kreiselam(1895~1968)의 이름으로 만들어진 소생기는 사용법이 더욱 간단해졌다.

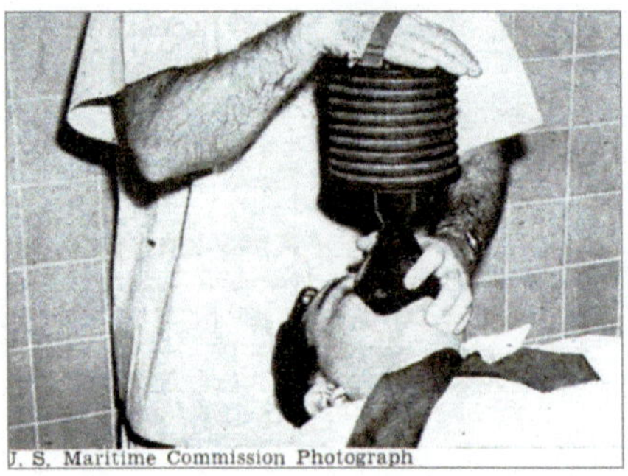

최초의 수동식 산소소생기
1943년 Kreiselman Resuctator

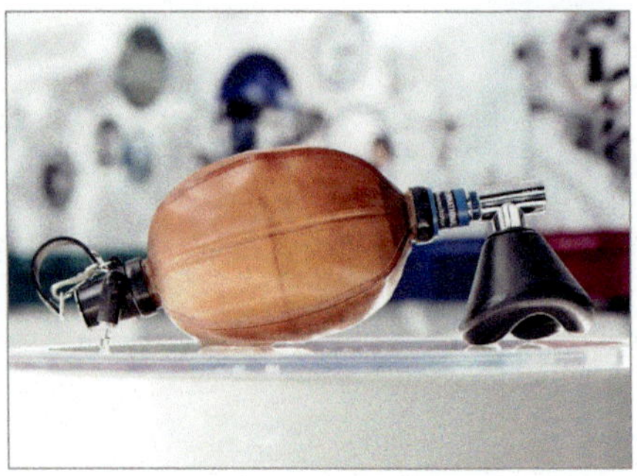

최초의 수동식 산소백소생기
1956년 Ambu Bag

그림 2-3

2) Bellows(풀무) 주로 불을 피우거나 악기의 음을 내는데 쓰는 도구로 공기를 불어 넣는 데 사용

그것은 bellows의 형태로 공기를 불어 넣을 수 있었고, 과도한 압력 방지 밸브와 산소연결관이 있는 형태로 현재의 Bag Valve Mask와 매우 유사하다.

최초의 상업적 수동식 산소소생기는 1956년 독일의 개발기술자 'Holger Hesse'와 마취과 의사 'Henning Ruben'가 개발하였는데 이들은 1956년 'AMBU'라는 회사를 설립하면서 'Ambu Bag'라는 명칭을 붙였다. 이것은 산소저장백 없이 자체 백만으로도 21%의 산소를 공급할 수 있었고 저장 백에 연결하면 100%에 가깝게 산소공급이 가능했다. 개발 당시 우발적인 과압에 의한 압력손상(Baro-trauma)을 예방하고자 Pop-Off-Valve를 설치했으며 이 장비는 지금의 장비와 크게 다르지 않게 전 세계적으로 널리 활용되고 있다.

4) 기계식 환기 장치의 발전

호흡곤란과 의식변화가 있는 환자에게 적용되는 Resuscitator(인공호흡기)는 1907년 독일 엔지니어 'Heinrich Dräger'가 광산에서 질식된 노동자들에게 사용한 이후 Pulmotor Resuscitator[2]로 상품화하였다. 이것은 질식환자에게 산소나 공기를 폐 안팎으로 펌프질하기 위한 호흡기였으며 이후 Lung motor(1920년대), Emerson Resucitor(1940~1950) 등의 장비들로 발전되었다. 이러한 장비들은 때로는 경량화되어 구급차 내 설치와 휴대가 가능하게 개발되었고, 수동식 공급장치로 주로 수술을 위한 마취, 질식(이산화탄소 중독을 포함), 익수환자 등에 활용되었다.

산소를 동력원으로 사용했었고 양압(20cmH_2O)과 음압(-25cmH_2O)이 교대로 환기되는 Time-Cycling 방식을 사용했다.

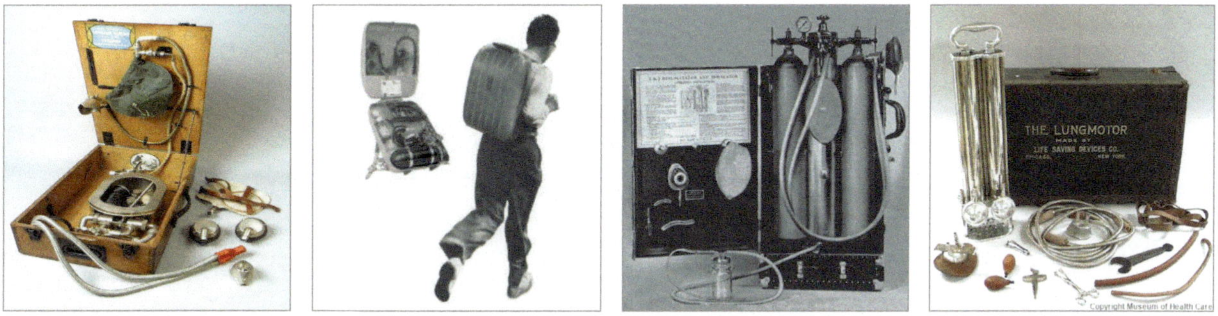

Pulmotor 1907년 Backpack형태 PT1 1955년 Emerson Resuscitator Lung motor 1915년

그림 2-4 산소소생기의 개발과 발전

이 장치들은 두 가지 문제가 있었는데 환자의 호기(exhalation)를 재흡입하는 문제와 기계가 설정한 호흡 패턴(유연하지 않은 제어기술)은 기도내압(기도내 저항 등)을 충분히 반영하지 못했다. 구동 방식은 'Time Cycle system'[3]이었고 이후에 압력순환 스위칭 메커니즘으로 변화하였다. Time Cycling

3) 일정한 시간 동안 정해진 압력과 유량으로 공급되는 방식(기도내압이나 저항 등은 고려되지 않음)

방식은 흉부의 수용 능력(기도 저항을 감지하지 못했다)에 따른 맞춤 제공이 안 되어 폐가 팽창되어 공기가슴증과 피하기종을 발생시키기도 하였고 때로는 구토와 흡인을 유발하는 요소로 되기도 하였다. 이러한 장치들은 성인용으로 적합했고, 소아에게는 높은 압력에 대한 위험을 이유로 적응이 되지 못했다. 이후 Lung motor는 소아용으로 개발되기 하였다.

5) 수요밸브의 등장

Pulmotor/Emerson 소생기의 대안으로 1960년대 'Demand Valve'(수요 밸브[4])가 개발되었다.

DVR(Demand Valve Resuscitator) 또는 DVOT(Demand valve oxygen therapy)라고도 하는데, 원래는 잠수부를 위한 장비(레귤레이터)에서 발전이 있었고 세계 제2차 대전당시 해군 잠수사들에게 주로 적용되었던 장비다. 이전 장비보다 기도 저항을 잘 감지하여 환자의 능동적 환기에 잘 대응할 수 있게 설계되었으며 주로, 자발 호흡장애로 양압 호흡이 필요한 응급상황과 자발 호흡은 있지만 고농도 산소공급이 필요한 환자에게 사용되었다.

원리는 Trigger(호흡유발 스위치)를 누르거나 환자가 흡입을 하면 약간의 음압이 발생하면서 밸브가 열린다. 이때, 산소(100% 고농도 산소가 최대 40L/min)가 공급될 때 숨을 쉬고나면 차단되는 구조를 가졌다. 환자의 흡기 능력이 증가할 수록 공급양이 늘어나도록 설계되었다.(이것은 미국심장협회 권고사항에 따르고 있다).

즉, 흡기 시에는 능동적 양압이 증가하고 호기 시에는 완화된다.

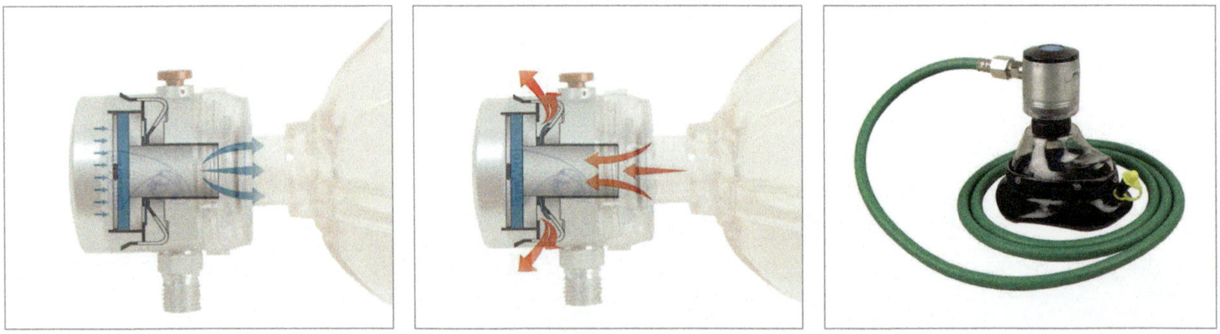

흡기(Inhalation) 호기(Exhalation) 수요 밸브

그림 2-5 수요밸브의 형태와 흡기 호기의 방향

그 시절 수동식 기계 환기장치는 호흡성 응급환자에게 매우 유용한 장비로 자리 잡고 있었지만, 그것은 여전히 높은 비용, 휴대성, 장치조작의 어려움, 산소탱크 등의 준비는 병원 전 환경에서 휴대성과 신속성, 비용의 절감이라는 것에 있어서는 제한이 많았다. 수요 밸브는 여전히 높은 압력으로 인해 16세 이상의 성인에게만 적용되었다.

---

4) Demand Valve: Demand(요구하다)를 한자[구할 수(需)/구할 요(要)]로 표기한 것으로, 환자가 흡기하는 능력에 따라 필요한 만큼 환기량을 제공한다.

6) 산소소생기(Resucitator)로의 진화

AHA(미국심장협회)는 1986년과 1992년 각각 수요 밸브의 압력 제한 안전장치 부족에 대해 개선할 것을 권고하였다. 1994년 캐나다의 Oxylator라는 업체에서 상품명 "EM-100"이 개발되었는데 이 장비는 기존의 수요 밸브나 인공호흡기가 아니었다(표 2-5 참조). 그렇다고 현재 EM-100을 수요 밸브로 구분하지 않은 것은 아니다.

소생기라는 개념으로 진화했으며 초기 압력방식만 지원하다가 이후에 속도와 환기량(volume)을 모두 조절이 가능한 형태의 Microvent(CPR), OxyLife 들로 발전되어 사용 중이다. 산소소생기는 기존 수요 밸브와 달리 과다환기를 방지할 수 있으며, CPR 중에 적절한 환기와 환기 마찰(fighting) 등을 해결하였다.

7) 후두경의 발전

수술을 위한 마취나 심각한 호흡곤란 상황에서 전문적인 기도관리의 노력은 1921년 아일랜드 마취과 의사 Ivan Magill(1988-1986)이 Magill Forcep을 통해 후두를 직접 관찰하게 되면서 시작되었다.

1895년 독일 외과 의사 Alfred Kiristein(1863~1922)는 진료 중이던 동료의 우연한 실수(식도경이 후두를 통과하여 기관으로 들어가는 사고)를 보면서 직접 후두경 검사 도구에 영감을 받아 개발하였다.[3]

1927년 Dr. Chevalier Jackson(1865~1958)는 직접 후두를 관찰할 수 있는 장비를 개발하여 상기도(upper Airway) 이물질이나 호흡을 방해하는 상황에 사용하였다. 이후 1941년 미국 마취과 의사 Robert Arden Miller(1906~1976)의 직선형 후두경, 1943년 뉴질랜드의 마취과 의사 Robert Reynolds Macintosh(1897~1989)의 곡선형 후두경은 오늘날 후두경의 표준적인 모델로 자리 잡게 되었다.

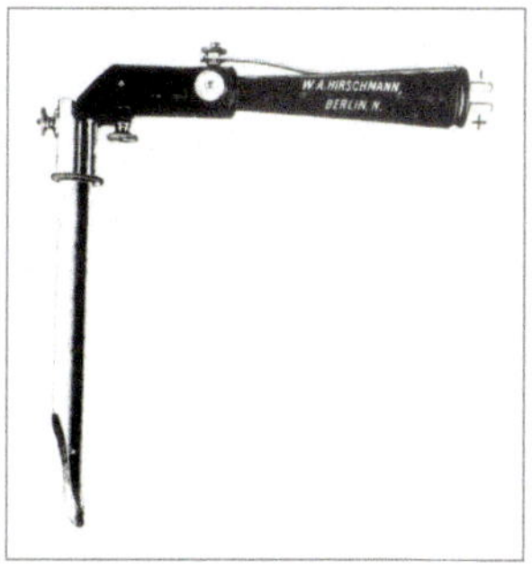
1895년 Kiristein 후두경

1927년 Jackson 후두경

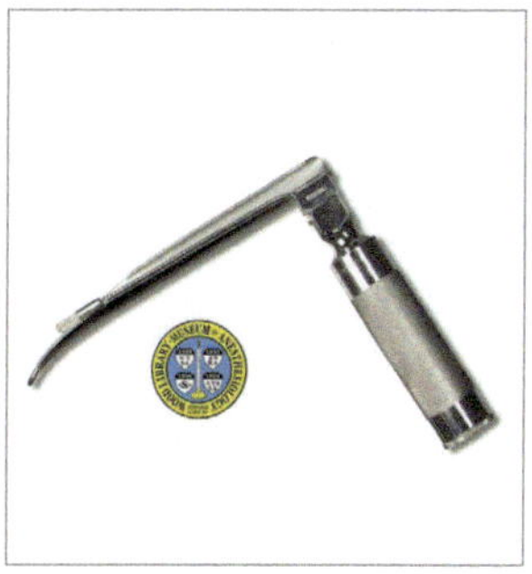
1941년 Miller 후두경

1943년 Macintosh 후두경

그림 2-6 후두경의 발전

Miller의 직선 후두경은 'Kiristein'에 영향을 받았는데 후두개를 직접 들어 올려 성대를 볼 수 있도록 설계되었으며, 블레이드 날개 모서리가 좁고 둥근 반원 통 모양으로 생겼으며 끝부분은 살짝 굽어 있어 노브(knob)[5]가 없는 것이 특징이다. 날개 모서리가 작으면 입이 적게 벌어질 때 유리할 수 있지만, 혀를 제어할 때 힘들어서 기관내관을 통과시킬 공간이 더 좁다. 직선형 후두경은 목뿔뼈와 성대인대(vocal ligament) 때문에 후두덮개 계곡에서 위쪽으로 압력을 주면 후두덮개가 따라 올라가서 후두경 시야가 확보된다.

Macintosh의 곡선형 후두경은 완만한 곡선으로 혀를 젖히기 위한 수직날개 모서리(vertical flange)와 넓고 평평한 모양으로 끝부분(square tip)에 두드러진 노브(knob)가 있어 후두덮개 계곡(vallecula)에 꼭 맞도록 제작되었다. 날 끝부분의 노브가 목뿔덮개인대(hyoepiglottic ligament)를 누를 때 연결된 후두개가 올려지며 성문이 보인다.

직선형 날과 곡선형 날을 선택하는 기준은 특별히 정해지지 않았다. 몇몇 연구에서는 직선형 날이 소아에게 좋으며 입을 더 크게 벌리지 않아도 되기 때문에 어려운 기도에서 유리하다는 결과를 보이기도 하지만 대부분의 교육에서는 곡선형 후두경을 연습하고 있다.

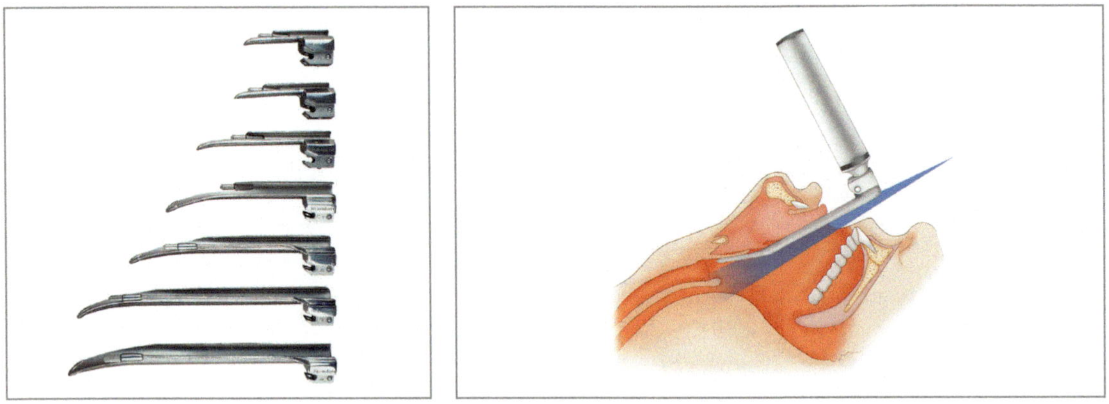

직선형(Miller) 날과 블레이드 끝의 위치

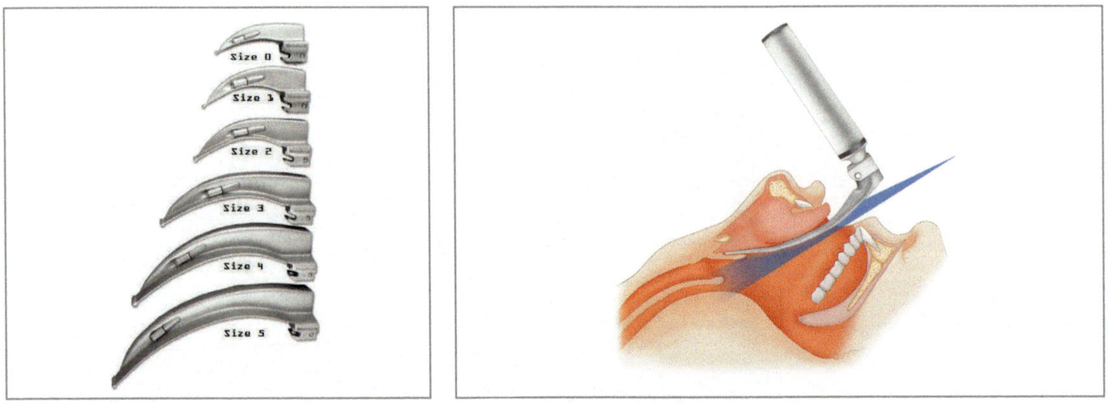

곡선형(Machintoshi) 날과 블레이드 끝의 위치

그림 2-7 직선형(Miller)과 곡선형(Machintoshi) 후두경의 비교

5) 메킨토시형 블레이드 끝에 봉긋한 모양으로 형성되어 있는 부분으로 혀뿌리를 들어 올릴 때 연부조직 손상을 방지하고 들어 올리는 지점을 확실히 지지하는 역할을 한다.

비디오후두경의 등장

수동식 후두경은 기관내삽관을 도와주는 유용한 기구이지만 많은 훈련과 경험이 필요하며 외상이나 어려운 기도를 가진 환자에게 사용하기 어려운 단점이 있다. 대원이 충분한 훈련을 하지 못했다면 입 주위 피부 손상이나 치아골절을 일으킬 수 있으며 성공률 또한 보장할 수 없어 오히려 환자에게 해로운 결과를 가져올 수 있었다.

어려운 수동식 후두경은 1970년대 광섬유 기술 개발과 더불어 외부에서 구강 안을 들여다볼 수 있게 도움을 주게 되었고, 1990년대 초소형 컬러 비디오카메라 기술의 발전은 카메라를 후두경 블레이드 끝에 장착할 수 있게 되어 더는 직접적인 후두 관찰 없이 쉽고 안전한 기관내삽관이 가능하게 되었다.

John A. Pacey가 2001년도에 상용화시킨 Glide scope라는 장비를 개발하게 되었고 오늘날 비디오 후두경의 선발주자가 되었다. 김 서림 방지와 광각렌즈 기능이 추가된 비디오 후두경은 기도삽관을 위해 쉽고 빠르게 학습할 수 있어 더는 어려운 기도가 문제되지 않았다. 또한, 치아 손상이나 구강 내 연부조직 손상 발생도 현저히 줄어들게 되었다.

8) 전문기도기 Advanced Airway

20세기 초에는 마취약품이나 산소공급을 위한 기도유지 도구와 기술이 충분하지 못해 수술 도중 환자가 깨어나거나 마취에 실패하는 일들이 종종 발생하기도 하였다.

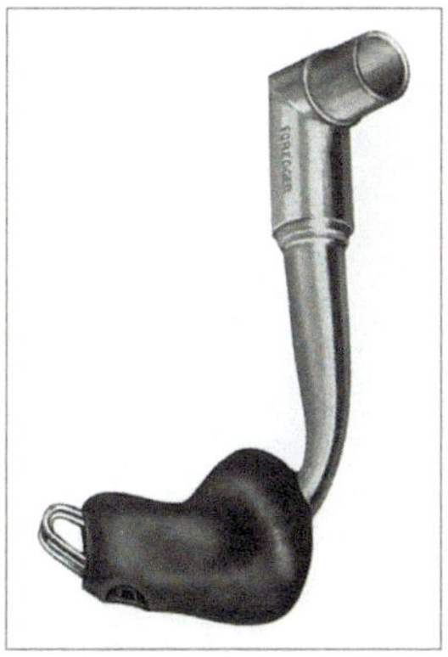

그림 2-8 초기 성문위기도기 Pharyngeal bulb gasway와 개발자 Dr Charles Leech

의사들은 보다 효율적인 방법을 찾기 위해 노력했었고, 1937년 캐나다의 마취과 의사 Dr. Bevery Charles Leech(1935~1960)은 1935년 Cyclopropane[6]의 효율적인 흡입마취를 위해 'Pharyngeal bulb gasway'를 개발하여 마취할 때 기도유지기로 사용하는데 이것이 성문위기도기의 초기 형태라 볼 수 있다.

6) 사이클로프로페인(Cyclopropane)은 1934년부터 전신마취제로 사용되었던 약품이다.

이후 여러 형태의 기도유지기가 개발되다가 1981년 영국 마취과 의사 Archie brain이 LMA Classic을 개발하게 되었고 임상실험 단계에서 높은 성공률을 바탕으로 상용화하였다. LMA는 커프 형태로 개발되었고 공기를 주입한 커프가 상기도를 밀폐하여 기도로 공급되게 설계되었다. 하지만 밀폐력에 대한 문제 등으로 LMA pro-seal, LMA Supreme 등으로 지속적인 개선품이 개발되었으나 우리나라에서는 2010년 이후로 거의 사용되지 않고 있다.

튜브형태와 커프의 결합형인 후두 튜브 기도기

독일의 의료기 업체 VBM Medizintechnik에서는 1999년도에 기존의 식도기관 겸용튜브(Esophageal Tracheal Combitube)를 기본 형태로 한 Laryngeal Tube(LT)를 개발하였다. LT는 실리콘 재질의 관에 2개의 커프를 통해 식도 입구와 인두부를 밀폐시키는 구조로 위 팽만과 역류를 방지하게 제작되었다. 이후 LTS 모델은 흡인예방을 위해 석션기능이 추가되었다.

우리나라 병원 전 단계에서는 2004~2012년까지 주로 LMA를 주로 사용했었으나 2012년 이후 현재까지는 LT(S)와 I-Gel(Resus)가 주로 사용되고 있다. Cuff형 기도유지기는 이송 과정에서 튜브탈출 현상이 심했고 재삽입 과정에서 Cuff 조작은 보통 번거로운 일이 아니었다. 2007년 등장한 I-gel은 이런 여러 가지 어려움을 해결할 수 있었고 우리나라에서는 2014년 경기도 수원지역의 SALS(스마트소생술 시범사업)에서 ballooning 조작이 필요없고, Size 단순화 등의 이유로 빠른 전문기도기 삽입을 위해 I-gel이 널리 사용되기 시작하였다.

성문위기도기의 장점

① 짧은 교육시간과 빠른 삽입시간
② 비교적 맹목적 삽관이 가능
③ 자세에 굴하지 않고 어려운 기도에도 비교적 삽입이 잘 된다.
④ 높은 성공률과 환기가 잘 된다.
⑤ 구강과 치아 손상을 최소화하거나 위험성이 현저히 낮다.
⑥ 기관내튜브와 비교하여 소생률에 큰 차이가 없다.

성문위기도기의 단점

① 기관내튜브에 비해 고가이다.
② 목동맥과 목정맥을 압박하여 뇌압상승을 일으킬 수 있다.
③ 분비물과 섞이게 되면 미끌미끌해져 압착력이 떨어져서 고정력이 약하다.
④ I-gel의 직선형의 강직한 구조가 양압환기를 하거나 이동할 때 쉽게 빠지게 하는 원인이 된다.
⑤ 폐 흡입의 위험과 공기 커프가 손상되면 밀착력이 떨어진다.
⑥I-gel의 열가소성 플라스틱(thermoplastic)소재는 소독하면 커프가 수축되어 재 사용이 어렵다.

기관내삽관 튜브 Murphy Tube

미국의 마취과 의사 Dr. Francis J. Murphy(1900~1972)는 1941년 마취 중에 보다 원활한 호흡을 위한 장치를 개발하였고 현재까지 몇 차례 변화를 통해 가장 확실한 기도유지 도구로 쓰이고 있다.

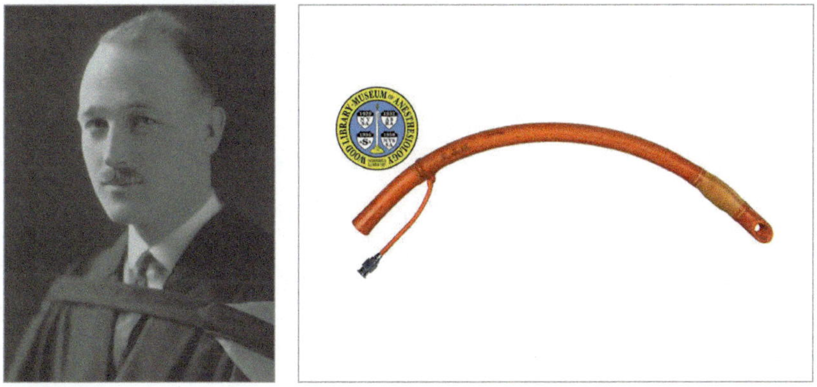

그림 2-9 ETT의 개발자와 초기의 형태

길다란 고무튜브를 후두아래 기관까지 삽입하는 것으로 제작된 튜브는 이후에 튜브 끝에 구멍을 뚫어 보다 나은 환기를 위한 장치로 개선되었는데 'muphur eye'라는 명칭을 부여하였다. 이후 세계 제2차 대전 중에 늘어나는 외과수술 속에서 개선되었고 현재는 PVC 재질로 변경되어 쓰이고 있다.

I 기도유지기 OPA, NPA

1. 개요

의식변화를 보이는 환자에게는 기도유지를 먼저 해결해야 하며, 응급의료종사자는 환자의 의식상태와 호흡 여부를 평가하여 적절한 환기 상태를 만들어주어야 한다. 의식변화를 보이는 환자는 불규칙한 호흡 상태를 보이는 경우가 많으며 깊은 혼수상태가 되는 경우 입안의 혀 근육 이완 때문에 기도폐쇄를 유발하여 환기를 방해하는 주요한 원인이 되기도 한다. 환자에게 마취하는 동안 혀를 제어하기 위해 개발한 기도유지기를 개발한 배경도 이러한 원인과 다르지 않다.

수동(manual)으로 기도를 조작하는 방법이 빠르고 쉽게 할 수 있지만, 이것은 일시적인 방법(누군가가 계속 유지를 해 주어야 하는 문제)으로 응급처치와 이송 중에는 기구를 활용하여 기도를 열어주어야 한다.

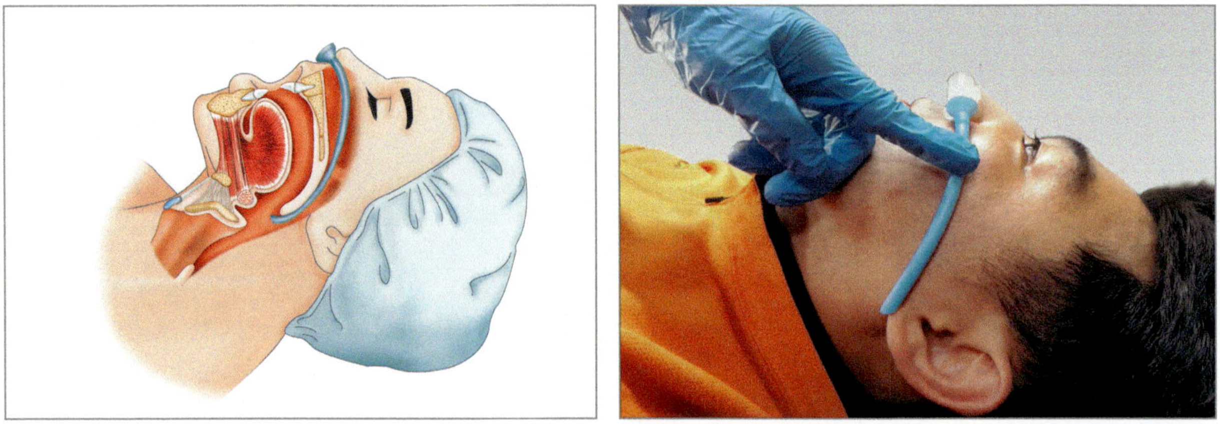

코인두 기도유지기

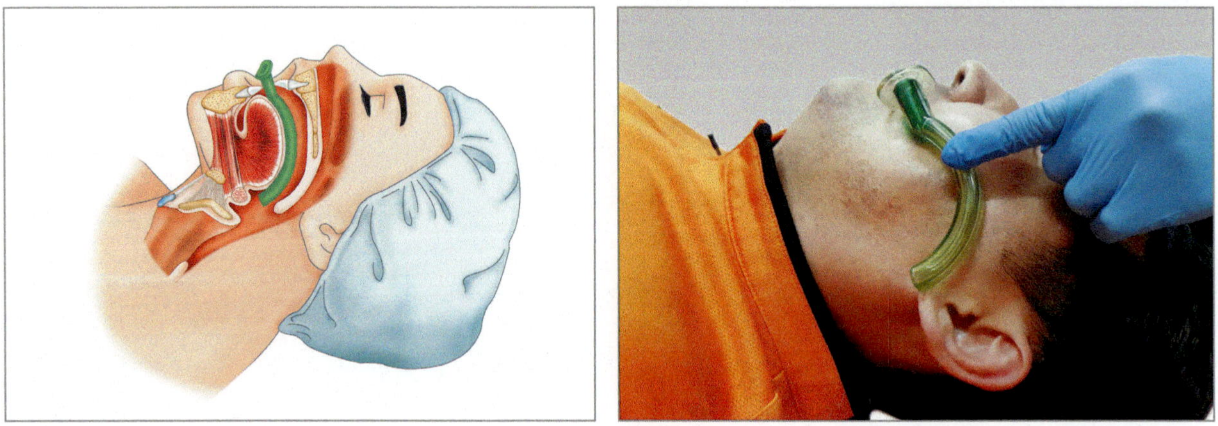

입인두 기도유지기

그림 2-10 기도유지기가 삽입될 때 기도유지기와 입안 구조물의 위치도

기도유지기를 적용하기 이전에 기도개방이 우선되어야 하며, 의식이 있는 경우에는 산소공급장치(Nasal prong, Face mask)를 적용한 후에 적절한 유량을 사용하여 조절할 수 있다. 의식변화는 있으나 자발 호흡이 있는 경우는 머리 기울임 턱들어올리기(head tilt-chin lift method)를 해주어야 한다. 단, 사고기전에 따라 목 손상 우려가 있는 경우에는 추가 손상을 예방하기 위해 턱들어올리기법만 수행해야 한다.

적절한 크기의 기도유지기를 사용하지 않으면 오히려 기도가 더 막힐 수도 있으므로 일반적으로 입인두 기도유지기(Oropharyngeal airway, OPA)는 입 가장자리부터 귓불 아래까지 또는 아래턱 각(아래턱의 꺾이는 부분)까지를 측정하여 사용하며, 코인두 기도유지기(Nasopharyngeal airway, NPA)는 코끝에서 귓불 아래까지를 측정하여 사용하여야 한다(**그림 2-10**).

2. 입인두 기도유지기 Oropharyngel Airway

코인두 기도유지기와 달리 입천장 반사가 남아 있는 환자에게 적용은 불가하다. 즉, 의식상태가 통증자극 이하를 보이는 환자에게만 적용해야 한다. 만약 이 원칙을 어기게 된다면 환자가 구토 반응을 일으키게 되며 구토물에 의한 기도흡인(aspiration)을 일으켜 더욱 심각한 문제를 발생시킬 수 있다. 이럴 경우 Eyelash reflex(속눈썹 반사)[7]의 소실 여부를 확인하는 것이 추천된다.

입인두 기도유지기는 현재 두 가지 유형(Guedel 형과 Berman형)이 개발되어 판매하고 있는데 이것은 응급의료종사자의 선택에 따르게 된다.

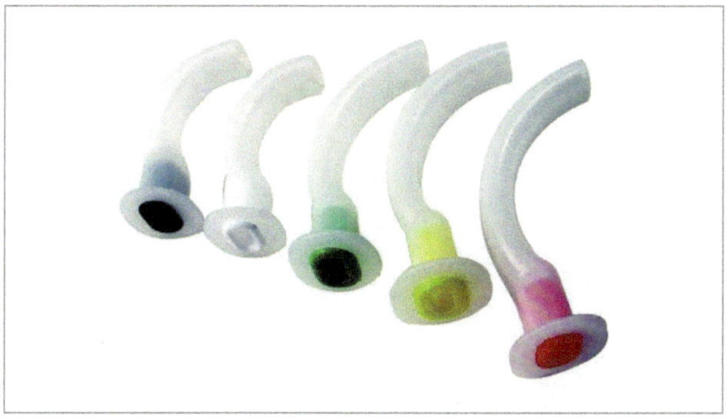

Guedel Type

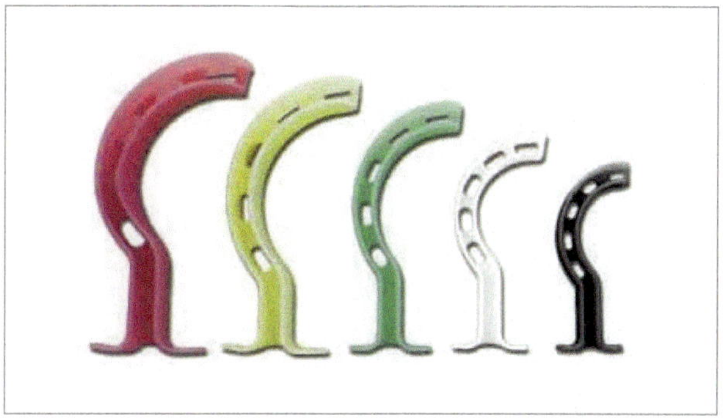

Berman Type

그림 2-11 입인두 기도유지기의 종류

두 가지 모델 모두 혀를 들어 올리고 인두를 지나 기도를 확보하는 역할을 할 수 있게 만들어져 있으며, 흡입(suction)이 가능한 형태로 제작되었다. Guedel 형은 기도유지기 중간에 석션을 위한 통로가 있으며 Berman형은 기도유지기 양옆으로 석션을 위한 통로가 만들어져 있다.

7) 1937년에 Dr. Guedel의 전신마취 2단계에서 Eyelash Reflex와 구토 반사가 소실되는 것으로 정의되었다. 윗눈썹을 자극했을 때 아랫눈썹이 수축하지 않는다면 입인두 기도유지기에 의한 구역 반사를 참을 수 있는 것으로 본다.

입인두 기도유지기를 삽입하는 방법은 크게 두 가지로 알려져 있으나 보편적인 사용법은 혀턱들기법에 의한 삽입법이라 할 수 있다. 충분한 연습이 된 응급의료종사자라면 별도의 도구 없이도 빠르게 적용할 수 있다.

혀턱들기 후 삽입법 Tongue-jaw Lift Insertion Method

혀턱들기법에 의한 입인두 기도유지기에 적용

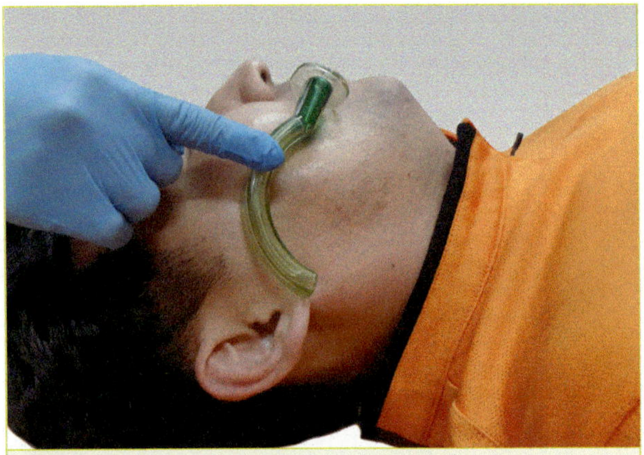

① 적절한 크기의 입인두 기도유지기를 선택한다.
(입 가장자리에서 귓바퀴 아랫부분까지 거리)

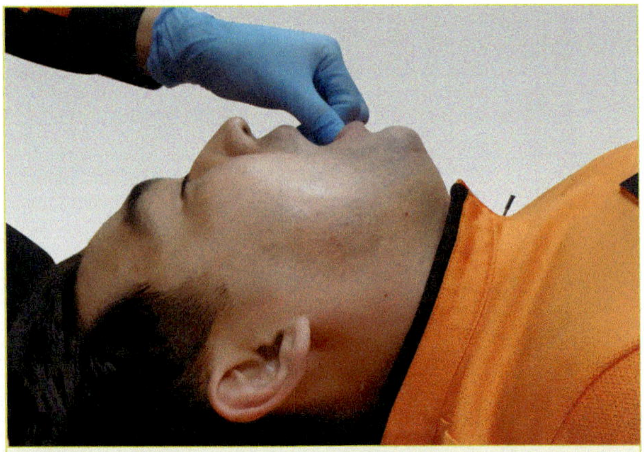

② 수지교차법으로 입을 열고 이물질을 확인한다.

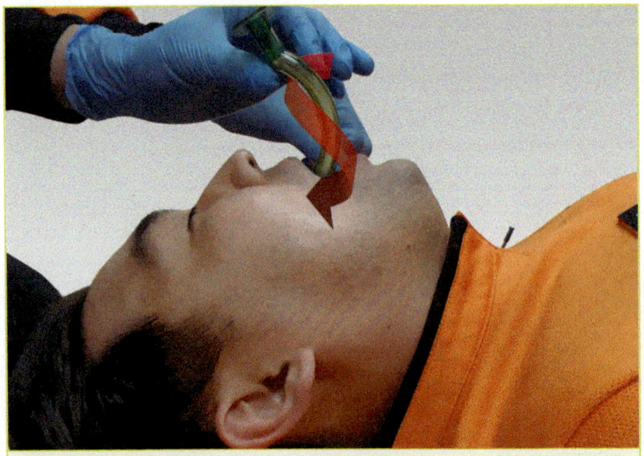

③ 기도유지기의 굽힘 면이 물렁입천장(soft palate) 방향으로 향하게 쥐고, 입에 넣은 다음 180° 회전시켜 플랜지가 환자의 입술이나 치아 위에 놓이게 한다.

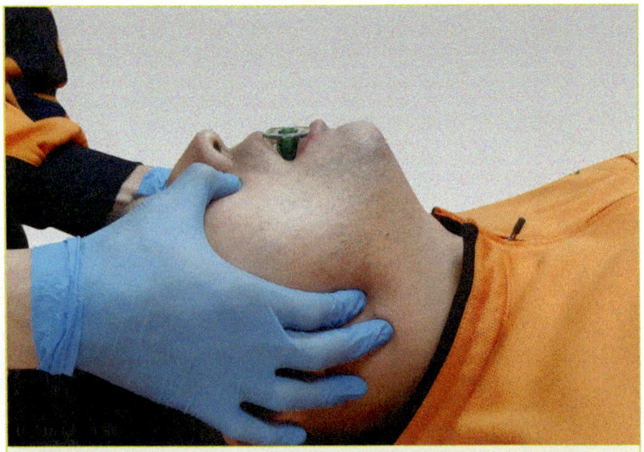

④ 기도유지기 삽입 후 턱들어올리기법을 함께 시행한 모습이다(특히, 의식이 없는 외상환자에서 추천되는 자세이다).

설압자를 이용하여 삽입하는 방법 Tongue-blade Insertion Method

입안에 손상된 치아가 있는 경우나 손가락으로 혀를 제어하기 어려운 경우, 입안의 이물질을 보다 자세하게 살펴볼 수 있는 이점이 있다. 발작을 동반한 경우 손가락 물림을 예방하는 효과가 있다.

설압자를 이용한 입인두 기도유지기 삽입법

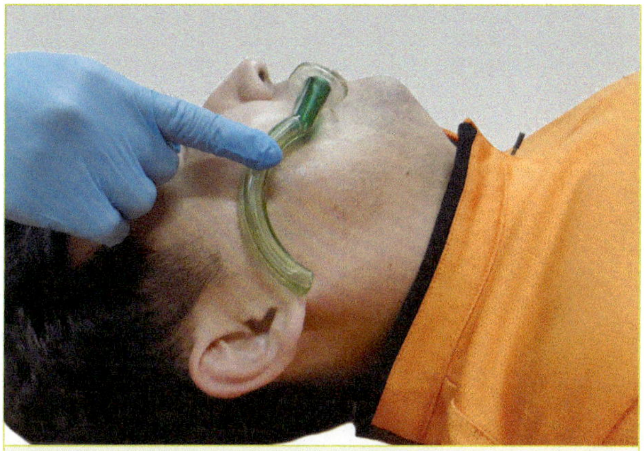

① 적절한 크기의 입인두기도유지기를 선택한다. (입 가장자리에서 귀 아랫부분까지 거리)

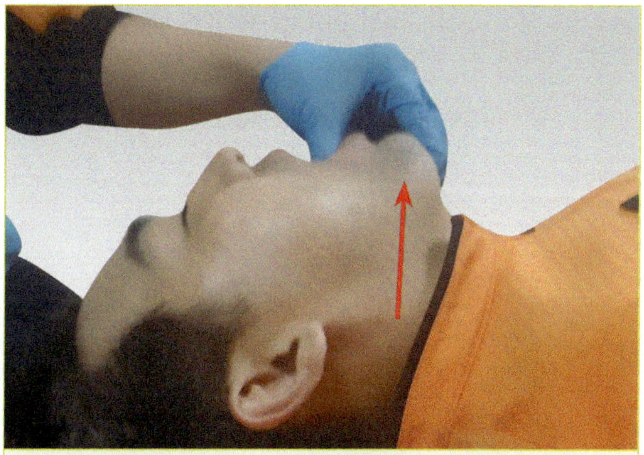

② 한 사람은 머리를 잡고 턱 들기로 아래턱을 견인한 상태에서 입을 벌린다.

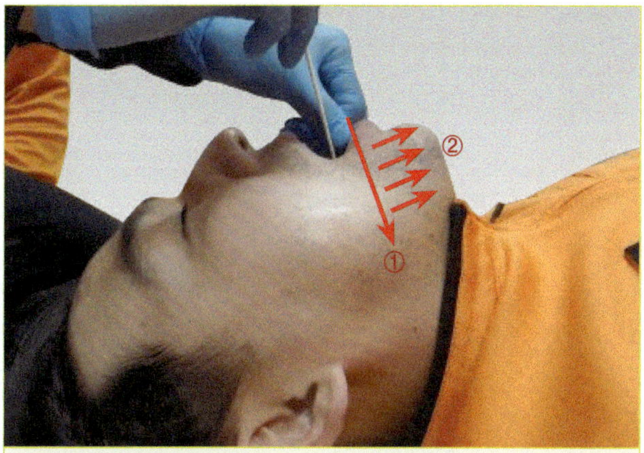

③ 설압자로 혀를 누른다.

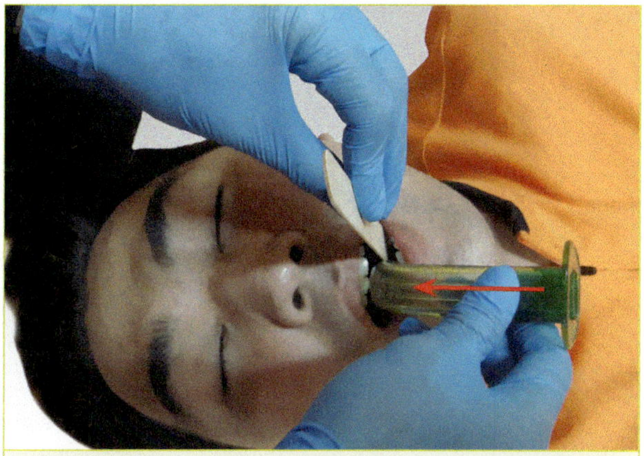

④ 왼쪽 입 가장자리에서 입안으로 넣은 후 90도 회전시켜 기도유지기의 굴곡 면이 아래를 향하게 하며 인두로 밀어 넣는다.

- 삽입 과정을 직접 눈으로 확인하여 입안 내 구조물이 삽입 과정에서 손상되지 않도록 주의한다.

3. 코인두 기도유지기 Nasopharyngeal Airway

코인두 기도유지기는 삽입하기가 쉽고, 기도유지기 중에서 유일하게 의식이 있는 경우에도 활용 가능하며 가벼운 호흡곤란에서부터 중증의 호흡곤란까지 적용할 수 있다. 이것은 입인두 기도유지기 보다 구역 반사가 비교적 약하고 입천장을 직접 자극하지 않기 때문이다. 하지만 현장 대원들은 입인두 기도유지기(약 2천 원)보다 상대적으로 높은 단가(약 1.7천 원)와 재사용이 어려운 이유로 인해 사용빈도가 낮다. 주의점으로 첫째, 머리 손상이 있어 머리뼈 기저부 골절이 의심[8]될 때 기도유지기 끝이 천막을 뚫었다는 보고 이후에 권장하고 있지 않다.[4,5,6,7] (보고에 쓰였던 기도유지기는 PVC 재질이 대부분이다.) 둘째, 기도유지기가 비강 안을 지나갈 때 전방의 키셀바흐얼기(Kiesselbach's plexus)와 후방의 나비입천장동맥(Sphenopalantine artery)을 자극하여 코피가 생기게 되면 기도관리에 더욱 어려운 여건이 되기 때문에 무리하게 삽입하지 말아야 한다. 셋째, 삽입 깊이의 문제로 너무 짧으면 혀가 기도를 막지 않도록 충분히 삽입할 수 없고 너무 길면 구토 반사를 자극하므로 주의가 필요하다. 기도유지기에 사면이 있는 것은 삽입할 때 코중격에 대한 자극을 최소화하기 위함이다.

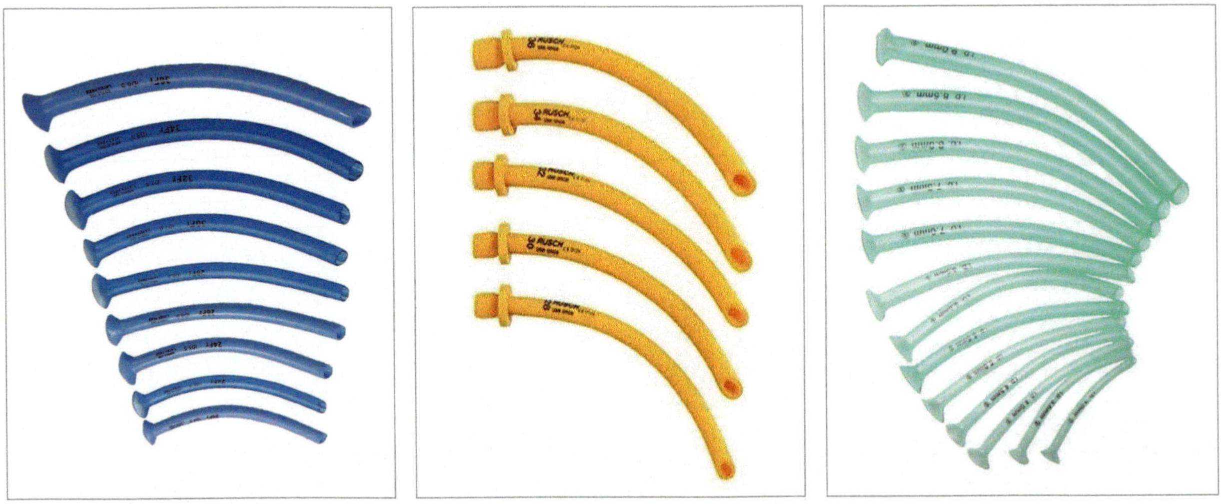

고무재질의 나팔형 / 원통형 / PVC 재질

그림 2-12 코인두 기도유지기의 종류

적절한 크기의 선택은 해부학적인 길이를 생각하여 코끝에서 귓불 끝까지의 길이 정도를 선택한다.

코인두 기도유지기는 콧구멍에 수용성 윤활제를 바르면 삽입하기 쉬운데 사람은 대부분 한쪽의 콧구멍이 다른 쪽보다 더 크므로 적당한 콧구멍이 선정되면 플랜지가 피부에 닿을 때까지 힘을 주지 않고 기도유지기를 삽입한다. 만약 코인두 기도유지기를 삽입하는 과정에서 저항이 느껴지면 반대편 콧구멍으로 삽입을 시도할 수 있다.

8) 코피, 얼굴 상처, 광대뼈 골절, 너구리 눈과 같은 멍, 귀뒤 유상돌기 멍(battle's sign)이 있는 경우

코인두 기도유지기의 적용방법

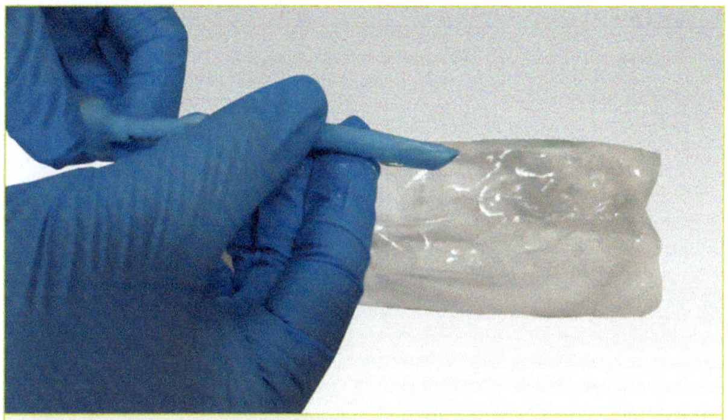

① 매끄러운 삽입을 위해 수용성 젤리를 바른다.

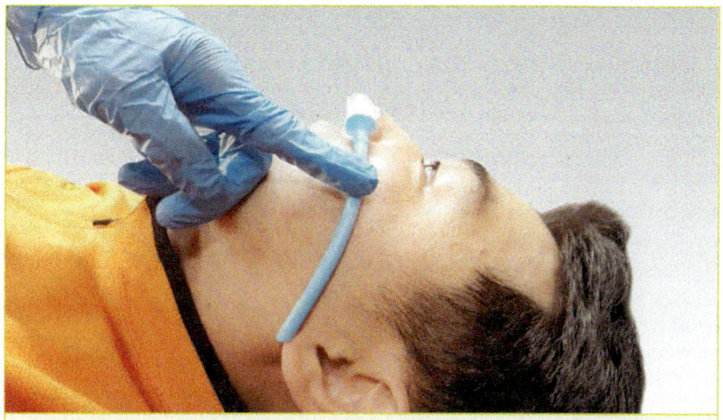

② 적절한 크기의 코인두 기도유지기의 길이를 측정한다. (환자의 새끼손가락으로 측정하는 방법은 더 이상 권장하지 않으며 길이 측정에 집중한다.)

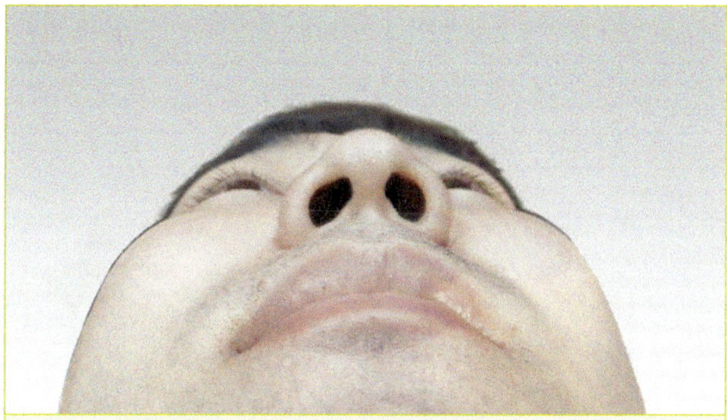

③ 콧구멍에 상처와 이물질이 있는지 확인하고 보다 큰 쪽을 선택하여 수용성 윤활제(젤리)를 바르면 부드럽게 삽입할 수 있다.

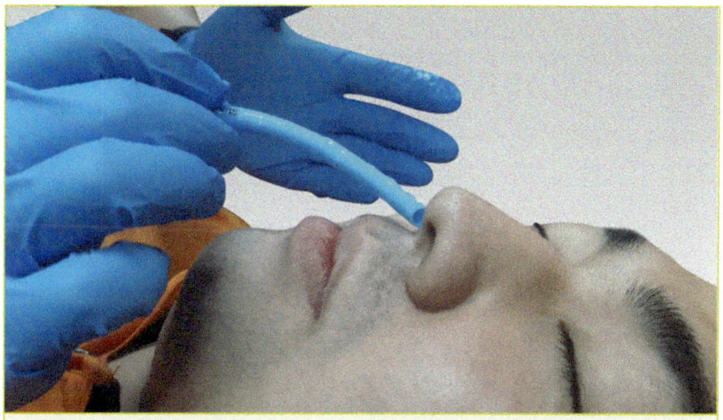

④ 비스듬한 부분이 코의 중격에 위치하게 삽입(연필 잡듯이 쥐고 꺾인 부분을 따라 삽입) 저항이 느껴지면 뒤로 약간 뺐다가 다시 삽입한다. 만약 실패한다면 반대쪽으로 삽입한다.

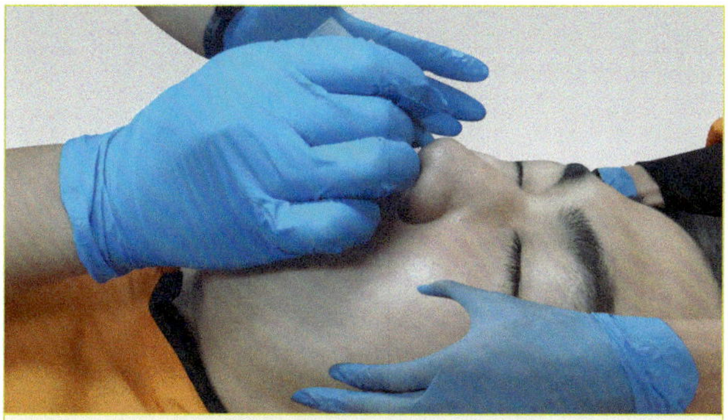

⑤ 2/3가량 삽입될 턱을 들어 올린다 이것은 두 가지 이점이 있다(구역 반사를 줄이고, 혀 뒷부분을 떨어지게 하여 기도유지기가 쉽게 들어갈 수 있게 된다).
반드시 팁을 끝까지 삽입할 필요는 없으나, 기도개방이 되는지 확인하는 것이 중요하다.

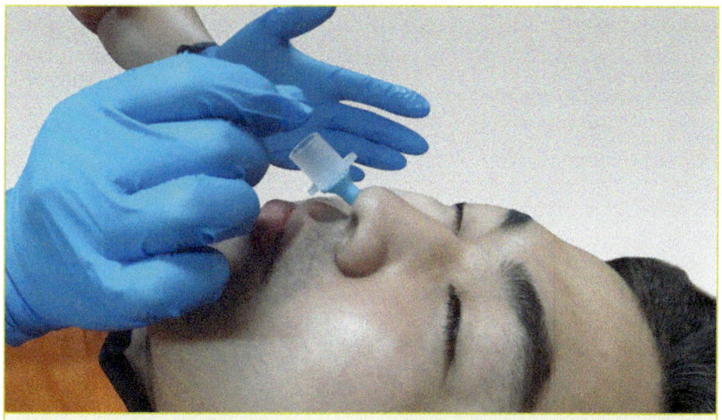

⑥ 구역 반사가 있다면 입천장 반사 억제를 위해 몇 차례 꿀꺽 삼키라고 하거나, 기도유지기가 너무 길어 입천장을 자극하므로 뒤로 약간 빼는 것이 도움이 된다. 만약, 해결되지 않으면 구토를 발생시킬 수 있으므로 제거하는 것이 좋다.

표 2-1 입인두 기도유지기와 코인두 기도유지기의 비교

	입인두 기도유지기	코인두 기도유지기
적응증	1. 호흡이 있으나 의식이 없는 환자에서 발생한 호흡곤란 2. 호흡이 부적절하고 의식이 없는 환자 3. 심정지 또는 그에 따르는 증상	1. 호흡이 있으며 의식이 떨어지는 환자 2. 입인두기를 사용할 수 없는 경우 3. 상기도부 연한 조직 폐쇄를 완화목적 4. 심정지 또는 그에 따르는 증상
재질 및 구조	1. 곡선 형태로 단단한 플라스틱 재질 2. 가운데가 비어 있어 공기가 통하는 구조 3. 이(치아)로 깨물어도 변형이 되지 않는 단단함 4. 바깥 테두리가 입안으로 들어가지 않도록 넓은 형태	1. 유연성 있는 고무 또는 실리콘 튜브 2. 콧속의 튜브 끝은 비스듬한 둥근관 형태 3. 코 바깥의 튜브 끝은 원통형의 깔때기 모양 또는 큰 원통 형태로 더는 콧속으로 삽입되지 않는 구조 4. 라텍스 또는 폴리에틸렌 재질
크기	1. 길이 40~110mm(색깔별 구분)	1. 길이 17~20cm 2. 지름 12(I.D.3mm)~36(I.D.9mm) Fr
삽입 위치	1. 입에서 입인두까지 위치(혀 기저부가 후인두벽으로부터 떨어지도록 하는 역할)	1. 코에서 아래인두에 위치 2. 콧구멍에서 인후부까지 들어감
장점	1. 환자의 치아와 입술을 벌려 개방시킨다. 2. 삽입이 쉬우며 빨리 삽입할 수 있다. 3. 이와 입술에 의한 폐쇄를 막는다. 4. 자발 호흡을 하는 무의식 환자의 기계적 호흡이 필요한 사람에게 이용한다. 5. 흡인용 카테터로 입안에 흡입이 가능하다. 6. 기관내삽관 후 교합 저지기(bite block)로 사용할 수 있다. 7. 가격이 저렴하다.	1. 입을 벌릴 필요가 없다. 2. 의식 있는 환자에게 안전한 적용 3. 흡입이 가능하다. 4. 빨리 삽입할 수 있다. 5. 혀 부위를 거치지 않고 기도가 유지된다. 6. 구역 반사가 남아 있는 환자도 사용할 수 있지만, 구토를 유발하지 않는 것은 아니다. 7. 구강 손상이 있을 때 사용할 수 있다. 8. 이를 물고 있어도 사용할 수 있다.
단점	1. 삽입방법이 부적절하면 기도를 유지하지 못하고 혀를 인두강 속으로 밀어 넣음으로써 오히려 기도를 폐쇄할 수 있다. 2. 기관을 분리하지 못해 폐로 흡입 예방이 안 된다. 3. 이를 물고 있으면 불가능하다. 4. 부적절하게 삽입되면 오히려 기도를 막는다. 5. 구역 반사 유발한다. 6. 의식 있는 사람은 사용 불가하다.	1. 단가가 비싸다. 2. 흡인할 때 기도 유지가 어렵다. 3. 기관과 분리되지 못한다. 4. 흡인하기 쉽다. 5. 너무 세게 삽입하면 비출혈이 생길 수 있다. 6. 코점막에 압력으로 인한 괴사를 일으킬 수 있다. 7. 삽입 중 꼬이거나 방해물로 폐쇄를 일으킬 수 있다. 8. 비강 손상(오래되었거나, 최근이거나)이 있으면 삽입이 힘들다. 9. 너무 깊은 삽입(길이가 부적절한 경우)은 위로 들어가 위 팽만을 유발할 수 있다.
주의 사항	1. 척추 손상을 의심(구토를 유발할 수 있음)할 수 있다. 2. 구토 반사가 있는 경우 구토나 성대 경련(후두연축)이 생길 수 있으므로 미리 구역 반사를 평가해야 하며 구역 반사가 있다면 즉시 제거한다.	1. 잘못된 삽입방법은 코피를 일으킬 수 있다. 2. 부적절한 윤활제는 응고장애(딱지)로 인해 출혈의 가능성 있다. 3. 심각한 얼굴 골절이나 머리뼈 골절(두개 기저부 출혈 유발이나 천막을 관통할 수 있다) 환자는 적용을 금지한다. 4. 환자가 예민한 경우 주의한다.
공통 사항	1. 적절한 크기가 아니면 기도를 유지하기 어렵다. 2. 부분적인 기도폐쇄를 유발할 수 있는 후두개를 제어하지 못하므로 머리 기울기와 함께 적용하면 더욱 좋다.	

Ⅱ 산소소생기(수동식/자동식 산소소생기)

1. 개요

인체는 정상적인 상태에서는 갈비근의 확장과 횡격막 하강이 발생할 때 기도내에 음압이 발생하게 된다. 음압이 발생하게 되면 체내에 공기가 들어오는 흡기(insiration)와 그 반대 작용의 호기(expiration)를 통해 산소와 이산화탄소 교환하는 호흡작용을 일컬어 환기(ventilation)이라 한다. 환기 과정에 문제가 발생하여 환기장애(ventilatory disturbance)가 나타나면 환자는 저산소증 상태가 된다.

응급의료종사자는 임상적 상태에 따라 기도관리와 산소공급을 제공해야 한다. 기도유지와 적절한 산소공 급에도 호전되지 못하고 부적절한 환기를 하고 있다면, 외부압력에 의한 환기가 제공되어야 한다. 현장대원에 의한 산소소생기의 선택은 의식상태와 호흡곤란의 정도, 현장 상황에 따라 수동식 산소소생기와 자동식 산소소생기를 통한 양압 환기를 제공하여 교정할 수 있다.

양압 환기의 이해

스스로 흡기와 호기에 문제로 외부에서 압력을 통해 환기를 제공하는 것을 양압환기라 한다. 자발적인 환기가 안 될 때 외부에서 산소를 적절한 압력으로 불어 넣는 것을 양압환기(postive ventilation)를 제공해야 한다. 양압 환기는 기계장치를 통해 체내로 강제환기(양압)를 제공하는 방식으로 기도내압[9]과 상충하는 압력과 양은 폐 손상을 일으킬 수 있어 주의가 요구된다. 양압 환기와 관련된 문제들은 대부분 인공호흡기(ventilator)에 의존하는 시간이 길어질수록 나타나지만, 현장 소생술에서 간헐적으로 공급되는 높은 압력에도 공기가슴증이나 위 팽만에 따른 문제, 높아지는 흉강 내압, 허파꽈리파열 등의 증상이 나타날 수도 있는 것을 알고 있어야 한다.[8]

시행자의 숙련되지 못한 환기의 일반적 부작용은 공기가 위(stomach)를 부풀게(팽창) 하여 구토를 유발하여 흡인성/역류성 손상에 따라 폐렴의 원인이 되며, 많은 양의 공기나 높은 압력(빠른 제공을 포함) 때문에 기압손상(barotrauma)[10]과 용적손상(volutrauma)[11]이 나타날 수 있다.

표 2-2 양압환기 압력에 영향을 받는 기도내압 수치

조건	기도내압
일반적 기도내압	5cmH_2O
심정지 상태 기도내압	0~5cmH_2O
식도를 개방시킬 수 있는 기도내압	15~25cmH_2O
폐 손상과 역류성/흡인성 합병증이 없는 안전한 기도내압	20cmH_2O

9) 기도내압(airway pressure): 기도 안의 압력을 말하며 숨을 뱉을 때 허파꽈리 단계에서 가장 높고, 들이마실 때는 허파꽈리에 가까운 기도일수록 낮다.

10) Barotrauma: 높은 기도압은 허파꽈리를 과팽창시키고 파괴하여 공기가슴증, 세로칸공기가슴증(pneumomediastinum), 폐기종을 유발할 수 있다. 이것은 주로 40cmH_2O 이상의 PEEP과 100cmH_2O 이상의 최대흡기압에서 유발된다.

11) Volutrauma: 볼륨이 조절되지 않은 상태에서 큰 볼륨은 폐를 허탈(collapse)되지 않은 정상적인 폐 부위의 과팽창이 되어 손상을 입는다. 이것은 허파꽈리 모세혈관의 투과성 증가와 외피세포와 내피세포 붕괴를 통해 폐부종을 발생시킬 수 있다.

높은 압력의 환기가 계속될 때 파열된 허파꽈리와 간질 사이의 압력 차로 인해 허파꽈리 중격파괴가 나타날 때 허파꽈리 내 공기가 간질로 이동하는 간질성 기종이 나타나게 된다. 이것은 사강(dead space)을 증가시키면서 산소의 확산을 방해하며 그 결과로 폐동맥압 증가에 따른 정맥 환류(venus return) 감소 현상을 일으켜 순환계 폐순환을 방해하기도 한다.

기압손상의 대표적인 문제는 피하기종, 공기가슴증, 세로칸공기가슴증으로 보여진다. 허파꽈리가 터지면서 유출된 공기가 간질에서 세로칸으로 이동해서 기종격동, 피하조직으로 확대되는 것은 피하기종이 되고, 세로칸 벽측흉막을 통해 흉강으로 이동하는 것을 공기가슴증이라 부른다. 연구에 따르면 공기가슴증은 간헐적인 높은 압력에도 나타날 수 있으며[9] 높은 압력과 큰 용적에서 상해가 큰 것으로 보고되어[10] 양압 환기를 할 때 높은 압력은 곧 큰 용적을 의미한다는 것을 알아야 한다.

표 2-3 기압환기 제공 시 발생 가능한 문제들

원인	증상	결과
빠른 호흡의 제공	위 팽만에 따른 구토물 흡인, 폐 확장의 방해	기도폐쇄, 폐렴, 환기 저하, 기관지압력 저하
빠른 호흡의 제공	압력 손상(barotrauma)	기관손상(기관 점막 손상) → 공기가슴증, 피하기종, 세로칸 기종, 무기폐발생
많은 양의 호흡	높아지는 흉강 내압 볼륨 손상(volutrauma)	큰 혈관 전달 → 정맥환류 감소 → 심각한 심혈관계 기능감소 → 쇼크/심정지(PEA) 큰 용적이 허파꽈리의 과팽창과 미세혈관을 손상시켜 폐부종을 만든다.
완전한 호기 전에 다음 호흡의 제공	환기의 정체(stating)	"과다팽창" 현상이 생겨 오히려 환기를 방해

적절한 환기량을 제공하는 방법으로 다음과 같은 방법을 제시하고자 한다. AHA 2015 Guideline에서는 성인 심폐소생술에서 BVM의 환기낭을 1/3 또는 2/3 압박하여 6~7mL/kg(500~600mL)의 일회환기를 권고하고 있고, 전문기도유지기(ETT, LT, I-gel 등)가 삽관된 경우는 6초마다 1회의 인공호흡(10회/분)을 제공한다고 나타나 있다. 하지만, 국내 연구에서 전문기도유지기가 삽입되지 않은 상태에서 BVM 단독 환기량은 350mL로 부족한 것으로 나타났는데 이것은 환자 기도저항, 폐 탄성, 구조자의 마스크 밀착 정도가 환기량을 변화시키는 것으로 보인다.[11,12] 따라서, BVM 단독으로 환기를 할 경우 무조건적인 1/3 환기보다는 사전에 시뮬레이터나 환기량 측정기를 통해 꾸준한 훈련이 필요하다.

병원 전 단계의 산소소생기는 임상적 상태에 따라 수동식 모델과 자동식 모델로 사용되고 있다. **수동식 산소소생기**는 BVM 단독 사용, BVM with Airway, BVM with Advanced Airway(ETT, LT, I-gel)에 의한 조합으로 활용되고, **자동식 산소소생기**는 119구조구급에 관한 법률에 따라 적재 장비로 있지만 많은 대원은 소생술 현장에서 수동식 산소소생기를 사용하고 있다.

2. 수동식 산소소생기 Bag Valve Mask

고무백에 저장된 공기(산소)를 손으로 직접 짜서 역류 방지 밸브가 있는 연결구를 지나 마스크로 제공되는 양압호흡기구이다. 백 밸브 마스크(Bag valve mask)는 호흡이 없는 환자에게 고농도(50% 이상)의 산소를 투여하고자 할 때 사용된다. 백-밸브 마스크 기구로 인공호흡을 할 때는 한 손으로 백(bag)을 짜낼 수 있는 만큼의 호흡량을 공급할 수 있으며, 일 회에 1L 이하 정도에서 호흡량을 유지할 수 있다.

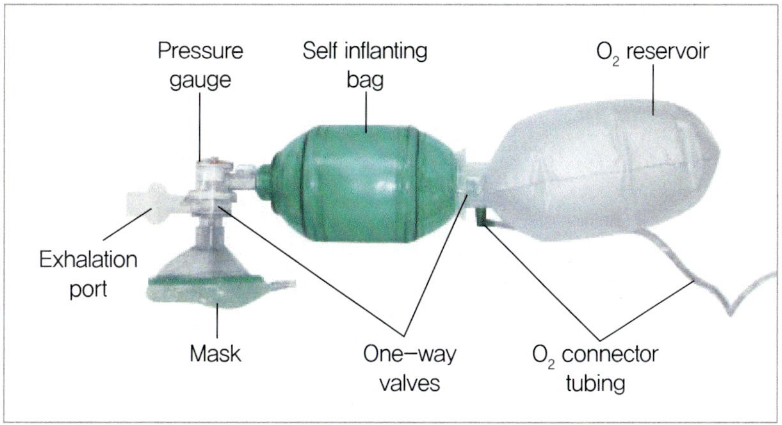

그림 2-13 백 밸브 마스크의 일반적인 구조

입 대 입 인공호흡을 할 때 공급되는 산소의 농도는 16%에 불과하고 입마스크 인공호흡법을 하더라도 공급되는 산소의 농도는 50~55% 정도이지만, 산소 저장소를 가진 백밸브 마스크로 인공호흡을 하면 산소농도를 90% 이상으로 높일 수 있다.

모든 형태의 백밸브 마스크는 인공호흡용 백(bag), 역류방지 밸브(pop off Valve)와 안면 마스크로 구성되어 있고 이것은 공통적인 모양이다. 역류방지 밸브는 과압손상을 방지하고자 제조사마다 약간의 차이는 있지만 보통은 45cmH_2O로 설정되어 있다. 백 밸브 마스크는 영아, 소아, 성인으로 구성되어 있으며(성인과 소아 일체형 장비도 있다) 백(bag)의 용량은 제조사에 따라 차이가 있다. 백 밸브 마스크 소생기는 100%에 가까운 농도의 산소를 공급하기 위하여 저장낭이 달려 있다. 백 밸브 마스크의 산소 유입구는 작은 구멍의 관을 통하여 산소통의 유량계 꼭지와 연결된다.

백 마스크의 사용방법

백 밸브 마스크가 적절하게 조립되었다면 저장백에 고농도 산소를 연결한 후 환기를 제공한다.

효과적인 백 밸브 마스크 사용을 위한 **다섯 가지 주의사항은 아래와 같다.**

첫째, 기도유지가 우선시 될 것

둘째, 마스크와 얼굴을 밀착할 때 틈을 최소화할 것

셋째, 산소 저장낭을 충분히 부풀게 할 것

넷째, 산소를 15L/min 공급할 것

다섯째, 5초 간격으로 1초에 걸쳐(강한 압력을 예방하는 것이다.) 환기할 것

(전문기도기 삽입 후에는 AHA지침에 따라 6~8초에 환기한다.)

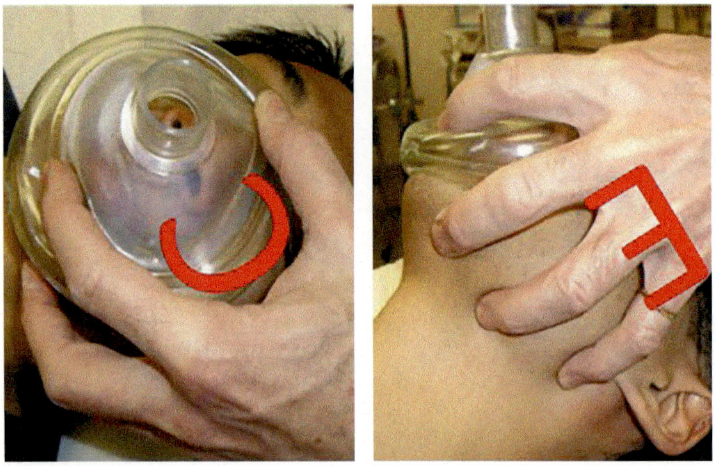

그림 2-14 EC-Technique

가장 어려운 것은 마스크의 밀착과 일정한 양과 압력을 제공하는 것으로 평소 충분한 훈련을 필요로 한다. 마스크를 밀착시키는 방법은 널리 알려진 대로 EC 또는 CE-Technique라고 한다.

마스크 테두리를 C자 모양 또는 O자 모양으로 감싸고 얼굴과 밀착시키고, 3, 4, 5번째 손가락으로 아래턱을 잡아당긴다는 느낌으로 감싼다[E와 C 모양의 힘 방향이 마스크를 얼굴(바닥)을 향해 누르는 것이 아니다].[13]

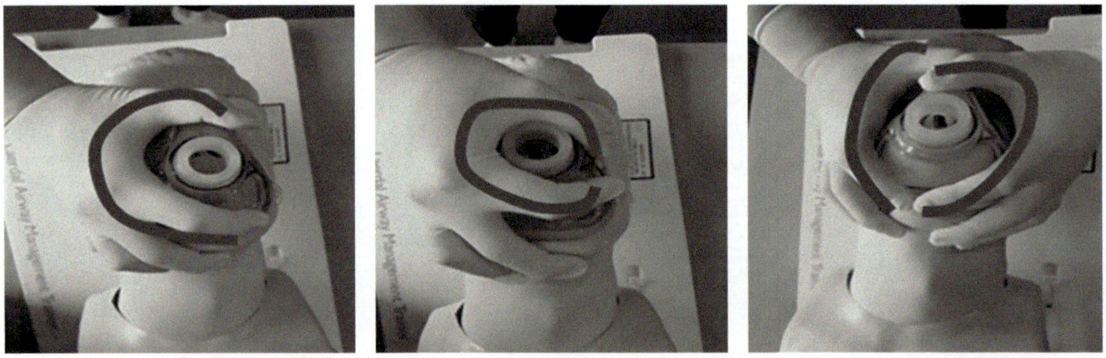

C-E Methods　　O-E Methods　　Both hand Methods(2 hand)

Table 2. Tidal volume according to mask sealing methods

		M	SD	F	*p*
				89.904	.000
Tidal volume (mL)	1 hand C-E	394.31	68.95		
	2 hand C-E	483.78	34.14		
	1 hand O-E	449.59	51.09		

The Korean Journal Emergency Medical Services Vol. 22(1)

그림 2-15 BVM을 고정하는 손 방법에 따른 환기량의 차이[14]

마스크 밀착은 술기자의 손 크기와 환자 얼굴 모양에 따라 약간의 차이가 있을 수 있으나, 현재까지는 가장 적합한 방법으로 추천된다. 또한, 현장 소생술을 할 때 3인 탑승을 하고 있다면 백 밸브 마스크는 1인보다는 2인으로 제공할 때 최적의 효율을 나타낼 수 있다.

백 마스크의 1인 사용법과 2인 사용법

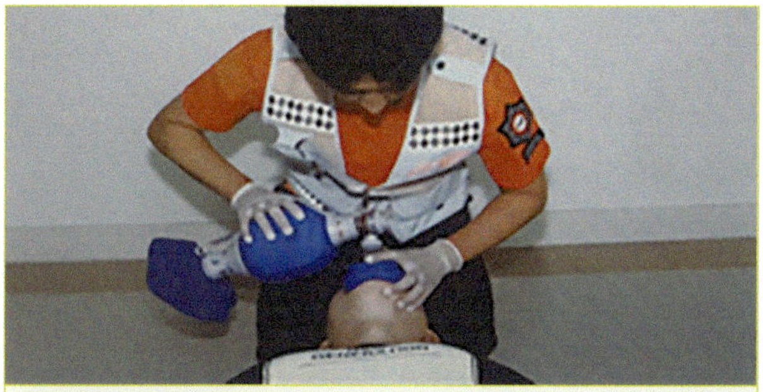

① 1인 사용법

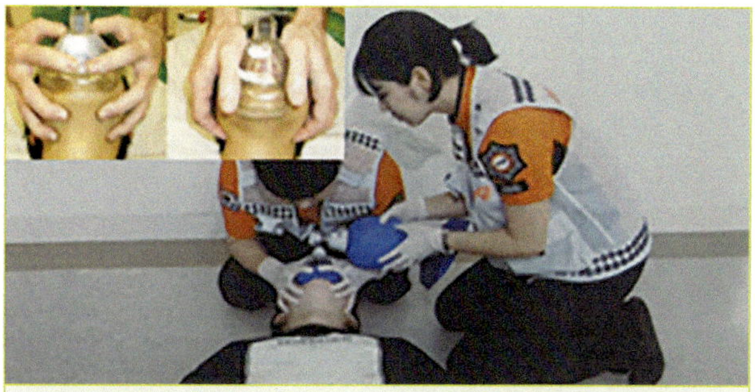

② 2인 사용법

Table 3. Airway Management Adverse Events Analysis

Safety population	BMV Group	ETI Group	Absolute Difference, BMV(%) - ETI(%) (95% CI)	*P* Value[a]
BMV or ETI Difficulty				
BMV VAS, median (IQR), mm[b]	20 (5-55)	NA	NA	NA
Intubation Difficulty Scale score, median (IQR)	NA	1 (0-4)	NA	NA
Rate of airway management difficulty, No./total No. (%)[c]	186/1027 (18.1)	134/996 (13.4)	4.7 (1.5-7.9)	.004
BMV or ETI failure, No./total No. (%)	69/1028 (6.7)	21/996 (2.1)	4.6 (2.8-6.4)	<.001
BMV or ETI Complications, No. (%)	n=1027	n=999		
Regurgitation of gastric content	156 (15.2)	75 (7.5)	7.7 (4.9-10.4)	<.001
Mainstem intubation[d]	NA	20 (2.0)	NA	NA
Recognized esophageal intubation[e]	NA	102 (10.2)	NA	NA
Dental injury	NA	7 (0.7)	NA	NA
Extubation	NA	5 (0.5)	NA	NA

Abbreviations: BMV, bag-mask ventilation; ETI, endotracheal intubation; IQR, interquartile range; NA, not applicable; VAS, visual analog scale.

[a] *P* values were calculated by using χ^2 test or Fisher exact test.

[b] BMV difficulty was recorded by the operator after termination of resuscitation. The BMV VAS ranges from 0 (ventilation without difficulty) to 100 (maximum ventilation difficulty).

[c] ETI difficulty is defined by Intubation Difficulty Scales score greater than 5. Intubation Difficulty Scale score ranged from 0 (intubation without difficulty) to infinity. A value greater than 5 defines difficult intubation. BMV difficulty was defined by Han scale score greater than 2 (grade 1: easy mask, grade 2: difficult mask requiring an oral airway or other adjuvant, grade 3: very difficult mask ventilation requiring 2 practitioners, and graed 4: unable to mask ventilate).

[d] Mainstem intubation was detected in the field by auscultation.

[e] There were no unrecognized esophageal intubations.

그림 2-16 CAAM의 Airway Management Adverse Event Analysis

백 밸브 마스크의 효용성은 유럽의 프랑스(15개 센터), 벨기에(5개 센터)에서 OHCA(병원 전 심정지) 2,043명에 대한 Cardiac Arrest Airway Management Trial(CAAM)에서는 심폐소생술 중 BVM은 ETI[12]사용과 비교한(4.2% Vs 4.3%) 결과 비슷한 생존율을 나타낸다고 하였다. 하지만 BVM 사용 그룹은 합병증과 술기 적용에 어려움이 있음을 발견했다.(6.7%에서 부적절한 환기량이 발생하였고, 15.2%에서는 역류와 흡인이 발생)

12) ETI(Endotracheal Intubation)

3. 자동식 산소소생기(수요밸브, 산소소생기)

우리나라 구급차 대부분은 자동식 산소소생기가 벤틸레이터(인공호흡기) 역할을 담당하고 있다. 자동식 산소소생기는 종류에 따라 크게 수동식 산소공급과 양압에 따른 수요밸브 형태의 산소공급이 가능한 제품이 있다.

기기 몸체의 산소공급 버튼(triger)을 누르면 밸브가 열리면서 100% 농도의 산소를 분당 40L의 속도로 주입할 수 있게 제작되었다. 또한, 자발 호흡이 있는 환자에서는 환자가 흡기 시 음압이 밸브 부위에서 감지되어 밸브가 열리면서 산소가 기도로 들어가며 환자가 흡기를 멈추면 자동으로 산소흡입을 멈추게 된다.

수요 밸브의 단점은 산소가 과다 주입되어 가슴을 과팽창시킬 수 있으며, 과팽창으로 폐 손상이나 공기가슴증, 피하기종을 유발할 수 있다. 만약, 과도한 압력으로 산소를 주입하므로 식도가 열려 위 내로 산소가 들어가 위 팽만이 발생할 수 있다. 따라서 가슴 손상 환자나 기관삽관이 된 환자에서 폐 손상이 발생하지 않도록 주의 깊게 사용하여야 하며 10세 이하에서는 사용해서는 안 된다.

표 2-4 산소소생기의 환기량과 기도내압 비교[15]

(앞의 그림 2-2에서 안전한 기도내압이 20cmH_2O라 하였다.)

장비명	환기량	기도내압	비고
Microvent(CSI-3000)	527.26mL	11.66cmH_2O	ETT 7.5 ID
Oxylator(EM-100)	551.44mL	11.89cmH_2O	
Oxylife II	369.46mL	8.02cmH_2O	
BVM(1/3 Squeezing)	326.00mL	8.06cmH_2O	15L/min 공급

자동식 산소소생기는 주로 네 가지 목적으로 활용되고 있다.(AHA 2015 지침에 근거)

① 산소보충의 목적으로 고압 탱크에서 압력조절장치(regulator)를 통한 방법

② 환기량이 부족하나 자발 호흡이 있는 경우 수요 밸브를 통한 방법

- Oxylator(EM-100), Oxylife

③ 심정지와 같이 자발 호흡이 없는 경우 수동식 양압 환기법으로 사용

- Oxylator(EM-100), Oxylife, Microvent(CSI-3000, CPR)

④ 심정지 소생술에서 전문기도기 삽입 후 자동식 양압모드의 사용

- Microvent-CPR(AHA 2015 지침에 따른 최적화)

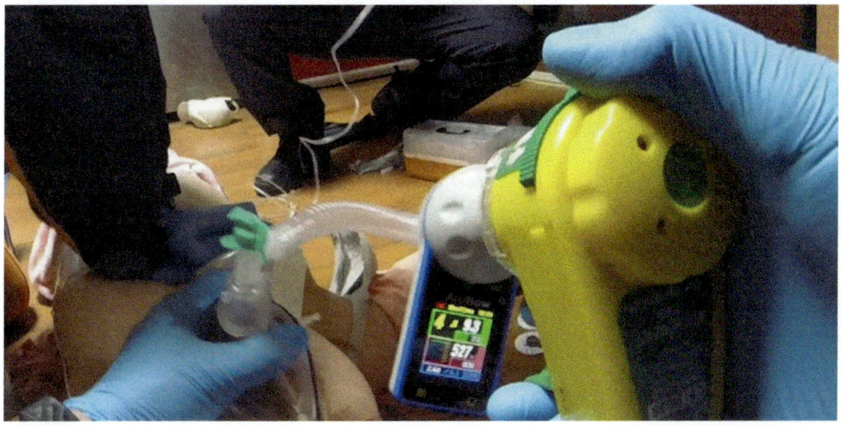

그림 2-17 산소소생기에 환기량 측정기와 Catheter Mount(Vent circuit)의 조합

전문기도유지기가 삽입된 상태라면 자동식 산소소생기의 조합만으로도 소생술을 진행할 수 있어 현장에서 더욱 여유로운 이점이 있다. 그렇지 않더라도 환기량을 확인할 수 있는 장비가 있다면 적절한 환기량을 제공하고 이송 중에도 편리하게 쓰일 수 있다.

119구급대에 사용 중인 산소소생기들은 일회 환기량과 적절한 기도내압을 제공하고 있어 중증 환자의 환기장애나 호흡정지 또는 심정지 상황에서 안전하고 편리하게 사용할 수 있는 것으로 보인다.

산소소생기의 한계

자동식 산소소생기는 수동식 소생기처럼 폐 탄성(유순도)[13]을 느낄 수 없어 무기폐나 폐부종이 있는 환자에게는 사용하지 말아야 하는 것으로 알려져 있다. 또한, 기도저항이 증가하는(기관지협착, 기도폐쇄 등) 때도 효과적으로 환기할 수 없는 문제와 산소소생기를 고정할 수 없으므로 Catheter Mount 같은 도구를 사용하기도 한다.

별도의 동력이 없는 대신 산소통의 압력을 사용한다. 수요 밸브 형태로 사용할 경우는 산소를 절약할 수 있지만, 산소소생기로 사용할 경우는 과다한 산소소모가 될 수 있으므로 현장 소생술이 길어지면 별도의 산소탱크가 필요할지도 모른다. 소생기가 저환기를 인식하지 못하기 때문에 현장 소생술 중에는 산소포화도 측정기의 산소포화도의 수치와 PI[14] 수치를 통해 함께 관찰하여야 한다.

13) Lung Compliance(폐 탄성): 폐 조직이 가지고 있는 탄성을 말하는 것으로 허파꽈리 내압이 증가할 때 용적이 증가하는 성질(BVM을 짤 때 저항감을 느낄 수 있다.)

14) PI(perfusion index): 관류지수는 말초조직의 비박동성 혈액에 대한 박동성 혈류의 비율을 나타내는 것으로 최근에 판매되는 Pulse Oximeter에서 말초까지 혈류의 흐름 강도를 확인하는 보조도구로 쓰이고 있다.

표 2-5 산소소생기의 종류와 특성

명칭	OXYLATOR (EM-100)	OxyLife II Plus	Microvent (CSI-2000/3000)	Microvent (CPR)
사진			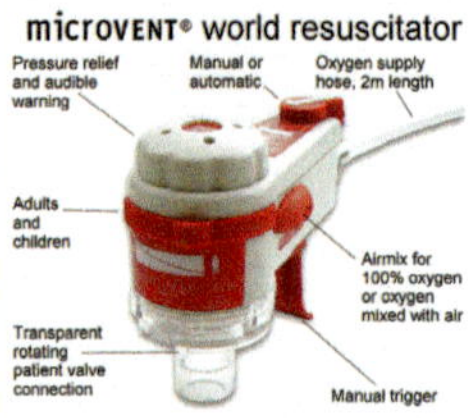	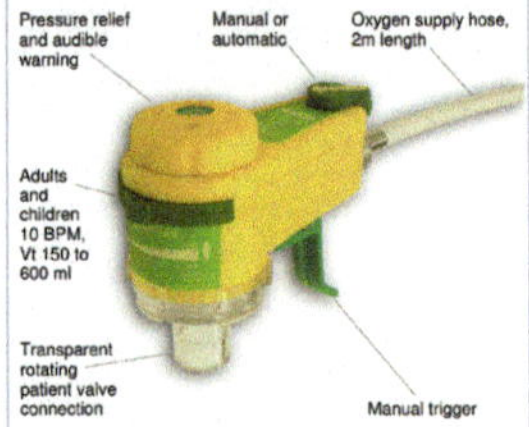
Demand Valve 방식	지원		지원 안 함	
산소 공급 방식	압력감지 방식 호흡 보조	부피/시간 방식	부피/시간 방식	
분당 호흡수	12~24회/min	12~20회/min	12~24회/min	10회/min
분당 호흡량 - 자동모드	12~16L/min	200~1,100mL/min	300~1200mL/min	150~600mL
분당 호흡량 - 분당 최대 호흡량	40L/min	12~39.6L/min	40L/min	40L/min
공급 방식	수동/자동	수동/자동	수동/자동	
CPR에 권고되는 방법	수동 (자동 2005지침)	수동	수동 (자동 2010지침)	자동 (2015년 지침에 적합)
압력감지 범위	25~50cmH_2O 이상 알람과 동시에 배출	60cmH_2O 이상 알람과 동시에 배출	45cmH_2O 이상 알람과 동시에 배출	
기타	체중 10kg 미만 사용금지	체중 13.3kg 미만 사용금지	체중 20kg 미만 사용금지	체중 10kg 미만 사용금지

4. 적용방법

자동식 산소소생기 사용법 Oxylife_EM-100

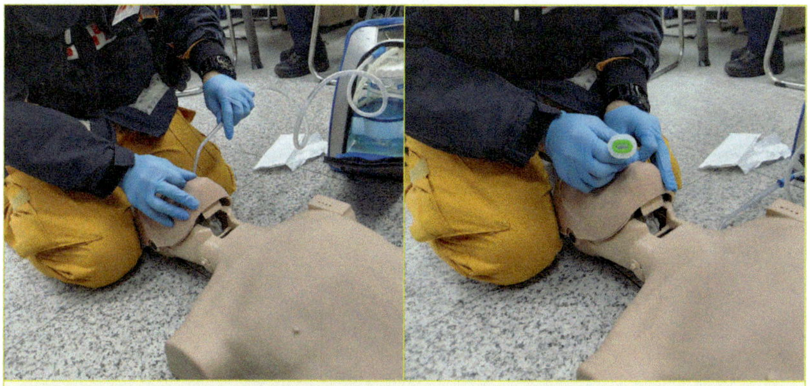

① 입안의 이물질 제거와 기도유지기를 통한 기도확보를 한다.(필요시)

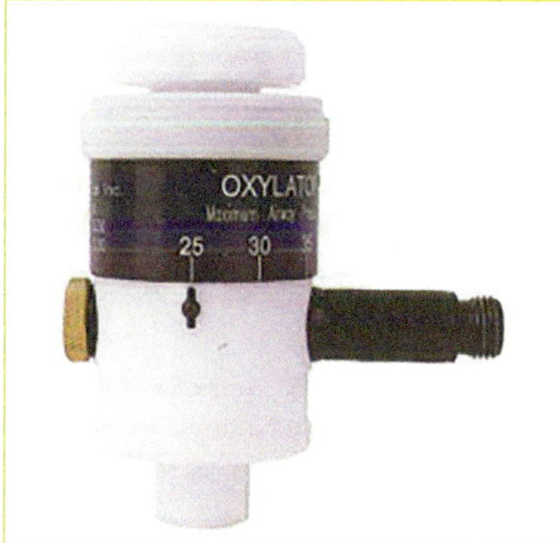

② EM-100의 압력수치가 최초 25cmH_2O에 위치하는지 확인한다.

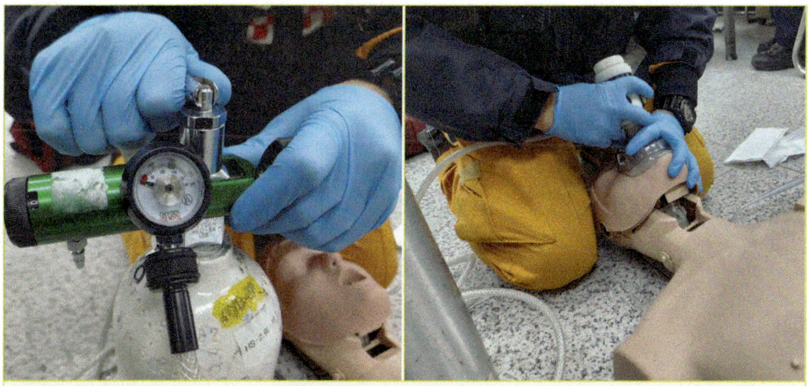

③ 산소탱크 압력밸브를 개방하고 마스크를 씌운다.

④ 황색의 O_2밸브를 누른 다음 시계 방향으로 돌려 잠근다. EM-100은 환자 폐의 상태를 자동으로 조절하여 흡기호기가 된다.

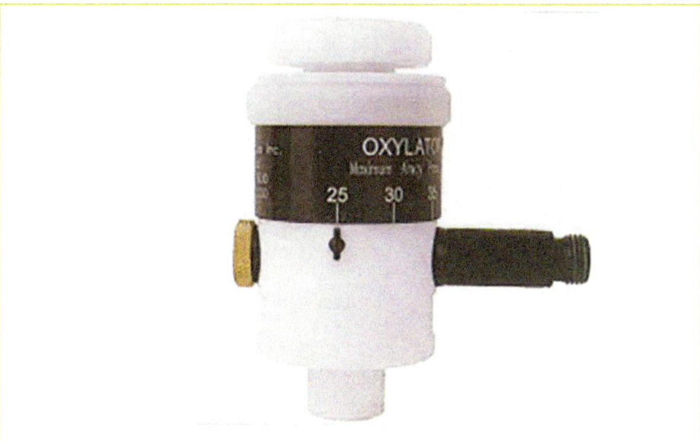

⑤ 사용도중 '따각따각' 경고음이 울리면 산소마스크를 제거하고 압력 밸브를 5cmH_2O씩 높여서 단계적으로 조절한다.

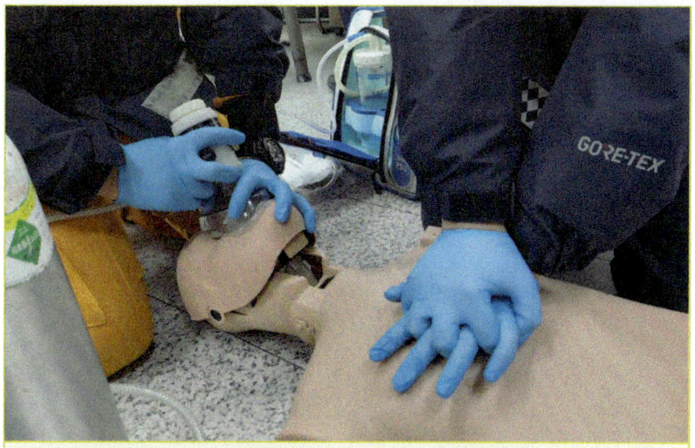

⑥ 연속동작 상태에서는 2005지침에 의거 30:2 비율로 공급이 가능하다. AHA 2015지침에 따라 과환기가 될 수 있으므로 더 이상 자동모드로 환기하지 않는다. 다만, 수동모드로 사용은 가능하다.

출처: 제조사 설명자료 참조

EM-100의 네 가지 사용방법

① 수동 모드(호흡정지 상태의 양압 호흡)

- 황색의 산소공급 버튼을 누르는 동안 양압 환기가 제공된다.

② 연속 자동 모드(호흡이 정지된 환자 대상)

- 호흡정지 상태에서 자동 모드로 환기하는 것으로 자동흡기 후 호기가 끝나는 지점에서 다시 자동흡기하는 방식, 흡기시간이 성인 2초, 소아 1초 이상 걸리면 수동모드로 바꾸어야 한다.

③ 반 자동 모드(호흡 정지 상태)

- 2~4cmH_2O의 낮은 기도압으로 환기를 유지(PEEP기능)

④ 호흡 보조 기능(자발 호흡이 회복된 상태)

- 소생술 도중 자발순환 환자 중에서 환기량이 부족한 경우 기도내압을 읽어 양압환기를 보조하는 기능

Oxylator(EM-100)은 개발 당시 제조사 설명에 따르면 네 가지 유형으로 사용이 가능한 것으로 나타나 있다. EM-100은 1994년 개발된 장비로 자동모드 사용은 2015 AHA Guideline에서 권고하는 과환기 방지에 맞지 않다. 필자가 추천하는 방식은 심정지 상태에서는 '수동모드'로 1초간 공급하고, 자발호흡이 나타나고 환기량이 부족한 경우 '호흡 보조기능'을 사용하는 것이 좋다. 물론, 산소맥박포화도 측정기와 환자의 임상적 상태를 함께 확인하면서 사용되어야 할 것으로 보인다.

자동식 산소소생기 사용법 Microvent_CSI2000/3000

❶ 산소탱크와 소생기를 연결한다.
(산소 유량계는 절대 돌리지 않는다.)

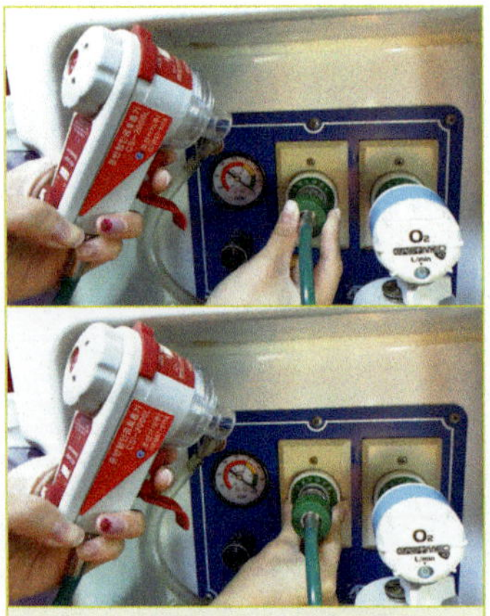

❷ 고정식 소생기 연결방법
(손잡이를 돌리면서 밀고,
당길 때 연결과 분리가 된다.)

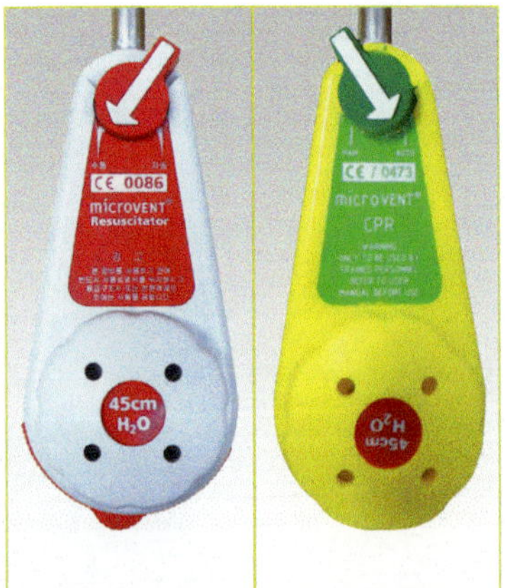

❸ 용도에 따라 자동/수동 모드 선택
CSI-3000 모델은 수동모드 사용
CPR 모델은 수동/자동모드 사용 가능

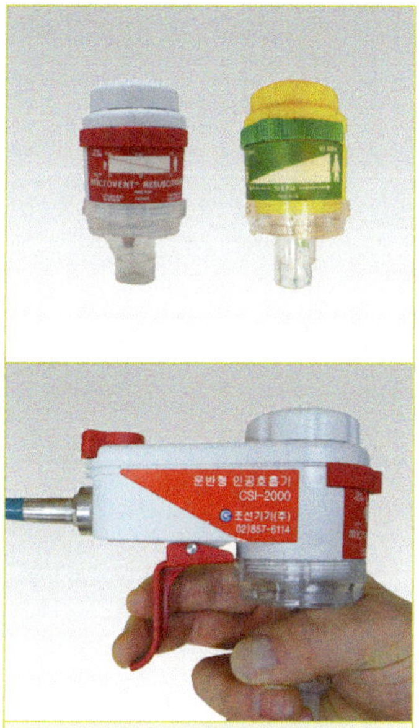

④ 목표 환기량을 선택하고 Trigger(누름쇠)를 눌러 환기를 확인한다.

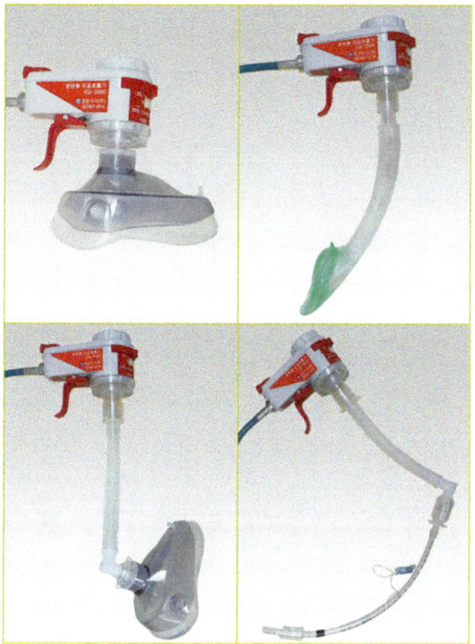

⑤ 몸체와 연결한 여러 유형들

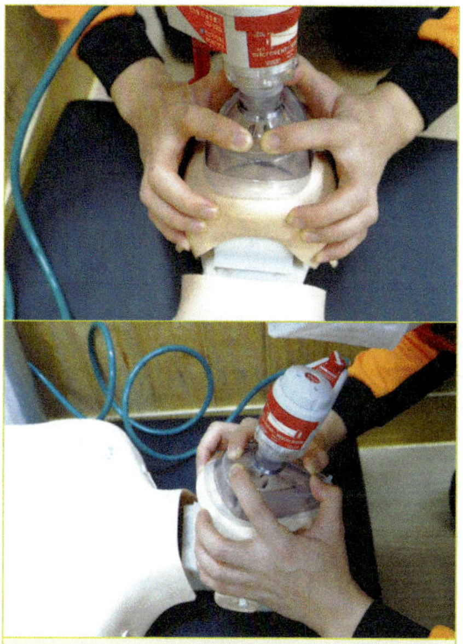

⑥ 마스크 환기를 시행할 때 모습

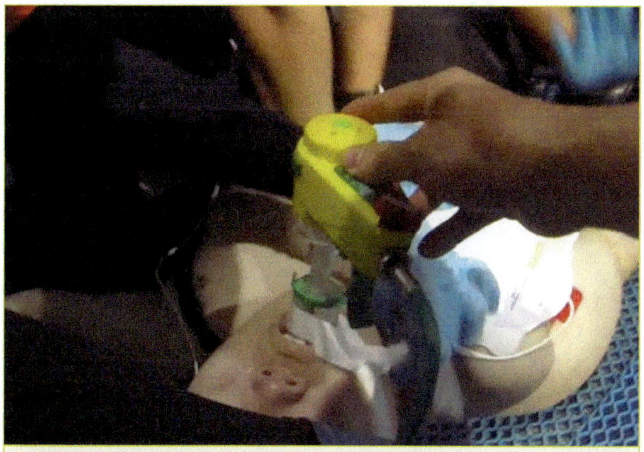

⑦ 실제 현장에서 I-gel을 연결하고 자동모드로 환기하는 모습

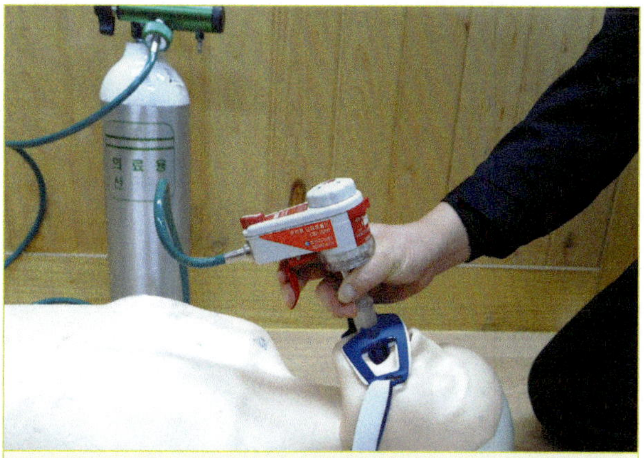

⑧ 수동모드로 환기하는 모습

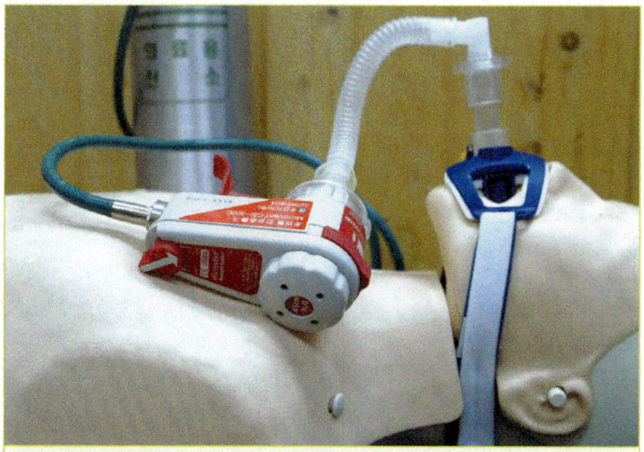

⑨ 자동모드로 환기하는 모습

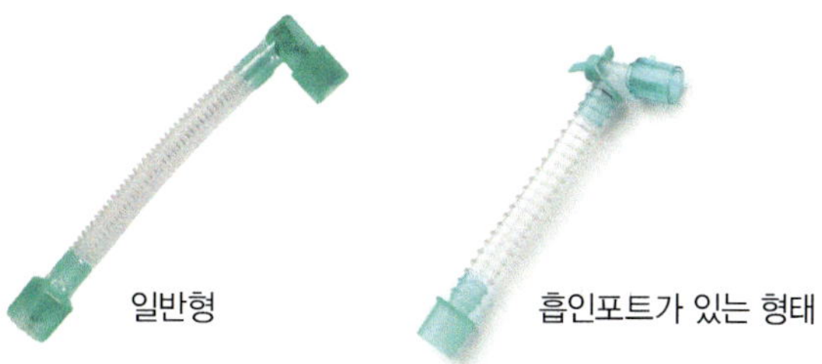

Catheter Mount

⑩ 전문기도기 삽입 후 Catheter Mount(VentCircuit) 등으로 연결하여 튜브가 빠지는 것을 방지한다.

Ⅲ 후두경 세트(비디오 후두경)

1. 개요(적응증)

기관내삽관이란 수술이나 응급처치 시에 인공호흡을 위해 기도 내에 튜브를 삽입하는 행위를 말하며, 후두경이란 기관내삽관을 할 때 사용하는 기구이다. 목구멍에는 숨 쉬는 구멍인 기도와 음식물이 내려가는 식도가 있는데, 후두경 없이 목구멍으로 튜브를 밀어 넣으면 대부분이 식도로 삽입이 되기 때문에 후두경을 이용하여 기도를 노출시킨 후에 눈으로 보면서 기도로 튜브를 삽입한다. 후두경의 모양은 다음과 같다. 끝부분에는 불빛이 나오도록 만들어졌으며 손잡이 안으로 배터리가 삽입된다.

비디오 후두경은 크게 탐침 형태와 매킨토시 형태의 후두경으로 구분되고 각각의 장단점은 다음과 같다.

표 2-6 현장 대원들이 전하는 비디오 후두경 종류별 장단점

형태	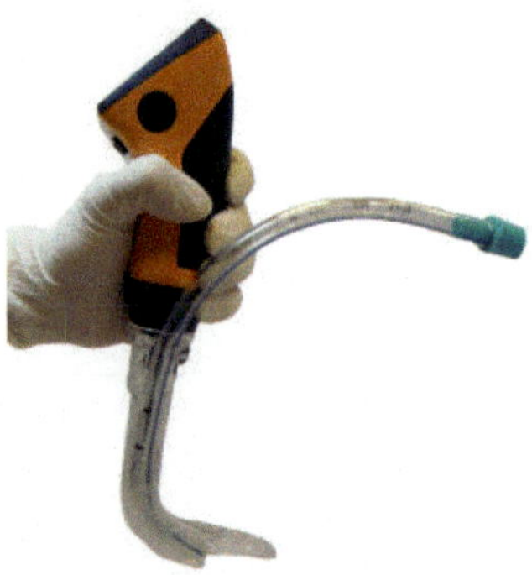	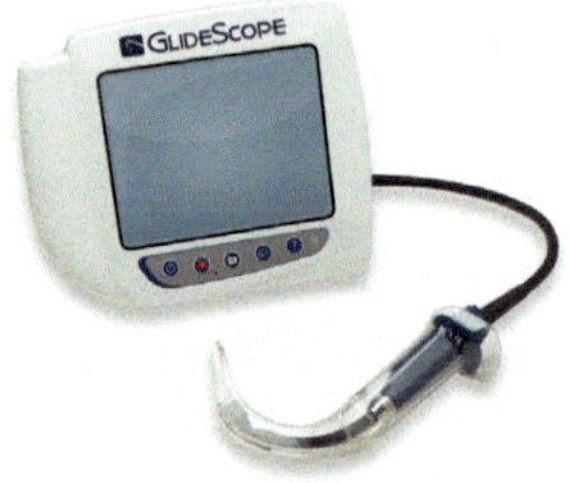	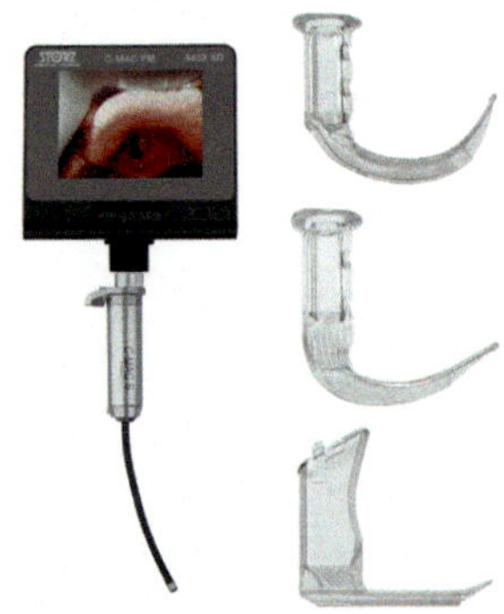
	블레이드와 튜브 결합형 (L자형 블레이드)	모니터 분리형 (D형 블레이드)	모니터 일체형 (교체형 블레이드)
장점	1. 기관내 삽관 튜브와 블레이드 일체형으로 성문이 보이면 바로 삽관이 가능하다. 2. 초점 조절 가이드가 있어 삽관에 편리하다. 3. 목 움직임을 최소화할 수 있다. 4. 화면에서 성문을 확인하면 바로 삽관이 가능하다.	1. D형 블레이드 방식으로 성공률이 높다. 2. 블레이드 핸들링이 좋다. (최소한의 움직임) 3. 화면이 크고 분리되어 있어 동료가 조언하기 좋다. 4. 어떠한 방향에서도 삽관해도 편리하다. 5. 모니터 방향을 따로 둘 수 있어, 감염병 환자에서 직접 대면하지 않아도 된다.	1. 작고 가벼워 휴대성이 좋다. 2. 상대적으로 저렴한 제품이 많다. 3. 일반 후두경 처럼 직접 눈으로 확인 가능하다. 4. 모니터 회전각이 우수하여 다양한 자세에서 사용 가능하다. 5. 대체로 자체 녹화 기능이 있는 제품이 많다.
단점	1. AA 배터리만 사용해야 하므로 항상 여분의 배터리를 준비해야 한다. 2. 블레이드 끝 부분이 커 입이 작은 환자에게 삽입하기 불편하다. 3. 제품자체가 두꺼워 손이작은 사용자는 불편하다. 4. 구형 모델은 일호용 또는 블레이드 커버가 없다.	1. 부피가 커 휴대성이 떨어진다. 2. 다른 형태에 비해 블레이드보다 카메라와 튜브 위치의 위상차가 있다. 3. 모니터를 적절한 위치에 두기 어렵다. 케이블이 불편하다. (환자가슴, 얼굴 옆 등에 두어야 한다.) 4. 배터리 교환 모델이 없다. 5. 일회용 블레이드가 아닌 경우 고수준의 소독이 어렵다.	1. 야외에서는 빛의 방향에 따라 화면이 잘 안보이는 현상을 경험하기도 한다. 2. 일회용 블레이드가 아닌 경우 고수준의 소독이 어렵다. 3. 일회용 블레이드 커버가 없는 경우 사용자체가 불가하다.

출처: 소방응급구조사 이송남, 김희태

비디오 후두경은 기관내삽관의 목적 외에도 기관내관의 위치 재확인, 상부기도 이물질의 확인과 제거, 기관내 삽관을 위한 교육적 목적에 활용되고 있다.

2. 주의사항(장·단점)

전통적인 수동식 후두경은 손잡이의 충분한 배터리 양과 블레이드의 램프가 점등되는 것을 확인할 수 있으면 언제든 사용할 수 있었다. 비교적 간단한 수동식 후두경보다 비디오 후두경은 복잡한 전자적인 기기로서 조심스럽게 다뤄져야 한다. 또한, 성문을 직접 확인하지 않고 카메라 렌즈에 의해 LCD에 표현되는 성문 위치에 튜브를 삽입하는 방식이 제조사마다 달라 사전에 충분한 연습이 필요하다.

전용 Stylet을 제공하기도 하며, 커브형 보다는 하키스틱 모양이 적합하다.

- 블레이드 커버가 없는 구형 모델의 경우 소독방법(제조사 지침 참조): 이물질 세척 후, 소독 티슈로 닦은 뒤 소독액 세척 후 건조하도록 한다.(멸균은 하지 못하고 소독만 가능)

표 2-7 비디오후두경의 일반적 장단점

장점	단점
1. 직접 눈으로 성문을 확인할 필요가 없어 감염방지에 탁월하다. 2. 시야 확보가 좋아 성공률이 높다. 3. 후두경보다 직접 힘을 덜 주어도 된다. 4. 튜브 일체형 블레이드는 화면에서 성문이 관찰되면 바로 삽관할 수 있다. 5. 보조자가 삽관 과정을 함께 보면서 도울 수 있다. 6. 내/외장 모니터로 지도자나 학생들이 삽관 과정을 확인할 수 있다. 7. 삽입 과정을 사진과 비디오 영상을 기록할 수 있다. 8. 과굴곡에 의한 치아파손 위험을 줄일 수 있다. 9. 사용법 숙달에 짧은 시간이 소요된다.	1. 가격이 비싸다. 2. 대부분 IPX7~8등급이므로 일반소독(소독제로 닦아내기)만 가능하다. 3. 배터리 사용의 불편(배터리 교체 비용이 고가이며 대부분 240분간 사용 가능) 4. 파손, 분실, 고장에 대한 대체가 어렵다. 5. 전원 On 후 부팅시간이 소요(기기마다 다름) 6. 제품별 사용법이 달라 적응에 시간이 필요하다. 7. 영상에 집중하면 튜브 위치와 삽입 깊이를 인식하는 데 어려움이 있을 수 있다.(위상차이 발생) 8. 온도 차에 따라 스모그(입김) 발생으로 시야 가림 현상이 발생(최근의 장비는 대부분 안티포그 기능이 있음) 9. 감염병사태 이후 대부분이 일회용 블레이드를 채택(개당 2~3만원대) 10. 일부 제품의 경우 심정지 상황에서 가슴압박을 하는 손에 간섭을 받아 삽입에 어려움이 있음(블레이드가 두꺼움, 대형 모니터, 긴 후두경 몸체)

비디오 후두경 사용에 대한 조언 8가지

① 속 침(stylet)은 단단한 것을 사용하는 것이 유리하다.

② 비디오 후두경은 눈으로 직접 확인하는 것이 아니라 카메라에 보이는 성문을 보고 튜브를 삽입해야 하므로 블레이드 곡선과 비슷하게 튜브 모양을 만드는 것이 삽관에 유리하다.

③ 진행 방향은 블레이드를 정중선으로 진입하여 목젖을 확인한 후 후두개곡을 찾아 들어 올린다(너무 바닥으로 향하게 되면 이물질에 의해 카메라의 시야가 가려질 수 있다).

④ 성문에 너무 가깝게 진입하게 되면 튜브 삽관에 방해가 될 수 있으므로 거리를 둔다.

⑤ 수동 후두경처럼 직접 확인할 필요가 없으므로 환자 얼굴과 충분한 거리를 두면 감염사고 예방에 도움이 된다.

⑥ 녹화기능이 있는 장비라면 반드시 녹화한다.

⑦ 사전에 배터리 충전 상태를 확인하고 고장에 따른 대비가 필요하며, 수동 후두경으로도 삽관할 수 있는 수행도를 가질 정도로 연습해야 한다.

⑧ 하키스틱형 스타일렛을 사용할 때 튜브 끝이 성문에 걸려 삽입이 어려우면 스타일렛을 5cm까지 빼면서 튜브를 밀어 넣도록 한다.

3. 사용방법

비디오 후두경을 사용할 때 튜브의 모양은 블레이드의 각도와 같게 구부리는 것이 좋은데 이것은 비디오카메라 위치와 튜브의 삽입 위치를 최대한 비슷하게 하기 위함이다.

정중선(mid line) 접근법은 혀를 따라 들어 올리듯 진입하며 구조물을 하나씩 확인한다.

그 순서는 입 정중선 → 목젖 → 혀 기저부 → 후두개 → 성문 순서가 된다.

블레이드가 바닥으로 접근하게 되면 너무 깊숙이 들어가게 되어 후두개 덮개를 지나치게 되어 성문에 직접 닿을 수 있다. 이것은 렌즈와 튜브의 위치(위상차 位相差)가 발생하여 실제 튜브를 삽입하기 어렵거나 식도로 삽입되는 경우가 많다. 또한, 이물질이나 객담에 의해 화면이 어두워질 수 있다(시야 가림 현상). 혀 아래로 목젖을 지나서 부드럽게 계속 블레이드를 움직인다(lifting/rocking이라 한다). 부드럽게 적당히 위쪽으로 들어 올린다. 힘을 주면서 그대로 후두경 블레이드를 후두개곡까지 전진시키는 것이 간접적으로 후두개를 들어 올리는 제일 나은 방법이 될 수 있다.

튜브가 성문을 통과하게 되면 튜브 끝에 표시된 landmark를 따라 1~2cm가량 삽입을 하게 된다.

비디오 후두경 삽입방법

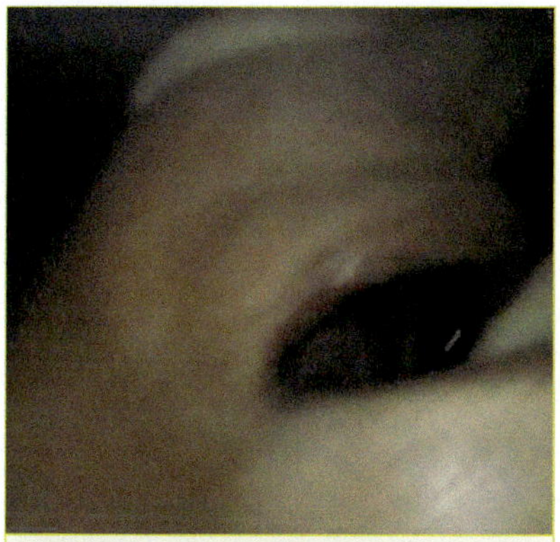

① 정중선으로 접근한다.

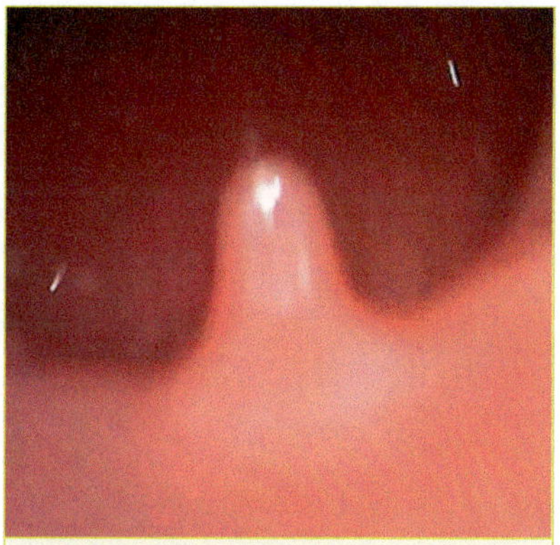

② 목젖을 확인한다.

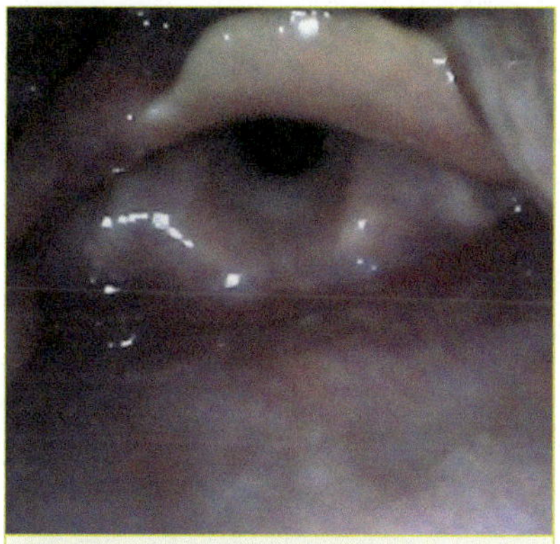

③ 후두개와 성문을 확인한다.

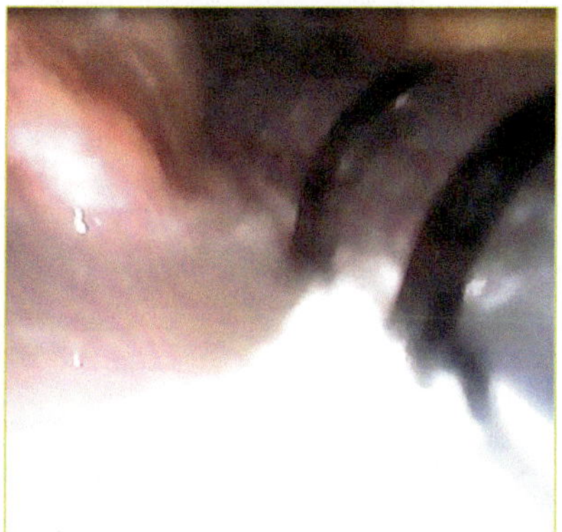

④ 적절한 깊이까지 삽입되는지 확인한다.

만약 삽입이 잘 안 된다면 튜브를 측면으로 눕혀(30~40도) 들어가는 것이 도움이 되며, 비디오후두경 특성상 삽입 깊이를 가늠하기 어려워 눈으로 직접 튜브의 삽입 깊이를 확인하는 것이 좋다. 튜브 끝이 성문을 통과하여 기관으로 들어갈 때 느끼는 약간의 저항은 기관의 모양 때문이다. 이 시기에 속 침을 제거해야 한다.

Ⅳ 전문기도 유지기 SGA, ETT

1. 개요

전문기도기는 병원 전 환경에서 의식소실을 동반한 중증의 호흡곤란과 심정지 또는 그에 준하는 상태에서 환기를 위한 중요한 기도확보용 장비로 자리 잡고 있다. 1급 응급구조사는 의료지도를 통해 기관내삽관과 성문위기도기(SGA)를 사용할 수 있으며 간호사도 성문위기도기를 사용하고 있다. 전문기도기는 성문위기도기와 기관내삽관 튜브로 구분되며 성문위기도기는 비침습적 방식이며 기관내삽관보다 쉽고, 안전하며, 치아와 입 주변 연부조직 손상이 거의 없다. 성문위기도기는 1세대가 기도유지 위주의 기능이라면 2세대는 기도유지와 양압환기(기도 누출압이 높게)와 Drain tube를 통해 폐흡인의 가능성을 낮추는 개념으로 발전하였다.

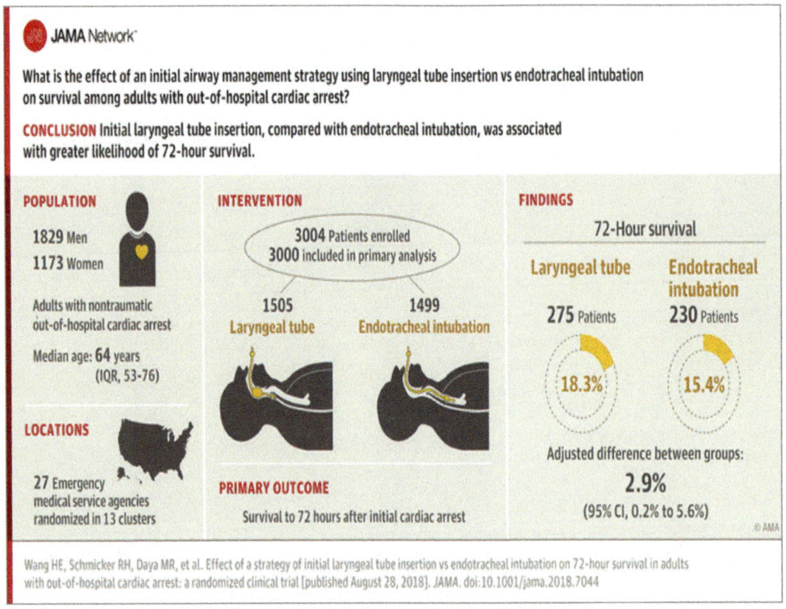

PART(Pragmatic Airway Resuscitation Trial)

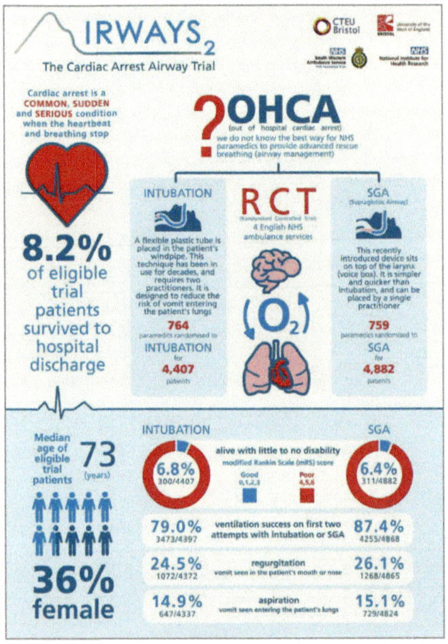

AIRWAY-2

그림 2-18 SGA와 ETI의 효율성에 대한 연구

성문위기도기는 ▲PART(Pragmatic Airway Resuscitation Trial; 2018,저널 JAMA 지에 실린 연구로 미국 27개 EMS팀에 대한 King LT Vs ETI의 연구) 72시간 생존율 SGA 18.3%, ETT 15.4%)

▲Airway-2(2018, 저널 JAMA 지에 실린 연구로 영국 4개 EMS팀에 대한 I-gel Vs ETI 연구)는 30일 생존율 6.4%, 6.8%)와 Good CPC 3.9%, 2.6%로 나타나 매우 유용한 장비로 보인다.[16,17]

2. 후두 마스크 기도유지기 Laryngeal Mask Airway(LMA)

후두 마스크는 후두경 없이 삽입할 수 있고, 기관내튜브 수준의 환기가 가능하다. 후두 마스크는 환자에게 접근이 제한되거나 경부(목) 손상의 가능성이 있거나 환자가 기관내삽관에 알맞은 자세를 취할 수 없을 때 기관내튜브보다 유리하다.

후두 마스크 기도유지기(laryngeal mask airway)는 기도 튜브의 끝에 공기주머니가 달린 고무 마스크가 달려 있어 후두개(후두덮개, epiglottis)의 입구에서 마스크로 덮어 환기하는 것이다. 후두 마스크 기도유지기의 삽입법은 후두로 마스크의 공기를 뺀 상태에서 밀어 넣으면 하인두(hypopharynx)까지 들어가게 되고 이때 저항이 느껴지면 마스크 안으로 공기를 주입하여 후두구 입구를 막은 후 튜브 안으로 환기할 수 있게 한다.

LMA 삽입방법

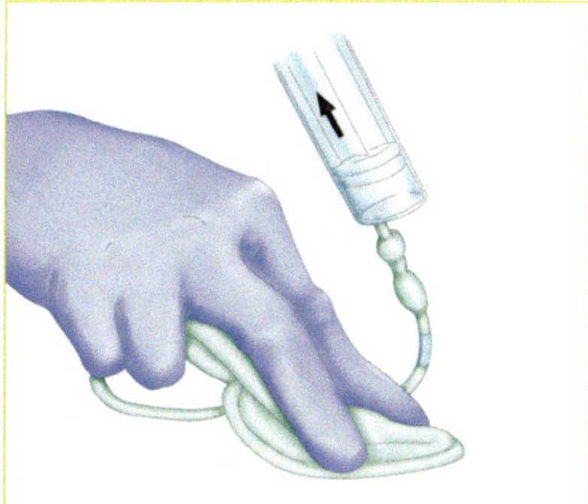

① 커프에 바람을 빼 진공 상태에서 모양을 형성한다(윤활제 도포).

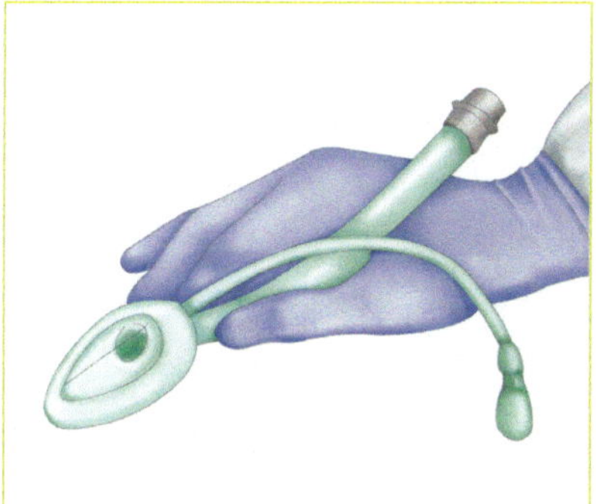

② 두 번째 손가락으로 찌르고 연필잡듯 파지한다.

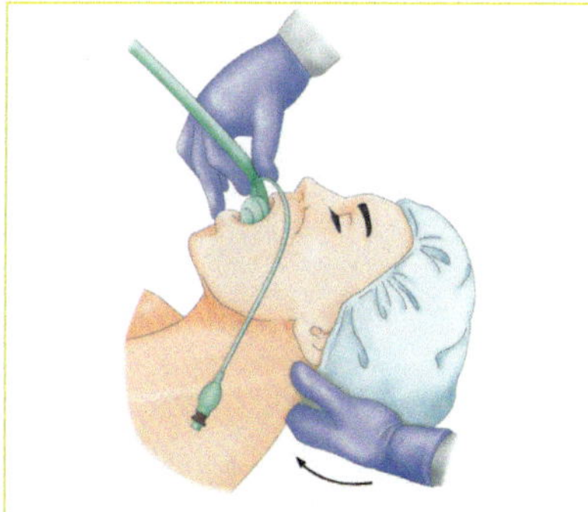

③ 튜브 뒷면이 입천장을 훑듯이 삽입한다.

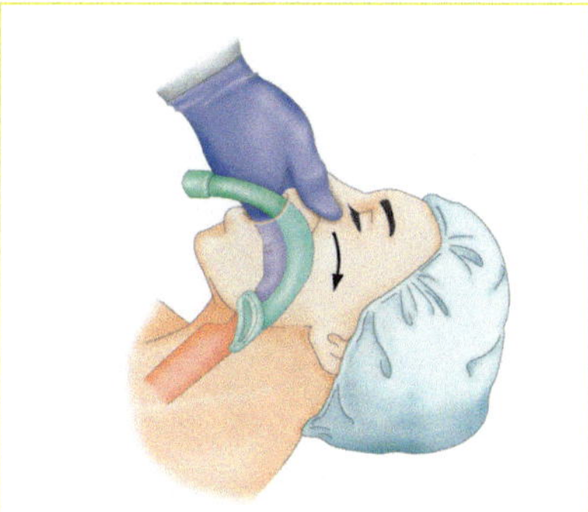

④ 튜브의 끝이 식도를 폐쇄할 때까지 삽입한다.

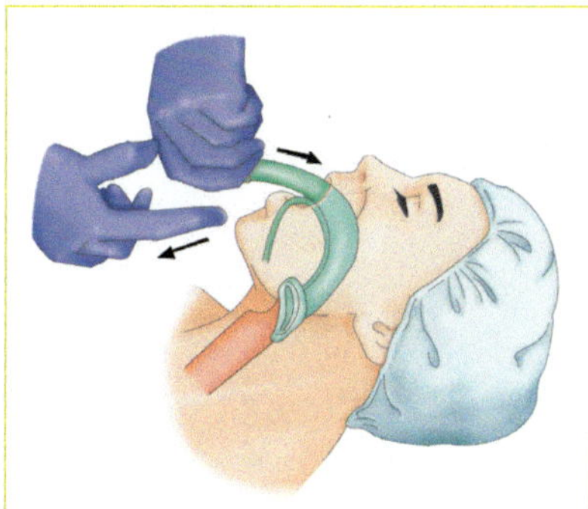

⑤ 더 이상 들어가지 않을 때까지 삽입한다.

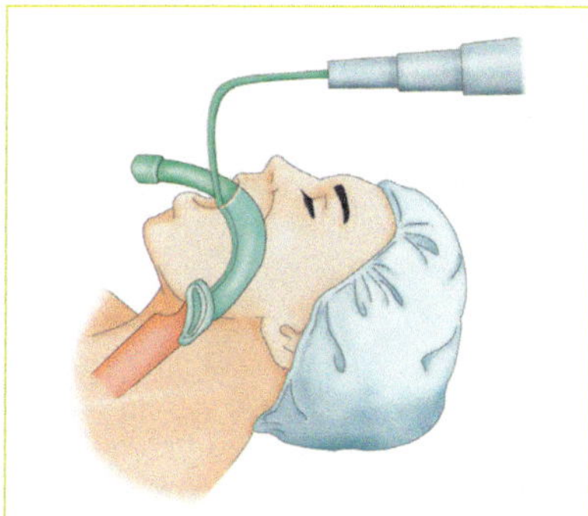

⑥ 바람을 넣어 벌룬한다.

출처: 제조사 설명자료

후두 마스크 기도유지기의 사용은 후두경으로 성대를 확인하지 않고 삽입할 수 있으므로 기관내삽관보다 쉽게 삽입할 수 있다. 기관내삽관이 되지 않는 환자나 불안정한 목뼈 손상이 의심되는 환자에게 사용할 수 있다.

3. 후두 튜브 기도유지기 Laryngeal Tube/Suction/Disposable LTS(D)

후두 튜브 기도유지기는 식도 기관 콤비 튜브와 유사하게 생겼지만 좀 더 작고 간단하며, 식도 기관 콤비 튜브와는 달리 식도로만 삽입된다. 후두 튜브는 심정지 환자에게 기관내삽관을 대신에 하여 사용될 수 있으며 높은 성공률(96.8%)[18]을 보이고 있다.

후두 튜브 기도유지기(LTS, LT)는 한 개의 관(tube)내에 2개의 분리된 관(lumen)을 가지고 있으며 인두의 풍선과 말단부 풍선으로 2개의 풍선을 가지고 있어 기관을 보지 않고 삽입하여 튜브의 끝이 기관으로 들어가든지 식도로 들어가든지 상관없이 삽입할 수 있다. 그러나 관의 끝이 어디에 들어가 있는지를 확인하는 것이 중요하다. 이러한 단점을 보완하여 단일 통로로 만들어진 것이 후두 튜브 기도유지기이다. 입인두 부분과 식도 부분을 팽창시켜서 원위부관을 통해 산소가 폐로 온전히 주입될 수 있도록 설계되어 있다. 최근 각국에서 활발하게 사용하는 방식이다.

LTS(D)사용방법

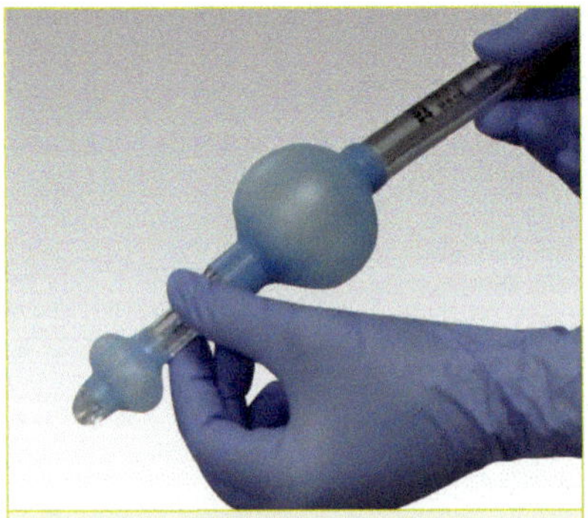

① 튜브 상태를 확인한다. (윤활제 도포)

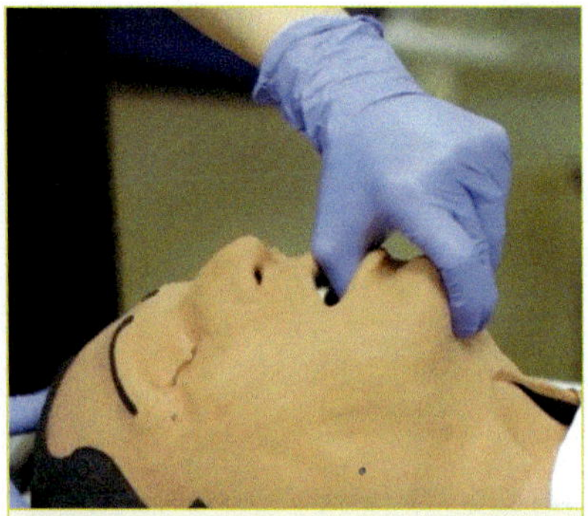

② 입을 벌린다.

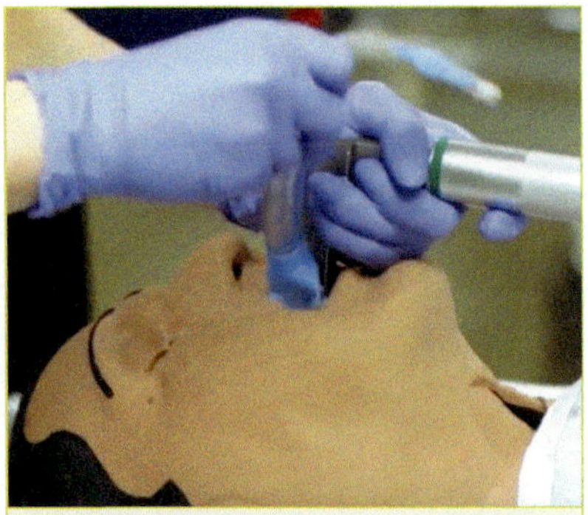

③ 혀를 들고 튜브 끝이 식도를 막을 때까지 삽입한다.

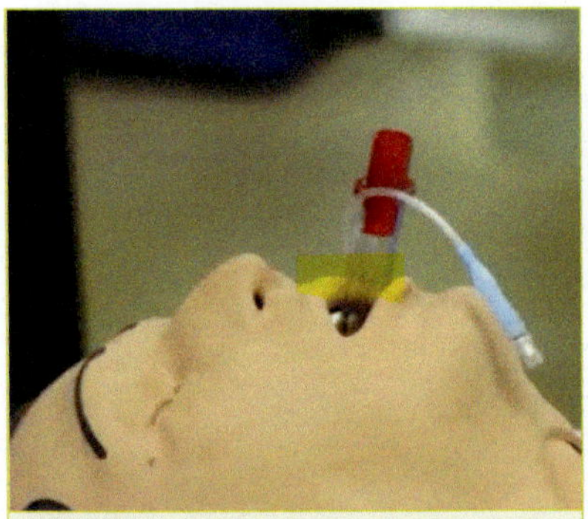

④ 튜브삽입 위치를 확인한다. (눈금이 있는 곳까지)

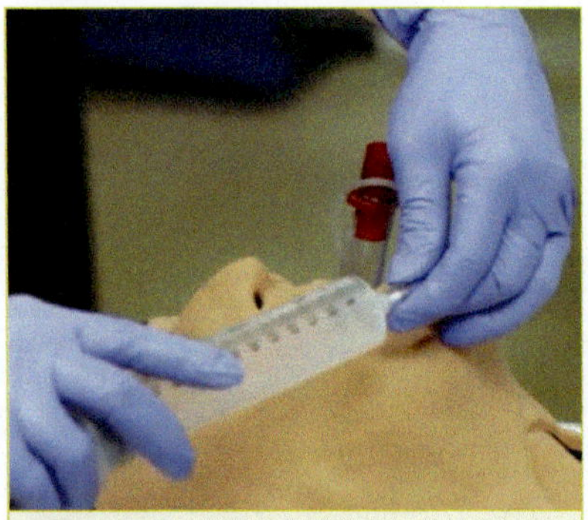

⑤ 크기에 맞게 벌룬한다.

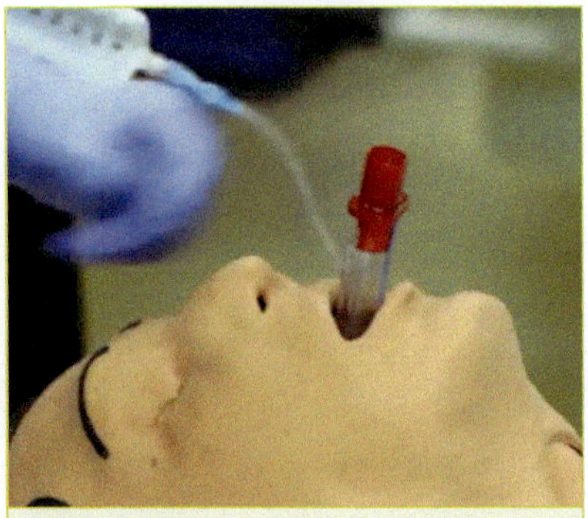

⑥ 고정한다.

출처: 제조사 설명자료

4. 아이젤 I-gel

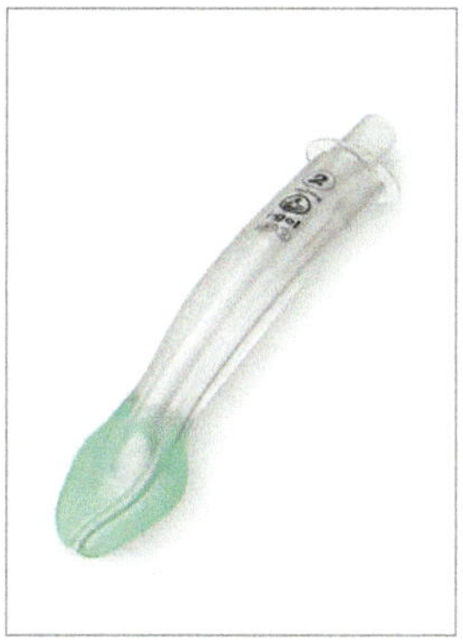

I-gel

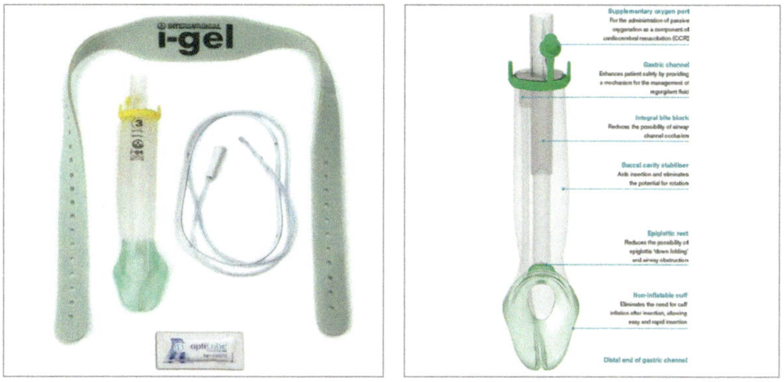

I-gel resus
고정밴드, 산소공급관 등 추가

그림 2-19 I-gel과 I-gel Resus

2007년 개발된 I-gel은 인두에 밀착되는 부분이 탄성체 젤로 만들어져 있어 입안의 구조물 손상을 최소화하면서 후두개의 하강을 방지하도록 설계되어 기도유지에 유용하다. 특히 마스크나 풍선을 부풀릴 필요가 없어 성문위기도기 사용 경험이 적은 응급의료종사자도 쉽게 사용할 수 있다.

의식 저하를 보이는 중증의 호흡곤란 환자와 자발 호흡이 사라지는 환자에 대한 기도유지와 양압 환기를 위한 경우가 적응증이 된다.

I-gel을 이용하는 현장 대원들은 환기 중에 빠짐 현상에 대한 불만이 있다고 말한다. 그들은 환기 중에 일어나는 가슴 압박에 대한 압력과 백 밸브 마스크의 환기 시 움직이는 힘 그리고 이송을 위한 전체적인 움직임 동안에 유지되지 못하고 쉽게 빠져 버린 경험이 있었기 때문이다.

가능하다면 전용 고정대를 사용하여 예방한다.

대원들이 현장 소생술과 이동 중에 I-gel 삽입 깊이에 대해 계속적인 관찰을 해야 하는 이유이다.

I-Gel 사용방법

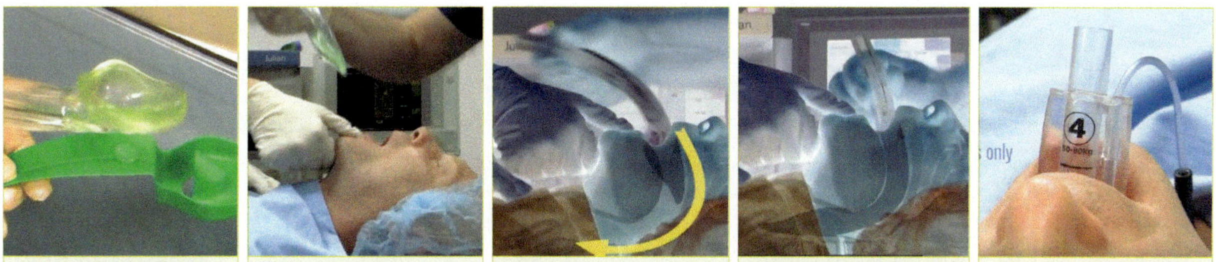

① 외관 상태를 확인하고 윤활제를 도포한다.

② 입을 벌린다.

③ 튜브를 넣는다.

④ 튜브 끝이 식도 입구를 막을 때까지 삽입한다.

⑤ 삽입 위치를 확인하고 고정한다.

출처: https://www.youtube.com/watch?v=ao-Sb_OulE8

I–Gel 삽입이 잘 안될 때 조치사항

1. 입 안의 이물질을 다시 확인한다.
2. 수용성 젤리를 충분히 바른다.
3. 수용성 젤리가 없다면 수돗물이나 수액을 사용한다.
4. 설압자로 혀를 젖히거나, 손가락으로 들어올려 공간을 확보한다.
5. 보조자에게 갑상연골을 들어올려 공간을 확보하면 삽입이 편리하다.

갑상연골 들어올리기법

5. ETI(Endotracheal Tube) 기관내튜브

기관내 튜브는 기도유지기 중에서 가장 확실한 도구로 널리 쓰이고 있다. 기도 내 분비물을 흡인할 수 있으며 고농도의 산소공급이 가능하다.

영아에서 성인까지 적용할 수 있도록 다양한 크기로 제작되어 있으며, 튜브 끝에는 삽관 깊이를 알려주는 방사선 표식이 튜브 전체에 눈금자처럼 구성되어 있다.

튜브 삽입 후 15mm 크기의 인공호흡기 연결구 옆의 공기주입 커프를 통해 공기가 주입되면 튜브 끝 풍선이 부풀리며 기관지에 고정된다.

튜브 끝에는 Muppy's eye라는 특수한 구조물이 있어 튜브끝이 막히더라도 흡인이나 산소공급이 가능하고, X–ray촬영에도 눈금을 확인할 수 있다.

기관삽관 후에 환자의 움직임이나 튜브를 단단히 고정하기 어려운 경우 튜브에 스프링같은 구조의 철심이 들어간 굴곡형 튜브도 있다.

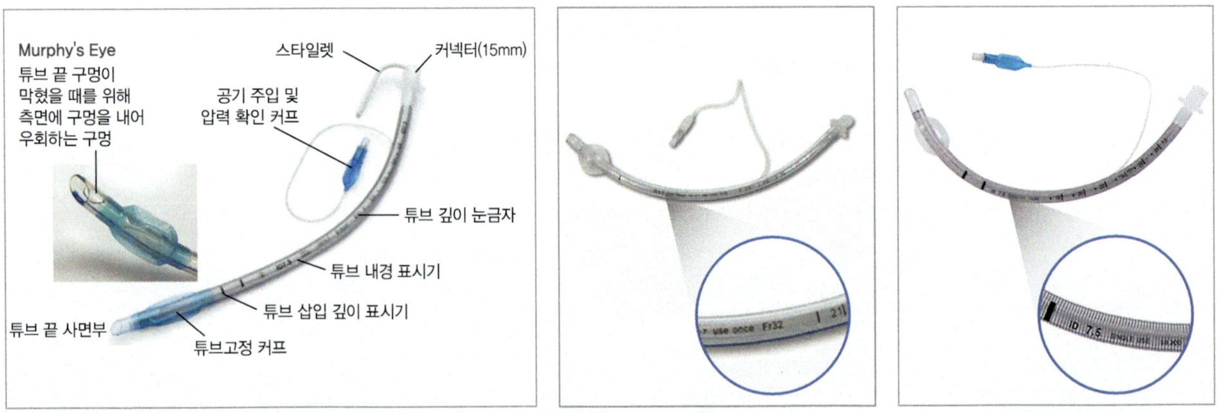

기관내 삽관튜브의 구조　　일반형　　굴곡 강화형

그림 2–20 기관내 삽관 튜브의 명칭과 종류

기관내삽관법

기관삽관은 1968년쯤부터 미국의 일부 EMS에서 병원 전 기관삽관을 하기 시작했고, 1980년 중반부터 응급구조사에 의한 기관내삽관이 널리 소개되었다.[19] 기관내삽관법(intubation)은 응급실 내에서 무호흡이나 인공호흡이 필요한 환자에게 가장 흔하게 사용하는 방법으로 후두경을 통해 후두개와 성대를 눈으로 직접 확인하거나 비디오 후두경을 사용하여 기관 내에 튜브를 삽입하는 것으로 적응증은 다음과 같다.

표 2-8 기관내삽관의 적응증(*119구급대의 경우 '심정지'에 한해 사용하고 있다.)

1. 무호흡
2. 상부 기도폐쇄
3. GCS 8점 이하의 혼수상태
4. 호흡기능상실
5. 쇼크로 인한 호흡운동의 감소, 불충분한 환기
6. 기관지 수축에 의한 기도 폐쇄가 예상되는 환자에 대한 예방적 삽관(예: 기도화상, 아나필락시스, 크룹 등)

Level I 기도폐쇄, 저환기 상태, 충분한 산소공급에도 불구하고 저산소증(SpO_2 90% 이하) 지속, GCS 8점 이하, 심정지

Level II 기도폐쇄 우려가 있는 얼굴 부위와 목 부상, GCS 9~12점, 약리적 중재에도 지속적인 강렬한 불응 상태(약물을 사용해도 회복되지 않는 경우), 호흡증후군, 수술전 관리, 빠른 기관내삽관이 필요한 부적절한 호흡징후가 있는 목신경손상(완전 목신경손상, C5 상위레벨의 불완전 목신경손상)

근거: Level 1 indication for endotracheal intubation

기관내삽관을 시작하기 전에 모든 장비가 준비되어야 하며, 충분한 산소를 투여하여(pre-oxygenation)저산소증을 방지하여야 한다(다만, 심정지 상황에서는 신속한 삽관이 우선이다). 준비되어야 할 장비는 다음과 같다.

표 2-9 기관내삽관의 준비물품

1. 산소: 중앙 공급식 산소 또는 산소탱크
2. 흡인기(전동식 또는 수동식 휴대용 장비)
3. 저장낭이 달린 백 밸브 마스크
4. 기도유지기(입인두 기도유지기, 코인두 기도유지기)
5. 후두경(항상 밝은 빛이 들어오도록 유지)
6. 기관내삽관 튜브
7. 속침
8. 수용성 윤활제
9. 마질겸자(Magil forceps)
10. 고정장비: 테이프나 고정용 장비 사용
11. 공기 주입용 주사기(10mL)

후두경(laryngoscope)은 손잡이와 날개(blade)로 구성되어 있으며 손잡이 부분에 충전용 건전지가 들어가게 되어 있고 전구에 의해 기도 안을 잘 보이게 한다. 항상 불빛이 잘 보이게 충분한 전원이 유지되도록 관리하여야 한다. 후두경의 크기는 영아용에서 큰 성인용까지 다양하게 있으며, 후두경 날의 형태는 곡선형(Macintosh형)과 직선형(Miller형)이 있다.

만곡형 날은 주로 성인에서 사용되는데 날의 끝이 후두개 뒷부분의 후두계곡에 닿게 하고 후두경을 45° 상방으로 들어올리면 후두개가 열리면서 성문이 보인다. 그러나 직선형 날은 후두개를 직접 들어올려야 성대가 보이게 된다. 직선형 날은 주로 소아나 유아에서 사용된다.

기관내삽관과 튜브 고정을 보조하기 위한 도구

기관삽관은 혀를 젖혀 올리고 좁은 성문 사이로 기관내튜브를 통과해야 하는 어려운 술기이므로 초기에 실패하거나 어려운 기도를 가진 환자는 경험이 많은 숙련자가 대신해 줄 수 없다면 포기해야 할지도 모른다.

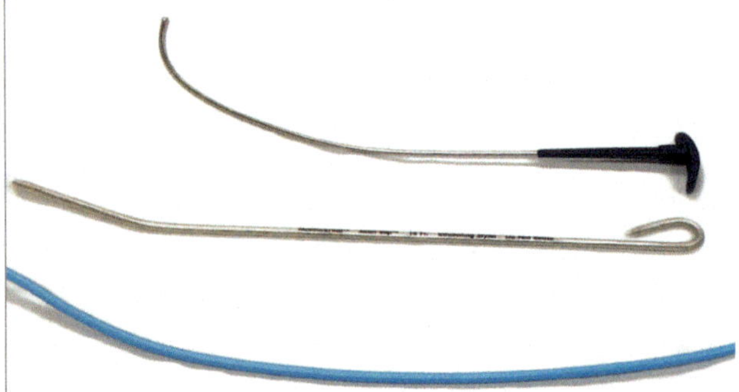

그림 2-21 튜브 삽관용 Stylet

만약 조금이라도 성문을 확인할 수 있다면 굵은 튜브를 대신하여 가느다란 튜브를 삽입하여 통로를 확보하고 튜브를 밀어 넣을 수 있는 도구가 개발되어 사용되고 있다. 기도유도삽관 유도기 또는 부지스타일렛(Bougie Stylet)이라고 하는 도구가 삽관을 위한 보조적으로 활용되고 있는데 목적에 따라 세 가지 정도가 있다(2020년부터는 119구급차량 적재장비로 포함되었다). 또한, 안정된 병원 환경과 달리 병원 전 환경은 현장에서 구급차로 이동, 구급차량 이동 중에도 튜브 고정이 어려워 기도삽관 튜브와 성문위기도기의 고정을 도와주는 도구들이 쓰이고 있다.

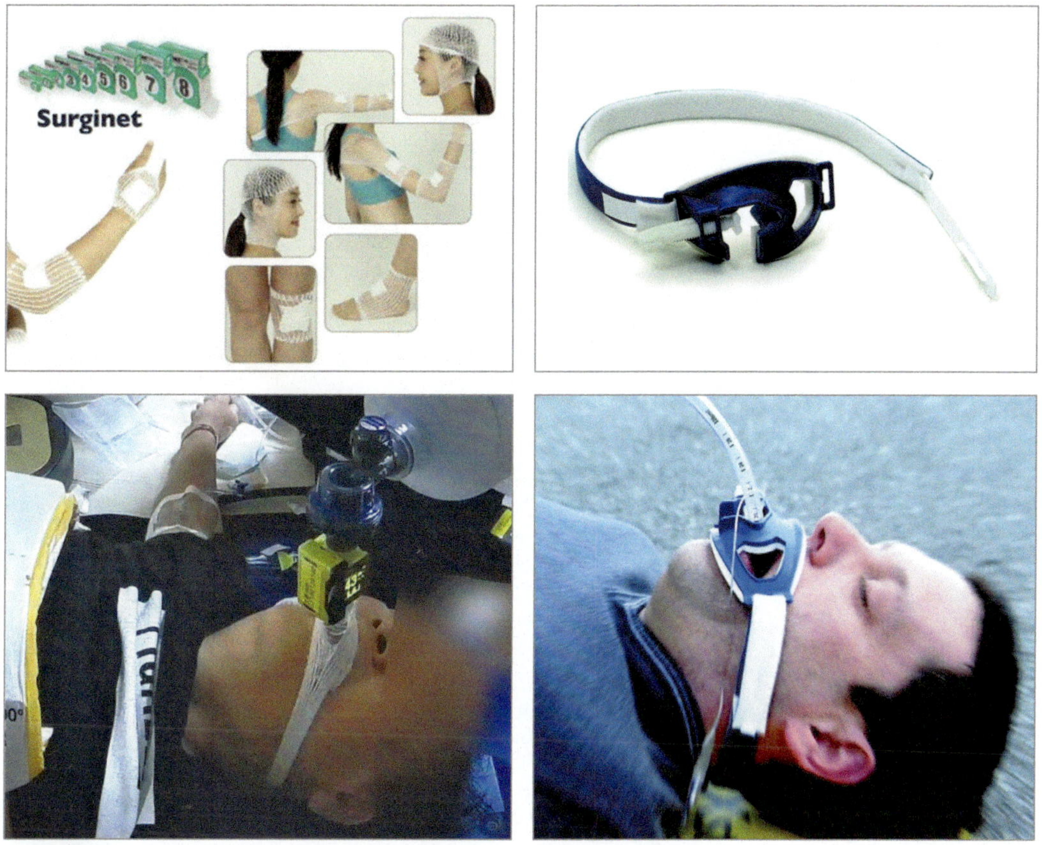

그림 2-22 **Surginet 상품과 튜브고정장치를 활용한 전문기도기의 고정**
(Surginet가 더 이상 늘어나지 않는 길이에서 SGA의 커넥터 부위를 덮어 고정한다.)

장비 소개

1. 기도유지기

구분 \ 모델명		NPA(원뿔형)	OPA(커넥터형)
사진		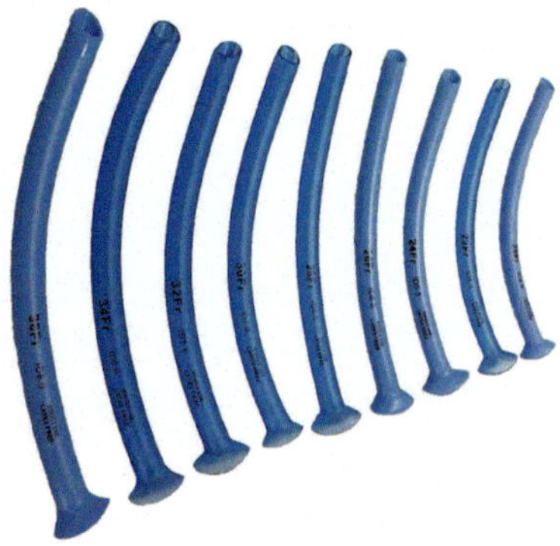	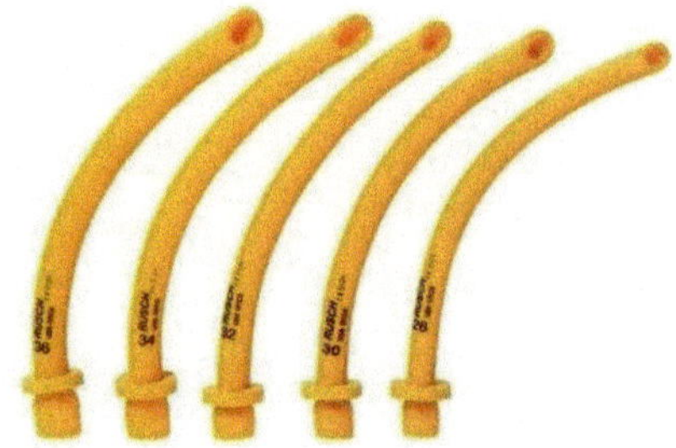
규격	재질	고무재질	고무재질
특징		타원형으로 깊숙이 삽입되는 것을 예방	튜브의 끝부분에 둥근 형태의 테두리가 깊숙이 삽입되는 것을 예방할 수 있으며 둥큰테두리 뭉치는 석션튜브나 산소관을 연결할 수 있도록 제작되었다.

구분 \ 모델명		OPA(Guedel Type)	OPA(Berman Type)
사진		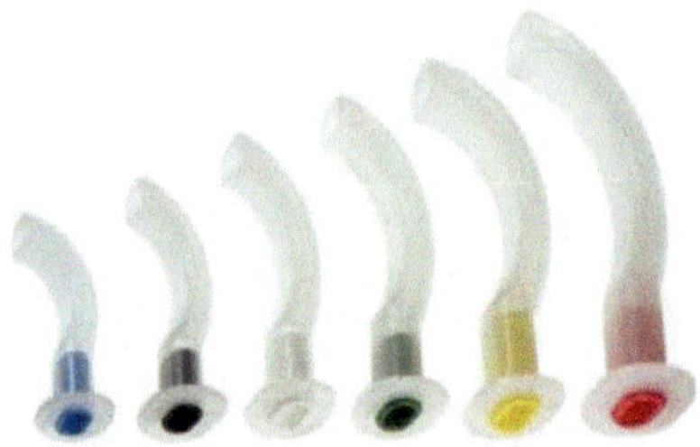	
규격	재질	PVC 플라스틱	PVC 플라스틱
특징		전통적인 구에델 형태의 모델로 색깔별 사이즈가 다양하며 중간의 관은 석션과 산소흡입을 하기에 관이 관통하는데 유리하다.	구에델 모델과 달리 석션은 튜브의 가장자리 홈을 통해 가능하도록 설계되었다. 구에델 모델에서 기도유지기 가장자리 석션이 어려웠던 것에 비해 유리하다.

2. 산소소생기

제조사		WEIMANN/독일	AMBU/독일
구분 / 모델명		Combi Bag	Mark IV
사진			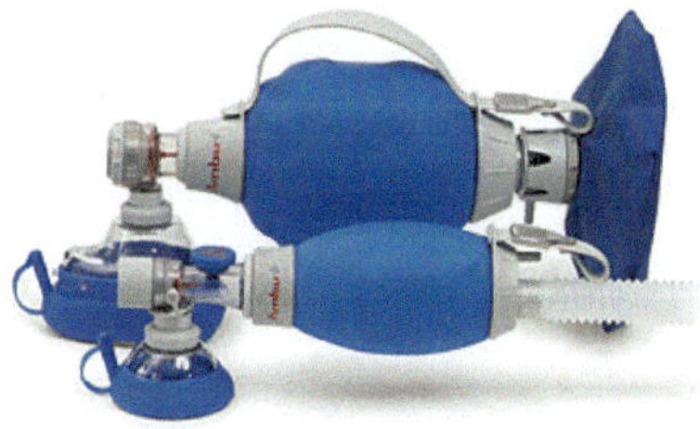
규격	용량	성인: 500~1,200mL 소아: 최대 500mL 성인 소아 일체형 구조	성인: 1,500mL 소아: 550mL 영아: 280mL
	과압방지 밸브	전환기능 – 성인: 60cmH_2O – 소아: 20cmH_2O	성인: 60cmH_2O 소아: 40cmH_2O
	재질	플라스틱/실리콘	플라스틱/실리콘
	소독방법	134℃ 이하의 고온 소독가능	134℃ 이하의 고온 소독가능
특징		성인과 소아를 일체형으로 사용할 수 있어 간편 2단 고압 밸브가 있어 고압력에 의한 폐 손상을 방지(소아 20mBar 제한, 성인 60mBar 제한) PEEP 밸브 장착 가능	2중 구조의 백 장착으로 공기량의 손실을 최소화 백 손잡이가 있어 구조자 손목 피로도를 최소화 PEEP 장착 가능
구성품		수동식 인공호흡백(성인/소아/유아 겸용) 산소저장백, 마스크(대, 중, 소)	성인, 소아 겸용(몸무게 15kg 이상) 백 밸브 마스크, 성인용 산소저장백

제조사		Laerdal/노르웨이	GaleMED/대만
구분 \ 모델명		Silicone Resuscitator	백 밸브 마스크
사진		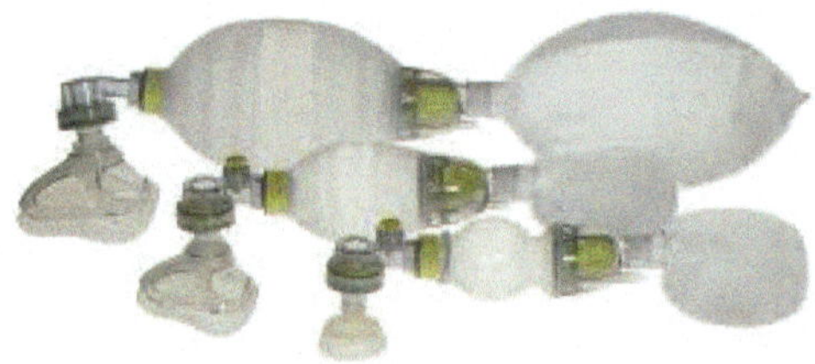	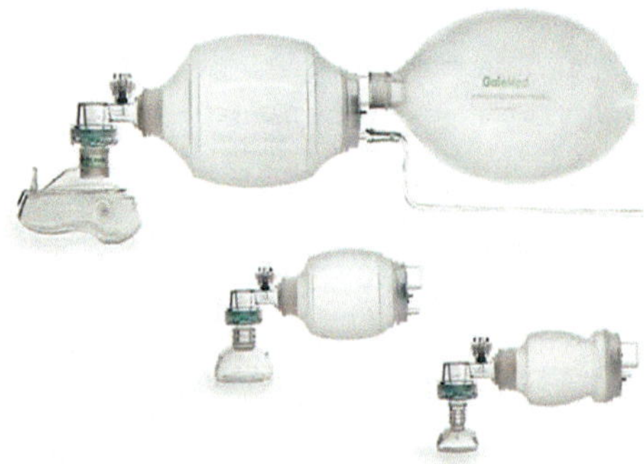
규격	용량	성인: 1,600mL 소아: 500mL 영아: 240mL	성인: 1,500mL 소아: 550mL 영아: 280mL
	과압방지 밸브	40~70cmH_2O	0~60cmH_2O
	재질	플라스틱/실리콘	플라스틱/실리콘
	소독방법	E.O Gas 소독, 열 소독, 자외선 소독 등 모든 종류의 소독 가능	E.O Gas 소독 또는 AUTO CLAVE 134도 이하에 멸균
특징		1. 역류방지용 밸브 장착, 우수한 복원력 2. 소아/영아 모델에 과압방지 밸브 장착	1. 역류방지용 밸브 장착, 우수한 복원력 2. 소아/영아 모델에 과압방지 밸브 장착
구성품		수동식 인공호흡백, 산소라인, 산소저장백, 마스크(성인, 소아, 영아 각 1개씩 구성)	수동식 인공호흡백, 산소라인, 산소저장백, 마스크(성인, 소아, 영아 각 1개씩 구성)

제조사		OXYGEN/캐나다(씨피알코리아)	산청/대한민국
구분 \ 모델명		Oxylator EM-100	OXYLIFE II Plus
사진			
규격	작동방식	부피(Volume-flow control)제거 방식 수동/자동공급	부피/시간형(Volume/Time Type) 수동/자동공급
	제품크기	57×108mm	74×26×45mm
	제품무게	0.5kg	6kg
	Tidal Volume	40L/min	200~1,100mL/회
	분당 호흡수	Volume-flow에 따라 기도압력에 따른 동작	12~20회/min
	흡기/호기 비율	1:1~1:2	1:2
	분당 공급 유량(LPM)	12~16L(LPM)	2~39.6L(LPM)
	공급압력	3.0~5.5Bar (45~80psi)	310~482kPa (45~70psi)
	알람 작동압력	50cmH_2O	60cmH_2O
특징		1. 심폐소생술 중에는 자동모드를 사용할 수 없다. 2. 기도막힘 또는 마스크 누출에 대한 경고 3. 네 가지 모드(자동, 반자동, 수동, 호흡보조 기능) 4. 환자 상태와 기기 제공 압력을 감지하여 호흡 누적 현상 해소 5. 기기 상태를 감지하여 동작되어 호흡 누적 현상 해소 6. PEEP(폐 내부잔압 2~4cmH_2O유지) 기능	1. 심폐소생술 중에는 자동모드를 사용할 수 없다. 2. 흡인기가 내장되어 있어 효과적인 기도유지를 할 수 있음 3. 13.3kg 미만 환자에게 자동전환기 사용 금지

제조사		B.O.N.S Meditech/영국(조선기기)	
구분 \ 모델명		Microvent CSI-2000(3000)	Microvent CPR
사진		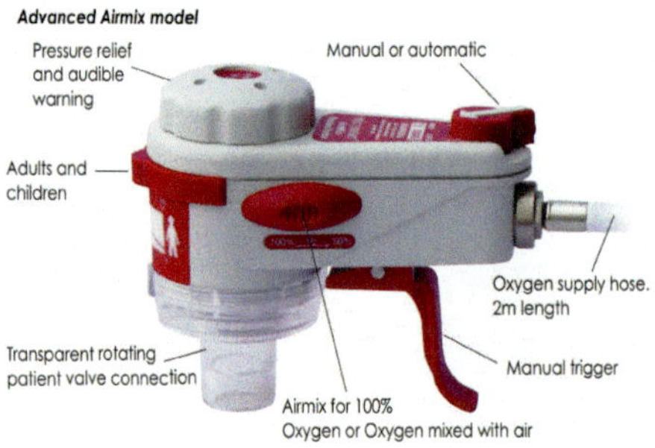	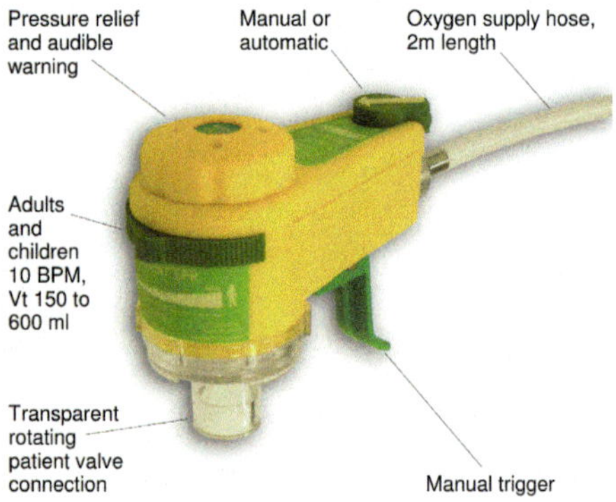
규격	작동방식	부피/시간형(Volume/Time Type)	부피/시간형(Volume/Time Type)
	제품크기	120×220×550mm	120×220×550mm
	제품무게	6.5kg(산소용기 포함)	6.5kg(산소용기 포함)
	Tidal Volume	300~1,200mL	150~600mL(소아 150mL/성인 600mL)
	분당 호흡수	12~24회/min	10회/min
	흡기/호기 비율	1:2	1:5
	분당 공급 유량(LPM)	성인 40L/min	9~36L/min(소아 9L/min/성인 36L/min)
	공급압력	40~150 psi(2.7~10.3bar)	40~150psi(2.7~10.3bar)
	알람 작동압력	45cmH_2O(또는 60cmH_2O)	45cmH_2O(또는 60cmH_2O)
특징		1. CSI2000 모델과 CSI3000과의 차이는 구급차의 산소공급구(Outlet)에 직접 연결할 수 있는 커넥터가 포함된다. 2. 심폐소생술 중에 자동모드를 사용하는 것은 AHA2015 Guideline에 적합하지 않아 수동모드를 사용할 것을 권고한다. 3. 기도저항이 있는 경우 폐 손상을 예방하기 위해 45cmH_2O 이상으로 압력이 올라가면 알람 기능이 있다. 4. 성인/소아 적용가능한 모델로 본체에 적용된 스위치를 전환으로 사용할 수 있다. (체중 10kg 미만에서 사용금지)	1. AHA 2015 Guideline 적용되어 성인소생술 중에 자동모드로 사용가능하다. [전문기도유지기 삽입 후 6초마다 인공호흡(분당 10회) 공급] 2. 기도저항이 있는 경우 폐 손상을 예방하기 위해 45cmH_2O 이상으로 압력이 올라가면 알람 기능이 있다. 3. 성인/소아 적용가능한 모델로 본체에 적용된 스위치를 전환으로 사용할 수 있다. (체중 10kg 미만에서 사용금지)

3. 비디오 후두경

제조사		HugeMed/중국	Medtronic/영국
구분 \ 모델명		VL3R	McGRATH™ MAC
사진		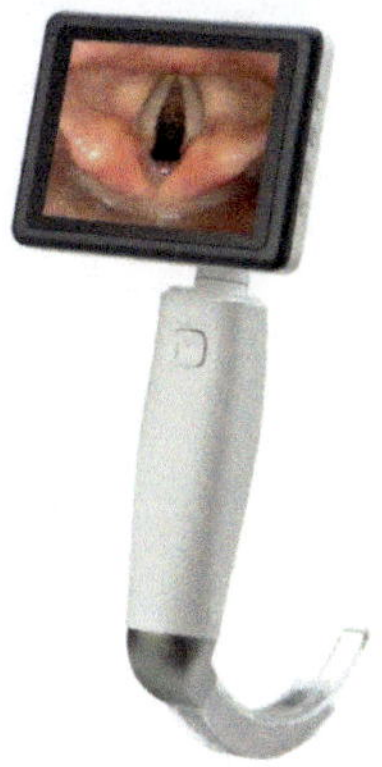	
규격	크기	94mm×195mm	180mm×68mm×110mm
	무게	285g	200g
	방수등급	IPX8 등급	IPX7 등급
	배터리	3.7V 리튬이온(300분 사용가능)	3.6V 리튬(250분 사용가능)
	모니터	3.5인치 고화질 LCD 640×480	2.5인치 고화질 LCD 640×480
	카메라	200백만 화소	CMOS(화소 정보 없음)
	시야각	해당자료 없음	해당자료 없음
	녹화기능	자체 녹화 및 스냅샷 기능 4g메모리 내장 (핸들장착형)	없음
	블레이드	소독 및 재사용	일회용 블레이드(사이즈 1, 2, 3, 4) 각 10개
	소아용 블레이드	있음	소아용 없음
	안티포그 기능	카메라 습기방지 기능	일회용 안티포그 처리된 블레이드 사용
	소독방법	블레이드 및 본체 일반소독	본체 일반소독
특징		1. 의료용 스테인레스 재질의 블레이드 2. 핸들에 장착된 녹화기능 3. 기기 자체에서 영상 삭제 가능 4. USB연결 후 PC에서 바로 확인가능	1. 낙하테스트(인증자료 1미터 통과) 2. 배터리 소진으로 화면이 꺼진 상태에서도 LED는 5분 이상 사용 가능(LED) 3. 세로형 모니터에 배터리 잔량시간 표시 4. X 블레이드는 숫자가 적혀 있어 삽입 깊이 확인 가능 5. X 블레이드 가이드라인이 있어 스타일렛, ET 튜브 등을 쉽게 삽입 가능
소모품		별도 소모품 없음	일회용 블레이드, 배터리(250분용)

제조사		PENTAX-AWS/일본	서일퍼시픽/대한민국
구분 \ 모델명		AWS-S200	SIVL-011(가이드형)
사진		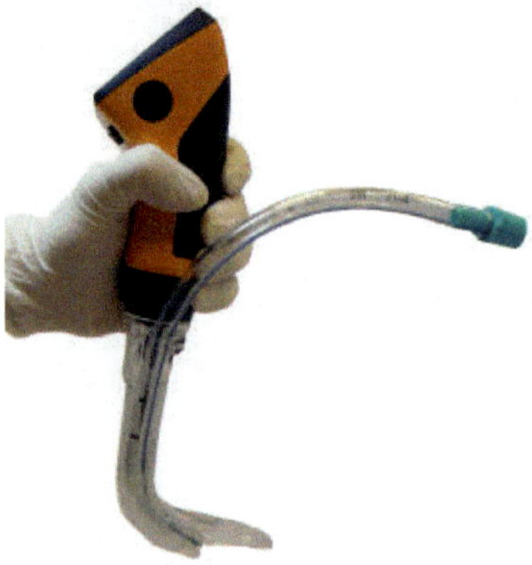	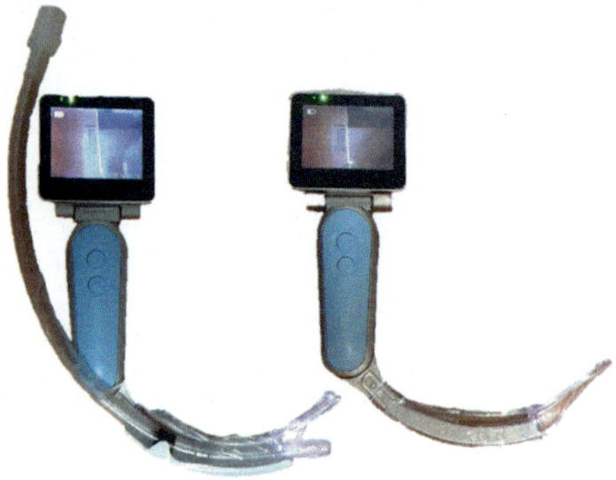
규격	크기	80mm×290mm×66mm	112mm×62mm×176mm
	무게	235g	235g
	방수등급	IPX7	IPX8
	배터리	1.5V AA 일반 알카라인 배터리 2(60분 사용)	3.7V 폴리머 리튬이온(240분)
	모니터	2.4 인치 LCD, 외부출력 단자로 모니터 연결	2.4인치 LCD, 상하 130°, 좌우 270° 회전형 모니터
	카메라	3메가 픽셀	사진(1280×960), 동영상(640×480), 4G내장 메모리
	시야각	없음(micro usb로 외부출력 가능)	
	녹화기능	80°	좌우 47°, 상하 33°
	블레이드	소독 및 재사용	L – 가이드라인 있음(스타일렛 없이 삽관) M, S – 가이드라인 없음
	소아용 블레이드	없음	제공
	안티포그 기능	해당정보 없음	카메라 열선내장형, 김서림 방지 블레이드
	소독방법	일반소독(소독용 에탄올 거즈로 닦아 낸다.)	일반소독(소독용 에탄올 거즈로 닦아 낸다.)
특징		1. Tube–guiding 형식으로 튜브를 장착 후 삽입하여 화면에 표시되는 Target symbol을 통해 삽관 가능 2. L자 형태 기기로 목의 움직임을 최소화 3. 흡입통로가 있어 삽관 중에도 흡인가능	1. 두 가지 방식의 블레이드(튜브 일체형 블레이드, 메킨토시형) 사용이 가능
소모품		건전지 (기기본체 충전기능 없음)	일회용 블레이드

제조사		UE Medical/중국	Karl Storz/독일
구분	모델명	UESCOPE VL310	C-MAC S PM
사진		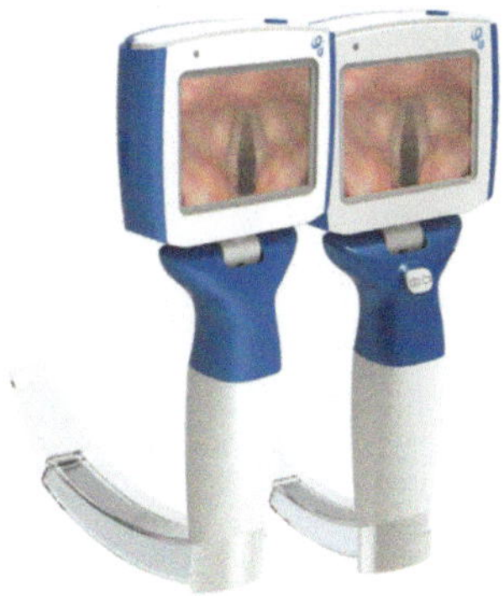	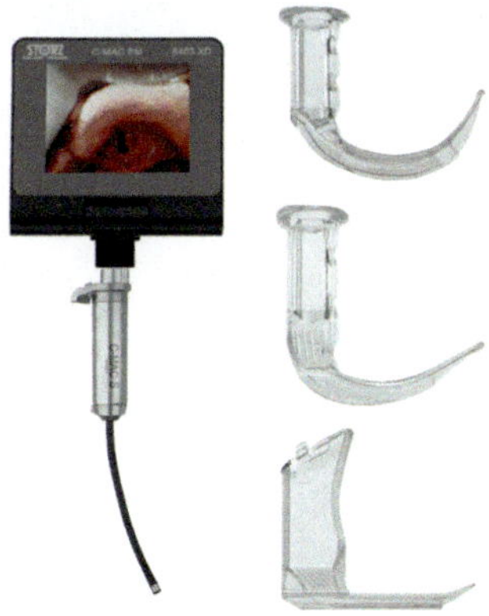
규격	크기	106mm×80mm×360mm	모니터: 120mm×100mmm×50mm S Imager: 42mm×290mm
	무게	180g	모니터: 225g S Imager: 205g
	방수등급	모니터 IPX3, 블레이드 IPX7	모니터, S Imager IPX8
	배터리	3.7V 리튬이온 배터리, 3시간 충전 후 2시간 사용	리튬이온 배터리 2시간 충전, 1시간 사용
	모니터	2.7인치 LCD, 상하130˚, 좌우 270˚ 회전 모니터	3.5인치, 160˚ 회전 모니터
	카메라	40만 화소	640×480 픽셀
	시야각	60˚	80˚
	녹화기능	자체 녹화 및 캡쳐 기능 8g 메모리 내장	동영상 녹화(44분) 및 스냅샷 기능(내장 메모리)
	블레이드	일회용 블레이드	일회용 블레이드
	소아용 블레이드	있음	있음
	안티포그 기능	내장 열선형 김서림 방지	김서림 방지
	소독방법	본체 일반소독, 블레이드 EO Gas소독 가능	블레이드와 포켓모니터 저온살균 및 EO Gas소독
특징		1. 한 개의 모니터로 5가지 블레이드 사용 2. 카메라 본체 분리형 (카메라가 장착된 블레이드가 본체와 분리되는 기기임, 세 가지 유형의 블레이드(TDC-K, 5 size blade, TRS-C2 Stylet형을 제공) ※ VL300 모델은 녹화기능이 없는 저가형	1. D-Blade를 사용하여 Difficult Airway 상황에서도 별도의 Sniffing Position 없이 손쉽게 성문 확인 2. 모니터와 블레이드는 일체형 구조, 응급 상황에 따라 모니터와 블레이드의 선을 연결하여 유선으로 사용 가능 3. 모니터를 접고 펴면 전원 켬/끔 기능이 작동
소모품		TDC-K Blade 사용 시 일회용 블레이드	일회용 블레이드

제조사		GlideScope/미국	INTUBRITE/미국
구분	모델명	GVL Titanium MAC	VSL6600
사진		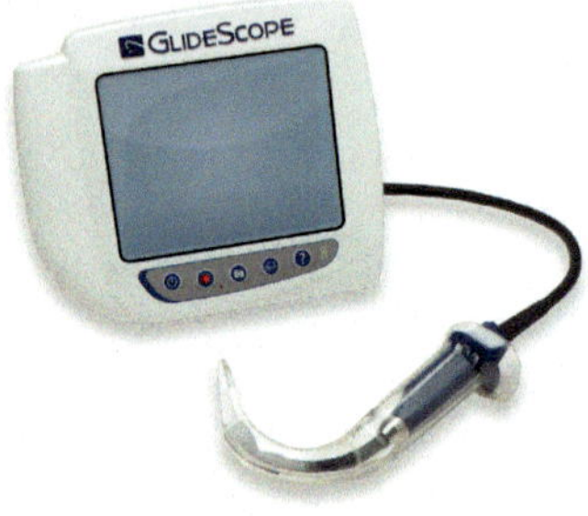	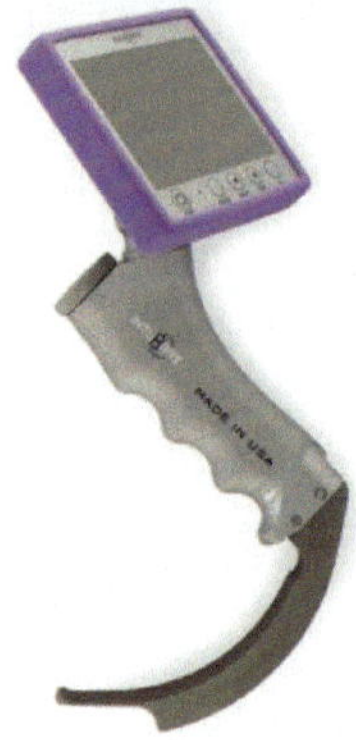
규격	크기	해당자료 없음	186mm×50mm
	무게	해당자료 없음	780g
	방수등급	본체 IP54, 블레이드 IPX8등급	해당정보 없음
	배터리	90분	3.7V 리튬이온 배터리(180분 사용)
	모니터	6.3인치	3.5인치(320×240)
	카메라	해당자료 없음	728×486 렌즈 4g 메모리
	시야각	60°	해당자료 없음
	녹화기능	비디오(음성포함) 녹화 및 스냅샷	비디오 녹화 및 스냅샷
	블레이드	3호(10kg~성인), 4호(40kg~고도비만)	일회용 블레이드
	소아용 블레이드	10kg 이상만 제공	소아용 블레이드 제공
	안티포그 기능	반영구적인 습기방지 기술	해당정보 없음
	소독방법	블레이드: 저온플라즈마 소독, EO가스 소독 본체소독(소독용 에탄올 거즈로 닦아 낸다.)	해당정보 없음
특징		1. 티타늄 재질의 강한 내구성, 기기전체 2. 감염환자 사용 시 모니터가 떨어져 있어 감염 최소화	1. 고강도 블레이드(스테인레스, 알미늄)
소모품		일회용 블레이드	일회용 블레이드

제조사		비스코/대한민국	Ingighters Medical/중국
구분	모델명	EVS	iS3-L
사진			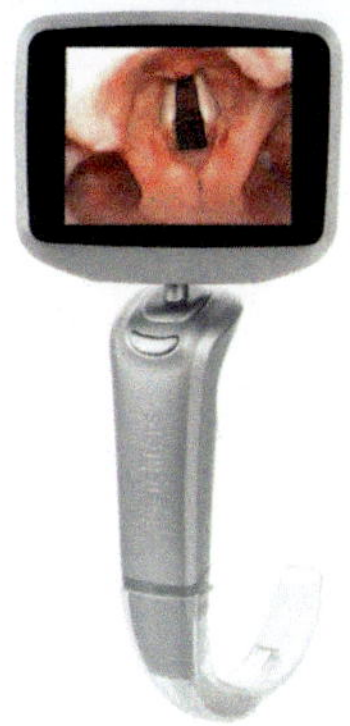
규격	크기	205mm×28.5mm(블레이드 제외)	210mm×140mm
	무게	335g(블레이드 제외)	300g
	방수등급	모니터 IPX4, 본체 IPX8등급	IP20(방수기능 없음)
	배터리	4시간 사용	3.7V 리튬폴리머 배터리, 2시간 충전으로 250분 사용
	모니터	3.5인치 모니터(640×480)	3.5인치 터치모니터(640×480), (30만화소) 상하 120도, 좌우 270도 회전 모니터
	카메라	525×728	100만 화소
	시야각	해당자료 없음	60°
	녹화기능	녹화기능 없음 (EVS 2 버전에서 제공예정)	동영상(음성포함) 녹화 및 스냅샷 촬영(TF외장 16~32G)
	블레이드	스테인레스 재질 블레이드 (세 가지 사이즈)	일회용 블레이드 (네 가지 사이즈)
	소아용 블레이드	소아용 제공	소아용 제공
	안티포그 기능	블레이드 안티포그 처리	렌즈 안티포그 내장형
	소독방법	일반소독(소독용 에탄올 거즈로 닦아 낸다.) 본체, 블레이드 일반소독	일반소독(소독용 에탄올 거즈로 닦아 낸다.) 블레이드: 저온플라즈마 소독
특징		1. 블레이드 결합 후 3초 이내 작동 2. 별도의 ON/OFF 버튼 없이 블레이드를 결합하면 자동으로 전원 ON, 분리하면 자동으로 전원이 OFF가 되는 AUTOMATIC SWITCH 방식 3. 블레이드 끝에 고휘도 LED로 수동후두경과 동일한 사용 가능	1. 성능대비 저렴한 기기 2. 터치식 모니터에서 녹화, 스냅샷, 날짜 설정 등을 실행 3. 모니터와 손잡이 분리형 (소독편리) 4. 가벼운 재질
소모품		없음	일회용 블레이드

제조사		Teleflex/미국	Adroit Surgical/미국
구분 \ 모델명		RUSCH	Vie Scope
사진		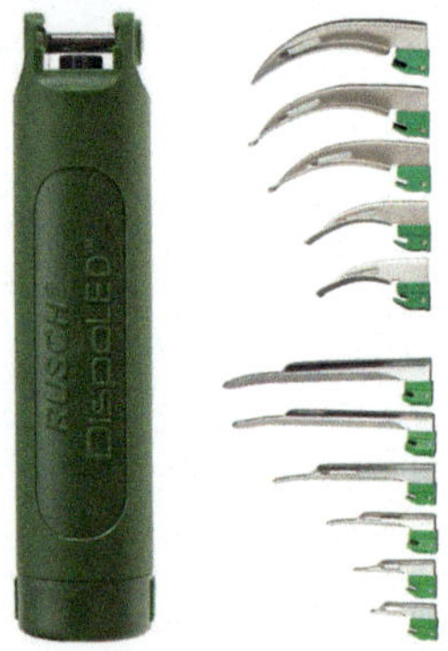	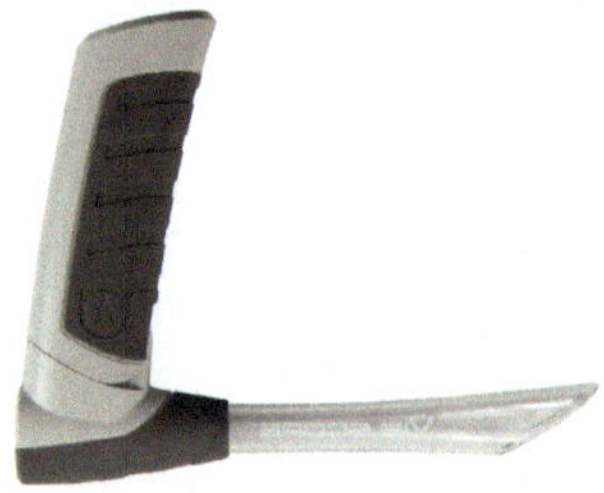
규격	크기	120mm×94mm×27mm	118mm×185mm×72mm
	무게	88g	135g
	방수등급	기능 없음	기능 없음
	배터리	3년간 유효한 배터리	1,500Lumen 밝기로 5시간 사용
	모니터	–	–
	카메라	–	–
	시야각	–	–
	녹화기능	–	–
	블레이드	플라스틱	플라스틱
	소아용 블레이드	제공	없음
	안티포그 기능	있음	–
	소독방법	제품 전체 일회용	제품 전체 일회용
특징		1. Miller형과 Macintosh 두가지 형태를 영아에서 성인까지 제공 2. LED 광섬유 방식 3. 배터리 일체형 4. 일회용 개별포장 형태 5. 개봉 없이 패키지에서 작동시험 가능	1. Miller 형태의 직접후두경 방식 2. 성문을 육안으로 확인 후 부지가 원통형 블레이드를 지나 성문에 삽입하는 방식 3. 원통형 블레이드에 360도 회전형 고휘도 LED 장착으로 시야확보에 유리 4. 감염예방을 위해 일회용으로 제작 5. 군 전술용으로 활용되기 위해 작고 가벼운 플라스틱 재질로 제작
소모품			Bougie Stylet

4. 전문기도유지기

제조사	LMA					Kendall	VBM				AMBU	Inter Surgical	Ecolab	Air-Q		
모델명	LMA Classic	LMA Unique	LMA Proseal	LMA Fastrach	LMA Supreme	ET (Esophago tracheal combitube)	VBM LT(D)	VBM LTS-II	VBM LTS-D	VBM iLTS-D	AMBU King LTS-D	I-GEL	SALT (Suprglottic Aiway Laryngo-Pharyngeal Tube)	Air-Q	Air-Q SP	Air-Q Blocker
제품 사진	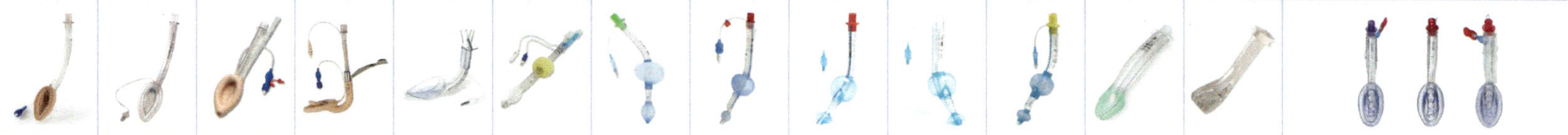															
재질	실리콘	PVC	실리콘	실리콘	PVC	PVC 실리콘	실리콘	실리콘	PVC	PVC	PVC	TPE	PVC	PVC	PVC	PVC
소독 사용	○	×	○	○	×	×	LT ○ LT-D ×	○	×	×	LTS ○ LTS-D ×	×	×	×	×	×
흡인	×	×	○	×	○	○	×	○	○	○	○	○	×	×	×	○
삽관 전환	×	×	×	○	○	×	×	×	×	×	×	○	○	○	○	○
커프 용량	#4: 30mL #5: 40mL	#4: 30mL #5: 40mL	#4: 30mL #5: 40mL	#4: 30mL #5: 40mL	#4: 45mL #5: 45mL	Small 15mL / Large 100mL	70~80mL	70~80mL	70~80mL	70~80mL	50~70mL	필요 없음	필요 없음	#3.5: 18mL #4.5: 25mL	필요 없음	#3.5: 18mL #4.5: 25mL
특징	1. PVC 재질은 대부분 1회용, 실리콘 재질은 재사용 가능 2. 고압증기멸균 소독 권장 3. 제품별 차이가 있지만 약 40~50회의 재사용 가능 4. 재사용할수록 경화되고 밀폐력이 저하됨 5. Fastrach 제품은 전용 삽관튜브 사용을 권장 6. 흡인 포트가 없는 제품은 구강에서의 탈락이 잦음					1. 콤비튜브는 식도, 기도 아무 곳이나 삽입되어도 가능 2. 후두튜브(독일 VBM/미국 AMBU)는 기능상의 차이는 거의 없음 3. 'D'(Disposable) 1회용 제품, 'S'(Suction) 흡인기능이 있는 제품 4. 후두튜브는 '**키 기준**'으로 사이즈 측정 5. Bougie Stylet를 사용하면 삽관전환 가능 6. 커프가 얇아 찢어지는 경우가 있으며 입안의 분비물 등에 취약						쉽고 빠른 삽입	1. ETI전용 2. 9.0mm ETT 까지 사용가능 3. OPA 역할 수행	1. Air-Q SP는 자가가압 방식으로 커프 공기주입이 필요없음 2. Air-Q Blocker는 교합저지기와 흡인포트가 추가 3. 재사용 가능한 실리콘 재질의 Air-Q Reusable 제품도 출시		
세대 분류	1세대	1세대	2세대	2세대	2세대	1세대	2세대	2세대	2세대	2세대	2세대	2세대	2세대	2세대	2세대	2세대
	1. 제품의 출시 연도로 세대 분류 [1세대 LMA 클래식, LMA 유니크, 콤비튜브] 2. 제품의 기능적인 부분으로 분류 [Airway Port만 있는 경우 1세대로 분류] [흡인포트, 바이트 블록, 커프 공기주입 불필요한 제품, 삽관 전환 등 기능이 있는 경우 2세대로 분류하기도 함] 3. 현재 3세대 성문위기도기로 분류하는 제품도 있으나 크게 신뢰받지는 못하고 있음 4. 성문위기도기의 세대별 구분은 크게 의미가 없음															

출처: 성문위기도기의 정리(응급구조사 이재현 제공)

Reference

1. Arthur ernest sansom, Chloroform: its Action and Administration, M. B. Lond. 1865.
2. 위키백과 https://en.m.wikipedia.org/wiki/Resuscitator
3. Christopher M. Burkle, M.D., A Historical Perspective on Use of the Laryngoscope as a Tool in Anesthesiology, *Anesthesiology* 2004; 100:1003-6
4. Swanson KI, Nickele CM, Kuo JS. Iatrogenic intracranial placement of nasopharyngeal airway after trauma. *Br J Neurosurg*. 2016 Jan 13:1–2. [Epub ahead of print] PubMed PMID: 26760290.
5. Martin JE, Mehta R, Aarabi B, Ecklund JE, Martin AH, Ling GS. Intracranial insertion of a nasopharyngeal airway in a patient with craniofacial trauma. *Mil Med*. 2004 Jun;169(6):496–7. PubMed PMID: 15281683.
6. Schade K, Borzotta A, Michaels A. Intracranial malposition of nasopharyngeal airway. *J Trauma*. 2000 Nov;49(5):967–8.
7. Muzzi DA, Losasso TJ, Cucchiara RF. Complication from a nasopharyngeal airway in a patient with a basilar skull fracture. *Anesthesiology*. 1991 Feb;74(2):366–8.
8. *J Forensic Sci*. 1974 Jul; 19(3):548–56.
9. 서지영 외 1인. 기계 환기에 의한 폐 손상: 압력 상해에서 생물학적 상해까지. 중환자의학회지. 2001.
10. *J Forensic Sci*. 1974 Jul; 19(3):548–56. Respirator–induced pneumothorax and subcutaneous emphysema: experimental overinflation of cadaver lungs. Lawrence RD.
11. 조승묵, 정현근. Bag–Valve–Mask의 사용방법에 따른 일회 호흡량이 평균 기도입의 변화 연구. 2012.
12. Lim YS, Lee SK, Assessment f postive pressure controlled ventilation with the laryngeal mask airway. *Korea J Cfriti Care Med* 1999;14(2):147–153.
13. Komatsu R, Kayasu Y, Yogo H, et al, *Learning curves for bag–and–mask ventilation and orotracheal intubation; an application of the cumulative sum method*, Anesthesiology.
14. 이남종, 백미례. 백–밸브–마스크 환기 시 마스크 밀착방법에 따른 환기효과 비교. 한국응급구조학회지. 2018.
15. 심규식, 김은미, 노상균. 산소소생기 Oxylator EM–100, MicroVent CSI–3000, Oxy–Life II의 환기량과 기도내압 비교 –마네킨 연구–. 2017.
16. Henry E. Wang, *Design and implementation of the Resuscitation Outcomes Consortium Pragmatic Airway Resuscitation Trial* (PART), Resuscitation Volume 101, April 2016, Pages 57–64.
17. Benger. Effect of a Strategy of a Supraglottic Airway Device vs Tracheal Intubation During Out–of–Hospital Cardiac Arrest on Functional Outcome, *JAMA* 2018;320(8):779–791.
18. Schalk R, Byhahn C, Fausel F, Egner A, Oberndofer D, Walcher F, Latasch L., *Out–of hospital airway management by paramedics and emergency physicians using laryngeal tube Resuscitation* 2010;81:323–326.
19. DeLeo BC. Endotracheal intubation by rescue squad personnel. *Heart Lung* 1977; 6:851–4.

Chapter
3

일산화탄소 중독
(일산화탄소측정기, 메트헤모글로빈, 맥박산소측정기)

✧ 학습목적

CO 중독 환자를 이해하고 일산화탄소, 메트헤모글로빈을 측정할 수 있다.

✱ 현장상황

| 현장모습 | 연탄가스 보일러 방에서 1시간 전부터 수면 중인 환자가 깨어나지 못하고 계속 누워만 있다고 119에 신고가 들어왔다. 보호자는 환자를 깨우려해도 깨어나지 못하고 숨만 쉬고 있다고 하였다. 환자는 53세 여자 환자로 과거력이 없고 음주, 흡연도 하지 않고 알레르기도 없었다. 그러나 호흡곤란과 의식이 저하된 상태였다.

| 활력징후 | **혈압** 95/60mmHg, **맥박** 110회/분, **호흡** 26회/분

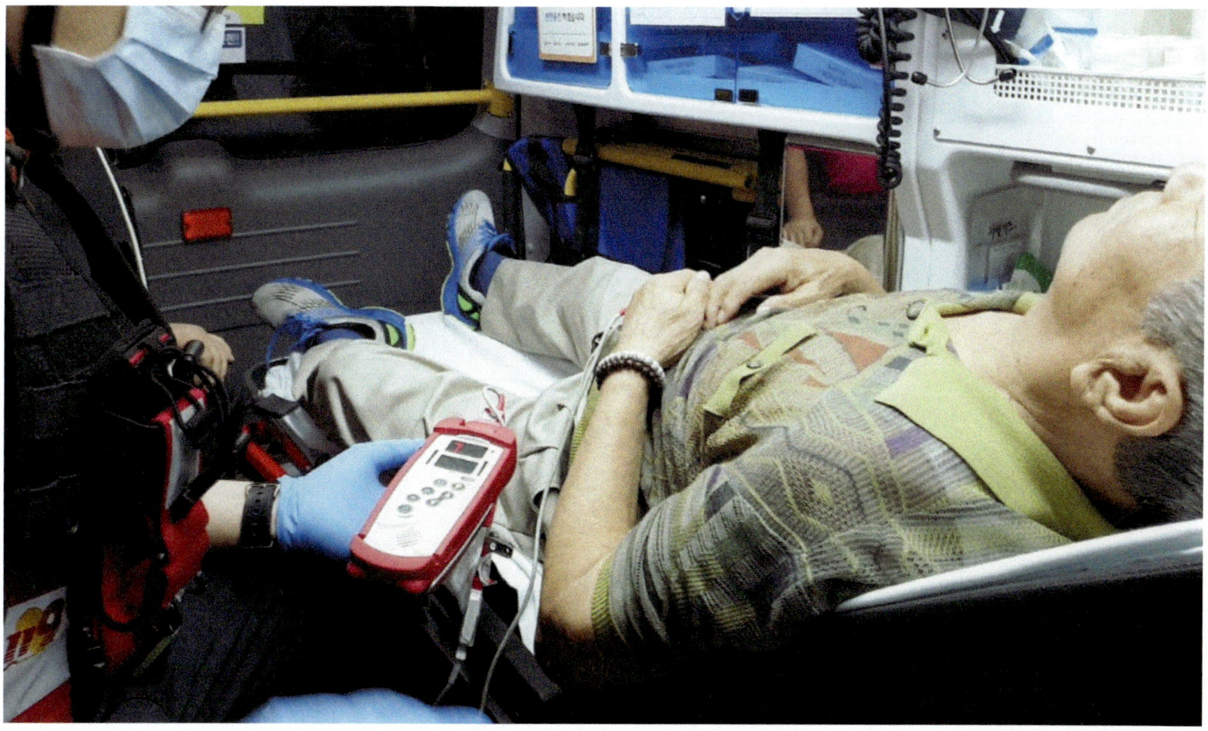

일산화탄소(carbon monoxide)는 많은 국가들에서 중독의 첫 원인이다. 또한 일산화탄소는 무색, 무취, 무미로 불완전 연소에 의해 발생하는 가스이다. 일산화탄소 분자는 한 개의 탄소와 한 개의 산소가 삼중결합으로 연결되어 있는 안정된 분자이다. 일산화탄소는 화석연료와 관련되어 있지만 나무와 숯의 불완전 연소에서도 발생할 수 있다는 점을 알고 있어야 한다. 나무 연료를 이용한 난방이나 요리를 하는 나라에서도 중독의 주요 원인 물질이기도 하다. 최근에는 일산화탄소를 이용하여 자살을 시도하는 사례가 화재 등 사고보다 더 큰 문제가 되고 있다.

대부분의 일산화탄소의 노출은 화재 등 사고보다 더 큰 문제가 되고 있다. 일산화탄소는 외부 요인에 의하여 발생하지만 내부, 외부 탄화수소염화메틸렌 세 가지로 발생한다. 외부 발생은 주택 화재, 자동차 배기가스, 난방기, 실내난로, 캠핑난로, 보트 배기가스, 숯불 요리 중 발생하는 연기 등으로 불완전 연소가 그 원인이다. 중독이 의심되면 100% 고농도의 산소를 다량(15L/min)으로 즉시 투여한다.

중독환자는 고압산소 치료가 가능한 병원으로 이송해야 한다.

1) 가스 중독

우리나라에서는 과거 70년대 연탄을 주된 난방연료로 사용하게 되면서 일산화탄소 중독 환자가 증가되면서 치료에 대한 관심이 높아졌다. 최근에는 번개탄(숯)과 일산화탄소를 이용한 자살시도의 증가와 혈액순환과 관련한 여러 질환 치료를 위한 치료시설이 증가하고 있다. 국내에는 약 2,000만 가구 중 도시가스로 보일러를 사용 중인 가구는 약 1,400만 세대, LPG는 약 150~200만 세대를 사용하여 약 1,500~1,600만 세대가 이용하고 있다. 국내 가스보일러는 연간 140만 대로 세계 3위 정도로 많이 사용하고 있다. 이에 문제점도 많이 발생하게 되는데, 특히 가스보일러에 의해 일산화탄소(CO) 중독사고가 반복되며 이를 막기 위해 예방이 요구된다.

2) 일산화탄소 중독에 의한 사상

한국가스안전공사 통계에 의하면 최근 2018년에서 가스보일러 사고는 6건이 발생하여 전년(5건) 대비 1건(20.0%)이 증가한 것으로 조사되었다. 일산화탄소 중독사고는 사고 1건당 평균 사망자 수가 1.0명으로 전체 가스기기 사고 1건당 평균 0.2명 보다 약 5배 높은 것으로 보인다.

표 3-1 가스기기별 CO 중독사고 현황

구분	가스기기 사고접수	CO 중독 사고건수		
		CO 중독 사고건수(%)	가스보일러	순간가스온수기
2002년	111	10 (9.0%)	10	0
2003년	107	5 (4.7%)	5	0
2004년	104	8 (7.7%)	7	1
2005년	108	11 (10.2%)	7	4
2006년	111	8 (7.2%)	5	3
총계	541	42 (7.8%)	34 (81.0%)	8 (19.0%)

한국소비자원이 조사한 가스기기별 일산화탄소 중독사고 현황

표 3-2 CO 발생원인

제품	연료	CO 발생 원인
온수기	Natural or Liquefied Petroleum Gas	불완전연소 불량 제품 결함이 있거나 막혀 있는 가스관/연통 등
렌지, 오븐	Natural or Liquefied Petroleum Gas	불완전연소 불량 제품 방안의 히터로 잘못 사용하는 경우 등
중앙난방스토브	석탄	불완전연소 깨진 열교환기 결함이 있는 벽난로의 연료받이 등
스토브, 벽난로 등	나무, 석탄	불완전연소 결함이 있거나 막혀 있는 가스관/연통 깨진 열교환기나 firebox 잘 말려지지 않거나 약품처리된 나무 사용 등

*CPSC(2006). "What you should know about combustion appliances and indoor air pollution". Document #452(www.epa.gov/iaq/pdfs/cpsc_452_combustion.pdf)

1. 한국가스안전공사(http://www.kcs.or.kr)–가스사고통계
2. 한국소비자원(http://weblog.kca.go.kr)

I 일산화탄소와 메트헤모글로빈 CO & Methemoglobin

1. 개요

일산화탄소는 혈색소의 산소와 결합부분에서 서로 경쟁한다. 각각의 혈색소 분자는 4개의 산소 결합을 가지고 있다. 결합 부위는 헴(heme)[1]으로 전달되는 복합체를 형성하며 이 구조는 혈색소 단백질 부분과 연결되어 있다. 이 때문에 일산화탄소(CO)는 산소보다 200~250배 더 강하게 혈색소와 결합한다. 이러한 일산화탄소는 혈색소와 결합하여 일산화탄소 혈색소(carboxy hemoglobin, COHb)가 된다. 일산화탄소가 혈액에서 증가하면 혈색소에 있는 산소가 분리되며, 일산화탄소 혈색소가 증가하여 산소를 조직으로 공급할 수 있는 기능이 없어 조직으로 산소공급이 안 된다. 일산화탄소 중독이 심하게 되면 일산화탄소 혈색소 농도가 증가되고 결국 산소와 결합하는 산화 혈색소의 양은 점차 줄어들게 된다. 즉 산소를 필요로 하는 대사 과정에서 장기에 심각한 영향을 미친다.

표 3-3 급성 일산화탄소 중독의 증상과 징후

증상 및 징후		
권태감	작화증	시력장애
독감 유사증상	초조	실신
피로감	구역	간질
운동 시 호흡곤란	구토	대변 실금
가슴통증	설사	요실금
가슴 두근거림	복통	기억장애
기면	두통	보행장애
혼돈	졸림	비정상적 신경학적 이상
우울증	어지러움	혼수
충동성	쇠약감	사망
환각	혼돈	

표 3-4 중증도에 따른 일산화탄소 중독의 증상과 징후

일산화탄소-혈색소 농도	중증도	증상 및 징후
0~3 %	정상	없음
4~20%	경증	두통, 구역, 구토, 어지러움, 시야 혼탁
21~40%	중등도	혼돈, 실신, 가슴통증, 호흡곤란, 빠른맥, 빠른호흡, 쇠약감
41~59%	중증	부정맥, 저혈압, 심장허혈, 두근거림, 호흡정지, 폐부종, 간질, 혼수, 심장정지
60% 이상	치명	위험(사망확률 높음)

1) 헤모글로빈의 색소 부분

2. 적응증과 적용원리

1) 사용용도

일산화탄소는 혈색소에 결합할 뿐만 아니라 철분을 함유한 단백질과도 결합한다. 마이오글로빈과 사이토크롬이 해당된다. 마이오글로빈은 근육과 같은 조직에 분포하여 산소를 저장하는 역할을 하는데 철을 함유한 단백질로 혈색소와 유사하다. 마이오글로빈은 특히 심장에서 중요한 역할을 하며, 그 기능이 약화되면 심장의 산소 농도를 낮춘다. 그 결과 심근의 산소 부족으로 허혈이나 부정맥 등 여러 형태의 심장 기능 이상이 나타날 수 있다.

(1) 산소운반의 제한

일산화탄소는 산소보다 혈색소에 더 잘 결합하여 산소운반이 안 되는 일산화탄소 혈색소를 형성한다.

(2) 조직으로의 산소전달 억제

일산화탄소는 혈색소의 구조변화를 일으켜 조직으로 산소전달을 억제한다.

(3) 조직에 염증반응 초래

조직으로의 관류장애는 염증반응을 일으키며, 계속될 경우 인체의 세포와 조직에 손상이 초래된다.

(4) 심장기능 억제

일산화탄소는 심근부정맥, 심근허혈, 심근경색을 일으킬 수 있다.

장기간 노출은 조기 심장사의 위험을 증가시키는 것으로 알려져 있다.

(5) 산화질소의 활성 증가

일산화탄소에 노출 후 산화질소가 증가하여 뇌 및 전신적으로 혈관 확장을 초래하여 두통과 실신을 유발할 수 있다.

(6) 혈관 확장 유발

혈관 확장은 실신을 일으키고 조직에 관류장애를 초래할 수 있다. 산화질소는 혈색소를 산화시키고 메트헤모글로빈을 형성하는데, 메트헤모글로빈이 늘어나면 혈액의 산소운반 능력은 감소한다.

표 3-5 메트헤모글로빈 혈증의 증상과 징후

메트헤모글로빈 포화도(SpMET)	증상
1~3%	정상, 무증상
4~15%	가벼운 회청색의 피부 변색
16~20%	무증상, 청색증
25~50%	두통, 호흡곤란, 혼돈, 쇠약감, 가슴통증
50~70% 이상	의식상태의 변화, 섬망

(7) 산소 유리기의 형성

일산화탄소에 노출 후 산화질소의 증가는 인체 내 산소 유리기를 증가시키며, 산소 유리기들은 혈관 내피세포 손상과 산화 뇌 손상을 일으킨다.

(8) 다양한 활용

심장충격기와 연결하여 실시간 감시를 할 수 있으며, 화재 현장에서 활동한 대원들을 측정하고, 살충제(플루페녹수론) 등을 접한 환자에게도 사용한다.

3. 주의사항

1) 주의사항

소아 환자 또는 노인 환자는 생리 기능이 저하되어 있어 일산화탄소 중독의 위험성이 매우 높다. 심장질환자는 심근에 산소공급이 부족한 상태이며, 이 상태에서 일산화탄소에 노출되면 증상 악화 및 심각한 손상을 받을 수 있다. 임신부의 태아는 태아 혈색소를 가지고 있으며 태아 혈색소는 성인과 비교하면 더 높은 친화력이 있어 태아에게 더 심각한 손상을 가져온다. 빈혈이 있는 환자는 일산화탄소의 노출에 독성작용이 발생할 위험도가 높다. 만성 호흡기질환자는 호흡기 기능이 저하되어 있어, 혈색소의 산소포화 정도가 불충분하여 일산화탄소 중독의 위험이 증가하고 산소포화도 감소는 기존 질환을 악화시킬 수 있다. 일산화탄소중독을 예방하기 위해 일산화탄소 측정기 등을 사용하는데 주의사항이 있으며, **경피적 COHb, Met-Hb 장비는 정확한 측정이 어려워 미국고압의학회, 대한고압의학회, 중환자의학회에서 권장하지 않는다.** 장비 사용 시 다음의 주의사항을 잘 따른다.

① 사용장비에 맞는 건전지를 사용한다.
② 측정센서를 부착할 경우 환자의 물기 및 매니큐어 등을 제거 후 측정기를 적용한다.
③ 오염 시 알코올 솜이나 물수건으로 제거하되, 세제 및 생리식염수는 사용을 금지한다.
④ 적절한 사이즈의 센서를 선택하여 측정한다(장비의 측정장치 사용).
⑤ 화면에 오류가 발생할 경우 별도의 오류표시 지침서를 참조한다(예: INC-호환되지 않음, SEN-센서 문제).

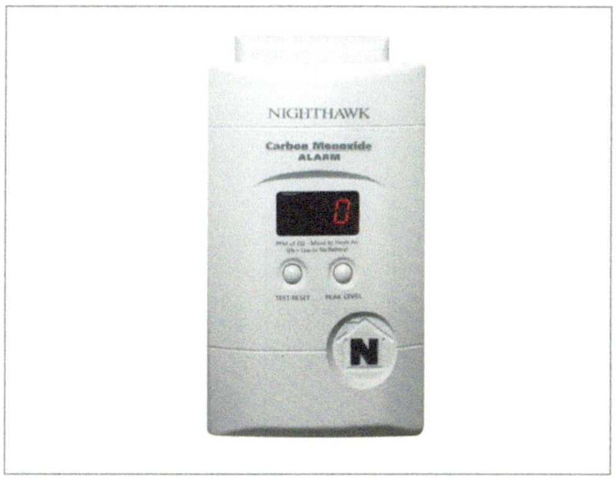

가정용 일산화탄소 경보기는 일산화탄소 중독으로 인한 사망률을 줄일 수 있다.

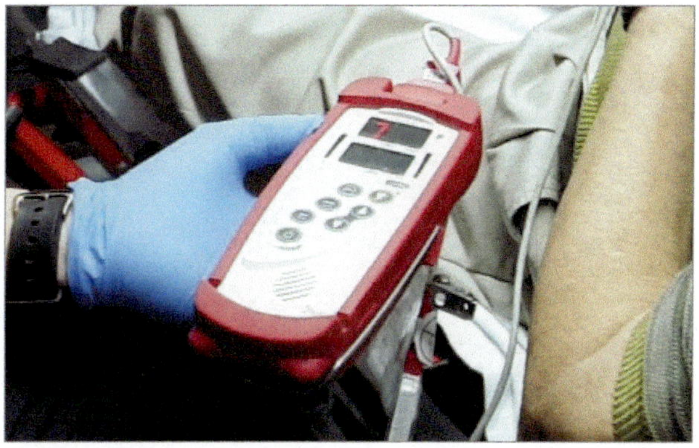

휴대용 일산화탄소 검출기는 사고 현장의 유독가스를 확인할 수 있다.

그림 3-1 가정용 일산화탄소 경보기와 휴대용 일산화탄소 검출기

2) 환자치료

- 일산화탄소 혈색소의 반감기는 실내 공기에서 경우 240~360분(4~6시간)이다.
- 일산화탄소 혈색소의 반감기는 100% 산소를 투여하여 호흡할 경우 80분이다.
- 일산화탄소 혈색소의 반감기는 고압산소치료의 경우 22분이다.

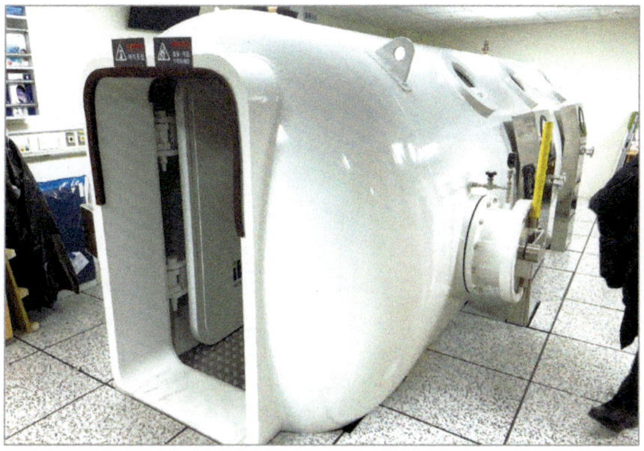

고압산소치료기(멀티 챔버)

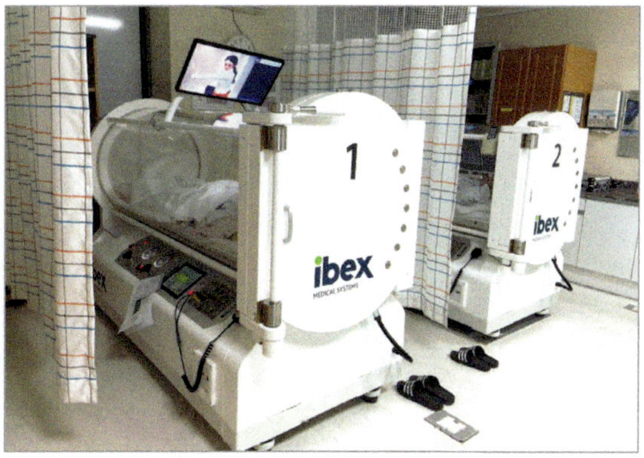

고압산소치료기(1인 챔버)

그림 3-2 고압산소치료기

최근 일산화탄소 중독에 고압산소치료기가 늘어나고 있다.

표 3-6 고압산소요법의 적용질환

적용 질환	세부 질환
응급치료	일산화탄소중독, 감압병(잠수병), 가스색전증, 협기성세균감염증(가스괴저증), 시안화물중독증, 급성중심망막 동맥폐쇄, 수혈이 불가능한 경우의 과도한 출혈에 의한 빈혈
만성상처치료	화상, 버거씨병, 식피술 또는 피판술 후, 수지접합술 후, 방사선치료 후 발생한 조직괴사, 당뇨병성 족부궤양, 난치성 골수염, 머리농양
기타	돌발성 난청

출처: 보건복지부. 2019.01

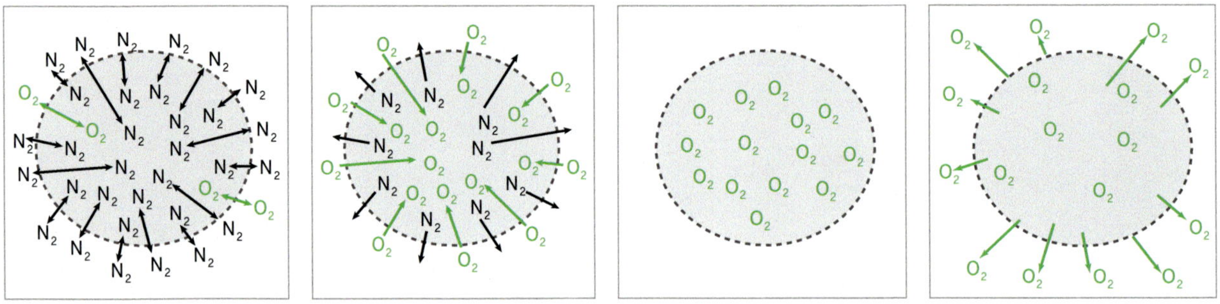

그림 3-3 혈장 내 기체의 움직임

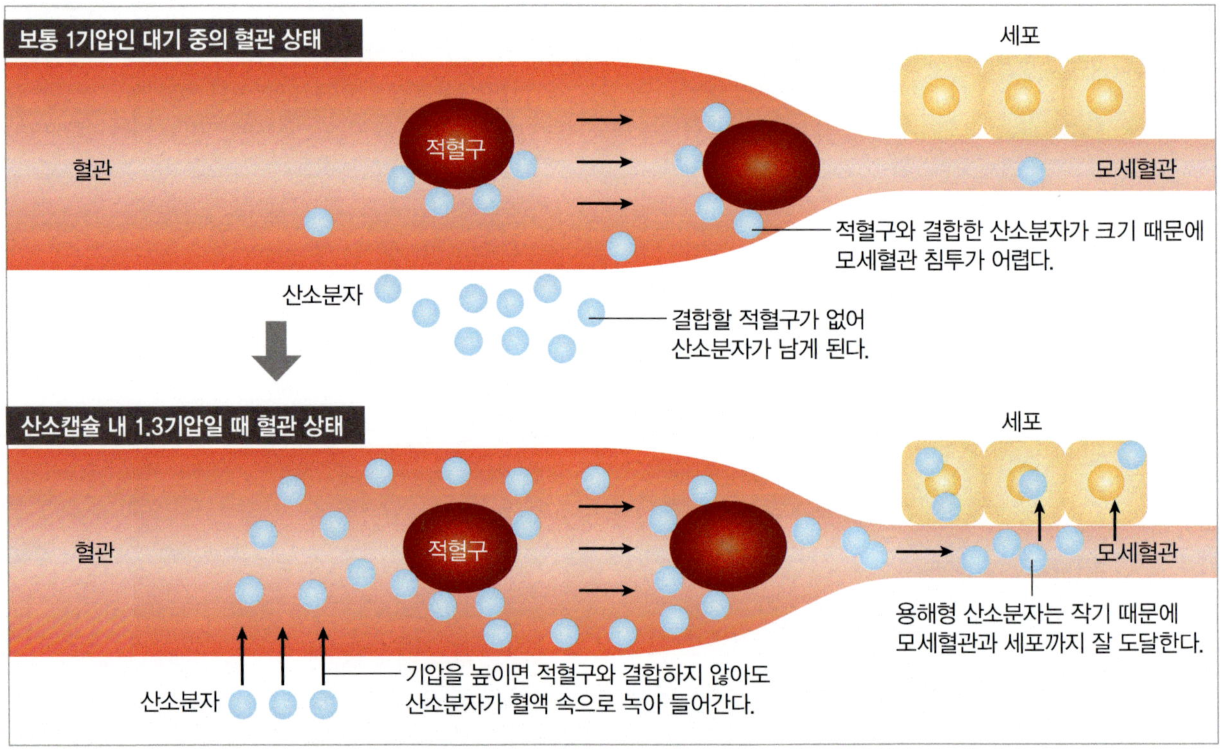

그림 3-4 1.3기압에서의 결합형 산소와 용해형 산소 증가 개념

출처: 일본국제건강기압협회

표 3-7 국내 고압산소치료기 현황

	시설 소재	격실		시설 소재	격실
1	부산 위한병원	2격실/다인용	11	해양의료원	다인용
2	부산 고신의료원	1인용/1격실	12	원광대학교병원	2격실/다인용(10인용 1, 1인용)
3	삼천포 서울병원	2격실/다인용	13	춘천 성심병원	1격실/1인용
4	통영 세계로병원	2격실/다인용	14	인천 인하대병원	1격실/1인용
5	대구 광개토병원	2격실/다인용	15	부천 순천향병원	1격실/1인용
6	충청 홍성병원	2격실/다인용	16	대전 건양대병원	1격실/1인용
7	강릉 현대아산병원	2격실/다인용	17	목포 한국병원	1격실/1인용
8	원주 세브란스병원	2격실/다인용	18	제주의료원	1격실/1인용
9	제주 제주의료원	2격실/다인용	19	전남대병원	1격실/1인용
10	제주 서귀포의료원	2격실/다인용	20	동탄 성심병원	2격실/다인용(10인용 1, 1인용)

4. 적용(사용)방법

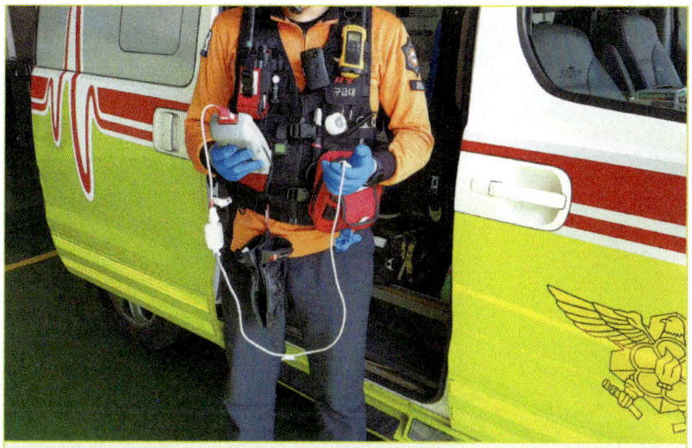

① 맥박-일산화탄소 측정기를 준비한다.

② 기기 전원을 켜고 기기가 검사할 준비를 한다.

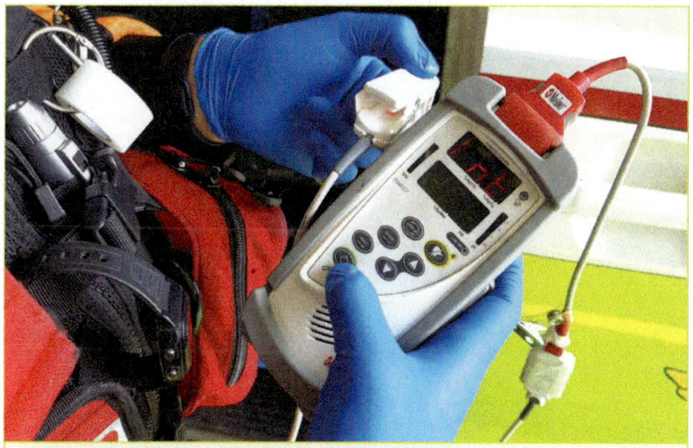

③ 필요한 센서를 기기에 부착한다.
(Display 버튼을 눌러 일산화탄소포화도 측정으로 전환)

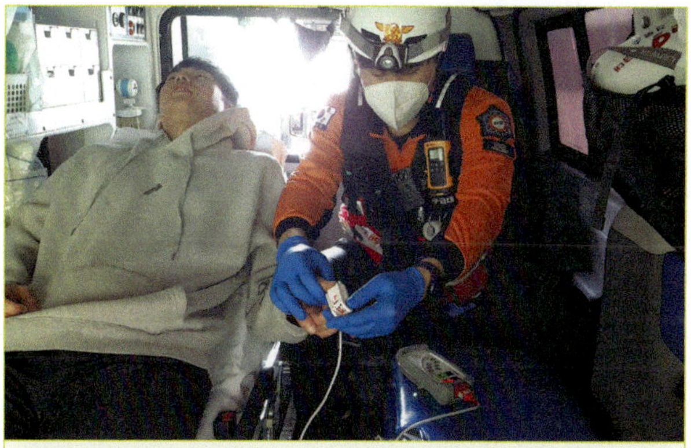

④ 센서를 환자의 손가락에 끼워 정확히 위치시킨다.

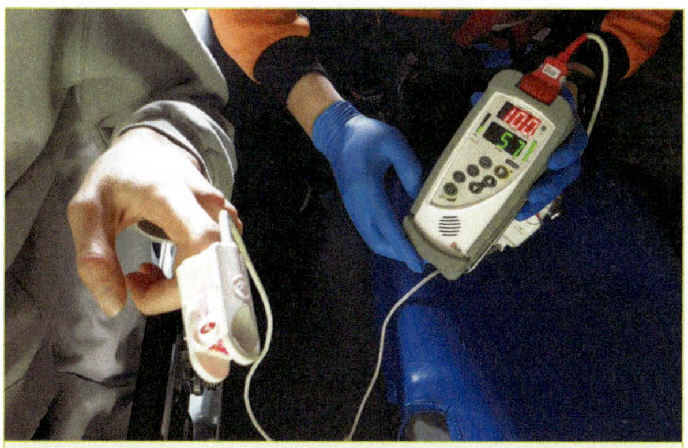

⑤ 맥박산소포화도(SpO_2)와 맥박수의 측정을 먼저한다.

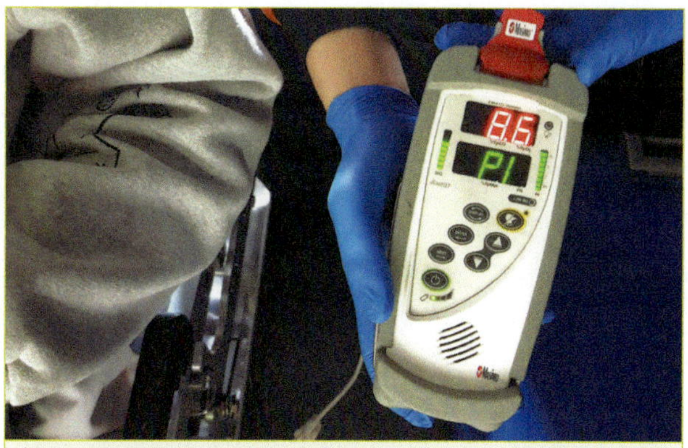

⑥ 환자의 일산화탄소 혈색소 포화도와 메트헤모글로빈 농도를 측정한다(메트헤모글로빈은 모듈이 있는 경우). 일산화탄소 포화도와 의식수준을 종합평가하여 고압 산소 치료가 가능한 응급의료기관으로 이송한다.

5. 일산화탄소 중독 환자의 치료 흐름도

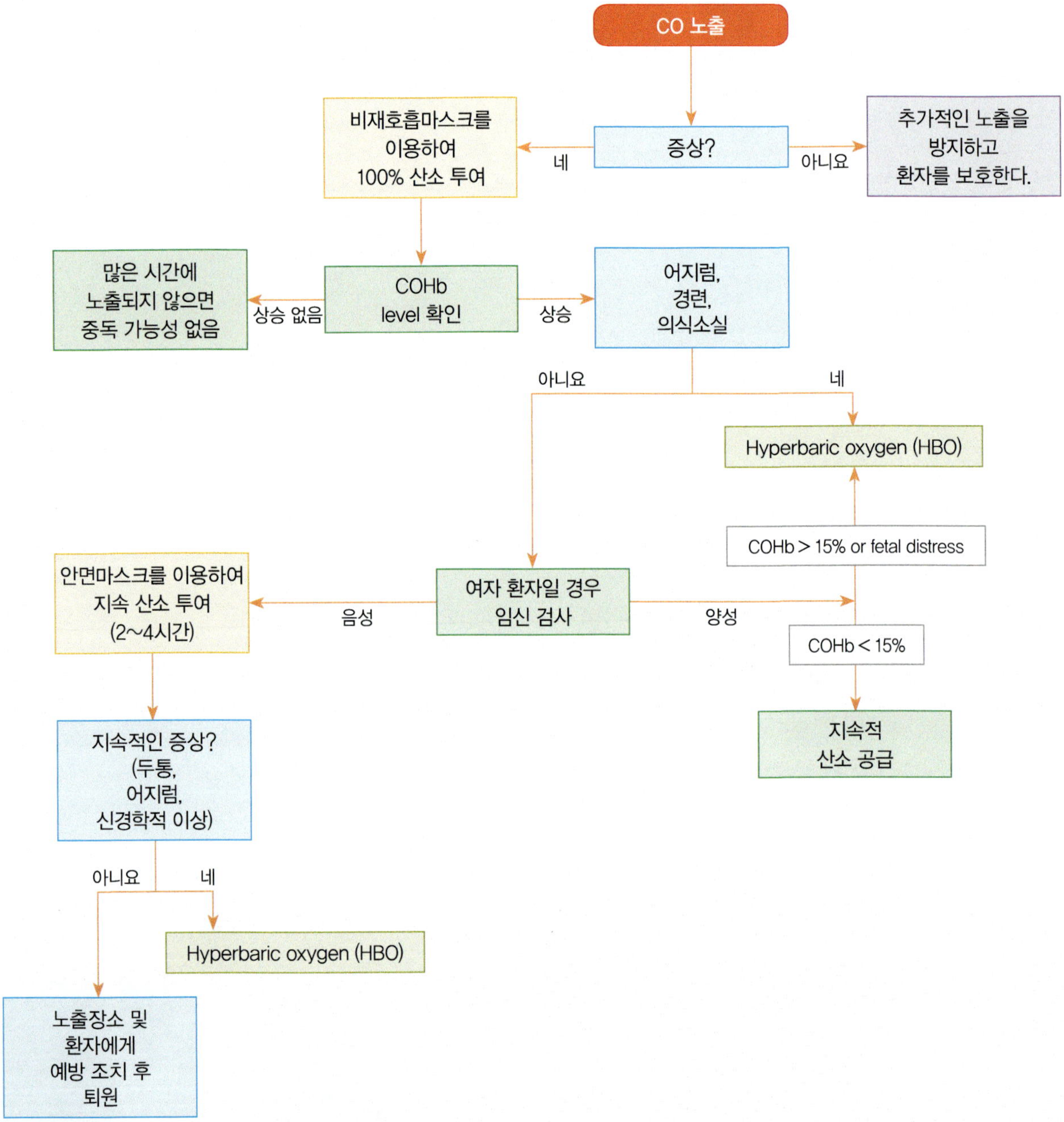

그림 3-5 일산화탄소 중독 환자 치료 프로토콜

II 맥박산소측정기 Pulse Oximeter

1. 개요

맥박산소측정기는 Pulseoximetry라고도 하며, 맥박산소측정기로 측정한 값은 SpO_2라고 한다. 1935년 독일의사 칼 매츠(Karl Matthes, 1905-1962)는 빨간색과 녹색 필터가 있는 최초의 2파장(귀에서 측정) 장치를 개발하였다. 1940년 미국의 생리학자 글랜앨런 밀리칸(Glenn Allan Minikan, 1940~1942)이 임상적으로 적용시킨 것으로 알려져 있다.

우리 몸속 혈액은 적혈구의 헤모글로빈이 산호와 얼마나 결합하였는가를 알 수 있다. 산소와 결합하면 Oxygenated Hemoglobin이며, 그렇지 않으면 Deoxygenate Hemoglobin이라 할 수 있다. 간단하게 말하면 OxyHb과 DeoxyHb은 파장이 다른 영역에서 빛에 대한 흡수 정도가 달라진다. 이를 이용하여 산소포화도를 측정하는 원리이다. 보통 SpO_2가 70~100% 수준일 때 SaO_2와 2~3% 정도의 오차 범위를 감수하고 사용하고 있다. SaO_2는 혈액을 직접 채혈해서 측정한 동맥혈의 산소포화도이다.

2. 작동원리

귓불, 손가락 등에 장착해서 국소 관류를 통해 동맥혈의 산소포화도와 맥박을 측정하는 원리이다. 산소포화도 측정기는 말초혈관이 수축하는 상황이면 국소 관류가 떨어지므로 정확한 산소포화도는 측정하기 어렵다. 심정지 환자에서 혈액순환이 안되는 환자에게 산소포화도 측정은 의미가 없다.

산소포화도 측정기는 산소를 가진 헤모글로빈과 가지고 있지 않은 헤모글로빈의 빛의 흡수 정도의 차이(빛의 세기)를 가지고 산소포화도를 측정한다. 헤모글로빈과 산소헤모글로빈의 파장에 대한 흡수계수는 기존 데이터를 통해서 알 수 있고, 빛을 투과하는 거리는 손가락의 두께로 알 수 있다. 헤모글로빈과 산소헤모글로빈의 농도는 2종류의 빛을 선택해서 빛의 세기를 측정하여 산소포화도를 알 수 있다. 2종류의 빛을 선택하는 기준은 산소와 산소가 없는 헤모글로빈의 차이를 가장 많이 알 수 있는 650nm 쪽과 950nm 쪽빛을 사용한다.

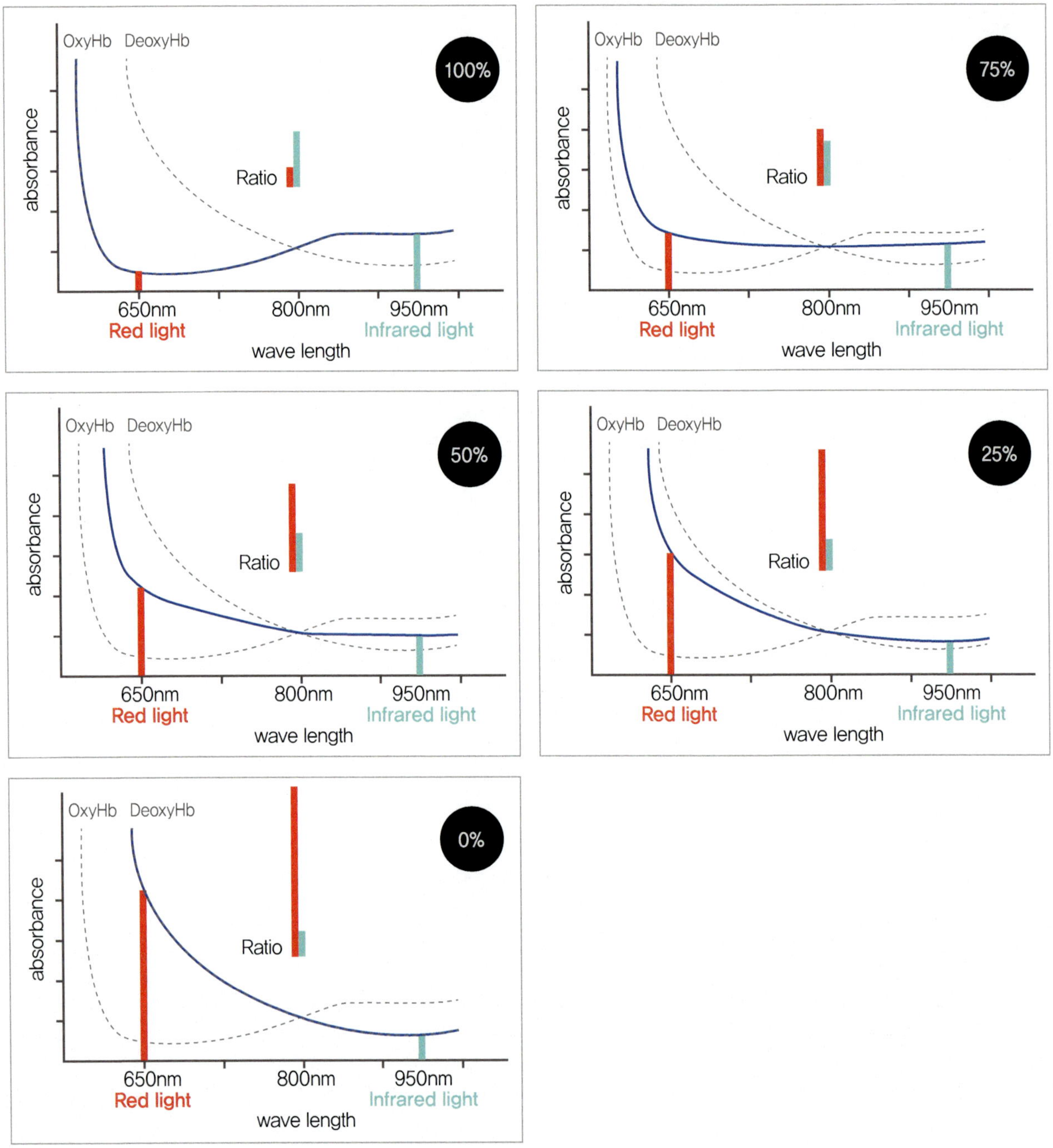

그림 3-6 산소포화도 측정기의 검출 원리

3. 주의사항

1) PaO_2(동맥혈의 산소분압, mmHg)를 제대로 측정하기 어렵다.

맥박산소측정기에는 SpO_2를 통한 SaO_2인데 PaO_2를 구하기 위해서 산소헤모글로빈 해리곡선에 대입시켜야 한다. ABGA는 침습적이며 통증이 가해지지만, PaO_2에 대한 측정치를 바로 알려주는 장점이 있다. PaO_2가 30~60mmHg인 구간과 SaO_2가 60~90%인 구간은 밀접하게 관련이 있으며 온도, pH, 2,3-DPG에 따라 곡선이 왼쪽이나 오른쪽으로 움직이기 때문에 정확한 PaO_2를 측정하기 어렵다.

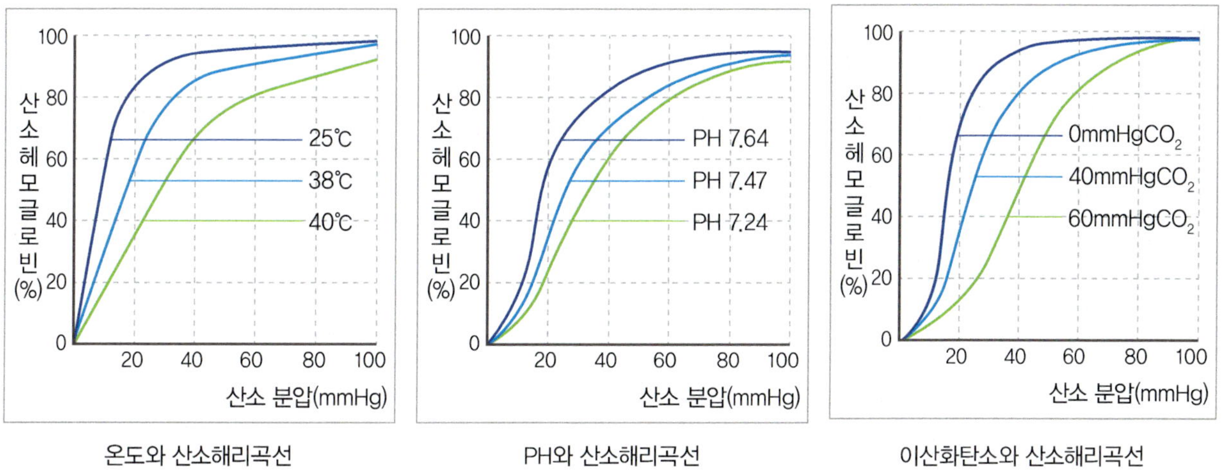

그림 3-7 **산소해리곡선도**

2) 맥박산소측정기는 CoHb, MetHb을 구분하지 못한다.

맥박산소측정기는 COHb와 MetHb를 구분하지 못하기 때문에 일산화탄소(CO)중독 환자의 수치가 100%로 나타날 수 있다.

3) 맥박산소측정기에 오류를 유발할 수 있는 요인들

① 비정상 헤모글로빈: 산화탄소헤모글로빈(carboxyhemoglobin), 메트헤모글로빈(methemoglobin)과 같이 산소공급에 관여하지 않는 비정상 헤모글로빈

② 의료 염색약: cardio green, intravascular dyes, indocyanine green 등이 혈액에 주입된 경우 적선/적외선 전파를 방해할 수 있다.

③ 매니큐어, 페디큐어

④ 큰 신체 동작

⑤ 손/손가락에 가해진 혈액 차단

⑥ 말초순환장애

⑦ 주변광

⑧ 주변부 전자기 파장

⑨ 부적절한 부착

4) $PaCO_2$는 수치가 나오지 않는다.

4. 적용(사용)방법

작동방식은 일산화탄소 측정기 및 메트헤모글로빈과 산소포화도 측정기 모두 유사하다.

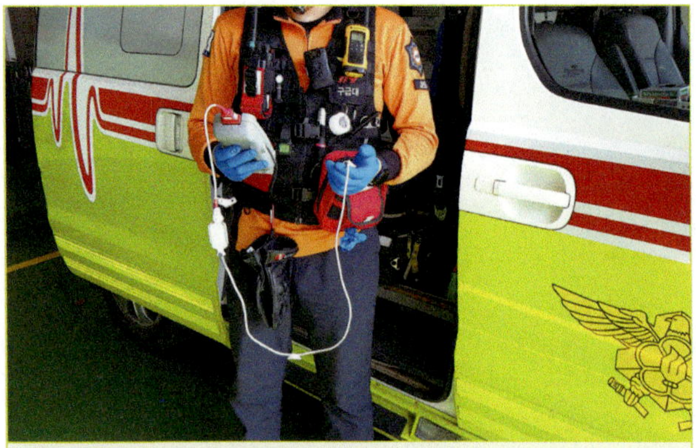

① 맥박산소측정기를 준비한다.

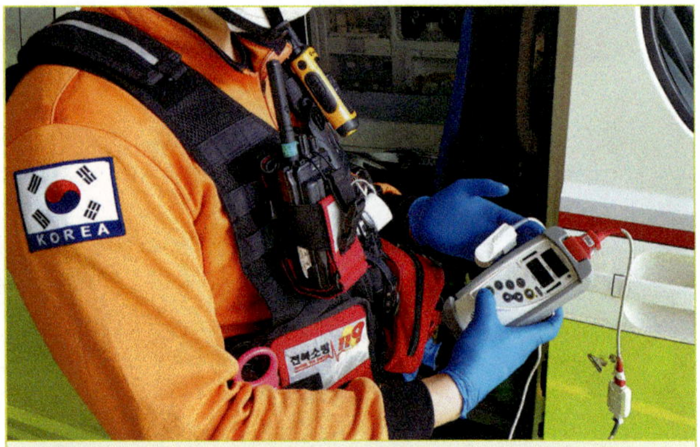

② 기기 전원을 켜고 검사할 준비를 한다.

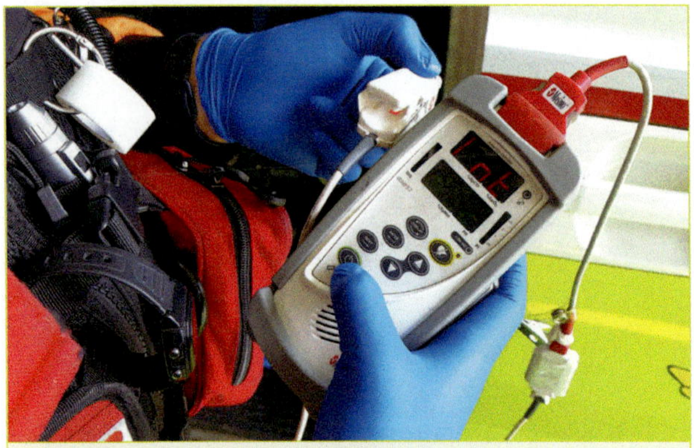

③ 필요한 센서를 기기에 부착한다.

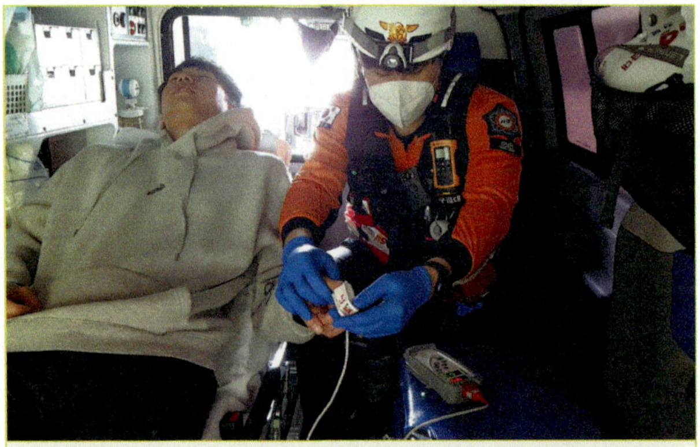

④ 센서를 환자의 손가락에 끼워 정확히 위치시킨다.

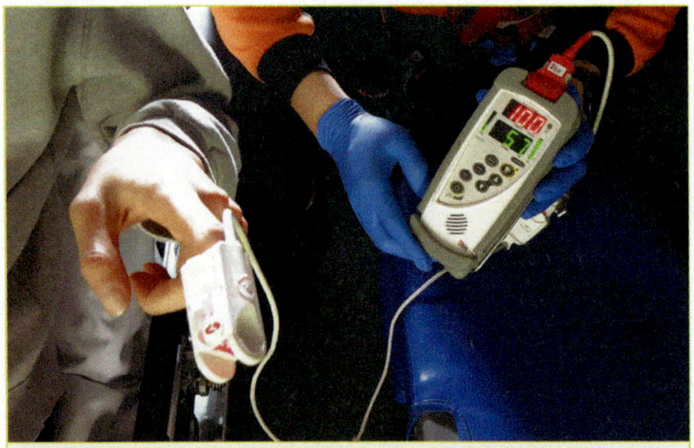

⑤ 맥박산소포화도(SpO_2)와 맥박수를 측정한다.

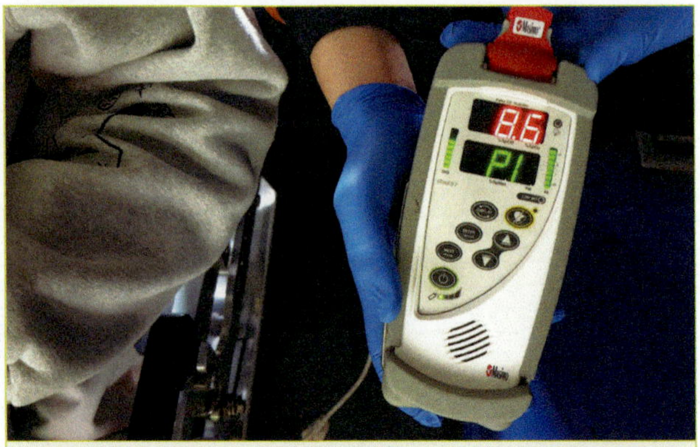

⑥ 환자의 맥박산소 수치를 확인하여 필요한 산소를 공급한다.

장비 소개

1. CO 및 메트헤모글로빈 측정기

제조사		미국/Masimo	중국/New tect
구분 \ 모델명		Rad-57CM	NT1G
제품 사진			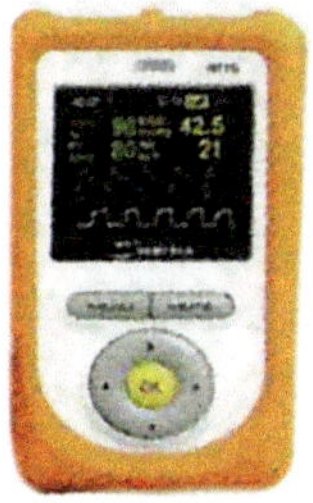
규격	용도	혈액 내 일산화탄소, 메트헤모글로빈을 측정하는 휴대용 장비	혈액 내 산소 및 일산화탄소, 메트헤모글로빈을 측정하여 모니터로 실시간 파형 및 수치를 표시하고 설정범위를 초과할 경우 경보로 알려주는 휴대용 장비
	사이즈	높이 158mm 너비 76mm 두께 36mm	높이 277mm 너비 156mm 두께 84mm
	중량	370g	300g(배터리 포함)
	사용시간	약 10시간	약 8~10시간
	측정범위	• 산소포화도: 0~100%(±3%) • 맥박: 25~240(bpm)(±5%) • 관류지수: 0.02~20%(±2%) • SpCO(일산화탄소): 0~99%(±3%) • SpMet(메트헤모글로빈): 0~99.9%(±3%)	• 산소포화도: 0~100% • 맥박: 25~240(bpm) • 호흡: 0~150[breaths/min(R.R)] • SpCO(일산화탄소): 0~99%(±3%) • SpMet(메트헤모글로빈): 0~99.9%
특징		• 비침습적인 방법으로 혈중 산소포화도(SpO_2), 일산화탄소(SpCO) 및 메트헤모글로빈(SpMet) 수치 측정 • 혈역학적으로 불안정한 환자를 모니터링하기 위해 관류지수를 측정 • 과도한 움직임, 주변 관류의 감소 등 활력징후의 상태를 관찰하고 사용자에게 경고센서가 있음	• 비침습적인 방법으로 호기말이산화탄소($EtCO_2$), 호흡수(RR) 및 혈중산소포화농도(SpO_2), 혈중일산화탄소(SpCO), 메트헤모글로빈(SpMet) 수치를 측정할 수 있음 • Masimo Rainbow SET의 기술이 적용되어 흔들림이 심한 상황에도 정확한 측정이 가능 • 측정되는 측정값을 1초, 5초, 10초, 30초, 60초 간격으로 최대 72시간까지 저장기능 • 무선 WIFI를 연동하여 저장된 이벤트 기록을 전송 가능
주의사항		• 건전지는 사용기기에 맞는 일반 건전지를 사용해야 하며, 각 기기마다 별도의 설명서를 참조해야 함 • 사용용도에 맞는 측정케이블을 잘 선택하여 적용하도록 한다.	• 건전지는 사용기기에 맞는 일반 건전지를 사용해야 하며, 각 기기마다 별도의 설명서를 참조해야 함

2. 산소포화도 측정기

제조사		미국/Masimo	미국/NONIN	대만/ROSSMAX
구분 \ 모델명		RAD-57	9590	SB100
제품 사진		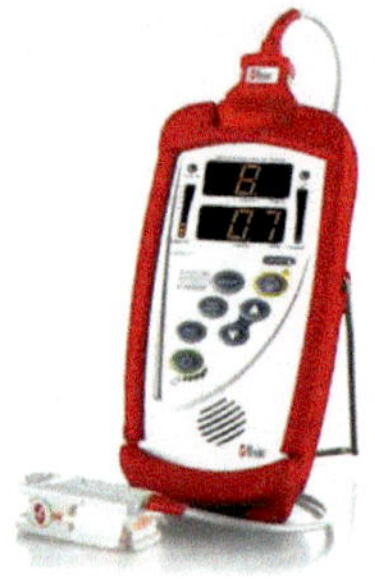	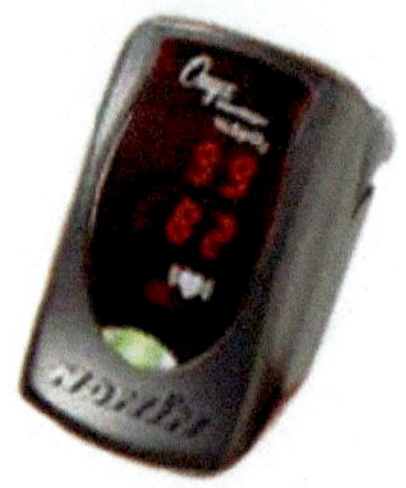	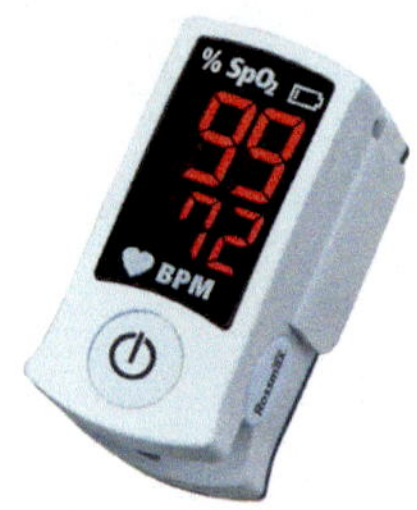
규격	용도	환자의 혈액 내에 포화되어 있는 산소농도와 맥박수를 측정하는데 사용하는 휴대용 장비	환자의 혈액 내에 포화되어 있는 산소농도와 맥박수를 측정하는데 사용하는 휴대용 장비	환자의 혈액 내에 포화되어 있는 산소농도와 맥박수를 측정하는데 사용하는 휴대용 장비
	사이즈	높이 158mm 너비 76mm 두께 36mm	높이 5.63mm 너비 3.32mm 두께 3.22mm	높이 63.5mm 너비 34mm 두께 35mm
	중량	370g	53.5g(배터리 포함)	본체 37g(배터리 제외)
	사용시간	약 10시간	약 35시간	약 16시간
	측정범위	• 산소포화도: 0~100%(±3%)	• 산소포화도: 0~100%(±1%) • 맥박: 18~321(bpm)(±1%)	• 산소포화도: 35~99% • 맥박: 30~250(bpm)
특징		• LED 방식으로 판독이 쉽다. • 휴대가 용이함 • 원터치로 측정이 가능함 • 작동이 단순하여 홀더에 손가락을 넣으면 자동으로 작동되는 일체형임	• 맥박, 산소포화도 측정 및 모니터, 경보기능이 있음 • 센서는 소아, 성인 모두 측정이 가능함 • 작동이 단순하여 홀더에 손가락을 넣으면 자동으로 작동되는 일체형임	• LED 방식으로 판독이 쉽다. • 휴대가 용이함 • 원터치로 측정이 가능함 • 8초 동안 사용하지 않을 경우, 자동으로 전원이 차단됨 • 작동이 단순하여 홀더에 손가락을 넣으면 자동으로 작동되는 일체형임
비고		• 건전지는 사용기기에 맞는 일반 건전지를 사용해야 하며, 각 기기마다 별도의 설명서를 참조해야 함	• 건전지는 사용기기에 맞는 일반 건전지를 사용해야 하며, 각 기기마다 별도의 설명서를 참조해야 함	• 건전지는 사용기기에 맞는 일반 건전지를 사용해야 하며, 각 기기마다 별도의 설명서를 참조해야 함

Reference

1. 내과전문응급처치학. 전국응급구조학과 교수협의회. 도서출판 한미의학. 2017.
2. 현장전문응급처치학. 아카데미아. 2020.
3. 응급실 이제 두렵지 않다(3). 대한의학. 2012.
4. 연안체험활동 안전교육. 해양경찰청. 덕성기획. 2019.
5. https://tv.naver.com/v/11858205
6. http://www.health.kr/ (의약정보원)
7. http://www.kimsonline.co.kr

Chapter 4

기도폐쇄 장비
[후두경에 의한 겸자사용, 흡인기, 기도폐쇄처치기(소개)]

✧ 학습목적

이물질에 의한 부분 기도폐쇄로 상황에서의 응급처치 도구 사용법과 완전 기도폐쇄로 인한 심정지 상황에서 적절한 조치를 위한 기구사용법에 대해 학습한다.

✱ 현장상황

| 현장모습 | 평소 지팡이를 짚고 생활하는 정도의 환자가 저녁 시간 회를 먹는 도중 부분기도 폐쇄가 발생발생하였다. 단순한 사레들인(swallow the wrong way) 것으로 판단하고 있던 중, 급격한 호흡곤란 증세를 보여 119에 신고되었고 DA-CPR(전화 수보자 심폐소생술)을 시행하고 있던 환자.

현장 대원에 의한 기도폐쇄 처치와 심폐소생술이 진행되었던 상황이다.

| 활력징후 | **혈압** 0/0mmHg, **맥박** 0회/분, **호흡** 0회/분

환자는 심각한 청색증과 호흡정지, 심정지 상태를 보이고 있다.

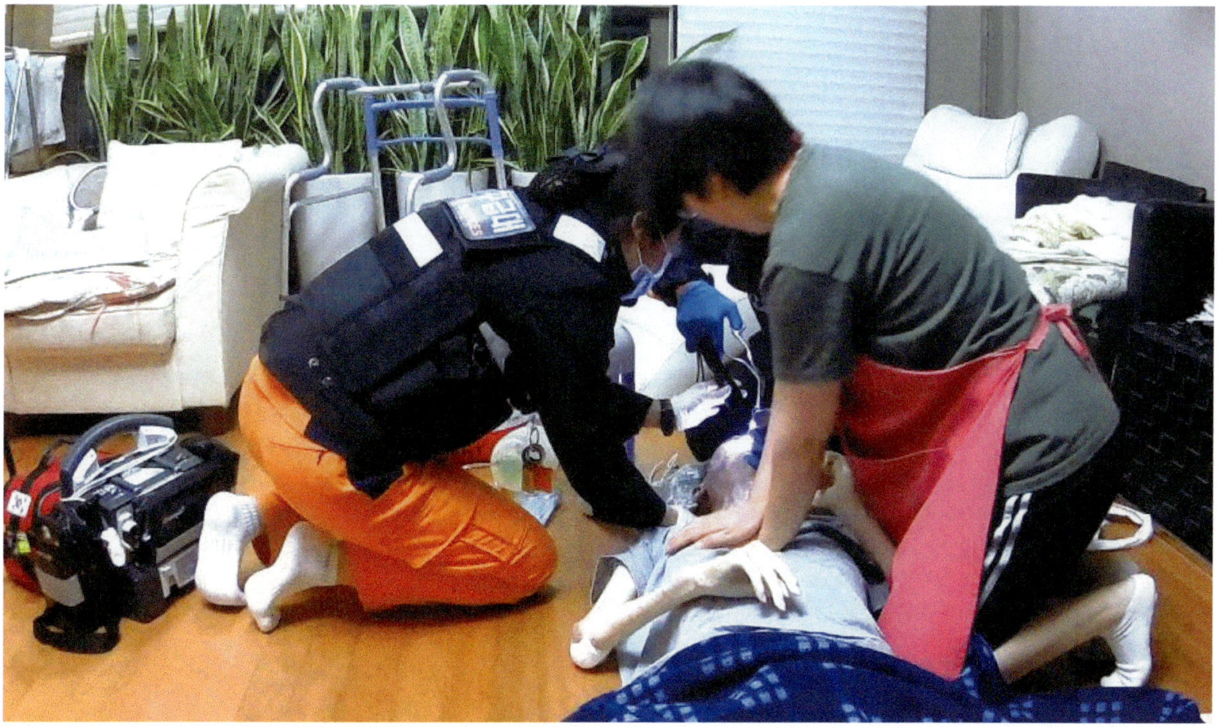

삼킴장애, 연하 통증, 과도한 타액분비, 불안증, 호흡곤란증 등을 주호소로 하는 기도폐쇄는 우리나라의 급성심정지 조사통계[1](2017년)에 따르면 전체 심정지 2만 9,262명 중 2.6%(753건)가 질식사고로 나타났으며, 병원 전 심정지 회복은 13.5%(102건)로 나타났다.

표 4-1 최근 3년간 심정지와 기도폐쇄로 인한 이송건

년도	출동건수	이송건수	기도폐쇄	심정지
2016	2,677,749	1,748,116	2,063	29,118
2017	2,788,101	1,777,188	2,342	28,955
2018	2,924,899	1,879,725	2,914	24,448

출처: 소방청

특히, 이물질로 인한 사망자의 90%가 5세 미만에서 나타났고 그 중 65%는 영아에서 발생했다고 한다. 주로 기도폐쇄를 목격할 수 있는 주택가, 요양원이나 영유아 시설 등에서 많이 발생하고 있어 발견자에 의한 초기 응급처치와 전화 상담원에 의한 응급처치 안내 또한 매우 중요하게 요구되고 있다.

이물질에 의한 기도폐쇄 초기에 시행하는 하임리히법(1세 미만에서는 권장하지 않는다)에 의한 성공률은 70~85%로 아주 효과적인 방법으로 알려져 있으며, 이물질이 제거된 환자의 50%에서는 등두드리기와 가슴압박법을 병행하는 것이 가장 효율적이라는 연구가 있다.[2]

기도폐쇄 처치의 아버지 헨리 하임리히 박사

'Heimlich maneuver'라는 용어는 미국 신시내티의 어느 병원 흉부외과 의사였던 헨리 하임리히 박사(1920~2016)는 매년 수많은 사람들이 이물질에 의한 기도폐쇄로 질식사한다는 것을 알았다. 그는 기존의 부족한 것(등두드리기 외 추가적인 복무밀치기)을 보완한 뒤 1974년 6월 미국 의학저널에 'anti-choking'으로 발표하면서 '하임리히법'으로 불리게 되었다.(이 연구에서 하이리히법을 초기에 시작하면 70~85% 성공률을 보인다. 성공한 사례 중 50% 환자는 등 두드리기와 흉부 압박이 병행되었다.)

그림 4-1 하임리히 박사

출처: 웹페이지 ESTADAO

1) www.index.go.kr(e-나라 지표), www.kosis.kr(국가통계포털)

원리는 가로막 바닥에 압력을 가함으로써 폐를 압박하는 힘(폐 속에 남아 있는 공기를 밀어내는)이 기관에 박힌 물체에 압력을 발생시켜 배출해 내는 원리이다. 힘의 방향은 등쪽(배측, dorsal) 방향이 아니라 배상방(dorsocaudal)으로 가해져야 하며, 부작용은 압력을 받는 장기와 직접 부딪히는 뼈들의 골절을 일으킬 수 있으므로 보다 정확하게 수행되어야 한다.

기침에 의한 이물질 제거는 폐 속에 남아 있는 공기를 가지고 힘차게 기침하려는 반사적 행동이며, 기도폐쇄 환자가 목을 감싸고 있는 V-neck 징후는 "Help me"라는 의미이다. 처치 후에도 환자가 아직 남아 있는 느낌이 있다고 한다면 일부를 삼켰거나, 흡인되었거나, 여전히 일부가 남아 있다는 뜻이므로 병원 이송을 우선으로 한다.

전화 상담원에 의한 초기처치가 실패한 현장에서 빠른 판단과 숙련된 술기를 통해 이물질 제거와 저산소증 예방을 위한 고농도 산소공급 등의 후속처치가 필요하다. 응급의료종사자는 완전기도폐쇄인지 불완전기도폐쇄인지 확인하지 않고 BVM으로 환기를 시도할 경우, 성문위에 있던 이물질이 오히려 성문으로 깊이 들어가 이물질 제거가 더욱 어려워질 수 있으니 주의해야 한다.

의식 있는 환자는 복부밀치기(하임리히법)로 제거를 시도하고, 의식이 없어지면 가슴압박법을 시행하면서 후두경(비디오 후두경)으로 직접 이물질을 제거해야 한다. 1세 미만 영아의 경우 간 손상이 있어 복무밀치기를 시행하지 않고 샌드위치법과 가슴압박법을 각각 5회씩 수행한다.

샌드위치법으로 감싼 영아의 가슴을 단단한 곳(대개 넓적다리)에 고정하고 어깨뼈 사이를 타격하게 되면 압력이 발생하면서 폐에 있던 공기가 압축되어 이물질을 밀어내는 원리이다. 보다 효과적으로 수행하기 위해서는 넓적다리에 영아 가슴이 단단히 고정되어야 하며 타격할 때 영아가 흔들리게 되면 떨어뜨릴 수 있어 그림 4-2와 같은 방법을 추천한다.

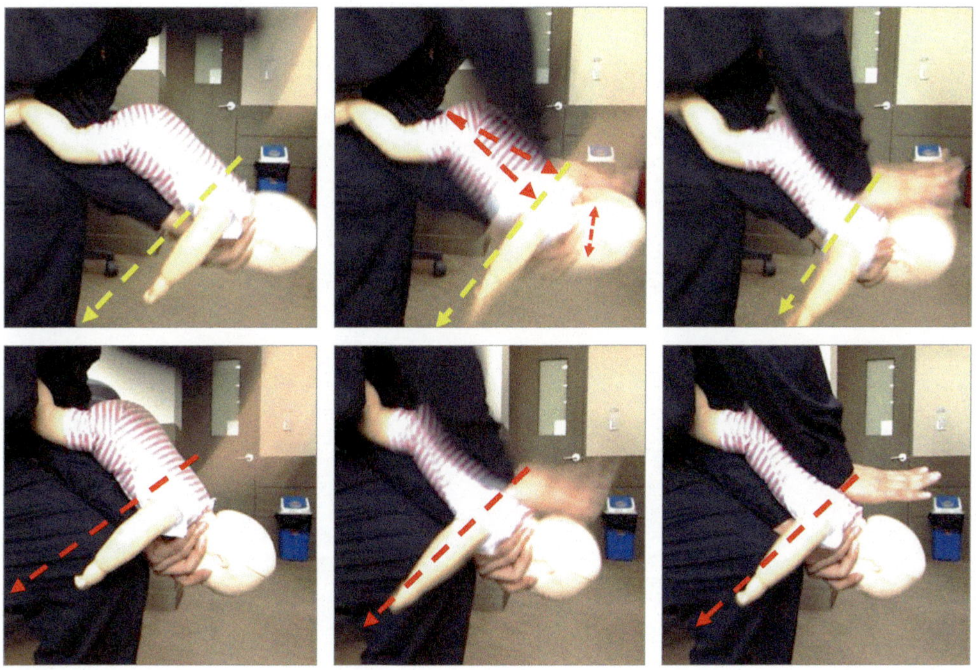

그림 4-2 영아의 기도폐쇄 시 등두드리기의 추천 자세

기도폐쇄는 생명을 위협하는 아주 중요한 사고임은 분명하며 현장으로 출동하는 대원에게 있어 늘 긴장의 연속선에서 빠지지 않는다.

잊지 말아야 한다

- 1차 처치는 의식이 있는 경우 하임리히법, 의식이 없어지면 심폐소생술 시행 (영유아의 경우 간 손상 위험으로 복부밀치기 금지, 샌드위치법으로 각각 5회씩 수행)
- 2차 처치는 구강 내 이물질이 보이고 깊숙이 들어가 있지 않은 경우라면 손가락 제거법
- 3차 처치는 마질겸자를 사용하며, 의식이 있거나, 구토반사가 남아 있는 경우는 금기 사항이다.

주의점: 조직 손상, 이물질을 더 깊게 밀어 넣을 수 있다. 후두경을 조심스럽게 접근시켜야 하며 성문까지는 접근하지 말아야 한다.

I 마질겸자 Magil Forcep

1. 개요

119 신고 접수단계에서 기도폐쇄가 인지되어 출동 중이라면 곧 심정지로 이어질 수 있는 위기상황으로 인식하고 대응할 준비를 해야 한다. 현장에 도착한 대원은 이물질이 이미 제거된 상황을 보거나 눈에 보이면, 직접 제거할 수도 있고 실패하는 경우 전문적인 술기를 통해 제거해야 한다는 것을 알아야 한다.

이물질 기도폐쇄에 관한 연구가 많지 않지만 일본의 오사카시 소방대의 2000년도에 이송한 전체 심정지 환자 2,354명 중 기도폐쇄에 의한 심정지 19.8%(466명)의 구급일지 분석을 통한 연구가 있다.

이물질은 구강 내 15.0%, 후두 또는 인두 64.8%, 기관 또는 기관지에서 20.2%가 발견되었고 주요 호흡기계 증상은 정상 호흡 52.3%, 호흡곤란 17.2%, 호흡 어려움 9.4%, 호흡정지 1.4%, 심폐정지 19.8%를 보였고 병원 전 마질겸자 사용은 16.3%(383건)이 있었고 Good CPC는 1.21%로 나타났다.

Table 3. Characteristics and outcomes of bystander-witnessed OHCA patients caused by pharyngeal or laryngeal obatruction

	Forceps use N=146	Non-use N=94	*P* value
Age, year, mean±SD	73.6±12.9	78.1±14.3	0.013
Male, N (%)	91 (62.3)	52 (55.3)	0.285
Location of accident, n (%)			
Home	107 (73.3)	54 (57.4)	
Health care facility	16 (11.0)	35 (37.2)	<0.001
Others	12 (15.8)	5 (5.3)	
ACtivities of daily living before arrests, N (%)			
Good	80 (54.8)	40 (42.6)	0.062
Disability	61 (41.8)	53 (56.4)	
Unclassified	5 (3.4)	1 (1.1)	
Ventricular fibrillation as first documented rhythm, N (%)	0 (0.0)	3 (2.1)	0.281
Bystander-initiated CPR, N (%)			
Compression-only CPR	8 (5.5)	16 (17.0)	
Conventional CPR	20 (13.7)	24 (25.5)	0.001
No CPR	117 (80.1)	54 (57.4)	
Epinephrine, N (%)	2 (3.6)	3 (6.8)	0.653
Intubation, N (%)	7 (4.8)	8 (8.5)	0.281
Time interval, min, mean±SD			
Collapse to call	3.2±5.5	3.1±4.0	0.818
Call to EMS arrival at the scene	7.4±2.4	7.2±2.4	0.513
Call to arrival at the hospital	28.0±7.6	24.7±7.1	0.001
Outcomes			
Survival at one month, N (%)	39 (26.7)	16 (17.0)	0.086
Neurologically favorable one-month survival, N (%)	24 (16.4)	4 (4.3)	0.004

Abbreviations: *SD* standard deviation, *CPR* cardiopulmonary resuscitation, *EMS* emergency medical system.

그림 4-3 이물질 기도폐쇄에서 마질겸자를 사용한 그룹과 비사용 그룹 간의 결과 비교[2]

그 결과는 마질겸자 사용이 신경학적으로 유리한 생존율을 나타내기도 했다. 이 연구에서는 이물질 폐쇄 환자 중 병원 전 심정지 발생(약 20%)이 있었고 그들의 2/3에서 구강이나 후두에 이물질이 있었다. 구급대원은 구강 내 이물이 있을 것으로 의심이 될 때 지체 없이 인/후두를 관찰하고 마질겸자로 이물질 제거를 제시하고 있다. 병원 전 단계에서 수행 가능한 방법은 기본처치, 일반처치, 고급처치 방법으로 응급실 내 초기처치와 크게 다르지 않다.

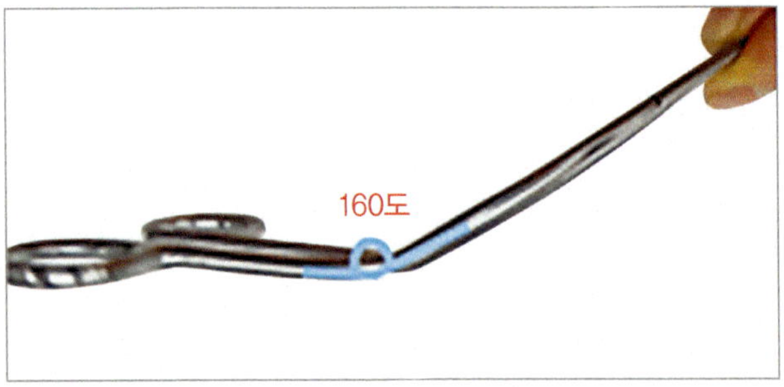

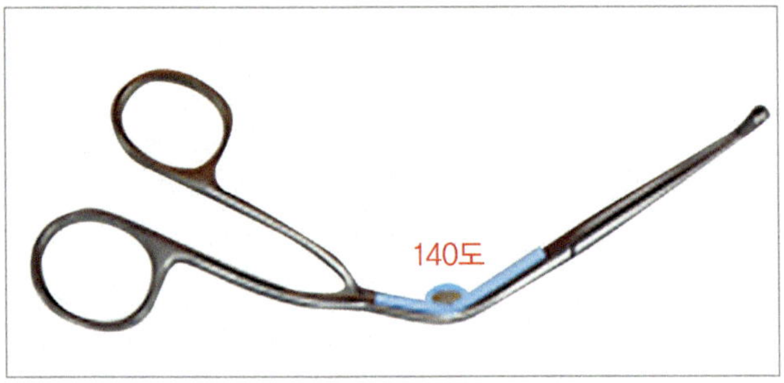

마질겸자(Magil forcep)
마질겸자는 두 번 각도가 굴곡져 있는 형태로 입안 확인 시 시야 확보에 쉽다. 끝이 타원형 형태로 미끄럼 방지 홈이 파여 있고 그 가운데 원형의 구멍이 있는 기구로 기도폐쇄의 이물질 제거뿐만 아니라 기관내삽관을 할 때에도 사용될 수 있다. 또한 각도(첫 번째 각 20도, 두 번째 각 40도)가 꺾여 있어 시야를 확보하기가 쉽다.

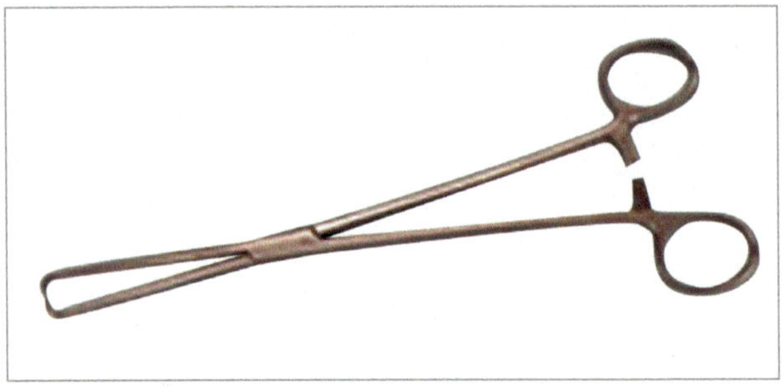

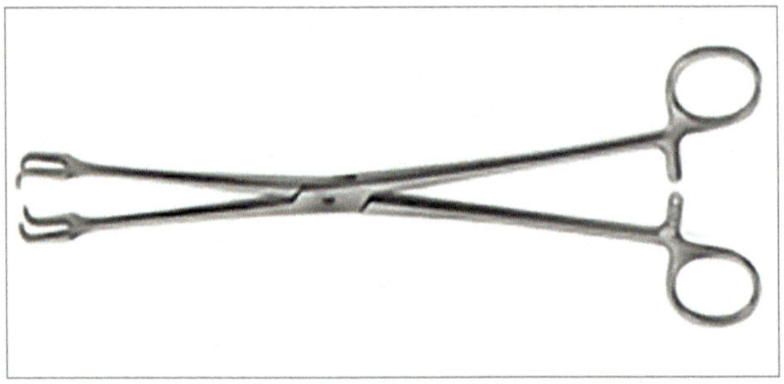

당기게(Tenaculum)
끝이 갈고리 모양으로 되어 있어 마질겸자로 잡을 수 없는 이물질을 찔러 넣거나 잡을 때, 긁어낼 때 사용하며 사용할 때 입안에 상처를 입힐 수 있어 주의를 필요로 한다.

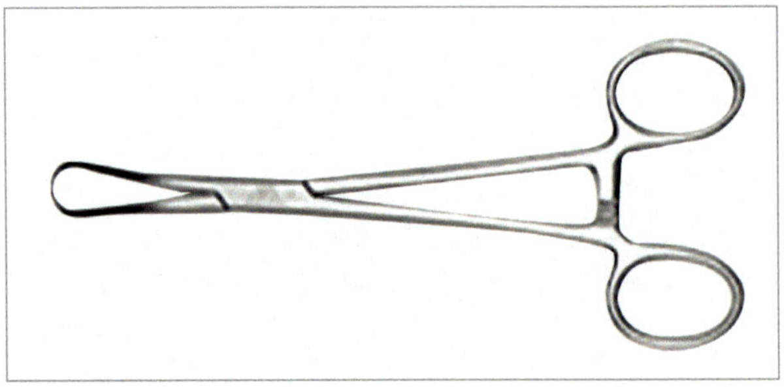

수건 클립(Towel)
당기개와 비슷하게 생겼으나 짧은 형태로 용도는 수건을 서로 연결하거나 고정할 때 사용되지만 이물질을 제거할 때도 사용된다.

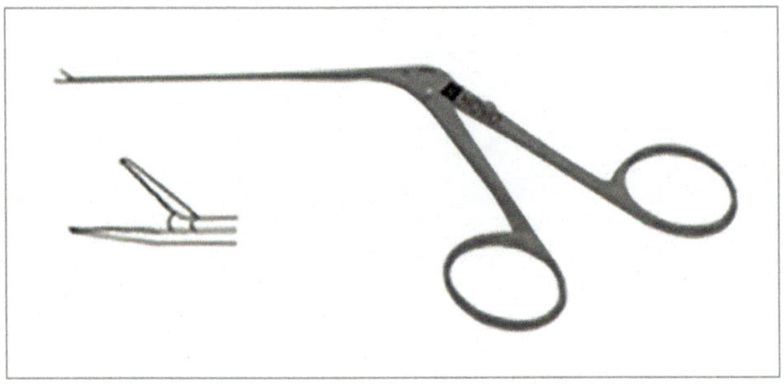

악어 겸자(Alligator forcep)
권총 모양의 겸자로 끝이 악어 머리 모양과 비슷하다고 해서 앨리게이터 포셉이라고 명칭이 붙었으며 얇고 길어서 작은 이물질을 잡는 데 편리하다.

그림 4-4 이물질 제거를 위해 고려할 수 있는 기구들

2. 적응증과 주의사항

하임리히법으로 간단히 해결되지 않는 경우는 대부분 점성이 높은 음식물(인절미 떡), 질긴 고기 또는 구강 내 점막과 흡착이 되는 산낙지가 원인일 때가 많다. 연하곤란을 겪고 있는 노인이거나 뱉어내는 능력이 발달하지 않은 영유아는 입을 통해 감각 입력을 습득하는 경우가 많아 구슬, 레고, 콩, 사탕 등 다양하다. 노인은 목의 반사신경이 늦거나 연하곤란을 겪는 경우가 많다.

마질겸자를 사용해야 하는 경우는 현장에서 부분기도폐쇄 처치에 실패했거나, 도착 시부터 완전기도폐쇄를 보이는 상황에 해당한다. 이물질에 의한 기도폐쇄가 확실시되고 구역반사가 손실된 환자에게 기도의 이물질을 직접보고 제거하는 데 사용한다.

- 집게 형식의 겸자(forcep) 클립(clip) 등을 이용하여 이물질을 잡아 제거하는 데 사용된다.

심폐정지를 보인다면 가슴압박소생술이 우선시되어야 하고, 인공호흡 또한 기도폐쇄라 할지라도 기계식 환기법을 시도해야 한다. 가슴압박소생술을 진행 도중에 이물질 제거를 수행해야 하므로 평소 고도의 훈련이 요구되는 술기임은 분명하다. 해부학적 구조를 분명히 알고 있어야 하며, 가슴압박소생술을 방해하지 않아야 한다. 필요시 가슴압박소생술의 중단 시간을 10초 이내로 해야 한다.

(1) 주의사항

① 1세 이상의 소아나 성인의 이물질에 의한 기도폐쇄일 경우 1차 응급처치 방법은 복부밀치기(하임리히법)이다.

② 입안의 이물질이 보이면 손가락 훑어내기로 직접 제거가 가능하지만 입안 깊숙히 위치하고 있으면 이물질이 안으로 더 들어갈 수 있으므로 추천하지 않는다.

③ 의식이 없는 환자에게서 후두경 검사 및 기구를 사용하여 확인한다.

④ 후두경으로 이물질을 확인하기 위해 무작정 후두경을 삽입하게 되면 후두경으로 이물질이 안으로 더 들어갈 수 있으므로 조심스럽게 삽입을 시도한다.

⑤ 치즈, 젤리 등 겸자로 제거되기 어려운 이물질이면 흡입기를 이용하여 제거를 시도해야 한다.

⑥ 한쪽 눈을 감고 이물을 잡으려 해서는 실패한다. 반드시 양눈으로 깊이와 입체감을 느끼면서 시행해야 한다. 평소 충분한 연습을 필요로 한다.

(2) 참고내용

이물질이 보이지 않거나 BVM 등으로 계속된 저항이 느껴지거나 흉부 상승이 되지 않고 이물질이 보이지만 제거할 수 없는 경우 한쪽 폐 환기(OLV) 방법을 고려한다.

한쪽 폐 환기(One Lung Ventilation; OLV)

기관 내에 이물질이 깊숙이 있으면 기관내삽관 튜브 등으로 이물질을 깊숙이 집어 넣어 한쪽 폐로 이동시키는 방법이다. 한쪽 폐로 이동시킬 경우 보통 각도가 완만한 오른쪽 기관으로 이물질이 들어갈 확률이 높다. 한쪽으로 이물질을 이동시키면 한쪽으로 흉부가 상승하는지 육안 및 청진으로 확인한다.

이런 술기를 하기 위해서는 반드시 의료지도를 받도록 하고, 병원 이송 중에 의료진에게 미리 알려주어 기관지 내시경이 필요할 수 있다는 것을 알려야 한다.

3. 적용(사용)방법

마질겸자를 이용한 이물질 제거법

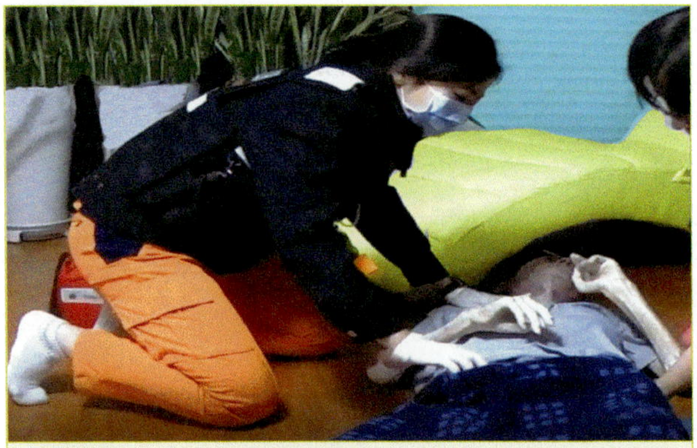

① 환자평가(V/S 등의 측정)

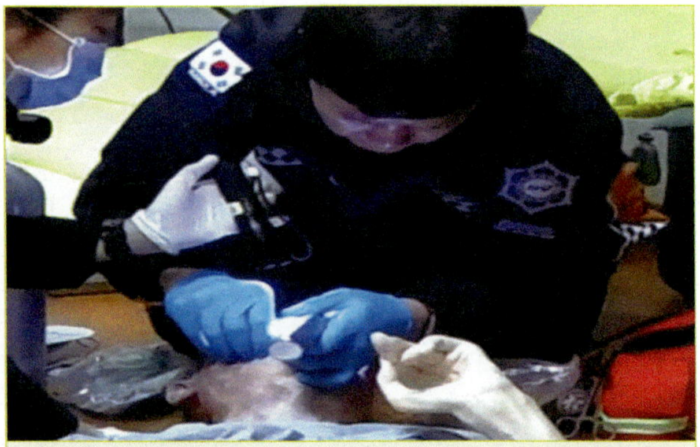

② Sniffing Position에서 후두경을 전상방 45도 각도로 아래턱을 들어 올린다(치아골절과 윗입술 손상에 주의). 후두경 날 끝이 성대(vocal cord)를 지나서 삽입되지 않아야 한다(이물질만 눈으로 직접 확인하면 된다).

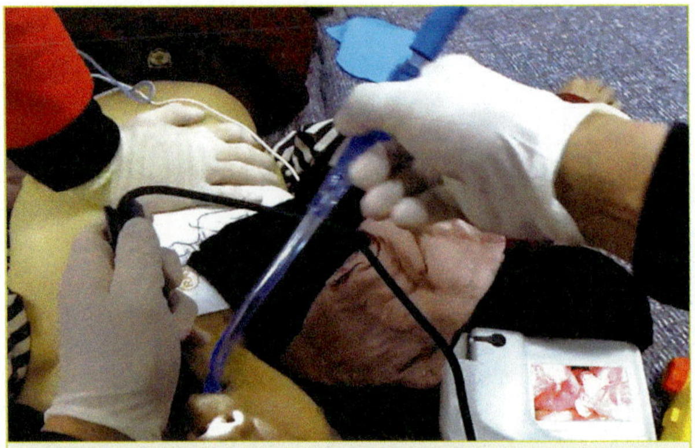

③ 분비물(secretion)이 시야를 가리면 흡인(suction)을 하되 과한 흡인시간은 저산소혈증을 더 악화시키므로 주의한다.

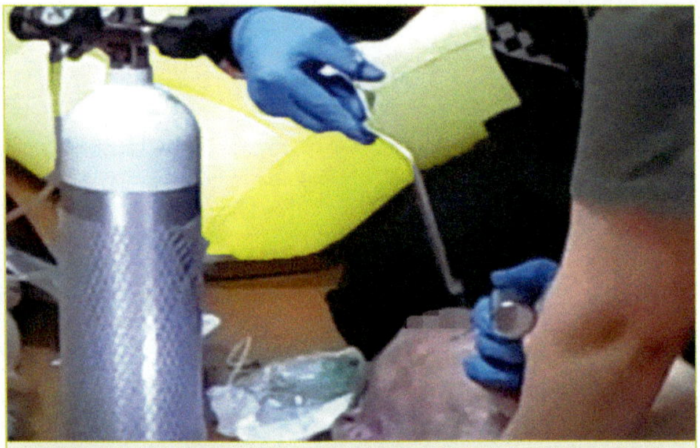

④ 이물질이 확인되면 마질겸자로 꺼낸다. 이때 겸자의 끝이 이물질 외 연부조직을 건드리면 출혈이 생길 수 있으므로 주의한다.

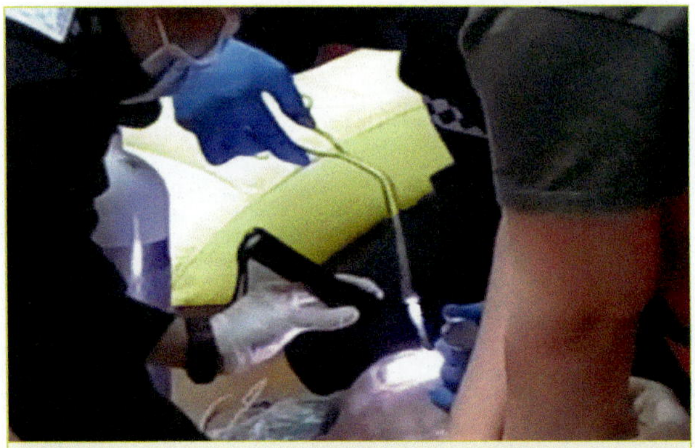

⑤ 마질겸자를 이용하여 이물질을 직접 꺼낸다.

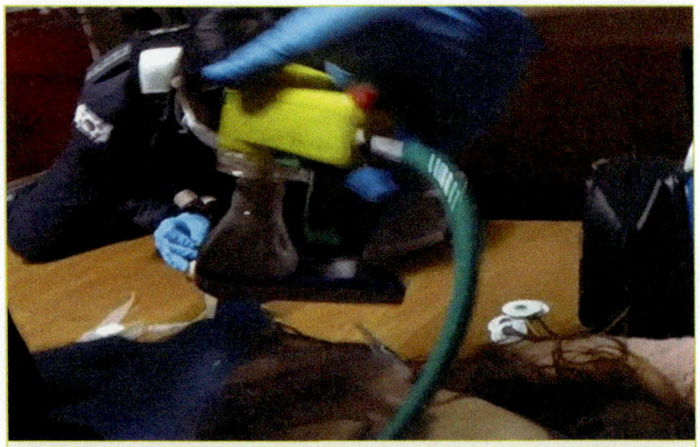

⑥ 충분한 과환기를 시행한다(15L/min로 3초당 1회도 좋다).

II 흡인기 Sunction Unit

1. 개요

현장에서 의식변화를 동반한 호흡곤란 환자를 만났을 경우, 습관적으로 먼저 BVM으로 호흡보조를 시행하게 되는데, 만약 이물이 있다면 어떻게 될까? 당연히 상기도 이물을 기관이나 기관지로 밀어 넣어 악화시킬 수 있다. 만약 입안에 이물질을 확인하지 않았거나 BVM 시행 후에 더 악화되었다면 이물이 이미 기관(trachea)으로 들어간 것으로 볼 수 있다.

떡이나 액체, 끈끈한 것들이라면 기관내 삽관을 통해 기관튜브 끝에 흡인기를 연결하여 흡인할 수도 있다. 흡인이 안될 정도로 기관내삽관 튜브가 막혀버리면, 석션을 유지한 상태로 같이 발관하면 기관내삽관관에 이물이 들어 있는 채로 제거 가능하다.

흡인법은 병원과 병원 전 단계에서 약간의 차이가 있을 수 있다. 병원에서는 크게 개방형과 폐쇄형 흡인법[2]을 사용하고 있다, 흡인은 환자의 가래와 이물질을 외력에 의해 체외로 배출시키는 과정인 만큼 공기 중으로 그대로 노출될 때 감염에 노출되기 쉬워 개인감염보호구(라텍스 글로브, 고글, 마스크, 감염질환자의 경우 Level C, D급 보호의)를 사전에 착용해야 한다.

폐쇄성 흡인(In-line suction)은 최근 크고 작은 감염병 사태 이후 신종감염병에 대한 대비책으로 병원 전 단계 도입도 고려해야 할 것으로 보인다. 의식 저하를 보이는 환자에게 A, B, C 관리는 무엇보다 우선되어야 하는 것을 잊어서는 안 된다. 이러한 환자들은 Gag reflex[구역(입천장) 반사] 소실[3] 또는 혀 근육 이완에 따른 기도폐쇄[4] 현상과 체액(scretion), 구토물, 이물질, 구강, 비강, 인후 기관내 이물질 제거가 필요한 매우 급한 상황이 대부분이다.

구토물이나 위 내용물의 다량 흡인은 박테리아와 소화기계의 강한 산성 물질로서 호흡 과정에 필요한 허파꽈리와 기타 폐 조직을 파괴하여 심각한 기체 교환의 부족 현상을 일으키고 그 결과로 저산소혈증과 탄소 과잉증, 흡인성 폐렴(aspiration pneumonia)을 유발할 수도 있어 즉각적인 조치가 요구되며 그 결과가 때로는 치명적이기도 하다. 여기서는 현재 병원 전에서 널리 사용되고 있는 방법에 대해서 알아보고자 한다.

흡인기는 크게 고정식과 이동식으로 구분할 수 있는데 고정식은 병원에서 사용하는 Wall(Pannel) Suction Unit과 구급차 내에서 사용하는 Wall Suction Unit로 나눌 수 있다. 이동식 또는 휴대용 흡인기라 하며, 전동식과 수동식(manual) 형태로 구분할 수 있다.

---

2) 감염방지를 위해 적용하는 방법으로 주로 격리실에서 사용하며 외부와 차단된 별도의 튜브 내에 흡인 관을 넣어 흡인물이 외부와 차단될 수 있도록 하는 방법

3) Gag reflex[구역(입천장) 반사] 소실: 이물질이 들어오면 저지하기 위한 반사 반응

4) 혀 근육 이완에 따른 기도폐쇄: 혀 근육 이완은 중력에 의해 뒤로 말리는 형태로 나타남

표 4-3 석션기의 유형과 형태의 비교

	진공흡입기구 (Mounted Vaccum-Powered)	휴대용 배터리 방식 (Battery-Operated)	수동흡입방식 (Hand-Powered)
사진	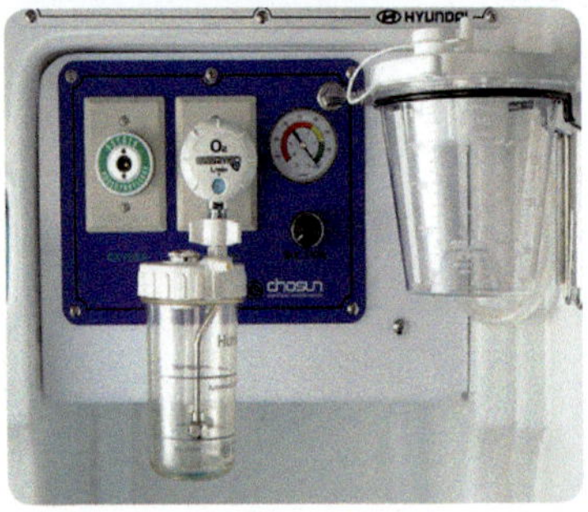	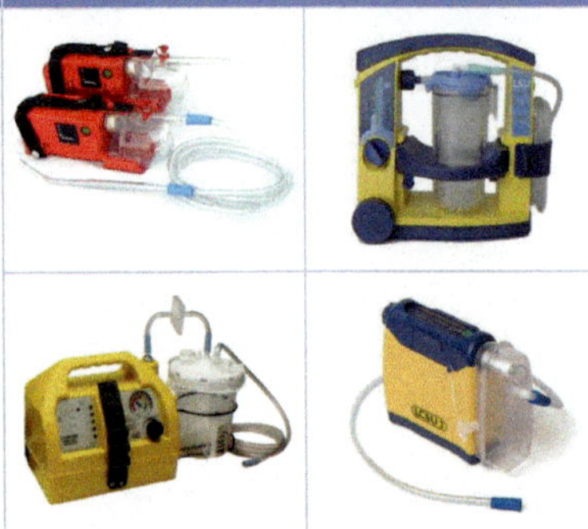	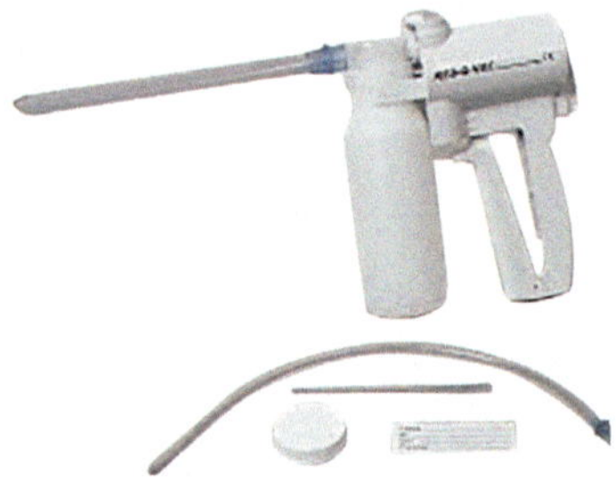
	차량 고정식	휴대용 전동식	휴대용 수동식 석션기
구성	• 고정식으로 구급차 벽이나 병원 벽에 설치되는 형태 • 강한 압력과 지속적인 진공에 의해 흡입할 수 있으며 교류전원에 의한 동력을 사용한다.	• 휴대용으로 제작되었고, 배터리를 주 동력원으로 사용하는 구조이며, 최근 들어 배터리 기술의 혁신적 발전에 힘입어 작동시간은 늘어나고 있다.	• 진공을 만들기 위해 손잡이를 쥐어짜는 형태로 음압이 발생한다.
장점	• 지속적인 강한 진공 • 진공력이 조절 가능하다. • 흡인물의 수집통이 일회용	• 휴대가 가능 • 소형 경량화되는 추세 • 우수한 흡입력 • 흡인물 수집통이 일회용	• 가볍고 휴대가 가능 • 간단한 구조와 저렴함 • 즉각적인 피드백과 순응성 여부 확인이 빠르다. • 흡입력이 강하다. • 동력이 필요하지 않다.
단점	• 이동이 불가 • 이동 차량의 경우 자동차 특장전원 고장이 나면 작동이 불가하다.	• 기계 구성이 복잡 • 사전에 배터리, 호스 연결 상태 점검이 필수 • 배터리 수명이 점점 줄어든다. • 체액에 노출되는 일부부분이 일회용이 아님(소모품 별도 구매)	• 흡인물 수집통이 작음 • 수동조작, 짧은 시간 진공 발생 • 흡입량과 속도의 조절이 불가 • 작은 분비물 제거가 어려움 • 체액에 노출되는 일부부분이 일회용이 아님(소모품 별도 구매)
압력	약 700~800mmHg	약 500~600mmHg	1회 작동 100mmHg 2회 작동 400mmHg 3회 작동 550mmHg

현장에서 써본 경험에 의하면 고정식은 구급차 압축기의 힘이 약해 병원용과 비교하면 순간 압력이 약하다. 휴대용 전동식 기기와 수동식 흡입방식은 구급차 밖 현장으로 가져갈 수 있게 만든 장비의 특성 휴대하기 편리(소형, 경량, 배터리)하게 제작되었다. 배터리 방식은 고정식처럼 강한 힘과 지속적인 사용이 가능하게 만들어졌지만, 소수의 인원이 많은 장비를 휴대하기 어려운 현장의 특성에서 많은 고민을 주고 있어 일부 장비는 미니형태로 제작되어 소생술 가방에 휴대할 수 있도록 제작되기도 하였다.

배터리방식 장비의 가장 큰 단점인 부피, 휴대성, 배터리 사용시간, 가격의 단점이 있다면 수동형은 이러한 문제가 없지만 작동 원리상 쥐어짤 때만 음압이 짧은 시간(약 1~2초)만 만들어져 전문기도기 삽입을 해야 하는 경우 지속적인 압력을 만들어 낼 수 없고 Bottle이 작아 효과적인 사용이 어려운 경우가 종종 있다.

결국, 출동 단계부터 현장에 접근할 때까지 충분한 자료를 바탕으로 현장에 적절한 장비를 휴대하는 것은 대원의 선택에 달렸다.

2. 적응증과 작동원리

기도 이물, 폐쇄가 있는 모든 환자에게 적응증이 될 수 있는데, 긴급하게 흡인이 필요한 경우는 구강이나 기관지의 분비물을 스스로 뱉어내는 능력이 떨어지는 것으로 정의될 수 있다. 병원 전에서 흔히 볼 수 있는 경우는 여러 질환에 의해 건강 상태가 좋지 못한 요양을 하는 침상 생활 환자나 의식이 급속히 저하되어 기도의 분비물을 스스로 해결할 수 없는 경우로 분비물 등의 제거는 주로 입석션, 코석션, 기관 흡입법을 수행하고 있고 병원 단계의 방법과 크게 다르지 않거나 동일하게 적용되어야 한다. 특히, 요양을 위해 침상 생활을 하는 환자들은 기관절개술(tracheostomy)을 하여 기관내관(endotracheal tube)을 하는 때도 있으므로 응급의료종사자는 기관흡인법에도 수행할 수 있도록 훈련되어야 한다.

기도관리 장애는 크게 두 가지로 생각해 볼 수 있는데, 물리적인 장애와 기능적인 장애로 구분할 수 있다.

표 4-4 병원 전 단계에서 흔히 있는 환기 장애의 원인들

물리적인 장애	기능적인 장애
• 외부 이물질의 직접적인 방해로 인한 환기 장애 • 삼키는 기능문제를 가진 환자에서 발생한 음식물에 의한 이물질, 가래 등에 의한 환기 장애 • 외력에 의한 목 졸림, 코와 입의 막힘에 의한 환기 장애	• 대사성 장애에 기인한 것 • 호흡 용적의 문제 • 신경성의 문제(과환기증후군) • 내과 질환의 문제(천식, 폐렴) • 사고로 인한 폐 손상의 문제 • 폐 질환에 의한 문제

표 4-5 현장에서 즉각적인 흡인을 고려해야 하는 경우

1. 입천장 반사 소실과 함께 의식변화를 보이는 경우
2. 안면의 창백증과 상기도에서 그르렁거리는 소리와 함께 SpO_2 94% 이하를 보이는 경우
3. 구토를 하고 있거나 가래 또는 구토의 흔적이 있었던 환자에서 흡인(aspiration)이 의심될 때
4. 이물질 폐쇄로 인한 신고를 받고 현장에 도착한 경우 이물질이 제거되었다 하더라도 반드시 환자에게 이물질 이물감을 확인해야 하며, 의식이 없다면 이물질 확인 후 제거
5. 기침을 스스로 할 수 없는 침상 생활 환자에서 상기도의 가래로 환기에 장애가 있는 환자
6. 인공호흡기(기관내 삽관튜브, 기관 절개관 등)를 하는 환자에서 환기 기류의 증가(객담이 굳거나 하여 내경이 좁아진 경우)를 보이는 환자
7. 청진에서 비정상적인 폐 음이 들릴 때(주로 기관 또는 주기관지에서 들을 수 있으며 기관 튜브를 사용 중인 환자에서 흔히 볼 수 있다.)
8. BVM 등 양압 환기에서 기도내압이 증가(순응성 증가)할 때

흡인기의 원리

모터(교류전원 또는 배터리)에 의해 공기를 압축시키는데 통(bottle) 안에 공기를 압축시켜 빠져나가도록 하면 상대적으로 반대 방향 호스로 주변 공기가 통(bottle) 안으로 빨려들어 오게 하는 원리로 고무보트에 바람을 넣고 빼는 장치와 흡사하다고 이해하면 된다.

- 공기의 흡입압력을 발생시키는 것을 말하는데 흡입하고자 하는 반대쪽의 밀폐된 용기에 공기를 불어 넣으면 저기압(음압 또는 진공이라 함)이 형성되는데 이것이 일반기압으로 변화하는 과정에서 공기의 움직임이 일어난다.
- 이 공기의 유동이 흡인(suction)하는 힘이 된다.

수동흡인기는 쥐어짤 때 저장낭의 공기가 바깥으로 배출되면서 음압이 발생한다. 일부 자료에서는 짧은 시간 내 많은 양(1회당 100~150mL) 이상을 흡인할 수 있다고 표현하고 있지만, 현장에서 사용해 본 느낌은 어느 정도 차이를 느낄 수 있는데, 작동 원리상 쥐어짤 때만 음압이 만들어지는데 그 시간이 매우 짧고 이물질을 제거하는 데 있어 압력이 충분하지 못하다. 무른 가래 정도를 흡인할 경우에는 적절할지 모르나 한 번에 쉽게 흡인되지 못할 때는 지속적인 음압이 없어 여러 번 시도해야 하는 번거로움이 있다. 그래서 대부분의 수동식 흡인기는 굵은 팁을 사용하는 구조를 지니며 흡인량을 조절하는 데 어려움이 있다.

3. 주의사항

응급의료종사자는 청진기를 혈압측정이나 천식 환자의 천명음 정도를 듣는 것에 그치지 말고 호흡음을 평가하여 환기 상태를 확인할 수 있어야 한다. 그러기 위해서는 정상 호흡음을 평소에 알고 있어야 하며 환기 장애에 따른 여러 호흡음을 알고 있어야 한다. 흡인하는 과정은 의식 있는 환자에게는 구역 반사와 통증 등의 불편감을 유발하기도 하며, 기도와 폐에 머무는 산소까지 함께 흡입하기 때문에 저산소 혈증과 부정맥 등의 복합적인 문제를 만들어 낼 수 있으므로 신중하게 접근해야 하는 술기임은 분명하다.

여러 지침에서 말하고 있듯 흡인에 드는 전체 시간은 5분 이내를 권장(저산소증 위험)하고 있는데 이것은 흡인하는 동안 이물질과 산소를 동시에 흡인하기 때문으로 보이며, 매번 흡입 시 15초(일부 문헌에서는 10초 이내) 이내에 수행되어야 하며 적절한 압력(**표 4-6** 참조)을 지켜야 한다.

표 4-6 석션기의 압력

대상 \ 구분	벽면 고정형	휴대용 장치
성인	110 ~ 150 mmHg	10 ~ 15 cmH_2O
아동	95 ~ 110 mmHg	5 ~ 10 cmH_2O
영아	50 ~ 95mmHg	2 ~ 5cmH_2O

앞에서 언급했듯 석션은 이물질과 함께 산소까지 흡인하는 과정으로 저산소 혈증이 발생하기 쉬우므로 시행 전/후에는 반드시 과환기[5]를 해주어야 한다.

일반적인 가래 등에 사용되는 흡인 카테터는 임시 도뇨관, 경성 카테터(성인 12~18F, 소아 8~10F, 영아 5~8F) 등이 사용되고 있지만, 이물질에 의한 기도폐쇄 처치에는 더욱 굵은 카테터를 활용해야만 효과적인 처치가 가능하다.

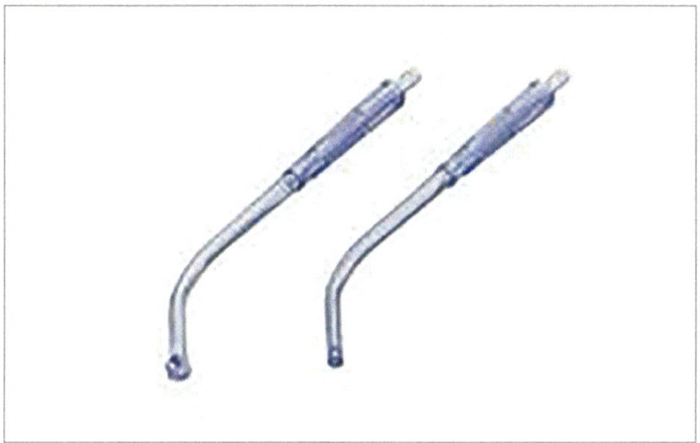

양커 흡인팁(Yankaucer suction tip)

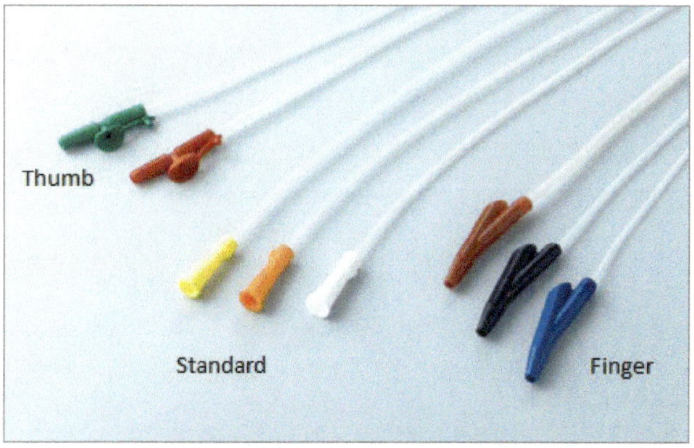

카테터 흡인팁(휘슬팁, Catheter suction tip)

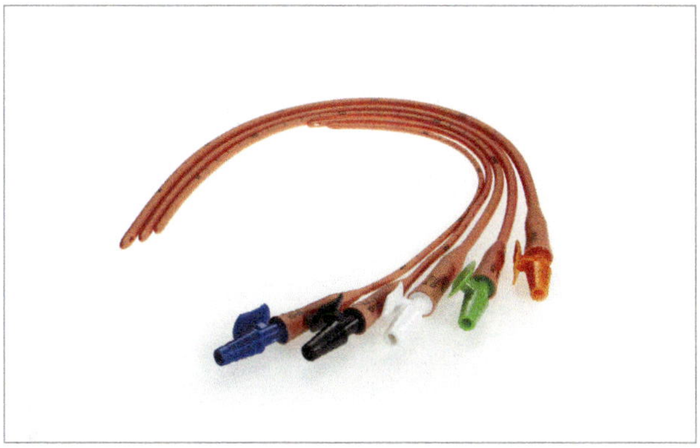

임시 도뇨관을 이용한 팁

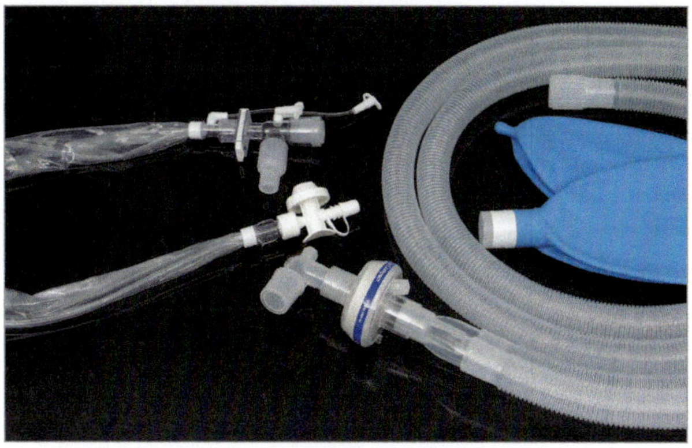

폐쇄형 팁

그림 4-5 흡인 카테터의 종류

5) 과환기는 볼륨을 많이 넣어주는 것이 아니라 폐 깊숙한 곳까지 환기할 수 있도록 강하게 밀어 넣는 것을 말하며 보통 100% 산소로 8번 가량 백을 짜거나, 3~5번 Fully Bagging하는 것을 말한다.

병원 전 단계에서 널리 사용하고 있는 Yankauer 팁은 미국의 이비인후과 의사 Sidney Yankauer (1872~1932)가 1907년쯤에 개발한 것으로 큰 구경의 팁 입구는 더욱 신속하게 이물질을 흡인하는데 특화되어 있다.

표 4-7 흡인의 일반적인 주의점

1. 처음 흡인에 실패했다면 20초 정도 과환기 후에 재흡인을 통해 저산소증이 생기지 않도록 한다.
2. 용도에 맞는 흡인팁을 사용해야 한다.
3. 해결되지 않는 지속적인 흡인으로 이송을 지연해서는 안 된다.
4. 저산소증이 미주신경을 자극하면 부정맥이 발생할 수 있어 주의한다.
5. 기준압력보다 높게 흡인을 하면 구강과 기관지 점막이 손상되어 출혈을 일으킬 수 있다.
6. 충분한 전환기(preoxygenation)를 통해 저산소증을 예방해야 한다.
7. 의식 있는 환자에게는 충분한 설명을 통해 불안감을 덜게 해야 하며, 기침을 할 수 있다면 적극적으로 할 수 있도록 독려한다.
8. 흡인이 되지 않으면 계속 시도할 것이 아니라 아래와 같은 원인을 찾도록 한다.
   - 기계와 호스의 연결 상태(흡인관 꼬임, 구멍, 베터리 충전상태, 흡입포트의 개방)
   - 흡인 압력계 확인
9. 흡인하는 동안 감염원(분비물)이 공기 중으로 전파될 수 있어 사전에 개인 보호구를 착용해야 한다.
10. 구강 흡인의 카테터 삽입은 코에서 볼까지 13cm 정도, 기관내튜브는 삽입 길이만큼 삽입, 기관절개관은 점막 손상이 발생하기 쉬워 14~20cmH_2O 의 낮은 압력과 8~11cm 삽입 범위에서 흡입해야 한다.
11. 점막 손상 예방을 위해 80~120mmHg의 압력을 유지한다.
12. 흡인을 하는 동안 구역반사에 주의한다.

장비 소개

1. 기도폐쇄처치기

제조사		Dechoker/미국	다국적
구분 \ 모델명		dechoker	마질겸자
사진		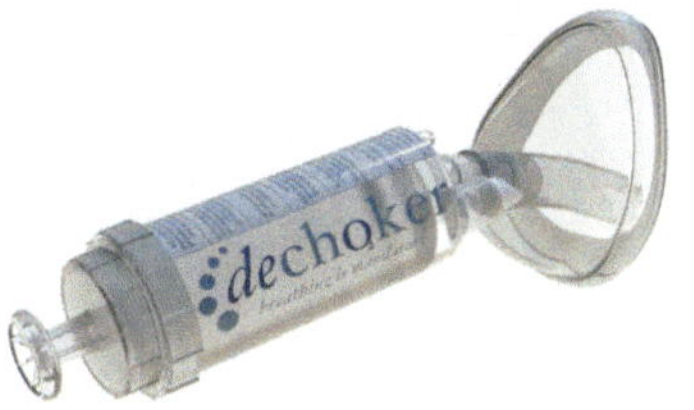	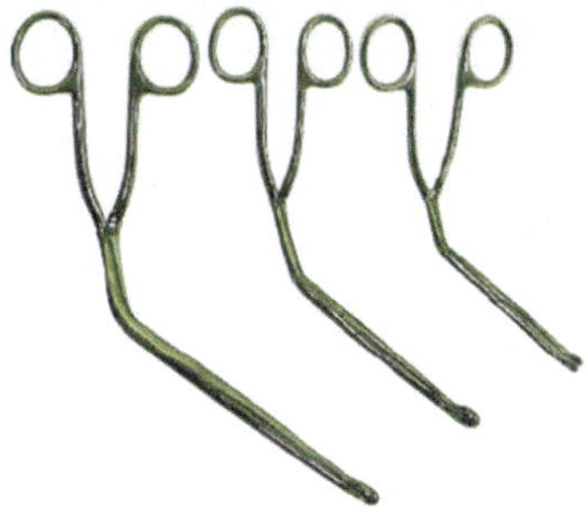
규격	크기	본체크기: 17×12.954cm 성인 마스크: 99×12.95cm 소아 마스크: 8.3×10.9cm 유아 마스크: 8.3×9.9cm	성인 25cm 소아 20cm 유아 17cm
	무게	160g 이하	–
	재질	플라스틱	스테인레스
		1. 신속한 응급처치가 가능 2. 하임리히법 적용이 어려운 임산부, 유아, 노인, 비만자, 의식이 없는 경우, 삼킴장애가 있는 경우의 기도폐쇄 처치 시 3. 풀(Pull) 핸들을 수동으로 잡아당기면, 피스톤 운동을 통해 혈액 및 이물질이 제거	1. 철제 재질 2. 사용 후 소독에 제한이 없다.
구성품		성인용, 소아용, 유아용 각 1개, 가방	크기별 대, 중, 소

2. 흡인 기기

제조사		REPRO-MED/미국	Leardal/노르웨이
구분 \ 모델명		RES-Q	V-Vac
사진		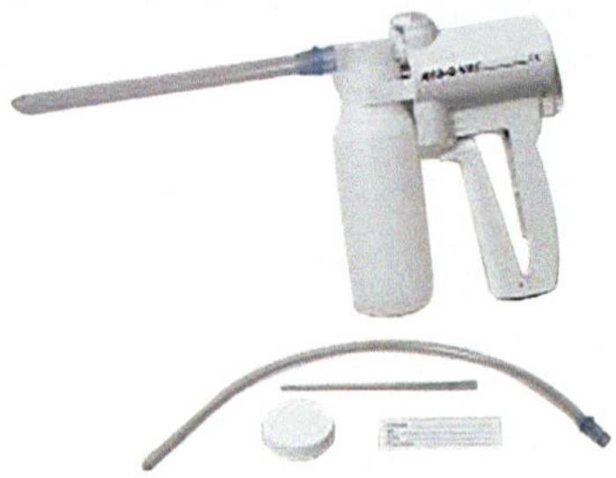	
규격	제품크기	144×180×55mm	343×64×122mm
	무게	143g	292g
	흡인압력	최대 압력 600mmHg, 2회 사용 시 400mmHg	170~380mmHg
	흡인력	30L/min	70L/min
	흡인용량	290mL	425mL
	재질	플라스틱	플라스틱, 라텍스
특징		1. 고압력 흡인기 2. 고장이 없는 흡인팁 3. 다양한 굵기의 카테터 4. 일회용 흡인통 5. 세척 가능한 재사용 핸들	1. 고압력 및 저압력 흡인 조절 가능 2. 고장이 없는 흡인팁(흡인밸브) 3. 다용도 카테터 연결부 4. 일회용 흡인통 5. 세척 가능한 재사용 핸들
소모품		흡인튜브, 흡인통	흡인튜브, 흡인통, 밸브

제조사		MEC/영국	ASSKEA/독일
구분 \ 모델명		SAM	Allegra M30
사진		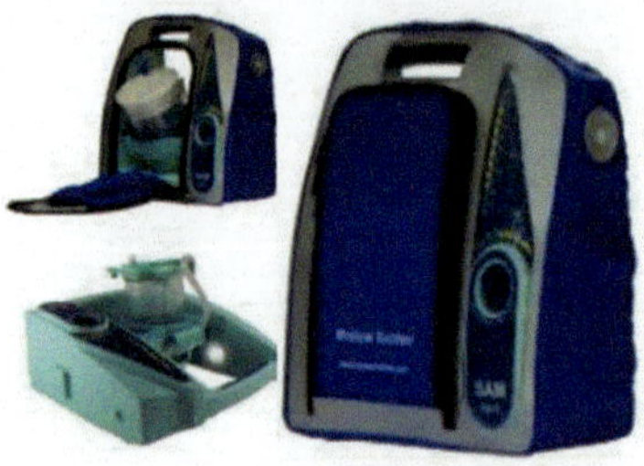	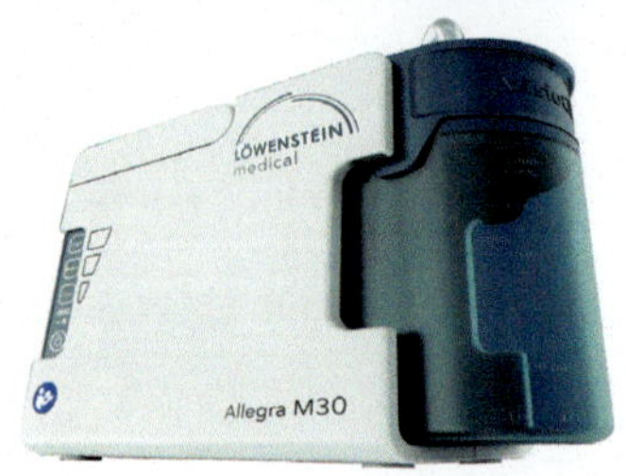
규격	제품크기	340×160×330mm	213×260×124mm
	본체무게	4.7kg	2.8kg(배터리 포함)
	흡인압력	0~600mmHg	0.2bar~-0.9bar

제조사		MEC/영국	ASSKEA/독일
구분	모델명	SAM	Allegra M30
규격	공기흐름도	4~32L/min	30L/min
	소음정도	30~46dB	–
	흡인용량	1,000mL	1,000mL
	배터리	2.5시간 충전/2시간 사용/12V~28V DC	3시간 충전, 45분 사용 (리튬이온 10.8Vm 5800mAh)
	소비전력	–	–
특징		1. 항균처리 흡인통 2. 흡입통의 간편한 분리 3. 흔들리는 차량 내에서 안정적인 사용을 위해 눕혀서 사용가능	1. 역류 방지용 장치 2. 감염방지용 필터 장착 3. 3단계 압력조절(Low, Medium, High) 4. 작고 가벼워 가방에 수납가능
구성품		흡인기 본체, 흡인용기 & 튜브, 충전기, 감염방지용 필터	흡인기 본체, 흡인용기 & 튜브, 충전기, 감염방지용 필터

제조사		SKU Allied Healthcare/영국	SSCOR/미국
구분	모델명	L190-GR	Quickdraw qu
사진		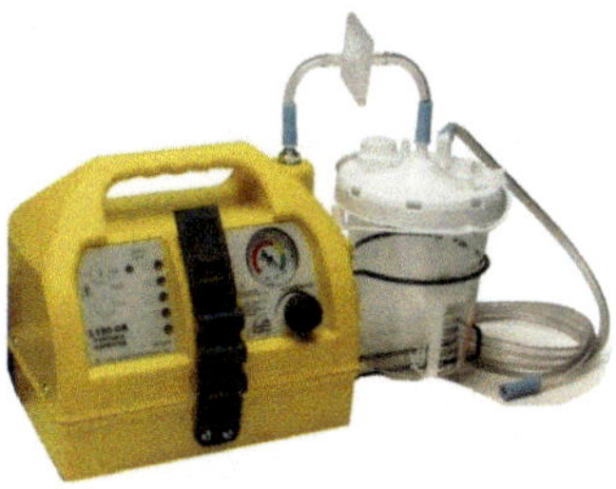	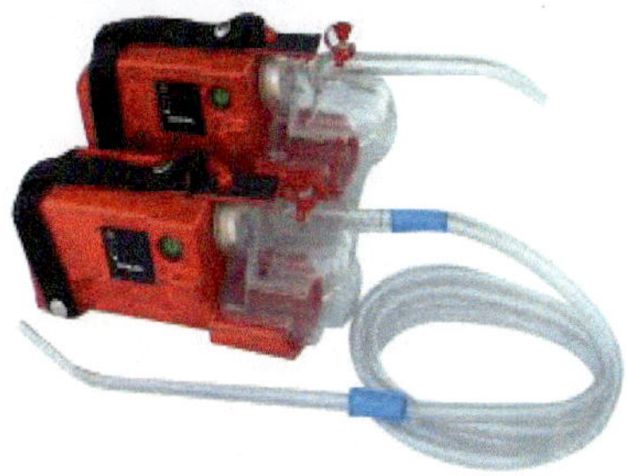
규격	제품크기	240×190×427mm	270×110×110mm
	본체무게	7.57kg	1.18kg
	흡인압력	25~550mmHg	80~100mmHg, 500mmHg 두 가지 모드
	공기흐름도	30L/min	–
	소음정도	–	–
	흡인용량	800mL	300mL
	배터리	6시간 충전/75분 사용, 2시간 충전/60분 사용(알카라인 배터리)	알카라인 배터리 AAA(60~100분) 내장형 알카라인 배터리 형태는 30분 사용
	소비전력	–	–
특징		1. 세척 가능한 흡입용기	1. 작고 가벼워 가방에 수납 가능 2. 흡입용기 용량이 작고 일회용 구조
구성품		흡인기 본체, 흡입통, 충전기, 가방	흡인기 본체, 일회용 흡인통, 충전기, 가방

제조사		SSCOR/미국	Leardal/노르웨이
구분 \ 모델명		VX-2	LSU
사진		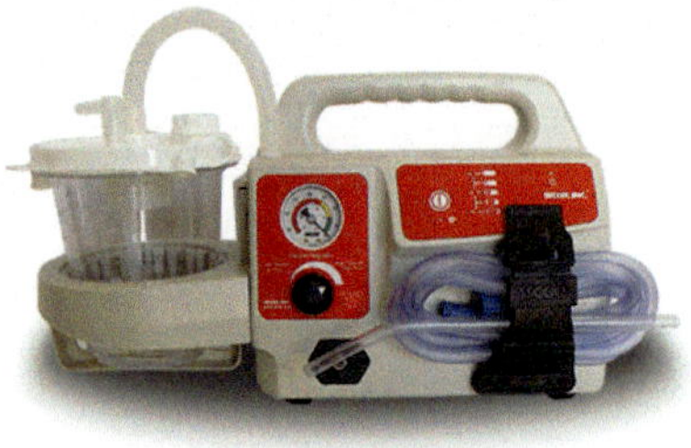	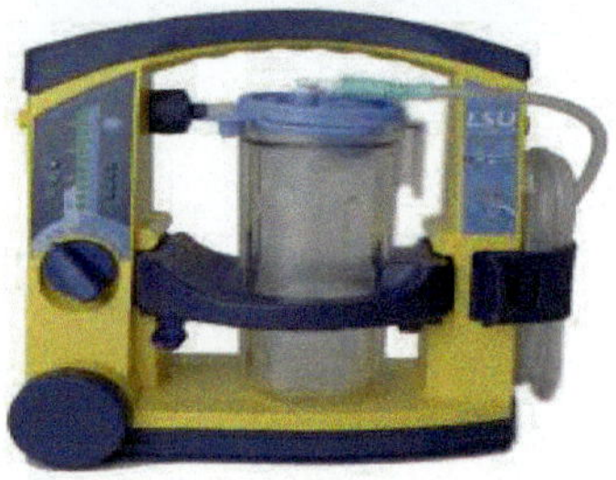
규격	제품크기	431×228×57.1mm	315×330×160mm
	본체무게	3.9kg	4kg
	흡인압력	50~525mmHg	80~500mmHg
	공기흐름도	30L/min	12~25L/min
	소음정도	–	46~55db(압력 정도에 따른 수치)
	흡인용량	1,000mL	1,000mL
	배터리	30분 사용	3시간 충전(80% 용량충전), 24시간 완충 30분 사용(Max)/12V 2Ah Ni-HM
	소비전력	–	–
특징		1. 별도 제공하는 차량용 고정대를 통해 움직이는 차량 내에서 안정적인 사용이 가능 2. 흡인용기는 소독제를 통해 세척 후 재사용(고압소독 가능)	1. 압력 조절 정도를 조절 스위치를 통해 빠르게 전환할 수 있다. 2. HEPA Filter를 사용하여 감염을 예방 3. 흡인용기는 소독제를 통해 세척 후 재사용(121° 고압소독 가능) 4. 자동차단 기능(200mmHg 이상 압력에서 2분 이상 사용할 때)
구성품		흡인기 본체, 흡인용기, 튜브, 차량용 전원	흡인기 본체, 흡인용기, 튜브, 차량용 전원

제조사		㈜오텍/한국	Leardal/노르웨이
구분 \ 모델명		JET-AT	LCSU 4
사진		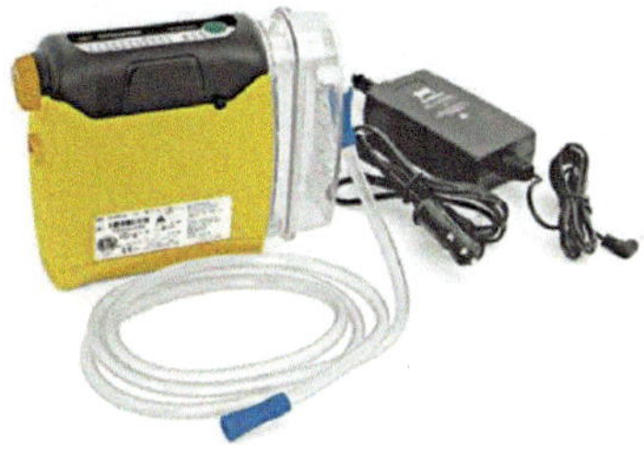	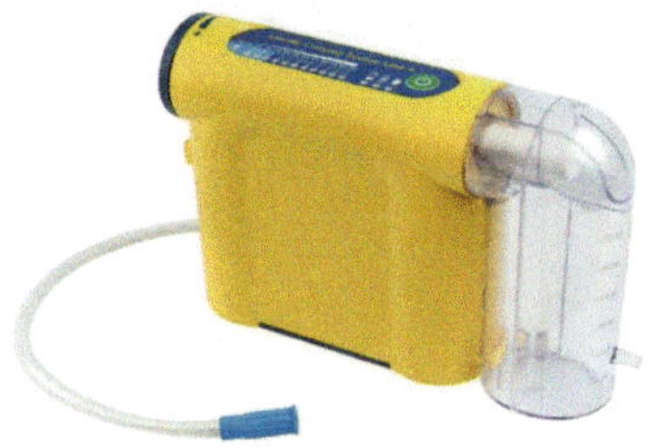
규격	제품크기	245×70×185mm	185×81×262mm
	본체무게	1.6kg	1.53kg
	흡인압력	50~550mmHg(±27.5mmHg)	50~550mmHg
	공기흐름도	32L/min	30L/min
	소음정도	70dB	제공자료 없음
	흡인용량	300mL	300mL
	배터리	5시간 충전, 30분 사용 후 30분 정지 필요 12V DC Ni-MH 0.75Ah	5시간 충전, 45분 사용 12V Ni-MH 1.6Ah
	소비전력	12V DC 33W (Max)	12V DC 30W (Max)
특징		1. LED로 현재 압력을 표시(50~550mmHg) 2. 작은 사이즈로 가방에 수납이 가능 3. 일회용 흡인용기	1. 연결관을 통해 별도의 흡인용기 300, 800mL 용량을 사용할 수 있다. 2. LED로 현재 압력을 표시(50~550mmHg) 3. 작은 사이즈로 가방에 수납이 가능 4. 일회용 흡인용기 5. 연속사용 시간 45분
구성품		흡인기 본체, 흡인용기 & 튜브, 충전기, 차량충전 잭	흡인기 본체, 흡인용기 & 튜브, 충전기, 차량충전 잭

Reference

1. 응급환자관리학. 전국응급구조과교수협의회. 대학서림. 2010.
2. Hoffman JR: Treatment of Foreign Body Obstruction of the Upper Airway. *West J Med* 136:11–22, Jan 1982.
3. Tomohiko Sakai1 et al. Effectiveness of prehospital Magill forceps use for out–of–hospital cardiac arrest due to foreign body airway obstruction in Osaka City, *Scandinavian Journal of Trauma resucitation et emergency medicin* 2014;22:53.

Chapter 5

천식 발작(흡입치료)
(정량식 흡입기, 연무식 흡입기, 분말식 흡입기)

✧ 학습목적

내과 응급상황 중에서 천식 발작에 의한 호흡곤란 상황은 흔히 접할 수 있으므로 기관지 수축에 의한 천식 증상이 확인되면 의료지도로 증상의 정도에 따라 적절한 장비를 사용할 수 있도록 알아본다.

✱ 현장상황

| 현장모습 | 70대 여자 환자는 평소 천식 질환으로 정기적으로 병원 외래를 통해 진료를 받고 있었다. 겨울철 아침이나 야간 외출하고 돌아 왔을 때 천식이 조절되지 않아 119에 잦은 신고를 했던 환자다. 현장에서 그녀를 봤을 때 매우 불안해하는 모습으로 호흡 보조근을 사용하고 있었으며 청진에서 천명음(wheezing)이 명확히 들려 천식 발작을 하고 있음을 알 수 있었다. 그녀는 신고 전에 평소에 소지하고 있던 정량식 흡입기(MDI)를 2회 흡입했으나 아무 효과가 없어 119에 신고하게 되었다고 했다.

출동한 대원은 의료지도를 통해 휴대용 연무식 흡입기(nebulizer)를 통하여 벤토린(Salbutanol 2ml/A)을 제공하고 나서야 호흡곤란 증상이 완화되어 가까운 응급의료센터로 이송하게 되었다.

| 활력징후 | **혈압** 115/85mmHg, **맥박** 79회/분, **호흡** 19회/분, **SpO_2** 89%

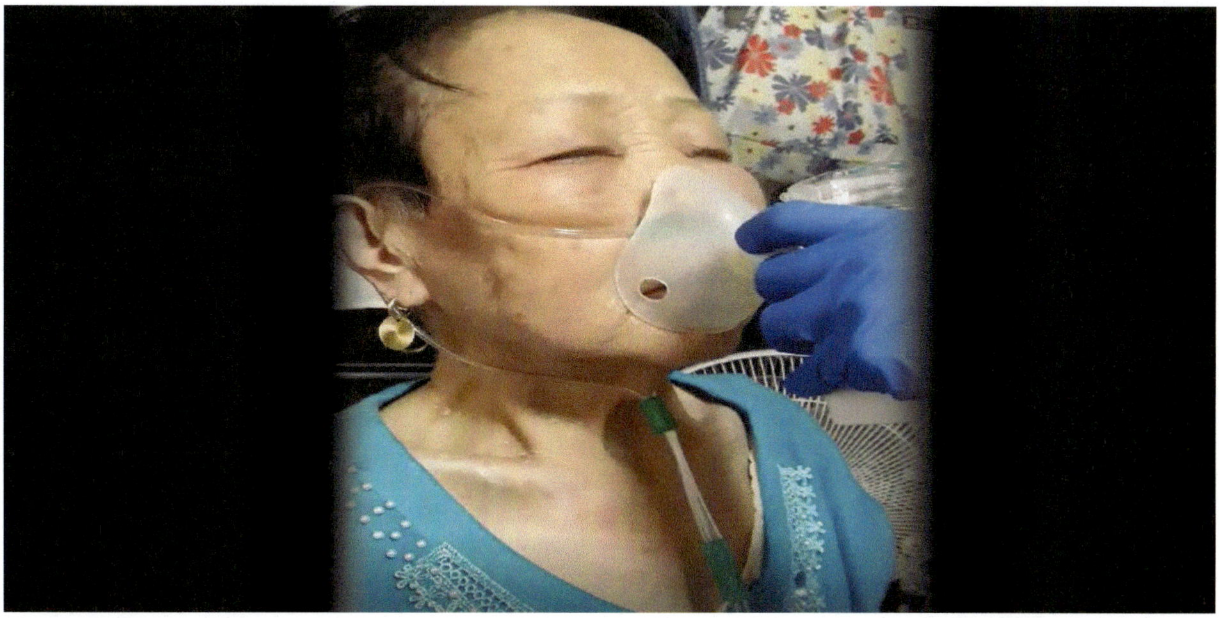

기관지 천식은 알레르기 반응 중 하나로 기도의 염증 반응으로 호흡곤란, 기침, 천명음, 혈압 저하 등의 증상을 나타내며 기관지 수축이 심할 경우 기도폐쇄 반응을 일으키기도 한다. 호흡기계 내과 응급질환 중에서 천식 발작은 염증성 알레르기 반응으로 호흡곤란, 기침, 천명음, 저혈압 증상이 주로 통제되지 못하는 발작 형태로 신고되는 데 환자들 대부분은 이 반응이 처음이 아닌 경우가 많다.

기관지 수축이 심할 때 적절한 치료를 받지 못하면 기도폐쇄로 사망까지 이를 수 있는 응급질환 중에 하나이다. 발작은 주로 원인인자(물질)에 의해 시작되다가 악화인자(직접적인 원인은 아니지만, 증상을 더 악화시키는 요인)에 의해 발생하지만 감기와 연관되어 영유아나 노인들이 신고하는 경우가 많다.

그림 5-1 최초의 기관지 확장제의 발명가 Jōkichi Takamine

기관지 확장제는 1901년 일본 생화학자 Jōkichi Takamine(1854~1922)가 발명한 이후로 1949년에 이르러 isoproterenol(isoprenaline)을 천식 환자에게 설하나 흡입을 통한 일반적인 치료제가 되었다.

우리나라 구급대가 사용하고 있는 정량 흡입기는 1970년대에 기존의 가압 정량식 흡입기에서 압력 정량식 흡입기로 발전하였다. 기관지 확장제는 기관지 천식이나 만성폐쇄성폐질환 같은 호흡기 질환의 치료를 위해 에어로졸 혹은 가루 형태로 만든 약물을 흡입하여 직접 폐로 전달하는 치료법이다.

약물을 폐까지 효과적으로 전달할 목적으로 특수하게 고안된 보조기구를 이용하게 된다. 이것은 고용량의 약물을 목표 장기인 폐에 직접 전달하여 호흡기질환 치료에 효율성을 극대화할 수 있고, 경부 복용에 따른 전신 부작용을 줄이는 이점이 있다.

약물에는 질병조절제(환자가 처방받아 사용하는 약물로 장기적인 치료와 천식 발작을 예방하는 약물로 흡입성 Beta-2 agonist)와 증상완화제[(급성 발작이 있는 경우 기관지 평활근을 직접 이완시켜 기도를 확보할 목적으로 사용하는 약물로 short-acting(3~6시간), long-acting(12시간 이내)이 있음)]가 사용되고 있다. 흔히 환자가 지니고 있는 정량식 흡입기(MDI)는 Salbutamol 성분의 상품명 벤토린, 에보할러를 사용하는 경우가 대부분이고, 연무식 흡입기는 119구급대에는 Short-acting용 약제로 Salbutamol(Ventolin TM) 성분의 Ventoline을 사용하고 있으나 Terbutaline이나 Albuterol을 사용하기도 한다(최근에는 플라스틱 앰플을 뜯어 그대로 사용할 수 있도록 편하게 제작되고 있다). 그 외 사용되는 약제들은 입원 환자들에 대한 약물들로 구급현장에서 사용할 것은 아니다.

현재 흡입치료에 사용되는 보조기구는 연무식 흡입기(Nebulizer), 정량식 흡입기(Metered Dose Inhaler), 분말식 흡입기(Dry Powder Inhaler)로 세 가지가 사용되고 있다. 구급현장에서 사용할 수 있는 치료 보조기구별 약물과 흡입치료의 특성과 방법은 학습을 통해 현장에서 적절한 대응 능력을 키우고자 한다.

I 정량식 흡입기 Metered Dose Inhaler(MDI)

1. 개요

정량식 흡입기는 가장 널리 오랫동안 사용되어 온 흡입기 형태로 일반적으로 가압 금속 통에 고압가스의 추진체와 약물 혼합물을 담고 있는데 상온에서는 액체와 기체 형태가 평형을 이루고 있다. 액체 속에는 호흡에 적절한 크기로 연마된 약물이 대개 고체 입자로 포함되어 있다. 이러한 혼합액을 흔들어서 잘 섞은 다음에 통을 눌러 밸브시스템을 통해 일정량이 분출되게 하는 것이다. 계량 밸브는 분출될 액체의 양을 일정하게 조절할 수 있다. 정량식 흡입기는 사용하는 환자나 응급의료종사자도 적절한 사용법을 지키지 못해 올바른 효과를 보지 못한다는 연구도 있을 만큼 세심한 노력이 필요하다.

가스 추진체에 의해 에어로졸 상태의 약물을 분출하여 전달하는 흡입기구이다. 분출되는 약물 중 실제 폐로 전달되는 약물은 10~20% 정도로 알려져 있어[1] 실제보다 고농도가 포함되도록 조절되어 있다. 올바른 흡입방법을 습득하기 어려운 소아나 노인, 혹은 입안에 국소적인 부작용(예: 스테로이드를 함유한 정량식 분무기 사용 시 나타날 수 있는 구강칸디다증)이 자주 생기면 보조 흡입기(spacer)라는 흡입 보조기구를 이용하는 것도 방법이다.

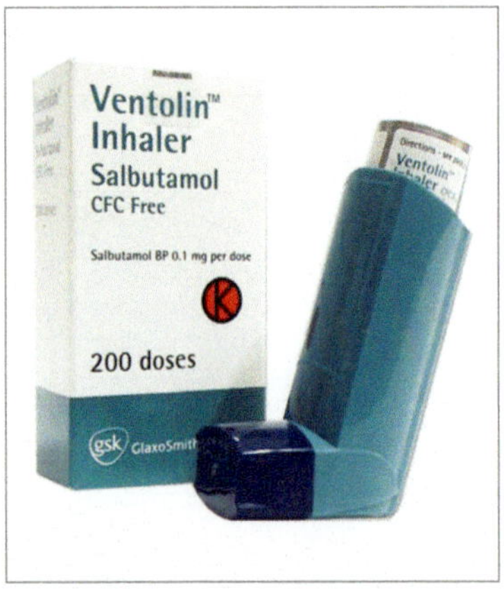

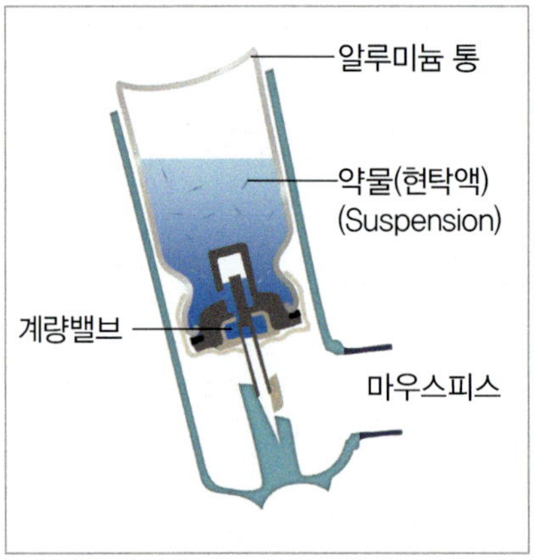

그림 5-2 정량식 흡입기(에보할러)

그림 5-3 보조 흡입기(Spacer)

정량식 흡입기와 보조 흡입기를 연결하게 되면 약물의 입자 크기를 줄여줄 수 있으며 숨을 참고 들이마시는 훈련이 되지 않은 환자도 적절한 효과를 볼 수 있다. 다만, 소아의 경우 부피가 커서 아이가 놀라거나 얼굴을 덮을 수 있으므로 단독사용이 어려울 수 있고, 한 번 사용한 뒤에는 통 안에 남은 약물을 씻어내고 소독해야 하는 번거로움, 플라스틱 재질이므로 뜨거운 물에 끓여 소독하면 변형될 수 있는 단점도 있다. 정량식 흡입기를 오랜 기간 사용하지 않았을 때는 분사할 때 정량이 나오지 않으므로 한차례 허공에다 약물을 분사해 본 후에 사용하는 것이 좋다.

표 5-1 정량식 흡입기의 장단점 비교

장점	단점
1. 크기가 작고 휴대하기가 간편하다. 2. 저렴하다(2~3천 원). 3. 개인이 소지한 경우 여러 번 사용이 가능하다. 4. 매번 일정한 양의 약물이 분출된다. 5. 밀폐된 용기 속에 약물이 보관되어 오염될 우려가 작다. 6. 별도의 준비과정 없이 바로 사용 가능하다.	1. 추진체에 의해 순간적으로 분출되는 순간 숨을 들이마셔야 하므로 사전에 훈련이 필요하다. 2. 올바르게 흡입해도 상기도에 머무는 양이 있어 10~15%만 폐로 들어가 효과적이지 못하다. 3. 초고령, 몸을 가누기 어려운 환자, 소아에게서 협조가 안 되는 경우가 많다. 4. 남은 약물을 외부에서 확인할 수 없다(물에 가라앉는 정도 또는 무게로 확인하는 방법뿐이다).

2. 적응증 및 제한

기도협착과 경련, 기도 부종, 기도의 과도한 분비물 등이 원인이 되어 호흡곤란 증세가 나타나는 경우에는 병원에서 처방받은 약물을 스스로 사용하기도 한다. 또한 환자가 휴대하지 않은 경우에 천식 증상이 있을 때 구급차량에 준비된 약물을 사용할 수 있다(2급 응급구조사는 환자가 소지하고 있는 경우에만 사용가능).

환자는 119에 신고할 때 '호흡곤란 증상'이 있다고 대부분 전달하고 있다. 구급대원이 현장에서 임상적 증상이 다음과 같을 때 천식으로 판단할 수 있다. 과거병력이 COPD가 있는 경우로서 처방받은 약물이 있는 경우, 호흡곤란 증상을 호소하고 가슴 청진에서 천명음(wheezing)이 들리는 경우, 말하기 어렵거나 쉰 소리가 나는 경우, 호흡 보조근이 발달하고 가슴을 앞으로 숙여 호흡하는 경우, 산소포화도 측정기에서 94% 미만으로 표시되는 경우 천식으로 판단할 수 있다. 어떤 환자는 기도 내 분비물이 있어 뱉어 내려고 하거나 그르렁거리는 소리가 나는 경우도 많다.

상태가 심하지 않은 경우 현장에서 의료지도를 통해 정량식 흡입기(MDI)를 최대 2회까지 적용할 수도 있다. 만약 환자 상태가 심각하거나, 인지력이 떨어지거나, 음주, 흥분, 고령으로 잘 못 알아듣거나, 소아인 경우 사용하기 어려울 수도 있다. 그 외에도 활력징후가 불안정한 경우 의료지도 의사와 충분한 의사소통을 통해 결정해야 한다.

3. 주의사항

약물을 흡입하기 전·후에 흡입기 안으로 숨을 내쉬지 않도록 한다. 약물을 오랫동안 사용하지 않아 침전물이 생성되면 에어로졸 형성이 어려우므로 장비 점검 시간을 통해 수시로 흔들어 두어 예방하는 것이 좋다. 만약 흡입기를 흔들 때 침전물이 굳어서 덩어리 느낌이 있으면 폐기해야 한다. 119구급대에서 사용하는 정량식 흡입기는 감염방지를 위해 다른 환자에게 사용하지 않으므로 한번 사용하고 나면 폐기한다. 창고보관은 감염관리실이나 소모품 창고에 보관하여 약물이 얼거나 햇빛에 직접적으로 노출되지 않도록 보관하는 것을 원칙으로 한다. 또한, 고압용기이므로 화기에 가까이 두지 않도록 해야 하며, 모두 사용했다 하더라도 함부로 용기를 파손하거나 불에 태우는 것을 하지 않도록 한다.

사용 시 자주 범하는 오류: 흡입기를 거꾸로 잡는 경우, 약물을 약하게 흔들거나 전혀 흔들지 않는 경우, 정량식 흡입기를 흡입하는 일련의 행위가 올바르게 안 되는 경우(특히, 약물 흡입 후 처음 숨을 내쉬는 행위에서 빠르게 숨을 내쉴 때 약물이 빠져나가는 오류가 73%나 된다), 입에 물고 2회 연속 뿌린 후 나중에 깊이 들이마시는 경우 주의가 필요하다.[1]

4. 사용방법

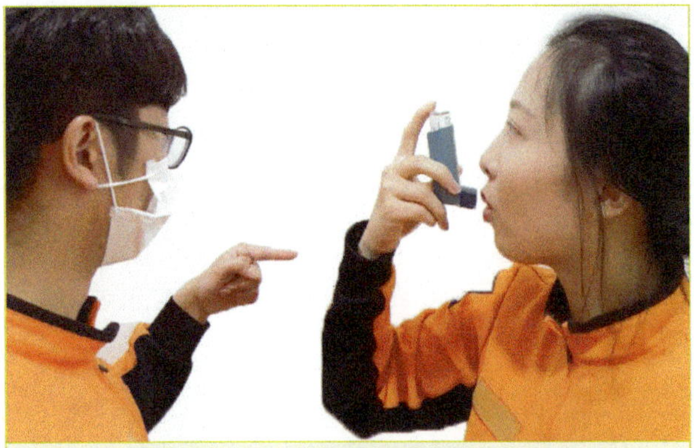

① 환자에게 흡입기 사용법을 교육한다.

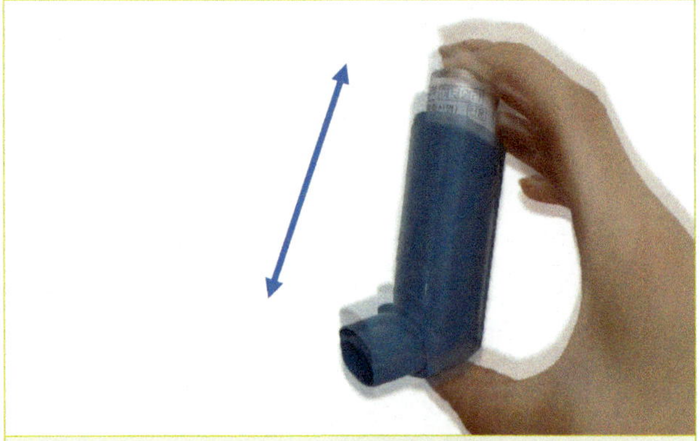

② 흡입기 뚜껑을 연 뒤 강하게 3~4회 흔들어 골고루 섞이게 한다.

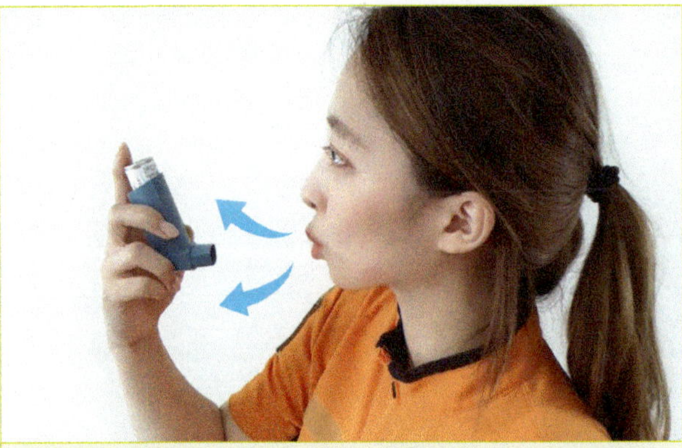

③ 흡입 전에 강하게 숨을 끝까지 내쉰다.
(기관지 내 공기를 비우고 약물을 충분히 흡입하기 위함이다.)

④ 머리를 뒤로 젖힌 자세로 입술로 흡입구 입구를 문다. 1~10초까지 숨을 들이시면서 2 또는 3초 사이에 흡입기를 쎄게 누른다. 이때 코를 잡고 들이마시면 더욱 효과가 좋다.

⑤ 약물을 들이마시고 약 10초간 숨을 멈춘다.

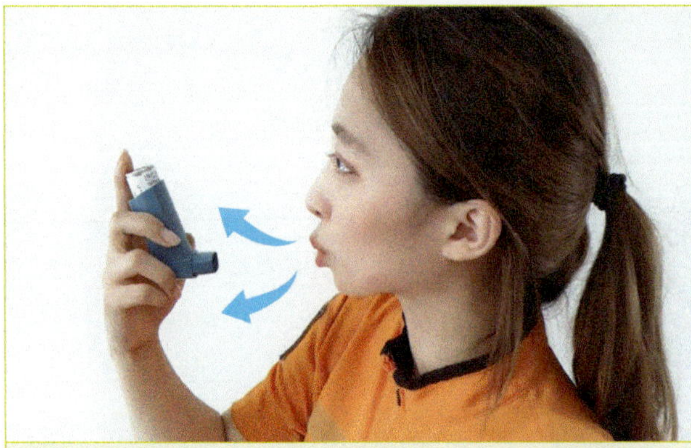

⑥ 천천히 숨을 내쉬며 증상을 관찰하고 효과가 없을 때 1분 간격을 두고 한 번 더 반복한다.

Ⅱ 연무식 흡입기 Nebulizer

1. 개요

정량식 흡입기에 반응하지 않거나 중증환자에게 가장 많이 사용하는 장비로 흔히 네뷸라이저(Nebulizer)라 부르고 있으며 약물을 공기 중에 지름(0.5~5㎛)의 미세한 입자 형태로 폐포까지 약물을 전달하는 방식이다. 공기 중으로 분사시키는 것을 흡입하는 방법을 통해 기관지 깊은 곳까지 전달하여 빠른 효과를 나타낸다. 연무식 흡입기는 작동 방식에 따라 모터 회전력에 의해 압축공기(압축기)를 통해 약물이 분사되는 압축공기 분사 방식(Jet flow Nebulizer)과 초음파 진동자에 의해 약물을 분사시키는 초음파 방식으로 구분되고 있다.

압축공기 분사 방식은 많은 양의 약을 호스를 연결해서 누워 있는 환자에게 마스크를 씌워 사용 가능한 장점이 있으나 소음이 심해 어린아이들의 치료에 있어 보호자의 적극적인 관리가 필요한 단점이 있다. 반면, 초음파 방식은 작동소음이 거의 없고 상용전원 외에도 배터리로 작동 가능해서 편리하게 사용할 수 있으나, 분무량이 적고 약물을 외부로 분출시키는 동력이 없어 기계를 입 가까이에 두고 있어야 하는 단점이 있다. 두 가지 모두 특별한 기술을 요구하지 않아 일반인도 가정에서 사용하기도 한다.

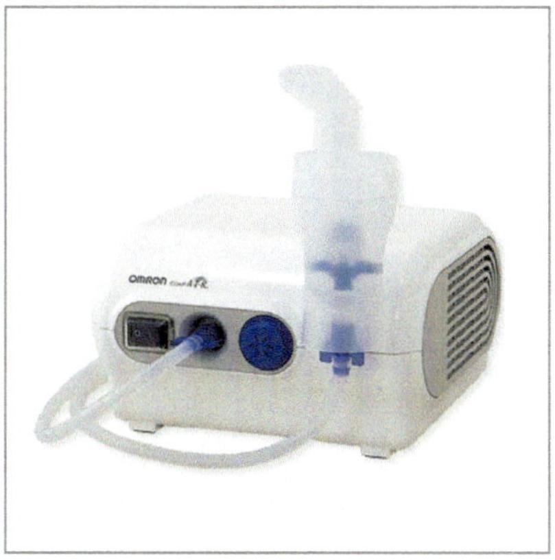
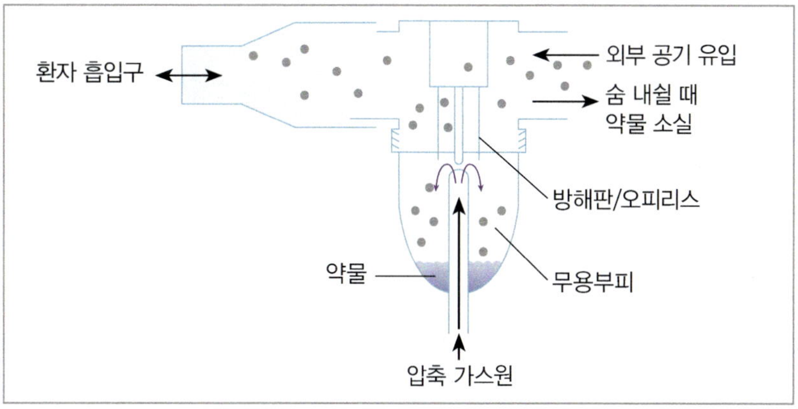

압축공기 분사 방식(Jet flow)

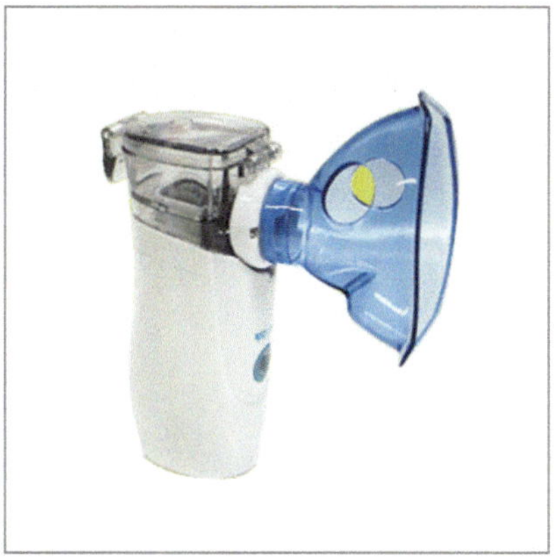
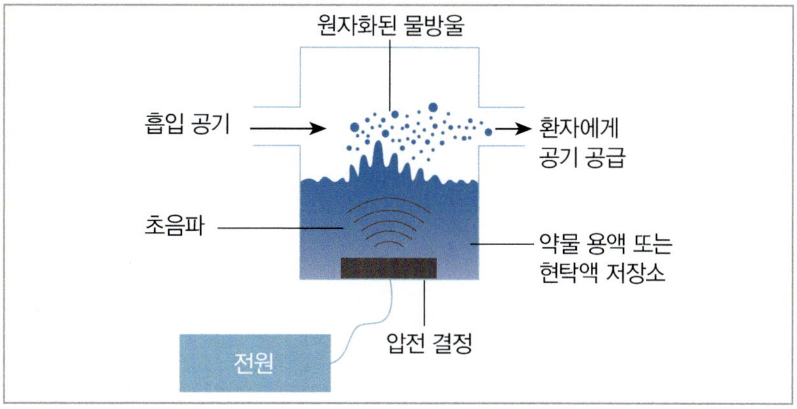

초음파 방식

그림 5-4 네뷸라이저 종류와 작동원리

표 5-2 연무식 흡입기의 장단점 비교

장점	단점
1. 사용법이 쉬워 일반인도 사용 가능 2. 에어로졸 형태로 흡입하므로 빠른 약리 효과가 있어, 응급 상황에 적합하다. 3. 세척만 하면 반영구적으로 사용이 가능하다. 4. 별도의 소모품이 없다.	1. 정량식 흡입기와 비교하면 흡입 시간(5~10분)이 오래 걸리고 큰 부피와 세척, 전력사용으로 인해 휴대가 불편하다. 2. 개방적인 구조이므로 주변 공기 오염이 있으면 물질이나 세균에 의한 오염 가능성이 있을 수 있고, 비교적 가격이 비싸다. 3. 압축공기 분사 방식 기기는 소음이 커서 소아들이 두려움을 느끼는 경우가 많다(초음파 기기를 권장).

2. 적응증 및 제한

천식이나 만성폐쇄성폐질환자가 자신이 소지한 정량식 흡입기를 사용해도 상태가 호전되지 않을 경우 현장 단계에서부터 효과적으로 사용할 수 있다. 분무량이 많고, 입자가 작아서 빠른 약리작용을 기대할 수 있으며, 배터리 방식의 초음파 기기들은 장소에 제한 없이 사용 가능한 방법이다.

고령 환자나 소아 환자에서 정량식 흡입기에 보조 흡입기(spacer)를 적용하기 어려운 경우에 빠른 효과를 누릴 수 있다. 보통은 응급실이나 병동에서 주로 사용하던 방법이었으나 병원에서 처방받은 약물을 가정에서 사용하는 환자들이 늘어나면서 가정용 기기가 널리 보급되기 시작하였다. 119구급대에서도 2010년쯤부터 구급장비로 배치되어 널리 사용되고 있다. 효과적인 전달을 위해서는 마우스피스를 사용하는 것이 좋으나 만약, 안면 마스크를 사용해야 한다면 마스크가 안면에서 최대한 밀착되도록 해야 한다. 한 연구에 따르면 1cm 떨어질 때 50%, 2cm 떨어지면 80%가 감소한다는 보고가 있다.[1]

소아 환자들은 입에 씌우는 행위 자체가 상당한 거부감을 일으켜 울면서 거부하는 경우가 대부분으로 부모의 협조를 받아 주의를 환기(놀잇거리나 동영상 시청 등)시켜 최대한 입에 가깝게 분무할 수 있도록 하는 것도 좋은 방법이다.

3. 주의사항

- 1회 10~15분 분무하며, 하루에 3~4회 투여 가능하다.
- 치료하는 공간은 될 수 있는 대로 바람이 불지 않으면서 외부 공기가 신선한 곳에서 한다.
- 약을 흡입할 때는 특별히 심호흡을 하지 말고 편안한 자세로 앉아서 정상적인 호흡을 하고 가래가 나오면 삼키지 말고 뱉어 낸다.
- 네뷸라이저에 들어가는 약물을 정맥에 주사하는 것은 절대 금지이다.

소독방법

- 액체를 넣어서 사용하는 의료기구는 어느 것을 막론하고 세균의 오염에 취약한 것이 특징이므로 항상 깨끗하게 사용하며, 소독을 자주 한다.
- 일반적인 네뷸라이저를 사용하는 경우 약을 담는 용기와 손잡이, 마스크, 마우스피스 등은 물에 끓이거나 증기, EO gas 또는 소독액 등 여러 가지 방법으로 소독이 가능하다.

4. 사용방법

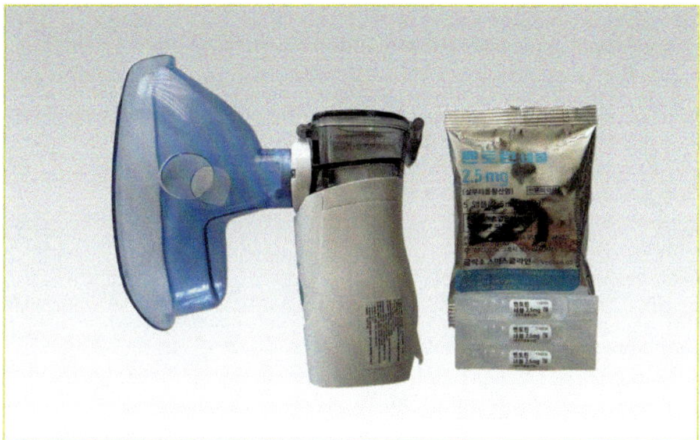

① 흡입 약물과 마스크를 준비하고 배터리 상태를 확인한다.

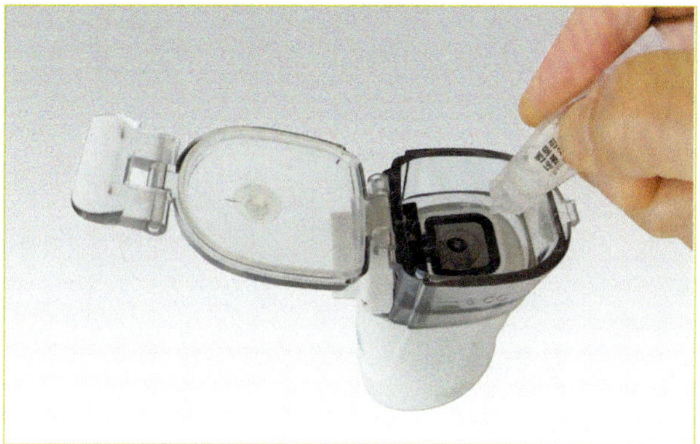

② 약물 투입구(chamber) 뚜껑을 열고 약물을 주입한다. (성인 2개, 소아 1개)

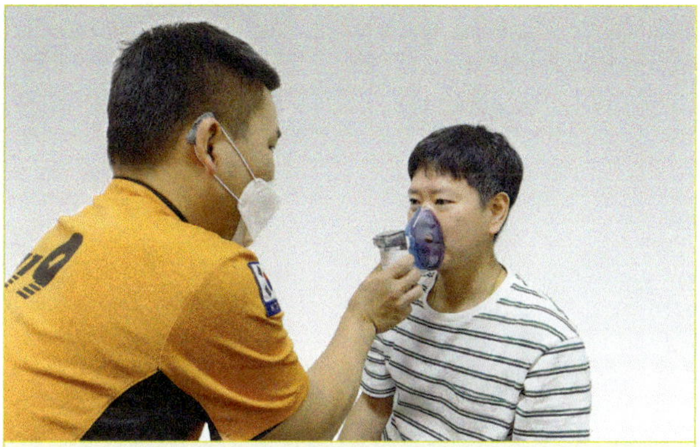

③ 마스크 또는 마우스피스를 끼우고 환자에게 설명한다.

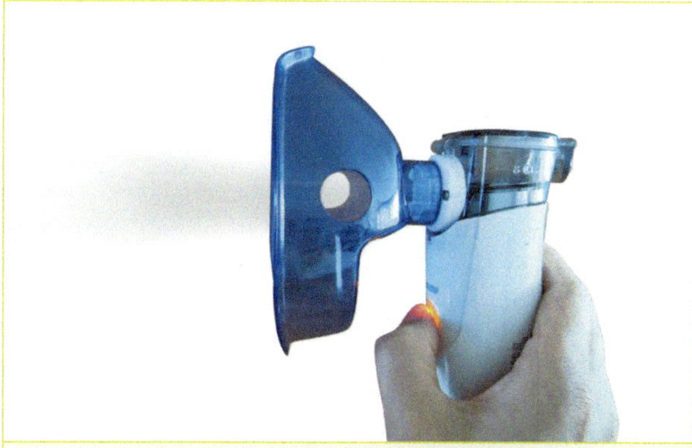

④ 전원 버튼을 눌러 분사가 잘 되는지 확인한다.

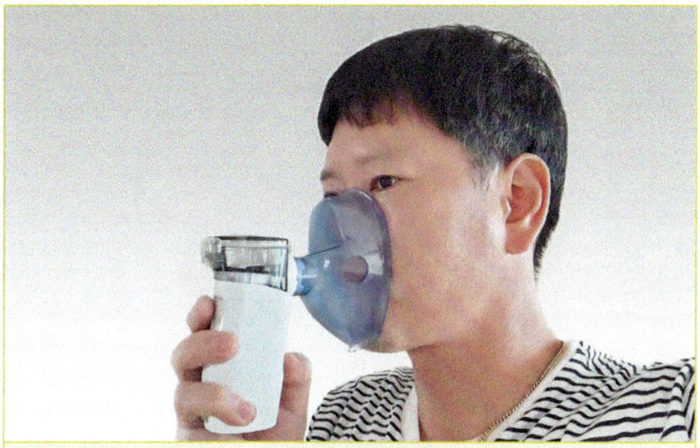

⑤ 환자가 직접 투여를 하든지, 환자에게 투여를 돕는 방식으로 약 5~10분간 투여한다.

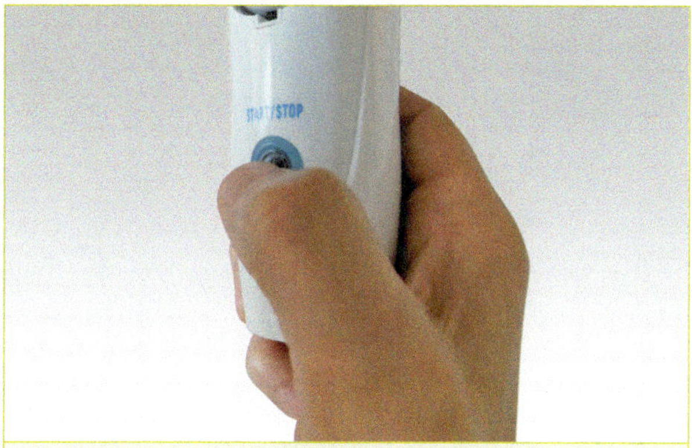

⑥ 전원을 끄고 세척을 한다.

Ⅲ 분말식 흡입기 Dry Power Inhaler(DPI)

1. 개요

분말식 흡입기는 질병 조절제로 Anticholinergic agent, Steroid 약물로 일정량의 가루를 흡입하는 형태의 약물이며, 천식이나 만성폐쇄성폐질환(COPD) 병력이 있는 환자가 처방받아 증상의 유무와 관계없이 매일 흡입하는 형태로 사용된다.

119구급대에서 거의 사용하고 있지는 않으나 정량식 흡입기를 대체하여 사용하는 때도 있다. 특징은 분사제나 부형제가 없는 형태가 많고 환자가 들이마시는 흡입력에 의해 약물이 기도 안으로 흡입된다. 흡입할 때 약물(부형물 덩어리)은 흡입할 때 발생하는 전단력에 의해 입자 형태로 해체되어 기도 안으로 흡입되기 때문에 비교적 빠르고 센 흡입력이 있어야 한다. 대부분 분출된 양의 약 12~40%만 폐로 전달되고 나머지는 기구 안에 남게 된다. 단, 흡입력이 약한 5세 이하 어린이, 중증환자, 고령자, 흡입력이 약한 호흡곤란 환자에게 적용하기는 어렵다.

환자는 한 번 사용할 때마다 눈금이나 숫자 계기판이 움직여 잔량을 확인할 수 있다.

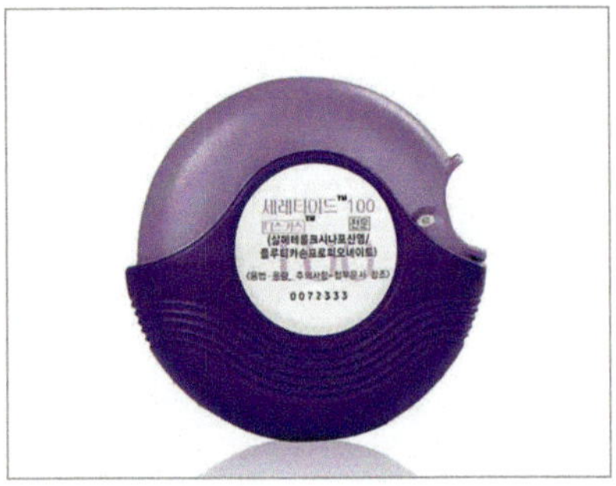

세레타이드 디스커스

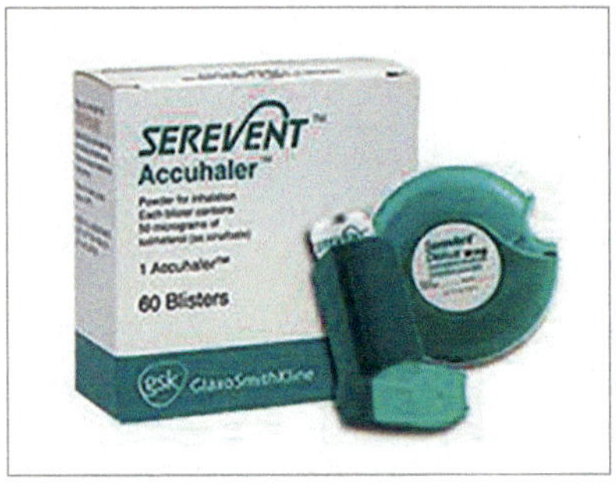

세레벤트

심비코트 터부할러

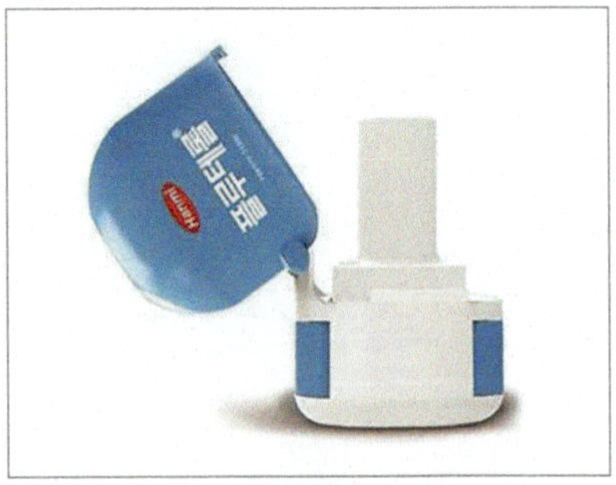

플루테롤

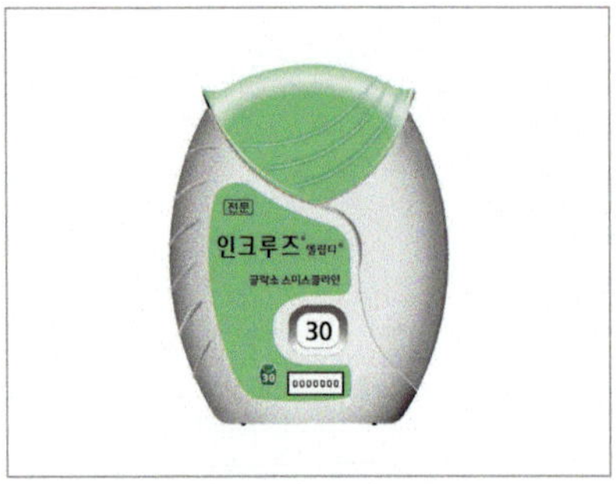

인크루즈 엘립타

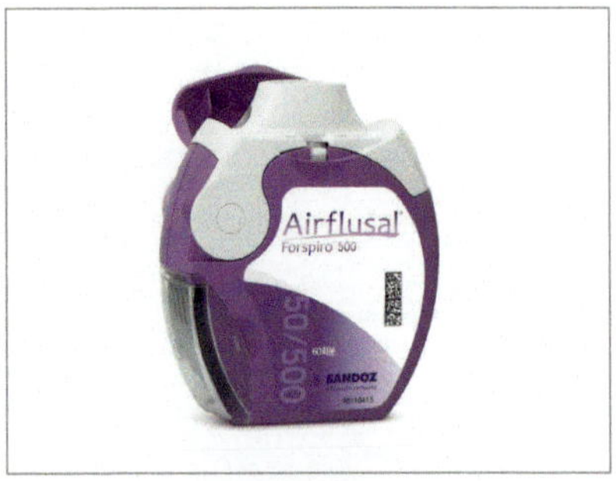

에어플루잘 포스피로

그림 5-5 분말식 흡입기의 종류(국내 시판 중인 약제들)

2. 적응증 및 제한점

- 정량식 흡입기 사용방법이 익숙하지 않거나 보관이 더 간편한 사용이 필요한 천식 환자
- 지속해서 천식 증상을 관리해야 하는 환자
- 타 약물 사용에 효과가 없거나 약하여 변경하고자 하는 환자

- 사용 시 자주 범하는 오류: 흔들거나 털어서 사용함, 흡입기를 입에 댄 상태로 숨을 내쉼, 너무 얕게 물거나 깊이 물고 흡입, 흡입력 낮음, 흡입 후 바로 입을 벌림, 간격 두지 않고 바로 연속으로 흡입
- 약물을 흡입하고 나면 국소적 부작용인 목쉼이나 입안 칸디다증이 생길 수 있어 사용 후에 입안을 씻어 주어야 하며, 임의로 고용량을 흡입하면 전신적 부작용이 생길 수 있다.

3. 주의사항

- 흡입기 안으로 숨을 내쉬지 않도록 한다.
- 용량 표시창으로 흡입기 안의 잔여 용량을 알 수 있다.
- 흡입구 주변을 마른 티슈나 천으로 닦아 주고, 물이나 다른 액체를 사용하지 않는다.
- 직사 일광을 피해서 건조한 곳에 보관한다.

4. 사용방법

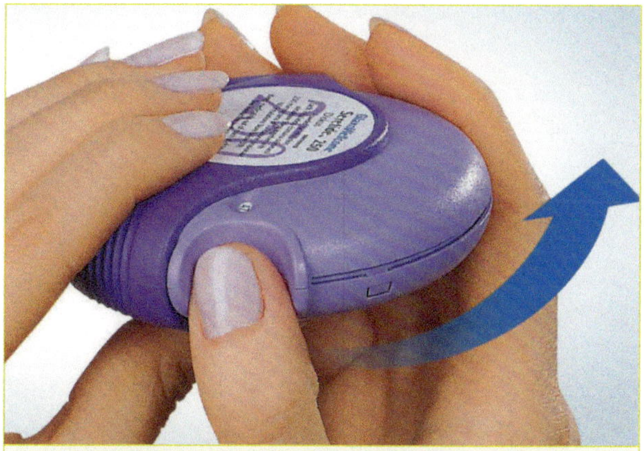

① 손잡이를 이용하여 '딱' 소리가 날 때까지 몸체를 돌린다.

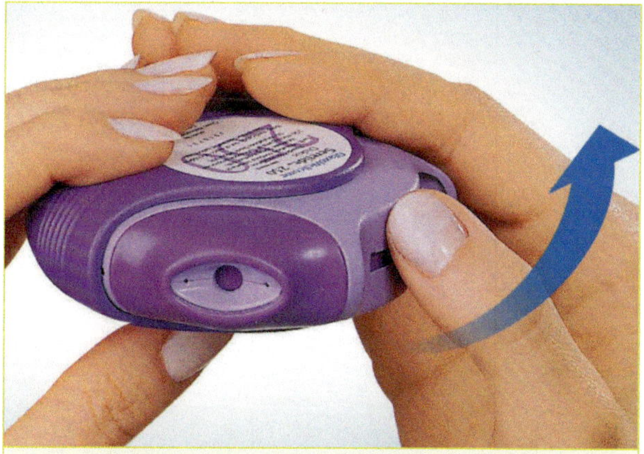

② 그림과 같이 흡입구와 작동 레버가 보이면, 작동 레버를 화살표 방향으로 '딱' 소리가 날 때까지 돌린다.

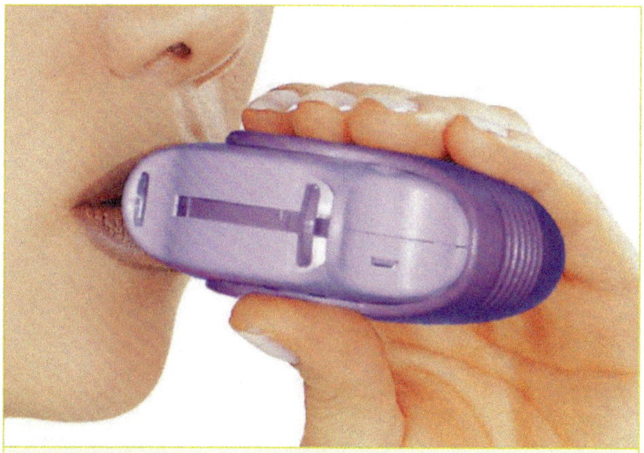

③ 흡입구를 입에 물고 한 번에 빠르게 들이마신다.

④ 흡입하고 나면 손잡이를 원래 상태로 돌려 닫는다.

출처: 수입판매원 글락소 스미스클라인

Reference

1. 정재원 등. 일차진료에서의 흡입기구 사용 숙련도 현황. 대한천식알레르기학회지. 2011;031(02):116-23.
2. https://en.wikipedia.org/wiki/Takamine_J%C5%8Dkichi

Chapter 6

심근경색증
(사지유도 심전도, 12유도 심전도, 니트로글리세린)

✧ 학습목적

갑자기 발생한 심한 가슴통증 환자에서 심근경색 등을 의심하고 전문소생술에서 AED Monitoring, 12-Lead ECG와 NTG사용법 및 수액 투여를 할 수 있다.

✱ 현장상황

| 현장모습 | 57세 남자가 약 40분 전부터 가슴통증이 계속되어 119에 신고하였다. 환자보호자는 동료로서 환자가 원래 위궤양이 있었는데, 금일 통증이 매우 심한 것 같다고 하였다. 환자는 말하기가 어려울 정도로 통증을 호소하였고, 통증이 가라앉을 수 있을 것 같아 참아보았으나 끊이지 않는 통증과 가슴 답답함이 참을 수 없을 정도였다고 한다.

| 활력징후 | **혈압** 100/70mmHg, **맥박** 64회/분, **호흡** 7회/분

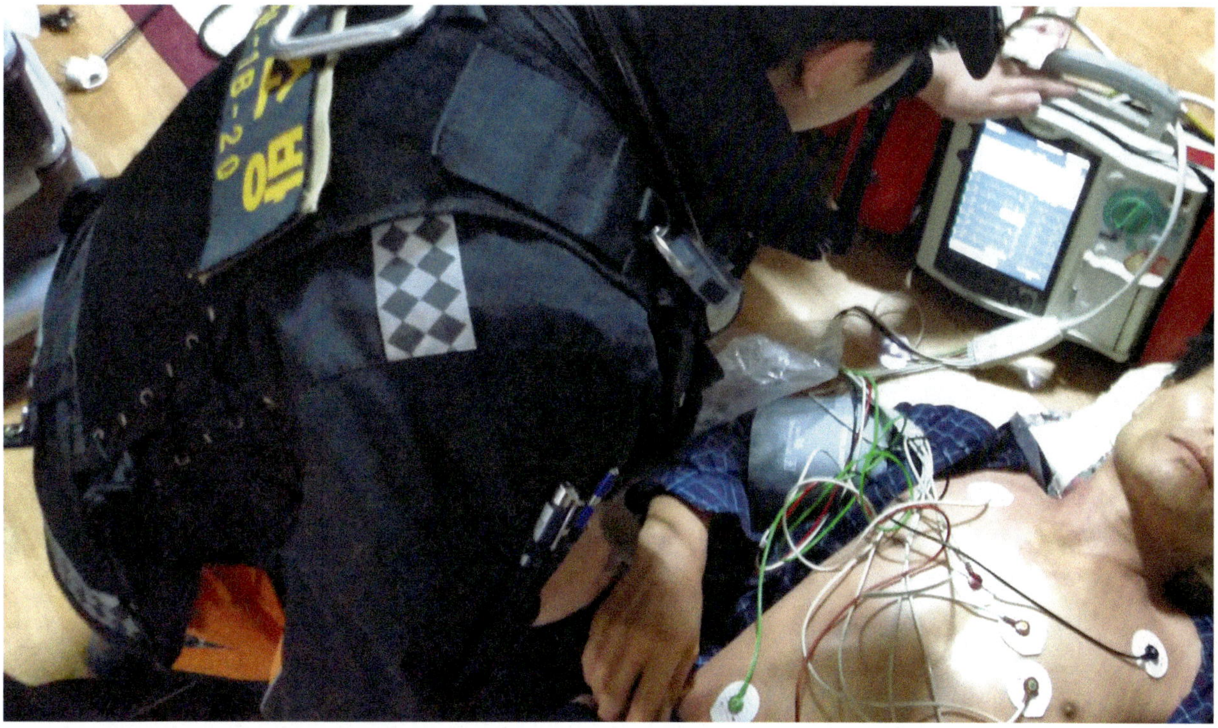

병원 전에서 만날 수 있는 급성심근경색은 심장근육의 혈류가 감소하거나 차단되어 급성으로 나타나는 심근의 경색을 말한다. 경색은 심근의 괴사이고 급사를 유발하는 질환으로 빠른 진단과 처치가 가장 중요하며 병원 전에서의 진단과 치료가 환자 생존율을 높이는 가장 중요한 요인이다.

불안정성 협심증과 급성심근경색을 급성관상동맥증후군(ACS)이라 하며 급성가슴통증을 보인다. 사고 현장에서 환자가 얼마나 심각한 손상을 받았는지를 알아내는 것은 매우 어렵다. 그러나 심전도 검사로 불안정 협심증인지 심근경색(12유도 심전도 편 참조)인지 확인할 수 있으며 초기치료는 비슷하므로 유사한 개념으로 보고 현장 치료할 수 있다.

이 장에서는 병원 전 단계 급성심근경색 의심환자에 대한 현장 활동에서 사용되는 장비와 약물을 중점으로 알아보고, 실제 사례에서 적용되었던 경험을 바탕으로 적절한 사용법에 대해 지침을 제안하고자 한다.

I 심전도 Electrocardiogram

1. 개요

심근경색이 의심되는 환자에서는 심전도 3유도 모니터링이 필요하다. 3유도는 사지유도라고도 하며 전극을 연결하는 방법이 왼손-오른손, 왼발-오른발로 전극을 연결하는 그래프로 나타내는 방법이다. 표준사지유도에는 I, II, III 유도가 있고 심장의 전류흐름 모양을 보고 심근경색 및 허혈 등을 진단할 수 있다.

2. 작동원리

- 사용용도: 가슴통증(흉통)이 의심되거나 상복부통증 등 협심증 및 심근경색이 의심되는 환자에게 사지유도뿐 아니라 작용장비에 따라 혈역학적 감시(심전도, 혈압, 맥박산소포화도 측정, 호기말이산화탄소 측정, 심박품질 측정 등)도 수행할 수 있으며 심장충격(defibilation)/심율동전환(cardioversion)기능, 심조율(cardio pacing)기능을 하고 있다.
- 양손과 다리 한쪽을 연결하면 되고 다리 양쪽을 적용하여도 된다.
  표준 위치는 아래 그림과 같다.

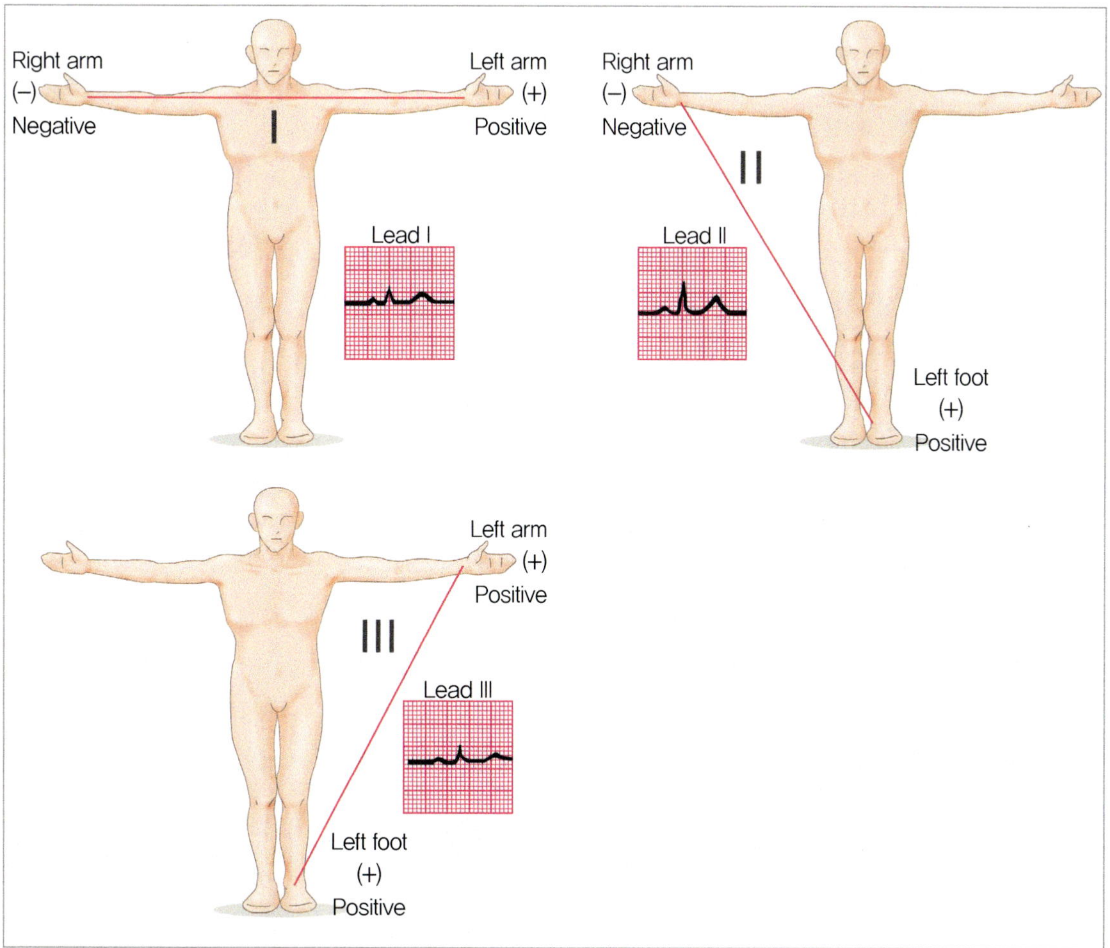

그림 6-1 표준 3유도의 심전도와 유도방향

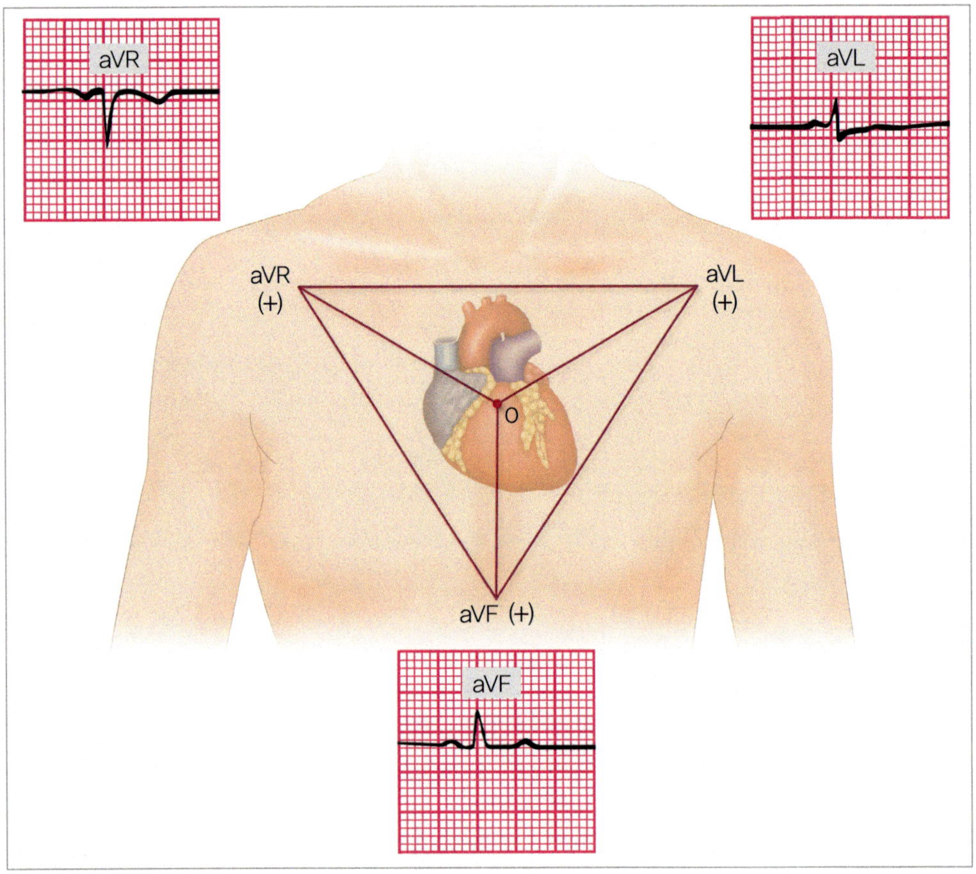

그림 6-2 심장을 중심으로 전기 흐름방향과 심전도

3. 주의사항

1) 일반적인 주의사항

- 환자가 움직이면 안 된다.
- 상처 부위나 약물패치가 있으면 피해서 붙인다.
- 전류의 간섭을 받으므로 다른 전기장치는 제거되어야 한다(전기장판, 전기난로 등).

2) 올바른 부착

- 심장의 전기흐름을 올바로 알아보기 위해서는 올바른 부착을 해야 한다.

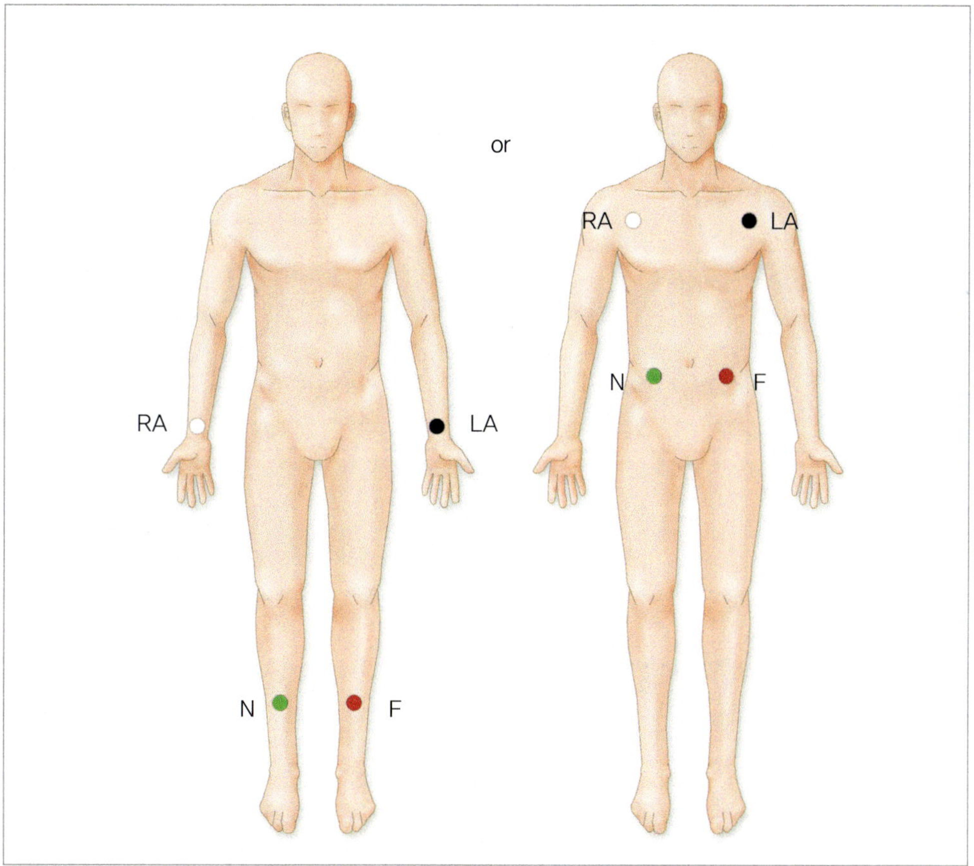

그림 6-3 표준사지유도 부착위치

표준사지유도의 두 가지 방법

- 방법 1: 심전도에 측정방법은 쌍극지유도법으로 전극을 연결하는 방법으로 왼손·오른손, 오른손·왼발, 왼발·왼손과 전극을 연결하는 유도방법이 있다. 표준사지유도에는 I, II, III 유도가 있다.
- 방법 2: 심전도에 측정방법은 근위부나 원위부든 상관은 없다. 다만 사지유도 모두 일관성 있게 부착해야 한다(예: 오른쪽은 발목 왼쪽은 어깨로 붙이지 않도록 한다).

4. 적용(사용)방법

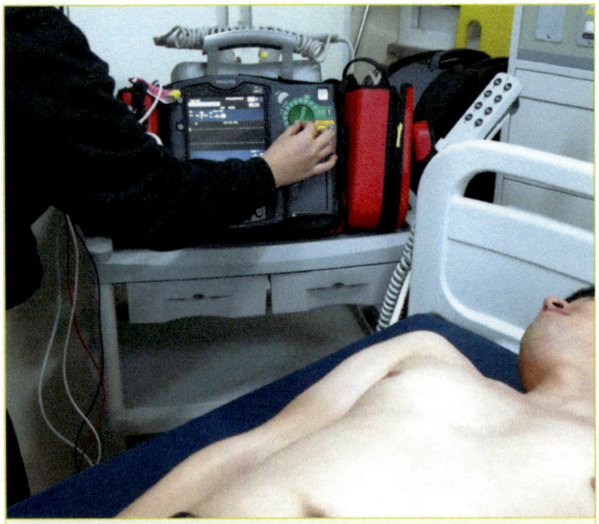

① 전원을 켜고 환자를 안정시킨다.

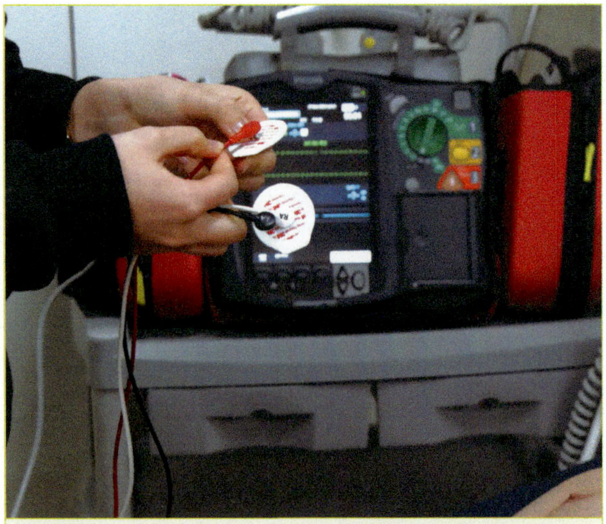

② 환자 상의를 탈의하고 붙일 전극을 준비한다.

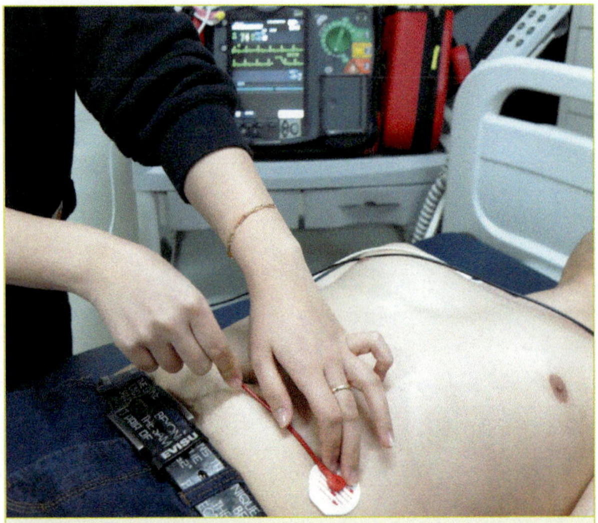

③ 양팔과 하복부에 붙인다.

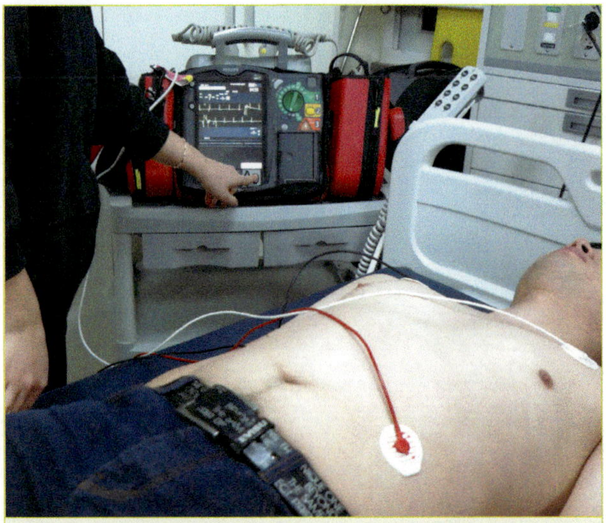

④ 환자의 움직임을 최소화하고 모니터를 확인한다.

II 12유도 심전도 12-Lead

1. 개요

심전도는 유도 I, II, III를 만드는 사지 전극의 양성, 음성 극이 있으며, 6개의 축방향이 되는 사지유도는 유도 I, II, III, aVR, aVL, aVF로 나타낼 수 있다. 그리고 가슴 부위에 6개의 유도를 적용하여, 심장 중격 쪽에 유도 V_1, V_2, 전벽 부위에 V_2, V_3, V_4 , 측면에 V_5, V_6 측면 6개의 유도가 있다. 총 12개의 유도로 나타낼 수 있다.

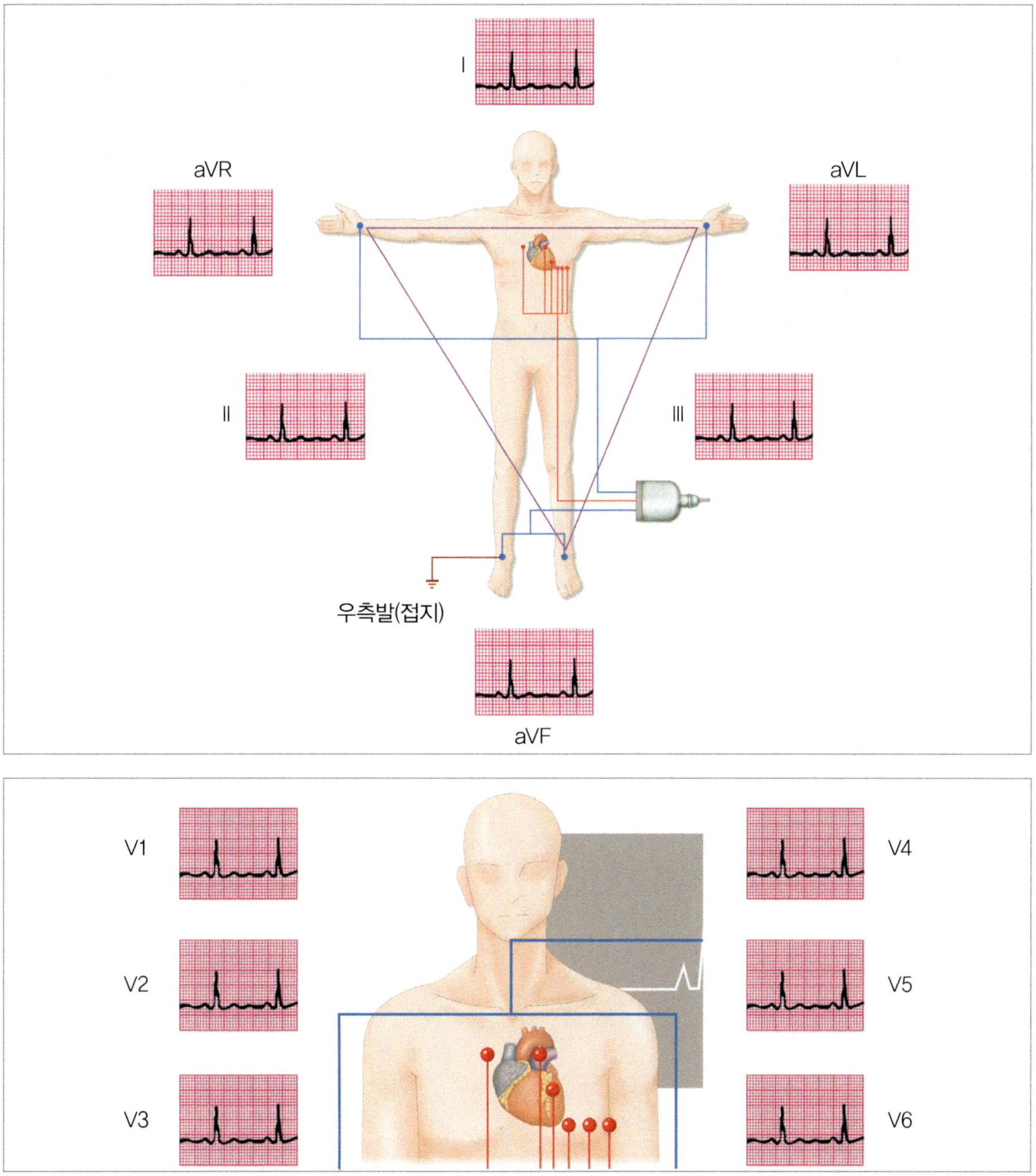

그림 6-4 표준사지유도와 흉부유도

출처: 대한의학회

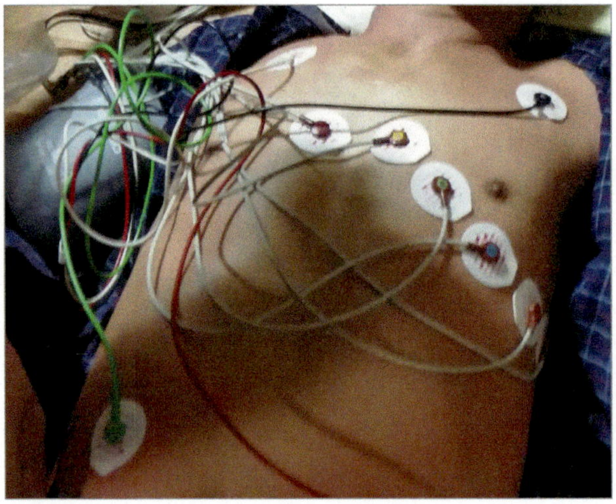

병원 전 주로 사용(패치용)

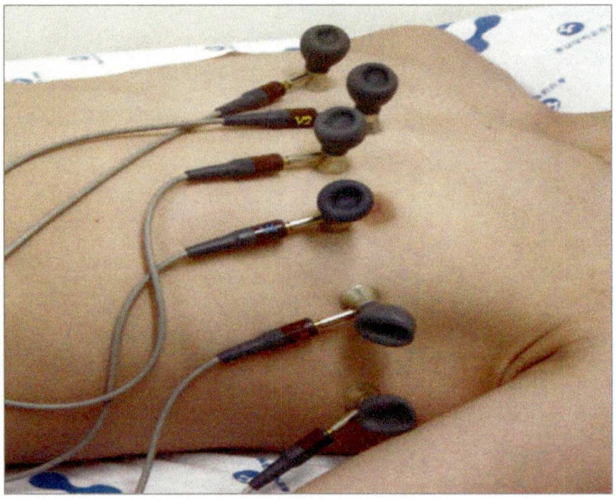

병원 내 주로 사용

그림 6-5 **흉부유도 부착 사진**

2. 적응증과 작동원리

- 국내 사고현장에서 12유도 심전도는 논란이 있다. 12유도 심전도를 찍어야 하는 시간, 민원 등이 문제가 된다. 환자가 협심증이나 급성심근경색이 의심되면 반드시 보호자를 설득시키고 출발 전에 12유도 심전도를 기록해 보는 것을 권장한다. 12유도 심전도의 기록을 정확히 보고 진단하는 것은 환자에게 치료가능한 적절한 병원이송 및 의료지도에 도움이 되기 때문이다. 빠른 이송 등의 구급차에서 12유도 심전도 검사를 진행하기도 하지만 정확히 진단하기에는 오류 발생이 많다.

- 사지유도에 흉부유도를 더해서 12유도를 기록할 수 있다.
  12유도는 붙이는 위치선정이 가장 중요하다.

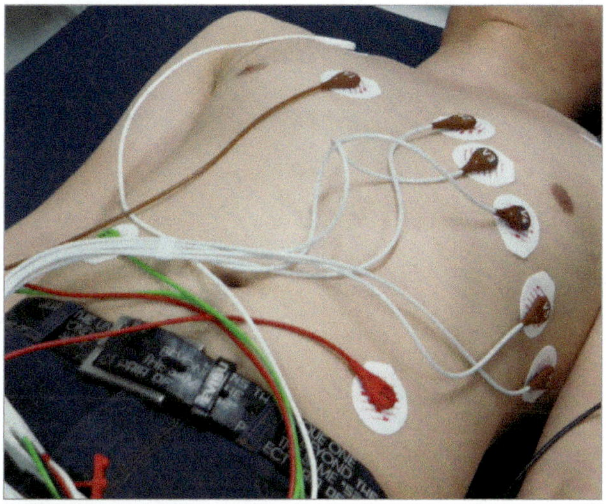

그림 6-6 흉부유도 위치

V1: 제4갈비사이 복장뼈 왼쪽 가장자리
V2: 제4갈비사이 복장뼈 오른쪽 가장자리
V3: V2와 V4 사이
V4: 제5갈비사이 왼빗장뼈중앙선과의 교차점
V5: 제5갈비사이 앞겨드랑선과의 교차점
V6: 제5갈비사이 중간겨드랑선과의 교차점

1) 심장박동수 판독방법

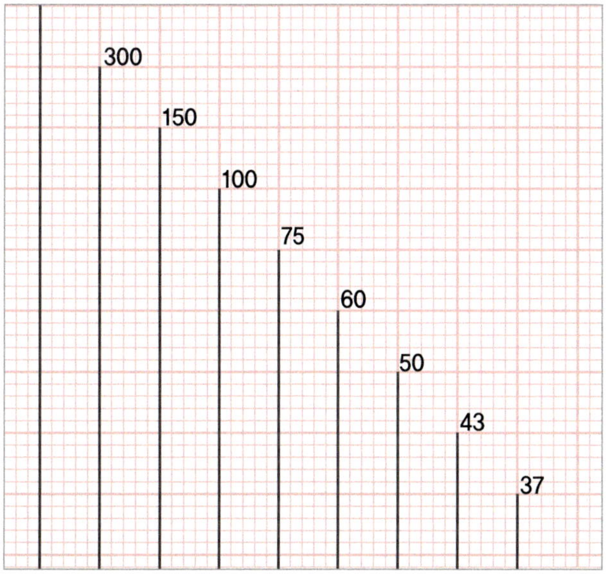

그림 6-7 심장박동수 판독방법

- 심장박동수는 R-R주기 이용
  간편법: 굵은 실선 위에 있는 R파를 기준으로
  300-150-100-75-60-50-43으로 측정
- 굵은 칸 3~5칸 사이는 정상
  RR간격법: 60 ÷ (RR간격 × 0.04sec)

2) 12유도 심근경색 위치 확인법

앞벽면 경색
(Anterior infarct)

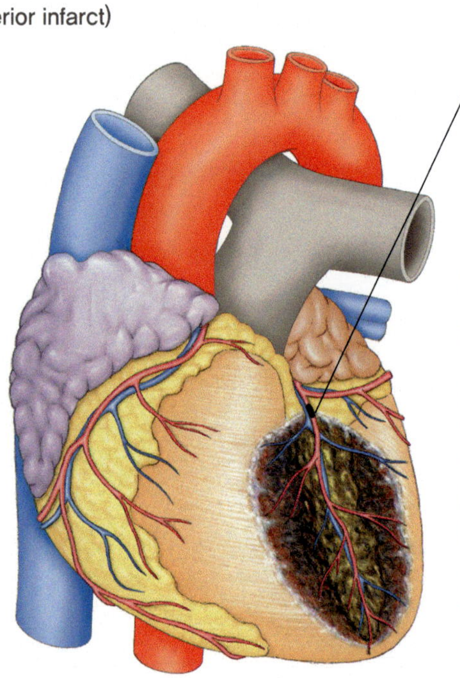

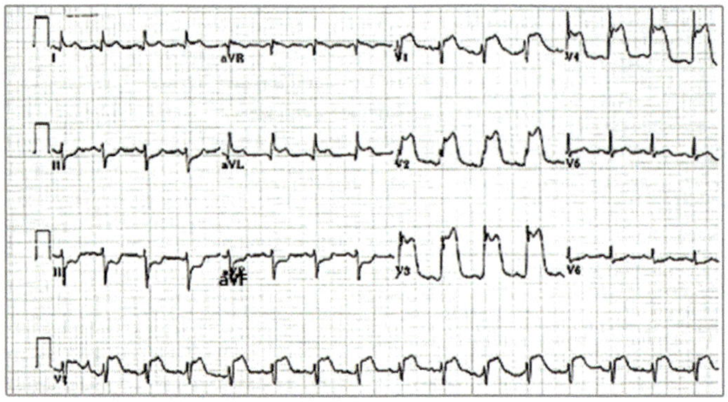

STE $V_1 \sim V_4$, reciprocal II, III, aVF ST depression

앞가쪽면 경색
(Anterolateral infarct)

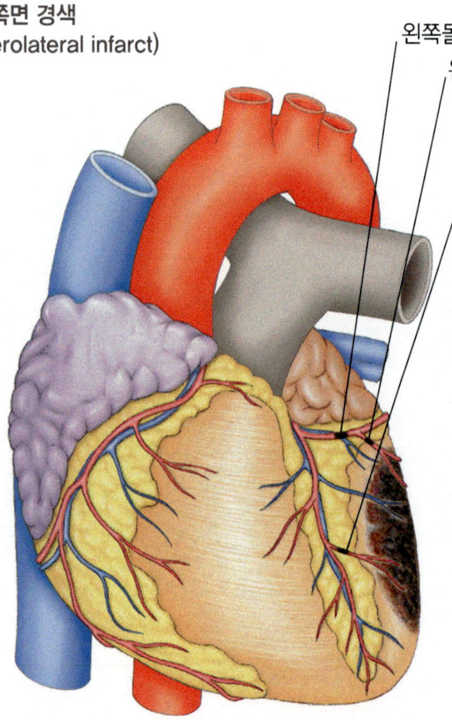

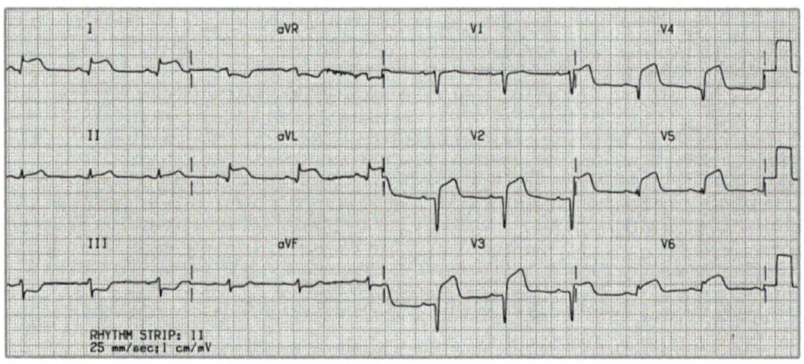

anterolateral infarction
$V_2 \sim V_6$ and I–aVL ST Elevation
reciprocal II, III, aVF ST depression

그림 6-8 12유도 심근경색 위치 확인법

아래벽면 경색
(Inferior infarct)

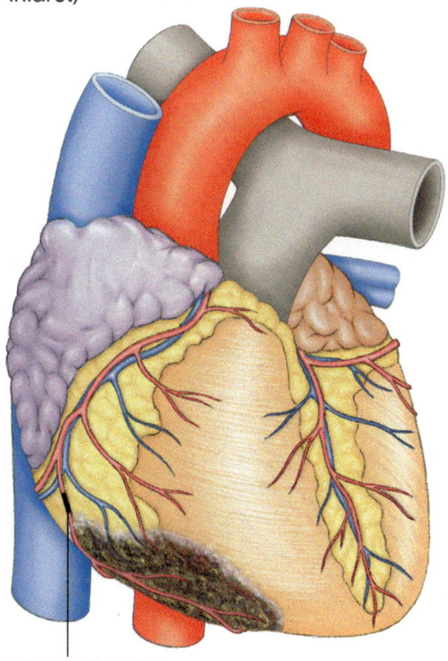

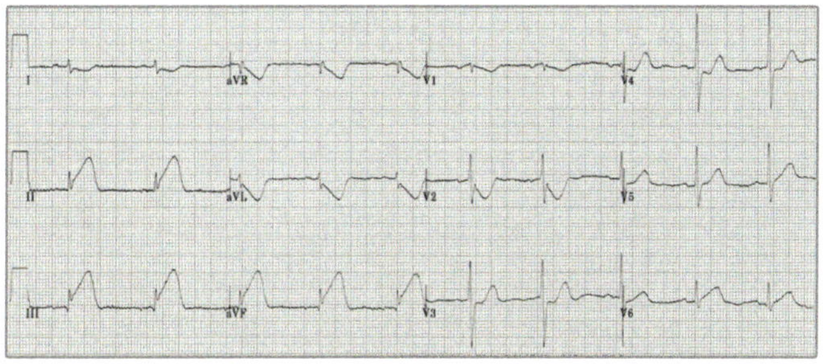

유도 II, III, 그리고 aVF에서 의미 있는 Q파와 T파 역위, 가쪽 벽면 손상 동반 시 V_5와 V_6에서 변화를 보일 수 있다.

완전 뒤벽면 경색
(True posterior infarct)

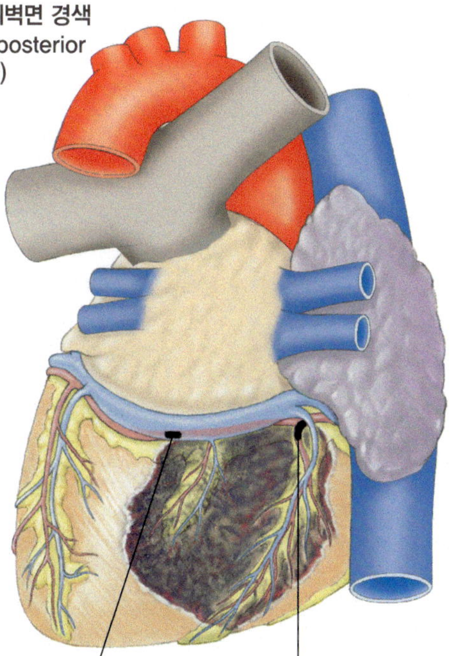

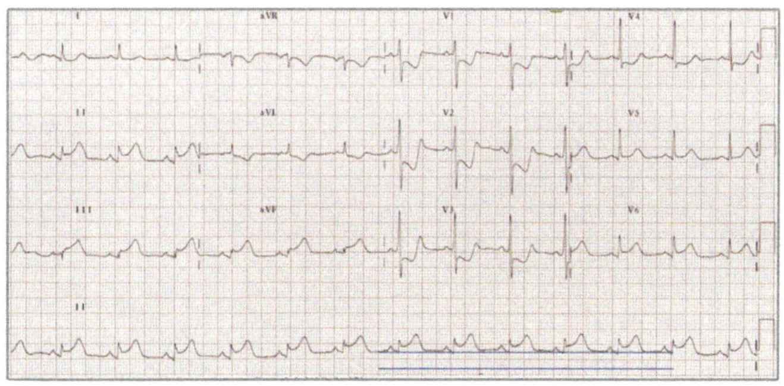

V_1~V_4 ST depression (뒤집어 보면 ST elevation임)
II, III, aVF의 ST elevation

posterior wall infarction은 V_1, V_2, V_3의 ST depression 만 보이기 어렵다. 후벽을 담당하는 관상동맥은 대부분 측벽이나 하벽을 같이 담당하기에 옆의 심전도처럼 하벽의 경색이 동반되어 보인다.

그림 6-8 12유도 심근경색 위치 확인법

3. 주의사항

심전도 검사 중에는 환자가 되도록 움직임이 최소화되어야 하며, 구급차에서는 잠시 멈추고서 보아야 정확한 기록을 할 수 있다.

1) 12유도 심전도

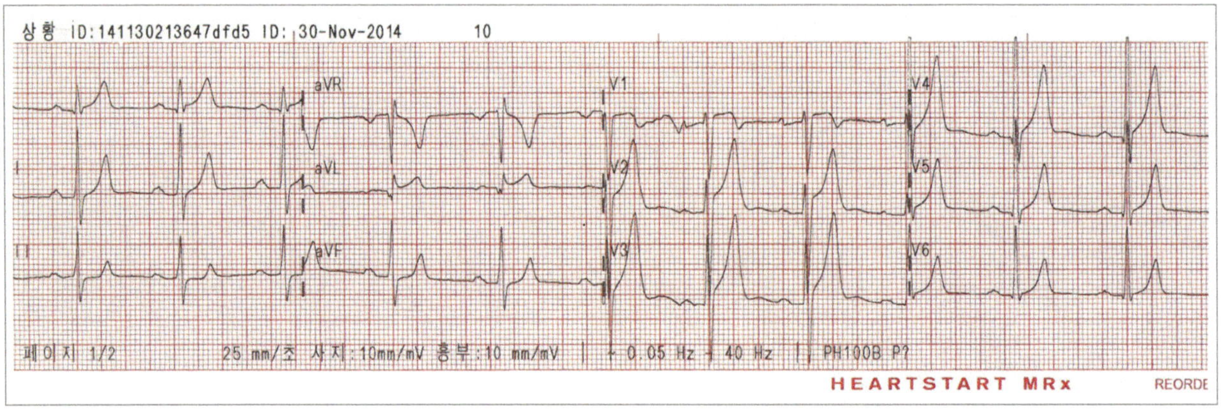

그림 6-9 병원 전 MRx 자동제세동기를 이용한 12유도 심전도

- 심한 가슴통증을 호소하는 환자의 심전도리듬
- Hyperacute T wave(T wave의 중간을 나눌 때 비대칭적, wide, tall T > 10 mm in precordial and Tall T > 5 mm in limb lead) 를 보임
- STEMI와 같은 것으로 수시간이내로 전형적인 STEMI 심전도로 변화하며, 이런 심전도를 보이는 경우 ST elevation이 상당히 높게 나타남
- VF 발생의 위험이 높으며, 사망의 위험도 높음

2) 12유도 심전도 판독표

I	aVR	V_1	V_4
가쪽(Lateral) 왼쪽 휘돌이동맥(Left circumflex artery)	보통 무시됨(Generally ignored) 왼쪽 관상동맥(Left coronary artery)	사이막(Septal) 왼앞내림 관상동맥 (Left anterior descending coronary artery)	앞쪽(Anterior) 왼앞내림 관상동맥 (Left anterior descending coronary artery)
II	**aVL**	**V_2**	**V_5**
아래쪽(Inferior) 오른쪽 관상동맥(Right coronary artery)	가쪽(Lateral) 왼쪽 휘돌이동맥(Left circumflex artery)	사이막(Septal) 왼앞내림 관상동맥 (Left anterior descending coronary artery)	가쪽(Lateral) 왼쪽 휘돌이동맥(Left circumflex artery)
III	**aVF**	**V_3**	**V_6**
아래쪽(Inferior) 오른쪽 관상동맥(Right coronary artery)	아래쪽(Inferior) 오른쪽 관상동맥(Right coronary artery)	앞쪽(Anterior) 왼앞내림 관상동맥 (Left anterior descending coronary artery)	가쪽(Lateral) 왼쪽 휘돌이동맥(Left circumflex artery)

그림 6-10 12유도 심전도 판독표

- 부위에 따라 심근경색 위치를 예측해 볼 수 있다.

4. 적용(사용)방법

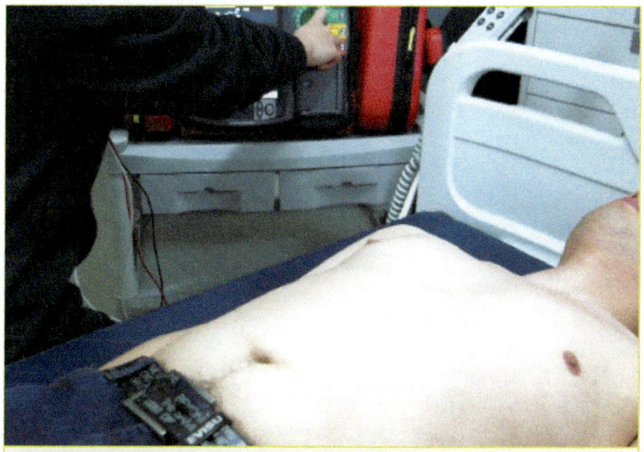

① 전원을 켜고 환자를 안정시킨다.

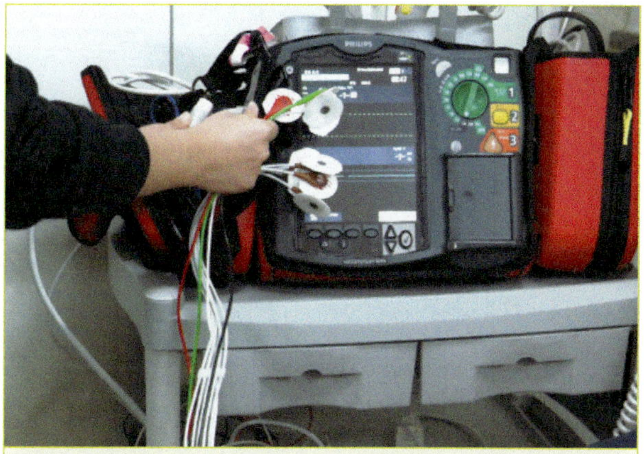

② 환자의 상의를 탈의하고 붙일 전극을 준비한다.

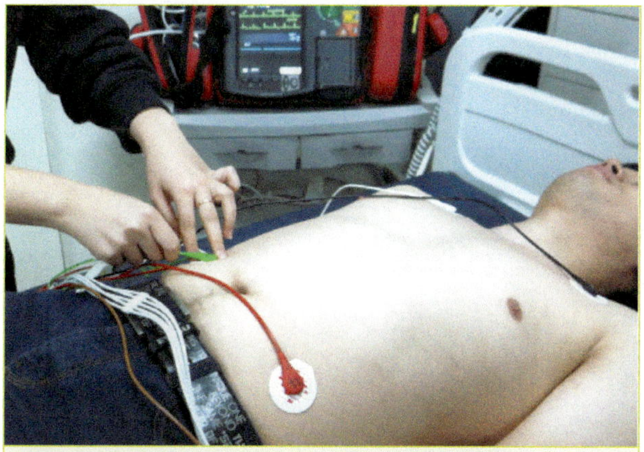

③ 양팔(양어깨)과 양다리(양하복부아래)에 붙인다.

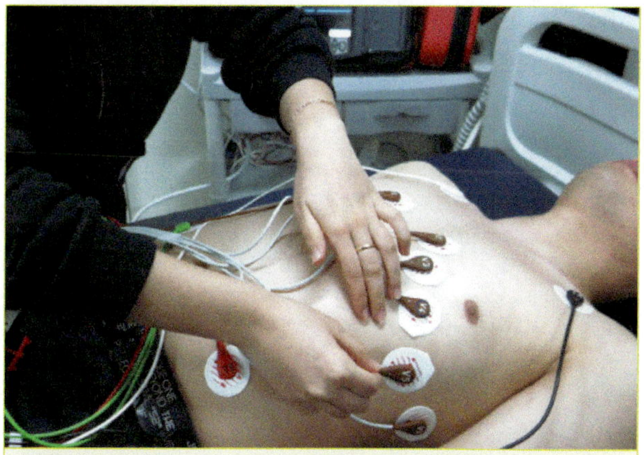

④ 환자에게 흉부유도를 설명하고 순서에 맞게 붙인다.

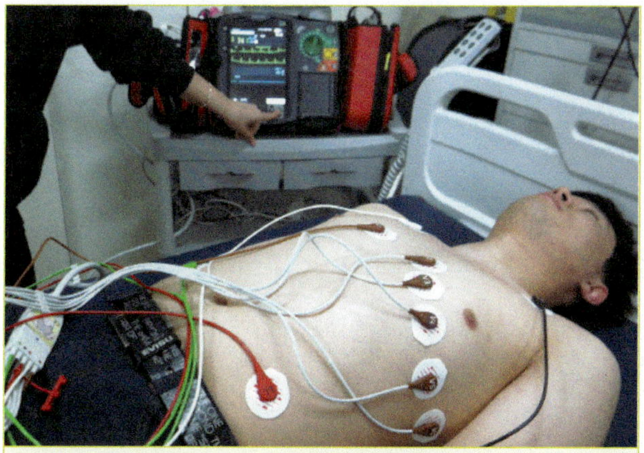

⑤ 환자를 안정시키고 12유도를 프린트한다.

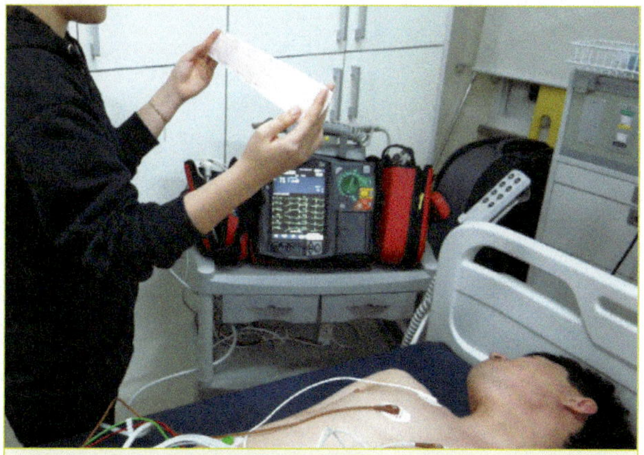

⑥ 프린트한 12유도를 판독한다.

III 니트로글리세린 Nitroglycerin

1. 개요

니트로글리세린은 혈관 벽에 있는 수용체와 결합하여 혈관의 평활근을 이완시킨다. 니트로글리세린은 정맥을 이완시켜 심장의 전부하를 줄이므로 심근의 운동량이 감소하여 심근의 산소요구량이 줄어든다. 또한 니트로글리세린은 심장외막의 관상동맥을 확장시키고, 측부순환량을 증가시키며, 관상동맥에 유발된 혈관 연축을 역전시키는 작용이 있다. 니트로프루시드는 전부하가 현저히 감소되더라도 혈관 확장작용이 그대로 유지되는 반면, 니트로글리세린은 전부하가 감소하면 혈관 확장효과가 적어지므로 니트로프루시드에 비하여 안전한 약물이다(참고 심폐소생술과 전문심장소생술).

2. 적응증과 작동원리

심근허혈이 발생한 환자에게 니트로글리세린 투여의 적응이 된다. 안정형 및 불안정형 협심증, 심근경색, 관상동맥 연축에 의한 이형 협심증 환자에게 니트로글리세린을 투여한다. 또한 니트로글리세린은 허혈성 심장질환에 의한 울혈성 심부전 환자의 치료에도 사용된다.

협심증이 발생했을 때에는 혀 밑으로 니트로글리세린을 투여한다. 가슴통증은 0.3~0.4mg의 니트로글리세린을 혀 밑으로 투여한 후 1~2분 정도 경과하면 소실되며, 통증이 소실되지 않으면 5분 간격으로 3회 반복 투여할 수 있다.

3. 주의사항

- 수축기 혈압이 90mmHg 이하 시에는 투여하지 않는다.
- 분당 50회 미만의 느린맥(서맥) 환자에게는 투여하지 않는다.
- 최근 24시간 이내 비아그라, 시알리스, 레비트라 등을 복용한 경우 주의를 요한다.
- 니트로글리세린 투여 후 수축기 혈압이 20mmHg 이상 감소한 경우 추가 투여 금지한다.
- 12유도 심전도에서 우심실경색(II, III, aVF의 STE + V4R STE) 소견이며, 저혈압, 서맥이 없다면 절반 용량으로 테스트용으로 사용해 볼 수 있다.

4. 적용방법

가슴통증을 주호소로 내원한 환자에게 니트로글리세린을 투여하여 가슴통증이 소실되었더라도, 가슴통증의 원인이 반드시 심근의 허혈에 기인한 것이라고 판단해서는 안 된다. 식도 연축 등의 질환은 협심증과 유사한 가슴통증을 유발하며 니트로글리세린을 혀 밑에 투여 시 반응한다. 따라서 니트로글리세린을 혀 밑 투여에 대한 반응만으로 가슴통증의 원인을 알아낼 수는 없다. 심근경색 환자에서 니트로글리세린 정맥 투여로 저혈압이 발생하면 심근의 허혈이 악화될 수 있으므로 유의한다. 심근경색 환자에서 니트로글리세린을 투여할 때에는 수축기 혈압을 110mmHg 내외로 유지하며, 최초의 혈압보다 약 10% 정도 감소된 수축기 혈압을 유지하는 것이 안전하다.

- 환자에게 산소를 공급한다(비강 캐뉼러로 2L~4L/min, 안면 마스크 10L).
- 활력징후를 확인한다(NIBP, RR, SpO_2, TEMP, AED monitoring, BST).
- 산소포화도가 94% 이하로 떨어지면 산소를 공급한다(비재호흡 마스크로 O_2 15L/min 이상).
- 12유도 심전도를 기록한다. 재확인을 위하여 전극은 그대로 둔다.
- NTG 1T를 혀 밑 투여(SBP 90mmHg 이상일 경우, 3~5분 간격으로 최대 3회까지 가능)하고 투여 후 혈압을 5분마다 확인한다.
- 현장에서 생리식염수(N/S 500mL, 1000mL)로 정맥로를 확보한다.
- NTG 투여 후 저혈압이 보이면 현장에서 준비해 놓은 생리식염수를 정주한다.
- 일반적으로 알려진 급성심근경색의 응급처치 단계에 MONA(riza) Morphine-Oxygen-NTG-Aspirin을 최초 치료의 약자로 사용했는데, 몰핀의 효과는 NTG보다 떨어져서 최근 극심한 통증이 아니면 잘 사용하지 않는다.
- 현장단계에서 새로운 MONA라면 Monitoring-Oxygen-NTG-Aspirin으로 환자 감시를 권장한다.

니크로글리세린 사용방법

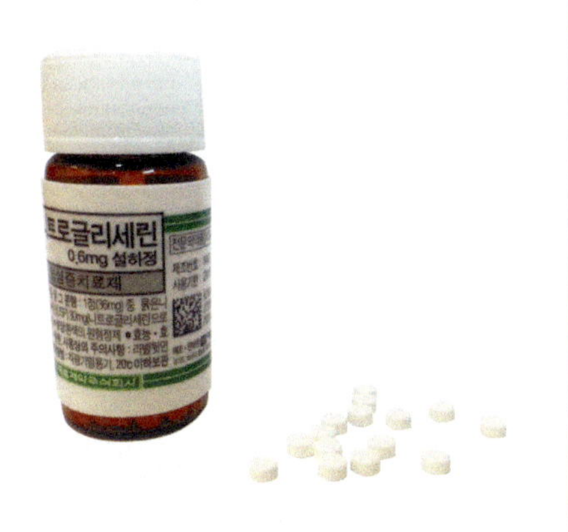

① 니트로글리세린 유통기한을 확인한다.

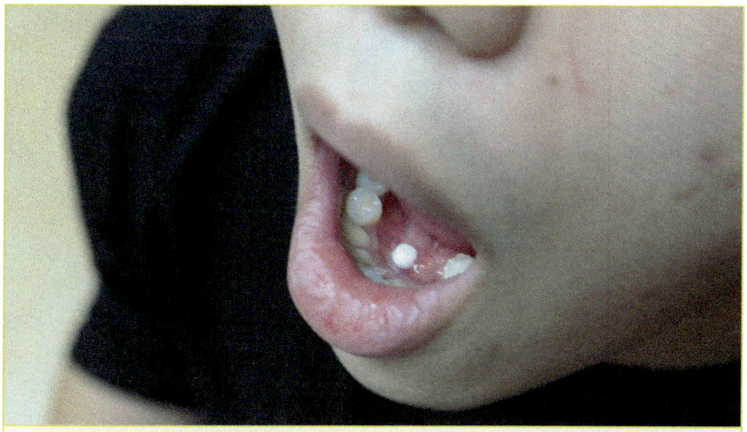

② 환자의 혀 밑에 투여한다.

Reference

1. 심폐소생술과 전문심장소생술, 5판. 군자출판사. 2016.
2. 응급구조사를 위한 전문소생술기. 학예사. 2016.
3. 현장전문응급처치학. 아카데미아. 2020.
4. 응급의학. 군자출판사. 2011.

Chapter 7

심정지
(심장충격기, 호기말이산화탄소 측정기, 기계식 가슴압박 장치)

✧ 학습목적

심정지 전문소생술에서 심장충격기, 호기말이산화탄소 측정기, 기계식 가슴압박 장치에 대해 알아본다.

✱ 현장상황

| 현장모습 | 늦은 저녁 갑자기 쓰러졌으며 의식과 호흡이 이상하다는 내용의 신고로 출동한 현장은 환자가 바닥에 누워 있었고 보호자에 의한 심폐소생술이 진행되고 있었다. 첫 모습은 임종 호흡과 약간의 발작을 하고 있어 전화 상담원에 의한 소생술이 성공한 것인가 하는 생각이 들 정도였다. 구급대원 A는 목동맥에서 맥박이 만져지지 않자 가슴압박소생술을 동료에게 요청하고, 심장충격기에서 심실세동 리듬을 확인할 수 있었다.

1차 전기충격 후 기계식 가슴압박 장치와 전문기도기 삽입 후 소생술을 진행하고 있다. 호기말이산화탄소 측정기에서 20mmHg 이상의 수치가 확인되어 효과적인 가슴압박이 되는 것을 확인하였고 이후, 몇 차례 전기충격을 통해 자발적 리듬이 회복되었을 때는 호기말이산화탄소 측정값 43mmHg과 안정적인 자발 호흡이 확인되어 가까운 응급의료센터에 이송하였다.

환자는 얼마 지나지 않아 퇴원할 수 있었고 그는 일상생활로 돌아갈 수 있게 되었다.

| 활력징후 | **혈압** 0/0mmHg, **맥박** 0회/분, **호흡** 0회/분

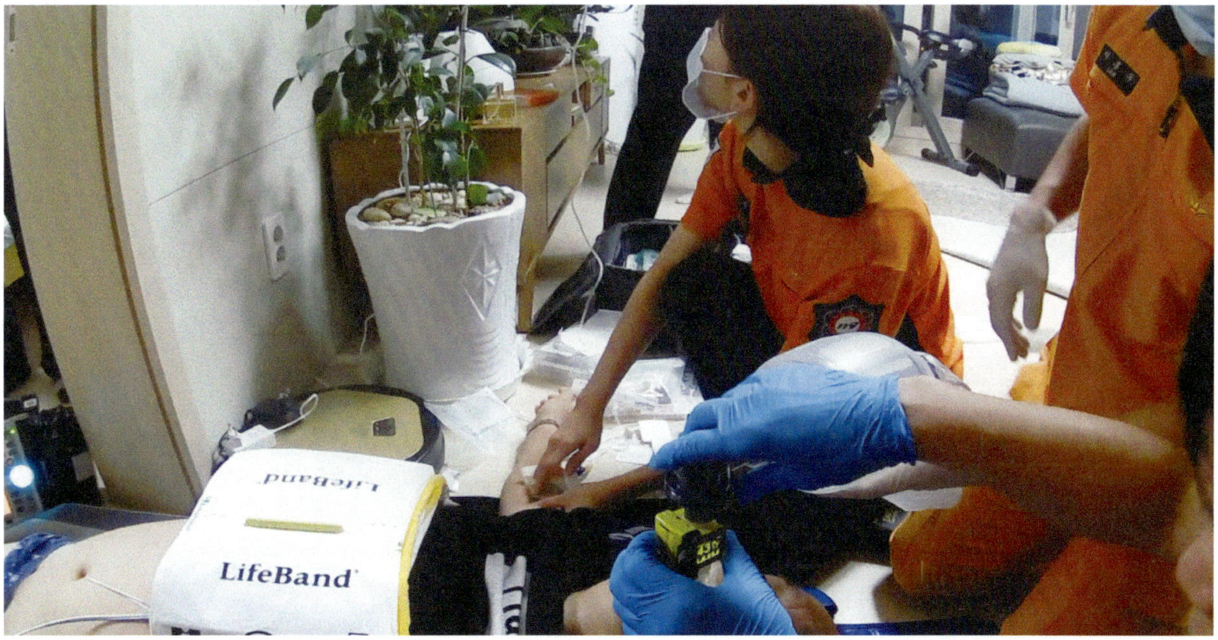

사고와 질병으로부터 치료하기 시작한 것은 이미 고대시대 이전부터 있었던 것으로 문헌에서 기록되는 반면에 죽은 사람을 살리고자 하는 노력은 1770년대 유럽에서 관심을 두기 시작했고 1891년에야 Safat와 Elam은 가슴압박소생술을 통해 사람을 살려내기 시작했다. 이후 여러 가지 소생을 위한 방법들이 연구되기 시작하여 지금의 심폐소생술까지 이르고 있다.

소생을 위한 노력에는 가슴압박법, 인공호흡법 등의 다양한 연구가 이어졌는데 가슴압박법은 초기에는 주로 익수자를 구조한 뒤 술통에 엎드리게 하여 굴리는 방법, 거꾸로 매다는 방법, 말 등에 태워 달리게 하는 방법, 가슴을 확장시킨 후 압박하거나 등을 압박하는 방법 등으로 시도되어 현재의 가슴압박법으로 정해지게 되었다. 인간의 손에만 의존하던 가슴압박은 가슴을 열어서 심장을 직접 압박하는 방법, 가슴을 압박하는 방법에서 현재는 기계식 가슴압박 장치까지 변화하게 되었다. 인공호흡법 또한 풀무에 의한 방법에서 1946년 Elam에 의한 인공호흡법, 산소소생기까지 다양한 시도가 있었다.

1903년 네덜란드의 Willem Einthoven은 두 개의 전극의 전압차를 이용하여 심장의 전기적 상태를 확인할 수 있는 'String Galvanometer'라는 지금의 ECG 기계를 만든 이후 부정맥이 심장마비를 일으키는 원인 중에 하나라는 것을 알게 되었다.

부정맥에 의한 심정지 상황에서 우리가 사용하고 있는 심장충격기는 1930년 초 Claud Beck 박사가 개를 통한 실험에서 전기충격(감전)이 가해졌을 때 심실세동이 발생하는 것을 알게 되었고, 더 높은 전기량에서 회복되는 것을 확인하였다. 이후 Claud Beck 박사는 1947년 수술 중 발생한 심정지 환자에게 Open Cardiac Massage와 함께 전기충격을 주어 소생하는 일이 있었고, Paul Zola은 1955년 몸 바깥에 전극 판을 이용한 직류전기 충격을 통한 심장충격기를 Claud Beck 박사의 도움으로 개발하게 되었다.

당시의 교류 충격기는 높은 전력과 큰 부피로 휴대가 어려웠을 뿐 아니라 높은 전력은 감전의 위험과 심장근육 손상이라는 부작용이 나타나기도 하였다.

양쪽 전극(bipolar)방식의 직류 전기충격기는 1960년대 Bernard Lowe 박사에 의해 소형과 저전력 형태의 기계로 제작되었고 1965년 Frank Partridge 박사(1916~2004)에 의해 아일랜드 벨파스트 구급차에 최초로 설치되었고 이후 1968년에는 3kg까지 소형화되었다.

EMS에서 본격적으로 사용된 것은 1966년 미국에서 William Grace가 Pantridge를 따라서 첫 시작을 하게 되었다.

I 심장충격기 Automated External Defbrilation

1. 개요

심장충격기는 순간적으로 강한 전류를 심장에 통과시켜 심근의 활동전위를 유발해 심실세동이 유지될 수 없도록 하여 심실세동을 제거하는 것으로 정의된다.

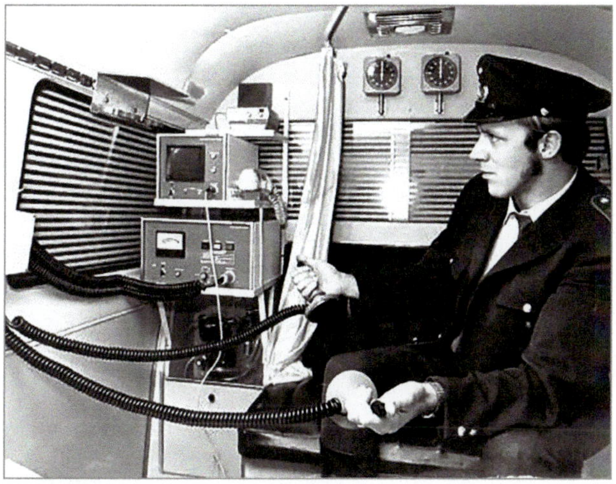

그림 7-1 최초의 구급차용 심장충격기(1967년)

구급대에서 사용한 최초의 심장충격기는 1967년 뉴욕 Saint Vincent's 병원의 Dr. William Grace에 의해 개발된 이후 1980년대 의료기기 업체의 광범위한 투자에 따라 소형화한 휴대용 기기와 최근에는 드론을 이용한 기기도 등장하게 되었다.

제세동(최근 들어 심장충격기라고 불림)은 심박출량을 만들어 낼 수 없는 부정맥(심실세동, 무맥성 심실빠른맥)과 비정상적인 관류를 만드는 부정맥(발작성 심실상성 빠른맥, 조기흥분증후군와 연관한 빠른맥성 부정맥, 심방조동, 심방세동)의 가장 일반적 치료법이다.

최근에는 호기말 이산화탄소 측정, 가슴압박 품질측정, NIBP(Non-Invasive Blood Pressure), 맥박산소포화도 측정, 실시간 호흡량 측정, TBI Dashboard(외상성 뇌손상 환자에서 저산소증, 저혈압, 과환기 상태를 확인 기능이 추가되어 현장에 쓰이는 추세다.

2. 적응증과 작동원리

1) 적응증

심실세동, 무맥성 심실빠른맥에 대한 부정맥 치료 심장충격기는 혈역학적 감시(심전도, 혈압, 맥박산소포화도 측정, 호기말이산화탄소 측정, 가슴압박 품질 측정 등)와 심장충격(defibilation)/심율동전환(cardio version)기능, 심조율(cardio pacing)기능을 하고 있다.

2) 작용 원리

작용 원리는 일시적인 전기충격을 통해 한순간 모든 세포가 탈분극되게 만들어 동방결절에서 심장박동을 조절하여 정상 율동으로 만드는 것이라 할 수 있다.

심장충격기는 크게 두 가지로 나누고 있다.

① 체내형 삽입

② 체외식 심장충격기

- 수동심장충격기
- 자동심장충격기(119구급대에서는 수동모드를 지원하는 반자동 심장충격기를 사용하고 있다.)

3) AED의 종류

전자동식과 반자동식이다. AED 대부분은 반자동식이다. 반자동 AED는 자동으로 심장박동을 진단하고 전기충격이 필요한지 결정한다. 전기충격이 필요하다면 사용자는 충격을 가하기 위한 버튼을 눌러야 한다.

전자동 AED(PAD라고도 한다)는 자동으로 심장박동을 진단하고, 사용자에게 전기충격이 자동으로 가해질 동안 잠시 물러나 있도록 안내한다. 또한, 고급형 AED는 수동적인 전기충격량 선택, 심전도를 출력, 호기말이산화탄소측정, 체온, 가슴압박 품질평가 등의 기능이 있다(119구급대에서 사용하는 장비).

4) 파형방식

심장충격기의 파형은 한 개의 극성으로 한 방향으로 흐르는 단상형과 두 개의 극성으로 양방향으로 전기의 흐름이 흐르는 이상형 방식이 있다.

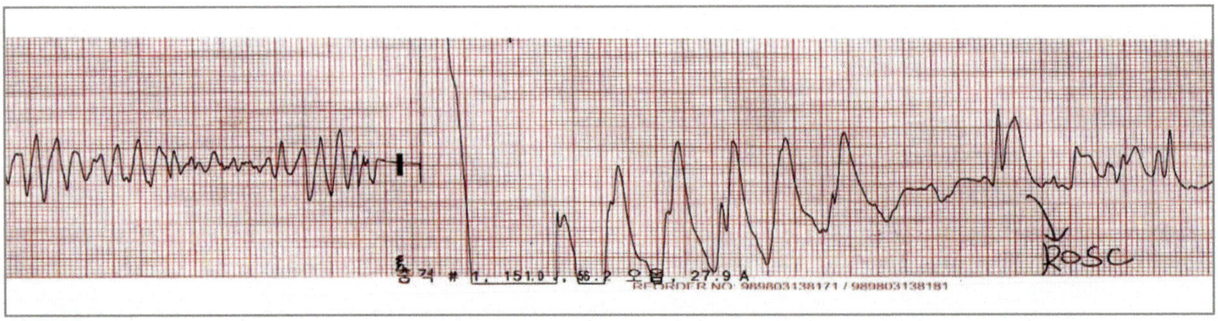

그림 7-2 이상형 심장충격기의 리듬(심실세동을 제거한 리듬)

처음 상업적으로 활용되기 시작한 심장충격기는 단 형식(한쪽에서만 전기가 지나가는 방식)으로 제조사에 따라 360~400J의 에너지를 충격하는 방식이었다. 고에너지를 공급하는 방식은 때때로 패드 주변에 2~3도의 화상과 심근을 손상하는 부작용을 발생시켰다. 최근(2003년 후반 이후)에는 심장충격의 후유증이 더욱 적은 이형방식은 120~200J의 저에너지 충격을 양방향으로 공급하여 더욱 효과적이면서 합병증을 낮추는 이점으로 병원과 병원 전 단계에서 대부분 사용하는 추세다.

심장충격기의 에너지는 AHA의 2010년 지침 이후 단상형 방식은 최초 심장충격 성공률이 가장 높다는 것을 배경으로 하여 360J로 권고하였고, 이상형 방식은 120J~200J의 에너지 사용을 권고하였고 에너지 증가에 대한 권고는 사라지게 되었다.

5) 전기충격 방식

패들형과 패치형으로 구분하고 있다. 패들형은 재사용이 가능하다는 장점과 사용자가 누르는 힘이 적절하다면 경흉저항(thoracic resistance)을 최소화할 수 있다. 패치형은 일회용 소모품으로 피부에 부착하는 형태로 심전도 감시와 전기충격을 동시에 적용할 수 있는 장점이 있으나, 비용문제와 가슴의 습기나 털, 큰 흉곽을 가진 환자에는 경흉저항이 증가할 수 있어 주의가 필요하다. 하지만, 전기충격 효과에 대해서는 패들형과 패치 양쪽 어느 것이 더 효과적이라는 논란에 대한 근거는 아직 부족하다.

3. 주의사항

1) 일반적인 주의사항

- 젖은 표면은 물기를 신속히 제거한 후 적용한다.
- 경피 저항(피부에 의한 저항)을 줄이기 위해 털을 제거한다(제거할 도구가 없으면 패치를 붙였다 급히 떼어내는 방법도 있다).
- 심박조율기 또는 피부에 부착하여 약물에 의해 치료받는 환자는 기기 부착 또는 삽입 부위에서 3cm 이상 떨어진 곳에 전극을 부착해야 한다.
- 전기장판 위에서 사용할 경우 간섭 우려가 있어 전원 코드를 뽑는다.
- 구급차 내에서 적용 시 인버터(교류 직류 변환) 사용 시 소음 발생 우려가 있어 주의한다.

2) 올바른 부착

- 심장에 효과적으로 전기 충격을 제공하기 위해서는 그림과 같이 올바른 부착을 해야 한다.
  (좌/우의 방향이 바뀌더라도 이상형 심장충격기는 작동이 안 되는 것은 아니나 파형이 거꾸로 표시된다.)
- 부착위치는 제세동 성공에 큰 영향을 미친다. 서로 너무 멀리 떨어지면 경흉저항(transthoracic resistance)이 증가하여 전류가 심장을 통과하는 양이 감소하여 제세동이 안 되는 경우가 종종 있다.

경흉저항(Thoracic resistance)에 영향을 주는 요소들

① 전극의 크기가 클수록 저항이 줄어든다.

② 전극과 피부 접착력이 높을 수록 저항이 줄어든다. (패치를 균일하게 부착시킨다, 털이 많을 때(제거한다), 물이 묻었을 때(닦는다), 패치 포장을 미리 뜯어 놓으면 Gel(젤)이 증발하여 접착력이 떨어진다.)

③ 인공 호흡을 할때(흡기시 증가, 호기시 감소)

④ 전극(패들)이 적절한 위치에 부착 될 때 저항이 줄어든다 .

⑤ 전극(패들)에 압력이 가해지면 저항이 줄어든다.

⑥ 제세동 시간이 짧은 경우 저항이 줄어든다.

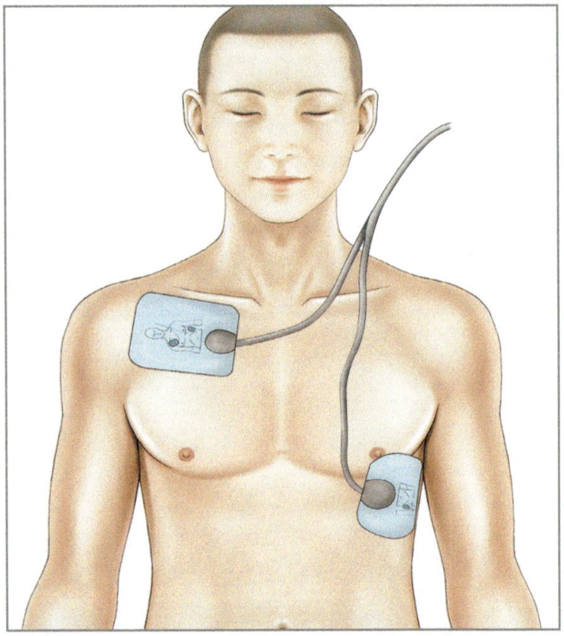

그림 7-3 이상형 심장충격기의 패치 부착 모습

좌측: 유두 아래 중간 겨드랑이선(액와중선, midaxillary line)
우측: 빗장뼈 하단 세로부착

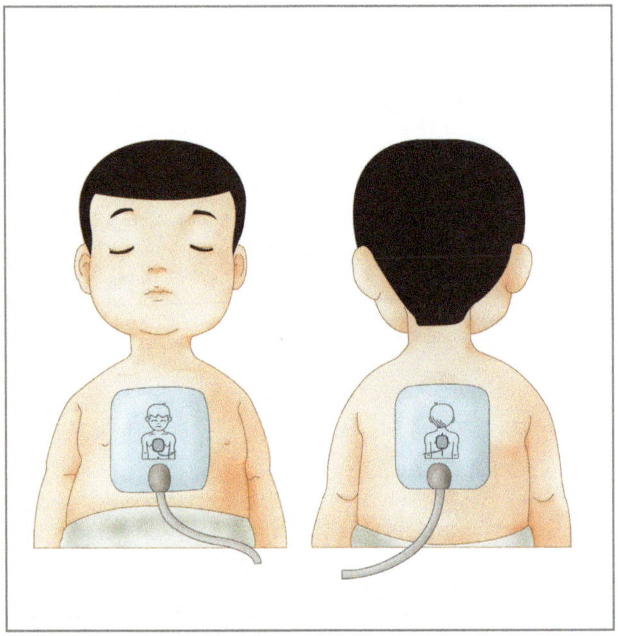

그림 7-4 소아용 심장충격기 패치 앞/뒷면 부착

앞: 복장뼈(흉골)의 왼쪽(심첨부)
뒤: 왼쪽 또는 오른쪽 어깨뼈(견갑골) 안쪽

3) 부정맥 감지와 전기충격 제공 시 환자와의 접촉

기기가 환자의 부정맥을 분석할 때 소생술 제공자가 접촉할 경우 기기가 올바른 분석을 할 수 없을 수 있으며(구조자의 심장 리듬이 기계분석에 영향을 끼칠 수 있다), 전기충격을 제공할 때 접촉하고 있다면 감전으로 부정맥을 일으킬 위험이 있으므로 주의해야 한다.

4) 소아와 영아에 대한 적용

- 소아와 영아 적용은 별도의 지침에 의해 제공되어야 하며, 2015 AHA 지침에 따르면 최초 2~4J에서 시작하며 불용성 심실세동에서는 4J/kg이며 최고 10J/kg까지 적용할 수 있다.
- 소아용 패치가 없다면 성인용 패치를 전/후 적용으로 사용할 수 있다.

5) 심폐소생술의 Feedback 장치의 활용

이미 AHA의 2010 지침에서 심정지 생존율 향상을 위해 고품질의 심폐소생술(빠르고, 깊고, 강하게)이 강조되었고, 소생술 제공자에 대한 가슴압박의 질(압박 깊이와 속도)을 평가하기 위한 장비가 개발되었다. 심장충격기와 연동되어 작동하는 방식과 단독 장비로 구현하는 장비가 개발되어 시판 중이다.

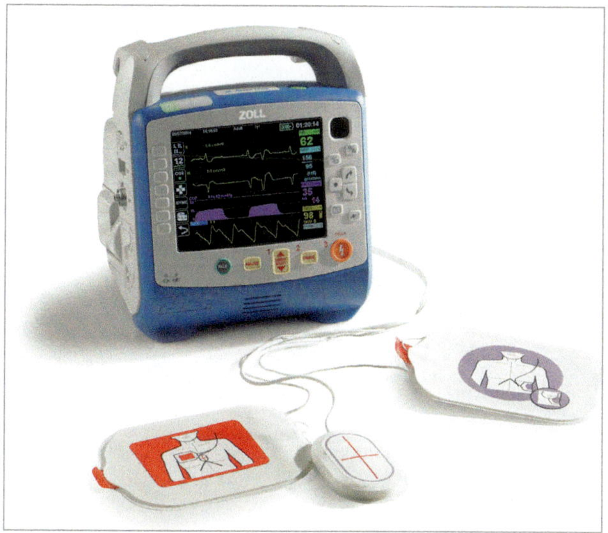

심장충격기와 연동된 가슴압박 품질 측정기

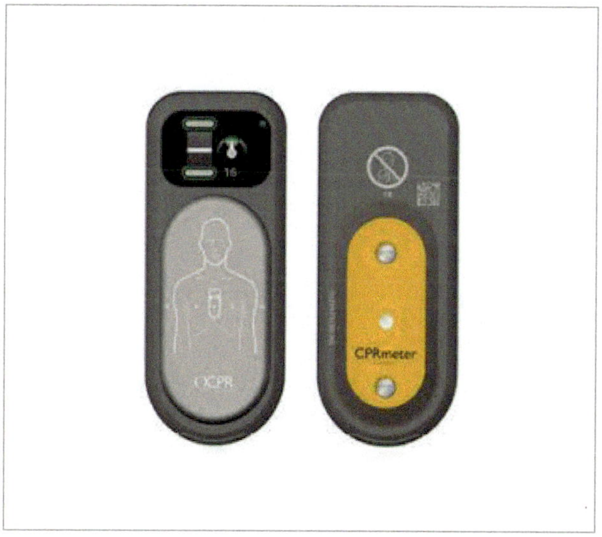

가슴압박 품질 측정기

그림 7-5 심폐소생술의 Feedback 장치의 활용

심장충격기의 패치와 함께 적용된 방식은 패치 가격이 고가이긴 하지만 편리하게 적용할 수 있는 장점이 있고, Meter와 심장충격기가 연결된 방식은 유선 방식으로 연결되어 별도의 설정 및 여러 전선과 함께 사용해야 하는 불편한 점이 있다. 저렴한 이점과 별도의 장치가 필요 없이 단독으로 사용 가능한 방식의 기계는 단점을 보완하기에 충분했고 널리 활용 중이지만 분실의 우려가 있어 주의를 필요로 한다.

4. 사용방법

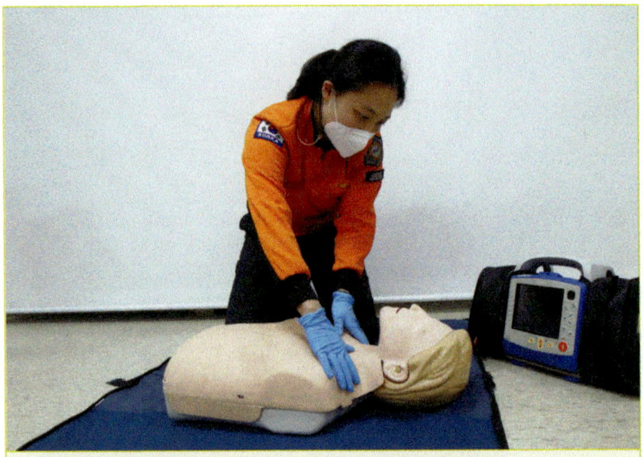

① 의식/호흡/맥박을 10초 이상 확인한다.

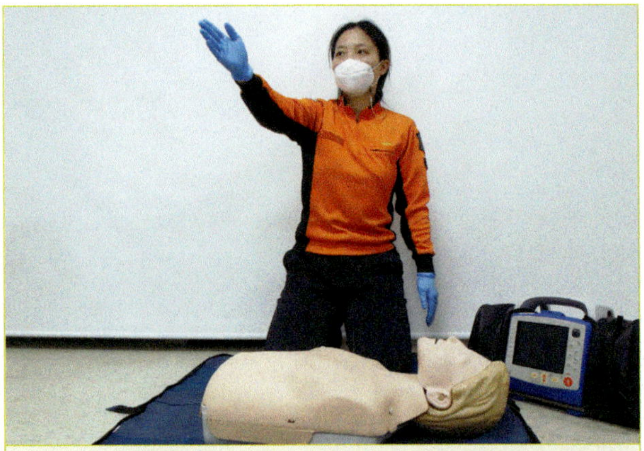

② 심정지라면 지원 구급대에 도움을 요청한다.

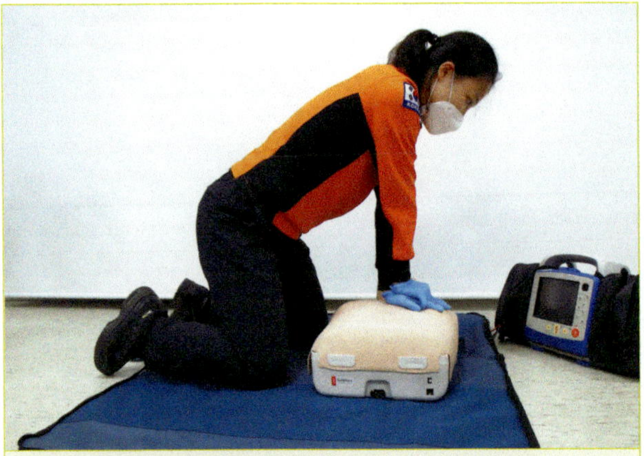

③ 신속한 기본소생술을 시작한다.

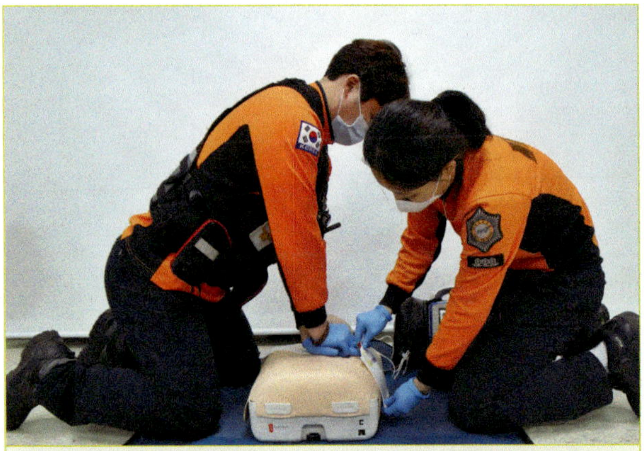

④ 심장충격기 패치를 부착한다.
(가슴압박을 방해하지 않는다.)

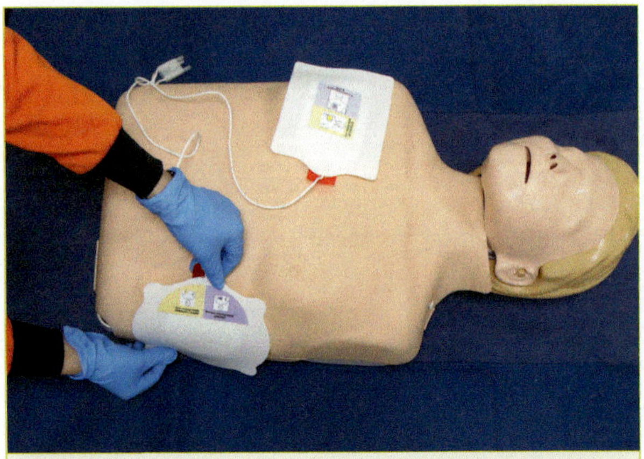

⑤ 패치 부착위치
(빗장뼈 아래, 왼쪽 겨드랑이)

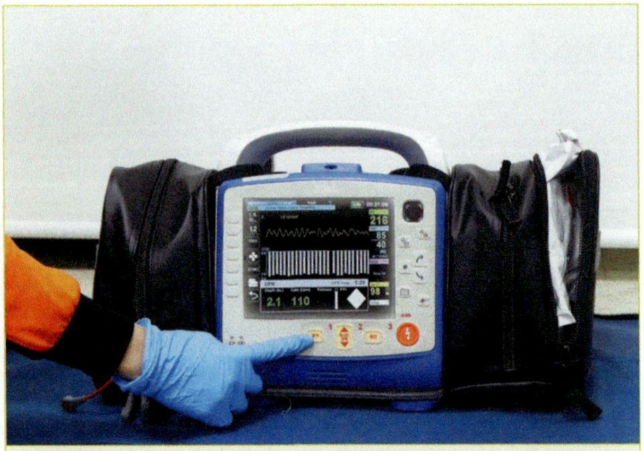

⑥ AED모드에서 리듬분석을 시행한다.

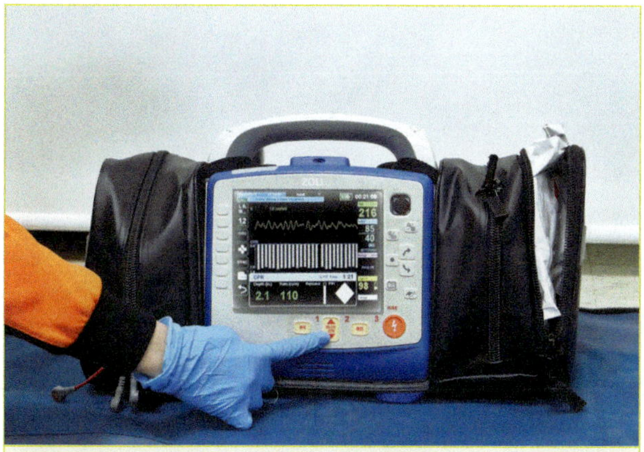

6' 수동모드에서 에너지(150J)를 선택한다.

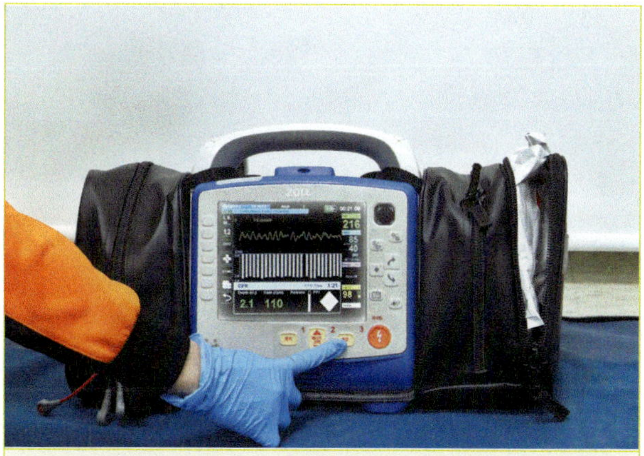

7 전기충격 리듬에서 충전한다.
(심실세동, 무맥성 빠른맥)

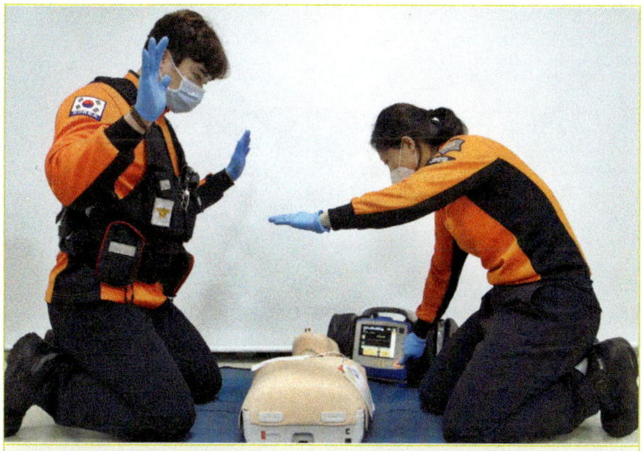

8 환자에게 떨어지며 전기충격(쇼크)을 제공한다.

Ⅱ 호기말이산화탄소 측정기 CO_2 Detectors or Capnograph

1. 개요

1) $EtCO_2$란?

End-tidal CO_2를 줄인 용어로써 호흡 시 발생하는 호기말이산화탄소 분압을 말한다. 즉, 산소를 마시고 이산화탄소(CO_2)를 배출하는데 이때 발생하는 CO_2 분압을 $EtCO_2$라고 한다.

2) $EtCO_2$를 측정하는 이유

$EtCO_2$를 측정하는 이유는 (1) 환자의 호흡이 잘 되고 있는지의 확인, (2) 환자의 Sedation(진정상태)이 잘 유지되고 있는지, (3) 수술 후 환자의 Self(자가호흡)가 돌아왔는지, (4) 서킷(기계에서 환자로 공급되는 호스)의 밸브가 정상적으로 작동하는지, (5) Soda Lime(소다석회는 이산화탄소의 흡수 기능이 있다)의 상태가 양호한지 등을 알아보기 위해 $EtCO_2$를 측정한다.

수술 시 환기(ventilation)가 안 되면 산소공급이 안 된다는 것이고, 환자는 급격하게 저산소혈증에 빠져 위험한 상태에 이른다. 또한, Soda Lime의 상태가 불량하면 CO_2 능력이 상실돼서 $EtCO_2$ 수치가 올라가며, 마취기의 Expiratory 밸브가 문제가 있어도 $EtCO_2$는 비정상적으로 나타난다.

3) 정상적인 사람의 $EtCO_2$는?

$EtCO_2$ 측정 시 35~45mmHg를 정상 수치라고 말한다. 만약 수술 중이거나 폐에 문제가 있으면 이보다 약 8~12% 정도 높게 나올 수 있다. 35mmHg 이하는 Hyperventilation(과환기) 또는 Hypocapnia(저탄산증)라고 하며, 45mmHg 이상으로 증가하면 Hypoventilation(저환기) 혹은 Hypercapnia(과탄산증)이라고 한다.

$EtCO_2$ 측정 시(수술 시 환자로부터) $EtCO_2$가 연속해서 20mmHg 이상 나오면 정상으로 파악한다. 만약 수술 시 Endo Tube가 Esophagus(식도)로 가 있거나 비정상적일 때는 1~2회 정도는 $EtCO_2$ 수치가 나올 수 있지만, 그 이상은 나타나지 않는다.

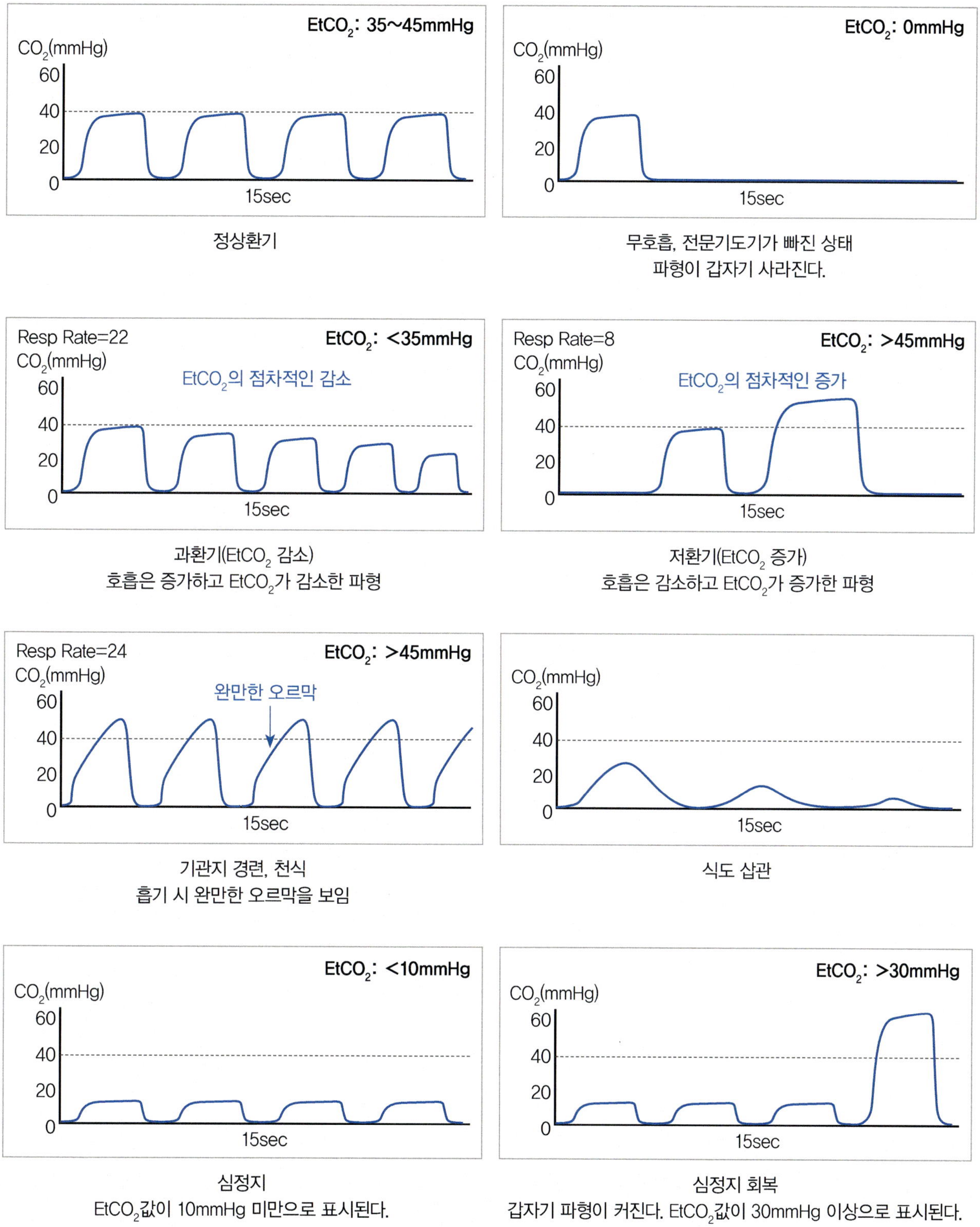

그림 7-6 호기말이산화탄소값과 파형으로 알아보는 호흡 상태

2. 적응증과 작동원리

심정지 상황에서 효과적인 가슴압박이 잘 되고 있는지를 통해서 소생 가능성을 예측하는 데 도움이 되고 있다.

과환기, 심박출량 감소, 대사가 줄어들 때 수치가 낮게 나타나고 반대로, 저환기, 심박출량 증가, 대사 증가가 있을 때 수치가 높아지게 된다. 심정지 소생술 중에 갑자기 수치가 올랐다면 고품질의 소생술이 잘 되고 있으며 소생 확률이 높아지는 것을 의미하며 10mmHg 이하에서 오르지 않는다면 고품질의 기본소생술 점검이 필요할지도 모른다. 심정지 상태에서 $EtCO_2$는 폐포로 전달된 이산화탄소를 측정하는 것이며, 폐포로 이산화탄소가 전달되는 것은 가슴압박으로 관류가 발생하는 것이다. 관류가 많을수록 이산화탄소가 많이 전달되기 때문에 값이 올라가게 된다. 그러므로 심정지 상황에서 $EtCO_2$는 관류 즉, 가슴압박의 효율성과 비례한다. 또한, 전문기도기 삽입(ETT, SGA) 시에 올바른 삽입을 확인하는 지표로 쓰이기도 한다. 성문위기도기는 기관내튜브에 비해 해부학적 사강이 크고, 외부 공기와 혼합되어 낮게 측정될 수 있지만, 연속적인 측정에서 변화량을 보면서 이의 효과를 확인할 수 있다.

1) $EtCO_2$ 측정기의 방식은 어떻게 구분하는가?

- Main Steam 방식: 호흡 통로에 측정 센서를 부착하여 통과하는 CO_2를 읽어내는 방식으로 전문기도기 끝에 부착되며 센서와 연결 텁이 일체형으로 사용 시 충격에 주의해야 한다.
- Side Stream 방식: 측정 센서가 기계 내에 있고 CO_2를 별도의 기구로부터 채취하여 측정하는 형태로 전문기도기나 HEPA Filter에 별도의 Knob(연결구)에 연결해야 한다.
- Micro Stream 방식: CO_2 분자가 적외선을 흡수하는 원리[분자 연관성 적외선분광법(MCS)]를 이용한 기술이다.

표 7-1 호기말 이산화탄소 측정기의 종류와 특징

방식 / 제원	Main Stream	Side Stream	Micro Stream
사진	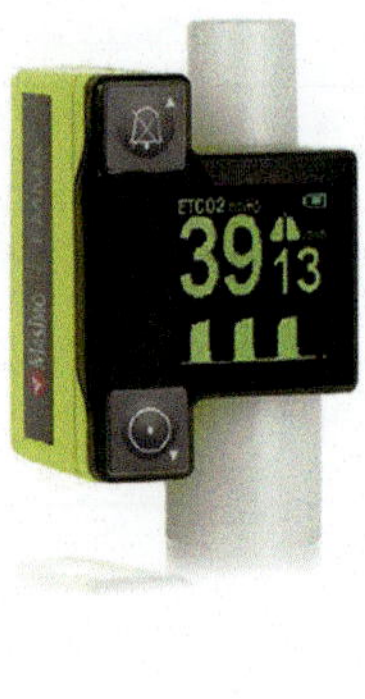	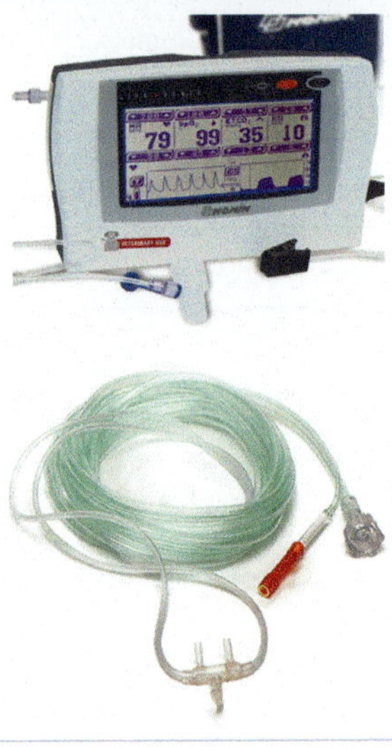	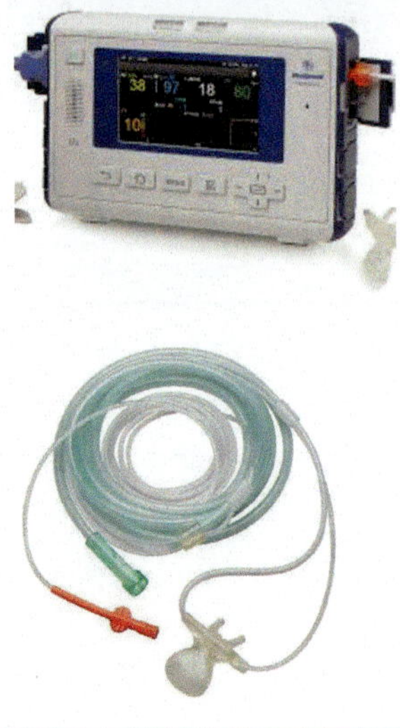

제원 \ 방식	Main Stream	Side Stream	Micro Stream
원리 및 특징	어뎁터를 통해 지나는 공기가 기기 본체 양쪽에 설치된 적외선 센서에 의해 검출하는 방식 어뎁터15mm로 기관내 삽관 튜브나, 성문 외 기도기와 호환되도록 제작됨 대부분 기기 본체에 직접 부착되거나 별도의 튜브를 통해 기계에 연결하는 방식	T-Piece튜브 옆으로 검출튜브를 연결하여 호기량의 일부가 기계에 연결하여 검출하는 방식	Sidestream방식의 단점을 보완한 형태로 개발됨
장점	검출 속도가 가장 빠름 적외선 센서에 환자 호기가 직접적인 영향을 끼치지 않기 때문에 습기가 발생하지 않아 온도차이가 발생하는 야외에서도 센서 작동이 잘됨	전문기도기가 아닌 안면 마스크나 비강 캐뉼러에서도 검출 가능	약 50mL의 호기량으로도 측정이 가능함 호기량이 작은 소아에서도 효과적임 샘플링 튜브의 직경은 Sidestream 방식보다 더 작아 막히거나 습기가 발생하는 일이줄어듦 사용 방식이나 튜브의 형태는 Sidestream방식과 동일함
단점	전문기도기와 연결하는 어뎁터 또는 T-Piece가 빠지지 않도록 주의할 것. 검출기가 어데버와 일체형으로 비교적 크기가 작아 분실하기 쉽다. BVM 등으로 양압 환기를 할 때 검출값을 확인하기 불편할 수 있다.	튜브가 호흡 중에 발생하는 수증기나 분비물에 의해 막힐 수 있어 주의가 요구된다. 검출 속도가 느림 꼭 전문기도기의 튜브를 통하지 않더라도 안면마스크나 비강 캐뉼러와 결합하여 사용하기도 함	

Main Stream 방식의 장점은 측정 시간이 빠르고 고장이 적다는 것이며, 단점은 환자 서킷에서 CO_2를 채취해야 한다는 점이다. Side Stream 방식은 사용이 편리한 장점을 갖고 있지만, 예열 시간이 필요하므로 측정 시간이 길고 습기로 인한 고장이 잦다는 점이다. Micro Stream은 낮은 호흡 샘플량에서도 측정이 가능한 장점으로, 최근 보급된 장비로 심정지 상황에서는 기존의 Side Stream으로 측정할 수 있으며, 호흡이 있는 경우는 비강 캐뉼러와 같이 생긴 측정 도구를 통해 측정 가능하다.

2) 파형이 표시되는 장비에서는 호흡할 때 아래와 같은 파형이 표시된다.

- 1지점: 흡기의 시작으로 초기값은 0이다.
- 2지점: 호기가 시작되어 3지점까지 급격히 이산화탄소가 증가하는 구역이다.
- 3지점: 3지점에서 4지점까지는 허파꽈리의 공기가 배출되므로 플래토 곡선이 나타난다.
- 4지점: 호기가 끝나고 흡기가 시작되는 구역이며 이때 이산화탄소농도가 급격한 하강선을 보인다.

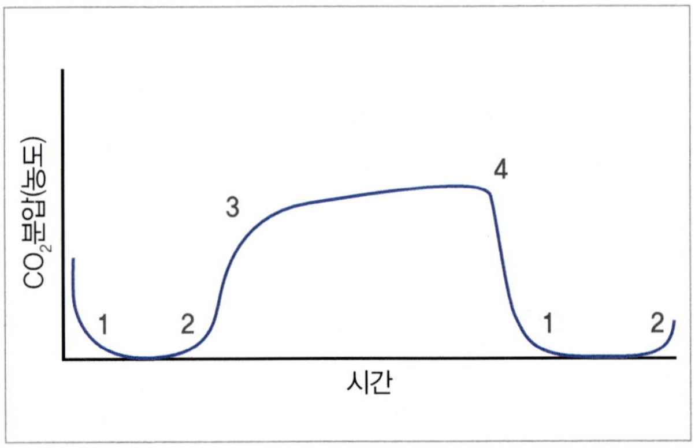

4~1구간: 흡기
1~4구간: 호기
1~2구간: 탄산가스가 거의 없는 해부학적 사강 내의 가스가 표출되는 호기의 초기 단계
2~3구간: 허파꽈리에서 배출되는 가스와 해부학적 사강 내의 가스가 혼합되어 배출되는 단계
3~4구간: 허파꽈리 내의 가스가 배출되는 단계
4지점: 호기말이산화탄소 분압(농도)을 나타낸다.

그림 7-7 Capnography가 보여주는 정상적인 호기말이산화탄소 분압

3. 주의사항

심폐소생술 중 호기말이산화탄소 분압을 통해 소생의 증거를 확인, 호흡부전을 보이는 환자에게 적절한 환기로 이산화탄소가 제거되고 있는지를 확인해야 할 필요가 있다.

① 기계적 환기 보조 또는 자발 호흡을 하는 환자에서 환기 상태가 적절한지 평가한다.

② 기관 튜브가 제대로 삽입되었는지, 만약 튜브가 기관 내로 삽입되지 않고 식도 내로 잘못 삽입되면 호기가 배출되지 않으므로 곡선이 나타나지 않는다.

③ CPR 중 관류 상태가 불량하여 폐포사강이 커지는 관계로 호기말 PCO_2는 흔히 10mmHg 이하로 낮아지게 되고, 반면 심박출량이 많아지면 보다 많은 허파꽈리에서 가스교환이 이루어져 호기말 PCO_2는 흔히 20mmHg 이상으로 높아진다. 즉, 심폐소생술 도중에 호기말 PCO_2가 갑자기 35~40mmHg 이상으로 상승하였다면 자발적 순환이 되고 있다는 증거가 된다.

응급의료종사자는 수치와 그래프를 동시에 확인해야 하며, 기기가 표시하는 수치와 파형을 보고 임상적 상태를 판별할 수 있어야 한다. 이것은 현장 단계와 이송 중 단계에서 환자 예후를 파악하는 데 중요한 역할을 하기 때문이다.

④ 문제점: 중환자에서 capnography는 $PaCO_2$와 $PetCO_2$ 간의 상호관계가 일정하지 않으며 특히, 심박출량이 낮거나 환기/관류 불균형이 있는 환자에서는 신뢰도가 떨어지기 때문에 $PetCO_2$ 하나만 가지고 환기 상태를 평가하는 것은 좋은 방법이라 할 수 없다.

4. 사용방법(Main Stream 방식의 EMMA)

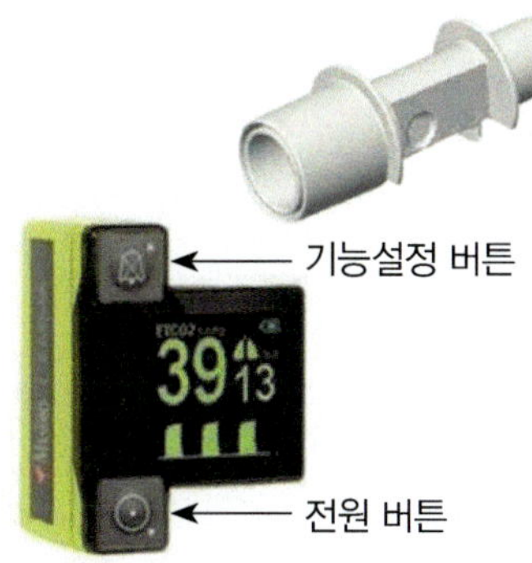

① 주된 구성품: 본체와 에어웨이 어댑터를 준비한다.
사용 전 AAA 건전지 2개에 의한 전원 켜짐을 확인한다.
(밑에 버튼이 전원 버튼이며 별도의 전원 종료 버튼이 없다.)

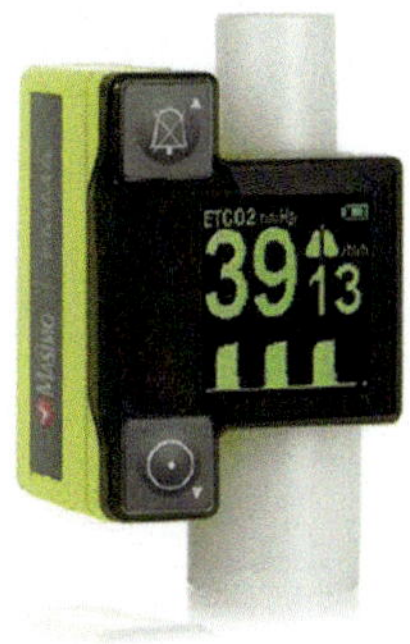

② 분당 호흡수, 호기말이산화탄소 분압에 대해 숫자와 그래프로 동시에 표현하고 있다.
(아래 버튼은 전원 기능 외 알람의 범위를 설정할 수 있고, 위 버튼은 알람을 끄는 기능이 있다.)

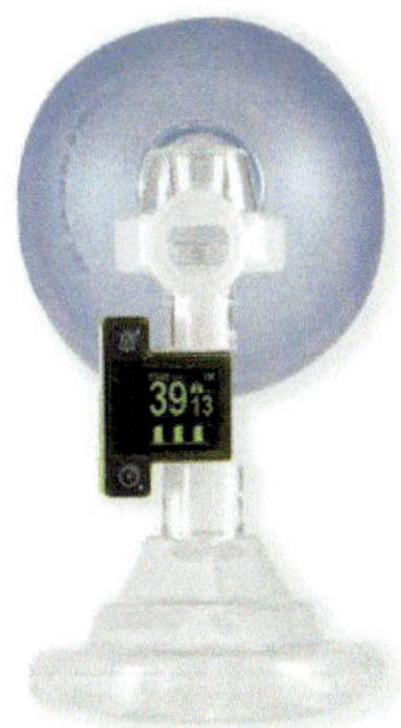

③ 전원을 켜고 BVM과 결합한 기기의 모습

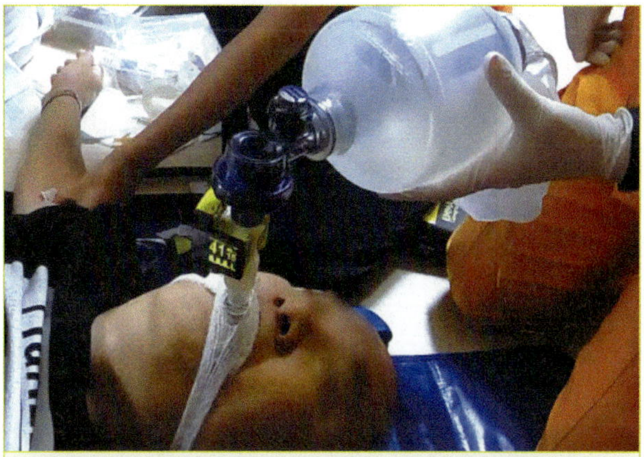

④ 심폐소생술 중에 SGA(I-gel)와 BVM을 연결하여 환기를 시행하는 모습

III 기계식 압박 장치 Mechanical Compressor Device

1. 개요

죽은 사람을 살리고자 했던 기록은 1940년대 파리과학학회에서 물에 빠진 사람에게 구강 대 구강법을 권장한 것이 현재의 심폐소생술 역사라 하고 있다. 근래에 우리가 적용하고 있는 심폐소생술지침은 1960년대에 AHA에서 개발된 지침이 현재까지도 심정지 환자 소생에 기준점이 되고 있다. 2010년 발표된 지침에서는 기존의 A-B-C에 대한 개념을 가슴압박과 제세동을 권고하기 위해 C-A-B로 변경하면서 가슴압박소생술의 중요성을 말하고 있다.

심정지 상태에서 수행하는 기본소생술은 정상 심박출량의 1/3 내외(뇌순환을 위한 최소한의 순환)에 불가하므로 고품질의 기본소생술에 대한 여러 가지 시도들이 있었다. 그 중에서도 가슴압박중단 소생술을 강조하는 미국의 애리조나주에서는 MICR(Minimally Interrupted Cardiac Resuscitation)을 강조하는 소생술로 높은 소생률을 보이기도 하면서 하나의 예로 등장하기도 하였다. MICR은 연속적으로 200회 가슴압박 후 AED에 의한 리듬 분석(쇼크를 권고하면 1회 제세동) 후 가슴압박 200회-맥박확인(리듬 분석)을 기본으로 한다. 성공적인 MICR을 수행하기 위해서는 강한 체력과 다수의 인원이 함께 출동할 수 있는 시스템을 기반으로 하고 있어 우리나라에서는 시범적으로 운영했었다가 중단되기도 하였다.

효과적인 현장 소생술을 위해 기계식 압박소생술에 관한 연구가 진행되었다.

- 자동 가슴압박기
- ACD-CPR(Active compression decompression CPR)
- Load-distributing band CPR(Auto-puls)
- 이중혈류유발 심폐소생술(Simultaneous Sterno-thoracic CPR)
- Impedance threshold device(ITD)
- Phasic thoracic abdominal acttive compression-decompression CPR(PTACD-CPR) 등이 진행되었다.

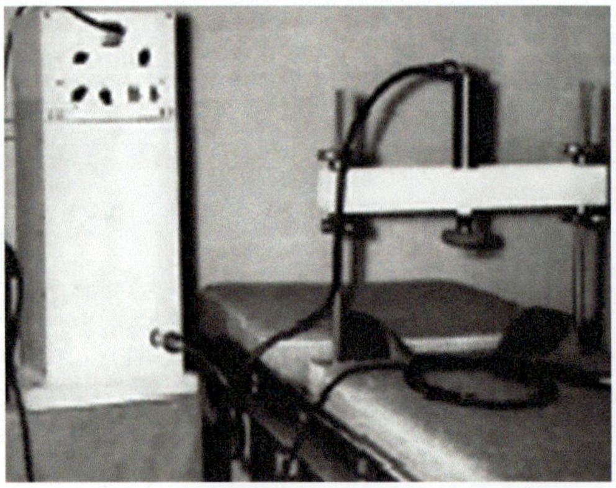

심장마사지 기계

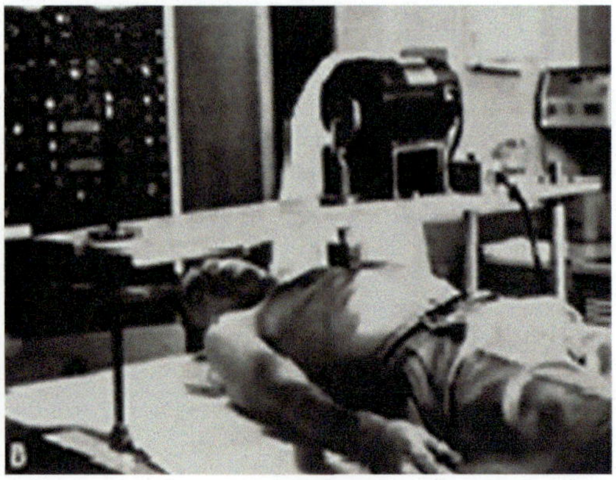

인공순환장치

그림 7-8 자동심장충격기의 초기 모습

출처: Harkins and Bra, spnn(34), Dotter et al.(35)

이러한 연구들은 소생술 도중 구조자가 지치거나, 산악에서 발생한 심정지, 현장에서 구급차까지 이동이 긴 경우(빌라, 골목길, 고층 아파트 등)'와 병원까지 이송 시간이 긴 경우, 특별한 이송 수단이 수반하는 경우(헬기이송, 선박 이용)에서 유일한 소생 도구가 될 수도 있으므로 활발한 연구가 진행되고 있다.

2. 적응증과 작동원리

압축 산소 또는 배터리를 동력으로 작동하는 피스톤 방식과 모터를 이용하여 흉곽 띠를 조절하는 방식으로 구분되며, 심장 출력을 형성하는 방식은 적극적 압박 방식, 하중분배밴드 방식, 이중혈류유발 방식으로 개발되어 있다.

1) 적극적(능동) 압박이완방식

흡입 컵을 사용하여 수동으로 압박과 이완을 하던 방식에서 전동식 피스톤에 의한 압박 방식으로 진화하게 되었다.

이것은 직접 흉곽을 압박하여 혈류 흐름을 유발하는 방식이다.

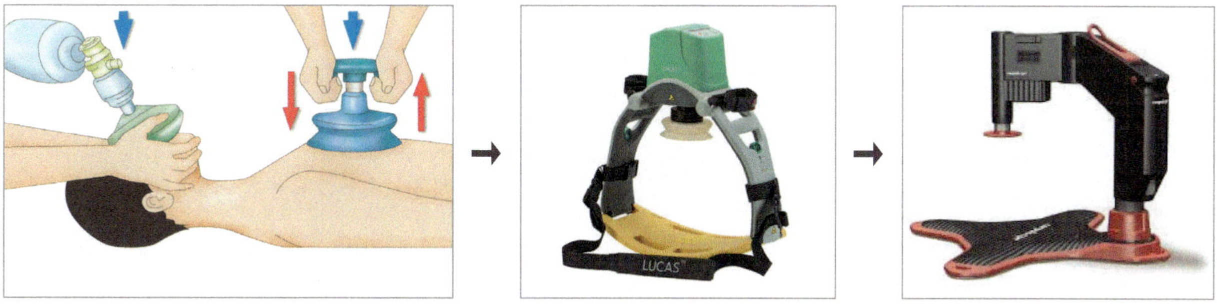

그림 7-9 적극적 압박 이완장치의 발전 형태

2) 하중분배밴드(LUD: Load Distribating Band)방식

환자 가슴 주위에 밴드를 장착하여 환자 가슴 주위를 조였다 폈다 하는 하중분배밴드를 활용하여 흉강 내압을 상승시켜 혈류 순환을 유도하는 방식

현재는 AHA 2015 지침을 따르지 못하고 있다.

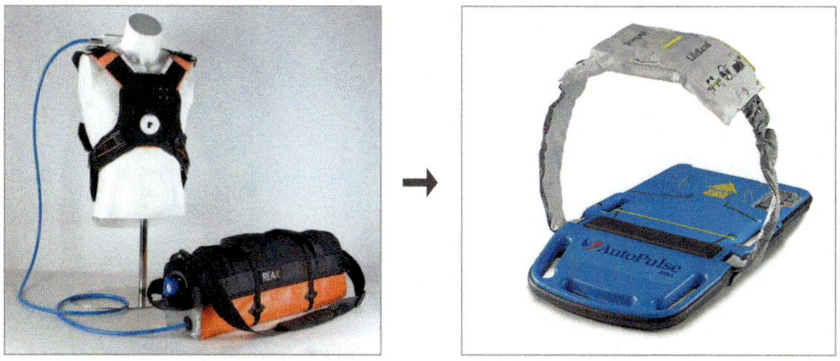

그림 7-10 하중분배밴드의 발전 형태

3) 이중혈류유발(SST: Simultaneus Sterno Thoracic)방식

국내에서 먼저 개발되었고 최근에는 독일 쉴러사에서 Easy Pulse라는 제품명으로 판매되고 있는데, 복장뼈를 직접 압박하는 피스톤 운동과 함께 흉곽을 수축하는 벨트에 의해 흉강 내 압력을 상승시켜 혈류를 유발하는 방식이다. 심폐소생술의 이론인 심장 펌프와 흉강 내 압력 상승 이론을 모두 활용한 방식이다.

표준 심폐소생술보다 평균 동맥압, 관상동맥 관류압, 심박출량, 호기말 이산화탄소 분압이 높다.

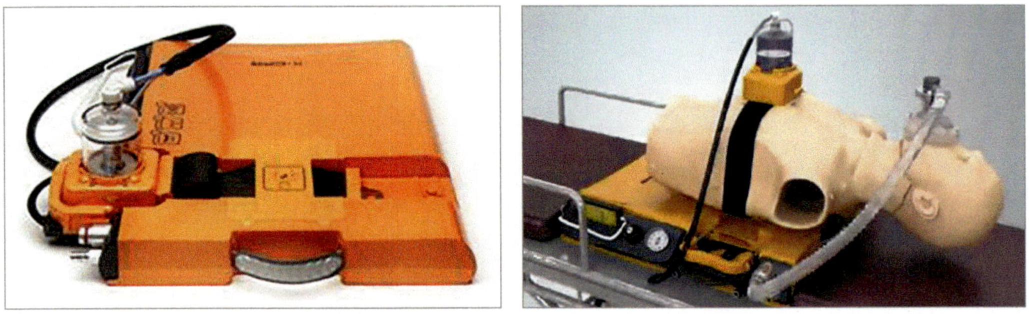

X-CPR/한국

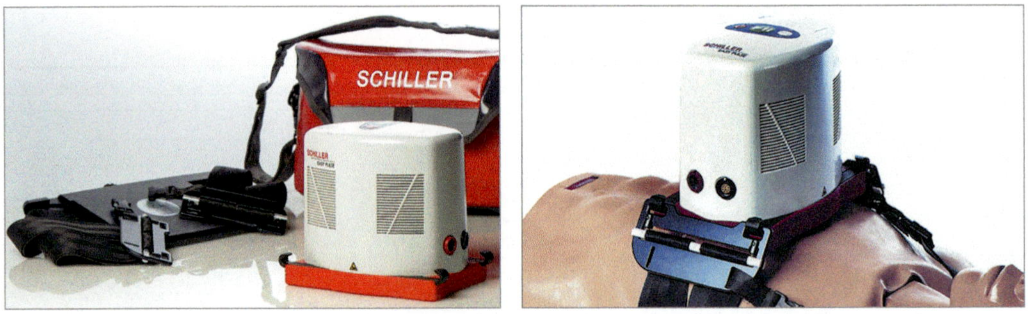

Easy Pulse/스위스

그림 7-11 직접가슴압박과 가슴우리(Thoracic cage)수축을 통한 이중혈류유발 방식

3. 주의사항

기계식 가슴압박 장치는 유용한 장비임은 분명하나 아직은 흉곽의 여러 유형을 읽어내는 능력이 부족하다. 일부 장비에 있어 균일한 깊이와 속도를 압박 중에도 조절하도록 하는 기능이 있지만, 사람의 손보다는 그 느낌을 반영하기에는 여전히 부족하다.

공통으로 적용되고 있는 기계식 가슴압박 장치의 금기증(절대적 금기증보다 제조업체와 의학계에서 권고하고 있다).

- 자동 가슴압박 기기를 환자의 가슴에 안전하고, 정확하게 배치할 수 없는 경우
- 너무 작은 환자의 경우: 루카스의 경우 흡착 컵을 내릴 때 빠른 신호가 3번 울리고 일시 정지 상태나 작동 상태로 들어갈 수 없는 경우, 압박 피스톤 길이가 지원할 수 없는 정도의 체형, 흉곽 압박 벨트의 조임 범위가 너무 긴 경우
- 환자가 너무 크면: 기계의 압박 범위 내에 들어가지 못하는 경우, 고정하기 어려운 경우
- 18세 미만
- 외상성 손상에 의한 심정지는 흉곽을 효율적으로 압박하기 어려워 금기
- 흉곽의 기형이 있는 환자
- 임산부

기계식 가슴압박 장치는 손으로 하는 가슴압박보다 갈비뼈 골절을 더 많이 발생시킨다는 연구가 있으며 'International Liaison Committee on Resuscitation(ILCOR)'은 갈비뼈 골절 및 기타 부상은 일반적이지만 심장마비로 인한 사망을 고려할 때 CPR의 결과로 수용될 수 있다고 발표하기도 했다.

위의 사항 이외에도 LUCAS 가슴압박 시스템을 사용하는 동안 가슴 타박상 및 상처가 흔하게 발생한다.

4. 사용방법(Lucas2의 예시)

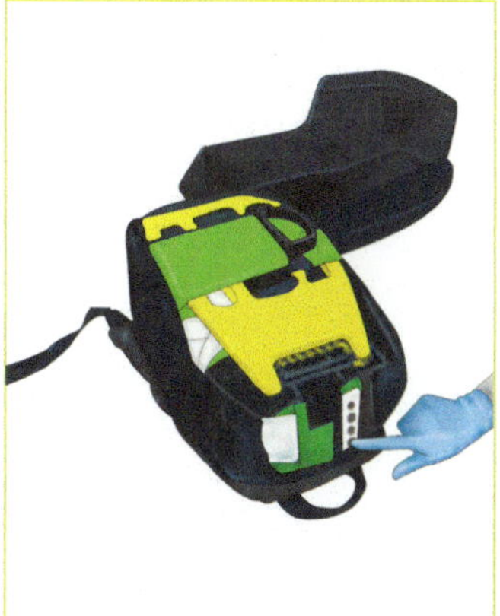

① 사용자 제어판의 켜기/끄기를 1초 동안 눌러 백에서 LUCAS의 전원을 켜면 자가 테스트를 시작한다. 조절키 옆의 녹색 LED는 LUCAS가 사용할 준비가 될 때 켜진다.

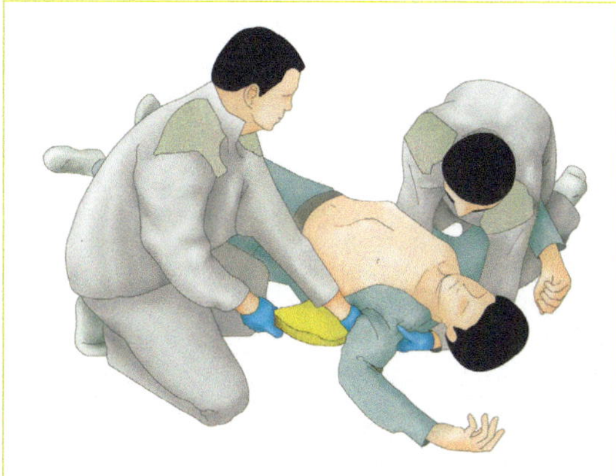

② LUCAS 등받이를 겨드랑이 바로 아래에서 환자 밑에 조심스럽게 위치한다.

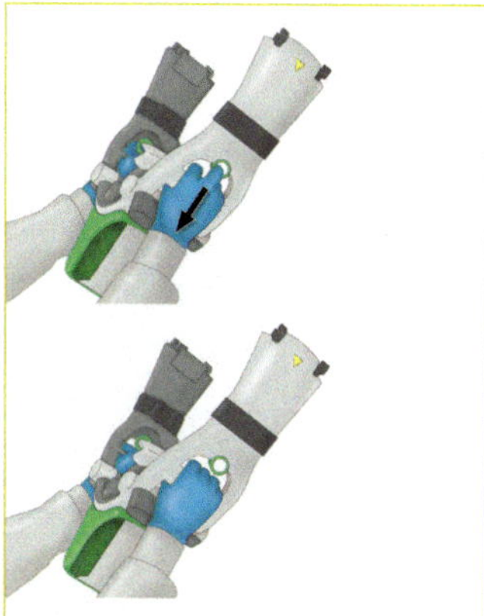

③ 1. 지지 다리의 손잡이를 잡고 LUCAS 상단 부분을 백에서 제거한다.
2. 풀기 링을 그대로 위치한다.

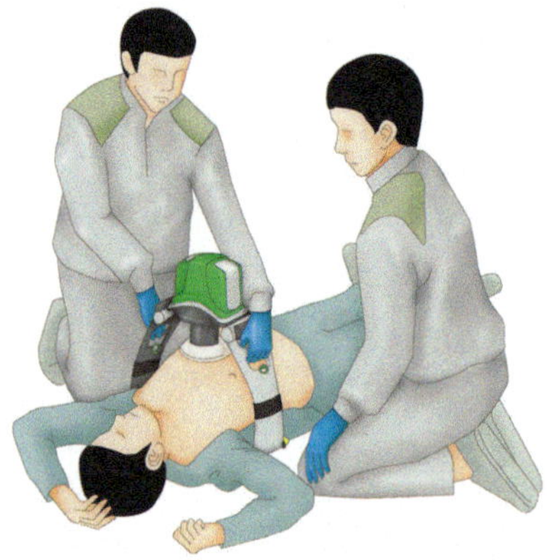

④ 가장 가까이에 있는 지지 다리를 등받이에 연결 후 다른 지지 다리가 등받이에 연결될 때 찰칵 소리를 확인한다.

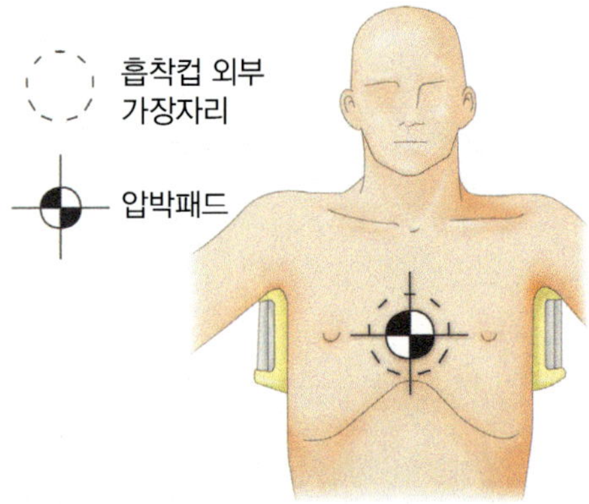

⑤ 흡착 컵의 압박 패드가 올바른 위치에 있으면 흡착 컵의 아래 가장자리가 앞가슴뼈 끝부분의 바로 위에 놓인다.

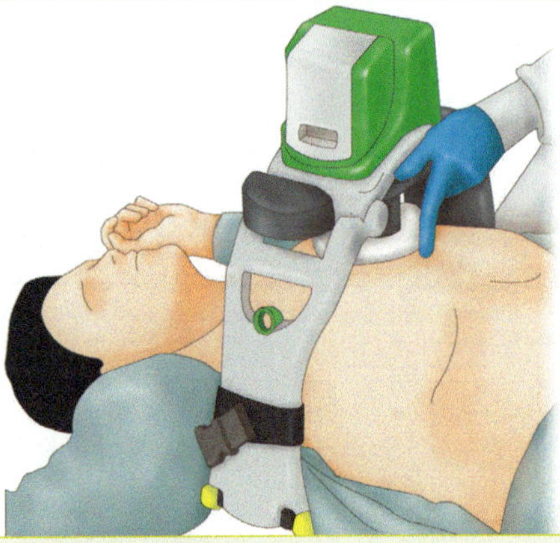

⑥ 손가락을 사용하여 흡착 컵의 아래 가장자리가 앞가슴뼈 끝부분의 바로 위에 놓이도록 한다.

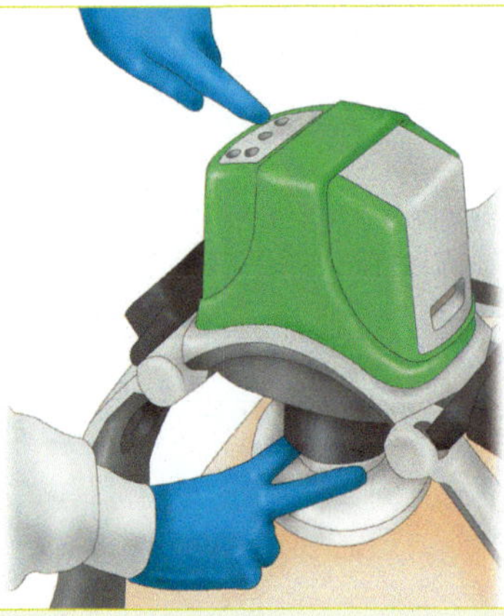

⑦ 흡착 컵의 높이를 조절하여 시작 위치를 설정한다.

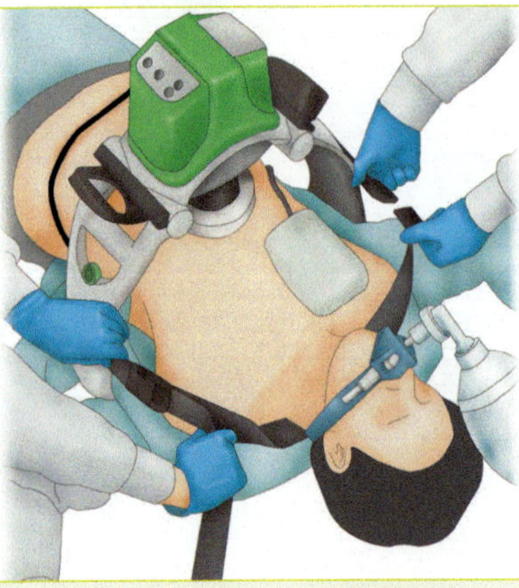

⑧ LUCAS 지지 다리가 안정되게 유지하고 쿠션 끈을 단단히 고정한다.

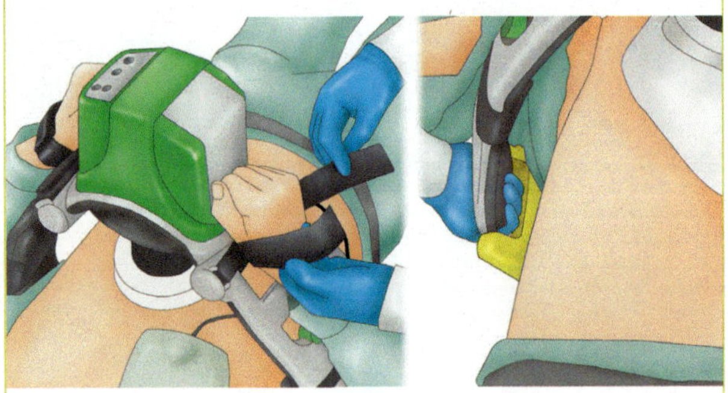

⑨ 환자의 팔고정과 운반용 손잡이를 사용한다.

장비 소개

1. 자동제세동기

제조사			GMBH/독일	Phillips/미국
구분 \ 모델명			Corpus 3(slim type)	Heart start Inttrepid
사진			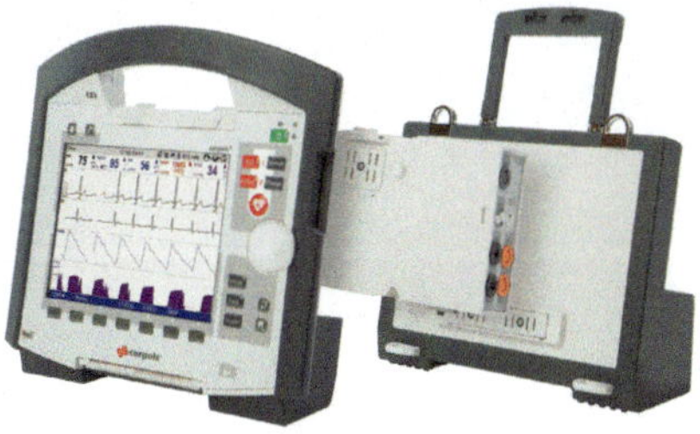	
규격	모니터		8.4 inch	8.4 inch
	무게		7kg(충전지, 케이블 포함)	6.7kg(충전지, 케이블 포함)
	크기		295mm(W)×305mm(D)×195mm(H)	290mm(W)×210mm(D)×246mm(H)
	방진/방수		IP55	IP54
	배터리	재원	내장형 리튬이온(완충 10h), 일반 AC 전원	내장형 리튬이온(완충 3h), 일반 AC 전원
		성능	200J 제세동 200회, 심전도 측정 최장 10h	200J 제세동 50회, 심전도 측정 5h 이상
	작동조건		업체 제공 매뉴얼 없음	0℃~45℃/보관 -20℃~70℃
	수동모드		2,3,4,5,10,15~200J	1~10,15,20,30,50,70,100,120,150,170,200J
	반자동모드		200J	150J
	에너지 충전 시간	충전시간	200J에서 5초미만	200J에서 5초 이하(완충 상태)
		주기시간충격	-	AED모드에서는 30초 미만/수동모드 25초 미만
		부팅시간	-	5초
	메시지 표시		SpO_2, NIBP, 12Lead-ECG(기본), $ETCO_2$, Q-CPR	SpO_2, NIBP, 12Lead-ECG, $ETCO_2$, Q-CPR
	충격 테스트		-	자유낙하 75cm/케이스 적용 상태
	정보저장		500시간 분량(내부저장 및 외부 저장용 카드)	12시간 분량 55~60개 이벤트 요약
특징			1. 에너지 파형: 렉탱글바이페이직(Biphasic) 2. 모니터링, 환자 감시, 제세동기 3개의 모듈로 분리 가능(12유도와 3유도가 분리되어 있어 모듈을 따로 끼워서 쓸 필요가 없다.) 3. 각 모듈별 마운팅 충전 가능 4. 결합모드: 적외선 통신/분리모드: 무선통신	1. 에너지 파형: 이큐브 바이페이직(Biphasic) 2. 4개의 심전도 리듬이 화면에 동시에 표시 3. 심전도 무선전송, TBI 모니터(선택) 4. 전원을 켜지 않아도 외부로 장치 상태를 표시가능 5. 옆면 프린트 방식(쉬운 용지연결 방식) 6. 기기 전면에 소아/성인 모드 스위치 채택

제조사			모델명	Nihon Kohden/일본
모델명 구분			구분	Cardiolofe TEC-8300K
사진			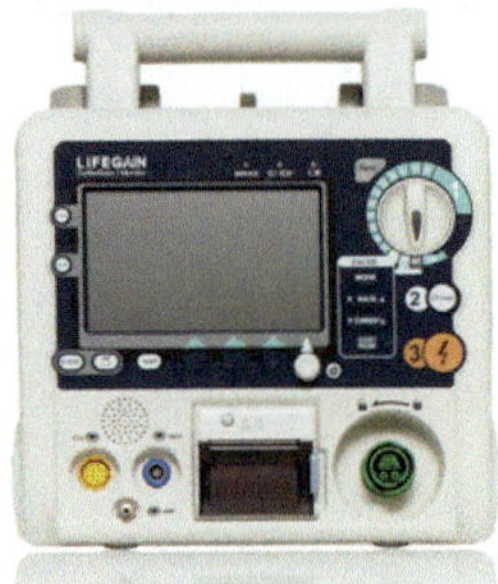	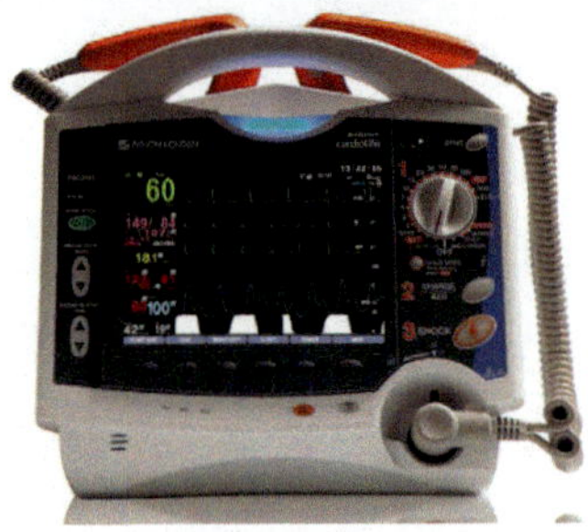
규격	모니터		7 inch	8.4 inch
	무게		7kg(배터리, 케이블, 프린트 포함)	6.8kg(배터리, 케이블 포함)
	크기		326mm(W)×253mm(D)×358mm(H)	334mm(W)×262mm(D)×362mm(H)
	방진/방수		IP43	IP24
	배터리	재원	리튬폴리머(완충 5h), 일반 AC 전원	리튬이온(완충 4h 일반 AC 전원
		성능	150J 제세동 100회, 심전도 측정 4h	200J 제세동 150회, 심전도 측정 3h
	작동조건		0℃~40℃/보관 -20℃~60℃	0℃~45℃
	수동모드		1~10,15,20,30,50,70,85,100,120,150,200J	2,3,5,7,10,15,20,30,50,70,100,120,150,170, 200,270J
	반자동모드		200J	150J
	에너지 충전 시간	충전시간 (완충시)	200J에서 10초 이내	200J에서 4초 이내
		주기시간충격 (AED모드)	해당업체 매뉴얼 제공자료 없음	자동모드에서 분석 후 충전시간/ 해당업체 매뉴얼 제공자료 없음
		부팅시간	해당업체 매뉴얼 제공자료 없음	해당업체 매뉴얼 제공자료 없음
	메시지 표시		SpO_2, NIBP, 심전도(3유도, 5유도, 12유도), Pacer	ECG, pulse, energy charge, 12-lead ECG, CO_2/SpO_2/NIBP/IBP/Temp
	충격 테스트		-	-
	정보저장		심전도 192시간 기록(2GB SD카드)	32시간 분량(내부저장 및 외부 저장용 카드)
특징			1. 에너지 파형: 이큐브 바이페이직(Biphasic) 2. 블루투스 모드로 심전도를 컴퓨터, 스마트폰으로 전송 가능(블루투스)	1. 에너지 파형: 엑티 바이 페이징(Biphasic) 2. 소아용 모드의 스위치가 있어 성인용 패치로 소아용으로 사용할 수 있음 3. 전원을 켜지 않아도 외부로 장치 상태를 표시 가능 4. 블루투스 모드 5. 빠른 전기충전시간

제조사			Zoll/미국	Schiller/독일
구분 \ 모델명			X- Series	Defigard Touch 7
사진			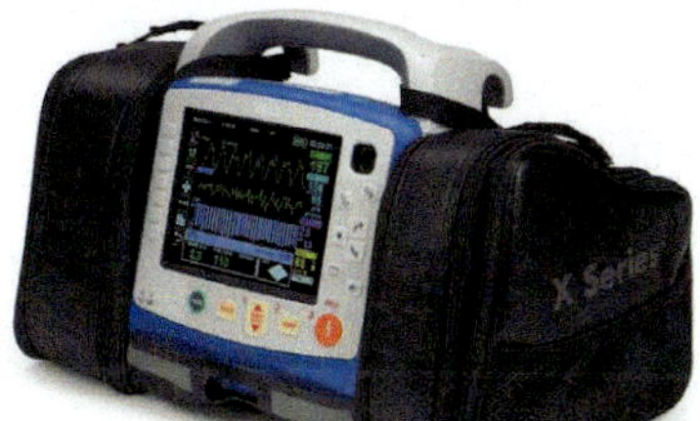	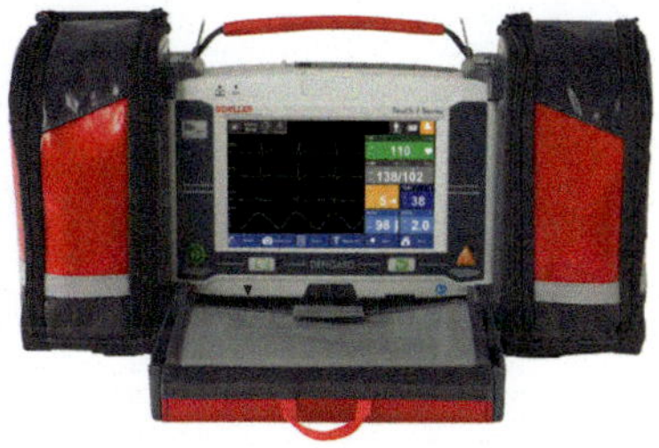
규격	모니터		6.5 inch	7 inch(강화터치 스크린)
	무게		5.3kg(배터리와 종이 포함)	2.4kg(기기본체), 3.3kg(배터리, 가방 포함)
	크기		226mm(W)×222mm(D)×201mm(H)	70mm(W)×250mm(D)×160mm(H)
	방진/방수		IP55	IP55
	배터리	재원	리튬이온(완충 4h), 일반 AC전원	리튬 이온(2h 충전 90% 충전 후 100회 충격 또는 6시간 모니터), 일반 AC전원
		성능	200J 100회 방출, 심전도 측정 6h	200회 방출, 심전도 측정 6h
	작동조건		온도 0~50℃/보관온도 -30~70℃	온도 0~40℃/보관온도 -10~50℃
	감시 기능		심전도(12유도 포함), 심박 수, 온도, 침/비침습성 혈압, 호기말 이상화탄소 분압, 맥박 산소 측정	심전도(12유도 포함), 심박수, 온도, 침/비침습성 혈압, 호기말 이상화탄소 분압, 맥박 산소 측정
	수동모드		15,20,30,50,70,85,100,120,150,200J	(성인) 90,120,150,200J/소아 30,50,70,90J
	반자동 모드		200J	(성인) 50/200/200J/소아 50/50/50J
	에너지 충전 시간	충전시간	7초 미만(16번째 충전까지)	8초
		주기시간충격	자동모드에서 리듬 분석 및 충전시간 30초 미만	자동모드에서 리듬 분석 및 충전시간 15초 미만
		부팅시간	해당업체 매뉴얼 제공자료 없음	23초
	메시지 표시		SpO_2, NIBP, 12Lead-ECG	SpO_2, NIBP, 12Lead-ECG, 온도센서
	충격 테스트		2미터/1.2미터 기능적 낙하시험	1.5미터 기능적 낙하시험
	정보저장		500회 심전도 이벤트 한글 출력	한글 24시간 메모리 한글 출력
특징			1. WiFi기능 탑재 2. 흉부 압박 깊이, 속도, 생체징후를 동시 측정 3. 12유도를 단 몇 초에 확인 가능 4. 심전도를 클라우드에 연결 전송 기능	1. 터치스크린 적용 2. 별도의 외부 블루투스 프린트 방식 (본체 프린트 기능 없음) 3. 심전도를 Wi-Fi를 통해 E-mail 전송과 USB 저장, 클라우드 저장 가능

2. 호기말이산화탄소측정기 Carbon dioxide monitors

제조사		Masimo/스웨덴	BYTEC/독일
구분 \ 모델명		EMMA Monitor(Full-alarm, mmHg)	CAPRESCUE
사진		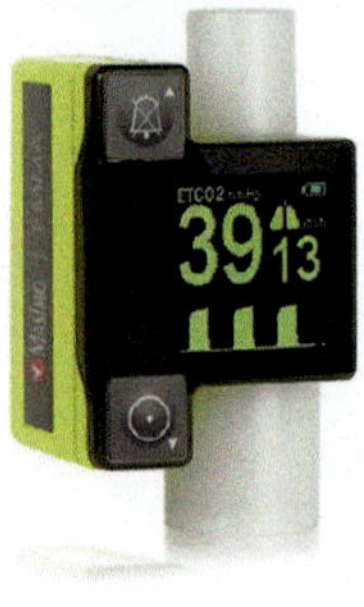	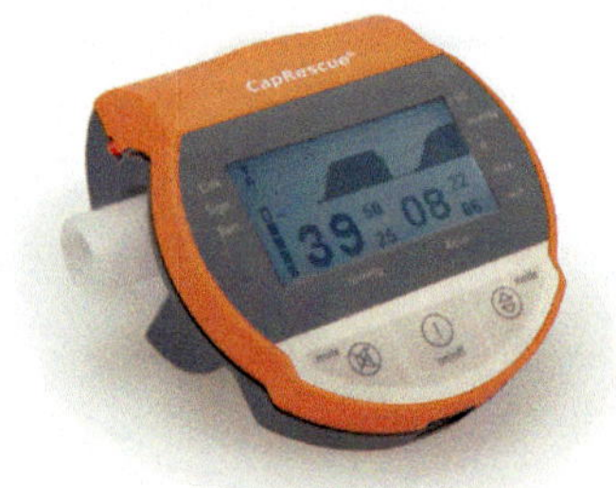
규격	제품크기	52mm(H)×39mm(W)×39mm(D)	85mm(H)×75mm(W)×50mm(D)
	본체무게	60g(건전지 포함)	135g
	측정범위	이산화탄소: 0~99mmHg	이산화탄소: 0~99mmHg
		호흡수: 3~150회/분	호흡수: 0~60회/분
	디스플레이	이산화탄소농도, Capnogram 그래프 표시, 호흡수, 경보지시등	이산화탄소농도, 호흡수, 경보지시등
	측정방식	MainStream방식	SideStream방식
	배터리	AAA 알칼리 건전지 2개/ DC 3V	리튬 이온 배터리(3시간 이상)
특징		1. 센서부와 본체가 일체형일 것 2. 산소마스크 또는 기도삽관튜브와 인공호흡기 사이에 직접 연결할 수 있을 것 3. 15초 이내 워밍업과 동시에 사용 가능할 것 4. 1미터 높이 충격에 견디는 내충격과 생활방수 5. 이산화탄소농도 설정치 초과 시 알람 작동	1. 기도삽관튜브와 인공호흡기 사이에 직접연결 가능 2. 어댑터를 이용하여 마스크에 연결도 가능 3. 알람 기능이 있어 허용 범위를 벗어난 경우 시각 및 청각 알람이 작동
소모품		일회용 에어웨이 어댑터	일회용 에어웨이 어댑터

제조사		Nonin/미국	Medtronic/이스라엘
구분 \ 모델명		LS1-9R Capnography	Capnostream 35
사진		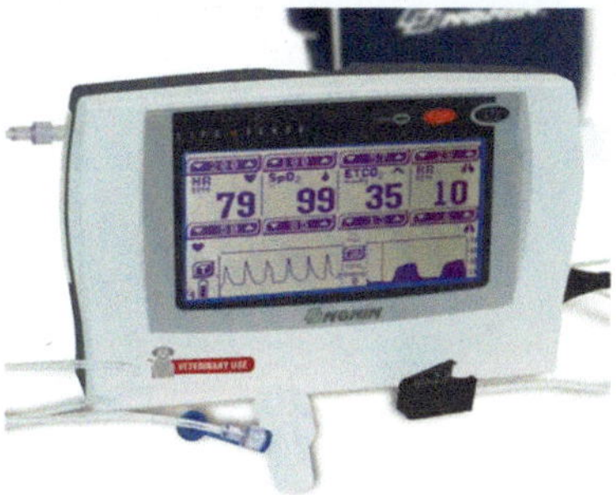	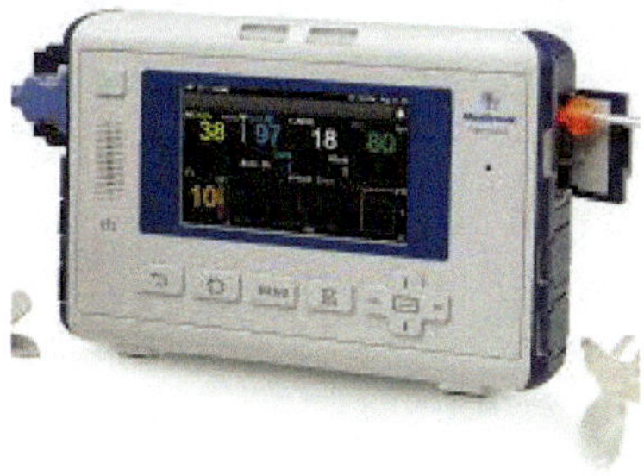
규격	제품크기	200(H)×135(W)×50mm(D)	213(H)×137(W)×55mm(D)
	본체무게	800g	1kg
	측정범위	이산화탄소: 0~99mmHg	이산화탄소: 0~150mmHg
		호흡수: 0~60회/분	호흡수: 0~150회/분
	디스플레이	이산화탄소농도, Capnogram 그래프 표시, 호흡수, 경보지시등	이산화탄소농도, Capnogram 그래프 표시, 호흡수, 경보지시등
	측정방식	SideStream방식	MicroStream방식
	배터리	리튬이온 충전 내장식(8시간)	리튬이온 충전 내장식(3시간)
특징		1. 산소마스크 또는 기도삽관튜브와 인공호흡기 사이에 직접 연결 가능 2. 측정값을 mmHg 단위의 숫자와 호흡 사이클 그래프로 동시에 표시 3. 본체와 센서부가 일체형	1. Microstram방식 채택으로 코에서 나오는 작은 환기량으로도 EtCO_2양을 측정가능하다. 2. 본체와 센서부가 일체형 구성 3. LCD컬러 모니터로 각각의 수치를 달리 표현하여 시인성 우수
소모품		일회용 어댑터	비강용 센서

3. 기계식 가슴압박 장치

제조사		Physio-Control/스웨덴	Zoll/미국
구분 \ 모델명		LUCAS 2	AutoPulse
사진		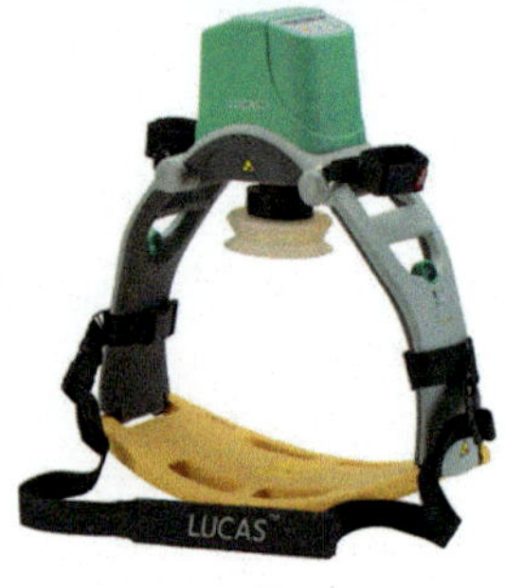	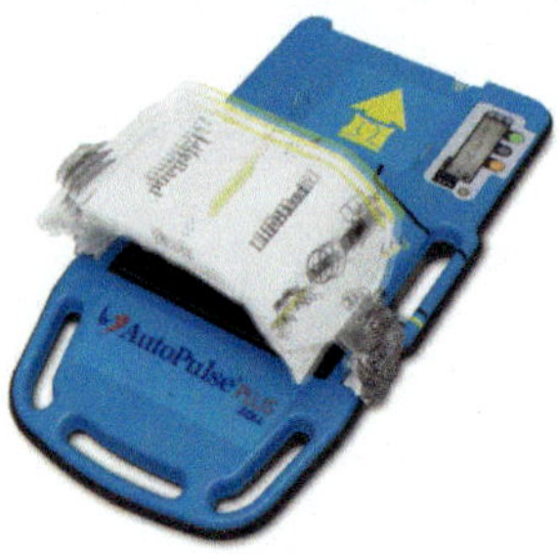
규격	재질	탄소섬유	탄소섬유
	크기	470mm (W)×520mm (L)×240mm(H)	825mm(W)×462mm(L)×75mm(H)
	무게	7.8kg(배터리 장착무게)	10kg, 충전식 배터리(2.3kg)
	동력	충전식배터리(리튬 폴리머)	충전식배터리(리튬 폴리머)
	사용시간	연속동작 시 45분 (30% 미만 시 LED 알람)	연속동작 시 30분(교체 5분 전 알람기능)
	인공호흡 지원	없음	없음
	분당 압박수	102회/분 ±2회	80회/분 ±5회
	환자크기	높이 17~30.3cm	흉부둘레 76~130cm(벨트길이 의미)
	흉부폭	최대 44.9cm	25~38cm
	주요 구성품	본체, 등받이, 흡착컵, 운반백, 배터리, 고정끈, 환자끈, 전원공급장치, 차량 전원 케이블, 충전기, 등받이 자루 테이프	본체, LifeBand, 충전식배터리, 충전기함, 휴대용가방
작동방식		심장펌프(직접압박) 방식	흉강펌프(흉부조임) 방식
장착시간		≤20초	≤30초
특징		1. 환기를 위해 30회 압박 후 3초간 중지 2. 이송 중 상반신을 올려서 작동가능 3. 심장충격기 충격 시 장비해체 필요 없음 4. X-ray 촬영 가능(투과성) 5. 일반전원 및 배터리 사용 6. 2단 접이식으로 운반 및 보관이 용이 7. 가볍고 이동식 가방에 보관 8. 이송 중 환자 팔 고정 가능 9. 고품질의 압박이 아니면 주황색 주의등 점멸 10. 갈비뼈 골절로 인한 깊이 변화 발생 시 그 차이를 인식하여 압박의 세기를 자동 조정	1. 환기를 위해 30번 압박 전에 알람발생 2. 이송 중 들것으로 변형사용 가능 3. 심장충격기 충격시 장비해체 필요 없음 4. 압박 중 위치가 틀어지지 않으나 만약, 고정 위치에서 이탈하면 자동정지 5. 이동식 가방에 보관돼 X-ray 촬영가능(투과) 일반전원 및 배터리 사용 6. 흉강압박 방식
소모품		일회용 압착컵	일회성 가슴압박 밴드
비고		1. 너무 크거나 작은 환자에 적용할 수 없다는 매뉴얼은 실험군의 5% 이내	1. Zoll AED X- Series와 연동하여 가슴압박 중에도 전기충격 가능

제조사		CU메디컬(휴매드)/대한민국	Schiller/독일
구분 \ 모델명		X-CPR	Ezsy Pulse
사진		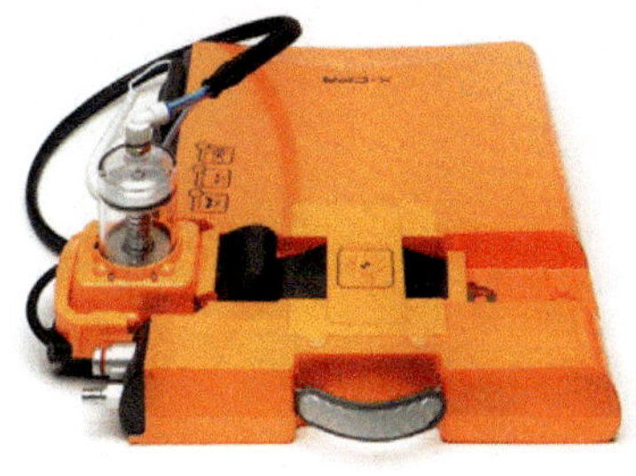	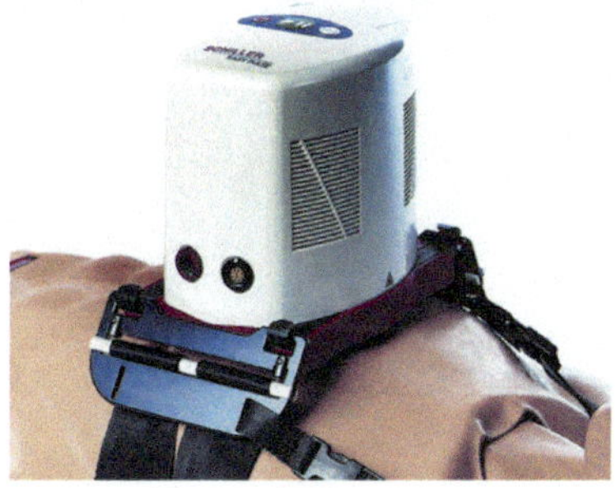
규격	재질	철, 플라스틱	플라스틱
	크기	450mm(W)×520mm(L)×75mm(H)	220mm(L)×150mm(W)×180mm(H)
	무게	11.5kg	3.5kg
	동력	의료용 산소: 5.5kg ~ 6.3kgf/cm^2	12V ~ 24V DC 배터리, 220V AC전원
	사용시간	의료용 산소 공급원에 따라 다름	45분/외부 전력 공급원 있음
	인공호흡 지원	지원 (240~700ml)/회, 1초간 공급	없음
	분당 압박수	100회/분	100회/분
	환자크기	제공정보 없음	흉부둘레 76/130cm(벨트길이 의미)
	흉부폭	제공정보 없음	22~40cm
	주요 구성품	본체, 인공호흡마스크 세트(1), 레귤레이터(1), 공기탱크(1), 산소공급용 호스(1), 본체 충전기(1), 사용설명서(1)	본체, 충전식 배터리, 충전기, 휴대용 가방
작동방식		이중혈류방식(심장펌프, 흉강펌프 방식)	이중혈류방식(심장펌프, 흉강펌프 방식)
장착시간		제공정보 없음	≤ 15초
특징		1. 2단 접이식으로 운반 및 보관이 용이 2. 흉부압박과 흉곽 조임을 동시에 수행 3. 흔들리는 상황에서도 심폐소생술 가능 4. 체형에 따라 압박깊이, 호흡량 조절 5. 간단한 조작(4단계)	1. 흉골에 강한 압축 폐에서 혈액과 환기가 발생하며, 밴드가 풀릴 때 진공 효과가 발생하여 정맥으로 복귀 향상 2. 가벼워 산악 지역이나 차량에서 멀리 떨어진 현장까지 이동에 편리
소모품		소모품 없음	소모품 없음
비고			1. AHA 2015 Guideline 충족 2. Defigard Touch7과 연결하면 가슴압박 중에도 전기충격 가능

제조사		GMBH/독일
구분 \ 모델명		Corplus CPR
사진		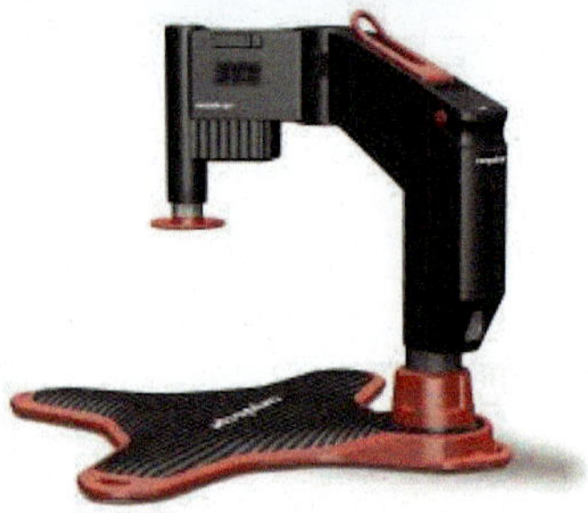
규격	재질	카본
	크기	450×430×90mm
	무게	5.5kg
	동력	리튬폴리머 배터리
	사용시간	2시간 충전, 90~120분 사용
	인공호흡 지원	없음
	분당 압박수	80~120회/분 조정가능
	환자크기	흉곽 높이 48cm
	흉부폭	너비는 한계 없음
	주요 구성품	본체, Rec board, 가방
작동방식		흉곽 압박 방식
장착시간		제공정보 없음
특징		1. IP54 등급의 방수 2. 환자 상태에 따라 압박비율을 80~120/min와 압박 깊이를 2~6cm 범위에서 조절할 수 있다. 3. SD 메모리에 소생술 내용을 저장할 수 있다. 4. 충격인증 DIN EN 1789 5. 긴 척추 고정판에 결합 후 이송 가능 6. 환자 안전을 위한 softstart기능(점진적 압박증가)
소모품		소모품 없음
비고		압박 깊이와 속도가 임의 조정 가능

Reference

1. 심폐소생술 지침. 2015. p. 57, ACLS p. 231~232
2. 심폐소생술과 전문 심장소생술, 넷째판, 1쇄 발행. 서울: 군자출판사. p. 70
3. Hwang so. et. Simultaneous Sternothoracic of cardiopulmonary resuscitation A new method of cardiopulmonary resucitation. Resucotation in press 2000.

Chapter 8

심실빠른맥 또는 심실위빠른맥 (체외박동조율기, 심장율동전환)

✧ 학습목적

심실빠른맥 환자나 심실위빠른맥 환자에게 TCP(transcutaneous cardiac pacing) 혹은 Cardio version을 할 수 있다.

✱ 현장상황

| 현장모습 | 69세 남자 환자는 6년 전 급성심근경색이 있었으며, 119신고 1시간 전부터 가슴통증이 심하게 발생하였다고 한다. 119구급대가 도착하여 활력징후를 확인한 결과 혈압은 85/65mmHg, 맥박은 분당 166회, SpO_2 93%였다. 환자는 식은땀을 흘리고 있었으며 의식이 저하되고 있었다.

| 활력징후 | **혈압** 85/65mmHg, **맥박** 166회/분, **호흡** 21회/분, **SpO_2** 93%

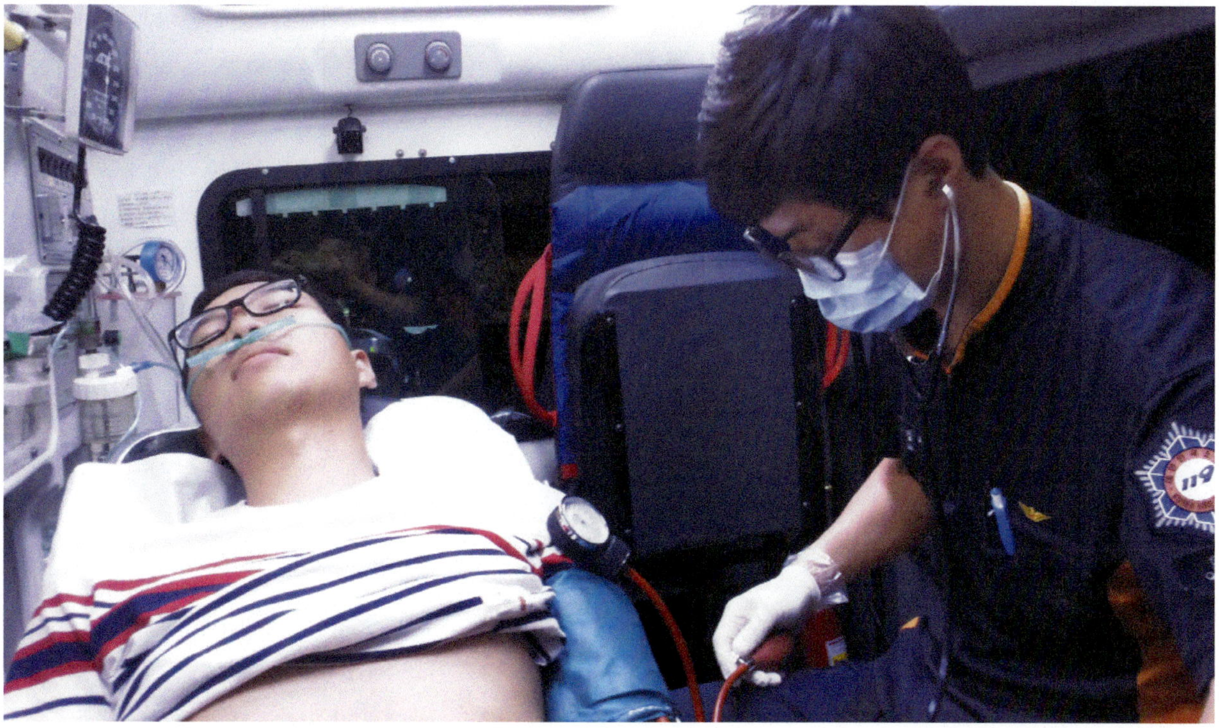

심실빠른맥(심실성빈맥, ventricular tachycardia, VT)은 흔히 빠른맥이 100회 이상으로 증가되는 상태를 말하지만, QRS width에 따라 심실빠른맥과 심실위빠른맥으로 나눌 수 있다. 치료를 위한 빠른맥은 심장박동수가 150회 이상으로 주로 심실에서 기원하는 QRS > 0.12 sec와 QRS < 0.12 sec로 나눌 수 있다. QRS 리듬과 함께 규칙성이 중요한데 QRS > 0.12 sec이고 불규칙한 경우에는 심실빠른맥, 다형심실빠른맥 등으로 나눌 수 있다. 심실빠른맥에는 저산소증과 심장박동수를 가장 먼저 교정해야 한다.

심실위빠른맥(심실상빈맥, supraventricular tachycardia; SVT)은 심장심실의 바로 위에서 발생하는 빠른맥으로 심박조율 부위가 동굴심방결절(sinus atrial pacemaker), 심방, 방실 접합부에서 발생한다. 심전도 유형이 빠르므로 P wave를 구분하기가 쉽지 않다. 발작성심실위빠른맥(PSVT)은 심실위잦은맥박과 달리 심방 탈분극이 동방결절의 심박조율 기능 이상으로 발생한다. PSVT는 발작성으로 발생하여 몇 분 혹은 수분 동안 지속되다가 종료되기도 한다. 발작성 빠른맥은 심전도 기록지에 안 보일 수도 있기 때문에 비발작성 심실위 잦은맥박, 심실빠른맥, 동성 잦은맥박의 응급상황에서 정확한 진단이 내려지기 전에 병원 전 치료를 시작하여야 한다.

이 장에서는 병원 전 단계 심실빠른맥과 심실위빠른맥 환자에 대한 현장 활동에서 사용되는 장비를 중점으로 알아보고, 실제 사례에서 적용되었던 경험을 바탕으로 적절한 사용법에 대해 지침을 제안하고자 한다.

I 체외박동조율기 External Pacemaker

1. 개요

경피 심장박동조율술(transcutaneous cardiac pacing; TCP)은 1950년대 초에 최초로 시작되었으나 당시에는 적절한 전극이 개발되지 않아 환자에게 심한 통증을 유발하였으므로 1960년대 이후에는 거의 사용되지 않았다. 1980년대 들어서면서 피부에 부착하는 패드형 전극이 개량되어 응급 심장박동조율에 널리 사용되기 시작하였다.

경피 심장박동조율술은 피부에 부착하는 패드형 전극을 통하여 심장에 전기 자극을 가함으로써 심근의 탈분극을 유도하는 방법이다. 경피 심장박동조율술은 특별한 술기를 요하지 않으면서도 높은 심장박동조율 성공률(90% 이상)을 유지할 수 있다. 또한 가벼운 가슴통증을 제외하고는 거의 합병증을 유발하지 않으므로 응급심장박동조율이 필요한 환자에서 가장 먼저 시도되고 있는 심장박동조율 방법이다.

2. 적응증과 작동원리

응급심장박동조율술이 가장 흔히 사용되는 경우는 느린맥성부정맥의 치료이다. 경피 심장박동조율이 도입된 이후에는 응급심장박동조율술이 약물치료에 우선하여 시도된다. 따라서 임상증상이 초래된 느린맥성부정맥 환자를 치료할 때 약물의 효과를 기다리기 위하여 경피 심장박동조율을 늦게 시작해서는 안 된다.

심실위빠른맥과 심실빠른맥이 약물치료에 반응하지 않는 경우에 응급 심장박동조율을 시도할 수 있다. 심장박동조율기로 수 초 동안 빠른맥의 심박조율수보다 빠른 속도로 심장박동조율을 시도하면 빠른맥을 종료시킬 수 있다. 그러나 약물에 반응하지 않고 임상증상이 초래된 빠른맥 환자에서는 심장박동조율보다는 전기적 심장율동전환을 시도하는 것이 권장된다.

경피 심장박동조율기는 대부분 제세동기에 내장되어 있으므로 제세동기에 경피 심장박동조율을 위한 조절장치가 부착되어 있다. 경피 심장박동조율기로 조절할 수 있는 심장박동조율수는 분당 30~180회이며, 심박조율을 위한 최대 출력은 200mA이다. 보통 50~100mA의 출력으로 심장박동조율을 유지한다.

경피 심장박동조율에 사용되는 패드는 지름이 약 8cm정도인 피부 부착형 전극이다. 패드는 대부분의 면이 피부와 접촉하여 전류를 전달하도록 되어 있고, 주변은 피부에 붙일 수 있도록 접착제가 발라져 있다. 최근에는 한 종류의 전극으로 심장박동조율과 제세동이 모두 가능한 패드형 전극이 개발되어 사용되고 있다.

환자 상태에 따라 심전도 등이 모두 다르므로 같은 느린맥이더라도 환자 상태나 활력징후에 따라 다르게 적용될 수 있다.

유형 1. 혈역학적으로 불안정한 느린맥 TCP적용대상

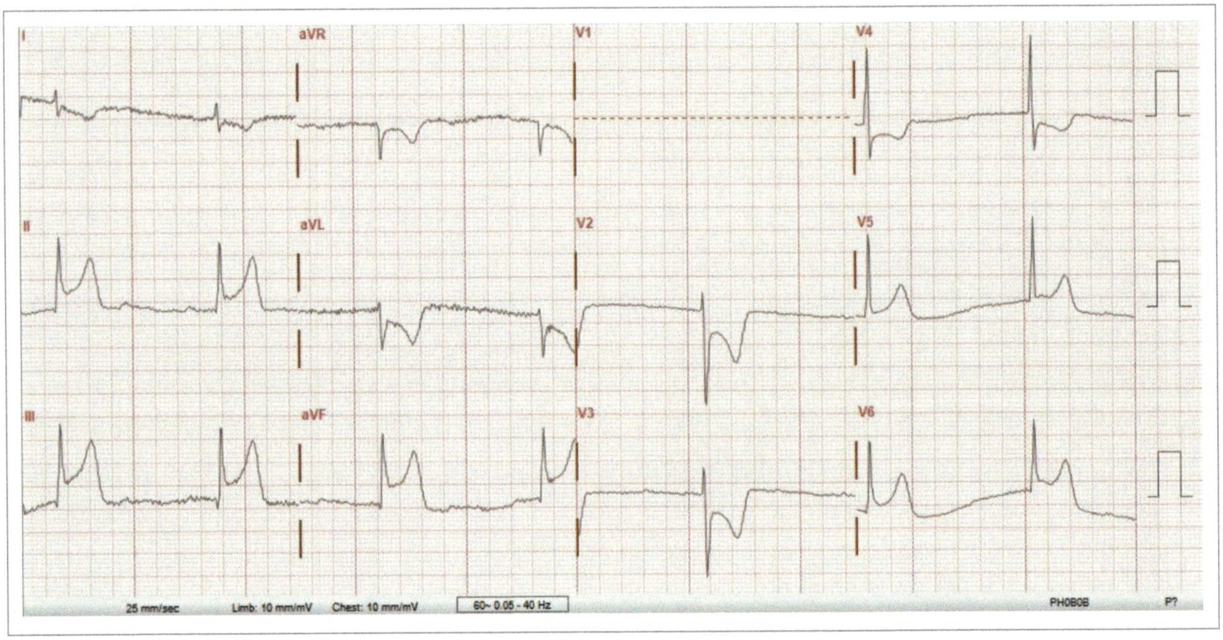

그림 8-1 느린맥(3도 방실차단) 12유도

유형 2. 혈역학적으로 안정된 느린맥(필요시 약물이나 TCP)

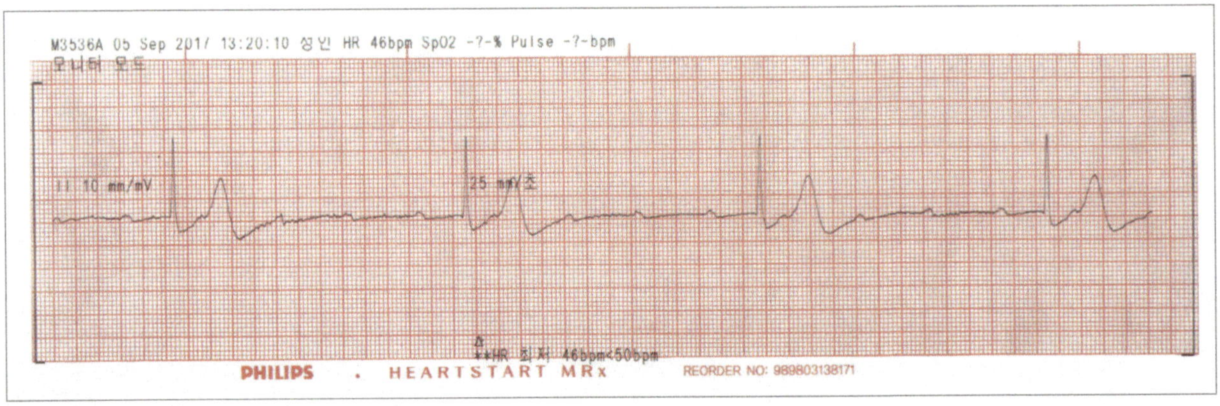

그림 8-2 느린맥(3도 방실차단) 3유도

3. 주의사항

1) 일반적인 절차 및 주의사항

- 국내상황에서 실제 심박조율에 성공하기는 쉽지 않다고 보고되고 있다.
- 통증으로 환자에게 불안감과 매우 불편감을 주는 상황이고, 근육의 경축을 조절하기는 어려운 편이다.
- 국내에서 119구급대원에서는 TCP 적용은 업무 밖이며, 응급의료기관에서는 숙련된 응급의학 전문의가 TCP를 성공한다고 보고되고 있다.

- 최근에는 적용대상자도 약물을 먼저 시도하고, 심도자실에서 경적맥 심장 조율로 넘어가는 것을 권장한다고 한다.
- Patch를 앞뒤(앞 전극은 왼쪽 가슴벽에 뒤 전극은 등에 부착) 또는 앞가쪽(앞 전극은 왼쪽 가슴벽에 가쪽 극은 다섯 번째 갈비사이공간(늑간극)에서 왼쪽 겨드랑 중앙선) 방법으로 부착을 한다.
- 환자가 의식이 있다면 안정(sedation)을 시킨다.
- 심조율기를 켜고 심장박동수는 60~80회 정도로 setting을 하고 희망하는 심장박동수 만큼 capture[1](포획)가 발생될 때까지 출력(Å)을 올린다.
- Capture가 이루어진 출력(Å)에서 10 정도를 더 올려 환자의 혈압, 맥박 등을 확인한 후 출력을 고정시킨다.
- Capture가 실패되는 주된 원인은 전극의 위치가 잘못되었거나 환자의 병리생태에 의한 것이 대부분이며, 전기적 전도가 불량한 경우에도 발생된다.

2) 경피 심장박동조율술 중 접하게 되는 문제

(1) 처음부터 심박조율이 되는 않는 경우

경피 심장박동조율 실패의 중요한 원인은 패드의 위치가 적절치 않거나 환자의 흉곽에 이상이 있는 경우이다. 심장박동조율기의 출력을 최대로 하여도 심박조율이 유지되지 않으면 패드의 위치를 확인하고 위치를 옮겨준다. 폐기종 환자나 심장막삼출이 있는 환자, 최근에 개심수술을 받은 환자에서는 심장박동조율의 역치가 높으므로 더 많은 전류를 필요로 한다.

(2) 경피 심장박동조율 중 환자가 의식을 회복하는 경우

경피 심장박동조율은 근육수축에 의한 통증을 유발한다. 따라서 의식이 없는 상태에서 경피 심장박동조율이 시작된 환자에서는 의식을 회복하면서 통증을 호소할 수 있으므로 적절한 진정제를 투여할 수 있다.

3) 경피 심장박동조율술의 합병증

경피 심장박동조율 중인 환자는 부착 부위에 통증을 느낄 수 있다. 통증은 경미하지만 심한 통증을 호소하는 환자도 있다. 경피 심장박동조율을 장시간 부착하면 패드 부착 부위에 화상 등이 발생할 수도 있다.

응급의료종사자가 경피 심장박동조율 중인 환자와 접촉하더라도 위험하지 않다. 경피 심장박동조율 중에 패드 위에서 심폐소생술을 시행하더라도 응급의료종사자에게는 손상이 없다. 그러나 직접패드 전극부분에 대변 가벼운 작열감을 느낄 수 있다.

---

1) Capture는 포획으로 해석되며, 영어로는 synchronize로 동시성이다. 심장이 탈분극될 때 맞추어서 전기자극을 주어야 함을 의미한다.

4. 적용(사용)방법

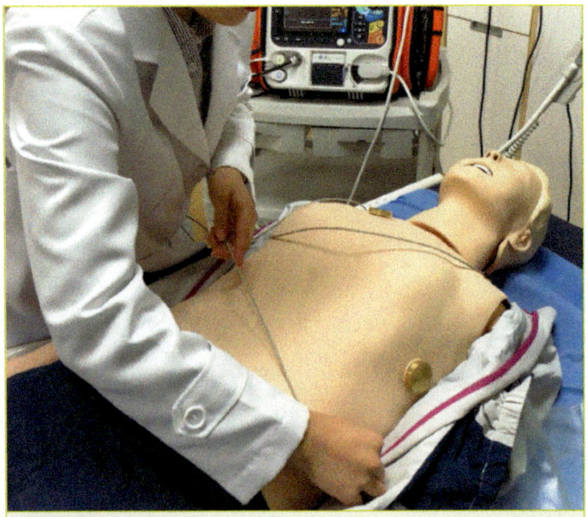

① 심전도 전극을 붙인다.

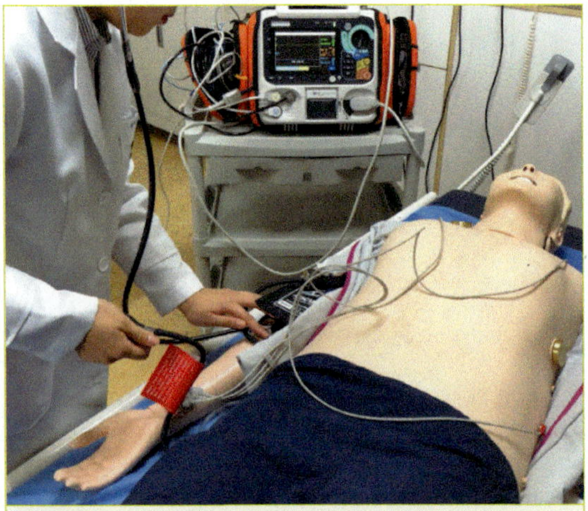

② 활력징후를 평가하고 감시장치를 부착한다.

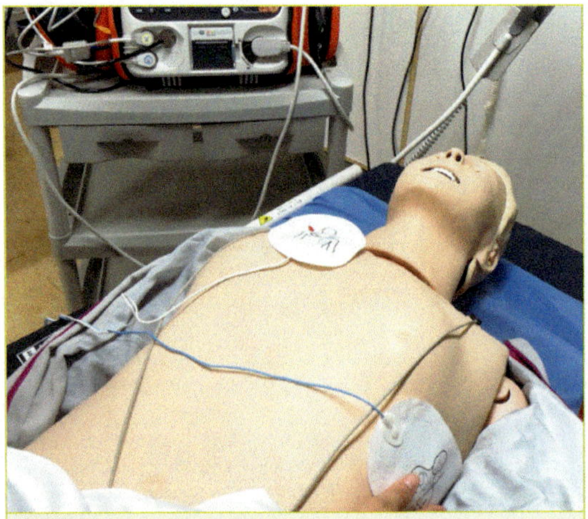

③ 조율전극을 부착한다.

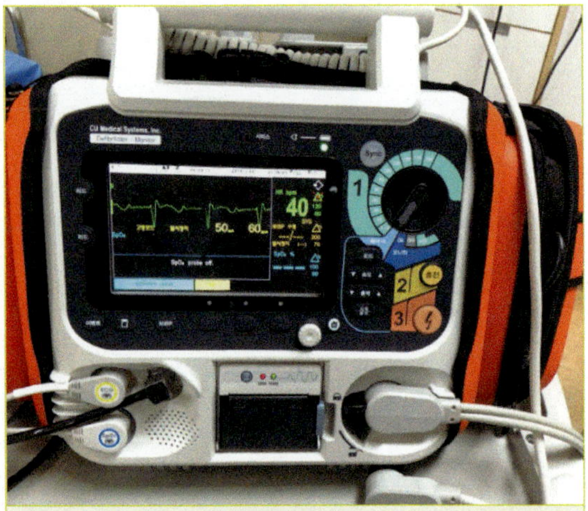

④ 페이서 모드로 변환한다.

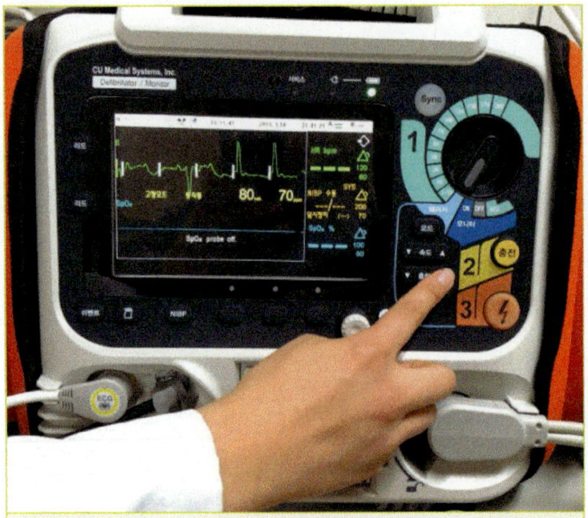

⑤ 원하는 조율속도와 전류를 선택한다.
(capture 전)

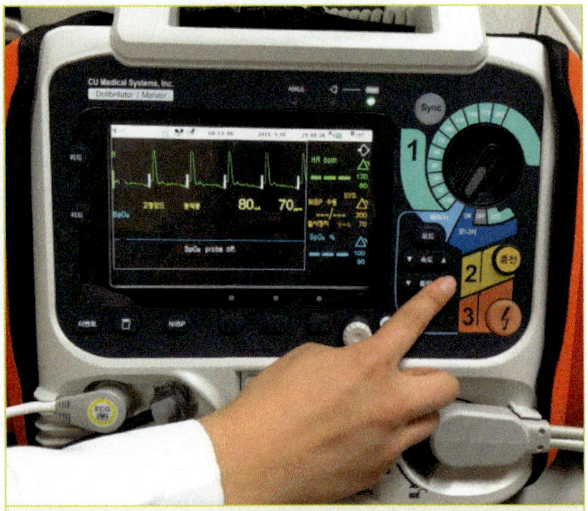

⑥ Capture를 하고 치료에 대한 반응을 감시한다.
(capture 후)

Ⅱ 심장율동전환 Cardioversion

1. 개요

환자의 심장에 전달된 전류가 심근을 탈분극시켜 빠른맥의 원인인 심장의 회귀회로를 차단하여 정상적인 자극전도계를 회복시켜 주는 것이 주목적이다. 빠른맥성 부정맥에서는 전기적 충격이 심장의 어느 주기에 전달되었는가가 중요하다. 심근세포가 탈분극되었다가 재분극되는 과정은 심근의 불응기에 속하지만 강한 자극이 가해지면 다시 탈분극될 수 있는 시기이다. 이 시기에 제세동기의 전기적 충격이 가해지면 심실세동이 유발될 수 있다. 심전도에서는 이 시기가 T파가 관찰되는 시기이므로 T파를 피하고 QRS파에 맞추어 전기적 충격이 가해지도록 조절하는 장치가 동시성(synchronism) 장치이다.

심전도에서 QRS파가 확실하게 구분되는 경우 반드시 동시성 스위치를 눌러 동시성심조율전환이 이루어지도록 해야 한다. 만일 심실세동 같이 QRS파가 불분명한 경우에는 동시성으로 QRS파에 전기적 충격을 맞출 수 없어 전기적 충격이 주어지지 않는다. 동시성 양식을 사용하여 심조율전환법을 시행할 때에는 QRS파가 가장 잘 보이는 유도를 선택하도록 한다. 대부분의 제세동기에서 동시성 유형을 선택하면 화면의 QRS파에 표시가 나타나므로 육안으로 정확하게 동시성 양식이 시행되는지 확인할 수 있다.

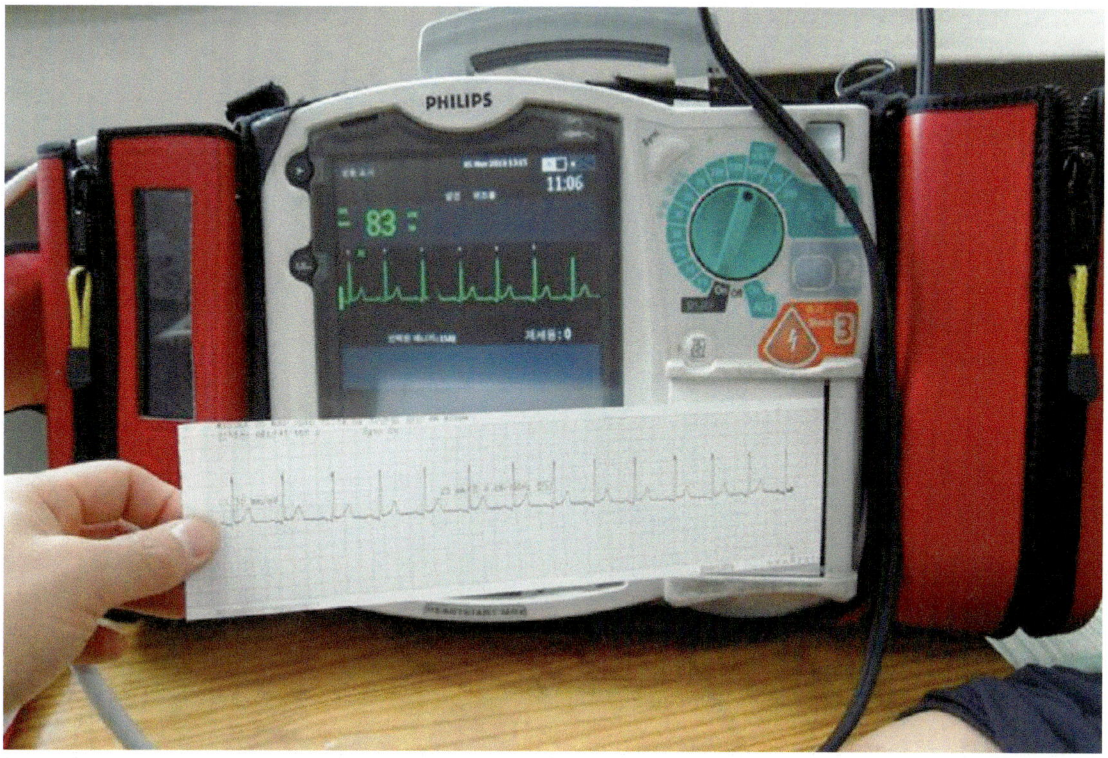

그림 8-3 동시 심장율동전환(Synchronized Cardioversion)

2. 적응증과 작동원리

외부에서 가해진 강력한 전류에 의하여 대부분의 심근이 탈분극/재분극 과정을 겪으면, 심근이 전기적으로 균일한 상태가 되어 회귀로가 차단된다. 회귀로가 차단되면 심장은 정상 동성 리듬에 의하여 심장박동을 계속하게 되므로 부정맥이 치료된다.

심방조동, 발작성 심실위빠른맥의 경우에는 50J, 심실빠른맥에서는 100J을 권하고 있다. 첫 번째 시도가 실패한 경우에는 2배로 올려 다시 시도하도록 한다.

- 의식이 있다면 sedation[2]을 고려한다. 심장박동수, 호흡수, 혈압 등을 모니터링한다.
- 제세동기를 켠다.
- 환자에게 제세동기의 심전도를 연결하고 심전도 파형을 확인한다.
- 동시성 양식스위치(sync)을 누르고, R파에 동시성 표시가 나타나는지 확인한다.
- 적절한 에너지 수준을 선택한다.
- Paddle에 전도물질(gel)을 바른다.
- Paddle을 sternum(두 번째 갈비사이공간에서 오른쪽 복장뼈연골)과 apex(다섯 번째 갈비사이공간에서 왼쪽 겨드랑 중앙선) 위치에 놓는다.
- 환자와 접촉하지 말도록 경고하고 충전 스위치를 눌러 충전한다.
- 모두들 물러나도록 다시 한 번 경고하고 확인한다.
- 양쪽 paddle에 약 11~12kg의 힘을 주면서 양쪽 paddle에 있는 방전 스위치를 동시에 누른다.
- 심전도, 기도 및 맥박을 확인한다.

2) 현재 국내에서는 병원 내에서만 가능하다.

1) 혈역학적으로 불안정한 심방세동과 심방조동

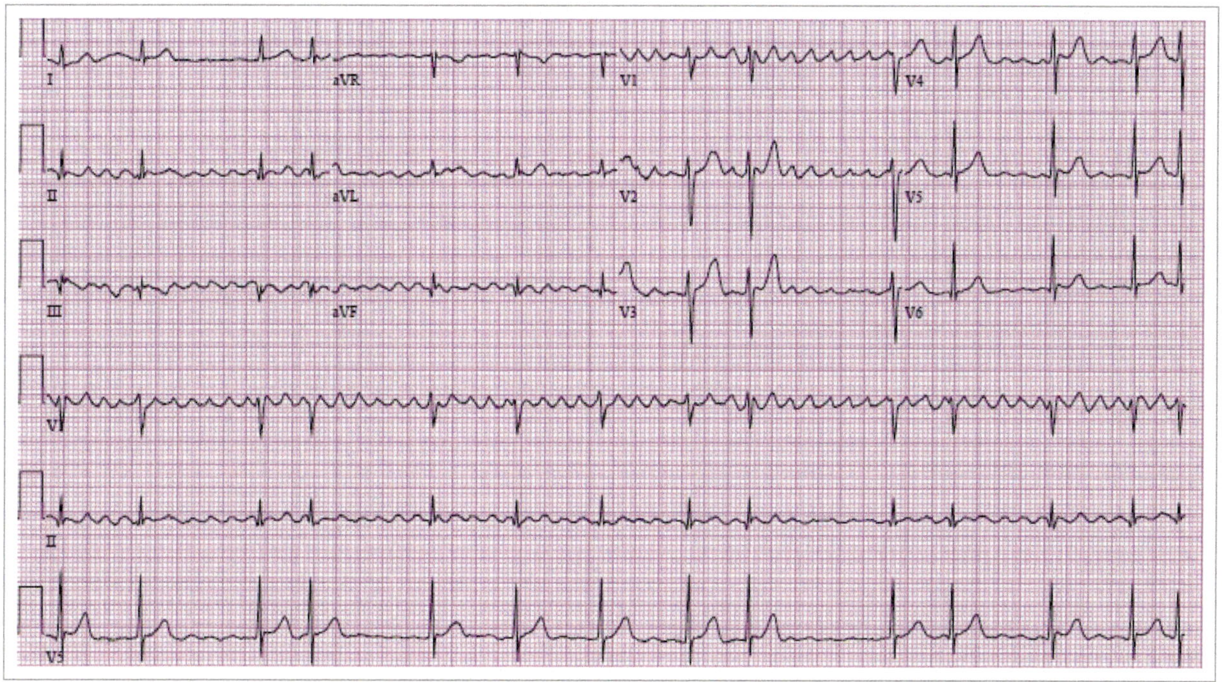

심방세동

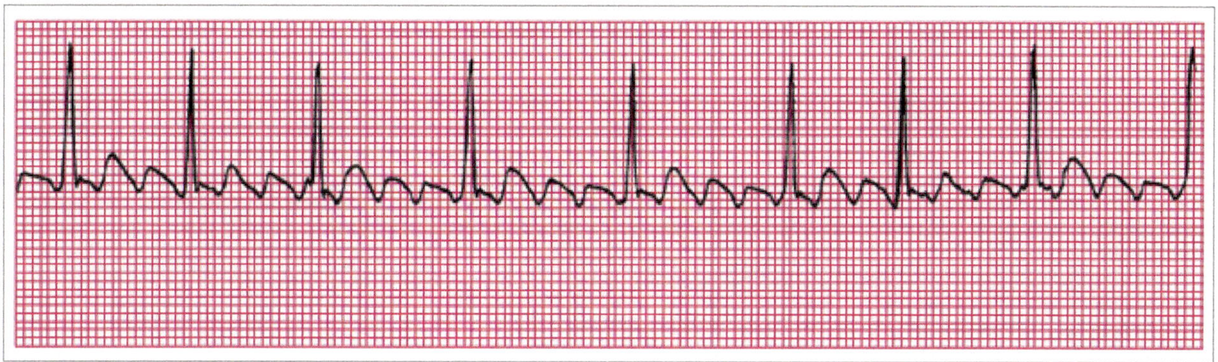

심방조동

그림 8-4 혈역학적으로 불안정한 심방세동과 심방조동

2) 심실빠른맥(VT)

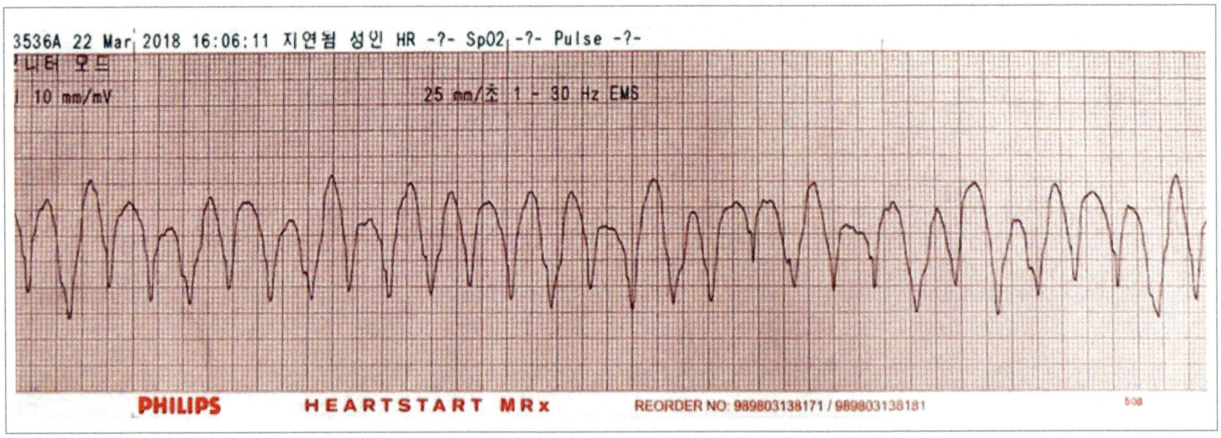

그림 8-5 심실빠른맥(VT)

3) 심실위빠른맥(SVT)

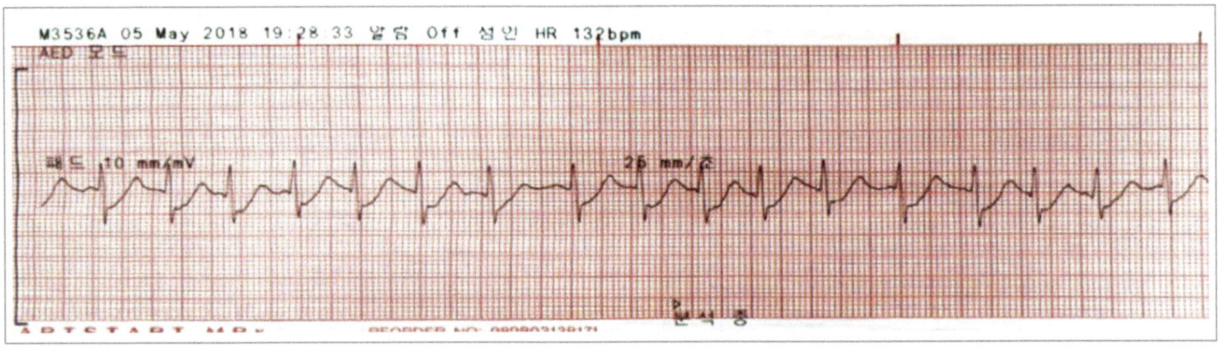

그림 8-6 심실위빠른맥(SVT)

3. 주의사항

심장율동전환은 맥박이 만져지지 않는 심실빠른맥의 경우 목동맥이 촉지 되지 않고 QRS 파형이 다양한 모습을 보일 때에는 처음부터 200J로 시도하는 것을 권고하고 있다.

- 실패한 경우 에너지 수준을 정하고 다시 시도한다. 이때 동시성 스위치가 눌러져 있는지 확인한다.
- 혈역학적으로 안정된 환자라면 먼저 약물로 조절해 본다. 그러나 혈역학적으로 불안정한 환자나 약물로 치료가 안 되는 환자에게 동시성심조율전환을 하는 것이 바람직하다.
- 만일 심실세동이나 무맥성심실빠른맥[3]이 발생되면 동시성스위치를 끄고 심실제세동을 실시한다.
- 심조율전환에 따른 심실세동이나 무수축의 발생에 대비하여야 한다.
- 제세동 적용처럼 감전되지 않도록 주의한다.

3) 심실빠른맥과 무맥성심실빠른맥은 치료를 동일하게 하므로 작동원리는 동일하게 적용시킨다.

4. 적용(사용)방법

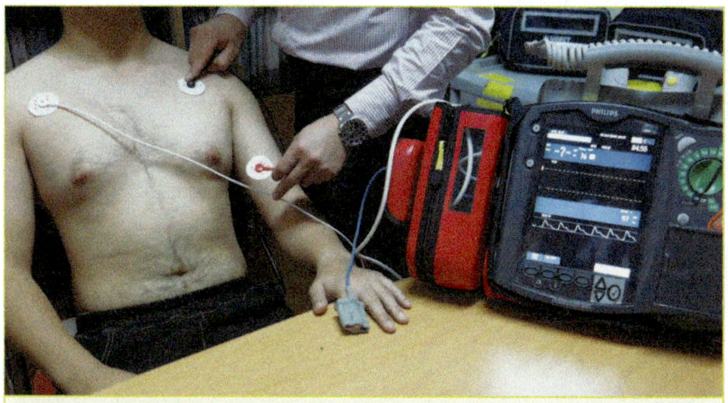

① 환자를 전체적으로 평가하고 모니터링을 준비한다.

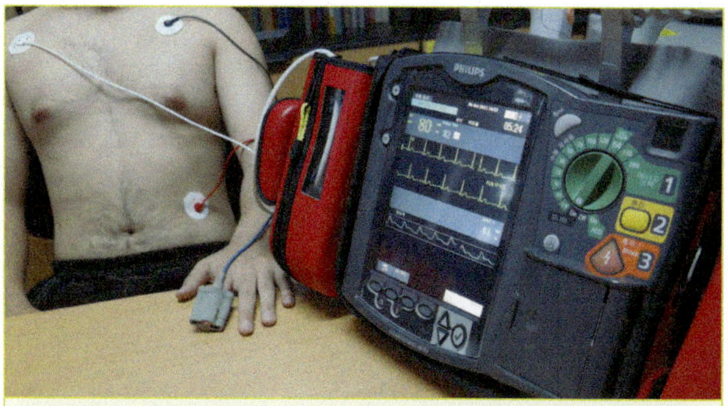

② 3유도를 붙이고 모니터링 한다.

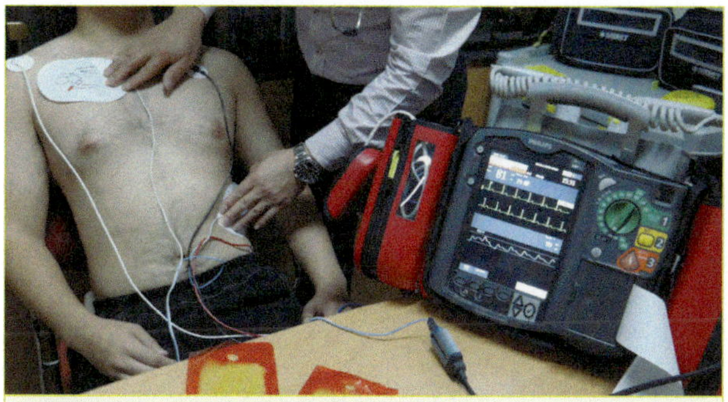

3-1 정확한 위치에 패드를 붙인다.

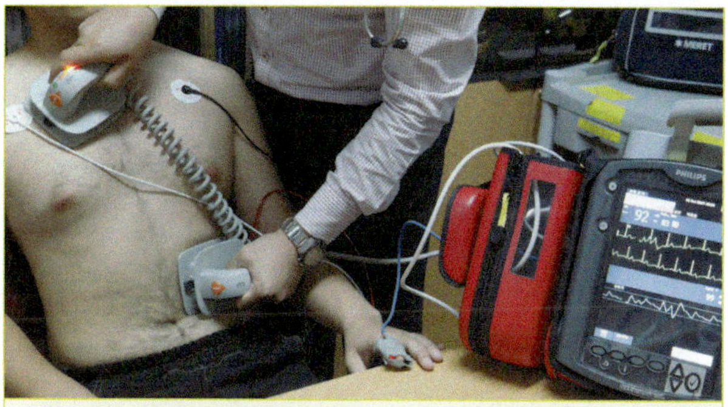

3-2 패치대신 패들을 사용할 수도 있다.

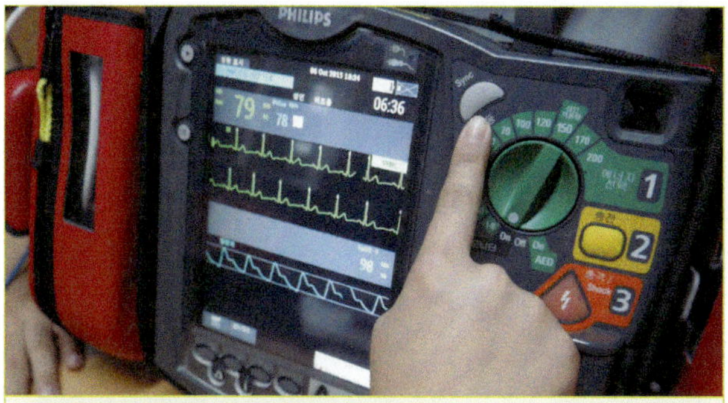

④ 심조율 리듬을 확인하고 동시성버튼을 누른다.

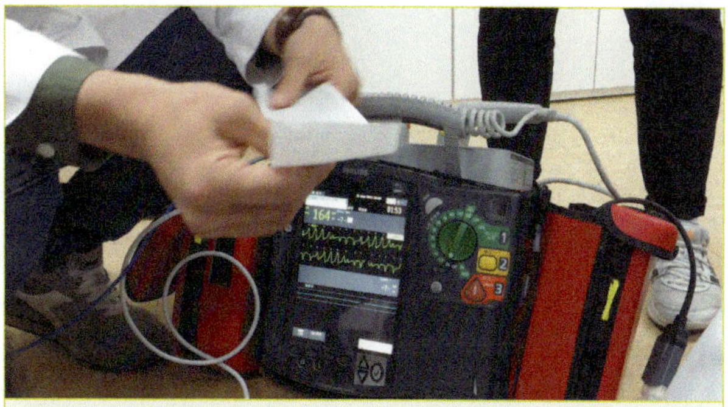

⑤ R파 표시를 확인한다.

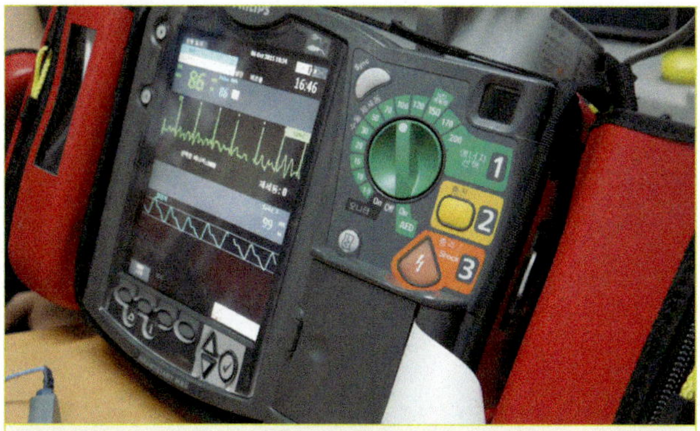

⑥ 리듬 확인, 에너지 충전 후 쇼크 버튼을 누른다.

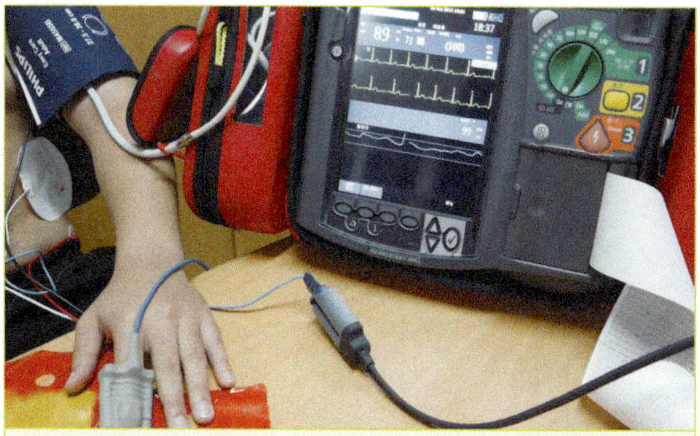

⑦ 전기 충격 이후 환자 상태 확인 및 활력징후를 체크한다.

5. 심장율동전환 절차

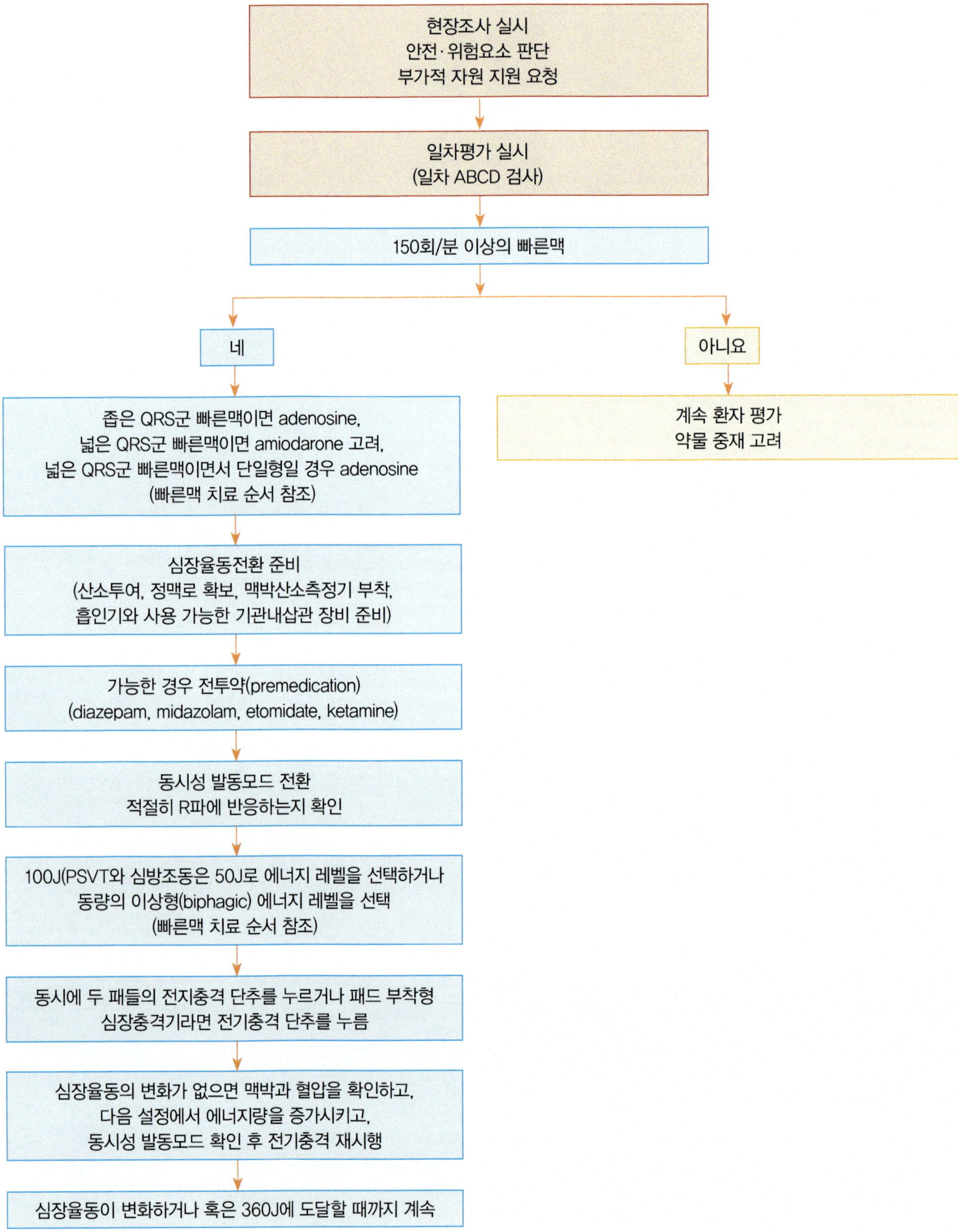

그림 8-7 전기적(동시성) 심장율동전환 과정

Reference

1. 심폐소생술과 전문심장소생술, 5판. 군자출판사. 2016.
2. 현장전문응급처치학. 아카데미아. 2020.
3. 응급구조사를 위한 전문소생술기. 학예사. 2016.
4. 응급의학. 군자출판사. 2011.

Chapter
9

당뇨
(혈당측정기, 포도당 주입)

✧ 학습목적

당뇨환자에서 저혈당증을 이해하고 혈당측정과 포도당주사를 할 수 있다.

✱ 현장상황

| 현장모습 | 78세 여자 환자로 잠만 주무신다고 신고가 들어왔다. 환자는 고혈압과 당뇨가 있다고 하였다. 현장에서 활력징후를 측정하였다. 혈압 110/70mmHg, 맥박 85회/분, 호흡 13회/분이고 혈당은 LOW로 측정되어 즉시 50% 포도당 50mL를 정맥주사하였다. 환자는 현장에서 의식을 회복하였고, 병원 추가검진을 위해 이송하였다.

| 활력징후 | **혈압** 110/70mmHg, **맥박** 85회/분, **호흡** 13회/분, **BST** LOW

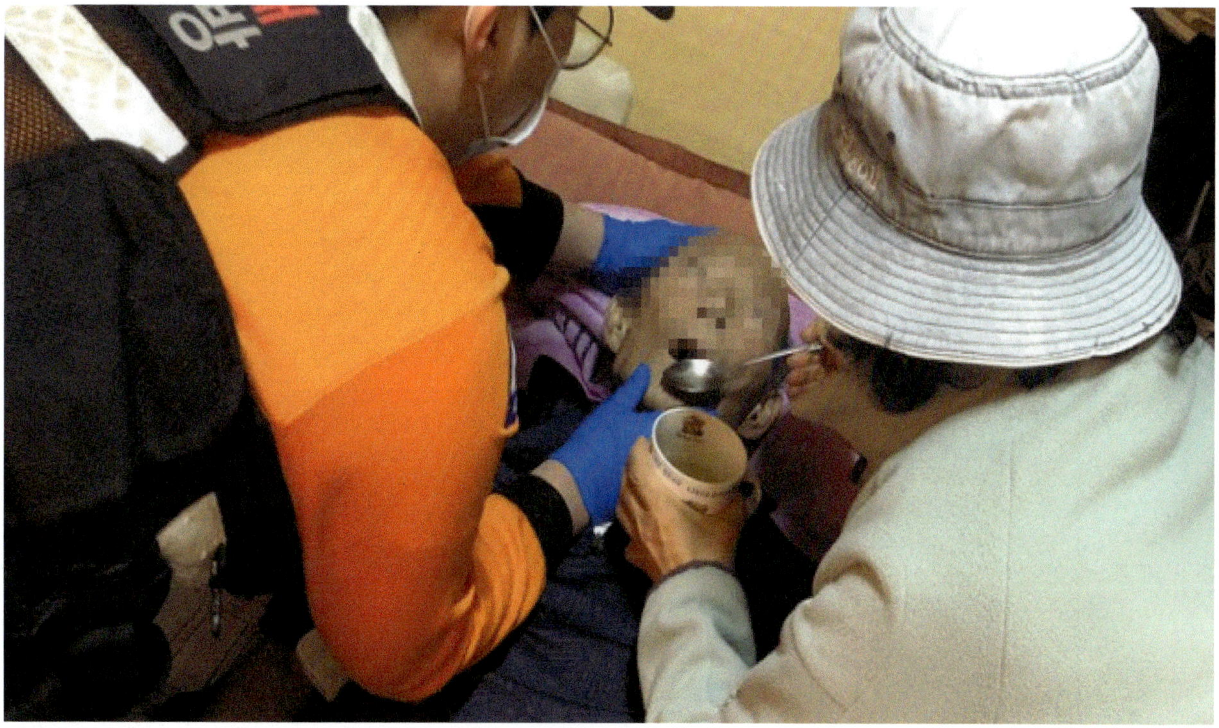

일반적으로 성인에서 혈당이 70mg/dL 미만, 소아에서 60mg/dL 미만이면서 의식저하, 식은땀, 경련, 무의식 등의 증상을 보이는 경우 급성저혈당증이라 한다. 급성저혈당의 가장 큰 원인은 당뇨병 환자가 사용되는 경구용 약 또는 인슐린이다. 음식은 섭취하지 않고 약물만 복용하는 경우 혈당이 빠르게 내려가 혼수에 빠지며, 저혈당은 방치하면 소생 후 예후에 심각한 뇌 손상을 초래하기 때문에 빠른 응급처치가 필요하다. 당뇨병은 합병증이 매우 다양하다. 심장질환, 뇌졸중, 신장질환, 시력감소 등이 나타난다.

1) 당뇨병

당뇨병은 부적절한 인슐린 분비로 인한 인슐린이 필요한 인슐린 의존성 당뇨병(제1형 당뇨병)과 인슐린에 대해 반응을 잘 못해 인슐린 활동장애인 인슐린 비의존성 당뇨병(제2형 당뇨병)을 말한다.

2) 당뇨성 응급

	저혈당증	당뇨성 케톤산증	고혈당성 고삼투성 산증
일반적인 원인	• 과도한 인슐린 사용 • 음식 섭취에 비해 과도한 양의 인슐린 사용	• 인슐린 주사 중단 • 감염이나 수술 등(카테콜라민 방출을 야기하는 생리적 스트레스	• 고혈당증과 비보상성 이뇨를 야기하는 감염이나 뇌졸중 등(생리적 스트레스)
증상과 징후	• 다뇨, 다식, 다갈 • 차고 습한 피부 • 허약, 협동운동장애 • 두통 • 불안한 행동 • 의식수준 감소(심한 경우 의식 없음)	• 다뇨, 다식, 다갈 • 따뜻하고 건조한 피부와 점막 • 복통 • 빠른맥 • 깊고 빠른 호흡(쿠스마울호흡) • 달콤한 냄새 • 의식수준 감소	• 다뇨, 다식, 다갈 • 따뜻하고 건조한 피부와 점막 • 기립성 저혈압 • 빠른맥 • 의식수준 감소(심한 경우 의식 없음)
응급처치	50% 포도당주사, 덱스트로즈	수액, 인슐린 주사	수액, 인슐린 주사

이 장에서는 병원 전 저혈당 환자에게 현장 활동에서 혈당측정 방법을 알아보고, 50% 포도당 주사에 대해 적절한 사용법을 알아보고자 한다.

I 혈당계 Glucometer

1. 개요

병원 전 단계에서 의식변화를 보이는 환자에게 흔히 쓰이는 혈당계는 당뇨 병력이 있거나 새롭게 나타나는 저혈당증을 평가하는 대표적인 검사장비로 쓰인다. 간혹, 가정에서 쓰이는 혈당계로 측정한 값을 알려주는 일이 있지만 현장에서 직접 재평가 하는 것이 좋다. 이것은 혈당계 오류나 부적절한 측정 방법으로 정확한 값을 측정하지 못할 수도 있기 때문이다.

환자들 중 자가혈당 측정과 의료종사자가 측정한 것과 차이가 있다. 특별한 경우가 아닌 이상 가정에서 측정한 것보다 의료종사자가 측정한 수치가 높게 나오는데, 검사법에 따른 오차이므로 크게 걱정하지 않아도 된다. 자가혈당 검사나 일반적인 119에서 검사 및 응급실 검사는 일반적으로 전혈을 이용하여 혈당을 검사한다. 병원에서는 정맥혈을 채혈하여 혈구성분을 가라앉히고, 혈장(적혈구·백혈구·혈소판 제외)을 분리하여 포도당 농도를 측정하여 혈장 포도당 검사를 한다.

포도당 검사 중 혈장 검사는 전혈 검사보다 10~15%가 높게 나온다. 손끝에서 채혈하는 방법은 모세혈관 주위의 조직액이 섞여 농도가 희석될 수 있다. 이것은 포도당 농도를 조금 낮게 나오게 하는 원인이 될 수 있다. 그러나 10~15%의 차이는 진료 판단에 영향을 주는 수치는 아니다. 사용법이나 혈당측정의 혈액량과 측정에 걸리는 시간에서 약간의 차이가 있을 뿐이다.

2. 적응증과 적용원리

1) 적용대상

- 당뇨병 환자를 측정한다.
- 저혈당 의심 환자를 측정한다.
- 알코올중독이나 약물중독 환자를 측정한다.
- 의식이 명료하지 않은 모든 환자가 적용대상이다.
- 특별한 연령 제한이 있는 것이 아니므로 언제든 혈당이 궁금할 때 측정해 볼 수 있다.

2) 적용원리

- 혈액을 측정 스틱에 떨어뜨리면 포도당 효소가 산화할 때 과산화수소가 산소로 바뀌는 과정에서 전자가 발생한다.
  이때 전극사이에 흐르는 전류를 측정해서 포도당의 농도를 수치로 표현하는 방식이다.
  가끔 혈액투석을 하는 경우 실제 혈당값보다 높게 표시될 수도 있으므로 임상적 상태와 함께 판단하도록 한다.

3) 정확한 값을 측정하기 위한 노하우

- 혈액에 이물질이 없도록 해야 하며 검사 전에 손을 씻고, 완전히 건조한 후에 검사한다.
- 측정기 시험지에 습기와 직사광선의 측정이 부정확하게 나타날 수 있으므로 시험지는 가능한 한 공기에 닿지 않도록 전용 보관 용기에 보관하고 습도를 유지할 수 있도록 해야 한다.
- 시험지가 유효기간이 지나면 측정이 부정확하게 나타날 수 있으므로 사용하지 말아야 한다.
- 혈액이 나오지 않는다고 손가락 끝을 짜내거나 하면 검사의 정확성을 떨어뜨릴 수 있다.
- 채혈침은 반드시 한 번 사용이 원칙이다(일회용을 사용).
- 채혈 시 통증의 공포가 있으면 가운뎃손가락 끝보다는 측면이나 가장자리가 통증이 덜 느껴진다. 또한 바늘의 깊이나 예리한 정도도 통증의 차이를 가져올 수 있다.

- 자가혈당 측정하는 날은 식전 공복, 식후 2시간, 취침 전 2~3번 측정하여 평균을 기록해 본다.
- 자가혈당 검사 시간을 조금씩 다르게 해서, 많은 혈당 정보를 얻을 수도 있다.

3. 주의사항

- 서로 다른 혈당 측정기는 사용방법, 모양, 읽는 방법, 휴대방식, 측정 부위 등이 다를 수 있으므로 각 제품의 사용설명서를 잘 숙지하고 사용해야 한다.
- 기계는 너무 춥거나 더운 곳에 보관하지 말고, 일정 기간마다 점검을 하며, 청소하는 것도 잊지 않아야 한다.
- 각 혈당 측정기마다 오차범위가 다르므로 집이나 직장 등 다른 장소에서 사용하기 위해 여러 개를 구입할 때에는 되도록 같은 제품을 구입하는 것이 좋다.
- 스트립(검사용 시험지)과 기계의 코드번호가 일치하는지 확인하고, 병원에서 검사한 혈당치와 비교하여 오차가 크면 기계점검을 받도록 한다.
- 스트립의 유효기간이 지났거나 측정판에 색깔변화가 있다면 그 스트립은 사용하지 않도록 한다.
- 스트립은 열과 습기에 의해 변할 수 있으므로 건조한 실온에 보관한다.
- 스트립에 혈액을 떨어뜨린 후 손으로 만지지 않도록 한다.
- 자가혈당을 측정할 때 손가락을 충분히 찌르지 않고 혈액을 억지로 짜게 되면 혈액이 용혈되거나 세포액과 섞이게 되어 혈당치에 영향을 줄 수 있다.

4. 적용(사용)방법

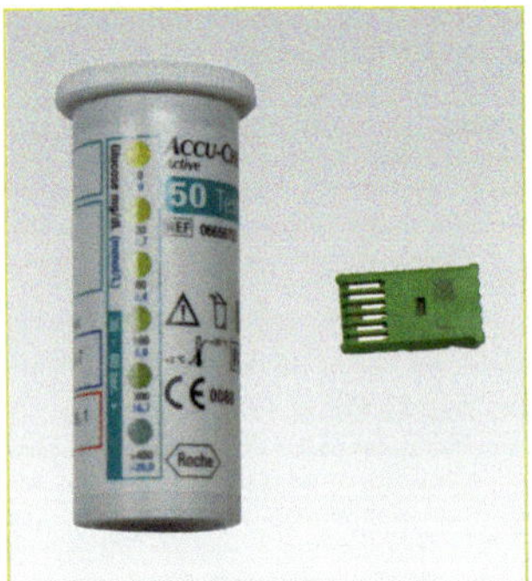

① 새 검사지통의 번호와 코드칩의 번호가 일치하는지 확인한다.

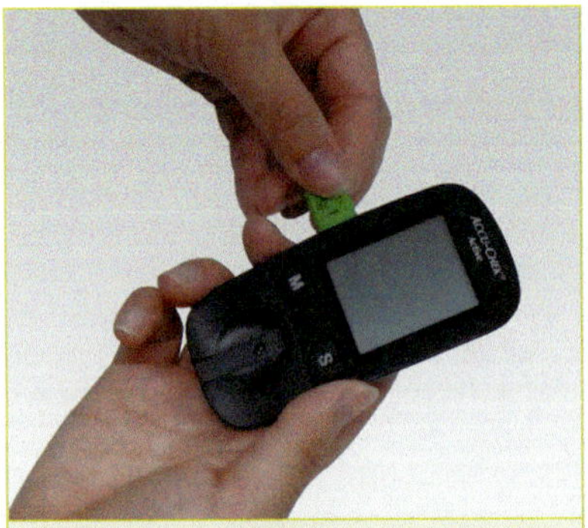

② 기기가 꺼진 상태에서 코드칩을 옆면에 끼운다.

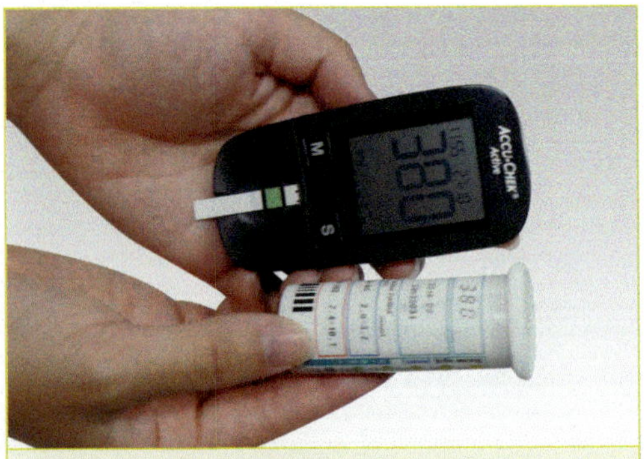

③ 전원이 켜지면 화면의 코드번호와 검사지통의 번호가 일치하는지 확인한다.

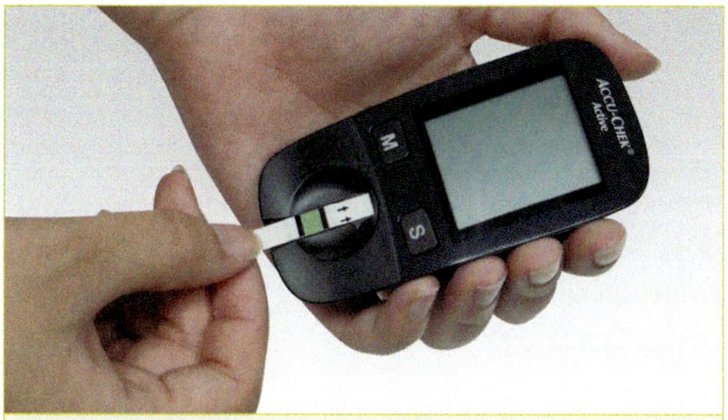

④ 검사지를 꺼낸 즉시 통의 뚜껑을 닫고 검사지를 넣는다. 전원이 들어오는지 확인한다.

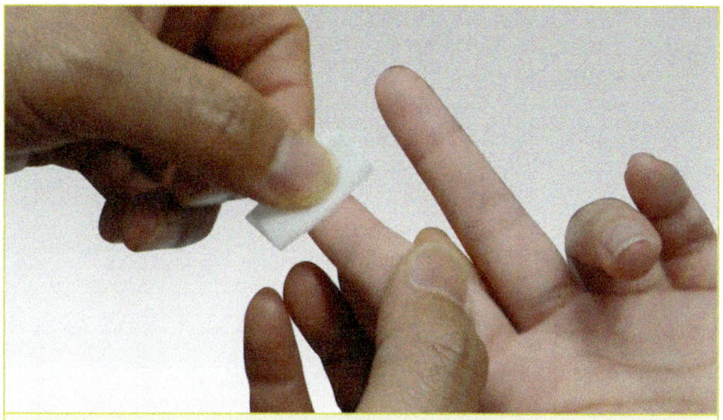

⑤ 검사할 손가락을 알코올 소독하고 몇 초간 건조시킨다. (알코올과 혈액 석음방지)

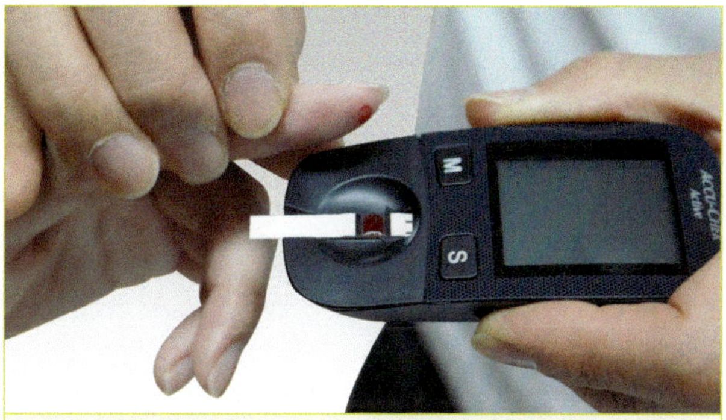

⑥ 혈액을 검사지에 점적하고 약 5초간 기다린다.

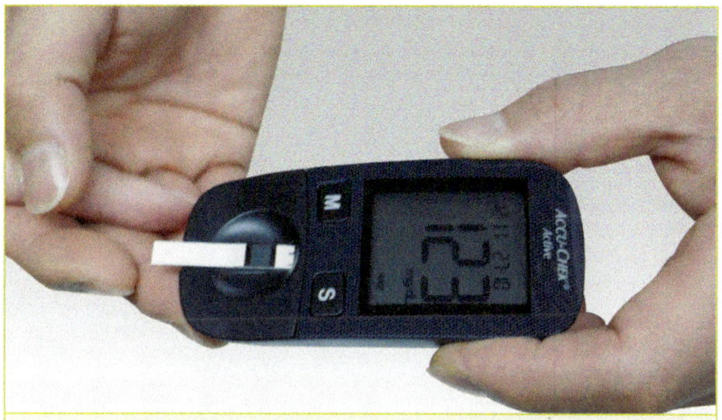

⑦ 검사 결과 수치를 확인한다.

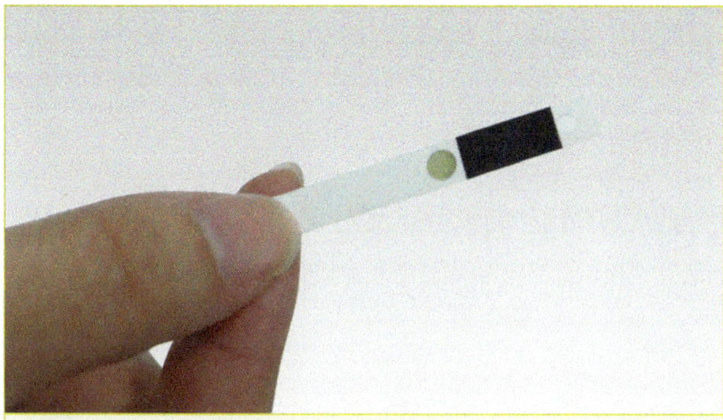

⑧ 혈당수치 재확인 방법(육안비색)

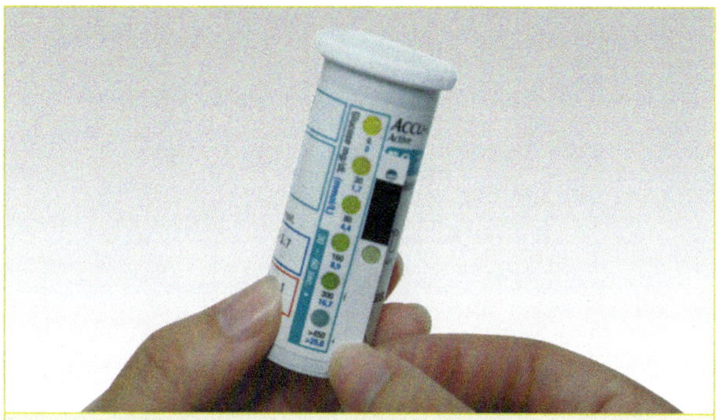

⑨ 검사통의 옆면의 비색표와 검사지에 나타난 색을 확인한 후 혈당기 화면에 나타난 혈당 수치와 비교하여 재확인한다.

Ⅱ 포도당주(당글루코오스주) Glucose Inj.

1. 개요

저혈당증 환자에게 50% 포도당액은 일반적으로 공급하는 포도당이다. 저혈당증이 지속된다면 심각한 뇌손상으로 이어지기 때문에 사고 현장에서 빠른 투여가 무엇보다 중요하다. 저혈당 환자는 의식이 흐려지면 포도당을 경구투여할 수 없으므로 50% 포도당을 정맥주사로 투여하여야 한다.

2. 적응증과 작동원리

1) 적응증

- 아드레날린성: 발한, 빠른맥박, 불안, 공복감 등이 있다.
- 포도당결핍성: 현기증, 의식소실, 두통, 시야가 흐려짐, 행동이상, 경련

2) 용법·용량

- 성인: 저혈당증이 확인된 환자는 50% 포도당을 50mL 정주하고 이송한다.
- 50% 포도당을 현장에서 50mL 투여 후 10% 포도당이나 5% 포도당으로 정맥로를 유지한다.

3. 주의사항

1) 주의사항

- 앰플주사제는 용기 절단 시 유리파편이 혼입되어, 이상반응을 초래할 수 있으므로 사용 시 유리파편 혼입이 최소화될 수 있도록 신중하게 절단 사용하되, 특히 어린이, 노약자 사용 시에는 각별히 주의한다(앰플제에 한함).
- 포도당 함유제제를 정맥주사하는 환자는 치아민(비타민B_1) 소모율이 높기 때문에 순간적으로 치명적인 치아민 결핍을 초래할 가능성이 있다.

2) 금기증

- 저혈당증이 의심되는 환자에게 50% 포도당을 정맥주사하는데 금기사항은 거의 없다.
- 저장성 탈수증 환자
- 수분과다 상태 환자
- 고혈당 환자
- 산증 환자
- 저칼륨혈증 환자
- 고삼투압성 혼수 환자
- 내당불내증 환자
- 무뇨증, 간성혼수 환자

- 이 약물 및 이 약물에 포함된 성분에 과민반응이 나타나는 환자는 금기한다.
- 고장액은 탈수증세가 있는 척추관내 출혈, 두개내 출혈, 진전섬망 환자에게는 투여하지 않는다.
- 고장성 포도당 용액은 환자의 고삼투압 상태를 더 악화시킬 수 있으므로 심한 탈수 환자에게 투여하지 않는다.

3) 다음 환자에는 신중히 투여할 것

- 칼륨 결핍·인산 결핍·마그네슘 결핍 경향이 있는 환자, 저나트륨혈증 환자
- 요붕증 환자
- 신부전 환자
- 코르티코스테로이드·코르티코트로핀 투여 환자
- 심부전 환자
- 심한 영양결핍 환자
- 치아민결핍 환자
- 패혈증 환자
- 중증 또는 외상 환자
- 쇼크 상태 환자
- 혈액희석(hemodilution) 환자
- 만성요독증 환자
- 당뇨환자
- 고장성액은 당뇨혼수, 곡물알레르기 환자

4) 이상반응

- 대량급속 투여에 의해 전해질 상실을 일으킬 수 있으므로 신중히 투여한다.
- 권장용량을 초과하여 투과할 경우 bilirubin, lactate 수치가 높아질 수 있다.
- 저칼륨혈증, 고장성혼수(hyperosmolar coma), 산증(acidosis)을 일으킬 수 있다.
- 탈수증, 고삼투압증을 일으킬 수 있다.
- 포도당 검출이 동반되는 다뇨증을 일으킬 수 있다.
- 정맥주사는 체액 또는 용질과다 상태를 유발, 체액전해질 불균형, 울혈, 폐부종을 일으킬 수 있다.
- 내당불내증 환자의 경우 고혈당, 신손실(renal loss)이 일어날 수 있다.
- 열, 정맥염, 혈전증, 혈액의 유출, 주사 부위 통증, 요독증이 나타날 수 있다.

5) 일반적 주의

- 장기간의 투여는 인슐린 생성에 영향을 미칠 수 있다. 이를 낮추려면 인슐린을 함께 부여한다.
- 수술 후, 외상 후, 또는 다른 내당불내증이 있는 경우 5%는 혈당 조절하에 투여한다.
- 혈청 전해질 검사를 한다.
- 수분균형을 고려하여 투여한다.
- 혈당농도를 조절한다.
- 환자 상태, 아세톤뇨, 혈중칼륨농도, 혈중인산농도 등의 수치에 유의한다.

6) 임신부에 대한 투여

- 임신 중 투여에 대한 안전성이 확립되지 않았으므로 치료상의 유익성이 태아에 대한 잠재적 위해성을 상회한다고 판단되는 경우에만 투여한다.
- 분만 중에 포도당을 함유한 용액을 정맥 투여할 경우 산모에게 고혈당증을 초래할 수 있으며, 신생아의 반동저혈당증뿐만 아니라 태아의 고혈당증 및 대사성 산증을 일으킬 수 있다. 태아의 고혈당증은 태아의 인슐린 수치를 증가시킬 수 있으며, 이는 출산 후 신생아 저혈당증을 초래할 수 있다. 해당 약물을 투여하기 전에 환자에 대한 유익성과 위해성을 고려해야 한다.

7) 소아에 대한 투여

- 소아의 경우 전해질과 체액 조절 능력이 손상되었을 수 있으므로 혈장 전해질 농도를 주의 깊게 관찰해야 한다.
- 초저체중출생아의 경우 과도하거나 빠른 포도당 주사제 투여는 혈청 삼투질농도 및 뇌내출혈 위험을 증가시킬 수 있다.
- 신생아(특히 조산아나 저체중아의 경우)는 저혈당증 또는 고혈당증의 위험이 높아진다. 그러므로 잠재적인 장기간 부작용을 피하기 위한 적절한 혈당 조절을 할 수 있도록 면밀한 모니터링이 필요하다. 신생아의 저혈당증은 발작, 혼수, 뇌손상을 초래할 수 있다. 고혈당증은 뇌실내출혈, 박테리아 및 곰팡이 감염의 후기발병, 미숙아의 망막병증, 괴사성 작은창자큰창자염, 기관지폐이형성증, 입원기간의 연장 및 사망과 관련된다.

8) 고령자에 대한 투여

- 일반적으로 고령자는 생리기능이 저하되어 있으므로 신중히 투여한다.

9) 과량 투여 시의 처치

- 고용량 투여로 인한 고혈당증이나 당뇨(glucosuria) 발생 시 이에 대한 처치로 인슐린을 투여한다.

10) 적용상의 주의

- 피하 대량 투여에 의해 혈장으로부터 전해질이 이동해서 순환부전을 초래할 수 있고 국소자극이 심하므로 피하주사하지 않는 것이 바람직하다.
- 개봉한 후에는 바로 사용하며, 사용한 잔액은 사용하지 않는다.
- 한랭기에는 체온 정도로 따뜻하게 하여 사용한다.
- 고장액을 투여하였을 경우 혈전정맥염을 일으킬 수 있으므로 신중히 투여한다.
- 고농도액 투여의 급격한 중지에 의해 저혈당을 일으킬 수 있다.
- 가응집반응(pseudoagglutination)이 나타날 수 있으므로 혈액과 동시에 투여하지 않는다.
- 항생제, 비타민제, 간장약, 진통·진경제, 와파린 등 기타 여러 가지 타 약제를 혼합처방 사용할 때는 이상반응이 나타나는 수가 있으므로 다른 약물의 화학적 및 물리적 부작용을 충분히 숙지한 다음 신중히 관찰하면서 투여한다.
- 다른 약물을 혼합 시 용기 혹은 마개와의 상호작용에 유의하고, 혼합 즉시 사용한다.
- 용기에 있는 공기로 인한 공기색전증의 가능성을 피하기 위하여 연속하여 연결해서는 안 된다.

4. 적용(사용)방법

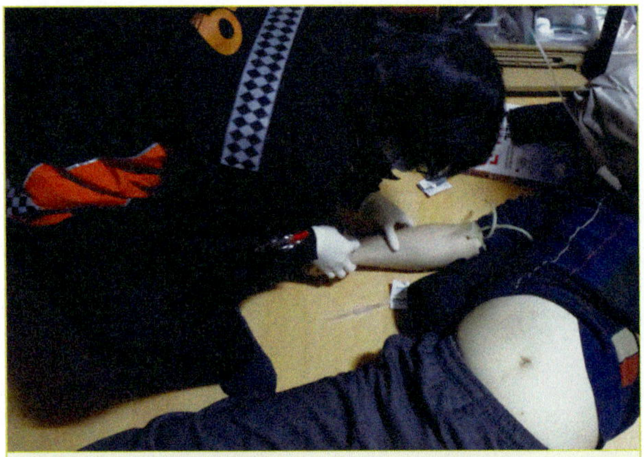

① 주사할 정맥을 선택한다.

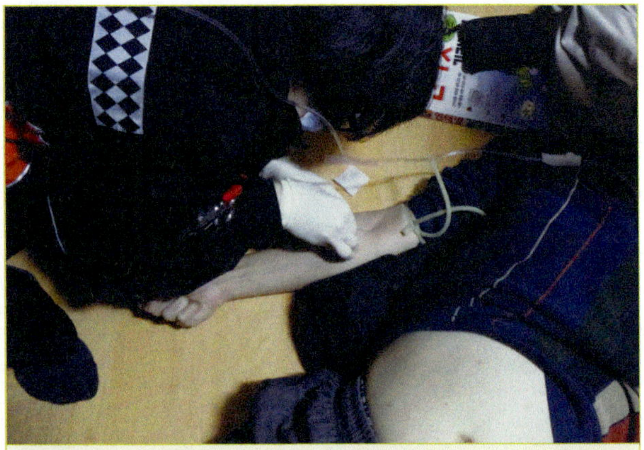

② 주사 부위를 소독한다.

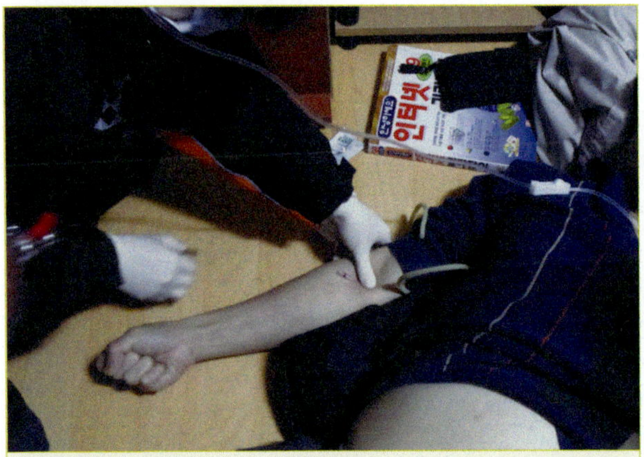

③ 주사바늘로 정맥을 천자한다.

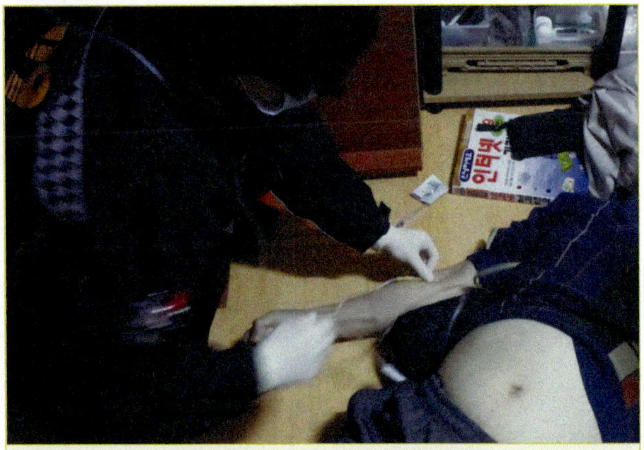

④ 카테터에 수액라인을 연결한다.

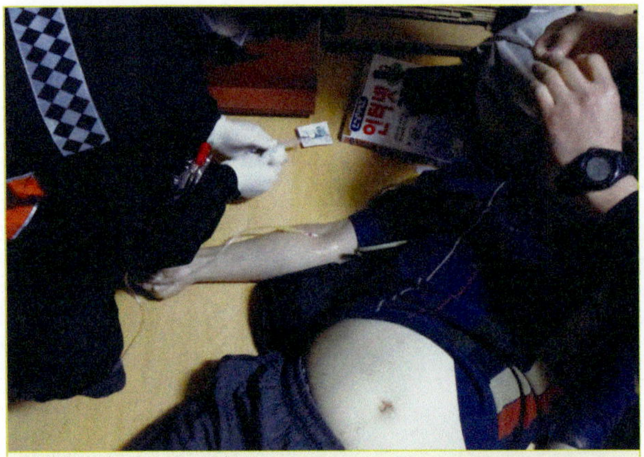

⑤ 50% 포도당 수액라인과 카테터를 반창고로 고정한다.

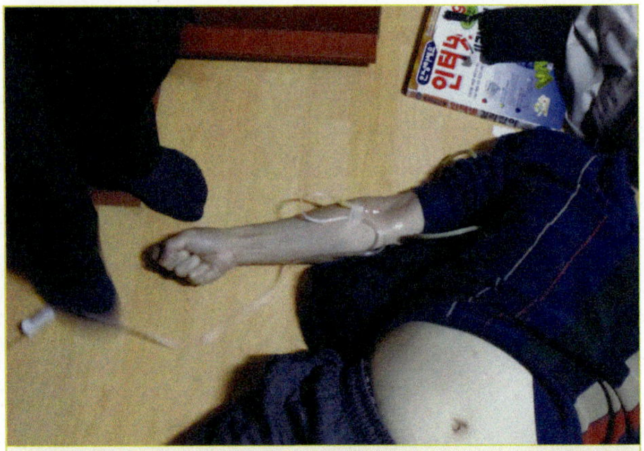

⑥ 50% 포도당 100mL는 처음 절반은 한 번에 주입 후 적절한 속도로 포도당 용액을 조절한다.

장비 소개

1. 혈당측정기 종류

제조사		Roche Diagnostics/독일	ACON/미국
구분 \ 모델명		ACCU-CHEK Performa	OneCall Extra
사진		 	
규격	화면	40×29mm(세로×가로)	35×32mm(세로×가로)
	무게	62g	326g
	크기	52×93×22mm(가로×세로×높이)	40×85×16.4mm(가로×세로×높이)
	배터리	3V 리튬배터리(CR2032) 1개	3V 리튬배터리(CR2032) 1개
	혈액량	0.6μL(0.0006mL)	0.4μL(0.0004mL)
	측정가능혈액	모세혈, 정맥혈, 동맥혈, 신생아혈	손끝, 손바닥, 전완의 모세혈(혈청, 혈장 사용금지)
	측정시간	5초	4초
	메모리 용량	500개 측정결과 값	300개 측정결과 값
	데이터 전송	무선 적외선(IR)	USB
	시스템 작동 온도	6~44℃, 상대습도 10~90%	5~45℃, 상대습도 10~90%
	스트립 보관 온도	2~32℃	5~30℃
	자동전원종료	2분	2분
특징		휴대가 용이	휴대가 용이
		병원 밖, 구급차 내부 온도가 작동온도 이하일 때 오작동, 미작동, 겨울철 실내보관 필요	병원 밖, 구급차 내부 온도가 작동온도 이하일 때 오작동, 미작동
		• 저혈당, 고혈당 경고 알림기능(케톤은 없음) • 신형 performa는 코딩칩이 불필요 • 구형은 코딩칩 필요하나, 공급되는 스트립 코딩칩이 222로 통일된 상태 • 스트립 효소(enzyme): Glucose Dehydrogenase • 스트립에 혈액 흡수가 부족하게 된 경우 5초 이내에 혈액 흡수시키면 스트립 재사용 가능 • 혈당측정 범위: 10~600mg/dL, Hct 10~65% • 안내 동영상에서 최초 모세혈액 측정 • 시중 한글명: 아큐첵 퍼포마	• 저혈당, 고혈당, 케톤 경고 알림 기능 • 코딩칩 불필요 • 스트립 효소(enzyme): Glucose Oxidase (GOD) • 스트립에 혈액 흡수가 부족하게 된 경우 3초 이내에 혈액 흡수시키면 스트립 재사용 가능 • 혈당측정 범위: 10~600mg/dL, Hct 25~60% • 안내 동영상에서 최초 모세혈관 혈액은 거즈로 닦아낸 뒤, 두 번째로 짜낸 혈액으로 측정 추천 • 시중 한글명: 온콜 엑스트라

2. 글루코오스 수액 종류

제조사		대한약품	대한약품	대한약품
구분	모델명	대한50%포도당주[100mL/병(PP)]	대한10%포도당주(500mL)	대한5%포도당주(1000mL)
사진			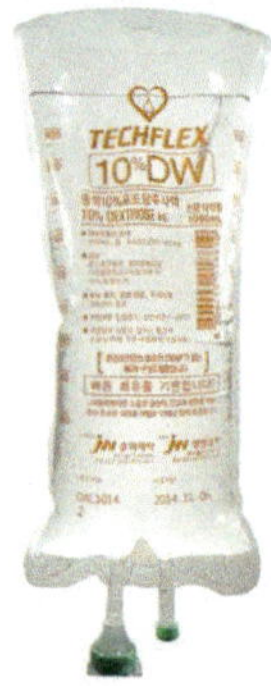	
규격	성상(성분)	무색-미황색 투명의 단맛에 있는 액을 앰플 또는 유리용기나 수용액 플라스틱 용기에 충전한 것 (포도당 50g/100mL)	폴리프로필렌, 다층필름플라스틱 용기 또는 유리용기에 든 무색투명한 액 (포도당 50g/500mL)	폴리에칠렌 용기에 충전된 무색투명한 수액용 주사제 (포도당 50g/L)
	용법	• 성인: 1회 20~500mL 정맥주사 • 점적정맥주사 속도는 포도당으로서 시간당 0.5g/kg 이하로 함	• 성인: 1회 20~500mL 정맥주사 • 점적정맥주사 속도는 포도당으로서 시간당 0.5g/kg 이하로 함 • 주사제의 용해 희석에는 적당량을 사용함	• 성인: 1회 500~1000mL 정맥주사 • 점적정맥주사 속도는 포도당으로서 시간당 0.5g/kg 이하로 함 • 주사제의 용해 희석에는 적당량을 사용함
	용량	100mL	500mL, 1000mL	500mL, 1000mL
	효능효과	• 탈수증 특히 수분결핍 시의 수분 보급 • 주사제의 용해희석제 • 저혈당 증상환자에게 혈당공급	• 고칼륨혈증, 순환허탈, 저혈당 시의 에너지 보급 • 심질환(G, I, K요법) 그 외 수분, 에너지 보급 • 약물·독물 중독	• 고칼륨혈증, 순환허탈, 저혈당 시의 에너지 보급 • 심질환(G, I, K요법) 그 외 수분, 에너지 보급 • 약물·독물 중독
	저장방법	밀봉용기, 실온(1~30℃)보관	밀봉용기, 실온(1~30℃)보관	밀봉용기, 실온(1~30℃)보관
특징		1. 앰플주사제는 용기 절단 시 유리 파편이 혼입되어, 이상반응을 초래할 수 있으므로 사용 시 유리 파편의 혼입이 최소화될 수 있도록 신중하게 절단하여 사용하되, 특히 어린이, 노약자 사용 시에는 각별히 주의할 것(앰플제에 한함) 2. 포도당 함유제제를 정맥주사하는 환자는 치아민(비타민B_1)소모율이 높기 때문에 순간적으로 치명적인 치아민 결핍을 초래할 가능성이 있음	1. 앰플주사제는 용기 절단 시 유리 파편이 혼입되어, 이상반응을 초래할 수 있으므로 사용 시 유리파편의 혼입이 최소화될 수 있도록 신중하게 절단하여 사용하되, 특히 어린이, 노약자 사용 시에는 각별히 주의할 것(앰플제에 한함) 2. 포도당 함유제제를 정맥주사하는 환자는 치아민(비타민B_1)소모율이 높기 때문에 순간적으로 치명적인 치아민 결핍을 초래할 가능성이 있음	1. 앰플주사제는 용기 절단 시 유리 파편이 혼입되어, 이상반응을 초래할 수 있으므로 사용 시 유리파편의 혼입이 최소화될 수 있도록 신중하게 절단하여 사용하되, 특히 어린이, 노약자 사용 시에는 각별히 주의할 것(앰플제에 한함) 2. 포도당 함유제제를 정맥주사하는 환자는 치아민(비타민B_1)소모율이 높기 때문에 순간적으로 치명적인 치아민 결핍을 초래할 가능성이 있음

Reference

1. 내과전문응급처치학. 전국응급구조학과 교수협의회. 도서출판 한미의학. 2017.
2. 현장전문응급처치학. 아카데미아. 2020.
3. 응급실 이제 두렵지 않다. 대한의학. 2012.
4. 의약품 사전 http://www.health.kr/
5. http://www.health.kr/ (의약정보원)
6. http://www.kimsonline.co.kr
7. 기본 응급약리학. 전국응급구조학과 교수협의회. 도서출판 한미의학. 2020.

Chapter 10

아나필락시스 쇼크
(에피네프린 자동주사기, 페니라민)

✧ 학습목적

아나필락시스를 이해하고 쇼크 환자에게 에피네프린 자동주사기 등을 사용할 수 있다.

✱ 현장상황

| 현장모습 | 57세 남자가 모학산 등반 중 왼쪽 팔과 옆구리 부위를 말벌에게 쏘였다. 지나가는 다른 등산객이 쓰러져 있는 환자를 발견하였고 호흡을 힘들어 하고 의식이 흐릿해진다고 하여 119로 신고하였다. 119대원은 현장에 도착해 환자의 상태를 평가한 결과 수축기혈압이 80mmHg, 맥박수는 125회/분으로 약하게 뛰었고, 호흡은 약하게 있으며 전신에 식은땀이 보였다.

| 활력징후 | **혈압** 80/60mmHg, **맥박** 125회/분, **호흡** 13회/분

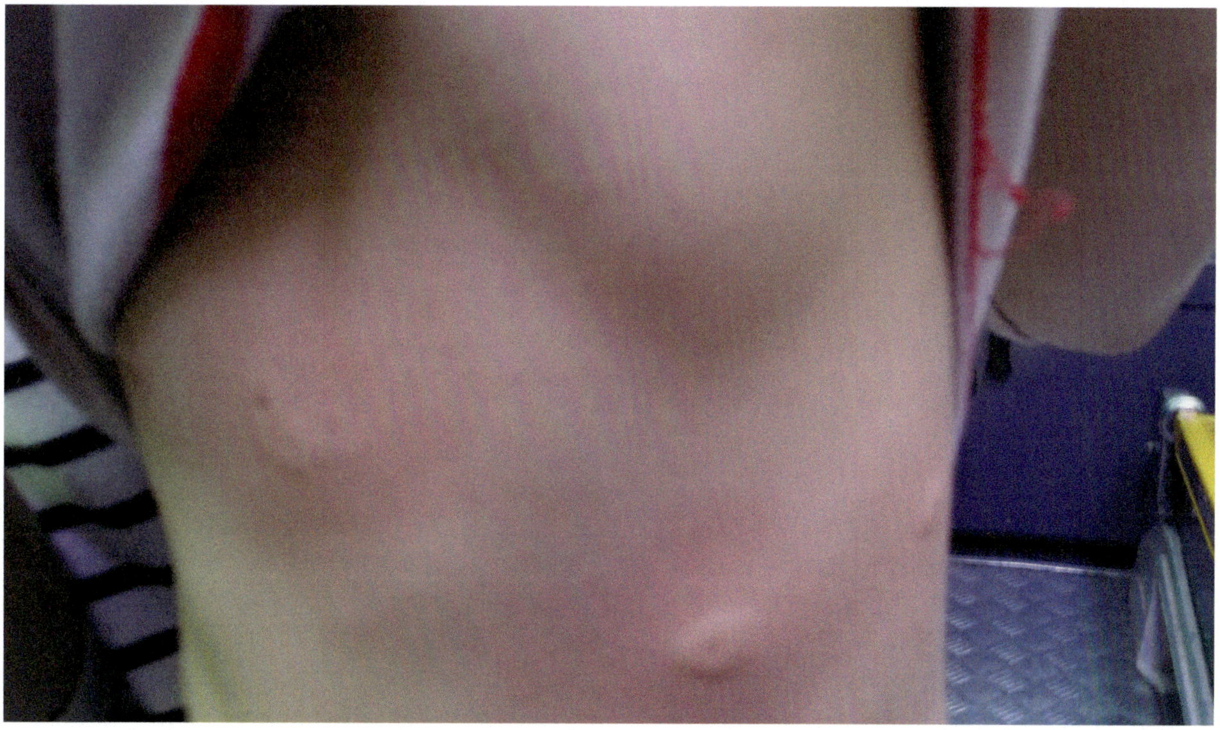

아나필락시스와 급성 알레르기 환자는 응급의료종사자가 현장에서 자주 접하게 되는 흔한 응급질환이다. 아나필락시스는 저혈압이나 기도폐쇄와 같이 여러 장기에 발생하는 심각한 과민반응을 일컫는 말이다. 아나필락시스는 심각한 알레르기 반응으로 수분이 혈관 밖으로 새어나가서 점막부종 등이 발생한다. 아나필락시스는 비만세포(mast cell)와 호염기구(basophil)에서 IgE가 분비되어 나타나는 생명을 위협할 수 있는 과정으로 가장 심한 형태의 과민성을 말한다.

- 아나필락시스를 간단하게 요약하면 "알러젠 노출 피부증상과 아래 증상 두 가지 이상"을 만족하는지 확인이 중요하다.
- 호흡곤란, 천명음
- 저혈압 또는 이의 증상, 실신 등
- 복통, 구토 등 위장관 점막 증상[8]

응급의료종사자는 현장에서 과민반응이 심해져서 아나필락시스와 사망까지 발생한다는 것을 알고 정확한 진단과 빠른 처치를 시행한다. 아나필락시스는 증상이 빠르게 진행되어, 대부분은 1시간 이내에 사망한다.

이 장에서는 병원 전 아나필락시스 환자에게 현장 활동에서 사용되는 에피네프린 자동주사기와 젝스트를 알아보고, 적절한 사용법에 대해 지침을 제안하고자 한다.

1) 아나필락시스와 벌쏘임

아나필락시스 중 응급의료종사자가 과민반응까지 연결되는 손상은 대부분 벌쏘임이다. 소방청 통계에 따르면, 지난 5년(2014~2018)간 벌집제거 중 벌쏘임 손상이 증가하고 있다. 또한 2019년에는 벌쏘임 사고 관련 119 출동 건수가 2018년보다 17% 증가했다.

소방청은 전국 소방관들이 벌쏘임 사고와 관련해 172,055건(2019년) 출동했다고 발표했다. 2018년 147,003건보다 25,052건(17.0%) 늘어났다. 최근 3년간 출동 건수는 477,646건이며, 이 중 16,762명을 병원으로 이송했고, 52명이 사망했다.

2) 에피네프린 자동주사기 등 사용

에피네프린은 아나필락시스 치료에서 가장 중요한 치료이다. 최근 소방청에서 특별구급대에 에피네프린 자동주사기(에피네프린 펜)이 보급되어 응급상황에서 사용할 수 있게 되었다. 비교적 증상이 심하지 않은 경우 근육주사하는데 0.3~0.5mg(1:1000용액 0.3~0.5mL)을 5~10분 간격으로 증상에 따라 반복 투여한다. 근육주사 시에는 엉덩이에 주사하는 것보다 대퇴부에 주사하는 것이 효과적이다.

이 장에서는 병원 전 아나필락시스 환자에게 현장 활동에서 사용되는 에피네프린 자동주사기(젝스트) 등을 알아보고, 적절한 사용법에 대해 지침을 제안하고자 한다.

I 에피네프린 자동주사기 Epinephrine Inj

1. 개요

치명적인 아나필락시스는 대부분 30~60분 이내 이루어지며, 이전에 환자가 병원 내에 도착할 수 없는 경우 환자가 매우 위험해진다. 아나필락시스 환자에게 에피네프린은 가장 중요한 약이며, 쇼크 치료에는 에피네프린 투여뿐만 아니라 급속 수액요법이 매우 중요하다. 그러나 병원 전 응급의료종사자 외에는 사용이 어렵다.

2000년도 이후 병원 전 아나필락시스 환자에게 적용할 수 있도록 에피네프린 자동주사기가 등장하였다. 국내에서는 한국희귀의약품센터(http://www.kodc.or.kr)에서 있다. 최근 원내 약국에서 처방 후 구매 가능하다.

2. 적응증과 적용원리

① 사용용도: 아나필락시스 환자에게 사용되며, 에피네프린으로 30kg인 성인에게 0.3mg을 근육주사한다. 소아는 0.01mg/kg을 넘지 않도록 한다.

② 에피네프린 자동주사기의 주사침은 일반적으로 22G이며, 1.7cm 주사바늘이 튀어나가는 구조로 옷 위에다 바로 주사를 주어도 된다. 주사부위는 대퇴부의 바깥쪽이 적절하다.

③ 아나필락시스에 40%에는 2회 주사가 필요하며, 증상에 따라 바로 병원을 방문한다.

④ 말벌에 의한 경우 98% 효과가 있다.

⑤ 약효과의 빠르기의 비교:

에피네프린 자동주사기(비행기) > 항히스타민주(자동차) > 항히스타민정(손수레)

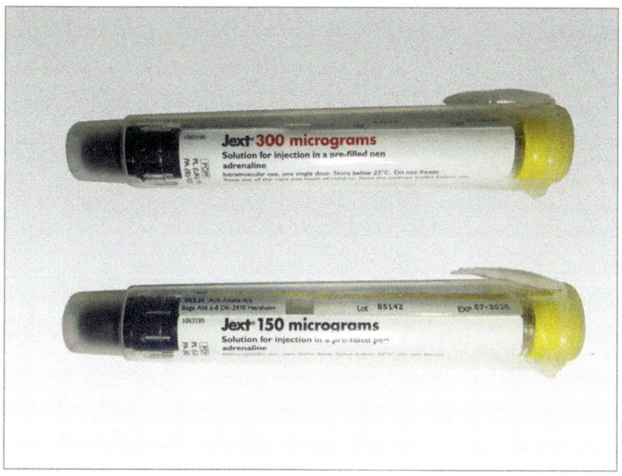

에피네프린 자동주사기
(성인 Epinephrine 300μg, 소아 Epinephrine 150μg)
기본 플라스틱 포장된 상태

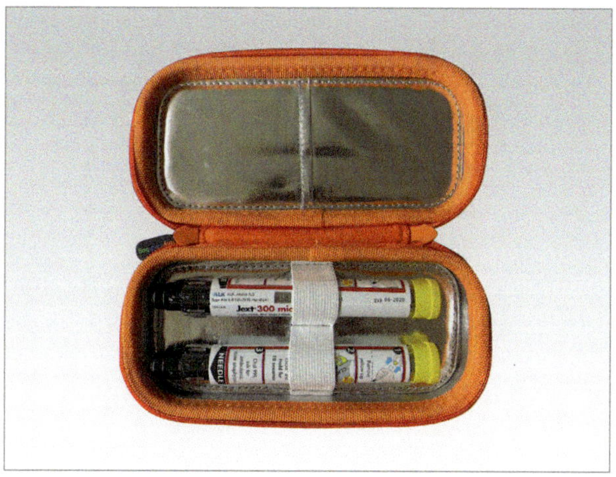

에피네프린 자동주사기(젝스트 성인용 Epinephrine) 300μg
온도에 민감하여 메디백에 저장

그림 10-1 성인, 소아용 에피네프린 자동주사기(플라스틱 포장과 메딕함 저장)

3. 주의사항

1) 국내 한계점

- 병원 전 119 구급대에 필수 의약품이 아니다.
- 심각한 알레르기로 진단을 받아야 희귀의약품센터에서 구입가능하였으나, 최근 원내 약국에서 구매 가능하다(2020년 1월 1일부터). 단 처방을 받아야 한다.
- 병원 전에서 예방 목적으로 비치하기가 어렵다.

2) 일반적인 주의사항

- 에피네프린 자동주사기는 아나필락시스로 정확히 진단하고 사용해야 한다. 벌쏘임 또는 두드러기가 있다고 하여 사용하는 것이 절대로 아니다.
- 국내 119구급대에서는 특별구급대 업무범위에서 투약오류를 예방하기 위하여 영상통화의료지를 의무적으로 시행하고 반드시 아나필락시스의 정의에 맞는 경우 투여하도록 해야 한다.
- 보관(15~30도)이 어렵다. 온도가 높으면 변성된다.
- 야외에서 일하는 사람이 쉽게 휴대하기 어렵다.
- 에피네프린이 색이 분홍이나 갈색으로 변하면 사용해서는 안 된다.
- 에피네프린 자동주사기는 한국의약품센터(http://www.kodc.or.kr/home/main.do)에서 사용 매뉴얼을 다운로드할 수 있다.

4. 적용(사용)방법

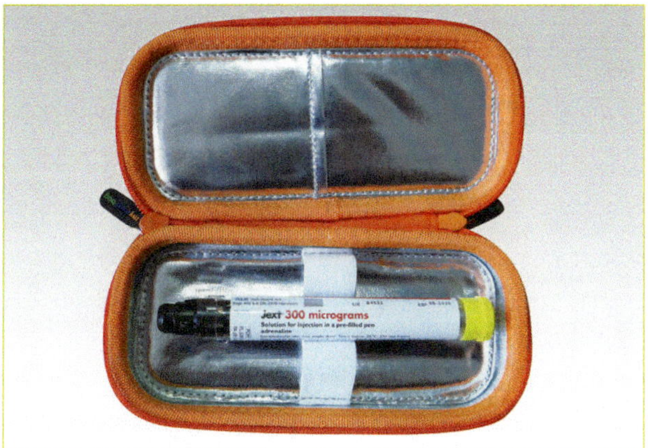

① 전용 케이스에서 에피네프린 자동주사기를 꺼낸다.

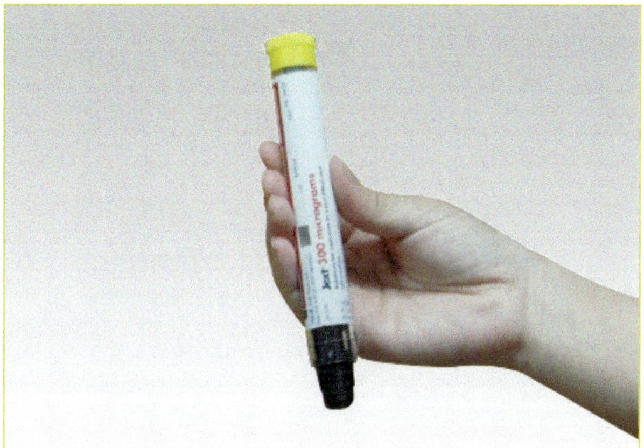

② 약물의 용량 및 성인용인지 확인한다.

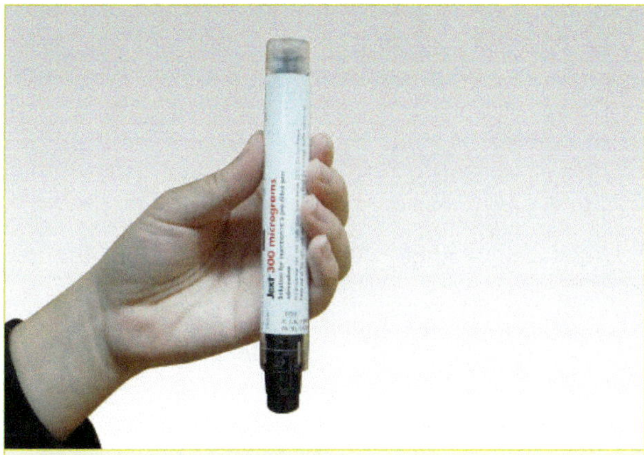

③ 바르게 잡고 뚜껑을 제거한다.

④ 에피네프린 자동주사기를 환자의 대퇴부 바깥부위에 찌른다(주사한다). 10초간 유지한다.

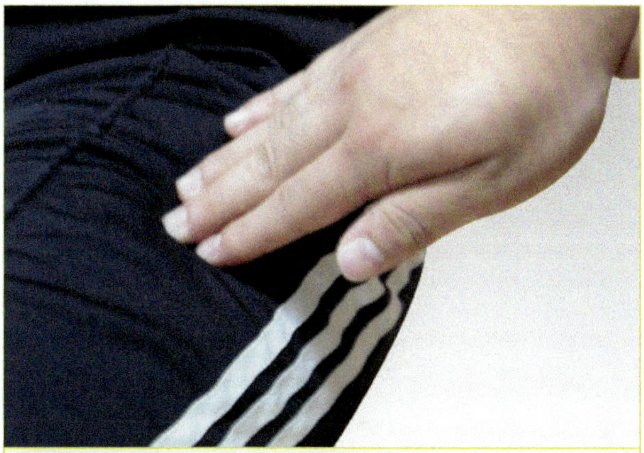

⑤ 주사부위를 문지른다.

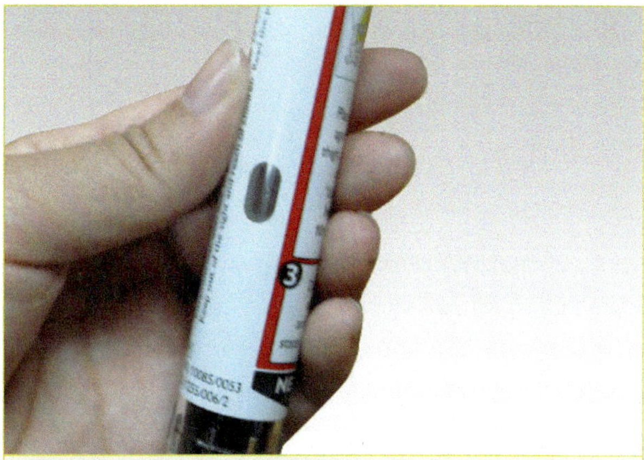

⑥ 주사액이 들어갔는지 확인한다.

Ⅱ 항히스타민제 Antihistamines

1. 개요

항히스타민제는 두드러기, 가려움증(소양감) 등의 알레르기성 반응에 관련되는 히스타민작용을 억제하는 약물이다. 알레르기성 외에도 재채기, 콧물, 어지럼증, 구토, 불면증 등에도 사용된다. 대표적인 부작용으로 졸음, 진정작용과 같은 중추신경계 작용이 나타난다. 1940년대 이후 개발된 1세대 항히스타민제와 1980년대 이후 개발된 2세대 항히스타민제로 일반적으로 분류된다.

- 1세대 항히스타민제: 약효 지속시간이 짧아서 여러 번 투여를 해야 한다.
  체내 반감기가 길어서 졸음이나 기억력 저하 등이 나타나는 경향이 있다.
- 2세대 항히스타민제는 혈액-뇌 장벽(blood-brain barrier; BBB)을 투과하는 특성이 매우 낮거나 없어 진정작용이 매우 낮다.
  약효 지속시간이 길어서 하루 1~2회 투여한다.

표 10-1 항히스타민제 분류

항히스타민제 분류	약물명
1세대 항히스타민제	**클로르페니라민(chlorpheniramine)***, 트리프롤리딘(triprolidine), 피프린히드리네이트(piprinhydrinate), 히드록시진(hydroxyzine), 메퀴타진(mequitazine), 디펜히드라민(diphenhydramine), 디멘히드리네이트(dimenhydrinate), 메클리진(meclizine)
2세대 항히스타민제	세티리진(cetirizine), 로라타딘(loratadine), 레보세티리진(levocetirizine), 에바스틴(ebastine), 케토티펜(ketotifen), 펙소페나딘(fexofenadine), 아젤라스틴(azelastine), 데스로라타딘(desloratadine), 베포타스틴(bepotastine), 올로파타딘(olopatadine), 에메다스틴(emedastine), 에피나스틴(epinastine), 레보카바스틴(levocabastine)

*클로르페니라민(chlorpheniramine): 현재 119구급대에서 사용 중인 약물

2. 적응증과 작동원리

1) 효능·효과

두드러기, 소양성 피부질환(습진, 피부염, 피부소양증, 약진, 곤충자상), 알레르기성 비염, 혈관운동성 비염

2) 용법·용량

성인: 말레인사클로르페니라민으로서 1회 5~10mg, 1일 1~2회 피하주사, 근육주사, 정맥주사 가능
연령 증상에 따라 적절히 조절한다.

3. 주의사항

1) 주의사항

- 졸음을 유발할 수 있으므로 이 약을 투여 중인 환자는 자동차 운전 등 위험한 기계조작을 하지 않도록 주의한다.
- 앰플주사제로 약품 준비 중 유리파편이 혼입되어, 부작용을 초래할 수 있으므로 절단 시 주의하여 사용한다. 특히 어린이, 노인 환자에게 주의해서 사용하여야 한다.
- 벤질알코올은 조숙아에게 치명적인 호흡곤란을 일으킬 수 있다고 보고되었다.

2) 금기증

- 이 약물 또는 유사 화합물에 과민증의 병력이 있는 환자
- 녹내장 환자(항콜린 작용에 의해 안압이 상승되어 녹내장이 악화될 수 있다.)
- 전립선비대 등 하부요로폐색성 질환자
- 미숙아 및 신생아(벤질알코올을 함유하고 있다.)
- MAO[1]저해제 투여 중인 환자

3) 이상반응(부작용)

- 쇼크가 나타날 수 있으므로 충분히 관찰을 하고 청색증, 호흡곤란, 흉부불쾌감, 혈압저하 등이 나타나는 경우에는 투여를 중지하고 적절한 처치를 한다.
- 경련, 착란이 발생할 수 있으므로 관찰을 충분히 하고 이상이 나타나면 감량 또는 휴약 등 적절한 처치를 한다.
- 재생불량성 빈혈, 무과립구증이 나타날 수 있으므로 혈액검사를 하여 충분히 관찰하고 이상이 인정되는 경우에는 투여를 중지한다.
- 과민증: 발진, 광선과민증, 박탈성 피부염, 두드러기, 연축, 근허약, 협조불능이 나타날 수 있다.
- 정신신경계: 진정, 졸음, 신경과민, 두통, 초조감, 복시, 불면, 어지럼증, 이명, 전정장애, 다행증, 정서불안, 히스테리, 진전, 신경염, 협조이상, 감각이상, 무시, 집중력감소, 권태감이 나타날 수 있다.
- 소화기계: 구갈, 가슴쓰림, 식욕부진, 소화불량, 구역, 구토, 복통, 변비, 설사 등이 나타날 수 있다.
- 비뇨기계: 빈뇨, 배뇨곤란, 요폐, 요저류 등이 나타날 수 있다.
- 순환기계: 저혈압, 심계항진, 빠른맥박, 부정맥, 기외수축, 간염, 황달, 미약맥이 나타날 수 있으며 이러한 증상이 나타나는 경우에는 감량 또는 휴약 등 적절한 처치를 한다.
- 호흡기계: 코 또는 기도의 건조, 기관분비액의 점성화, 천명, 코막힘이 나타날 수 있다.

---

1) 모노아민 산화효소 억제제(Monoamine oxidase inhibitor; MAOI)는 모노아민 산화효소(monoamine oxidase A; MAO-A)와 모노아민 산화효소(monoamine oxidase B, MAO-B) 중 하나 또는 둘 모두의 활성을 억제하는 약제로 강력한 항우울제로 유명하다.
이 약제가 문제가 되는 이유는 간독성, 체위성저혈압, 고혈압 발작, 중추 흥분으로 인한 진전, 불면증, 체중증가 등의 부작용이 있을 수 있다.

- 혈액: 용혈성 빈혈, 혈소판 감소가 나타날 수 있다.
- 투여부위: 주사부위에 일시적인 자극, 작열감이 나타날 수 있다.
- 기타: 오한, 발한이상, 가슴통증(흉통), 피로감, 월경이상이 나타날 수 있다.

4) 소아(유아)에 대한 투여

- 유아 및 소아에 과량 투여하면 환각, 흥분, 경련, 사망을 일으킬 수 있으므로 특히 주의한다.

5) 과량 투여 시의 처치

클로르페니라민의 치사량은 체중 kg당 25~50mg이다. 진정, 중추신경계 비정상적 자극, 중독성 정신병, 경련, 무호흡, 정신착란, 항콜린 효과, 실조증, 부정맥을 비롯한 심혈관계 허탈증 등이 나타날 수 있으며 이때에는 심장·호흡기·신장·간장 기능 및 수액전해질 균형에 특별한 주의를 기울이는 등 대중적 지지적인 처치를 하고 중추신경계 경련은 디아제팜 또는 페니토인을 정맥주사하거나 심한 경우에는 혈액관류를 할 수 있다.

4. 적용(사용)방법

① 근육 주사: 1회 5~10mg, 1일 1~2회(1앰플 4mg)

② 피하 주사: 1회 5~10mg, 1일 1~2회(1앰플 4mg)

③ 정맥 주사: 1회 5~10mg, 1일 1~2회(1앰플 4mg)

장비 소개

1. 에피네프린 자동주사기와 항히스타민 종류

제조사		덴마크 ALK사	INNOVATIVE MEDICINES CANADA	유한양행
구분	모델명	젝스트(성인용, 소아용) (젝스트프리필드펜주300μg)	에피네프린 자동주사기 (Epipen)	페니라민주사(Peniramin Injec-tion)
사진		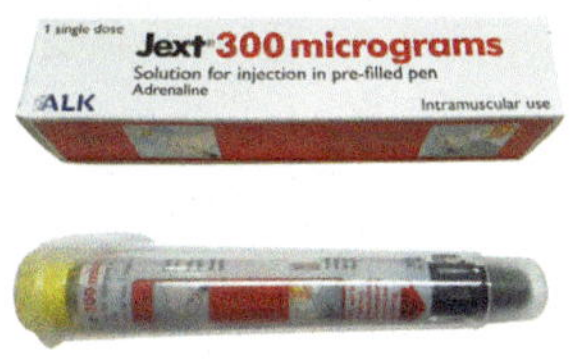 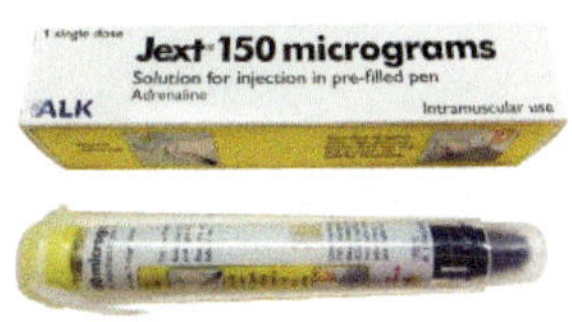	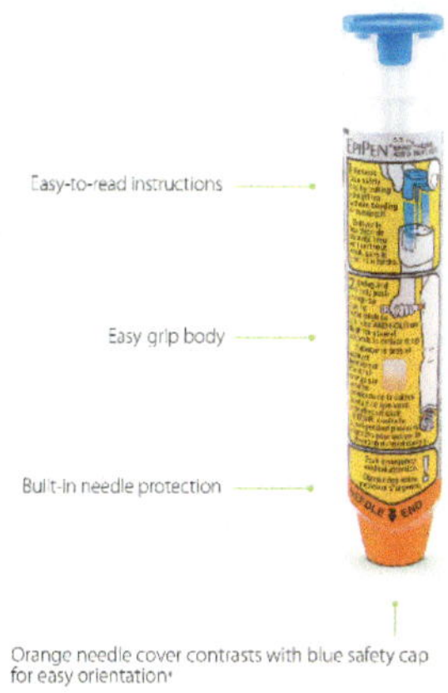	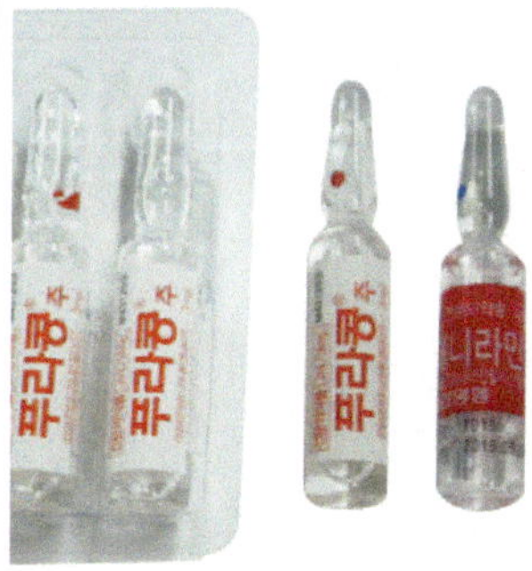
규격	재질 및 길이	펜 모양의 프리필드 주사제	펜 모양의 프리필드 주사제	유리 앰플
	내열온도	15~30℃(59~86℉)		
	구성	케이스 1, 에피네프린 자동주사기 1	에피네프린 자동주사기 2	
	분류	전문 의약품	전문 의약품	항히스타민제
	제조업체	비엘엔에이치		유한양행
	성분	에피네프린타르타르산염 1.819mg/mL		클로르페니라민말레산염 4mg
	성상	무색투명한 액이 든 1회용 주사침이 달린		무색 투명한 액이 충전된 앰플 2mL
	용량	300μg		1회 5~10mg 1일 1~2회 (피하, 근육 또는 정맥 주사)
특징		1. 15~30℃(59~86℉) 보관 2. 빛에 노출되지 않도록 할 것 3. 냉장고에서 보관하지 말 것	1. 노란색 컬러가 성인용 2. 그린색 컬러가 소아용	1. 졸음을 유발할 수 있음 2. 알코올, 중추신경억제제와 병용투여 시 졸음을 유발
비고		기타의 알레르기용 약 한국희귀의약품센터	기타의 알레르기용 약 한국희귀의약품센터	http://www.health.kr 의학정보원 http://www.kimsonline.co.kr KIMS의약정보센터

Reference

1. 내과전문응급처치학. 전국응급구조학과 교수협의회. 도서출판 한미의학. 2017.
2. 응급실 이제 두렵지 않다(3). 대한의학. 2012.
3. 현장전문응급처치학. 아카데미아. 2020.
4. 기본 응급약리학. 전국응급구조학과 교수협의회. 도서출판 한미의학. 2020.
5. https://www.epipen.ca/en/school-resources/school-library
6. http://www.health.kr/ (의약정보원)
7. http://www.kimsonline.co.kr
8. runau BE et al. Incidence of clinically important biphasic reactions in emergency department patients with allergic reactions or anaphylaxis. *Ann Emerg Med 2014; 63*(6): 736-44. PMID: 24239340

Chapter 11

저체온증(한랭손상) (방풍비닐, 발열모포, 가온기계)

✧ 학습목적

저체온증은 계절과 상관없이 발생할 수 있는 환경손상 중에 하나로 정상체온을 조절할 수 없는 환자의 응급처치를 위한 장비에 대해 알아본다.

✱ 현장상황

| 현장모습 | 이른 초겨울 아침 출근을 위해 해안을 달리던 승용차가 빗길에 미끄러지면서 바다로 추락하여 차체의 윗부분만 떠 있는 상태로 발견되었다. 다행히 차량에서 스스로 탈출한 환자가 물 위에 떠 있는 차량을 붙잡고 구조대를 기다리고 있었다. 그는 외상이 없었지만, 장시간 추위에 노출된 상태라 온몸을 떨며 춥다고 말하는 것이 매우 부자연스럽게 보였고 상당히 지친 모습을 하고 있었다. 사고 현장에서 가까운 응급센터까지 거리가 40분 정도 소요되는 거리라 여러 가지 문제들이 나타날 수 있어 구급대원은 가온을 위한 조치를 하고 난 뒤에야 응급실에 도착할 수 있었다.

| 활력징후 | **혈압** 90/60mmHg, **맥박** 60회/분, **호흡** 17회/분, **체온** LOW

중증도 저체온증은 생존에 심각한 영향을 미치는 요소로써 병원 이송을 위한 단계에서 빠른 이송과 함께 가온적 처치가 제공되어야 한다. 병원전외상소생술(PHTLS)에서는 한랭손상을 국소적 표피 한랭손상, 부동 한랭손상, 냉동 한랭손상, 사고성 저체온증으로 정의하고 있으며 증상은 부분적인 가벼운 동상부터 생명을 위협하는 저체온증까지 나타나고 있다.[1]

계절적 특성이 있는 우리나라는 주로 겨울철 등산 중 고립, 폭설, 비, 빙판 사고 외에도 행려자(노숙인), 술 취한 사람, 사회적 약자, 만성질환, 어린이 등이 연평균 503명 정도 한랭손상으로 이송되는 것으로 나타나고 있다.[1)] 계절적 특성 외에도 수난사고 레저활동, 중증외상(다량의 출혈), 비를 맞고 다녔던 장애 환자도 종종 발생하고 있다.

한랭손상에 의한 저체온증 환자는 병원 이송 전 단계부터 정상체온 유지를 위한 적극적인 노력이 환자 생존에 중요한 역할이 되고 있으며 만약, 별다른 조치 없이 이송하게 될 때 인체는 체온 유지를 위한 1차적인 보상 기전으로 초당 최대 10~20회까지의 불수의적인 골격근의 떨림(전율)[2)]이 나타나는데, 이때의 효율은 기초대사량의 5배까지도 증가한다고 한다. 하지만 이 떨림 현상의 지속은 체온상승에 큰 영향을 주지도 못하면서 무산소성 운동에 따른 젖산의 과다분비가 산 염기 불균형에 영향을 미칠 수 있다는 것을 알고 있어야 한다.

우리나라 119구급대원의 업무 지침에서는 중등도(30~34℃) 이하의 저체온 상태를 보이는 경우 다음과 같이 재가온을 권고하고 있다.

> '구급차 내 히터 작동, 온장고에 보관 중인 따뜻한 수액을 이용한 능동적 가온법 시행'

저체온 환자에 대한 가온수액을 공급하는 지침은 현재 정해지지 않았다. 직접 의료지도 요청 기준에 있는 정맥로 확보 및 수액투여에 대한 부분으로 시행되어야 하며, 앞으로 추가되어야 할 것으로 보인다. 또한, 저체온증은 심정지 환자의 전문소생술 진행 중에 약물사용에서도 악영향을 끼치고 있어 가온의 중요성을 더하고 있다.

119구급대원 현장응급처치 표준지침(19년 11월 개정)에서는 중심체온이 35℃ 이하로 떨어지는 것을 저체온으로 정의하며 임상적 특징을 **표 1-1**과 같이 세 가지로 구분하고 있다.

1) 최근 3년간 소방청 통계(2016~2018년도)
2) 중심체온이 30℃ 이상에서만 나타나며 30℃ 이하에서는 이마저도 발생하지 않는다.

표 11-1 체온으로 구분한 저체온 환자의 임상적 특징

저체온증의 구분	증상	치료
34℃ 이상은 경증의 저체온증 상태이다.	• 추위를 느낀다. • 떨림이 나타난다. • 기면, 경한 혼동 증상, 판단력 저하 등의 증상이 나타난다. • 운동 실조 증상이 나타난다. • 호흡수, 혈압, 맥박수가 상승한다.	• 수동재가온법: 보온용 담요, 히터 작동
30~34℃는 중등도의 저체온증 상태이다.	• 떨림이 감소한다. • 기면, 혼미, 섬망 등의 증상이 나타난다. • 반사가 저하된다. • 신체 기능의 저하로 호흡수, 혈압, 맥박수가 감소한다.	• 능동재가온법: 열등, 히터, 더운 수액, 따뜻한 물주머니, 전기이불 또는 담요
30℃ 이하는 중증의 저체온증 상태이다.	• 떨림이 사라진다. • 혼수가 나타난다. • 부정맥의 위험성이 증가한다. • 호흡, 맥박수가 감소하고, 맥박이 잘 느껴지지 않는다. • 심정지가 나타난다.	• 능동적 심부재가온법: 위장관세척, 복강세척, 방광세척, 흉강세척, 체외순환 가온법

또, ICAR MEDCOM-UIAA MEDCOM(International Commission for Alpine Rescue, Union Internationale Dessassociations D' Alpinisme)은 저체온증 상태를 5등급으로 분류화해 산악구조자와 일반인을 식별할 수 있도록 했다.[2]

- Grade 1: 구조대상자가 의식이 있고 떨림 발생(35~32℃).
- Grade 2: 구조대상자는 졸리고 떨지 않는다(32~28℃).
- Grade 3: 구조대상자는 의식변화가 있으나 긍정적인 활력징후를 보인다(28~24℃).
- Grade 4: 활력징후가 없음. 명백한 죽음(24~13.7℃).
- Grade 5: 돌이킬 수 없는 저체온증(CBT<13℃).

체온측정

체온을 측정하는 방식은 입안, 겨드랑이, 항문 체온의 전통적인 방법에서 최근에는 고막 체온과 비접촉식 체온측정 방식까지 다양하게 발전되었다. 입안이나 겨드랑이 항문을 통한 중심체온 측정법은 환자의 체온을 정확히 측정하는데 매우 중요하지만, 병원 전 단계에서 감염과 프라이버시, 오랜시간 등의 이유로 외면당하고 있다. 대신 신속하면서도 비교적 신뢰도가 높은 고막 체온계가 널리 활용되고 있으며 이것은 병원 단계에서도 동일하게 적용되고 있다.

MERS-CoV와 COVID-19 같은 대규모 감염병 사태를 겪으면서 체온계는 열화상 카메라에 의한 측정과 이마나 큰 혈관을 중심으로 비접촉식 체온계가 사용되어 일차적으로 고열 환자를 선별하는 데 도움을 줄 수 있지만, 구급활동에 사용하기에는 부적합하다.

저체온증의 일반적 생리

중심체온이 1℃ 내려가면 신진대사율은 12% 감소, 산소소모량 7% 증가, 면역력이 30%가 떨어진다는 것은 학생 때 배웠듯이 저체온은 체지방 비율, 대사율이 떨어져 열을 잘 만들지 못하고 노인과 체표면적이 넓고 피하지방이 부족하여 열 소실이 쉽게 발생하는 영유아가 쉽게 걸린다. 저체온증은 신경계, 심혈관계, 호흡기계, 콩팥계, 위장관계, 외피계, 근골격계, 정신적으로 영향을 줄 수 있으므로 주의해야 한다.

저체온증은 Gerecht가 2014년 JEMS에 'Trauma's Lethal Triad'(외상 환자 죽음의 3 징후: ① 혈액응고장애, ② 저체온증, ③ 대사성 산증)[3]의 하나로 35℃ 이하의 중증도 저체온에서 혈액응고 장애(혈액응고 시스템 손상)와 관련되어 더 많은 수혈이 필요하므로 체온 유지를 위한 노력이 생존에 중요한 요소가 되고 있다. 또한, 심정지 소생술에서도 35℃ 이하 저체온 상태에서 약물의 대사 능력 저하, 관상동맥 확장 능력 저하가 나타난다는 연구와 현장소생률은 높을지라도 생존율이 떨어진다는 연구결과도 있었다.

2015 AHA Guideline에서는 심폐소생술(전문소생술 포함)과 함께 재가온(rewarming)을 하는 것이 생존율을 향상시키는 것으로 권고하고 있다.

이송 중 저체온 관리

병원 전 단계의 한랭손상 환자는 노출된 시간, 사고처리와 구조되는 시간이 길어지는 환자나 구급차까지 이동에 시간이 길어지는 상황, 이송에 협조가 어려운 경우 체온 유지와 가온을 위한 노력이 필요하다. 경증의 저체온증에서는 체온상승을 위해 골격근 떨림과 피부혈관 수축, 말초혈류 감소, 대뇌혈류 증가, 이뇨(냉이뇨), 심박수 증가, 호흡수 증가, 심박출량 증가, 혈압상승 등의 현상이 나타나지만 이마저도 30~32℃ 중증도 저체온에서는 감소하게 된다.

저체온 치료는 잔류저체온(after drop)을 방지하는 개념으로 네 가지 방법으로 알려져 있다.

- 첫째: 수동적 체외 재가온(자신의 신체 반응에 의한 재가온 방법으로 골격근 떨림, 혈관수축 등)
- 둘째: 능동적 체외 재가온(신체 바깥에서 히터나 온열, 핫팩, 물주머니, 열풍 담요, 더운물 마시기 등)
  - ➔ 1~2℃ 체온상승 효과가 있다.
- 셋째: 능동적 체내 재가온(신체 안으로 외부의 열을 전달하는 방법. 가온수액, 위장관 튜브, 복막세척 등)
  - ➔ 1~7℃ 체온상승 효과가 있다.
- 넷째: 체외 재가온(신체 내 차가운 혈액을 외부 기계에 의해 가온해 다시 체내로 주입하는 방법)

네 가지 방법 중에서 체외 재가온은 전문병원(대학병원)에서 시행하는 것으로 현장에서 적용하는 건 불가능하므로 중증도 이상의 저체온증 환자의 이송은 응급의료센터급 이상으로 선정해야 한다.

사실 병원 전 단계에서 가장 좋은 방법은 더는 체온을 잃지 않게 하는 것(젖은 의복 제거, 물기 닦기, 담요 씌우기, 추운 환경에서 벗어날 것)과 능동적 체외 재가온(따뜻한 물, 가온된 산소공급, 온풍 담요, 히터, 가온 수액 정맥주입, 핫팩 적용 등) 저산소증에 대비해 따뜻한 물에 데워진 산소를 공급하는 방법이다.

하지만 아직 소방청 '구급차량 적재기준'과 '119현장 표준지침'에서는 재가온을 위해 '히터 작동, 온장고에 보관 중인 수액을 정맥로 주입이 아닌 겨드랑이와 사타구니에 적용'으로만 되어 있어 앞으로 가온을 위한 범위가 개선되어야 할 것으로 보이며, 현재로서는 의료지도를 통해 정맥로 확보나 수액투여를 하는 방안이 적절하다. 동상같이 부분적인 한랭손상은 응급상황은 아니지만, 반드시 의사에 의한 진료가 필요한 상황이 대부분으로 이송이 고려되어야 할 것으로 보인다.

이 장에서는 병원 전 저체온증 환자에 대해 현장에서부터 가온할 수 있는 간단한 도구에서부터 능동적 가온을 위한 수액 가온기를 알아보고자 한다.

I 방풍비닐(응급구조 담요) 우주담요 Space Blanket

추운 환경에 노출된 구조대상자를 구조하거나 외상 환자 처치를 위해 옷을 제거한 중증 환자의 체온 유지를 위한 방법은 앞에서 가온법(능동, 수동적 가온)에 대한 소개처럼 구급대원의 중요한 응급처치가 된다. 현장과 구급차로 이동하는 과정에서 효율적인 체온 유지방법은 고작 젖은 옷의 제거나 담요를 씌워주는 것으로 제한적일 수밖에 없다. Space blanket(우주 담요)은 여러분의 노력에 상당한 도움이 될 수 있을 것으로 보인다.

우리나라에는 방풍 비닐 또는 응급구조 담요로 소개되어 있는데, 이것은 1964년 NASA 마셜 우주 센터에서 우주선과 우주복의 열 손실과 뜨거운 태양열을 반사할 목적으로 MPI Outdoor라는 업체에 제작을 의뢰해 사용한 것으로 기록되어 있다.[4] 이후 Aluminized PE로 코팅된 비닐 재질은 97%의 열 반사와 체온소실을 90%까지 막아줄 수 있는 것으로 알려졌다. 구급현장에서는 산악등반, 야외 활동, 구조 활동에서 저체온증 환자의 열방사, 물 증발 또는 대류로 인해 발생할 수 있는 신체의 열 손실을 줄일 수 있어 널리 활용되고 있다. 길이는 210 × 130cm~160cm 정도로 몸을 덮을 수 있을 정도의 크기로 매우 저렴한 가격으로 인터넷 쇼핑몰에서 쉽게 구매할 수 있다. 알루미늄 재질의 우주 담요는 그 외에도 뜨거운 고온체(불, 열기)로부터 보호할 수도 있고(소방관의 방열복이 그러하다) 생존을 위한 야외 활동에서 그늘 텐트 등으로 응용해서 적용할 수도 있다.

그림 11-1 우주담요의 활용(NASA에서 활용한 모습, 구급현장에 응용되어 사용)

Ⅱ 발열모포

최근에는 진공포장을 개봉할 때 공기 반응 발열체에 의해 열을 생성하는 제품도 있다. 제품 종류에 따라 8~15분에서 38~43℃까지 올라 8~10시간 이상 일정한 온도를 유지할 수 있다. 주로, 산악구조용과 수술실, 구급대 이송용으로 다양하게 개발되었다.

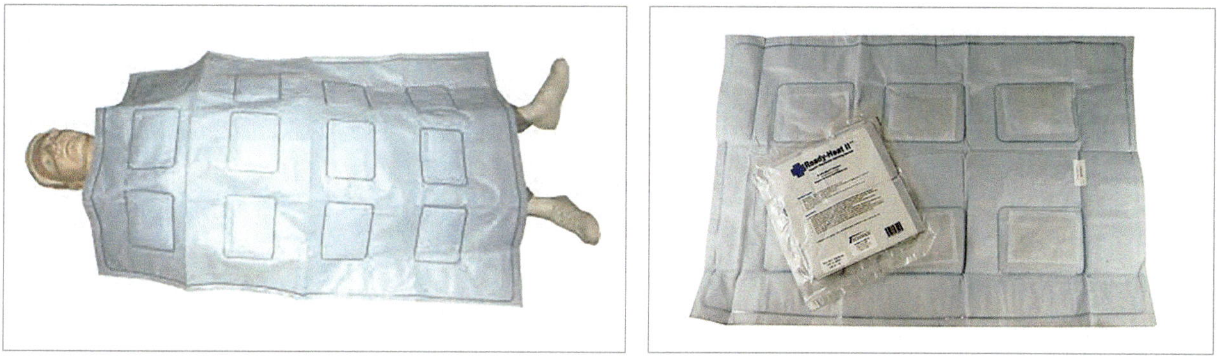

그림 11-2 **발열모포**(ReadyHeat)

Ⅲ 가온 기계 Blood Wamer

1. 개요

중증외상으로 쇼크가 진행되거나 중증도 저체온증(34℃ 이하)에서 능동적 가온을 위해 따뜻한 수액의 공급을 목적으로 한다. 현재 우리나라 119구급대 적재 장비로 지정되지는 않았으나 현장에서 매우 유용하게 사용될 수 있어 소개하고자 한다. 주로 응급실이나 중환자실, 수술실에서 상용전원(220V)을 이용해 혈액 가온기로 사용되고 있는 장비로써 수액 가온도 함께 사용할 수 있으며 실제 외국에서는 널리 활용되고 있다. 병원 전 단계에서는 가온백(팩)과 가온기를 사용할 수 있는데, 가온백은 수액을 담을 수 있는 가방(팩)에 전열판을 설치해 차량용 시가전원(5A, 12V) 또는 상용전원(110~220V)'으로 수액을 데우거나 보온한다.

가온되는 시간은 제조업체에 따라 다르지만, 분당 최대 0.5℃(시간당 30℃) 상승하는 것으로 알려져 있으나, 현장에서 급히 가온할 수 없어 평소에 가온 상태를 유지하고 있어야 한다. 반면 수액 가온기는 수액을 미리 데울 필요 없이 가열판을 통과하는 수액 라인을 데움으로써 빠르게 가온되는 방식이다. 이것은 업체마다 차이가 있지만, 최대 10초 이내에서 20℃까지도 상승 가능해서 현장 출동 중에 충분히 가온할 수 있다, 하지만 부피나 고정, 구급차 외에 사용할 때 전원사용 등의 제한은 단점이 될 수 있다. 만약 대용량 배터리를 활용한다면 산악지역이나 해안 등에서 발생하는 사고에서도 대안이 될 수 있다.

그림 11-3은 필자가 임의로 수액 가온을 위해 USB 전원 기반으로 하는 Coil Heating 방식의 도구를 활용하여 수액백을 가온하도록 구성했었다. 상시전원을 이용하는 구급차 USB 전원에 연결하여 상온 10℃ 수액을 3시간 보온했을 때 38~39℃가 유지되는 것을 확인할 수 있었다. 물론, 이 방식이 충분한 연구로 검증된 것은 아니지만 차가운 수액을 공급하는 것에 비해서 더 나은 방법이라 생각하였다.

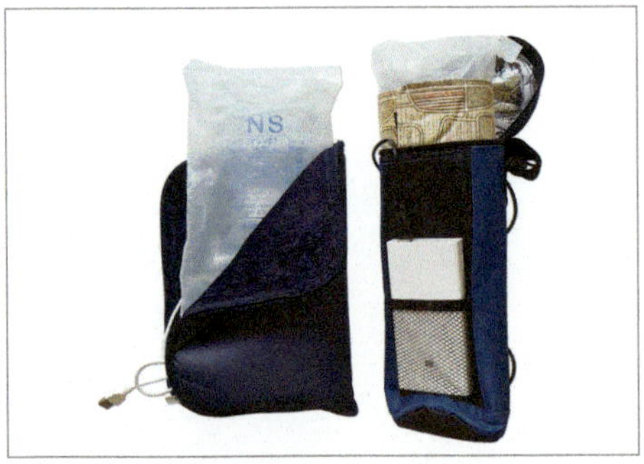

USB 5V 전원을 이용한 방식(3시간 가열에 38℃)
출처: 필자 제작

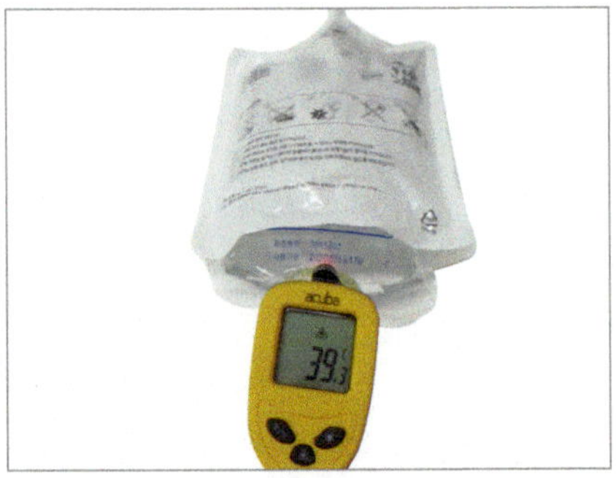

온열 팩을 활용한 가열 방식(3~4분에 39℃)
출처: 경북소방 임미성 제공

그림 11-3 직접 제작해 사용 가능한 수액 가온방법

수액 가온기는 혈액을 몸 바깥으로 빼내어 가온된 혈액을 다시 몸 안으로 주입하는 체외형 가온법처럼 몸 바깥의 따뜻한 수액을 정맥으로 주입해 중심체온을 올리는 방식으로 병원 단계에서는 흔히 사용하는 방법이다. 병원 응급실의 경우 미리 데워진 수액(수액 냉/온장고 또는 warmmer)을 사용하고 있지만, 병원 바깥에서 적용할 수가 없어 수액을 데울 수 있는 여러 가지 형태의 장비가 개발되어 있다.

그 외에도 상품화된 공기순환 담요를 배와 다리를 덮으면 시간당 0.75℃ 정도의 심부 체온을 증가시킬 수 있어[5] 앞으로는 구급차 내에서도 활용할 수 있을 것으로 보인다.

외상표준진료지침개발 결과보고서 2017[3]에 따르면 외상으로 인한 저혈량 쇼크가 발생한 환자에게 저체온증이 발생한 경우 체온을 올리는 것이 환자의 예후를 향상하는 것으로 권고하고 있다. (1B)

2. 적응증과 작동원리

중증도 이상의 저체온증 상태와 중증외상 환자의 이송단계에서 능동적 가온법으로 체외에서 가온된 수액을 공급하여 체온상승과 유지를 위한 장비로 사용할 수 있다. 혈액/수액 가온기는 가열을 위해 Plate heating(금속판을 가열시켜 수액을 전도열 형태로 가온하는 방식) 방식을 통해 가열하는 것으로 가열시간이 빠르고 안정적으로 온도를 유지할 수 있는 장점이 있으나, 높은 전력[상용전원(220V AC) 또는 AC Inverter가 내장된 대용량 배터리가 필요]과 무게, 고정을 위한 폴대나 고정고리 등을 필요로 하여 병원 전 환경에서 적용하기에 제한적일 수도 있다. 주로 병원 수술실과 회복실에서 체온 유지, 중환자실과 응급실에서 중증외상과 심각한 저체온증 환자에 대해 가온된 혈액이나 수액을 사용하기 위한 혈액/수액 가온기기를 사용하고 있다.

3) 국립중앙의료원/연세대학교 원주산학협력단에서 발표

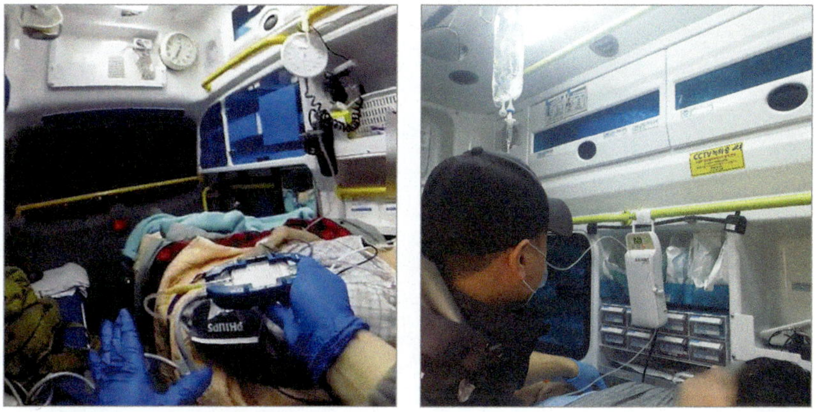
그림 11-4 수액 가온기의 현장 적용 모습

병원 전 단계에서는 이러한 혈액/수액 가온기도 사용할 수 있지만 따뜻한 가열판 등으로 수액을 감싸는 형태의 수액백 장비도 개발되어 있다. 수액백 장비는 출동 전에 미리 상용전원 또는 차량 내 시가잭 전원을 이용하여 데울 수 있으며 보조 배터리를 이용하면 산악구조나 구급차 바깥에서 시간을 지체해야 하는 상황에서 유용할 수 있다. 또한, 전원이 제거되어도 일정 시간 동안 보온이 가능한 장점이 있다.

3. 주의사항

아직 우리나라에서 구급대원 업무 범위에 수액 가온기의 사용에 대한 지침이 없어 이송 중에 사용하는 것은 먼 일처럼 느껴질 수 있다. 만약 수액 가온기를 사용하게 된다면 사전에 의료지도 의사와 논의해야 할 것으로 보인다. 수액 가온은 기본적으로 변성이 없는 'crystalloid fluids only(Normal saline and ringers lactate)'로 보관하거나 사용되어야 한다. 다시 말해 포도당이나 다른 약제들과 혼용하여 사용할 수 없다.

보관할 때 가열판과 수액백이 오랜시간 직접적으로 접촉되면 설정값보다 높은 온도에 빨리 도달할 수 있다. 수액의 안전성을 위해 가온 상태로 2주 이상 보관되지 않도록 보관날짜를 표기하여 주기적으로 교환할 수 있도록 해야 하는 것들이 지켜져야 한다.

구급활동에서 만나는 대부분의 저체온증 환자는 겨울철에 발생한다. 정도가 약한 동상에서부터 생명을 위협하는 중증 상태의 환자까지 만날 수 있다. 부분적인 증상이 있는 환자가 응급상황이 되는 일은 매우 드물다. 하지만 가끔 치료가 어려운 상황이 오기도 해 반드시 의사의 진료가 필요하다. 환자가 이송을 거부할 때는 의료지도를 받아 두는 게 좋다(가볍게 연고를 바르는 것도 포함).

노인층이나 학대받는 구조대상자의 경우 겨울이 아니라도 움직이지 못하는 그 자체가 저체온증 위험에 빠지는 원인이 되기도 한다. 그들은 옷을 계절에 맞춰 입지 못했거나 젖은 상태일 수 있다는 것을 알아야 한다.

현장은 늘 지침에서 말해주지 못하는 여러 가지 문제들이 상존한다. 몇 가지 상황에서의 증상과 징후가 맞지 않는다면 다른 원인을 찾고 연관 짓는 노력이 필요하다.

4. 적용(사용)방법 (AM-301)

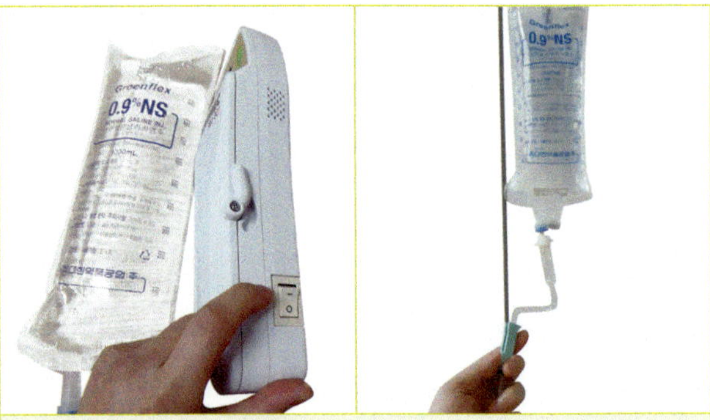

① 기계 옆면의 전원 스위치를 켜고 수액백을 연결한다.

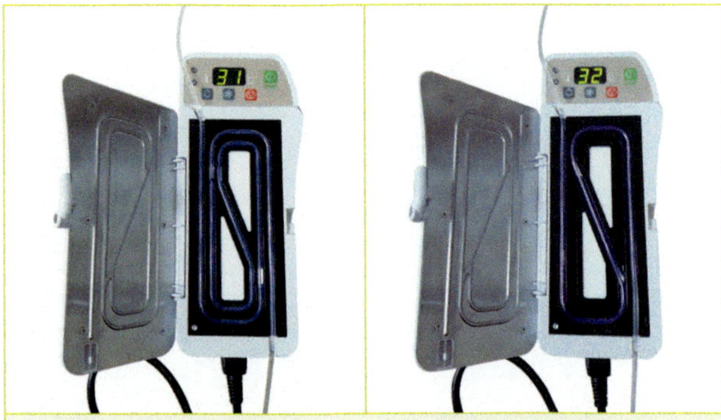

② 수액 세트의 설치(한 번 감기와 두 번 감기)의 예
두 번 감기가 온도가 높다.

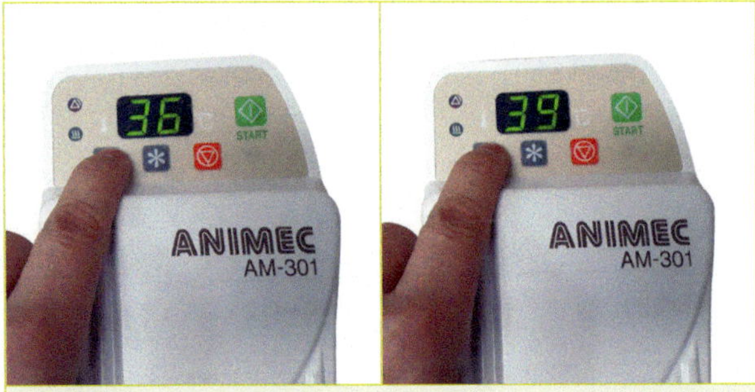

③ 가온 목표 온도 설정은 한 번 누를 때마다 36℃와 39℃로 변경된다.

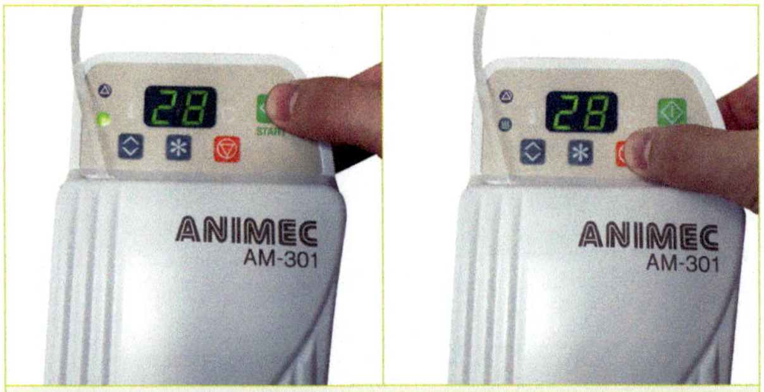

④ 가열 시작 버튼과 가열 종료 버튼(고온보호회로가 42.5℃에서 알람기능과 함께 중단)이 있어 사용자가 임의로 종료할 수도 있다.

가온 방식		수액백을 가온하는 형태			
모델명		Ferno CFE IV Warmer 3000	Smith works Thermal Sack IV Fluid Warmer	Thomas EMS 2L/4L IV Warmer	Smith works Thermal Pack2-p IV Fluid Warmer
형태		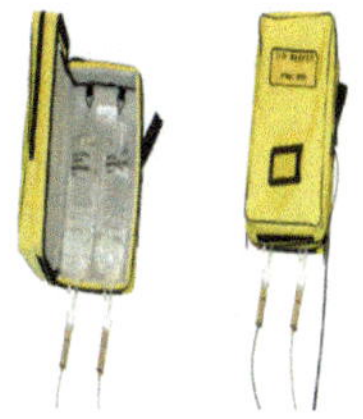	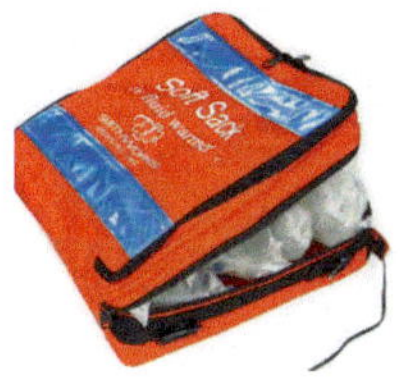		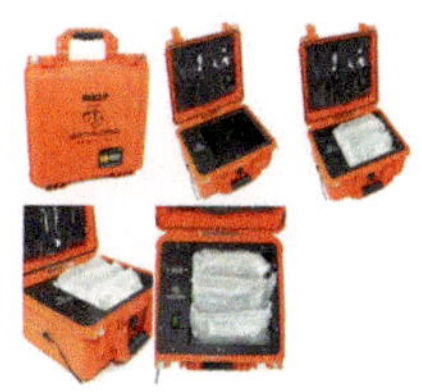
규격	크기	30×23×10cm	32×30×14cm	30.6×27.9×8cm	39.2×31.8×17.cm
	무게	-	-	-	-
	가열 방식	알루미늄 열판	알루미늄 열판	알루미늄 열판	알루미늄 열판
	전원 방식	12V 시가잭 115V AC	12V 시가잭 40W 3A 120V AC	12V 110V AC	12V 시가잭 40W 37A 120V AC
	설정온도	40~42℃	37.2~38.3℃	-	37.2~38.3℃
	가온속도	-	분당 0.5℃	-	분당 0.5℃
	특징	• IV 튜브 전체를 커버 • 벨크로 타입으로 환자 팔에 고정할 수 있다. • 전원 분리 상태에서 10분에 1℃ 정도 온도 소실	• 한 번에 1L 수액 3개를 수납해 가온할 수 있다.	• 절연 튜브를 통해 온도소실 최소화	• 예열시간 5분 • 차량 배터리 안정을 위해 7A Fuse권장 • 3L 보온

수액백을 가온하는 형태는 전원을 분리한 상태에서도 10분당 약 1℃ 정도의 소실을 가져오지만 라인에서 가온하는 형태는 전원 공급이 중단될 경우 전혀 사용할 수 없는 특징이 있다. 즉각 사용해야 하는 경우 수액백을 가온하는 형태는 가능하지만(물론 평소 충분한 보온이 되고 있다면) 라인에서 가온하는 형태는 설정하고 가온이 되는 데 시간이 소요되는 특징이 있다.

수액백 외부 팩을 제거하지 말아야 하며 2주 이상 가열(보온)을 하지 않도록 권고하고 있다(가온을 시작한 날짜를 기록 관리).

가온 방식		라인에서 가온하는 형태			
모델명		ANIMEC AM-301	Smith Hotline Fluid Warmer	Belmont Buddy Lite	GE Healthcare Enflow
형태				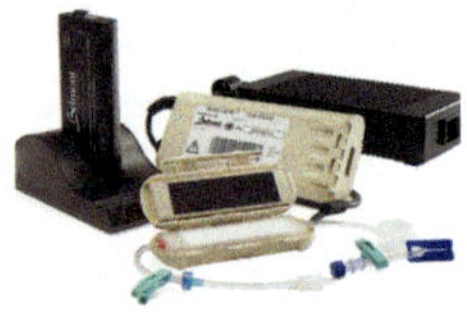	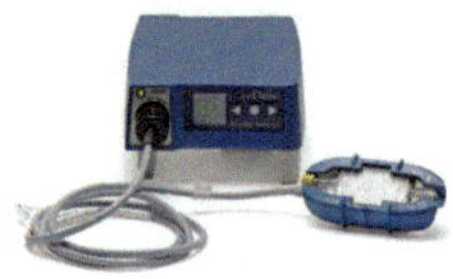
규격	크기	115×65×265mm	24×21×18cm	4×13×2cm	24×17×10cm
	무게	1kg	3.6kg	1.7kg	1.8kg
	가열 방식	순환가열판 방식		유도 가열 방식(카트리지 방식)	
	전원방식	220V AC /150W	220V AC 345W	배터리 방식 2.5시간 사용	배터리 사용 가능 300W
	설정온도	36/39℃	37~42℃	38℃±3℃ 가능 온도 42.5℃	40℃±2℃
	가온속도	상온 20℃에서 1분 이내 39℃ 도달	4분 이내 37℃ 도달	-	20초에 목표온도(40℃) 도달
	특징	• 가열판을 2Way 방식으로 제작해 36℃, 39℃로 공급할 수 있음 • 1~20mL/min 흐름 • 42.5℃ 고온 알람 • 분당 1~20mL의 흐름에서 최적의 효과를 나타낸다.	• 43.1℃±0.1에서 알람 기능 • 정상적인 흐름에서 최대 83mL/min 공급(시간당 5L)	• 1회용 casesettles • Fulldrip에서 38℃±3℃ 지원 • 20℃에서 80mL/min, 10℃에서 50mL/min으로 공급 가능 • 설정 온도 이상에서 작동 시 알람 작동 기능	• 1회용 casesettles • 2개의 온도 구간을 LED로 표시 • 33℃ 이하 33~35℃ • 42℃ 이상 35~42℃ • 고온 알람 43℃와 45℃에서 멈춤 • 20℃ 수액을 38~42℃ 구간에서 최대 200mL/min으로 공급 가능

참고: 수액가온기의 성능은 20℃ 상온 수액을 데우는 것을 성능기준으로 한다.

Reference

1. 김진우 외 옮김. 병원 전 외상소생술. 군자출판사. 2016.
2. H. Brugger, B. Durrer. The medical on site treatment of hypothermia. Consensus guidelines on mountain emergency medicine and risk reduction (ICAR MEDCOM-UIAA MEDCOM), pp. 71-75
3. Gerecht R. The lethal triad. Hypothermia, acidosis & coagulopathy create a deadly cycle for trauma patients. *JEMS*. 2014;39(4):56-60.
4. Bryan, Will (May 11, 2016). "The Space Blanket: Your Adventure Companion". The Marshall Star. NASA. Retrieved May 11, 2016.
5. Hynson et al. 1993; Sessler & Moayeri, 1990.
6. Gordon G. Giesbrecht, Wilderness Environ Med, 12 (2001), pp. 24-31, Prehospital treatment of hypothermia, PhD-low asterisk.

Chapter 12

분만
(분만세트)

✧ 학습목적

분만과 관련된 현장 활동에 사용되는 장비 소개와 사용법에 대해 알아보고자 한다.

✱ 현장상황

| 현장모습 | 아파트 24층에 거주하는 32세 임신부로 아랫배 통증과 함께 양수가 터졌다는 내용으로 119에 신고된 환자로 구급대원이 도착했을 때 흘러내린 양수로 바닥이 젖어 있었다. 환자는 둘째 아기를 가졌었고 39주째로 출산 예정일이 5일 전이라 했다. 지속적인 진통이 2~3분 간격으로 있었고 평소 산부인과 진료에서는 아기는 정상위를 갖고 있었다고 한다. 구급대원이 아기가 곧 나올 것 같은 느낌이냐는 질문에 그렇다고 대답한다. 하지만 걸어서 집 밖으로 나올 수 있을 것 같으니 빠른 이송을 요구하였다(분만 임박징후). 이송 중에 분만이 시작되어 산모에게 양해를 구하고 신속처치를 하여 분만을 성공적으로 하였다.

아기의 APGAR는 8점으로 평가되었다. 산모는 하혈이 심하지 않았고 태반은 비닐에 보관하여 병원으로 이송하였다.

| 활력징후 | **혈압** 140/100mmHg, **맥박** 122회/분, **호흡** 35회/분, **체온** 37.0℃, SpO_2 98%

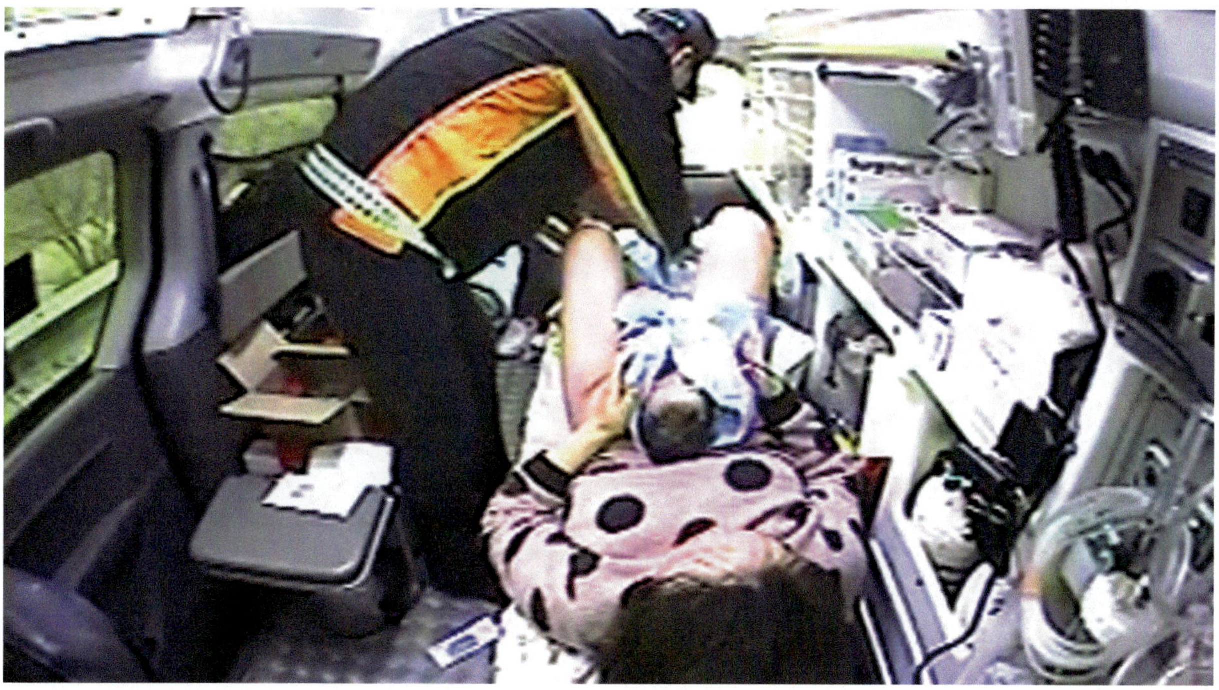

산과 응급과 관련하여 현장과 이송 중에 분만하는 경우는 매우 드물다. 소득의 증가와 삶의 질의 향상은 정기적인 병원 진료를 통해 분만 시기가 적절히 조절되고 있다. 또한, 우리나라의 경우 2019년 기준 가임여성 1명당 0.918명의 출산율로 OECD 평균 1.63명을 밑도는 저출산 국가이기도 하다.

구급현장과 이송 도중에 갑작스러운 분만 상황은 매우 드물게 발생하는데 이것은 다른 응급상황과 달리 경험하기도 어렵고 예기치 못한 문제들에 대한 대처 능력에 한계가 있기 때문이다. 산모 대부분은 자신의 출산 예정일을 알고 있으며 다니던 산부인과에서 분만 일정에 대해 적절한 조절을 하고 있다. 그리고 그들은 사전에 분만과 관련하여 진통의 질과 간격 등에 대한 충분한 학습을 하는 경우가 대부분이며, 경산부일 경우 더욱 그러하다.

여러 교과서와 문헌에서는 초산부는 경산부에 비해 진진통이 발생하더라도 실제로 분만에 걸리는 시간이 많이 소요되므로 현장에서 진진통이 있더라도 이송 간 실제 분만이 일어나는 경우는 매우 드물다. 하지만, 현장 대원들의 출동 기록에 따르면 초산임에도 불구하고 현장 분만이나 이송 간 분만을 경험하는 사례가 종종 보고되고 있다.

현행 의료법과 응급의료에 관한 법률에 따르면 응급구조사와 간호사에 의한 119구급대원의 분만과 관련하여 '탯줄 자르기' 등의 행위는 불법 의료행위로 규정하고 있지만, 119구조구급에 관한 법률에 따라 '탯줄 자르기'를 제외한 분만을 돕는 행위만 이뤄지고 있다.

2020년 현재 2019년 '특별구급대 시범사업'에 의해 교육받은 대원에 한해 직접 의료지도를 통해 현장에서 분만행위 중에 '탯줄 자르기' 등이 진행되고 있고 시범사업 결과를 바탕으로 업무범위 확대에 대해서는 향후 검토할 계획에 있다.

I 분만세트

1. 개요

소방에서 분만세트를 사용하여 현장이나 이송 중에 분만을 시작한 것은 소방을 기초단체에서 운영하던 97년경부터 전국적으로 보급되기 시작한 것으로 알려져 있다.

그림 12-1 2008년 당시 분만세트 식품의약품안전처 무허가와 관련한 보도

2008년에는 외국의 Dynamed사의 분만세트를 수입 유통했던 제품이 식품의약품안전처의 복합적인 허가방식(의료기기, 의료외품, 의료의약품이 하나의 세트로 구성된 품목)을 모두 거치지 못한 일부 품목이 있어 문제가 되기도 했었다. 이후, 세트구성에 대해서는 소방관서에서 구급현장에 맞게 요구되는 품목들을 개별 포장한 것을 세트로 구성하는 방식으로 유통되고 있다.

소방청 2019년 통계에 따르면 분만과 관련한 출동이 1,780건(43건의 현장분만 등, 13건의 이송 중 분만)으로 꾸준한 활동이 있다.

2. 적응증과 주의사항

소방청 119구급대원 현장응급처치 표준지침에서는 현장 분만과 관련한 사항에 대해서 분만 임박 징후[1)]가 보일 때 머리가 보이지 않는 분만은 현장 분만을 하지 않고 최대한 빨리 응급분만이 가능한 병원으로 이송하게 되어 있다. 머리가 보이기 시작한 정상 응급분만은 현장이나 구급차 안에서 의료지도와 표준지침에 따라 응급분만을 진행하게 된다.

이송을 준비하거나 이송 중에 산모가 강한 분만 임박징후를 보이고 아기 머리가 보인다면 분만 준비를 해야 한다. 우선 환자실 난방을 위해 히터를 가동하고, PPE(개인 보호구)를 착용 후 분만세트를 개봉하고 분만을 진행하게 된다. 이때 구급대원은 업무를 서로 분담하여야 한다. 처치 요원은 직접적인 분만을 위해 활동하고 운전 요원 또는 다른 처치 요원은 산모와 출산 후 신생아 보살핌을 위한 준비를 해야 하기 때문이다. 한편에는 구급활동일지를 준비해 두고 처치내용과 시간을 수시로 기록한다. 기록지는 산모와 신생아 각각 1부를 작성한다.[1]

분만세트 구성품은 수입과 유통하는 업체에 따라 약간의 차이가 있지만 공통으로 멸균 시트, 수건, 멸균 의료용 가위, 수술용 칼, 탯줄 절단 가위, 배꼽폐색기, 외과용 글러브, 구형(bulb) 흡인기, 소독 약재, 기저귀, 산모용 패드 등이 공통적인 품목으로 들어가 있다.

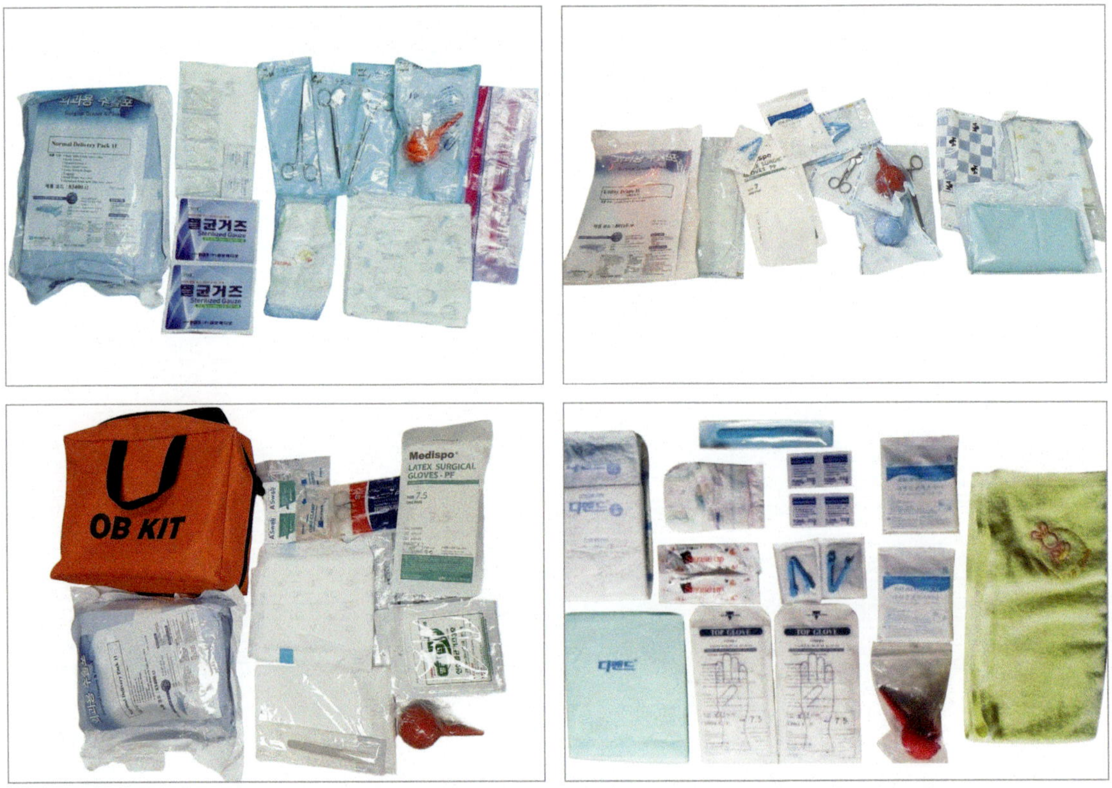

그림 12-2 119구급대 분만세트 구성품(개별 품목을 모아 하나의 세트로 구성하고 있다.)

1) 연분홍색이나 피가 섞여 있는 분비물(이슬)이 보이기 시작하고, 양수가 터지고 양이 많다. 진통이 2~3분 간격으로 온다. 배변을 보일 때도 있고 태두가 보인다.

분만 과정은 의료지도에 따라 119구급대원 현장표준지침에 의해 진행하게 된다. 정상적인 분만이 끝났을 때 산모보다 태아를 아래로 하여 태반 내 혈액이 충분히 태아에게 이동되도록 기다린 후에 결찰한다. 그림 12-3과 같이 배꼽 폐색기(umbilical cord clamp)는 배에서 7~10cm 부위에 하나 물리고, 물린 쪽에서 배 쪽으로 2~3cm 부위에 하나를 물린다.

이런 조작으로 전 혈액의 10% 정도를 추가로 받을 수 있다고 한다.

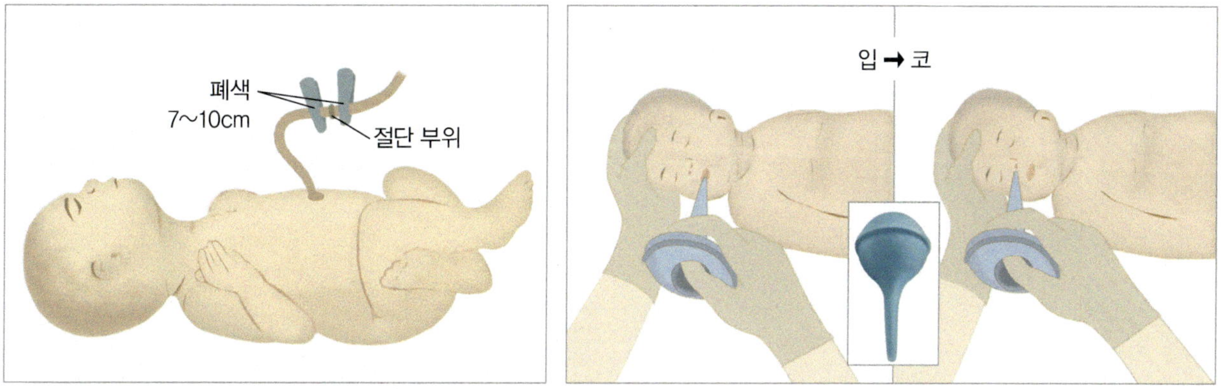

그림 12-3 **배꼽 폐색법과 구형 흡인기의 사용**

배꼽 폐색기가 양쪽으로 물린 중간 사이에 멸균 가위로 자르게 된다. 만약 플라스틱 배꼽 폐색기가 없다면 켈리(kelly)를 대신할 수도 있다. 이 모든 행위는 반드시 소독된 공간 안에서 멸균 소독된 장비들을 이용하여야 한다.

3. 적용 방법(분만세트를 이용한 분만 절차)

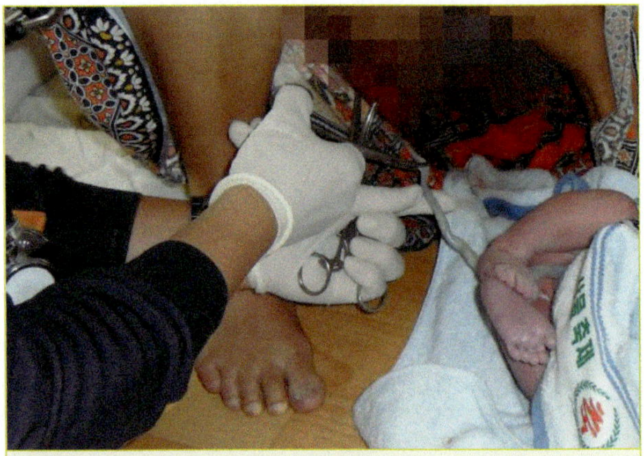

① 분만세트를 이용하여 제대절단을 한다(멸균법 적용).

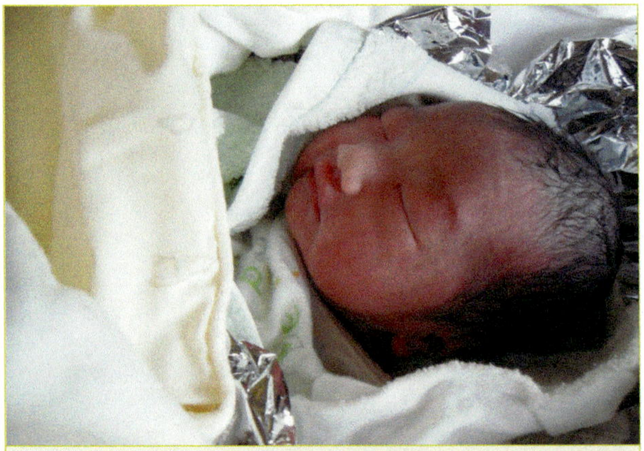

② 출산 후 신생아의 체온을 유지한다.

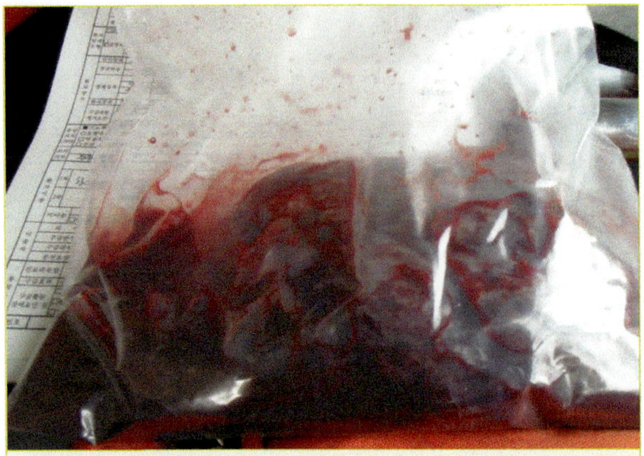

③ 태반을 회수한다.

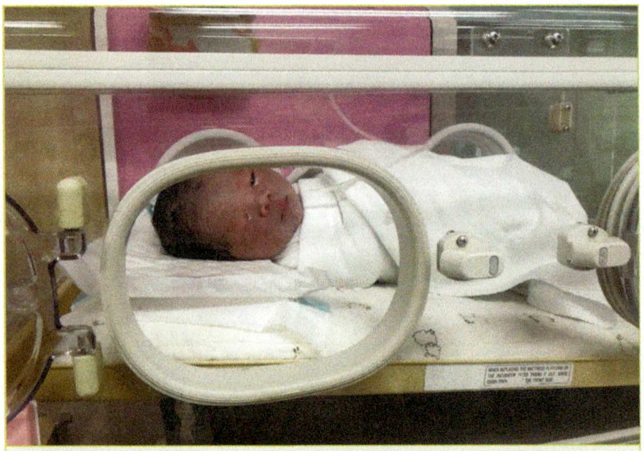

④ 신생아 치료가 가능한 응급의료기관으로 이송한다.

Reference

1. 박윤택, 박주호, 최덕수 외. 119 현장 사례로 본 한국형 병원 전 시나리오, 비외상편. 도서출판 한미의학. 2016. p. 176
2. 현장전문응급처치학. 아카데미아. 2020.

Chapter 13

교통사고
(목 보호대, 척추 고정대, 구출 고정대, Triage Tools)

✧ 학습목적

다중 추돌사고 현장 사례를 통해 제한된 자원의 효율적 운용과 구급현장에서 척추 손상 의심 환자에 널리 활용되는 장비에 대해 학습해 본다.

✽ 현장상황

| 현장모습 | 고속도로에 버스 2대와 승용차 3대가 추돌했다는 내용으로 신고되었고, 현장 이동 중에 추가 구급차 지원을 요청하였다. 사고로 인해 차량 정체가 매우 심해 1km 지점에서 걸어서 현장으로 이동하였다. 두 번째 버스 앞부분이 심하게 찌그러진 것으로 보아 강한 추돌이 발생한 것으로 보인다. 사고 차량의 승객들은 고립되어 있고, 차량 내부에 다수의 환자가 있는 것으로 파악된다. 구급대원 1은 두 번째 차량 외 다른 환자를 파악하고, 구급대원 2는 두 번째 버스 안으로 들어가 중증도 분류를 시행한다.

| 초기평가 | 다중추돌 현장에서 2차 사고 위험파악, 버스와 승용차 사고에서 1차 중증도 분류 시행

| 환자현황 | 20명 확인
(긴급 1명, 응급, 4명 비응급 15명, 사망 0명)

1960년대 미국 EMS에서는 척추 손상에 대해 획기적인 전기를 마련한 시기임은 분명하다. 외과 의사였던 Geiser WO 외 2인의 연구에서 사고 후 적절한 척추 고정은 하반신 마비를 예방할 수 있다는 보고 이후에 의사들은 의견에 동의하게 되었다.

1968년 미국의 외과 의사였던 J.D. Deke Farrington은 퇴임하던 시기에 그가 남긴 저서에서 외상 환자를 이송하면서 목과 척추의 처짐이 있는 환자는 단단히 고정되어야 한다고 주창한 이후, 1985년 미국 교통부에서 EMT 교육과정에 약간의 척추 손상이 의심되면 완전 고정을 하는 것을 권장하였고 지금도 그 지침은 여전히 적용되고 있다.

최근에는 척추 손상을 의심할 만한 사고기전이거나, 증상을 호소하는 환자에게 무조건적인 척추 고정이 오히려 문제가 많다는 반대 의견이 늘어나고 있다. 그러므로 현장 대원의 더욱 정확하고 현명한 판단으로 척추 고정에 접근해야 할 것으로 본다.

척추 고정에 대해 반론을 제기하는 주장에는 목 고정 환자의 25%가 구역 반사(Gag Reflex) 유발과 기도관리의 어려움, 뇌압 상승 유발, 구출 고정대(KED) 적용 과정이 오히려 더 많은 움직임을 만들 수 있으며, 구출되는 시간이 더 오래 걸린다는 문제에 대해 말하고 있다. 가장 많은 반론이 있는 것은 지난 30년간 척추 손상 환자에 대한 고정의 대명사로 자리 잡았던 긴척추 고정판(Long Back Board)에 대한 것으로 이송시간이 길어지면 통증, 궤양 심지어는 올바른 고정 자체가 어렵다는 주장까지 이어지고 있다.

그 주장은 Nexus, Canadian Rule 등의 연구 결과가 설득력을 더하며, 현장 지침으로 받아들여지고 있으나, 아직 우리나라의 병원 밖 지침의 대표격인 "119구급대원 현장응급처치 표준지침"은 아직 반영되고 있지 않지만 가까운 시일 내에 그 지침을 따르지 않을까 한다.

이 부분에서는 크고 작은 교통사고 현장에서 주로 사용되고 있는 척추 보호장비와 다수인명 사고에 따른 중증도 분류시스템 장비의 특성과 현장 적용에 대해 알아보고자 한다.

대형인명사고가 발생한 사고의 지휘체계 구성은 삼품백화점 붕괴사고 이후로 재난 및 안전관리법이 제정되었고, 소방조직에서는 1년에 1회 이상 긴급구조대응훈련(종합훈련)을 실시하게 되었다. 재난상황에서 발생하는 여러특징들이 있지만 응급의료종사자가 사고 현장에서 반드시 알고 있어야 하는 4가지 효과는 다음과 같다.

1) 지리적 효과: 재난 현장에 가까운 의료기관이 큰 충격을 받는다(병원 마비). 무조건 가까운 곳으로 몰리는 현상.
2) 이중파동 현상: 재난 초기 15~30분 사이에는 경증환자, 30~60분 이후에는 구조 및 이송된 중증환자가 의료기관에 내원한다. 사전에 인지하고 병원 내에 충분한 물자와 인력을 추가로 배치하지 않으면 병원 재난이 악화되는 형태를 말한다.
3) 바벨 효과: 재난 현장에서 통신의 부재 상황. 통신 불능의 상황 발생(재난 발생시 비상통화 계획이 수립되어야 한다.)
4) 연합효과: 여러 기관이 협력할 수 있어야 한다. 평소 재난 대응에 훈련된 전문 인력이 투입되어야 효과적이다.

I 목 보호대 Cervical Spine Immobilization Device

1. 개요

흔히들 C-Collar라고 부르는 목 고정대의 어원은 C(Cervical: 목)와 Collar(목의 지름, 깃)를 합쳐 목을 두른다는 의미의 합성어로 교통사고나 추락사고 등으로 목(척추) 손상이 의심되거나 증상이 있는 환자를 구조와 이송 과정에서 목 부위의 2차 손상을 최소화할 목적으로 널리 사용하는 장비라 할 수 있다.

목 고정대는 1966년 베트남 전쟁 당시 조지 코트렐(George Cottrell)이 목 손상 환자에 대한 고정을 위해 개발했다. 처음 개발 당시에도 목의 앞, 뒤, 옆, 회전 움직임이 발생하지 않도록 벨크로 재질의 끈으로 제작되었다.

목 손상을 입은 외상환자는 초기 현장 대원의 평가에 따라 단단히 고정되어야 한다는 것은 더할 나위 없는 사실이나 단단히 고정되지 못한 환자는 1차 손상 이후 사고현장에서 병원으로 이송과 처치 중에 3~25%가 2차 신경 손상을 입는다는 연구도 있다.[1]

병원 전 단계에서는 부드러운 유형과 단단한 유형의 목 보호대가 주로 사용되고 있으며, 단단한 유형의 보호대의 고정력이 더 나은 것으로 나타나고 있다.

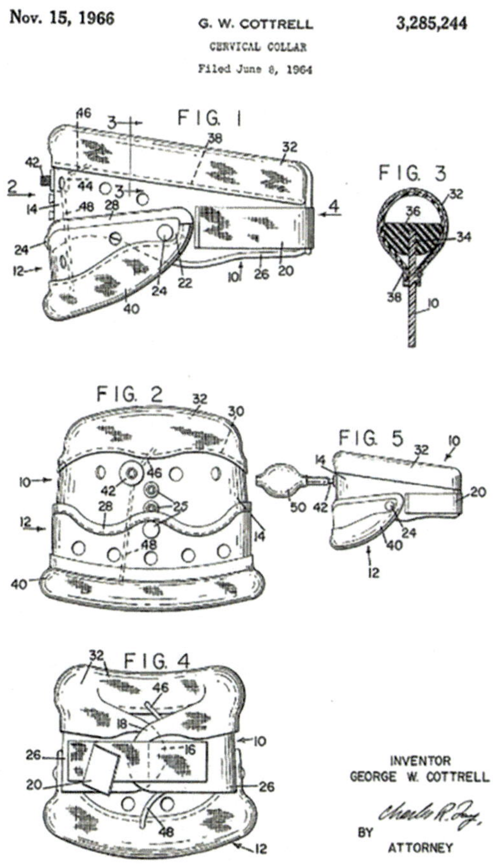

그림 13-1 조지 코트렐(George Cottrell)에 의해 개발된 목 고정대

표 13-1 목 보호대 종류에 따른 운동 제한 효과[2,3,4,5]

<table>
<tr><th>연구방향 / 연구자</th><th>No collar</th><th>고정방향</th><th>Philadelphia®</th><th colspan="2">Stifneck® Select</th></tr>
<tr><td rowspan="4">김재국 외 6인</td><td rowspan="4">100%</td><td>Flexion</td><td>40.7%</td><td colspan="2">28.4%</td></tr>
<tr><td>Extension</td><td>43.8%</td><td colspan="2">28.0%</td></tr>
<tr><td>Bending</td><td>62.1%, 62.1%</td><td colspan="2">45.9%, 48.5%</td></tr>
<tr><td>Rotation</td><td>18.9%, 16.7%</td><td colspan="2">13.0%, 11.7%</td></tr>
<tr><td rowspan="4">최한성 외 4인</td><td rowspan="4">100%</td><td>Flexion</td><td>48.48%</td><td colspan="2">42.72%</td></tr>
<tr><td>Extension</td><td>35.89%</td><td colspan="2">26.87%</td></tr>
<tr><td>Bending</td><td>72.29%</td><td colspan="2">44.34%</td></tr>
<tr><td>Rotation</td><td>42.62%</td><td colspan="2">22.14%</td></tr>
<tr><td rowspan="4">서정훈</td><td rowspan="4">100%</td><td>Flexion</td><td rowspan="2">28.9%</td><td rowspan="4">Colleen T 외 3인</td><td rowspan="2">40.99%</td></tr>
<tr><td>Extension</td></tr>
<tr><td>Bending</td><td>66.4%</td><td>33.22%</td></tr>
<tr><td>Rotation</td><td>43.7%</td><td>33.62%</td></tr>
</table>

신체적 구조에 따라 영아, 소아, 성인용으로 구분하여 만들어져 있고, 제조업체에 따라 세부적인 사이즈 조절이 가능한 장비들도 개발되어 있다. 일부 책에서 목 보호대가 굽힘(굴곡)의 90%, 폄(신전)의 50% 제한(고정)이 가능[6]하다고 말하고 있지만, 머리 고정대와 함께 적용했을 때 효과를 의미한다.

척추 손상의 증거가 있다면 목 고정대만 단독 시행할 경우 단단한 고정 효과를 보기 어려우므로 반드시 머리 고정대와 함께 적용해야 한다.

2. 적응증과 작동원리

사람의 머리는 개별 단위로는 무게가 가장 무거워(70kg인 성인의 약 5% 내외) 사고 당시 머리에 가해지는 힘으로 목 손상이 발생할 가능성이 크다. 특히, C3번의 척수신경 너비는 척추의 안지름보다 작아 손상의 위험이 크고 C3, C4, C5 번의 손상은 신경절에 따라 가로막과 호흡근 움직임 장애와 연관이 있어 더욱 주의가 요구된다.

목 손상을 의심할 수 있는 유형의 사고(교통사고, 추락, 낙상, 다이빙 손상, 추락물에 의한 손상)와 사고 기전을 바탕으로 의식장애를 동반한 모든 환자에게 적용할 수 있고, 변형, 통증, 압통, 손상 부위 이하의 감감 손상, 힘 빠짐 등의 증상들이 대표적으로 나타날 수 있어 증상과 징후를 빠르게 파악해야 한다. 목 손상과 관련된 통증이나 특별한 증상이 보이지 않아도, 사고 기전이 불량하고 현장 대원의 판단에 따라 척추 고정을 하고 이송을 할 경우, 차량의 회전력과 방지턱을 넘는 과정에서 척추의 움직임이 발생하므로 단단히 고정되어야 할 필요가 있다.

목 고정 장치의 주목적은 머리와 목 사이 간격을 단단히 유지해 '굽힘, 폄, 측 방향 회전'을 제한하여, 목뼈에 유지되는 압력을 최소화하거나 증가를 막아 척수 손상을 예방하는 데 있다. 목 고정의 원리는 생각보다 매우 단순하다, 모든 척추 고정 장치의 기본 개념은 부목 고정의 원리와 크게 다르지 않게 설계되었다. 일반적인 부목처럼 손상 부위의 위, 아래를 함께 고정하여 움직임을 제한하는 개념에서 출발하였다.

목 고정대는 7개의 목뼈를 모두 고정하는 것으로 후두부와 목뼈, 아래턱의 좌우 아래, 목뼈와 등뼈 일부를 고정의 버팀대 역할을 하기도 한다. 하지만, 머리와 목고정 장치 하부의 C-6, C7, T1과의 관계에서 나타나는 움직임은 해결하기 어려워, 양쪽 팔에 신경학적 증상이 나타날 때는 구출 고정대나 긴 척추 고정판에 고정을 고려해야 한다.

"목 고정 장치가 기관의 자극, 구토 반사 자극, 머리의 혈류 흐름을 방해한다"라는 주장들이 있지만 기관과 혈관을 보호할 수 있다는 주장도 있어 아직은 논란이 있다.

3. 주의사항

사고 기전이 파악된 출동 단계부터 주변 사람들에게 환자를 움직이지 않도록 요구하고 외형상(얼굴, 목, 가슴 부위에) 손상(열상, 타박상, 변형)이 보이면 손상에 대한 증상이 당장 나타나지 않더라도 이송 중에 증상을 보이는 "불완전 손상"이 있을 수 있다는 것을 잊지 말아야 한다.

실제로 논문에 있어 현장에서 척추 손상의 증상과 징후가 없었던 환자에서 영상 검사에서 골절이 나타나는 경우가 많다.

표 13-2 목 보호대 착용의 주의사항

① 대원 안전과 추가 위험요소를 조치할 것
② 목 고정 전에는 움직임을 제한할 것
③ ABC에 대한 문제를 우선 조치할 것
④ 현장에서 척추의 배열을 정렬하지 않을 것
⑤ 어깨높이와 목의 길이에 따라 적절한 사이즈를 적용할 것
⑥ 보조자는 목 고정 중에 보조할 것
⑦ 긴척추 고정판과 머리 고정대에 고정되지 않는 한 단단한 고정이 될 수 없다.

척추 고정 장치는 손상 후 약해진 척추의 구조물(뼈, 인대, 근육)의 지지력을 보조해 주거나, 손상으로 인한 신경, 혈관, 뼈 조직의 추가 손상을 예방하기 위해서 단단한 고정을 기본으로 하고 있다. 따라서, 장비와 접촉되는 피부조직의 압통과 혈액순환 장애로 인한 괴사 등의 부작용이 충분히 발생할 수 있어 응급의료종사자가 이송 중에 확인할 필요가 있다.

표 13-3 목 고정대 적용의 부작용

① 기도 유지의 어려움
② 자발 호흡 능력의 저하
③ 목 조임에 따른 오심, 구토의 발생
④ 고령자 또는 소아에 있어 불편감 호소 어려움
⑤ 압박 부위의 통증과 피부 괴사(궤양)
⑥ 심리적 압박에 따른 불안감 증가
⑦ 의식저하 환자가 증상을 호소할 수 없어 혀와 가래 등에 의한 기도폐쇄의 유발 가능성

표 13-4 척추 고정대를 배제할 수 있다는 논란에 따른 두 가지 의견들

NEXUS Spine Rules	• 목 부위 중간선(가시돌기)에 압통이 없을 것 • 국소적인 신경학적 결손이 없을 것 • 정상적인 반응(각성도, alertness)이 있을 것 즉, 의식이 명료한가? • 중독(알코올을 포함) 증상이 없을 것 • 통증이 있는가? (척추 통증이 다른 통증에 묻혀서 있는 것은 아닌가?)

CCSR
(Canadian Cervical Spine Rules)
	• 굽힘 견인손상(distraction injury)에서 통증이 없을 것
	• 나이가 65세 이상이 아닐 때
	• 위험한 사고기전이나 사지 감각 마비가 없을 때
	• 단순한 후방 충돌사고
	• 응급실에서 앉은 상태로 있을 수 있는 경우
	• 걸어 다닐 수 있는 경우
	• 목 통증이 늦게까지 나타나지 않는 경우
	• 목 뒤(가시돌기 부위) 압통이 없는 경우
	• 45도 각도로 목을 좌/우로 돌릴 수 있는 경우
	• 손상기전이 위험한 경우
	  • 1m 이상 5계단 이상
	  • 머리가 바닥으로 하는 충격이 있는 경우(예: 다이빙 손상)
	  • 100km 이상 고속 물체와 충돌, 전복, 밖으로 튕겨 나간 경우, 오토바이/자전거 사고

4. 적용(사용)방법

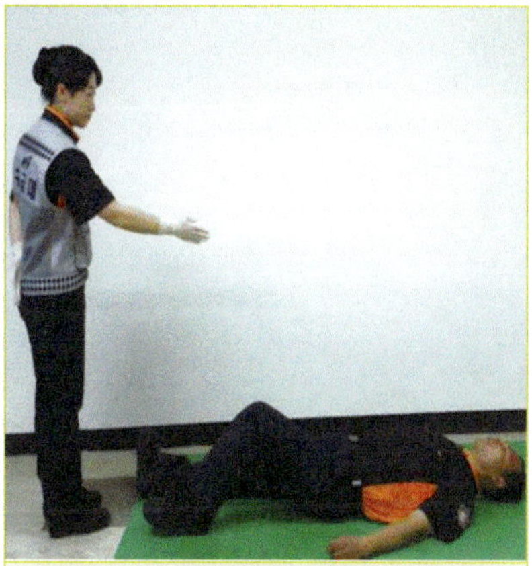

① 환자의 목 움직임 제한 요구와 호흡 상태를 확인한다(기도 유지).

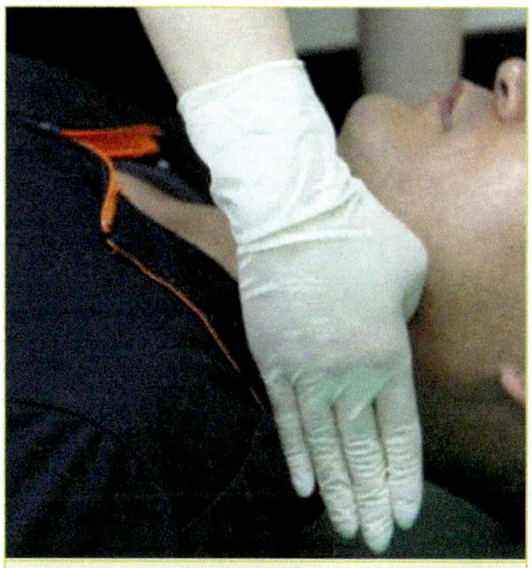

② 목 너비를 평가한다.

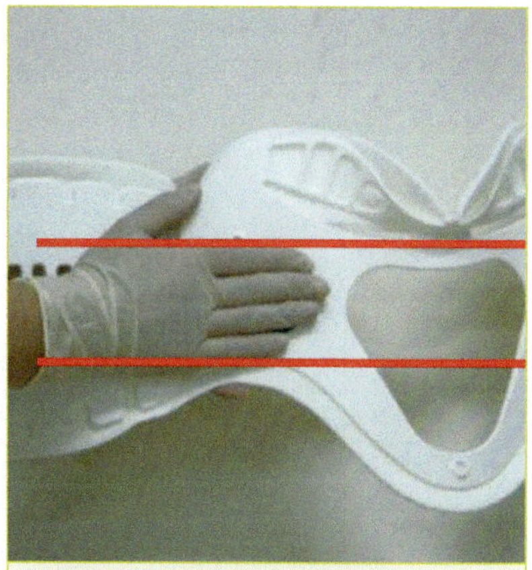

③ 목 보호대 높이를 조절한다. (어깨높이와 턱 밑 부위)

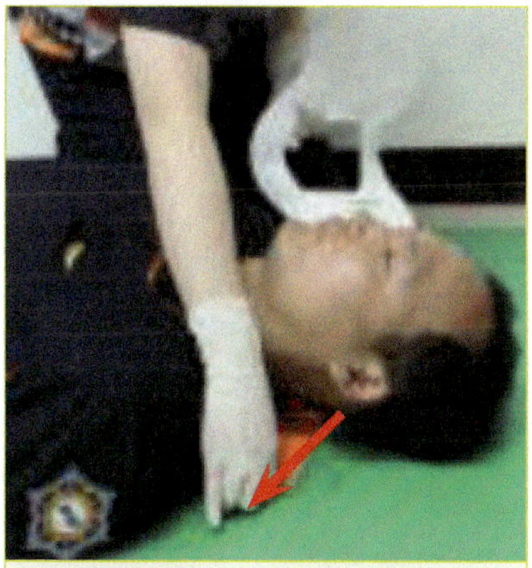

④ 목 뒤편으로 고정끈을 넣는다.

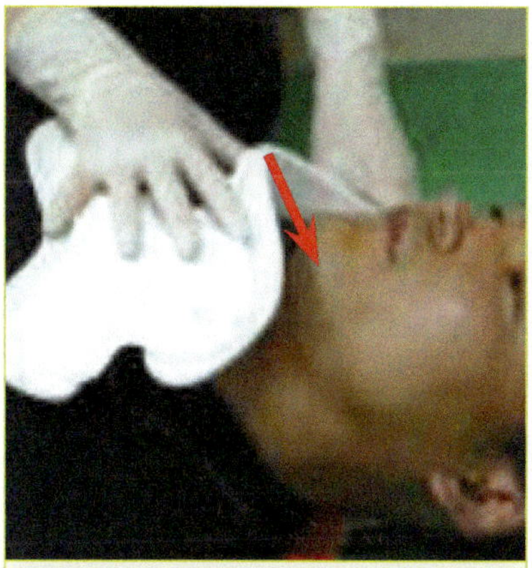

⑤ 턱부위 고정 부분을 고정한다.

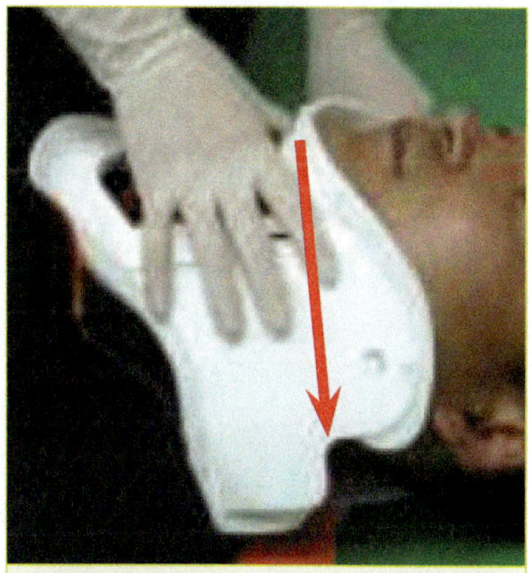

⑥ 전면부를 고정한다.

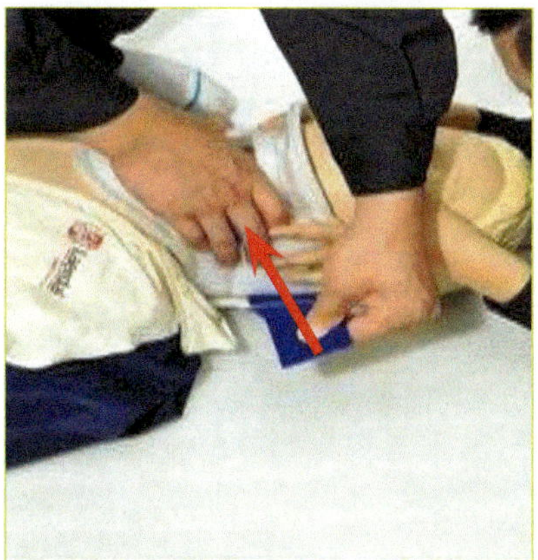

⑦ 고정끈을 재고정한다. (고정 상태에서 환자가 불편해 하지 않는 범위 내에서 최대한 당겨 고정한다.)

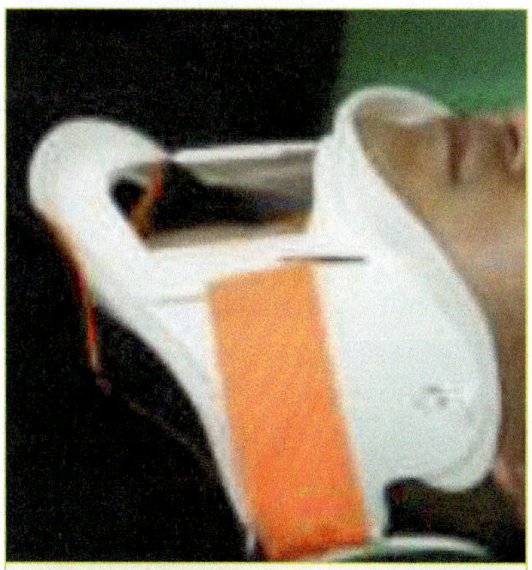

⑧ 고정 상태를 재확인하고 불편감을 확인한다.

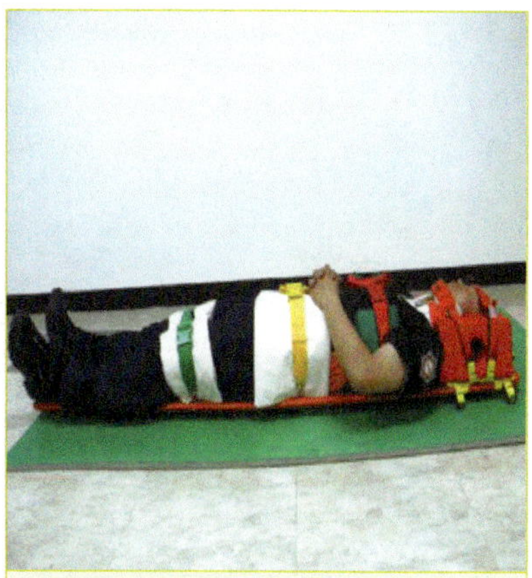

⑨ 환자의 불편감을 평가하고 긴 척추 고정판을 고정한다.

II 척추 고정판 Spinal Back Board

1. 개요

사고현장에서 척추 손상의 증거가 있는 경우 응급의료종사자가 이송 중 2차 손상의 최소화를 위해 선호하는 장비는 척추 고정판이다. 척추 고정판은 그 형태(길이, 재질, 적용방법 등)에 따라 Spine Board, Short Board, LBB(Long Back Board), Scoop Board 등으로 불리고 있다.

병원 전 단계의 척추 고정판 사용의 정확한 기록은 찾기 어렵지만 "1966년 미 공군 대령 L.C Kossuth가 외상 환자를 차량으로 이동하는 데 있어 처음으로 LBB를 활용하는 것이 추가 손상을 최소화할 수 있다고 설명한 것과 1968년 미국의 J.D Deke Farrington, MD가 병원 전 EMS 단계에서 환자의 목이 처지는 것을 방지하기 위해 단단히 고정해야 한다는 주장과 함께 목 보호대와 척추 고정판 사용을 제안한 이후로 널리 활용되었다"라고 한다.[7] 이와 관련하여 1971년에는 AOC-COT(미국정형외과 의사협회)에서 척추 손상의 징후와 증상이 있는 외상 환자 적용에 대한 첫 번째 지침을 배포하였다.[8]

1979년까지는 나무 석판에 나일론 가죽끈에 고정되는 형태의 장비를 사용해 오다가 1980년 HIV 환자가 미국에서 최초로 발생하게 되면서 감염방지를 위한 새로운 재질의 장비를 필요로 하게 되었고 구급장비 업계에서 플라스틱 재질의 척추 고정판을 개발하게 되었다. 이때 개발된 Ferno사의 백보드는 지금도 전 세계적으로 널리 사용되고 있다.

2. 적응증과 작동원리

오랫동안 병원 전 응급의료종사자들은 척추 손상이 의심되는 모든 외상 환자의 이차손상을 예방할 목적으로 척추 고정판 적용에 의심하지 않고 사용해 왔다. 하지만, 척추 고정판이 이차손상을 효율적으로 예방할 수 있다는 명백한 근거와 사용하는 것이 도움이 되지 않는다고 주장하는 이들 또한 명확하게 설명할 수 있는 근거는 없다.

한편, 척추 손상 의심 환자에 고정에 대한 적응증 논란(적용하지 않아도 되는 상황)이 되는 CCSR (Canadian Cervical Spine Rules, 1992)과 NEXUS Spine Rules에서는 표 13-4와 같이 말하고 있다.

미국의 경우 무분별한 검사에 따른 의료자원의 낭비, 고정대 착용에 따른 부작용 호소, 유료 구급서비스에 따른 많은 의료비용 지불 등의 사회적 낭비를 줄이고자 이러한 연구를 하게 된 것으로 짐작된다. 다만, 병원 전 응급의료종사자들이 위험한 사고기전, 환자가 호소하는 증상을 바탕으로 구조와 이송 중에 척추의 처짐과 배열의 어긋남을 방지할 목적으로 척추 고정판 적용 대상자가 될 수 있다는 판단에 따른 적용에 대한 것은 이견이 없다.

표 13-5 척추 손상이 의심되는 상황들

- 고속 충돌사고(정면, 측면, 후면 손상 또는 복합 손상)
- 환자 위를 지나가는 사고에 의한 손상
- 1m 이상 또는 5계단 이상 높이의 추락
- 폭행, 스포츠 손상
- 다이빙 등의 척수나 축수에 작용하는 힘을 동반한 손상
- 자전거 또는 오토바이 사고에 의한 손상
- 차량 바깥으로 빠져나간 사고

출처: 119구급대원 표준지침 참조(소방청)

표 13-6 그 밖의 특수한 환경의 적용대상

- 맨홀에 빠진 환자
  - 고정 후 수직으로 세울 수 있을 것
- E/V가 좁은 아파트 등에서 구조를 위한 방법
  - 비스듬히 수직으로 세워서 이동
- 항공 이송을 위한 준비(회전날개 항공기)
- 다이빙 손상에 의한 척추 손상 환자 구조나 수면 위 이동 등
  (플라스틱 재질의 Spine board는 대부분 부력이 있다.)
- 이송과 관련된 활동 중 갑작스러운 활력징후 변화, 구토 중인 상태

3. 주의사항

단단한 판(board) 위에 고정되어 이송 중인 환자는 종종 손상 이외에 또 다른 문제가 생기기도 하는데, 기존 통증에 의한 조건은 더욱 악화될 수 있고 이들은 백보드를 제거하면 통증이 개선되거나 피할 수 있는 환자도 있다.

대부분의 환자는 이송 중 단단한 판 위에서 움직일 수가 없으므로 판(backboard)과 피부가 직접 닿는 부위는 조직관류 감소에 따른 궤양 발생과 고정된 흉곽 움직임에 대한 문제점은 여러 연구 때문에 입증되고 있다. 1994년 미국 L.A의 Chan D, 외 3인의 연구에 따르면 평소 척추 통증이 없는 건강한 실험대상자들에게 30분간 척추 고정판에 단단히 고정된 상태로 있게 했을 때 "환자의 100%가 통증을 느꼈고 그 중 55%는 그 통증을 등급화할 수 있는 정도였다고 했다. 그 중 29%는 48시간 이후에 이 실험이 원인이라 할 수 있는 통증이 추가로 발생했다" 그 통증은 대부분 좌골신경통과 후두부 두통으로 기록되었다.[9]

2001년의 또 다른 연구에서 척추 고정판의 고정끈이 호흡기계 문제가 없는 실험 환자에서 약 15% 정도의 호흡 능력을 제한했으며, 고령의 환자에서는 더욱 심했다고 했다.[10] 가슴벽과 폐에 손상을 입은 환자는 이보다 더 큰 호흡 능력에 장해를 받을 수 있을 것이다. 이러한 여러 연구는 2013년에 NAEMSP(미국 EMS의학회)와 ACS-COT(미국외과대-외상위원회)의 "EMS spinal Precaution and the Use of the Long Backboard"라는 권고사항 발표에 많은 영향을 끼쳤다.

이송 중 긴척추 고정판은 척추 손상 환자 고정에 있어 많은 이점을 가지고 있지만, 잠재적인 위험요소들을 가지고 있는 만큼 세심한 주의를 필요로 한다. 응급의료종사자는 고정된 환자는 통증과 고정에 따른 불안감, 가슴 끈 결착에 따른 호흡 능력 저하, 이송시간이 길어질 때 조직의 관류압 감소와 궤양으로 발전될 수 있음을 알고 있어야 한다.

현장 대원의 평가에 따른 환자들은 이차평가에서 나타난 문제에 대해 목 고정대, 머리 고정대, 몸통 고정끈을 통해 단단히 고정되어야 하며 다만, 이송시간이 길어지는 경우와 도로 사정이 좋지 않은 지역에서는 쪼이는 부위와 몸과 딱딱한 판이 맞닿는 부위에 패드(쿠션)를 적용하여 통증과 궤양 발생에 대비할 수 있어야 한다.

많은 이들은 이 같은 문제와 관련하여 대안으로 더욱 정확한 적응증의 평가와 더욱 편안한 방법으로 전신 진공부목을 사용할 것을 권고하고 있는데, 그와 관련한 연구에서는 전신 진공부목이 안정성과 편안함이 높았다고 발표되기도 했다. 또한, 응급의료종사자는 현장 평가에서 노인, 어린아이, 비만한 체형, 신체적 장애에 의한 특성(목이 짧거나, 척추측만증, Kayposis 등), 지체 장애, 정신질환, 술 취한 사람, 의식에 문제가 있는 경우, 고정을 거부하거나 구조가 우선시되는 상황에서는 현장 활동 지침에 따라 응급의료종사자의 적절한 판단이 더욱 요구되기도 한다.

4. 적용(사용)방법

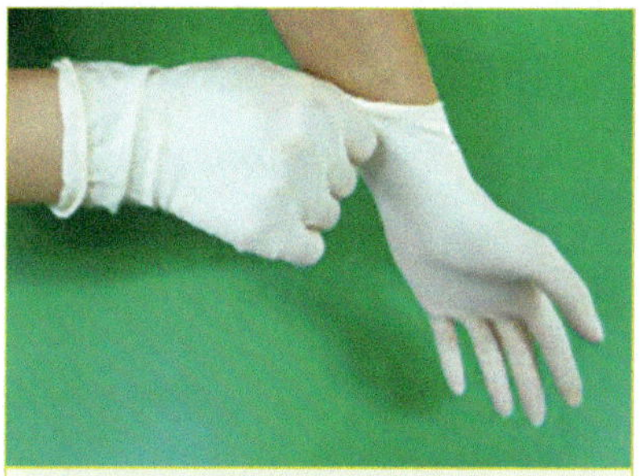

① 현장 위험요소를 확인하고 감염 보호장비를 착용한다.

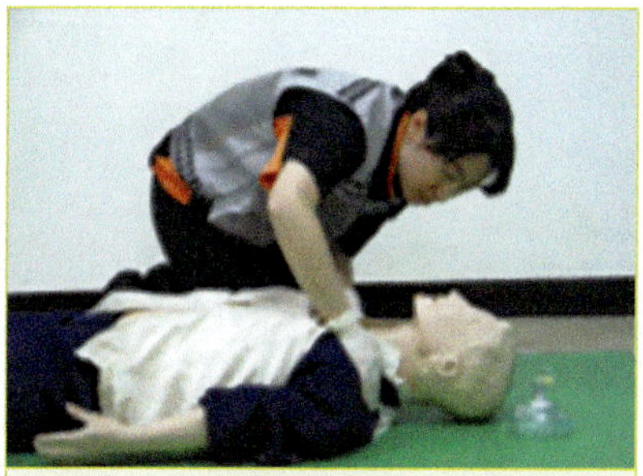

② 손상평가한다(문진). 환자 면상에서 묻는 모습

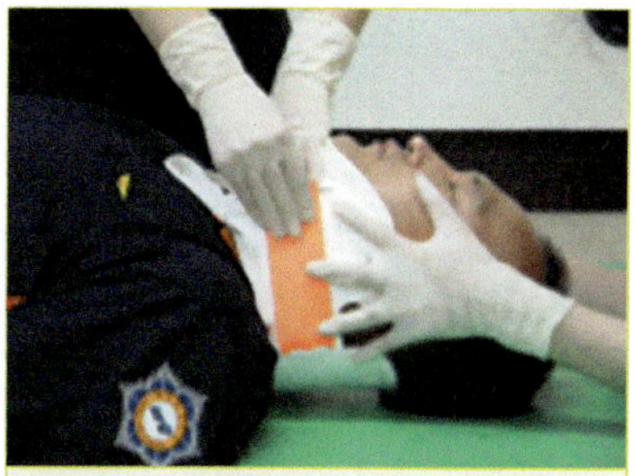

③ 목을 고정한다. (목 보호대 절차 참고)

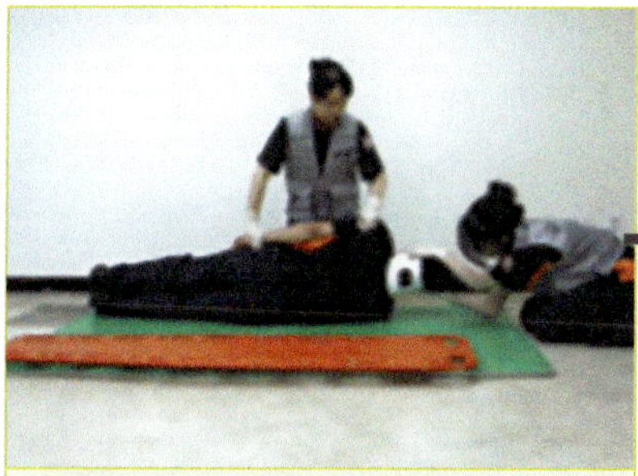

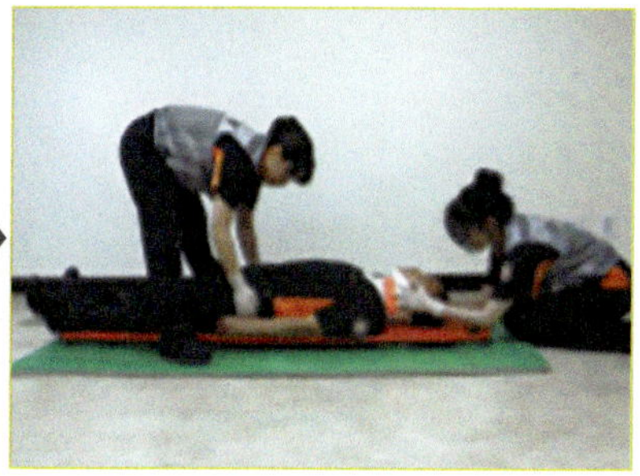

4-1 로그롤에 의한 이동 방법

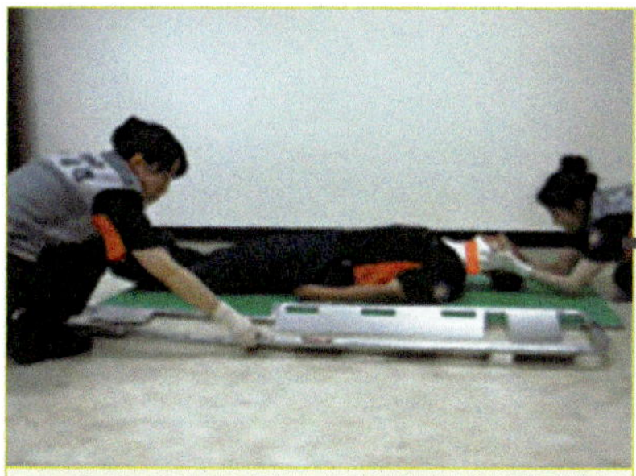

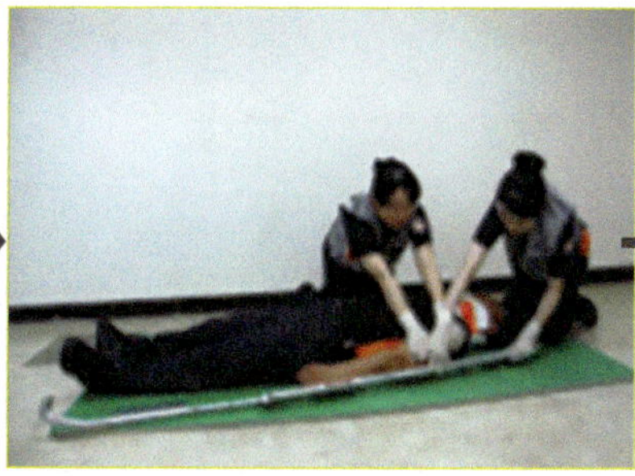

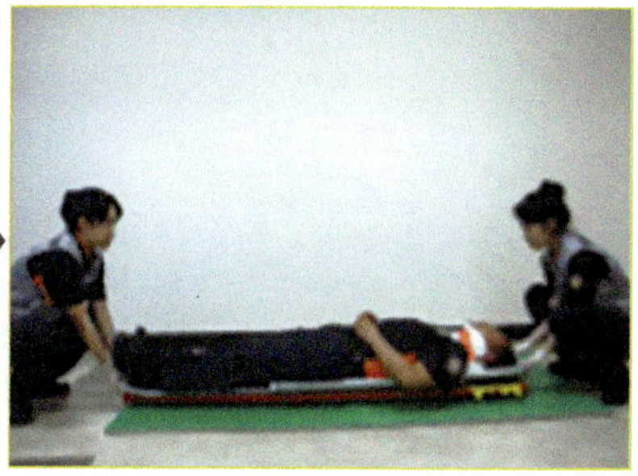

4-2 분리형 들것에 의한 방법

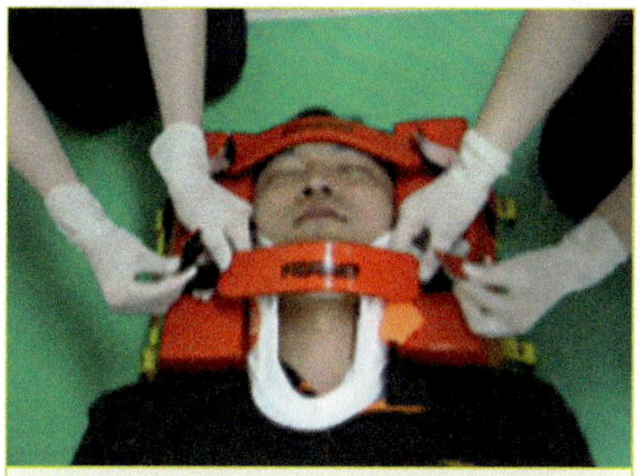

⑤ 머리 고정대를 적용한다.

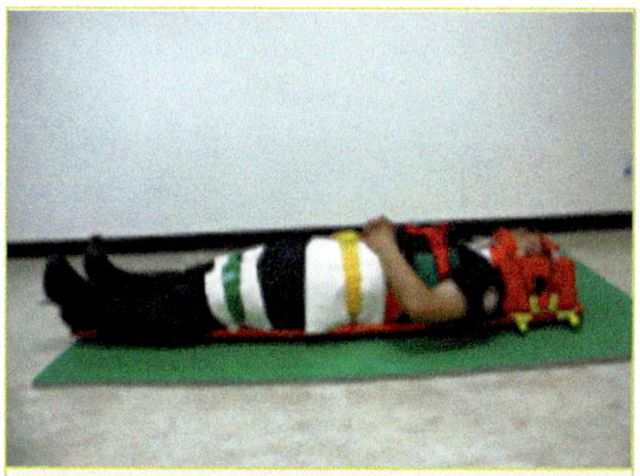

⑥ 몸통을 고정한다.

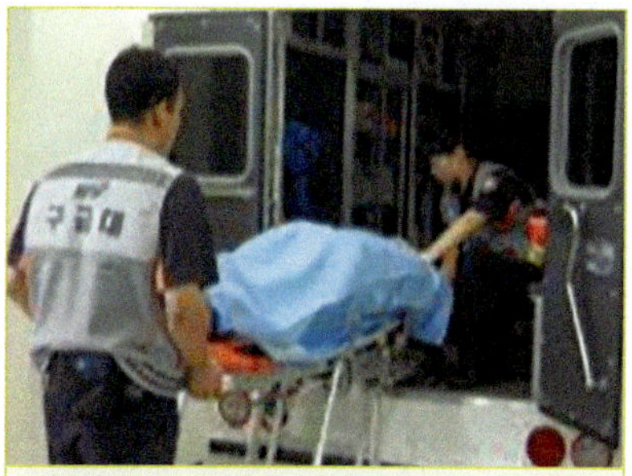

⑦ 이송 준비를 한다.

Ⅲ 구출 고정대 Kenedric Extrication Device

1. 개요

자동차가 본격적으로 개발되기 시작한 이래 교통사고의 빈도와 손상 정도는 나날이 증가하게 되었고, 자동차 회사들은 성능이 더욱 뛰어난 자동차를 판매하기 위해 안전에 대해 관심을 끌게 되었고, 수많은 회사는 앞다투어 에어백을 선두로 많은 개발을 해 왔다. 하지만 더욱 성능 좋은 자동차에 의한 사고들은 끊임없이 발생되었고, 응급의료종사자들 또한 사고 환자에 대해 더욱 나은 응급처치법과 도구에 대한 고민을 해왔다.

1978년 미국의 영상의학과 의사였던 Richard Kendrick은 지역 EMS에서 활동하며 응급의료종사자에 의해 손상 환자를 고정해서 이송되는 환자들이 영상진단을 위해 고정대를 해체하는 모습을 보면서 X-ray에 투과할 수 있는 장치를 개발하게 되었다.

1978년 개발 당시 현장 사용 모습

KED의 개발자 Richard Kendrick 박사

그림 13-2

출처: https://www.youtube.com/watch?v=M3xMyzNfDpl

이 장치는 "구출 고정대"라는 이름으로 개발되었고 그의 이름을 따 KED라는 이름으로 현재까지 병원 전 단계에 널리 활용되고 있다. 구출 고정대는 주로 교통사고 환자에서 목뼈와 등뼈까지 고정해 주는 장비로 개발되었지만, 능숙한 대원들에 의해서는 다리뼈 손상, 골반 손상, 소아의 전신 척추 고정에까지 응용되고 있다.

미국의 EMT 교육기관은 KED 사용법을 일컬어 "My Baby Looks Hot Tonight"라고 말하는데 이것은 결착 순서가 Middle(중간 끈 결착) → Bottom(아래 끈 결착), Leg(양쪽 다리 고정), Head(머리 고정), Top(위쪽 끈 고정)의 순서로 결착하라는 의미이다. Top이 마지막에 위치하는 것은 결착 중간 외상에 의한 호흡곤란이 발생할 수 있기 때문으로 보인다.

그 외 군에서 사용하던 MAST(Military Anti-Shock Trousers라는 장비는 하복부부터 하지까지 연결된 슈트 형태로 펌프로 공기를 불어넣으면 단단히 고정되는 방식이 있었다. 골절부상의 고정과 쇼크방지에 널리 활용되었다. 이송 중에 바람빠짐(특히 항공이송)과 환자의 혈압상태를 수시로 감시해야 했고, 압력의 제거는 저혈양 쇼크의 위험이 있어 이송 후에 시행하는 것이 원칙이었다. 하지만 병원 전 단계에서의 효율성(적용시간이 길었고, 관리의 어려움)과 부작용 논란에 따라 우리나라 119구급대에서도 2015년 '119구조구급에 관한 법률' 개정에 따라 탑재 장비에서 제외되었고 대신, 골반고정밴드가 추가되었다.

골반뼈 골절 환자에게 이전 MAST 장비는 복부(골반 포함), 양하지에 공기를 불어 넣어 압력을 가하여 출혈을 조절하는 방식으로 반드시 중간중간 환자의 혈압을 감시해야 한다. 압력의 제거는 저혈량 쇼크가 발생할 수 있어 의료기관 이송 후에 시행하는 것이 원칙이다.

2. 적응증과 작동원리

KED의 중립자세: 척수가 손상된 골편에 의해 눌리는 것을 감소시킬 수 있다. 응급구조 요원은 가능한 한 척추의 배열을 맞추려고 노력하지 말아야 한다. 영상검사가 없는 환경에서 섣부른 배열의 정렬은 또 다른 손상을 불러올 수 있기 때문이다. 하지만 이 원칙은 ABC가 확보되지 않을 때는 동료 응급요원과 지도 의사의 동의하에 달리 적용될 수 있다. 즉, Rapid Extrication(응급구출)을 말한다. 이 장비는 머리-몸통-골반이 하나로 고정되게 하는 데 목적이 있으며, 단순히 고정하여 추가 척추 손상이 없도록 하는 것으로 생각할 수 있지만, 환자를 구출하는 과정과 이송 중에 과도한 움직임에 의한 손상을 예방하는 데 효과적이다.

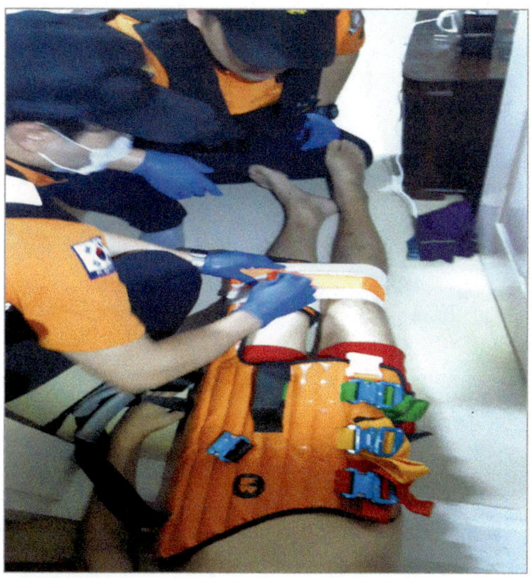
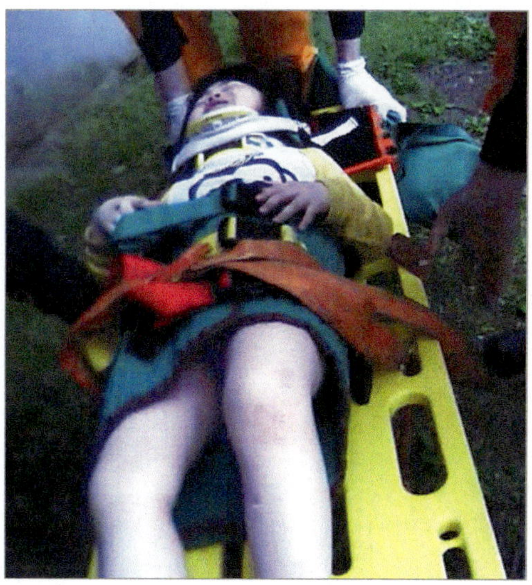

그림 13-3 현장에서 적용한 구출 고정대의 응용

또한, 척추 손상과 구조를 위한 목적 외에도 엉덩이 관절 손상이나 소아의 전신고정을 위한 도구로도 응용할 수 있는 것으로 널리 알려져 있다.

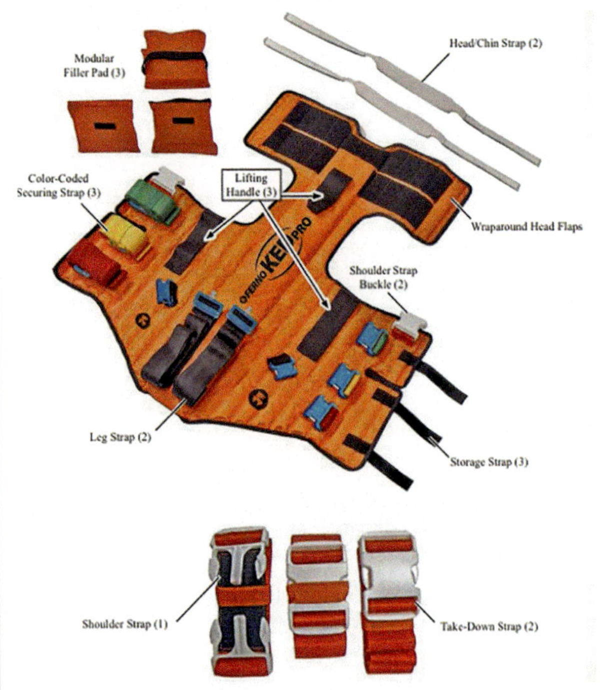

Shoulder strap

환자를 KED에 보다 단단하게 고정하기 위한 방법이다.

이것은 기존의 KED에서 고정 후에 Back과 머리 사이에서 벌어지는 틈을 줄이기 위해 보완됨

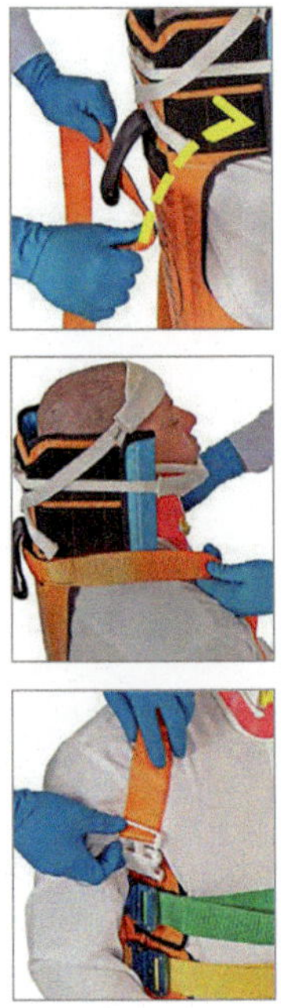

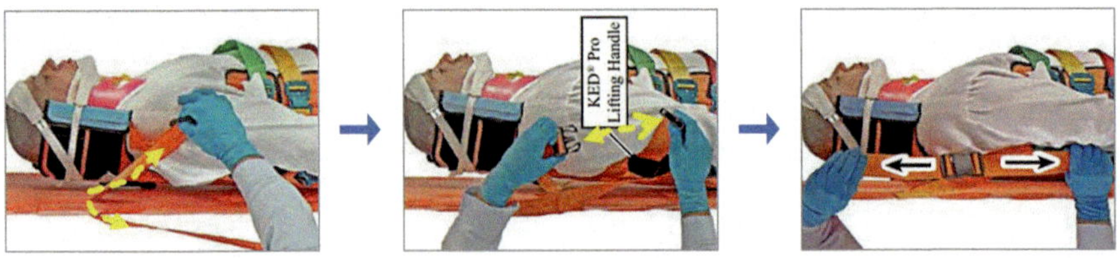

Take-Down strap은 LBB에 환자를 고정하여 수직으로 이동(구조)할 때 사용된다.

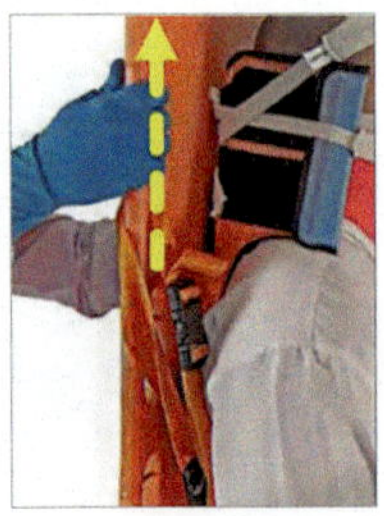

그림 13-4 KED-Pro 제품의 Shoulder Strap과 Take-Down Strap의 사용법

3. 주의사항

구출 고정대는 건강한 사람에게 적용하여도 가슴의 압박감이나 움직임 제한 등으로 인해 상당한 불편감을 발생시키는 것으로 환자에게 고정하는 동안 수시로 평가해야 한다. 사고로 인해 척추 손상의 증거가 있거나, 쇼크 등 구출이 우선시될 때 사용하며, 구급차 들것에 옮겨진 이후에는 풀어주어야 한다.

복부를 단단히 고정한 끈은 흉부 팽창을 억제하여 원활한 호흡을 방해할 수 있어 만약, 복부 외상이 있는 환자라면 구출 고정대 사용에 대해 깊은 고민을 해야 할 것이다. 앉은 상태에서 결착 후 이송을 위해 환자를 눕히는 경우 다리 고정 끈과 몸통 고정 끈의 유격이 달라 고정 상태가 약화되거나 환자의 불편감을 느낄 수 있으므로 자세를 변경하는 경우 환자 재평가와 함께 고정이 수정될 필요가 있다.

느슨한 가슴 고정끈은 적절한 척추 고정 효과를 볼 수 없을뿐더러 오히려 불편감을 증가시킬 수 있다. 편평한 구출 고정대에 몸통 고정이 되었다면 환자는 의도하지 않은 머리의 굴곡 형태를 하고 있을 것이다(이것은 척추의 해부학적 형태에 따른 것이다). 환자의 안정된 고정을 위해 머리 뒷부분에 적절한 패드를 넣어주어야 머리가 고정될 수 있다. 만약, 패드를 넣지 않는다면 환자의 목은 단단히 고정되지 못하여 구출작업이나 들것에 옮겨질 때 목의 과도한 움직임이 발생할 우려가 있다.

반드시 몸통을 먼저 고정해야 한다. 이것은 머리가 먼저 고정이 되었을 경우 몸통 고정대의 높이와 너비의 회전(좌우의 적절한 균형을 이루지 못할 때)이 발생하게 된다면 머리의 움직임을 발생시켜 척추 손상을 증가시킬 우려가 있다. 구출 고정대는 타 장비에 비해 많은 시간을 소요하기 때문에 활력징후에 문제가 있는 중증 외상 환자에서는 응급구출을 먼저 시도해야 하는 경우가 종종 있으므로 현장 대원의 임상적 결정이 무엇보다 요구되고 있다.

4. 적용(사용)방법

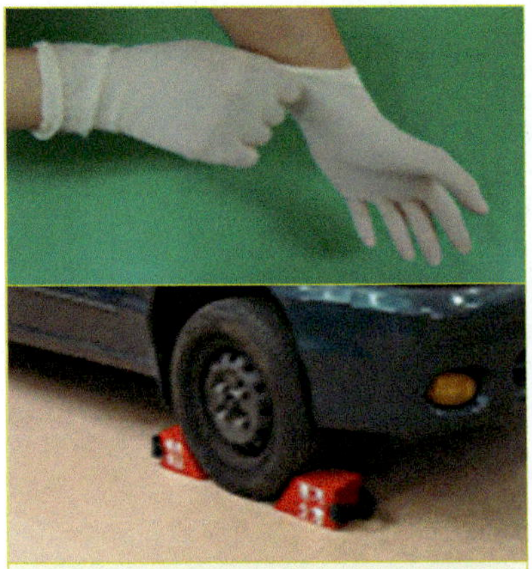

① 현장 안전을 확보한다.

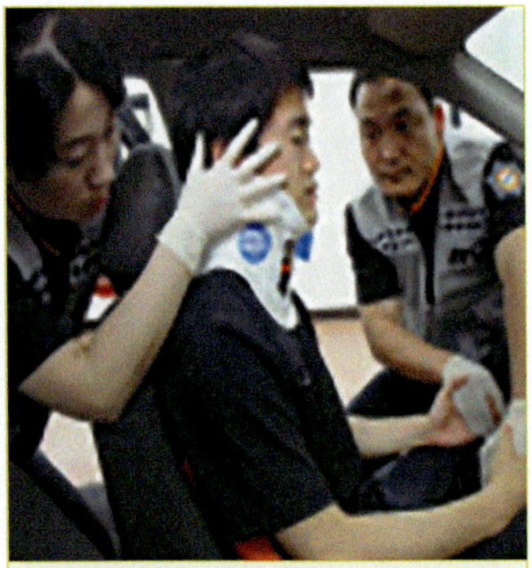

② 환자평가(의식 확인, ABC, PMS) 후 머리를 고정한다.

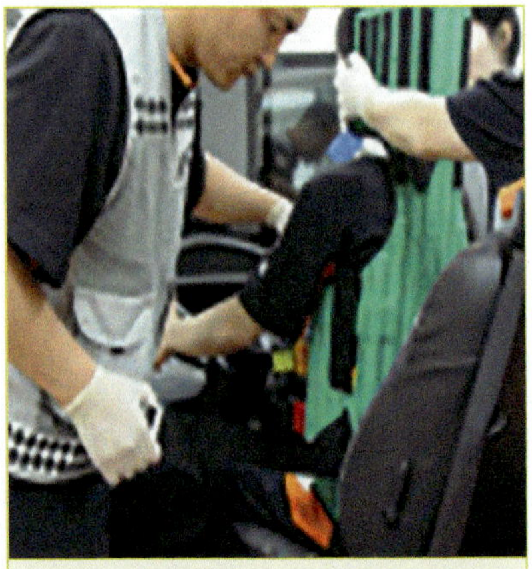

③ 중립자세 후 KED를 끼워 넣는다.

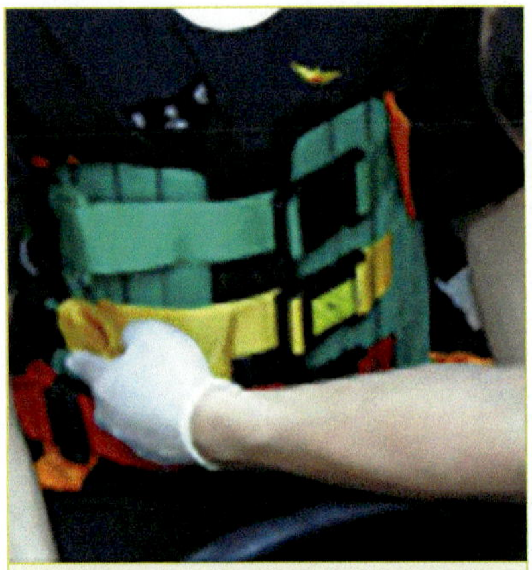

④ 몸통 고정 끈을 고정한다. (중간, 밑, 위) 순서

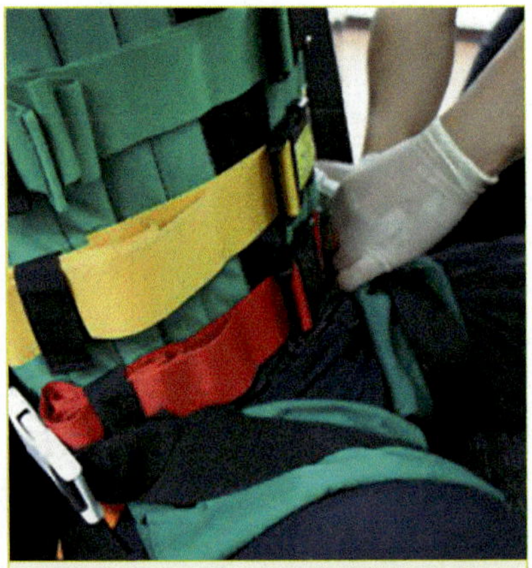

⑤ 넓적다리 고정 끈을 고정한다.

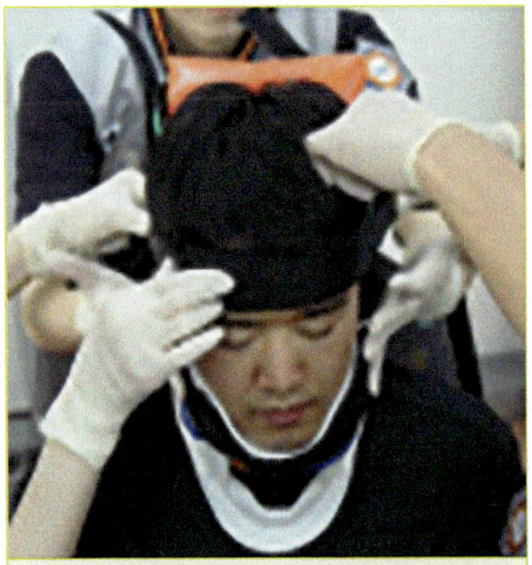

⑥ 머리 뒤 공간 고정을 한다.

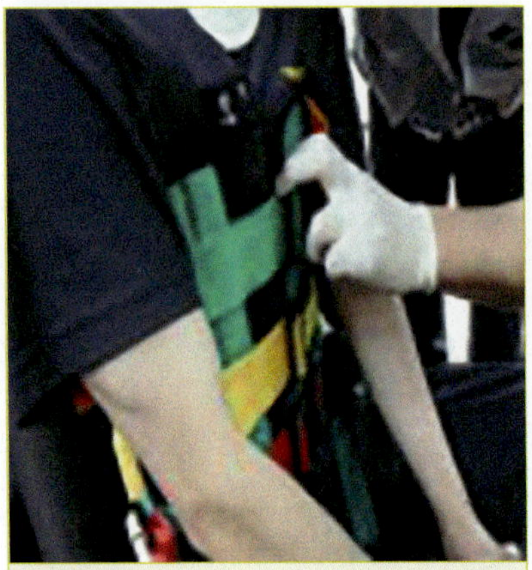

⑦ 고정 끈을 재확인한다.

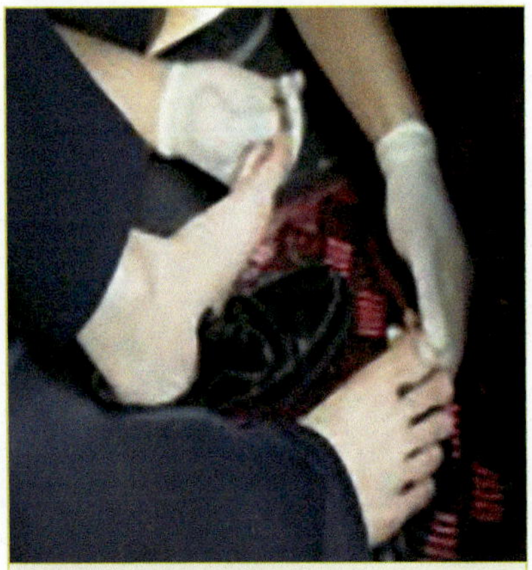

⑧ PMS를 재확인한다.

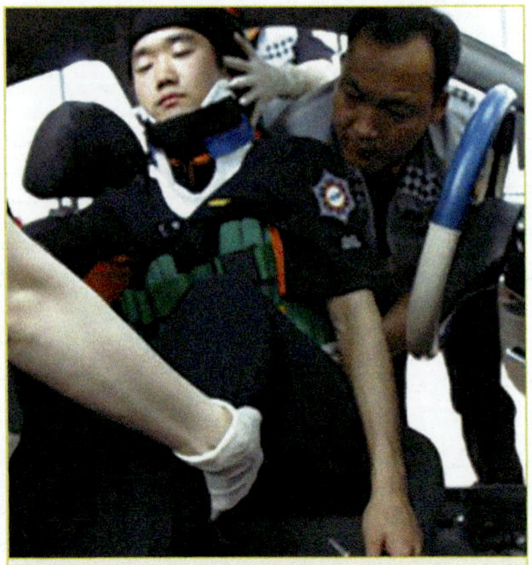

⑨ 긴 척추 고정판에 안착한다.

IV Triage Tool(다수사상자 사고)

1. 개요

사고현장에 출동한 자원보다 규모가 크고, 다수의 인명 피해가 발생하여 자체 수습이 불가하여, 외부의 지원을 받아야 하는 것을 "다수사상자 사고(Mass Casualty Incidents)"라 정의할 수 있다.

표 13-7 MCI와 Disaster의 개념 비교

	재난(Disaster)	다수사상자 사고 (MCI)
발생 건수(00~09년)	연간 0.75건	연간 23.77건
사상자 수	15명 이상	단일 사건에 의한 6~14명
개념	자연 또는 인위적으로 파괴와 손실, 대량 인명 피해가 나타나는 대형 사고나 재앙	재난의 개념에서 인명 피해를 주된 개념으로 주로 의료적 개념으로 접근한다.
수습범위	수요가 공급이나 자원을 초과하는 상황으로 타 시도 또는 국가적인 차원에서 수습하는 정도	초기 출동대 편성으로 사상자 인원과 추가로 발생할 수 있어 응급의료소 운영이 필요한 정도로 간혹 재난 상황으로 이어지면 DMAT(재난의료지원팀) 활동과 함께 운영된다.
비고	사상자가 재난의 규모를 정의하는 기준이 되지는 않음	

우리나라의 MCI 체계는 정부와 민간이 함께 대응하는 체제로 운영되고 있으며, 정부의 대응체계는 크게 복지부와 소방으로 구분하고, 소방체계는 긴급구조대응 활동 및 현장지휘에 관한 규칙의 "긴급구조통제단" 체계이고, 복지부(중앙응급의료센터)는 "DMAT[11](Disaster Medical Assistance Team)" 체계를 운영하고 있다.

DMAT는 국가별로 구축되어 있으며 한국에서는 2007년 보건복지부 중소도시형 응급의료체계 구축사업의 하나로 병원 기반 재해 의료지원팀이 지역 재해 대응을 위한 교육을 통해 Wonju-DMAT이라는 이름으로 실제 재해 연습 훈련이 시초이며, 2011년 7월 강원도 춘천에서 산사태로 사망 13명, 부상 26명의 사고에 처음 활동한 것으로 기록되어 있다.[12]

표 13-8 각국의 DMAT 구성

구성 \ 국가		미국	일본	대만	한국
설립연도		1985	2004	2000	2007
운영주최		FEMA	후생노동성	보건부	보건복지부
구성	팀 구성	55개 팀	735팀	30개 팀	66개 팀
	팀 인원	35명	5~6명	–	6~8명
	기준	2018년	2010년	2009년	2018년

근래 2014년 2월 경주 마우나 리조트 붕괴 사고(사망 10명, 부상자 204명)는 관계기관(DMAT)과의 협조, 현장 응급의료체계(Triage)에 문제점이 지적되었고 이듬해 재난 의료대응체계를 개편하는 계기가 되고 있다.[13]

대형재난대응을 위한 여러 노력 중에서도 2017년에 추진한 이동형 병원(考윤한덕 중앙응급의료센터장이 기획)은 재난 현장에서 외상 환자 수술 및 중증 환자 모니터링이 가능한 16대 100병상 규모의 병원을 말한다. 이는 응급실, 수술실, 중환자실, 입원실, 외래, 진단검사실, 전산화단층촬영(CT)검사실, 식당, 숙소 등 병원의 주요 시설들로 구성되어 있다.

그림 13-5 이동형 DMAT 병원

출처: 보건복지부 2017.11.

이후 2017년 12월 충북 제천 스포츠센터 화재(사망 29, 부상 37)와 2018년 1월 밀양 세종병원 화재(사망 51, 부상 141)가 있었지만, 여전히, 초기 출동대의 중증도 분류, 중증도에 따른 이송병원 적정선정과 이송, 관계기관의 유기적인 협조 체계가 지적되어 재발 방지를 위한 새로운 훈련과 평가에 대한 부분이 개발되고 있다.

2. 적응증

응급의료에 관한 법률 시행규칙 제18조의 3항(응급 환자의 중증도 분류)에서 병원 내 중증도 분류를 규정하고 있다면 병원 전 단계는 119구급대원 현장응급처치 표준지침(2016년)에서 다음과 같이 규정하고 있다. "다수사상자 사고 발생 시 가장 먼저 현장에 도착한 구급대는 사고 상황파악 및 전체 환자 상태를 평가한 후 무선전신을 통해 상황실에 정보를 제공하여 구급차량 추가 필요사항 여부를 통보한 후 구급대장 또는 주 처치 구급대원(1급 응급구조사 또는 간호사)은 신속하게 중증도 분류를 하고, 보조처치 구급대원은 응급 환자부터 응급처치를 제공하며, 그 외의 구급대원은 처치 보조 및 신원 파악 등 보조역할을 수행한다. 이때 환자의 상태가 의료지도를 받아야 하는 경우, 지도 의사와 통화하여 현장처치에 대하여 의료지도를 받고 수행한다."

최초 재난(사고) 현장에 도착한 대원에 의한 현장 평가는 현장 위험도 평가, 재난의 종류(일반적 재난, 특수재난)와 규모에 따른 지원 받을 사항이 평가되어야 한다.

표 13-9 신속대응반/DMAT 체계[14]

구분	보건소 신속대응반	중앙 DMAT	권역 DMAT
출동 기준	즉시	3시간 이내	1차 팀 10분 이내 출동 2차 팀 2시간 이내 3차 팀 12시간 이내
출동 요청	재난 응급의료상황실, 소방, 지자체, 보건소장, 보건복지부	보건복지부	재난 응급의료상황실, 소방, 지자체, 보건소, 재난 의료책임자
인원 구성	의료인 2~3인, 행정 요원 2인 이상	의사, 간호사, 행정 요원 사고 유형 및 규모에 따라 구성	팀당 의사 1인, 간호사/응급구조사 2인, 행정 요원 1인
운영	현장상황이 12시간 이상 시 추가 1개 팀 구성/파견(인근 보건소 인력 구성 가능)	중앙응급의료센터장 판단, 후발대 파견 가능	현장상황이 12시간 이상 길어지면 인력 교체를 위한 팀 파견
물품	신속대응반 물품	DMAT bag 현장응급의료소 물품	1차 팀 DMAT bag 2차 팀 현장응급의료소 물품
이동	긴급자동차	긴급자동차	1차 팀 긴급자동차 2차 팀 이동 응급의료세트

(1) 다수사상자의 기준?

명확한 인원에 대한 기준을 정해 놓은 것은 없으나 응급의료에 관한 법률(제18조 '환자가 여러 명 발생한 경우 조치'와 같은 법 시행령 제9조 '다수의 환자 발생에 대한 인명구조 및 응급처치)과 이를 바탕으로 소방에서는 현장응급처치 표준지침과 재난 현장 표준작전절차(SOP 402)에서 다수사상자의 개념을 정의하고 있다.

보건복지부 대규모 사상자 발생 시 응급의료 지침(2015.5.)

사망과 중환자가 10명 이상 또는 사망자와 중환자가 10명 이하이지만 추가로 발생 가능한 상황을 MCI로 정하고 있다.

표 13-10 다수사상자 발생에 따른 출동기준과 초기 대응체계

구분	지역 단위	구급 대응 1단계	구급 대응 2단계	구급 대응 3단계
인명 피해 (시간)	중상 5~10명, 경상 20명↑ (1시간 미만)	중상 10~15명 (2~4시간 미만)	중상 15~30명 (4~6시간 미만)	중상 30명 이상 (6시간 이상)
구급대	5대 이상	10대 이상	15대 이상	20대 이상
통제단	약식 통제단	소방서 단위	본부 단위	본부 단위
현장지휘	현장대응단장	소방서장	지역 본부장	본부장
응급(임시)의료소 운영	선착구급대(선임구급대원)	보건소장(구급대장)	보건소장(구급대장)	보건소장(구급대장)

(2) 다수사상자 대응시스템의 제한점

응급의료반

선착구급대(선임)	선착구급대(운전)	후착구급대	구급대장
임시구급대장 임무수행	경상자 안전장소 집결 안내 및 인원파악	중증도 분류표 의거 환자이송	선착구급대 → 현장상황 인수인계
응급의료반 위치선정	이송관리 담당(사상자 인적사항, 이송병원 기록 등)	이송관리담당 통보 후 환자이송	필요인력 및 장비 확인, 재조정
중증도 분류 및 응급처치	추가지원 차량동선 확보	이송완료 후 응급의료반 및 상황실 보고	구급상황관리센터 정보활용 병원 환자 분산이송
현장 조치사항 구급대장 인계	병상정보 파악 후 이송병원 결정	병원관계자와 연락망 구축 변동사항 점검	응급의료소 위치확보 및 현장지휘소, 상급기관 상황전파

① 사고현장 환자 실시간 통계(이송현황) 어려움

② 신속하고 정확한 중증도 분류 훈련 미흡

③ 병원이송 단계에서 실시간 병상정보 확인 어려움

④ Paper Triage의 운용상 제한 점인 자연환경에 따른 관리의 어려움(종이 분류표 40%가 환자 추적 시 분실된다는 사례 보고가 있음)

⑤ 환자 고유번호의 중복 부여, 환자 내용과 고유번호가 다르게 부여된 경우가 발생

표 13-11 MCI에 대응의 어려운 점들

- 사고 현장과 병원이 가까운 경우가 많다.
- 현장에 도착한 구급차 자원의 수가 많아 현장 응급의료소 내 분류와 처치의 필요성이 없는 경우가 많다(빠른 이송이 가능).

3. MCI Triage(중증도 분류적용 법)

재난에서 중증도 분류의 개념은 한정된 의료인력의 효율적 운영을 말한다. 의료인력이 감당할 수 있는 범위를 벗어났을 때, 가장 먼저 치료를 받아야 하는 우선순위와 치료를 할 수 있는 병원을 결정함으로써 적절한 치료를 받을 수 있도록 하는 데 목적이 있다.

현대의 Triage 기원은 1980년대 초 나폴레옹이 이끌던 부대의 군의관이자 의학자였던 Dominique-Jean은 야전병원에서 환자를 병원으로 신속하게 이송하기 위한 구급차를 개발하면서 이송의 우선순위를 정하기 위해 "중상자, 경상자, 사망자"로 분류했다는 기록이 있다.

그림 13-6 Dominique-Jean Larrey

그리고 이때 처음으로 치료의 순위가 계급이나 직위가 아니라 손상 정도에 따라 우선순위를 정하는 시도가 있었다. 이후 1846년 John Wilson(영국해군 군의관)이 경증, 중증, 치명상으로 구분했고, 한국전쟁에서는 4단계(긴급, 응급, 비응급, 지연)의 개념으로 발전되었다.

특히, 한국전쟁에서는 헬리콥터에 의한 이송이 시도되었고 이것은 베트남전에서 중증환자의 사망률을 줄이는데 큰 역활을 하게 되었다.

표 13-12 전쟁을 통해 본 중증도 분류와 이송수단에 따른 사망률 비교

	2차 세계대전	한국전쟁	베트남전
사망률	5.8%	2.24%	1～1.7%
손상에서 치료까지 소요시간	6～12시간	2～4시간	1～1.4시간
분류방식	줄을 세워서 분류	긴급, 응급, 비응급, 지연	
주요 운반수단	자동차	자동차, 헬리콥터	자동차, 헬리콥터

우리나라 소방청은 1995년 삼풍백화점 사고 이후 "재난 및 안전관리 기본법"에 따라 재난대응 훈련을 시·군·구별로 시행하는 훈련 내용에서 임시의료소 활동을 하고 있었고, 2014년부터는 소방방재청(현, 소방청) 주관으로 시·도별로 "다수사상자 대응훈련"으로 시행하고 있다.

교구를 활용한 테이블 도상훈련

MCI대응 훈련과 실제 재난 현장의 적용 모습

그림 13-7 위) 교구를 활용한 테이블 도상훈련, 아래) MCI대응 훈련과 실제 재난 현장의 적용 모습

중증도 분류를 하는 방법은 그 역사가 깊은 만큼 다양한 방법들이 현장 여건에 따라 개발되었지만, 소방청에서는 우리나라 현실을 고려하여 단순하면서도 빠르고 정확한 방식의 "START" 분류체계를 활용하고 있다.

표 13-14 중증도 분류법들의 비교

	용어	기원 및 특징	개념 및 특징
MASS	Move Assess Sort Send	미군에서 시작	MASS 분류법은 다수의 환자를 처리하는데 빠르게 적용할 수 있으며 70%의 정확도가 있는 분류법이다. MOVE: 이동 가능한 정도로 중증도를 분류 크게 2단계로 구분 • 1단계: 긴급-응급, 경증-지연으로 구분 • 2단계: 움직일 수 없지만 의식이 있어 지시에 따라 팔 다리를 움직일 수 있는 환자 Assess: 움직일 수 없는 환자 중에 즉각적인 응급처치가 필요한 그룹에 대한 응급처치(ABC평가 후에 치명적인 손상을 처치) Sort: 긴급, 응급, 경증, 지연으로 환자 구분 후 치료 • 긴급: ABC가 안정적 이나 치명적인 손상을 입은 상태 • 응급: 전문적 치료가 필요하지만 치료가 약간 지연되어도 악화되지 않는 상태 • 경증: 현장 처치 후 귀가가 가능한 환자 • 지연: 생존 가능성이 낮으며, 긴급 환자 이송 후에도 생존한 경우 재평가 후 이송을 고려한다. • 사망: 명백한 사망의 징후가 있는 상태 Send: 긴급-응급-경증-지연 순으로 이송 (경증환자나 지연 환자는 버스나 장례식장 차량이 현장에 도착하면 바로 이송하기도 한다.)
START	Simple Triage And Rapid Treatment	1983년 U.S 캘리포니아주 소방과 대학병원에서 개발	R.P.M(명령에 따른 반응능력). System으로 대표되는 이 방법은 단순하고 빠른 분류의 Over Triage 특징으로 하는 만큼 의료 인력의 부하를 가져올 수 있는 단점이 있다. 특히, 모세혈관 재충혈 방법은 추위에 제한이 있어 후에 노동맥 측정법을 병행할 수 있도록 수정을 하기도 했다. 정확도 84~85%(모세혈관 재충혈법: 85%, 맥박 촉지법: 84%)
SAVE	Secondary Assessment Victim Endpoint		중증(긴급, 응급)환자의 생존에 결정적인 처치에 많은 시간이 소요될 때 START 법과 같이 사용하는 체계이다. 병원 이송이 가능하고 '빠른 이송'이 현장 처치보다 생존에 더 유리한 경우 한정된 자원에서 생존 가능성이 더 높은(50% 이상) 환자를 치료 받도록 한다. • START 분류에 의해 결정된 우선순위에 따라 SAVE 방법론에 따라 평가한다. (기본적으로 한정된 자원으로 최대의 효율을 누리기 위해 같은 손상이 있어도 나이, 기왕력, 손상 정도에 따라 치료 우선순위를 결정한다.)
SALT	Sort Assess Lifesaving Treat/ Transport	START 개발자들이 참여 1980년 후반 추정	Sort: 포괄적 선별(자발적 보행 가능, 손 흔들기로 반응을 보임, 발버둥 치는 듯한 움직임) Assess: 개별적 평가(LSI 시행 결과에 따라 긴급, 응급, 비응급, 사망 예상, 사망으로 분류 *LSI(Life Saving intervention): 주요출혈의 지혈, 기도개방, 흉부 감압술, 자가 주사형 해독제 투여
METTAG	Medical Emergency Triage Treatment	1976년 이후에 표준화	의사, 간호사, 소방, 구조대원, 민간 전문가 집단에 의해 개발 환자를 긴급(적색), 응급(노란색), 비응급(녹색), 지연(검은색)으로 간략하게 구분하는 방식으로 현재의 모든 Triage의 표준이 되고 있다.

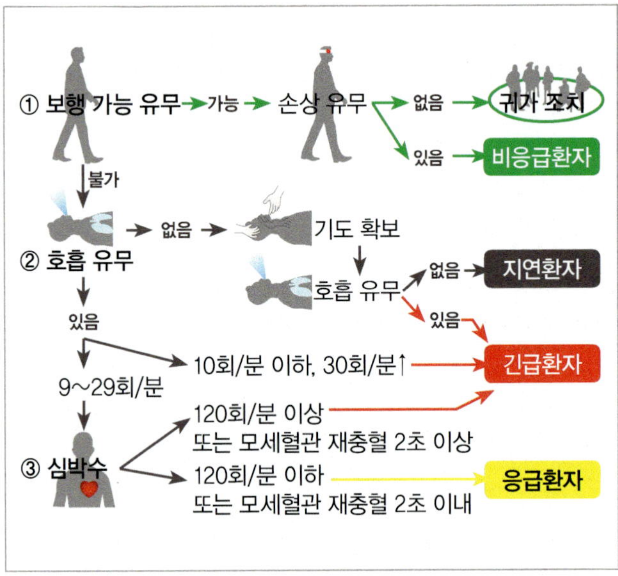

START 분류법

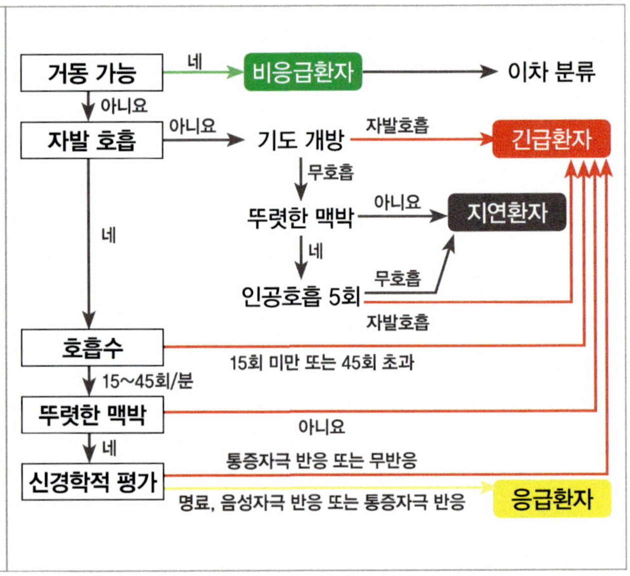

Jump START 소아 다수 사상자 분류법

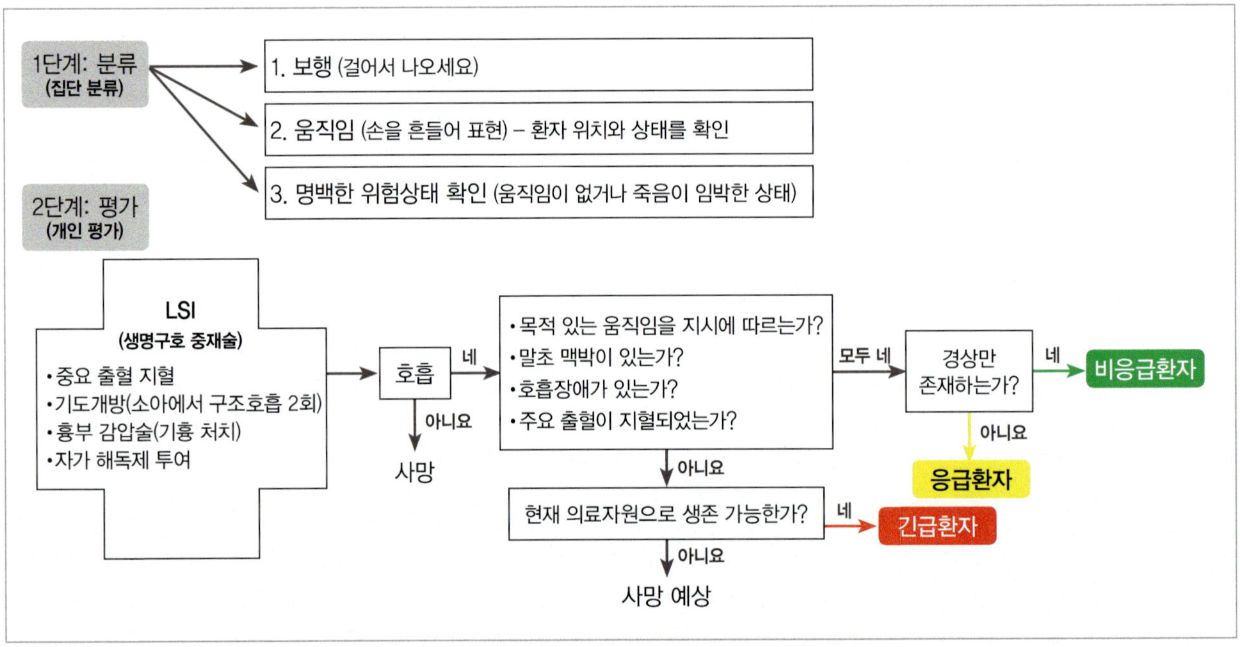

SALT 분류법

구분	내용
긴급	수분 또는 단시간 내에 즉각적인 응급처치와 이송이 필요한 환자
	• 기도폐쇄, 심한 호흡곤란 혹은 호흡정지 • 심장마비 순간이 인지된 심정지 • 대량출혈 혹은 수축기혈압이 80mmHg 이하의 쇼크 • 개방성 흉부열상, 긴장성 기흉(공기가슴증), 혼수상태의 중증 두부 손상 • 개방성 복부 열상, 골반뼈 골절을 동반한 복부 손상 • 기도 화상을 동반한 중증 화상, 목 손상이 의심되는 경우 • 기타 환경 응급 및 내과적 이상 등 (저체온증, 조절되지 않는 지속적인 천식 또는 심장질환)
응급	수 시간 이내 응급처치가 필요한 환자
	• 목을 제외한 부위의 척추골절 • 중증의 출혈, 다발성 골절, 중증의 화상 • 의식 변화
비응급	즉각적 처치가 필요하지 않고, 가벼운 손상으로 보행 가능한 환자
	• 소량의 출혈, 가벼운 열상 또는 골절, 가벼운 화상 또는 타박상
지연환자	사망했거나, 생존 가능성이 없는 환자
	• 머리 또는 체간의 절단, 20분 이상 호흡이나 맥박이 없는 환자 • 시신의 부패, 사후강직 및 시반의 발생 • 심폐소생술을 시행해도 효과가 없다고 판단되는 경우

MEETAGE 분류법

그림 13-8 중증도 분류법들의 비교

재난 현장에 가장 먼저 도착한 구급차량의 선임 대원이 임시의료소장의 지휘권을 선언과 동시에 임시의료소 운영을 시작하게 된다. 임시의료소 내에서 각각의 임무는 선임구급대원의 지시에 의해 '분류반, 처치반, 이송반'으로 운영한다.

최초 현장에서 보여지는 환자에 대해서는 Modified MASS분류법으로 분류 후에 환자 집결지로 이동하게 한다.

환자 분류 역할을 하는 구급대원은 중증도 분류표를 작성한다.

중증도 분류표는 모두 2장으로 구성되어 있으며 최초 환자 분류 상태에 따라 아래에 있는 '색상표'를 제거하여 구분한다.(예시: 비응급 부분을 떼어내면 응급환자로 표기되는 형태이다.)

중증도 분류표는 첫 장에 환자 상태를 기록하면 뒷 장에 동일하게 기록된다.(후착대 도착부터는 환자 집결지에서 START분류법으로 분류 후 환자정보를 작성 후 처치반에게 인계하게 된다.)

첫 번째 장은 임시의료소에서 병원 이송을 할 때 이송 반원에게 제출한다.

두 번째 장은 환자와 함께 병원에 전달하는 것으로 기록한다. 특히, 두 번째 장의 뒷면은 환자의 임상적 상태와 처치 내용이 기록될 수 있도록 제작되었다.

환자 분류표는 이 외에도 1차와 2차 분류에서 환자 상태가 변할 때 별도로 기록할 수 있도록 표시되어 있다. 기록되는 모든 환자는 될 수 있으면 비닐 코팅된 덮개에 넣고, 환자의 목에 걸거나, 옷 등에 고정하여 달아나지 않도록 해야 한다. 특히, 긴급환자나 사망자에 대해서는 더욱 세심한 주의가 필요하다. 그럴 리 없겠지만 구급차에 중증도 분류표가 없으면 환자의 팔이나 다리 등에 사인펜, 네임펜 등으로 기록하는 것도 좋은 방법이다.

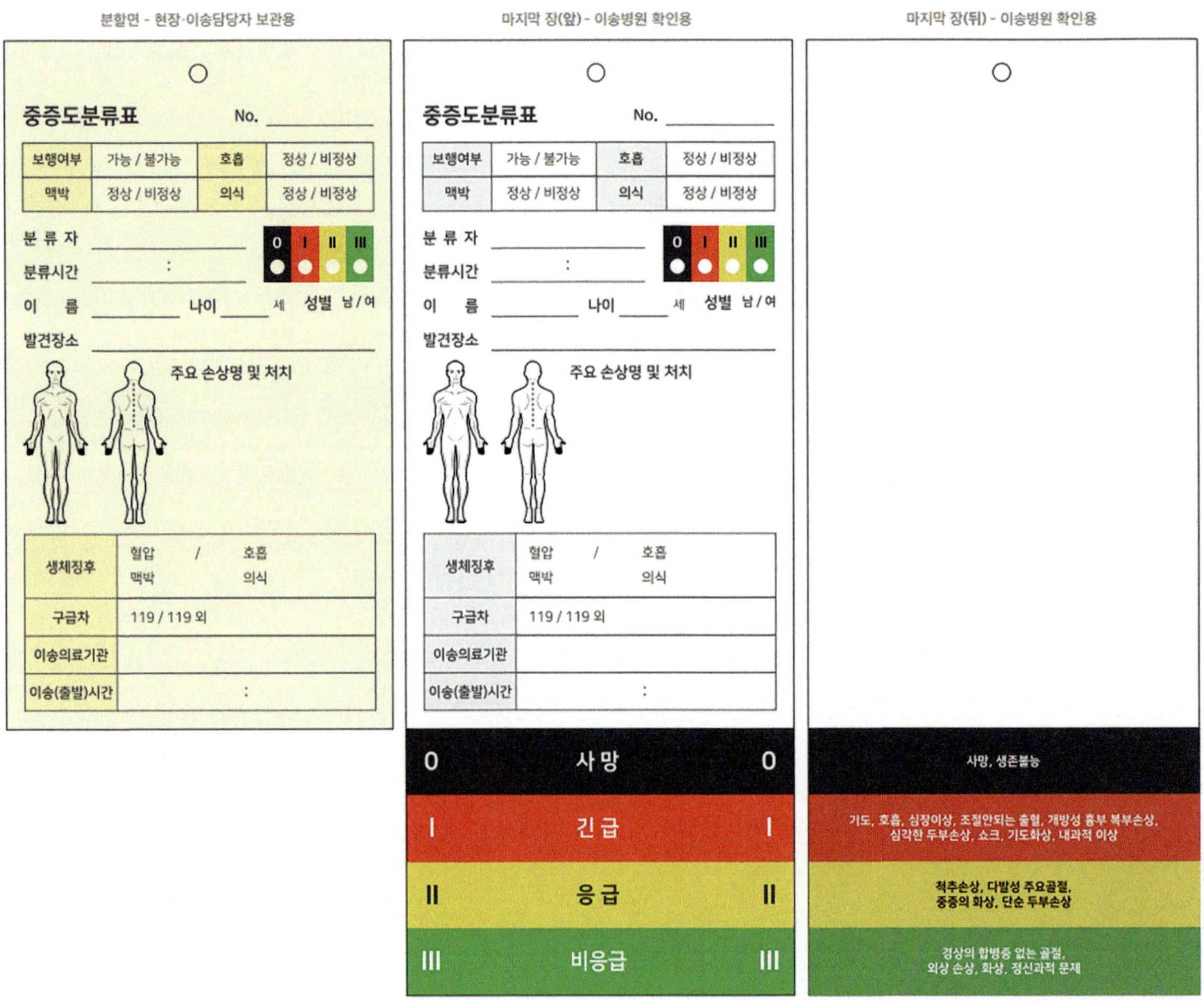

그림 13-9 중증도 분류표

출처: 뉴베이스(NEWBASE)

현장에서 얻은 임시의료소를 운영할 때 주의해야 할 사항과 대처방안 팁!

표 13-15 임시의료소 설치에 고려할 사항

항목	주의점	대처방안
근접성	너무 가까우면 해당 재난에 영향을 받을 수 있다.	위험선 바깥에 설치하되 구조대 동선을 고려하여 설치
바람의 영향	화재나 화학 재난에서 유해 화학물질이 바람을 타고 응급의료소 내 환자에게 영향을 끼칠 수 있다.	바람의 방향을 고려하여 설치할 것
기후조건	냉/난방, 비/눈에 보호받을 수 있도록	천막 설치, 인근 건물, 이동형 냉/난방기 설치, 구급차와 연결한 쉘터나 12V 또는 USB 전원 방식의 전기 매트와 담요 사용
응급의료소 통제	응급의료소 전체 활동 모습을 볼 수 있지 못하면 활동 사항 중 어려움을 파악하기 어렵다.	지휘소에서 관찰 가능한 위치에 선정
차량진입로	차량진입 후 이송반 주변에서 방향전환이 쉬워야 하며, 먼저 도착한 구급차들과의 안전사고와 매연을 주의	응급의료소를 선정할 때 차량의 진입과 방향전환이 쉬운 장소를 고려해야 하며, 긴급 환자와 이송반이 너무 가깝지 않도록 한다(매연이나 소음이 진료에 방해가 된다).
환자분류법	긴급 환자와 비응급 환자를 함께 두면 혼란하다.	사망환자는 별도 장소에 두고, 긴급 환자와 응급 환자는 구급차 진입이 쉬운 곳에 선정
배기가스	환자 이송을 위해 대기 중인 구급차 매연은 환자와 지원인력에 상당한 불편감을 준다.	바람의 방향과 거리 등을 고려하여 구급차 배치장소 고려, 어려우면 간이 가림막 등을 설치
조명	어두운 조명은 환자의 분류와 처치 행위에 어려움이 있어 적절한 운영을 할 수 없게 된다.	이동식 발전기와 USB 충전 방식의 LED 램프 등을 활용할 수 있어야 한다. 최근에는 캠핑용 랜턴과 랜턴 걸이가 손쉽게 활용할 수 있다.
통신	지휘본부와 현장, 상황실, 관계기관과의 TRS, UHF, 유선전화가 필수 조건이다.	통신을 위한 전원공급과 통신을 담당할 수 있는 인력을 정하도록 한다(응급의료소 내 행정 인원이 담당).
수도	환자의 세척과 장비 소독이 가능해야 한다.	인근 지역의 수도를 활용할 수 있어야 하며 어려우면 시청 상수도과에 지원을 요청 소방차량 수원을 활용하는 것은 바람직하지 않다.

병원별 수용능력표 서식[별지 제1호의3 서식]

병 원 별 수 용 능 력 표

연번 (관리번호)	병원명	사상자 수용 능력					비고
		긴급	응급	비응급	사망	계	

210㎜×297㎜[일반지(80g/㎡) 또는 중질지(80g/㎡)]

사상자 이송현황

사 상 자 이 송 현 황

수 신 : ____________________ 발 신 : ____________________

연번	성명	성별	연령	주 소	이송 병원	사상자분류 (해당란 √)				사상자 특징 또는 발견장소	구급차량 (해당란 √)			출발 시간
						긴급	응급	비응급	사망		119	병원	사설	
1		남/여												:
2		남/여												:
3		남/여												:
4		남/여												:
5		남/여												:
6		남/여												:
7		남/여												:
8		남/여												:
9		남/여												:
10		남/여												:
11		남/여												:
12		남/여												:
13		남/여												:
14		남/여												:
15		남/여												:
16		남/여												:
17		남/여												:
18		남/여												:
19		남/여												:
20		남/여												:

□ 작성자 : 소속 직급 성명 서명(인)

※ 사상자 분류는 긴급 · 응급 · 비응급 · 사망으로 구분

210mm×297mm[일반지(80g/㎡) 또는 중질지(80g/㎡)]

현장 응급의료소 운영일지

□ 사고개요

발 생 일 시			
발 생 장 소			
사 고 경 위			
보건소 전파일시		도 착 일 시	
DMAT 전파일시		도 착 일 시	

□ 사상자 현황

총 사상자 :_____명(긴급 : 명, 응급 : 명, 비응급 : 명, 사망 : 명)

이송 의료기관	총계	긴급	응급	비응급	사망

□ 현장응급의료소 인력현황 : 총____명 / 구급차량____대

❍ 소방

본부/소방서	구급대원(자격별)				구급차량	그 외 소방대원	그 외 소방차량	기타
	1급	간호사	2급	기타				
종로소방서	3	1	2	3	3	5	1	-
중부소방서	1	1	-	1	1	-	-	-

❍ 보건소(관내 병원)

구분	보건소장	의사	간호사	기타	구급차량
종로구	1	1	1	1	1
○○병원	-	-	1	1	1

❍ 재난의료지원팀(DMAT)

구분	총인원	의사	간호사	응급구조사	기타	구급차량
중앙						
○○						

□ 현장응급의료소 장비현황 :

□ 세부 동원인력

❍ 소방

연번	소방서	구급대	계급	성명	면허·자격	비고
1	화성 소방서	향남 구급대	소방장	박윤택	1급	
					간호사	
					기타	
2	□□ 소방서	□□ 구급대				
3	○○ 소방서	○○ 구급대				
4	□□ 소방서	□□ 구급대				

❍ 보건소 및 재난의료지원팀(DMAT)

기관	소속	직급	성명	면허·자격	비고
보건소 및 지원기관	화성시보건소	소장	나소장	내과의사	
		의사		내과의사	
		간호주사		간호사	
		행정주사		행정요원	
	화성디에스병원	의사	최덕수	응급의학과	
		수간호사		간호사	
	응급이송단			기타	
DMAT	중앙DMAT	의사	김기운	응급의학과	
				응급구조사	
				간호사	
				행정요원	
	권역(지역) DMAT				

□ 현장응급의료소 시간대별 조치사항

시 간	조 치 사 항	비고(서명)
00:00	• ○○구급대 현장도착	
:	• □□구급대 현장도착	
:	• □□보건소장 현장도착	
:	• 구급대장이 보건소장에게 현장 응급의료소 인계인수	
:	• 보건소장 상황판단회의 참석	
:	• ○○DMAT 현장도착	
:	• 긴급 ○○○환자 □□병원 이송차 출발	
:		
:		
:		
:		
:		
:		
:		
:		
:		
:	• 현장 응급의료소 운영 종료	

________ 현장 구급인계인수서

☐ **사고일시 : 20　　년　　월　　일**　　　☐ **인계인수시간 : ____ : ____ : ____**

☐ **사고장소 :** ______________________

☐ **구급대 현장조치사항**

ㅇ 동원구급대 : ______ 대 ______ 명

ㅇ 현장조치

◇ (사망) ______명

◇ (부상) ______명 (긴급 ____명 / 응급 ____명 / 비응급 ____명)

◇ (이송) ______명 / (미이송) _____명 / (미확인 요구조자) 약 _____명

※ 이송병원 : ________병원 ____명 / ________병원 ____명 / ________병원 ____명

☐ **보건소**(권역응급의료센터) **조치사항**

ㅇ 보건소

◇ 동원인력 : 총____명

※ (성명/연락처) (소장)______ / 010-____-____ / (간호사)_____/ 010-____-____

◇ 구급차량 동원 : 총　　대

ㅇ ________**병원**(DMAT팀 포함)

◇ 동원인력 : 총____명

※ (성명/연락처) (팀장)______ / 010-____-____ / (간호사)_____/ 010-____-____

◇ 구급차량 동원 : 총　　대

ㅇ 긴급구조통제단 운영물품 지원현황

◇ (무전기) ________대 / (기타물품) ____종____점(　　　　　　　　)

* (인계자) ________구급대　　직위 ________　　성명________(서명)

* (인수자) ________보건소·병원　직위 ________　　성명________(서명)

장비 소개

1. 목 보호대

제조사		Leardal/미국	Ambu/미국
구분 \ 모델명		Leardal C-collar	Ambu C-collar/Aspen
사진			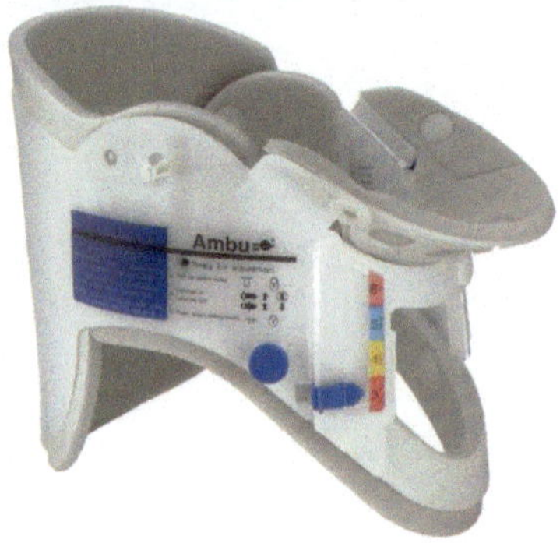
규격	특성	스펀지 형태	스펀지 형태
	재질	플라스틱	플라스틱
	크기	영아, 소아, 성인용	영아, 소아, 성인용
	특징	상하좌우 고정성이 우수	상하좌우 고정성이 우수

제조사			WEINMANN Medical/독일
구분 \ 모델명		필라델피아(Philiadelphia)	Lubo Airway Collar
사진		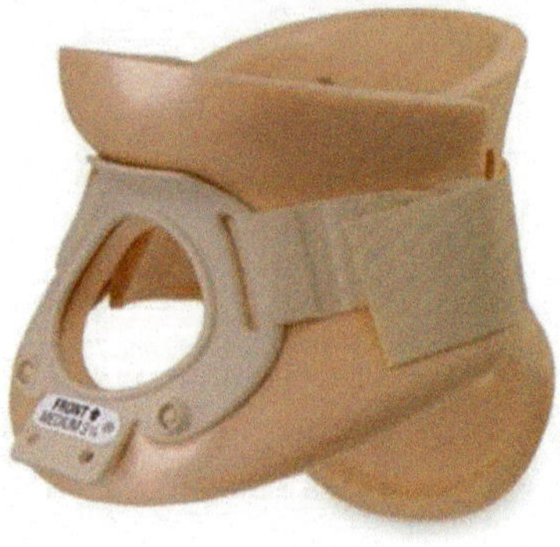	
규격	특성	스펀지 형태	스펀지 형태와 플라스틱
	재질	고무재질	플라스틱
	크기	영아, 소아, 성인용	영아, 소아, 성인용
	특징	폭신한 느낌이란 편안함을 느낌 목(병원 전 사용은 권장하지 않음)	목 보호대를 결착한 상태에서 전문기도기 삽입이 용이
	추가 가능 사양	상하좌우 고정성이 미흡	상하좌우 고정성이 미흡

2. 척추 고정대

제조사		Ferno/미국	TRIPLE INC/미국	SPENCER/이탈리아
구분 \ 모델명		Millennia Backboard	DA-02910-3	B-BAK
사진		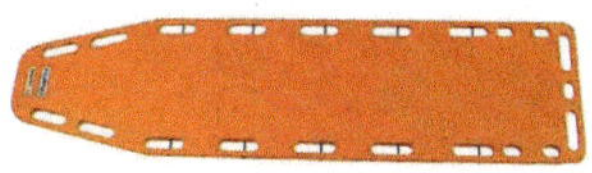		
규격	크기	183×41×4.8cm	183×42×4.4cm	184×40×5cm
	무게	6kg	6.1kg	6.2kg
	재질	플라스틱	플라스틱	플라스틱
	최대하중	159kg	275kg	180kg
	구성품	1. 척추 고정판 2. 머리 고정끈 3. 머리패드 4. 환자고정밸트		
특징		1. X-ray 촬영이 가능 2. 부력이 있어 물에서 사용가능 3. 플라스틱 재질로 세척이 간편		

제조사		Hartwell/미국	Hartwell/미국	SPENCER/이탈리아
구분 \ 모델명		Combi Carrier II	Fasplint Fullbody	긴 척추 고정판 성인/ 소아 겸용)
사진		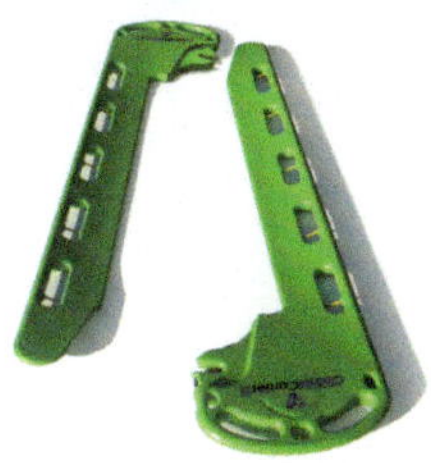	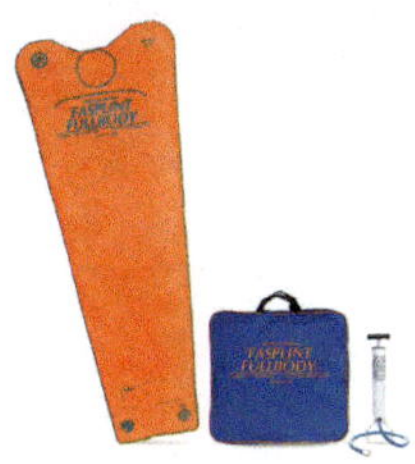	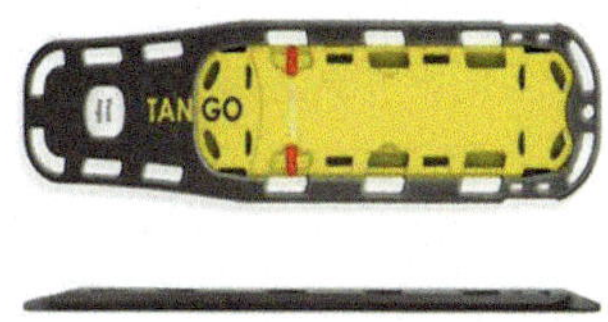
규격	크기	186.7×41.9×5.6cm	192×75×5cm	성인: 183×44.5×5.5cm 소아: 119.5×32×4.5cm
	무게	7.1kg	5.2kg	8kg(소아 3kg)
	재질	폴리에틸렌	비닐/폴리에스테르 충전제: 폴리에스테르 볼	플라스틱
	최대하중	205kg 이하	제한 없음	성인: 180kg, 소아 30kg
	구성품	1. 척추 고정판	1. 진공 척추 고정대 2. 진공펌프	1. 척추 고정판 (성인, 소아) 2. 환자 고정끈
특징		1. 양쪽 끝부분이 분리되는 형태로 고정 중에 끼임 현상을 줄일 수 있다. 2. X-ray 촬영이 가능 3. 한쪽은 고정되어 있는 상태에서 적용할 수 있음	1. 진공 매트리스가 단단해지면서 고정 2. 수상에서도 사용가능 3. X-ray 및 MRI 가능 4. 척추기형이 있는 환자에게 유리	1. 성인용 척추 고정판에서 소아용 전신 척추 고정판을 별도로 분리하여 사용가능 2. X-ray, MRI 촬영 가능

3. 구출 고정대

제조사			Royax/미국	CPR 코리아/대한민국	Ferno/미국
구분 \ 모델명			진공 KED	KED CBS-21	KED Pro
사진					
규격	크기	펼쳤을 때	94cm×105cm×3cm	83cm×78cm×1cm	83cm×82cm×3cm
		보관 시	–	90cm×30cm×12cm	90cm×30cm×12cm
	본체무게		2.9kg	3kg	4.5kg
	허용가중		미상	159kg 이하	250kg
	재질		폴리에스테르	폴리에스테르	폴리에스테르
	구성품		1. 손잡이 2개 2. 이마 및 턱 끈, 어깨, 가슴, 허리 및 다리 끈 3. 진공펌프	1. 본체 1 2. 패드 1 3. 머리고정끈 2 4. 보관가방 1	1. 본체 1 2. 지지패드 1 3. 이마/턱 고정끈 2 4. 운반가방 1 5. Take-down 스트랩 6. 어깨끈
특징			1. 버클은 60℃에서 세척 가능 2. 자체 폐쇄 밸브 3. 멀티 챔버 시스템 4. 방수재질로 손쉬운 세척 및 소독 5. X선 반투명 및 MRI 적용가능	1. 조끼형태 고정대로서 환자의 척추와 머리를 동시에 고정 2. 가슴판이 상하 구분치료를 위해 환자의 가슴노출가능 3. 척추를 고정할 수 있도록 버클이 부착된 3개의 고정끈이 각기 다른 색상으로 구분 4. 착용한 상태에서 X선 투시 가능	1. 오염방지를 위한 웨빙끈이 코팅처리 2. 가슴 부위가 큰 체형에 보다 편리하게 적용하기 위한 가슴덮개 설계 3. 어깨 뒤 결착 감속 스트랩이 추가 4. 엉덩이 부위에 손잡이를 두어 환자를 이동할 때 편리

4. Triage Tools

<table>
<tr><td>제조사</td><td colspan="2">메스코리아/대한민국</td></tr>
<tr><td>모델명
구분</td><td colspan="2">다수사상자 구급대응 세트</td></tr>
<tr><td>사진</td><td colspan="2">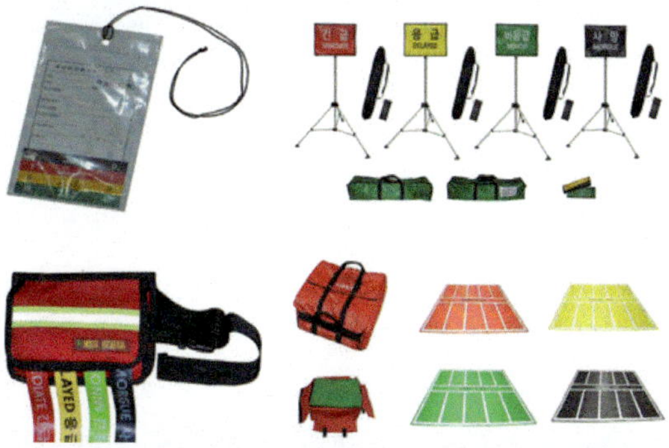</td></tr>
<tr><td>제조사</td><td>SAGO Medica/미국</td><td>Diaster Management System/미국</td></tr>
<tr><td>모델명
구분</td><td>Kit Triage</td><td>13 Position Surge Response Kit
with Rolling Duffel</td></tr>
<tr><td>사진</td><td>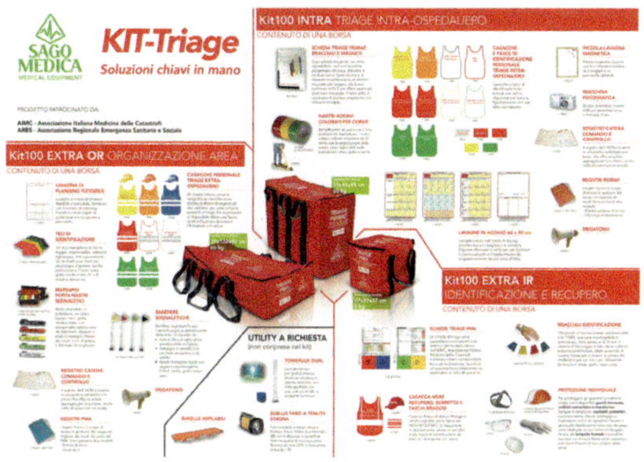
</td><td>
</td></tr>
</table>

Reference

1. Podolsky 외. Efficacy of cervical spine immobilization methods. *J Trauma*. 1983 Jun;23(6):461–5.
2. 최한성, 박현정, 홍훈표, 김명천, 고영관. 한국인을 대상으로 실험한 두 종류의 경추보조기에 대한 효과 비교. 대한응급의학회지. 2004;15:213–221.
3. Askins V. Eismont FJ, Efficacy of five Cervical orthoses in restricting cervical motion, *Spine*. 1997;22–1193–8.
4. Miller CP, Bible JE, Jegede KA, et al. Soft and rigid collars provide similar restriction in cervical range of motion during fifteen activities of daily living. *Spine* (Phila Pa 1976). 2010;35(13):1271–1278.
5. 서정훈, 경추 보호조기의 임상적 적용 및 처방. 한국의지·보조기학회지 2010; 4: 35–38
6. Jae Guk Kim el al, Comparison of the efficacy of three cervical collars in restricting cervical range of motion: A randomized study. *Hong Kong Journal of Emergency Medicine* 2020, Vol. 27(1) 24–29
7. Colleen Y et al. Comparison of Cervical Spine Motion During Application Among 4 Rigid Immobilization Collars, *Journal of Athletic Training* 2004;39(2):138–145
8. Alan Garner et al. Comparative Analysis of Multiple–Casualty Incident Triage Algorithms, Annals of Emergency Medicine Volume 38, Issue 5, November 2001, Pages 541–548
9. 병원 전 외상 소생술(PHTLS). 군자출판사. 2016. p. 332.
10. www.ems1.com, Evolution of the spineboard, How innovations in technology have shaped an essential EMS tool May 25, 2010 Evolution of the spineboard
11. American Academy of Orthopedic Surgeons Committee on Injuries, Fractures and Dislocations of the Spine. In: Emergency Care and Transportation of the Sick and Injured. Chicago, IL: American Academy of Orthopedic Surgeons; 1971;111–5.
12. Chan D, Goldberg R, Tascone A, Harmon S, Chan L. The effect of spinal immobilization on healthy volunteers. *Ann Emerg Med*, 1994;23:48–51.
13. Ay D, Aktas C, Yesilyurt S, Sarikaya S, Cetin A, Ozdogan ES. Effects of spinal immobilization devices on pulmonary function in healthy volunteer individuals. *Ulus Travma Acil Cerrahi Derg*, 2011 Mar;17(2):103–7.
14. DMAT(Disaster Medical Assistance Team): 재난 등의 발생 시 의료지원을 위하여 사전 또는 사후에 조직된 의료팀으로서, "권역 DMAT"은 특정 지역 단위에서 조직된 DMAT을, "중앙 DMAT"은 국가 단위에서 조직된 DMAT을 말함
15. 재난의료지원팀 이강현. Hanyang Medical Reviews. 2015;35:125–156.
16. 재난응급의료 비상대응 매뉴얼, 초판. 보건복지부. 2016.01.
17. 대규모 사상자 발생 시 응급의료지원 지침, 2015.5. 개정.
18. "EMS spinal Precaution and the Use of the Long Backboard" PREHOSPITAL EMERGENCY CARE 2013;17:392–393(1989년 병원에서 퇴원한 Study)
19. EMS Spinal Assessment and Precautions Adapted from a presentation prepared by Chelsea C. White IV, MD, NREMT–P
20. The Evidence Against Backboards 06/19/2013 Bryan E. Bledsoe, DO, FACEP, FAAEM

Chapter 14

팔다리 손상(추락, 낙상) 사고
(골반 고정밴드, 견인 부목, 패드 부목, 알루미늄 부목, 진공 부목)

◇ 학습목적

중증 외상 환자가 아닌 경우 추락과 낙상사고에서 흔한 손상은 팔다리 손상이다. 병원 전 단계 응급의료종사자들은 팔다리 손상을 신속 정확히 평가하고 적절한 고정 도구의 선택은 구조와 이송 중에 환자에게 더 편안함을 제공할 것이다.

✱ 현장상황

| 현장모습 | 3층 높이 지붕에서 작업 중인 노동자가 중심을 잃고 1층 마당에 추락되어 119에 신고되었다. 현장에 도착했을 때 그는 목 움직임에 약간의 통증과 골반을 포함한 다리 통증이 참을 수 없을 정도라 하였다. 외상평가에서 왼쪽 넙다리뼈 골절과 오른쪽 무릎뼈 골절, 갈비뼈 골절이 의심되었다.

| 활력징후 | **혈압** 80/60mmHg, **맥박** 110회/분, **호흡** 20회/분

외상으로 인한 출혈에 대한 반응이라 의심할 수 있다.

환자는 중증 외상으로 판단되어 소방헬기에 의해 가까운 외상센터로 이송하게 된다.

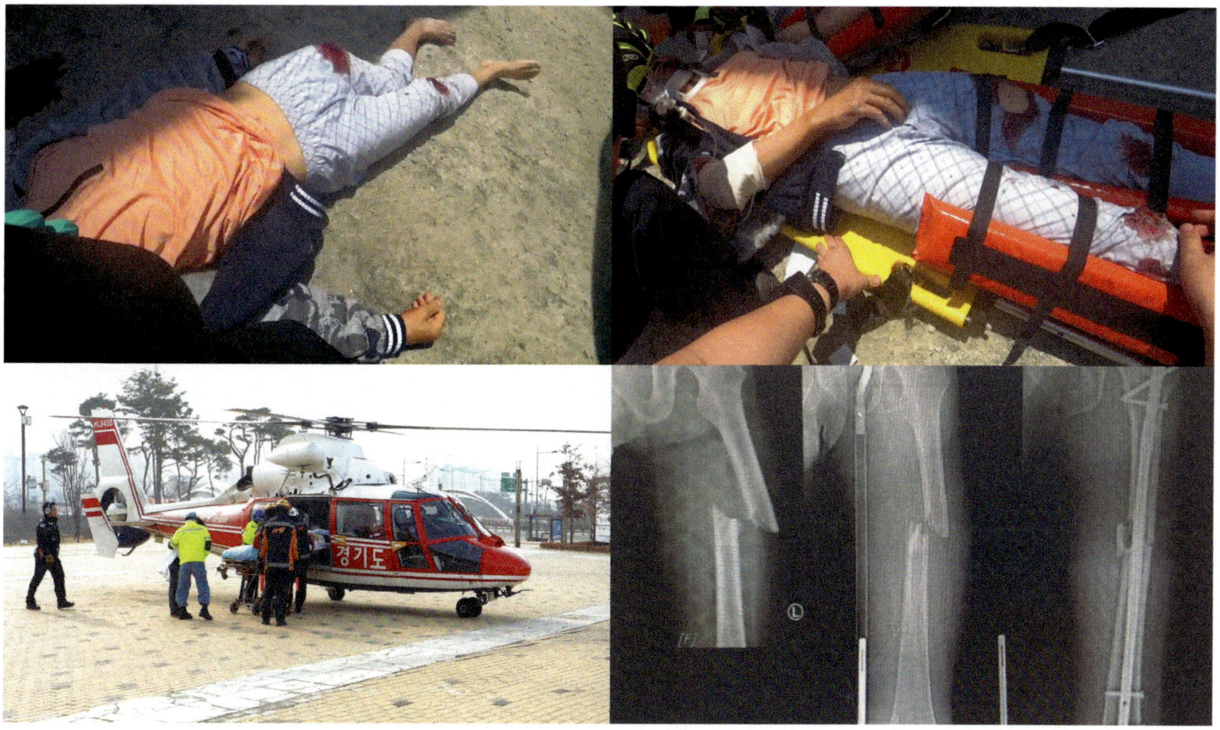

응급의료종사자는 다양한 사고현장에서 팔다리 손상 환자를 가장 많이 접하게 되는데 손상 정도에 따라 가벼운 삠(sprain) 손상부터 넙다리 골절까지 다양한 상황을 접하고 있다. 2018년 119구급대에서 이송한 중증 외상 환자 20,999명 중 추락과 낙상에 의한 팔다리 손상 이송건이 35.9%(5,747건)로 나타났다. 응급의료종사자의 신속한 환자평가에 의해 중증 손상이 아닌 경우 빠른 이송보다는 사고현장에서 적절한 고정을 통해 통증의 경감과 이송 중 발생할 수 있는 2차 손상(신경, 혈관, 연부조직 손상 등)에 대비하는 것이 필요하다.

골절된 노뼈 옆에 나무껍질을 이용한 부목 적용

나무판에 천을 감아서 사용한 부목

골절된 뼈에 끈을 활용하여 고정한 부목의 형태

그림 14-1 **고대 이집트 시대에 골절 환자에 대한 적용(1990년)**[1]

팔다리 손상에 대한 관리는 고대 이집트시대(BC 2750~2625)에도 현재와 비슷한 형태의 고정을 했던 흔적들을 볼 수 있었을 만큼 오래되었다. 인류 역사에서 전쟁과 산업발달은 팔다리 손상 환자를 위해 더욱 나은 치료법과 도구 개발을 통해 효율적인 치료를 가능하게 하는 만큼 중요한 역할을 한다.

골절 손상은 외부의 물리적인 힘이 다가오거나 그 반대의 힘이 뼈에 가해질 때 손상을 입는데, 때로는 뼈와 인접한 인대, 힘줄, 근육, 혈관, 신경, 피부까지 복합적인 형태로 나타나기도 한다. 골절은 부러진 형태에 따라 구분하고 있는데 골절된 뼈가 외부환경에 노출된 개방성 골절과 골절이 생기기는 했지만 근육이나 피부 손상이 없어 외부 감염원 우려가 없는 폐쇄성 골절로 구분한다.

피부의 손상이 나타난 경우는 개방성 골절이라 부르며 골절 부위가 외부로 노출된 만큼 감염의 위험성은 높아지며 적절한 치료를 받지 못하면 골수염이 발생하여 치료가 늦어질 수도 있다.

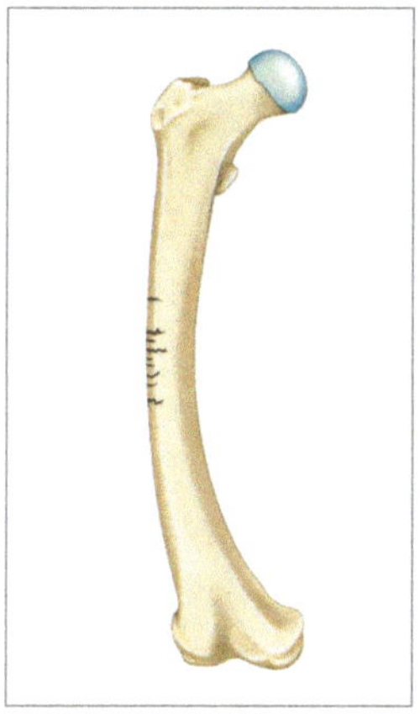

- 손상의 정도가 약한 골절로 주변 근육과 인대 통증을 호소하는 경우가 많고 X-ray로만 진단 가능
- 부종이 있고 움직임에서 약간의 통증이 있다.

미세 골절

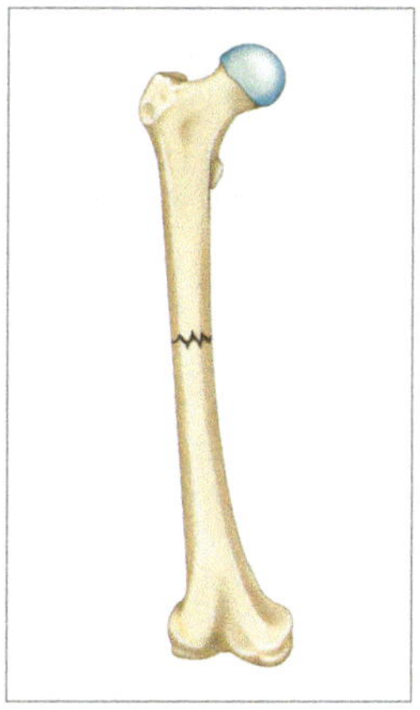

- 순간적인 강한 힘에 의한 손상
- 구부러뜨리는 힘과 축으로 가해지는 힘의 복합적 작용

분쇄 골절

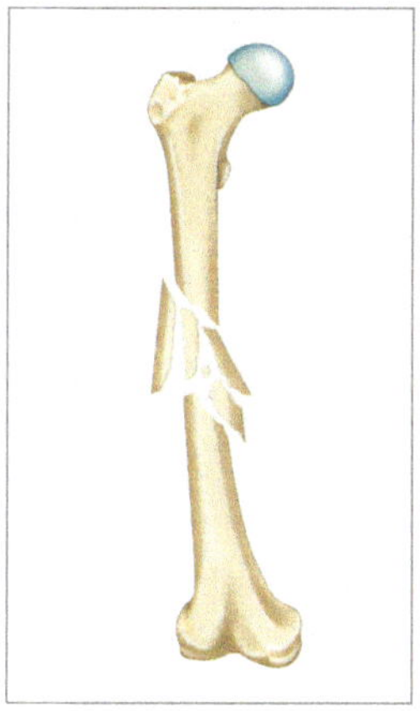

- 위아래에서 축으로 가해지는 힘
- 정도가 심하면 끝단의 날카로운 부분에 의해 개방성 골절이 생기기도 한다.

빗 골절

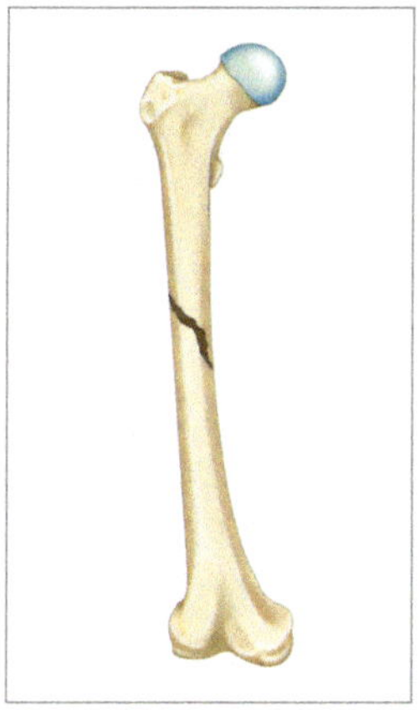

- 나뭇가지 부러뜨리듯 구부러뜨리는 힘
- 양 끝단이 고정되고 중간 부위에 힘이 가해질 때 발생하는 것으로 골절 끝이 날카로워 개방성 골절이 생기기도 한다.

가로 골절

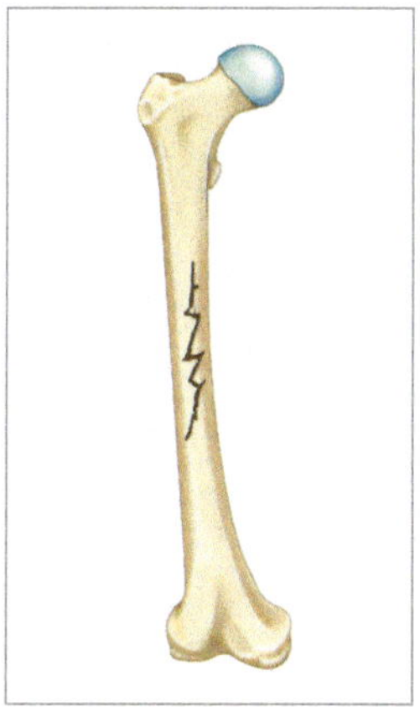

- 비틀리는 힘
- 공찰 때 바닥은 고정되어 있고 몸체가 돌 때

나선 골절

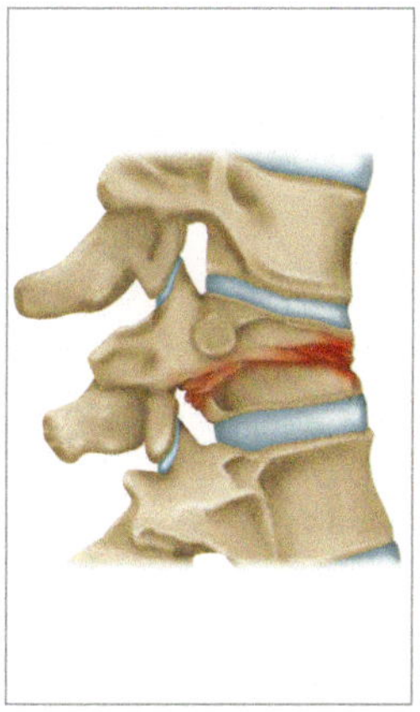

- 주저앉을 때나 뛰어내릴 때 발생하는 압력에 의한 손상

압박 골절

그림 14-2 골절의 여러 형태

부목의 고정은 통증 감소와 골편의 움직임을 제한해 근육신경과 혈관의 2차 손상을 최소화하거나 예방하는 효과를 기대하는 것이 주목적이다. 부목사용으로 골절된 골편에 의한 연부조직(혈관, 신경, 근육, 척수)의 2차 손상(불완전 골절을 완전 골절이 되는 것)과 폐쇄성 골절이 이송 도중 완전 골절이 되는 것을 예방하고 통증을 줄여주는 효과도 있다. 특히 골절을 당한 부위에 통증이 심한 것은 뼈를 감싸고 있는 골막(periosteum)에 분포하는 신경이 예민[1]해지기 때문인데, 부목으로 이를 감소시킬 수 있다. 또한, 과도한 출혈을 예방하는 것에 있어서도 부목은 매우 중요한 요소가 된다.

응급의료종사자는 사고기전을 바탕으로 손상의 증거가 있는 경우 적절한 부목을 선택해서 고정해야 이송 중에 발생할 수 있는 2차 손상을 방지할 수 있다.

표 14-1 인체 손상에 따른 초기 응급처치 RICES

방법	효과
Rest	상처의 움직임 최소화는 염증반응을 지연시킬 수 있다.
Ice	차가운 온도를 통한 혈관축소는 지혈, 염증반응의 지연, 마취 효과가 있다.
Compression	직/간접적인 압박은 통증 감소, 출혈량 감소 효과가 있다.
Elevation	심장보다 높게(15cm 이상) 상처 부위를 올려주면 심장으로 유입되는 혈액량을 증가시켜 중증 손상에서는 쇼크를 예방하는 효과를 기대한다.
Splint	상처를 고정하는 것은 이송(운반) 도중에 있을 수 있는 2차 손상 예방과 통증의 감소가 심리적 안정감을 제공할 수 있다.

우리는 외상 환자의 초기 치료가 RICES 법에서 시작한다는 것을 잘 알고 있는데 이것은 고전적인 방법이라고 하지만 손상 후에 인체가 나타내는 생리학적인 현상들을 최소화(처치)하기에 좋은 방법으로 널리 쓰인다.

응급의료종사자가 현장에서 사용하는 고정 장치는 손상 정도에 따라 선택 폭이 달라진다. 사고기전(유형)과 손상 부위, 긴급한 구조와 빠른 응급처치의 우선순위의 문제, 그리고 더 나아가 구급차까지의 이동 거리 등의 요수는 모두 중요하게 고려해야 하는 문제이기 때문이다. 팔다리 고정 장치는 응급의료종사자들의 요구를 반영해 단단하거나 부드러운 형태 또는 원리를 활용한 장비까지 그 쓰임새에 맞게 지속적으로 개발되고 있다.

부목은 크게 단단한 형태의 부목과 부드러운 형태의 부목으로 그 목적에 따라 쓰임이 다르다.

1) 손상당한 부위의 움직임을 제한시키는 생체시스템의 한 부분으로 근육의 단축(shortening) 효과와 더불어 골절 후 움직임을 통한 추가 손상을 막아주는 중요한 역할이다.

표 14-2 각종 부목별 형태와 성능의 차이 비교

부목명	구분	적용 부위	크기와 무게[a]	적용 속도[b]	고정력	장점	단점
알루미늄 부목		손/발가락, 팔, 다리		보통	약함	1. 다양한 형태와 부위에 응용 적용 가능 2. 부드러운 재질이라 상처 부위를 감쌀 수 있다.	1. 반복해서 사용하면 고정력이 약해진다. 2. 감염 우려가 있으면 재사용이 어렵다(겉 재질은 흡수형 고무이다). 3. 고정력이 약해 골절에 단독으로 사용할 경우 큰 뼈 고정에는 부적합하다.
공기 부목	부드러운 부목	팔, 다리	가벼움	빠름	중간	1. 투명하여 손상 부위 확인이 가능 2. 가벼운 재질 3. 사용하기 간편	1. 대부분 입으로 공기를 부는 방식이라 감염에 취약 2. 시간이 지남에 따라 공기가 빠짐 3. 온도나 아주 높은 고도에 따라 부피 팽창력에 변동이 있다. 4. 부목이 찢어지면 사용 불가 5. 각진 골절이나 개방성 골절에 적합하지 않다.
패드 부목	단단한 부목	팔, 다리	가벼움	빠름	중간	1. 빠르게 적용할 수 있다. 2. 세척하기 편리하다.	1. 고정력이 약하다. 2. 골절 부위를 효과적으로 감싸지 못한다.
구출 고정대		머리, 목, 등	보통	느림	중간	1. 척추 손상이 의심되는 환자를 차량이나 맨홀같이 구조자가 작업하기 어려운 공간에서 고정과 구출작업을 하는데 유리하다. 2. 넙다리관절 손상이나 영유아의 척추 고정을 위해 응용이 가능하다.	1. 혈액이나 감염물질이 묻었을 때 세척과 소독하기에 어렵다. 2. 앉은 상태에서 고정한 후 눕게 되면 머리를 다시 고정해야 한다.
진공 부목		팔, 다리, 골반, 전신	보통	보통	높음	1. 다양한 응용이 가능하다. 2. 손상 부위를 그대로 고정하기 때문에 움직임이 최소화된다.	1. 부목자체 부피가 크다. 2. 진공펌프 없이는 사용 불가 3. 부목이 찢어지면 사용 불가
견인 부목	견인 부목	넓적다리	보통	느림	높음	1. 날카롭게 골절된 부분에 의한 신경, 혈관, 근육 손상을 최소화할 수 있다. 2. 견인될 때 통증의 감소가 있다.	1. 경험이 충분하지 않은 대원은 확실하게 보이지 않는 골절을 찾는데 어려워한다. 2. 숙달되지 못하면 현장 체류 시간이 길어진다. 3. 엉덩이관절, 발목, 무릎 손상이 동반될 때 적용할 수 없다.

a. 넙다리뼈에 적용하는 골절 부목 기준
b. 응급구조사 국가고시 실기평가 시간과 중증 외상 환자 현장 처치 10분을 고려한 임의의 적용시간

현장 경험을 바탕으로 한 부목 고정의 응용 Tip!

첫째, 상처평가와 부합하는 고정력을 지닐 것
둘째, 신속하고, 정확하게 고정이 가능할 것
셋째, 무게가 가볍고, 이동하는 데 어려움이 없을 것
넷째, 다른 고정 장치와 연결하여 사용할 때 장애가 되지 않을 것

표 14-3 현장에서 얻은 부목 고정의 10가지 조언

1. 가벼운 손상인가? 의식과 활력징후가 불안정한 상태인가?
(가볍다면 현장에서 부목 적용, 불안정하다면 빠른 이송을 고려하여 팔다리 고정은 구급차로 이동 후 시행한다.)
2. 손상 부위 노출(가위를 이용하여 모두 벗겨 상처/변형/피부를 확인하여 손상기전과 부합하는 손상 여부를 확인하여 손상의 정도를 파악할 수 있다.)
3. 개방된 상처에 대한 조치: 부목 고정 이전에 멸균 거즈로 드레싱을 한다. 고정 후에도 말초 부분에 대한 순환의 증거를 확인할 수 있도록 남겨두어야 하며 상처 부위가 압박되지 않아야 한다.
4. 고정은 손상된 부위의 위/아래 관절을 포함하여 고정해야 한다. 인근 관절의 움직임은 손상 부위와 연결된 근육을 수축/이완시켜 통증과 골편에 의한 손상을 일으킬 수 있기 때문이다.
5. 말단 부위 PMS(순환 움직임 감각)는 반드시 고정 전/후에 평가되어야 하며, 고정 전후로 관찰하여야 한다.
6. 부목 고정에서 뼈의 돌출된 부위를 지나는 고정 형태에는 압통과 허혈을 예방할 목적으로 부드러운 재질로 패드(쿠션)를 덧대어 줄 수 있다. 특히, 손상 부위에 대한 직/간접적 고정에 있어 더욱 주의가 필요하다.
7. 손상 부위의 위치를 옮길 때는 한 번으로 끝낼 수 있도록 하며, 고정하는 동안 주처치자와 똑같은 위치와 힘으로 고정해야 통증의 재출현과 추가 손상을 예방할 수 있다.
8. 변형된 팔다리에 대한 정렬이나 움직임에 통증을 심하게 호소하는 경우 손상된 모습 그대로 고정해 이송하는 것도 고려할 수 있다(특히 무릎 손상 환자가 무릎을 펼 수 없는 경우 구부러진 모습 그대로 고정하는 모습).
9. 명백한 골절이 관찰되지 않아도 손상의 기전과 통증 호소를 고려해 골절로 간주하고 부목 고정을 하는 것을 원칙으로 한다(영상검사에서 골절 소견을 보이는 경우가 많기 때문).
10. 체간 골절이 있는 경우 견인부목 적용 시 체중의 10% 또는 2~6kg(최대 7kg) 범위 안에서 견인하도록 한다. 이것은 과도한 견인에 의한 신경손상을 방지하기 위함이다.

만약 다발성 골절이 있다면 외부로의 혈액 소실 없이도 치명적인 출혈을 일으킬 수 있다는 것을 알아야 한다. 또한 개방성 골절에 따른 감염의 문제는 치유를 방해할 수 있으며 패혈증성 합병증을 유발하여 사망에 이르게 할 수 있다.

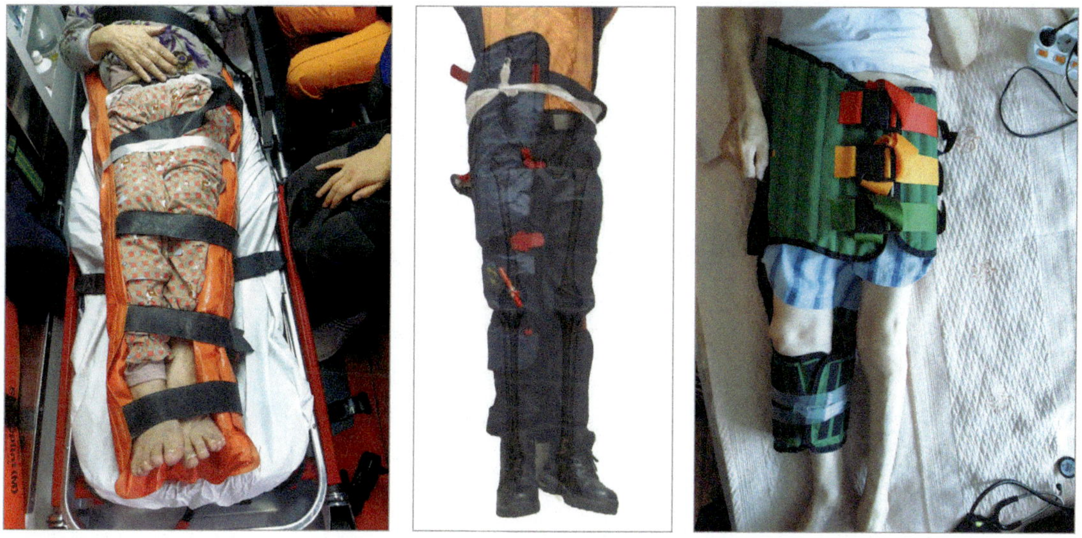

그림 14-3 엉덩이관절 손상에 응용한 방법들(진공 부목과 구출 고정대의 응용)

현재 우리나라의 119구급대는 '119 구조구급에 관한 법률'에 따라 다양한 부목을 갖추고 있다. 인대(ligament)나 힘줄(tendon) 손상에는 부드러운 부목 형태(sam splint, air splint)를 주로 사용하고 보다 넓은 부위를 고정해야 할 때는 단단한 부목 형태(wire splint, wooden pad splint)나 진공 부목을 사용하게 된다. 이러한 선택은 응급의료종사자의 판단에 따라 이뤄진다.

팔다리 손상 사례에 적용된 장비에 대해 시대적 발전과 용도 등에 따라 어떻게 변화하고 있고, 병원 전 단계에서의 최적의 부목사용에 대해 알아보기로 한다.

I 골반 고정밴드 Pelvic Sling(Binder)

1. 개요

중증 외상이 의심되는 손상 환자에서 골반 뼈 손상이 의심될 때 검진을 통해 불안정성 골반 손상이 나타나는 경우 골반강 내 혈관 손상을 의심해야 하며, 쇼크징후가 나타나는 경우 의료지도를 통해 수액공급과 외상센터로 빠른 이송을 고려해야 한다. 불안정성 골반 손상 자체만으로도 40%의 치명률을 나타낼 수 있고 골반강 내 주요장기 손상[2]이 동반되는 경우 약 10%의 사망률을 보인다는 보고가 있을 정도로 매우 위험한 상황이다. 골반뼈가 손상될 때 내장뼈동맥(안쪽)과 정맥총(후부)에 의한 출혈이 지혈되지 못한 채 후복막강 내에 약 2ℓ 이상이 고일 수 있기 때문이다. 이런 환자들은 다른 부위와 동반 손상이 있을 가능성이 커 사고기전을 기반으로 정확한 2차 평가가 이뤄져야 한다.

표 14-4 골절 부위별 추정 가능 출혈량

부위	추정 가능 출혈량
갈비뼈	~120mL
노뼈, 자뼈	250~500mL
위팔뼈	500~750mL
정강뼈, 종아리뼈	500~1,000mL
넙다리뼈	1,000~2,000mL
엉덩뼈	1,000~3,000mL

손상 정도가 가벼운 경우는 통증과 압통, 부어오름을 호소하며 손상 정도가 중증일 경우 변형(비빔소리)과 운동 제한을 보이는 경우 골반강 내의 다량 출혈로 인한 심각한 저혈량 쇼크가 나타날 수 있어 응급의료종사자의 정확하고 빠른 평가와 더불어 적절한 응급처치가 요구된다. 응급의료종사자의 적절한 평가에 의한 골반 고정밴드 적용은 저혈량성 쇼크를 방지하는데 반드시 도움이 된다.

MAST(Military Anti-shock Trouser) 사용은 오래된 교과서에서는 사용할 것을 권고하고 있지만 평균 이송시간이 짧은데 비해 적용시간이 지나치게 긴 단점, 부피가 커 적재하기 어려운 점 등의 이유로 우리나라 119구급대에서 사용한 사례는 찾아보기 어렵다. 또한, 침상천(bedsheet)을 활용한 고정법은 응급의학과 의사들에 의해 소개되었지만 학계와 119구급대원들의 요구에 따라 2015년부터 골반 고정대를 구급차 적재 장비 기준에 포함해 사용되고 있다.

외상 환자의 출혈성 쇼크 3대 원인

1. 복부(장기 Liver, Spasm 등)
2. 가슴 손상(혈종)
3. 골반과 넓적다리 골절

2) 후복막 장기와 연결되는 안쪽의 내장뼈동맥(안쪽)과 후부의 정맥총 손상이 발생하고, 후복막강에 피가 고이게 된다.

2. 적응증과 작동원리

골반 골절에 대해 응급구조(학)과 관련 도서에서는 손상이 의심되는 경우 골반 고정대 사용을 권장하고 있지만, 사실 모든 골반 손상에 적용하는 것에 대해서는 논란이 많다. 손상 유형에 따라서는 골반 고정대 사용이 오히려 손상을 더 악화시킬 수 있어 주의가 필요하다.

골반 손상은 1986년 'Pelvic fractures: value of plain radiography in early assessment and management. Radiology. 1986; 160:445-451.'이라는 주제로 'Young JW와 Burgess AR'이 골반뼈 손상 환자 142명을 조사한 결과 가해진 힘의 방향과 위치에 따라 세 가지의 손상형태(LC, APC, VS)가 있는 것으로 발표한 이후 임상에 활용되고 있다.

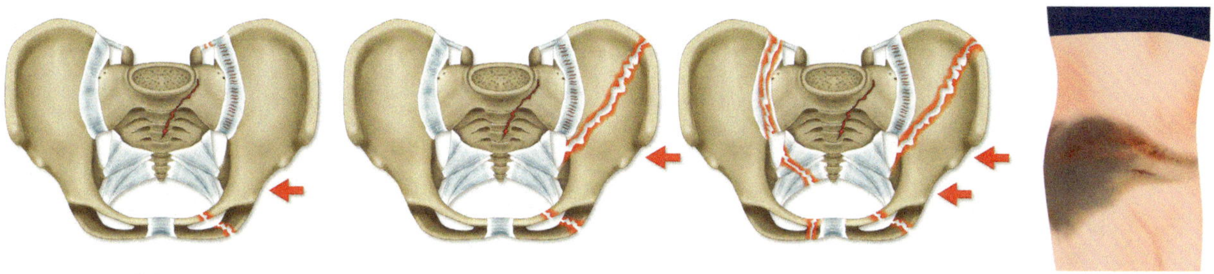

LC(Lateral Compression)
옆으로 추락하거나 골반 측면에 강한 충격이 가해질 때 한쪽 골반이 내회전되며,
심한 경우 반대쪽 골반을 감싸게 되는 경우는 골반강 내가 압박되기도 한다.

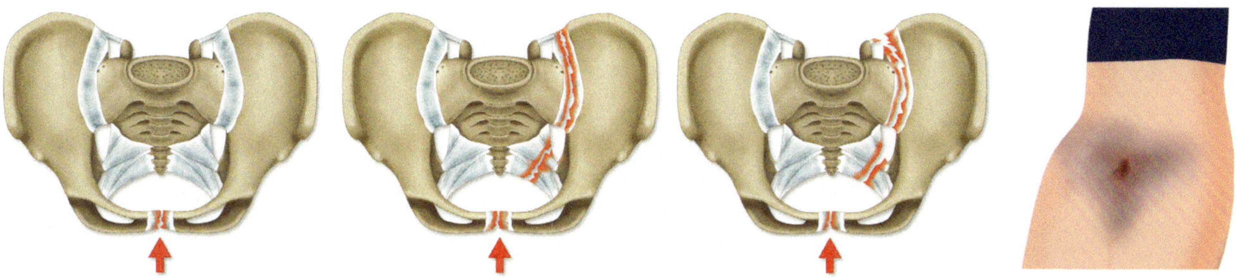

APC(AP Compression)
흔히 'Open book'이라 부르는 형태로 두덩결합이 벌어지며,
심하면 전방 SI관절까지 벌어져 골반강 내 많은 출혈이 발생할 수 있다.[2]

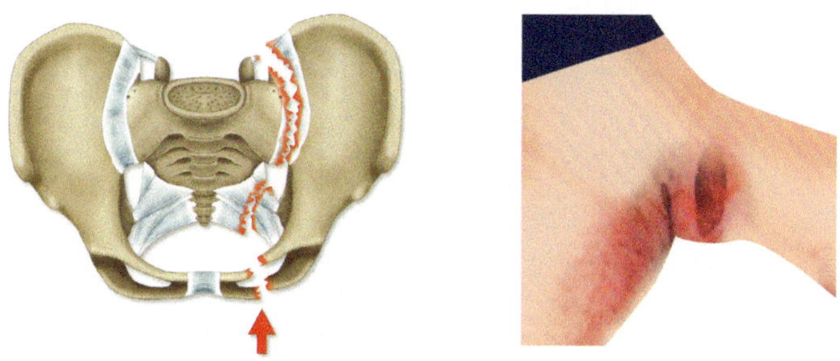

VS(Vertical shear)
높은 곳에서 추락한 경우 골반에 수직으로 힘이 가해지게 되어
두덩결합과 엉치엉덩관절이 찢어져 골반의 불안정한 상태가 된다.

그림 14-4 출동의 힘 방향에 따른 골반뼈 손상 유형

출처: Young Burgess Classification

골반뼈 골절의 평가는 사고기전을 정확히 이해하는 것에서부터 시작되어야 하는데 우선 현장 안전이 확보된 이후 1차 평가에 특이사항이 없는 경우 2차 평가를 수행하게 된다. 상처 노출 후에 시각적 평가에서 골반에 관찰되는 외상의 흔적이 사고 기전과 일치하는가를 확인하는 것은 골반 손상 형태를 더욱 정확히 평가하는 시작점이 된다. 그 외 골반 좌우 높이 차이, 두덩결합부의 벌어짐 현상, 한쪽 다리가 짧아져 있는지? 혈종, 타박상, 열상, 외형상 비틀어짐을 찾아야 한다. 시각적 평가가 끝났으면 촉진(안쪽으로 살며시 촉진, 두덩뼈 부위 약한 압박)과 환자가 호소하는 골반 통증을 바탕으로 손상 유형을 평가하고 골반 고정대 적용을 결정하게 된다. 이때 골반의 압박 검사는 현장에서 단 1회만 수행해야 하는데 이것은 혈전의 박리현상이 재출혈을 유발할 수 있기 때문이다.

골반 고정대는 APC 손상에서 적용되어야 하며 LC 손상과 VS 손상에서 적용하는 것에 대해서는 논란이 많아 지도 의사와 함께 신중하게 결정되거나 하지 않는 것이 권장된다.

골반 손상의 검진방법

1. 골반에 상처가 관찰되는가?
2. 골반의 좌우 높이가 다른지 비교(수직 전단 손상)
3. Iliac crest가 벌어지는지 확인, 한쪽만 벌어지면 측면 손상을 의심할 수 있으며 양쪽으로 벌어지면 open book 손상을 의심)
4. 엉덩관절을 살짝 들어 올리는 방법

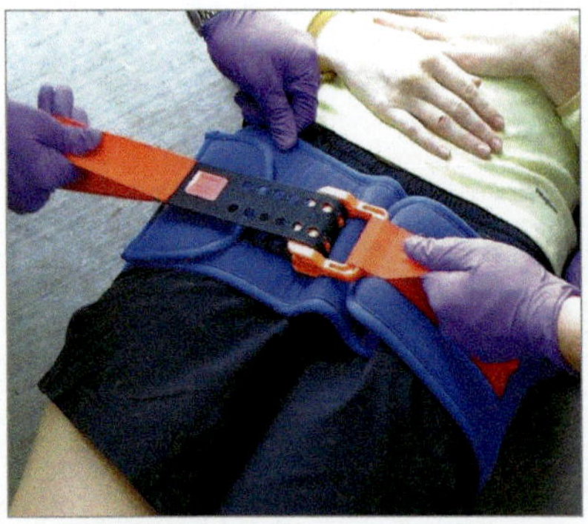

고정대 양쪽을 당겨 고정

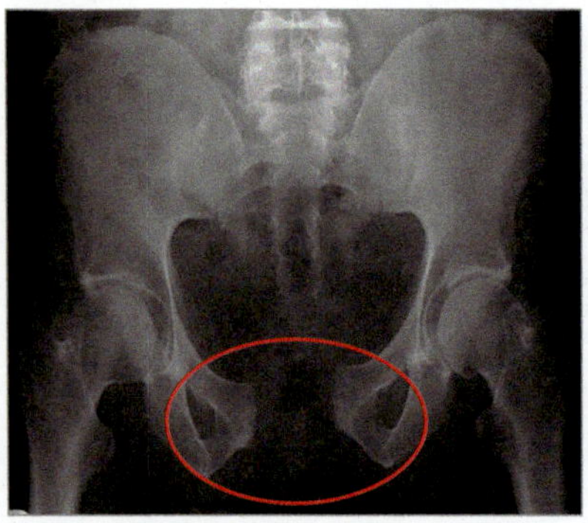

골반 고정밴드 적용 전

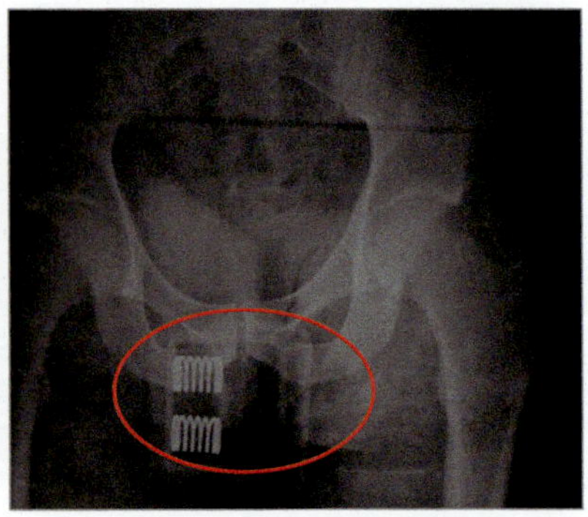

골반 고정밴드 적용 후[3]

그림 14-5 골반 고정밴드의 적용과 그 효과

골반 고정대 적용은 시중에 여러 형태가 출시되어 있는데 밴드 고정형과 클립형, 압력펌프형이 있는데 적절한 것을 사용하면 된다. 원리는 모두 골반환 전체를 감싸고 두덩뼈 부위에서 양쪽을 잡아당기는 형태로 단단히 고정하게 된다. 출혈은 속엉덩동맥(internal iliac artery)의 분지인 위볼기동맥(superior gluteal artery), 속음부동맥(internal pudendal artery) 등이 자주 손상된다.

실제 골반 고정대로 혈관을 압박하는 것은 거의 어렵지만 골반강내 정맥의 압박, 모세혈관의 압박, 골절 자체의 출혈을 압박하여 효과를 나타낸다.

현장 대원은 복부의 치명적인 손상의 증거가 없다면 골반 압박(pelvic binding)은 손상 15분 이내에 시행할 것이 추천되고 있다.[4]

3. 주의사항

심각한 골반뼈 손상은 그 자체만으로도 높은 사망률을 발생시킬 수 있다고 이미 설명한 바 있다. 현장 대원은 환자를 평가하고 처치할 때 이미 지혈된 혈전이 떨어져 나가게 되는 재출혈이 생기지 않도록 조심해서 다뤄야 하는 어려움과 골반 고정대 적응증도 정확히 찾고 병원 의료진에게 인계까지 적절하게 적용할 수 있어야 한다.

골반을 손으로 검진할 때는 될 수 있으면 대원 1명이 검진하되 1회의 움직임만 허락된다. 등 부위를 검진하고자 할 때는 골반 고정대 적응증이라면 적용한 상태에서 움직이고 적응증이 아니라면 2명 이상에 의해 조심스럽게 다뤄져야 한다. 환자를 이송할 때에는 로그롤(Rog roll)에 의한 긴척추고정판보다는 분리형 들것을 이용하는 것이 골반 움직임을 최소화하는데 추천된다.

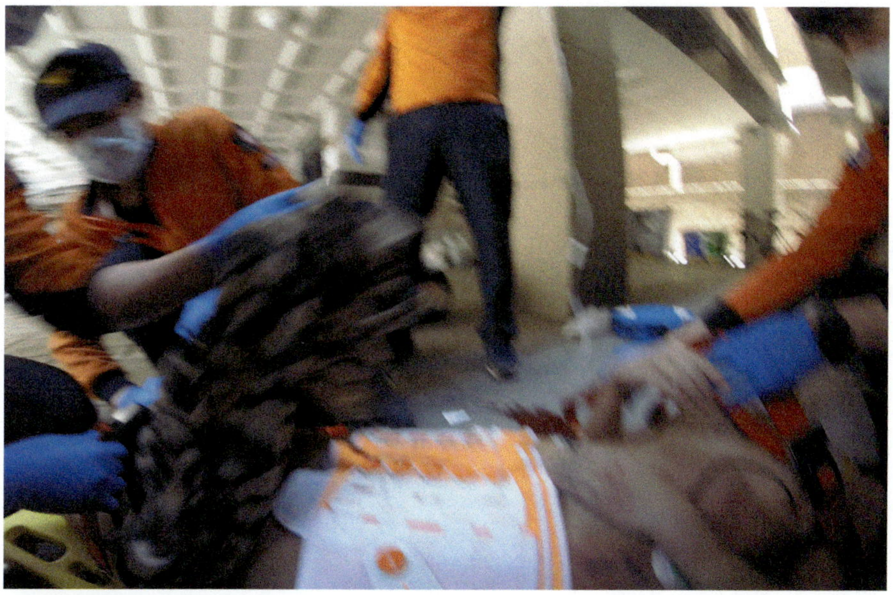

그림 14-6 추락사고 현장에서 시행한 고정밴드

골반 고정대는 충분한 평가 후에 AP 손상(open book)에서만 적용하고 한 번 고정한 후에는 병원 인계 전에는 임의로 제거하거나 압력을 줄이는 것은 재출혈을 일으킬 수 있으므로 주의해야 한다. 간혹, KED를 응용해서 사용하기도 하는데 골반의 안정화는 일부 가능하겠지만, 압박지혈에 대한 효과는 기대하기 어렵다. 압박지혈을 하기 위해서는 높은 조임력이 필요한데 KED는 가슴과 복부를 감싸도록 제작된 장비로서 흉곽의 너비보다 좁은 골반을 고정하는데 제한이 많다.

4. 적용(사용)방법

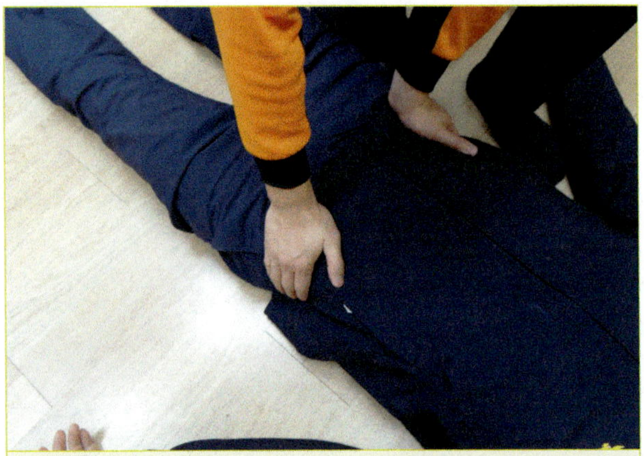

① 환자평가(아래 눌러주고 위로 모아준다.)
- 특히 아래쪽으로 누를 때 너무 힘을 주면 손상된 상태가 악화될 수 있어 주의해서 평가한다.

② 골반 고정대 위치 잡기
- 양쪽 큰 돌기 위가 가운데 오도록 조심해서 위치한다.

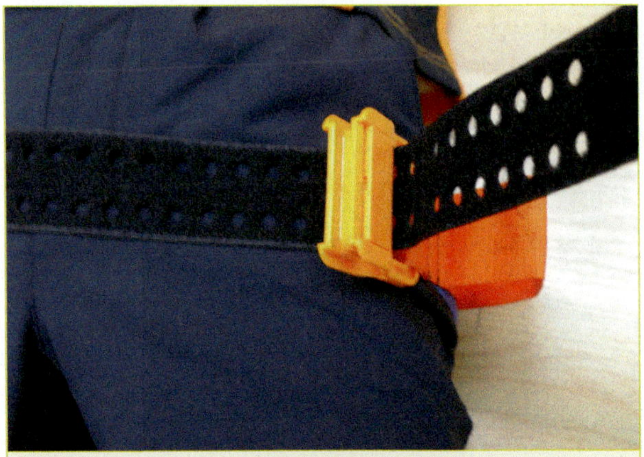

③ 버클에 넣어 양쪽으로 당길 준비를 한다.

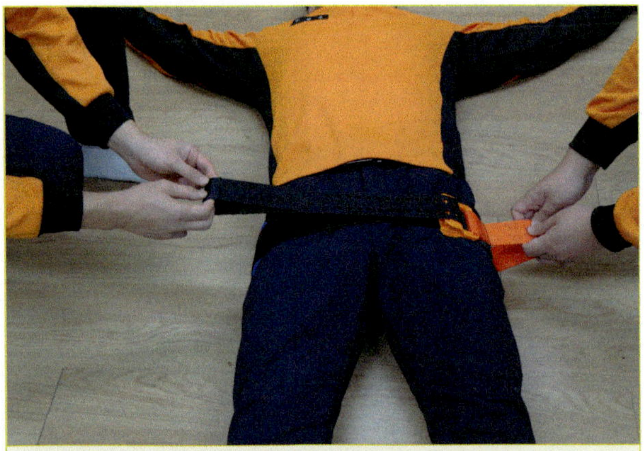

④ 양쪽 손잡이를 잡고 “딸깍” 소리가 날 때까지 같은 힘으로 잡아당겨 계속 유지한다.

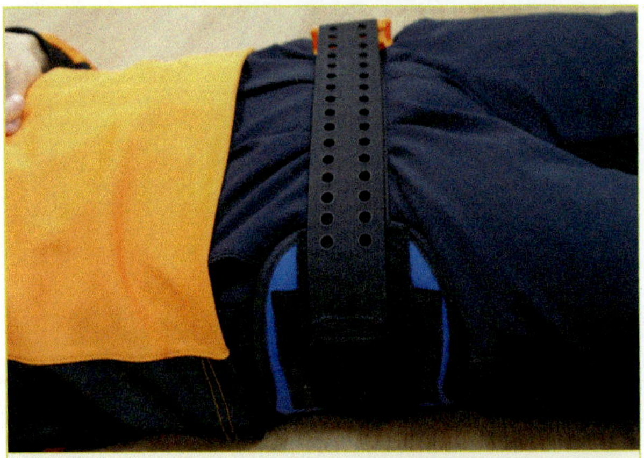

⑤ 검은색 찍찍이를 당겨 완전히 고정한다.

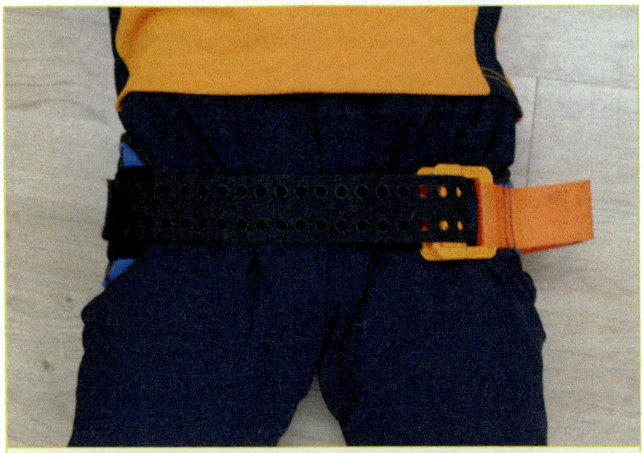

⑥ 적용된 모습(한 번 고정하면 응급실 도착 전까지는 절대 풀지 않는다.)

II 견인 부목 Traction Splint

1. 개요

최근(2018년) 소방청은 구조구급에 관한 법률의 구급장비 기준에서 견인 부목을 필수적재 장비에서 선택 장비로 개정하였는데 이것은 견인 부목의 효율성에 따른 국내외의 연구 결과와 구급대원들의 사용도가 떨어진 것에 대한 반영으로 볼 수 있다. 아마도 장비 사용에 대한 이해와 임상경험이 약하면 현장에서 적용하는 데 어려움이 있었을 것으로 보인다.

견인 부목은 1875년 영국 정형외과 의사 Hugh Owen Thomas(1843~1891)에 의해 개발되었으나 주목받지 못하다가 제1차 세계대전 중 군의관 Henry Gray(1870~1938)의 건의에 따라 영국과 프랑스군에서 넙다리뼈 골절로 인한 사망률을 80%에서 약 20%대까지 줄여주는 역할을 한 것으로 알려져 있다. 당시 군인들은 참호 속 전투가 많아 포탄 파편이나 총상에 의한 넙다리뼈 손상이 많았고, 과다 출혈에 의한 사망률이 높았기 때문이다.

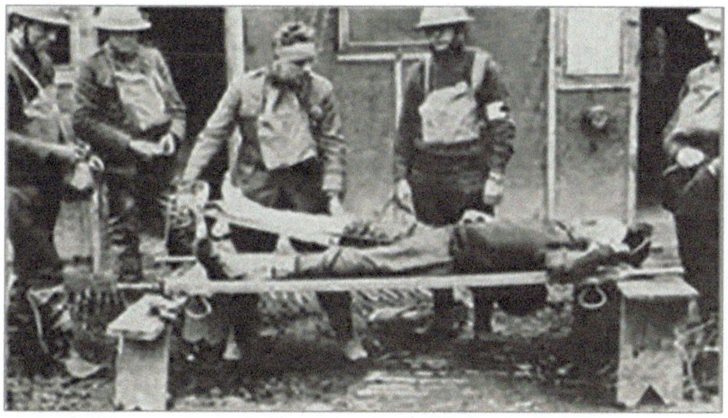
초기 견인 부목의 모습[5]

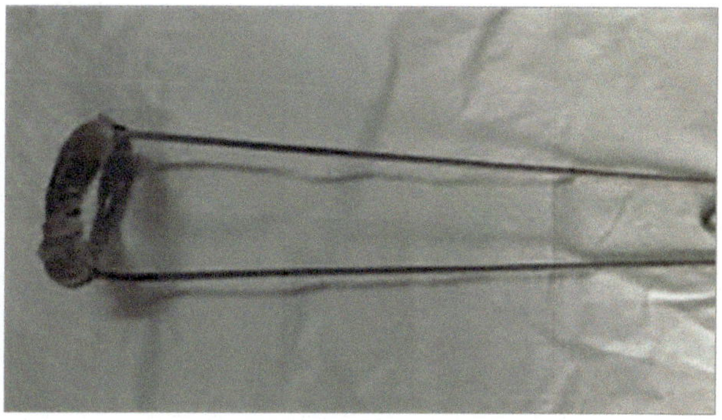
Ring splint

그림 14-7

현대식 EMS 모델은 북미에서 1980년대 'Hare' 형태와 Sager, Kendrick Splint 형태로 발전해 왔다. 이러한 여러 형태의 발전은 더 가볍고 빠르면서 환자가 편안함을 느낄 수 있도록 고안되었으며 무엇보다 항공이송을 할 때 공간차지의 최소화를 위한 것으로 보인다.

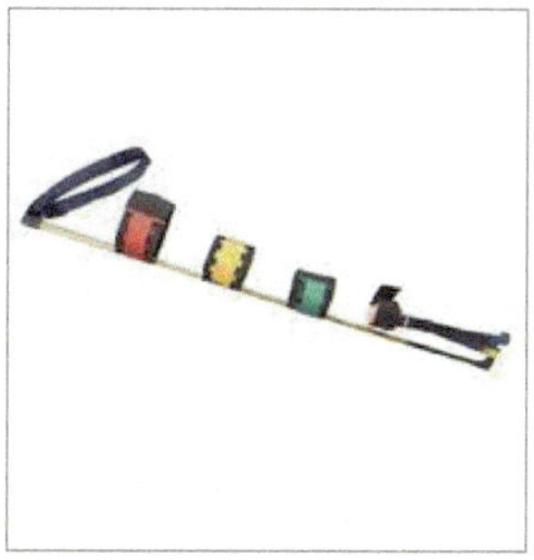
Kendrick형

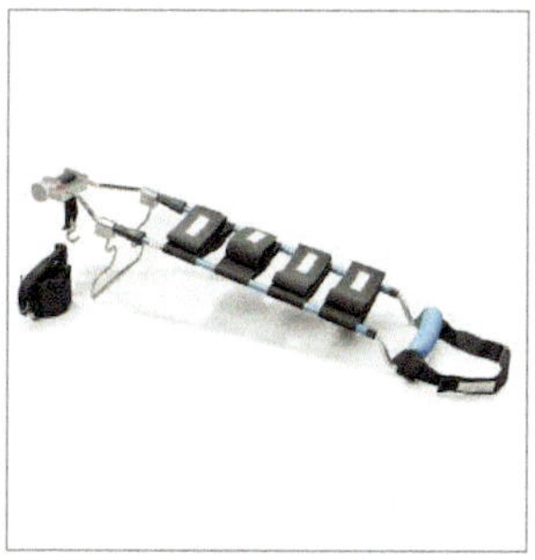
Hare형

Reel형

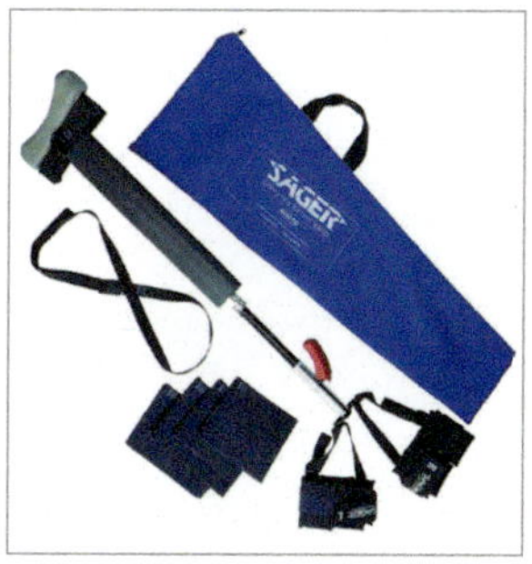

Sager형

그림 14-8 견인 부목의 종류

2. 적응증과 작동원리

추락이나 낙상, 총상 등의 높은 에너지가 넓적다리에 가해질 때 폐쇄성 골절 손상을 입게 되면 넙다리근육의 수축작용이 발생된다. 부러진 뼈의 날카로운 표면은 근육과 혈관, 신경 등을 찌를 수 있어 환자는 심한 통증 및 과다출혈과 심지어 신경 손상을 경험할 수도 있다.

만약 의식이 없고 생명을 위협할 만한 다른 손상과 동반되어 빠른 이송(load and go)을 해야 하는 경우가 아니라면 견인 부목이 환자에게 도움이 될 수 있다. 또한, 이송 거리가 멀거나 적절한 고정 장치가 없으면 사용한다. 하지만 우리나라 구급차(스타렉스)에서는 환자 칸의 길이가 2,650mm, 주들 것 길이 190cm±5로 짧아 키가 큰(180cm 이상) 환자에 있어 적용하는데 상당한 어려움이 있거나 적용이 불가한 때도 있을 수 있다. 이럴 때 긴척추고정판에 환자를 올려놓은 상태에서 견인 부목을 적용하는 것이 도움이 될 수 있다.

자신의 키보다 길게 적용된 견인 부목의 높이만큼 이동식 침대에서 긴척추고정판을 옮겨 주면 해결할 수 있다.

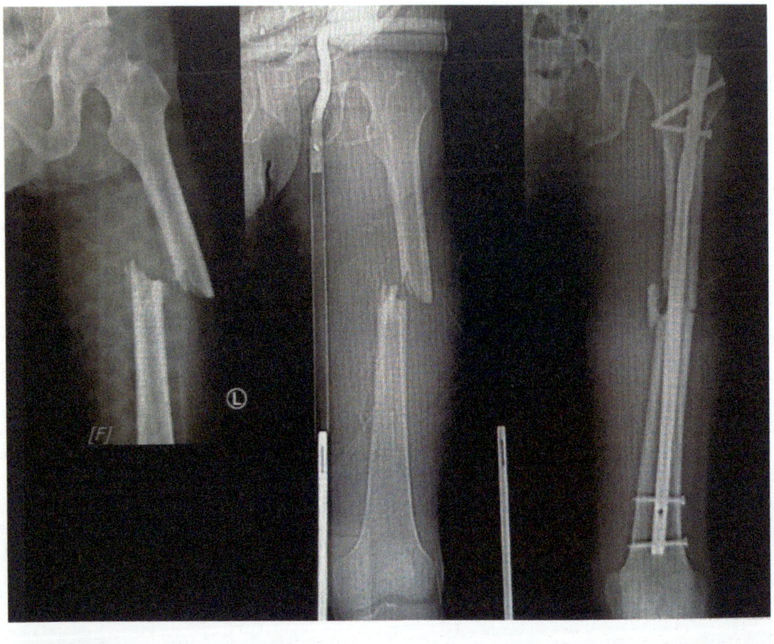

그림 14-9 넙다리 개방성 골절이 있는 환자를 외상센터에서 견인 부목을 적용한 뒤 수술적 치료를 한 모습이다.

견인 부목의 목표는 골절 손상의 움직임 고정, 근육의 경련(spasm)에 따른 골편이 겹치면서 나타나는 통증의 감소, 신경 손상 예방, 내부 연부조직의 추가적인 출혈 예방 등이다.

우리나라 구급차에 실려 있는 형태는 두 가지 형태의 부목이 있다. 바닥 지지점의 개수를 기준으로 크게 손상 부위를 기준으로 양쪽에 지지점을 만들어 벌려주는 양극(bipolar) 형태와 손상 부위를 기준으로 한쪽 지지점으로 잡아당기는 단극(unipolar) 형태가 있다.

3. 주의사항

무엇보다 중요한 것은 적응증이 확실해야 하며, 자신이 사용할 장비에 대한 정확한 사용방법의 이해가 있어야 한다. 만약 사용 도중 환자가 심한 불편함을 호소하거나 견인 부목 적용시간이 길어 이송을 지체하는 주요 원인이 되어서는 안 된다.

모든 부목이 그렇듯 부목 적용 전후에 PMS의 재확인과 이송 도중 재확인은 필수적 요소다. 골반 주변의 연부조직에 과도한 압박은 금기이므로 패드를 충분히 적용하고 발목 고리 끈을 과도하게 조이는 것에 주의해야 한다. 손상 부위 평가는 가능한 한 한 번에 끝날 수 있어야 하며 부목 고정 이전에 다시 만지지 않도록 하며, 고정과 다른 처치를 위해 필요 이상의 현장 체류 시간 지연은 하지 않도록 한다(숙련된 대원의 고정 시간은 약 5분 정도이다).

골반의 엉덩뼈, 무릎, 넓적다리 근위부(뼈끝, 목), 무릎 이하 뼈, 발목의 절단, 골절이 있는 경우 사용해서는 안 된다. 오히려 견인하는 힘이 손상을 악화시킬 수 있기 때문이다. 길이 측정 궁둥뼈결절(궁둥뼈조면)에서 발뒤꿈치를 지나 20~30cm를 더한다. 20~30cm를 더하라는 의미는 발목 고정 끈의 끝 지점과 고정 뭉치까지의 길이를 의미한다.

견인하는 힘은 체중의 10%를 하되 최대 7kg을 넘지 않도록 하며, 만약 양쪽 모두 골절이 있다면 14kg을 넘지 않는 범위 내에서 수행해야 한다. Sager Splint 제조업체는 AOS(미국 정형외과학회)의 권고사항을 따르고 있다. Hare Splint에서는 기계적인 견인 힘이 수동적 견인을 초과할 때 손을 놓아도 되며 기계에 의한 견인력은 2~5kg의 힘을 넘지 않아야 한다.

이같이 견인력을 설정한 배경에는 과도한 견인은 신경 손상을 발생시킬 우려가 있기 때문이다. 하지만, 그것은 병원 내에서 해당되는 것으로 보이며 병원 전 단계에서는 대부분 약물에 의한 통증 조절이 어렵고 손상 후 Muscle guarding현상(골절 주변 근육을 수축시켜 움직임을 제한시켜 통증을 최소화하려는 반응)이 있으므로 환자가 통증에 대해 편안함을 느끼거나 손상되지 않은 다리의 길이와 비슷하게 견인할 것이 추천된다.

4. 적용방법

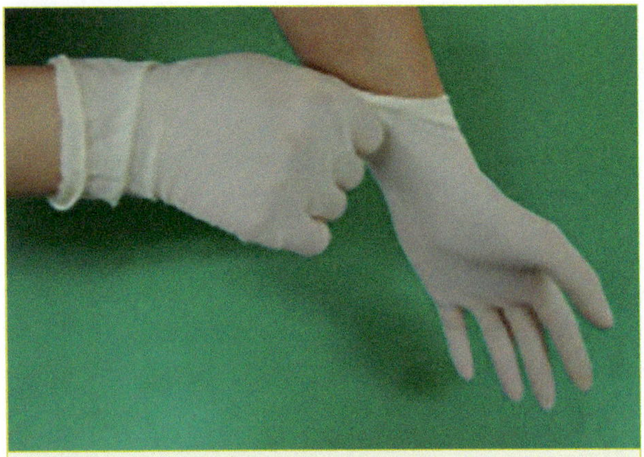

① 감염방지, 현장 안전요소를 확인한다.

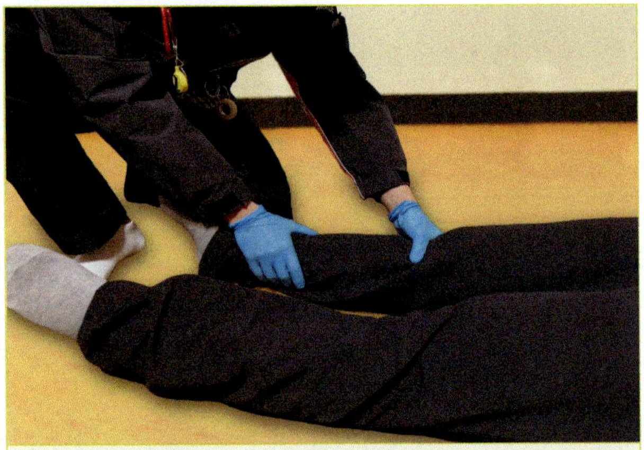

② 손상평가(묻기)
환자 면상에서 문진하는 모습

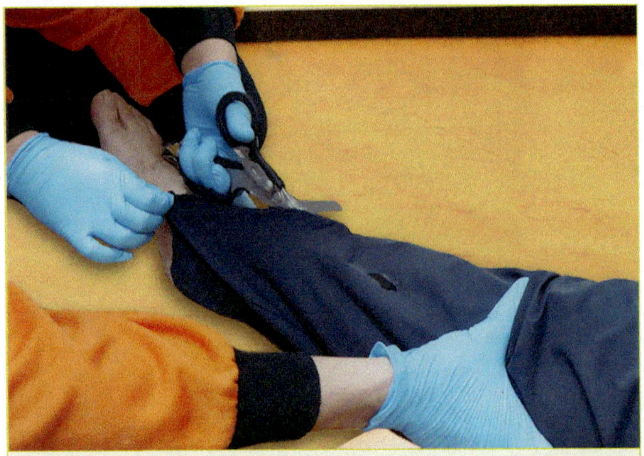

③ 손상 부위를 확인한다.
(하의 제거; 실제 제거하는 모습)

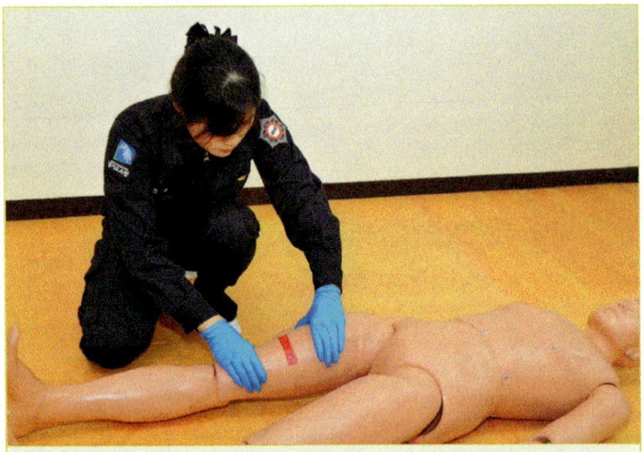

④ 상처 부위 지지 후 인계한다.
(움직이면 골편에 의해 통증이 증가하므로 주의한다.)

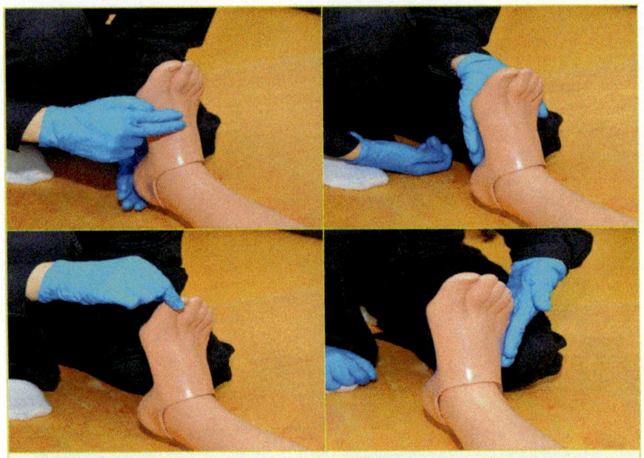

⑤ PMS 평가를 한다.

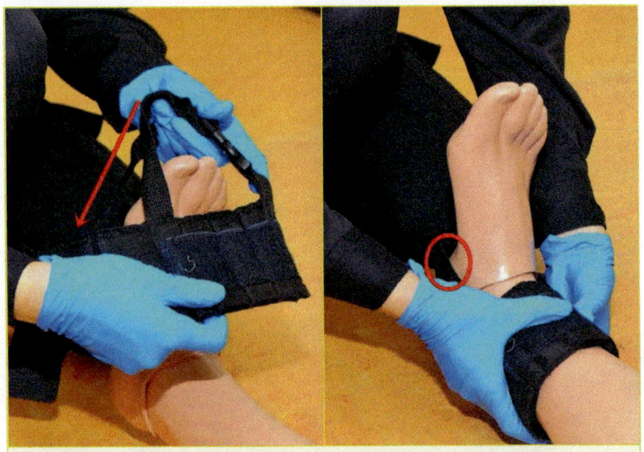

⑥ 발목 끈을 고정한다.
(끈 고정을 미리하면 편리하다.)

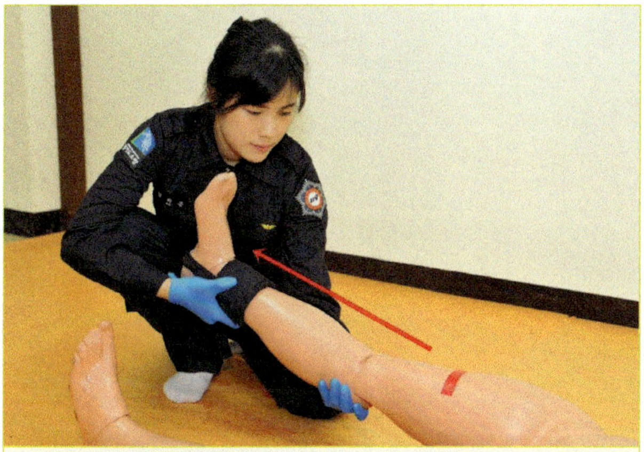

⑦ 초기 견인을 한다.
(무릎 높이로 들어올리며, 지그시 당긴다.)

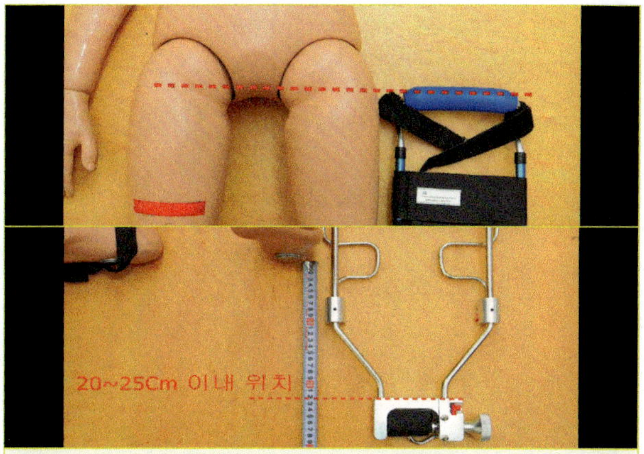

⑧ 상부 끝을 궁둥뼈 결절(좌골조면)에 위치시키고, 하부의 끝부분이 발꿈치보다 25~30cm 더 길게 위치시켜 길이를 조절한다.

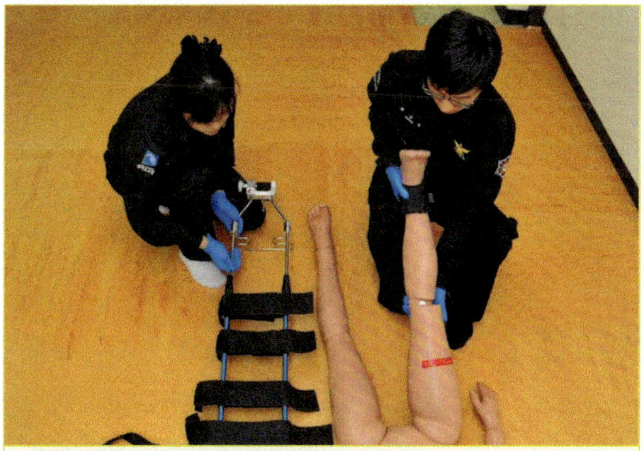

⑨ 부목을 환부에 적용한다.

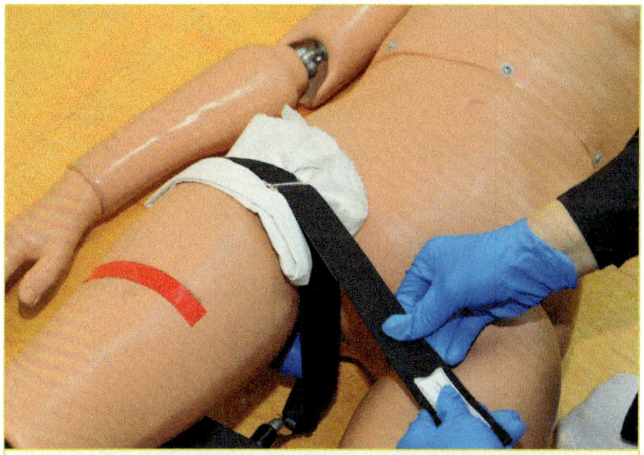

⑩ 끈을 고정한다.
혈관, 신경이 압박되지 않도록 샅고랑 안쪽에 쿠션패드를 적용시켜 준다.

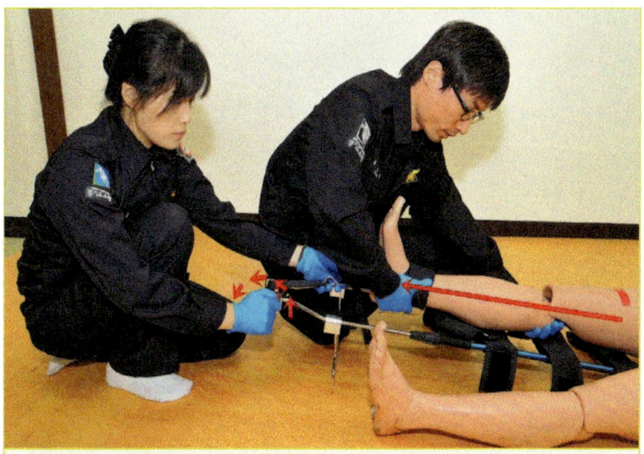

⑪ 견인을 시작한다.
(적용마다 증상을 묻는다.)

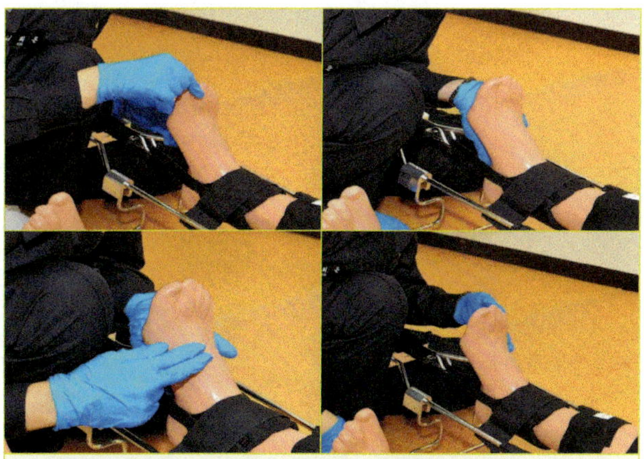

⑫ 끈 고정 후 PMS 평가 후 이송 준비를 한다.

III 패드 부목 Pad Splinting

패드 부목은 골절 부목(골절된 부위에 나무를 덧대어 쓰던 방식을 아주 오래전부터 써오던 방법이다)으로 불리기도 하는데, 골절이 의심되거나 맨눈으로 확인되는 부위의 양옆으로 나무를 덧대고 패드(솜이나 천 등을 활용)와 함께 사용하는 방식으로 비교적 간편한 것을 특징으로 하고 있다.

아주 오래전부터 활용되던 방식으로 팔다리 손상이 있을 때 주위에서 쉽게 구할 수 있는 나무판자, 나뭇가지, 종이박스, 우산 등의 재료로도 응용활용이 가능하기도 하다. 최근에는 기존의 단순한 형태의 부목에서 현대에는 상/하지의 해부학적 형태를 고려한 방식으로 제작되고 있고 재질 또한 나무 외에도 가볍고 튼튼한 재질의 플라스틱, 철판 등을 사용하는 제품들도 배치되어 사용되고 있다.

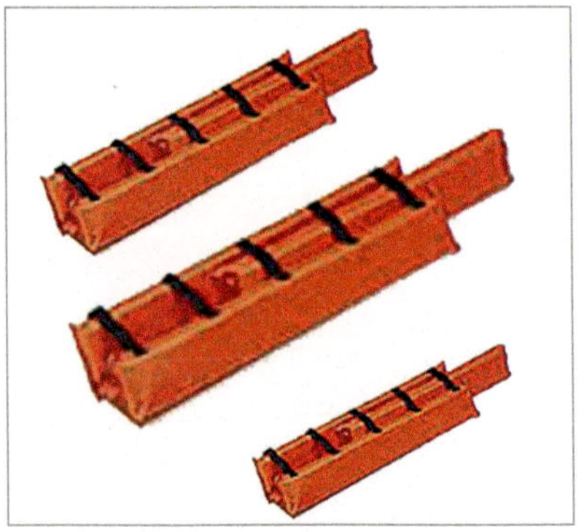

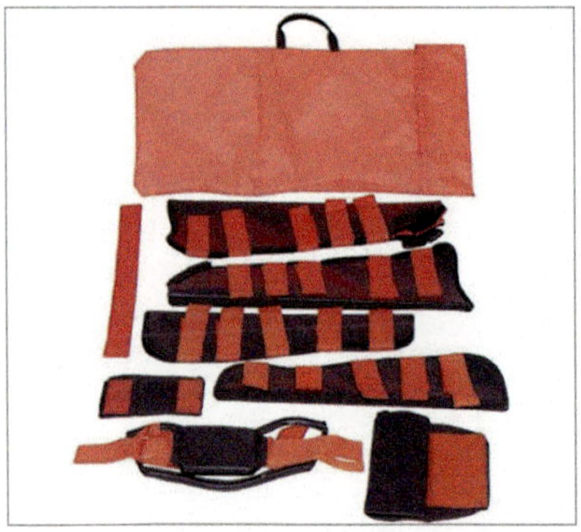

그림 14-10 골절 부목(나무판에 솜 패드를 덧댄 형태에서 철재를 활용하여 인체공학적으로 설계된 형태로 발전)

골절 부목은 X-ray 투과와 단순한 적용 관리 다양한 길이와 두께로 적용이 쉽지만, 우리나라에서는 병원 전 단계와 병원 단계에서 부목을 고정한 채 X-ray를 촬영하는 일은 드물다. 팔다리에 적용하는 모든 부목은 일정한 규칙이 따르고 있다. 그것은 손상 입은 부위의 아래 관절과 위 관절을 함께 고정해야 한다는 것인데 인대와 근육이 서로 연결되어 있어 위·아래 관절이 움직이게 될 때 손상 입은 부위에 움직임이 발생하므로 반드시 함께 고정되어야 한다.

부목 고정 전과 고정 후에는 반드시 PMS 평가를 해야 한다. 가벼운 손상은 큰 의미가 없을 수 있지만 손상 정도가 큰 경우에는 고정하는 동안 부러진 뼛조각이 움직일 수 있다. 이때 혈관이나 신경을 자극할 수 있으므로 부목 고정 후 재평가에서 이상이 있다면 고정한 부목을 조심스럽게 제거하고 다시 적용해야 한다.

골절 부목의 장점은 상당히 신속하게 고정할 수 있다는 점과 손상 부위 말단의 PMS 평가가 원활하지만 다른 부목에 비해 고정력이 약한 단점이 있다. 그래서 환자를 운반 중에는 손상되지 않은 반대쪽과 함께 묶어주는 것이 추천된다. 골절 부목은 주로 위팔이나 다리의 긴 뼈 골절이나 삠 손상에 적용하는 데 적합하며 작은 관절(손목, 발목)은 움직임이 많아 고정하는 데 어려움이 많으며 고정력이 떨어져 적합하지 않다. 최근에는 전통적인 골절 부목의 형태에서 발전한 형태로 휴대성과 체형을 고려한 부목들이 구급차에 보급되고 있다.

손상 부위 위·아래 관절을 포함하는 적용법의 예

아래쪽 먼 관절
(손목관절 손상)

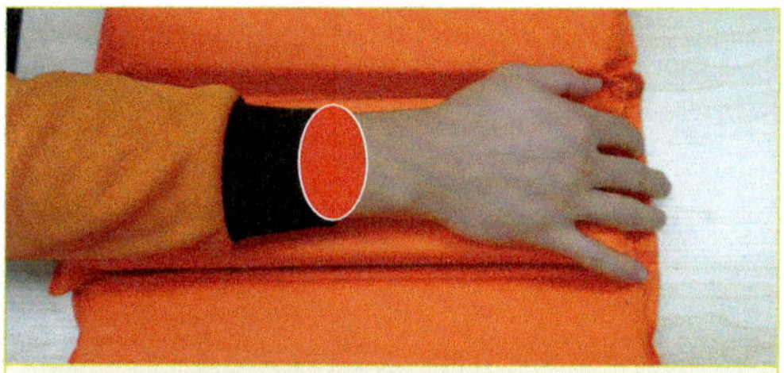

① 길이확인(Size S)
손목관절 위·아래 고정

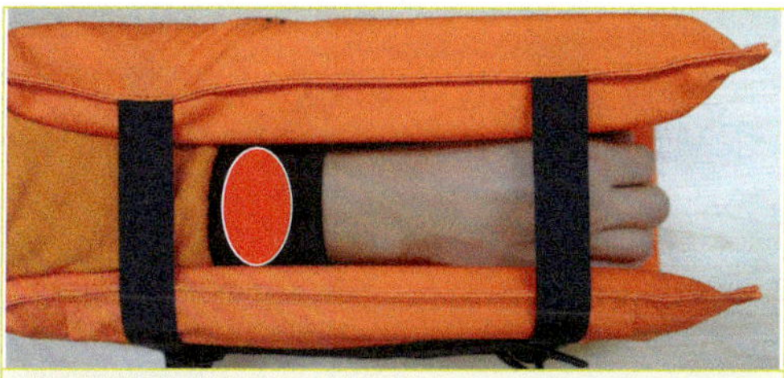

② 적용된 모습(Size S)

아래팔 가까운 관절
(팔꿈치 아래 손상)

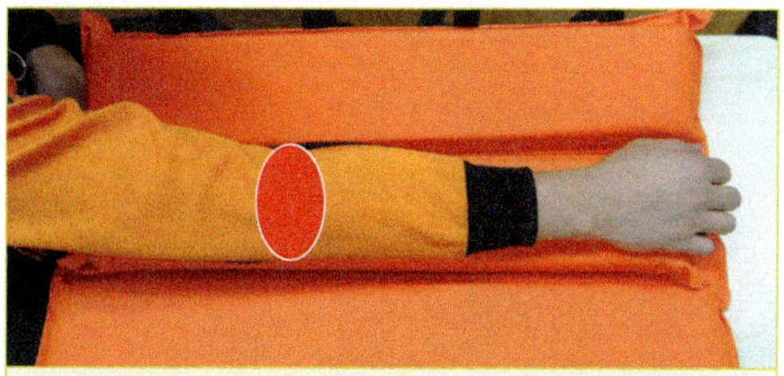

① 길이확인(Size M)
팔꿈치관절 위·아래 고정

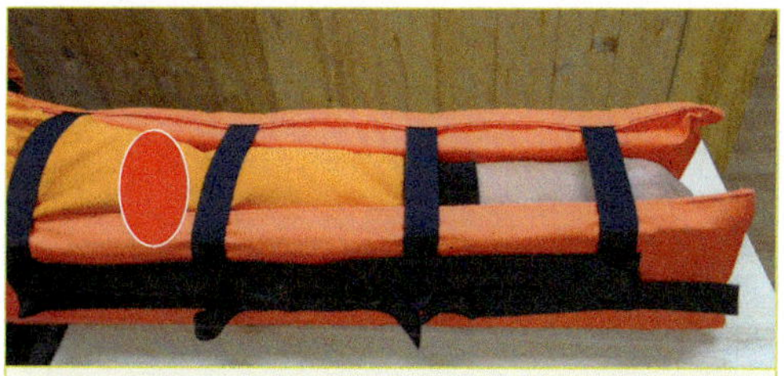

② 적용된 모습(Size M)

고정찍찍이는 손상 부위와 관절 부위를 피해 고정

아래쪽 먼 관절
(발목 손상)

① 길이확인(Size S)
발목관절 위·아래 고정

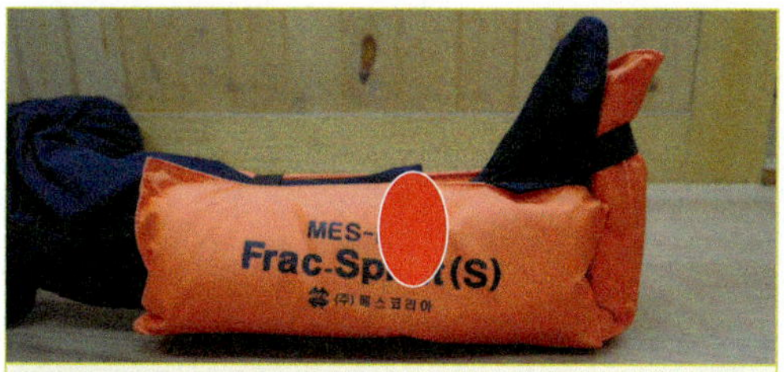

② 고정된 모습(Size S)

아래쪽 가까운 관절
(무릎 이하 손상)

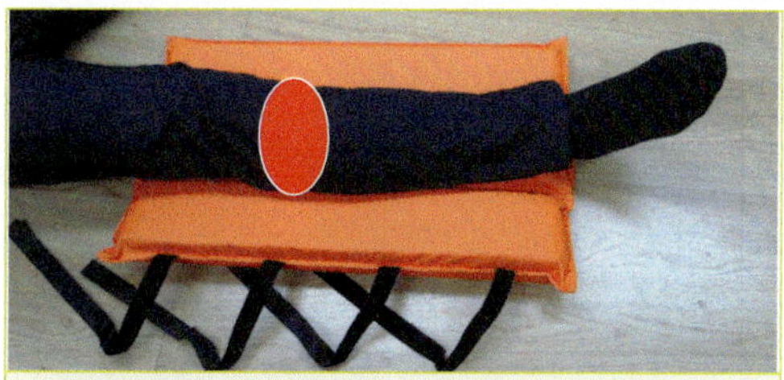

① 길이확인(Size M)
발목관절과 무릎관절 일부를 함께 고정

② 적용된 모습(Size M)

고정찍찍이는 손상 부위와 관절 부위를 피해 고정

적용방법

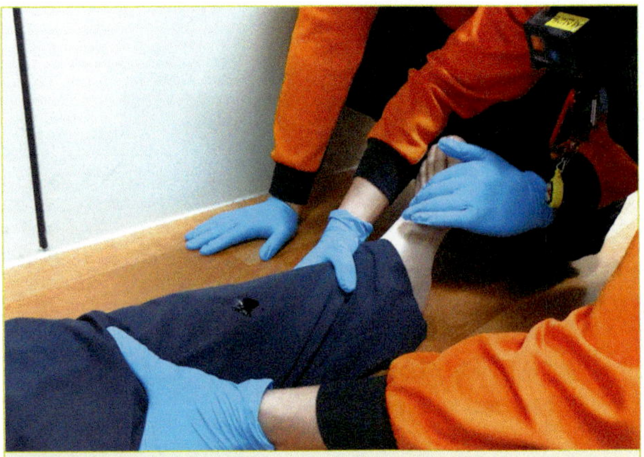

① 환자의 손상 부위를 평가한다. (PMS평가)

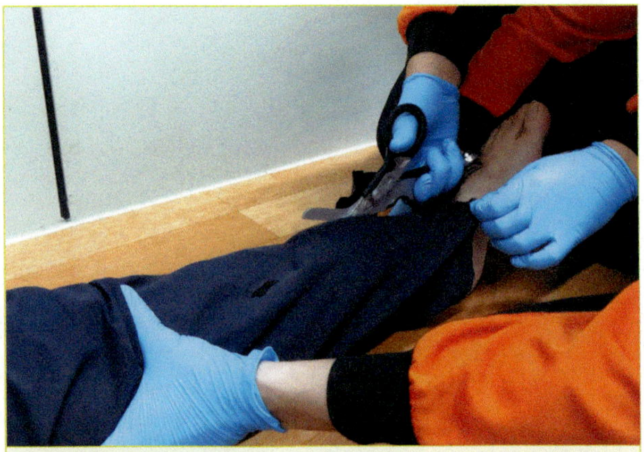

② 상처 부위를 노출한다.

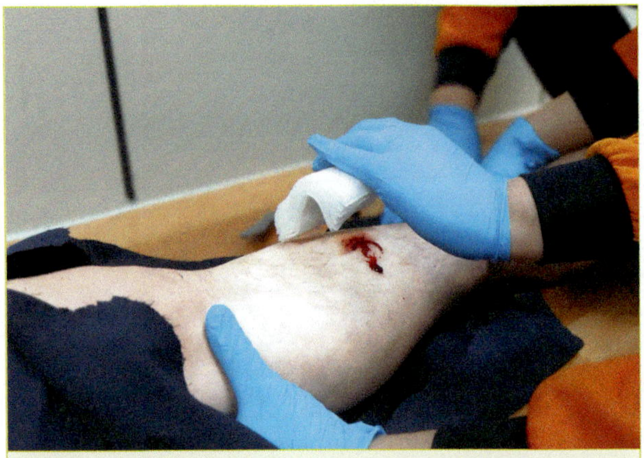

③ 출혈을 지혈한다.

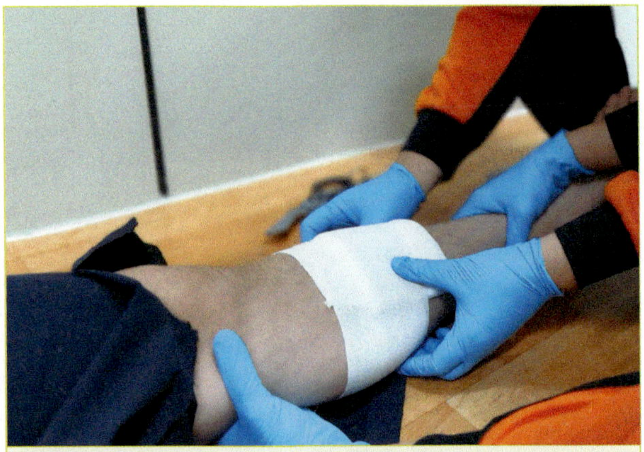

④ 드레싱과 고정을 한다.

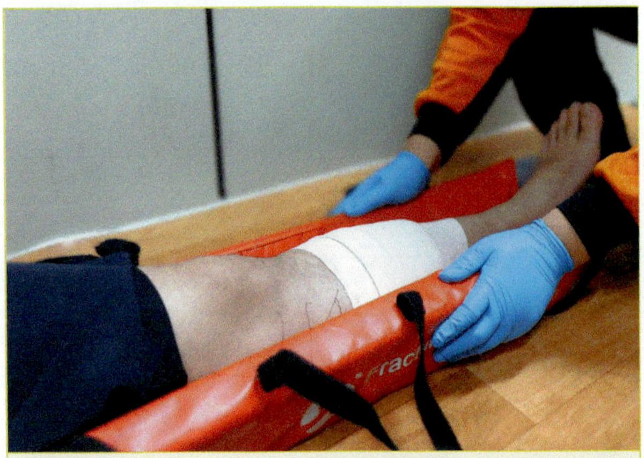

⑤ 적절한 크기의 골절 부목을 적용한다.

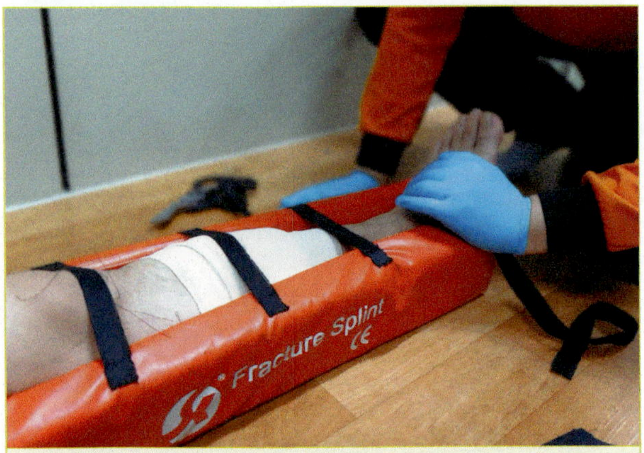

⑥ 부목의 고정 및 PMS 재평가를 한다.

Ⅳ 알루미늄 부목

알루미늄 부목은 작은 관절의 골절이나 삠 손상 등 단단히 고정되지 않아도 되는 손상에 널리 사용되고 있다. 무엇보다 휴대하기 쉽게 작고, 가벼우며 얇은 특징 외에도 자유로운 변형이 가능하다(심지어 가위로 잘라 다른 변형도 가능)는 장점이 있다. 게다가 X-ray에 투과되는 특성이 있어 병원 이송 후에도 X-ray 검사를 우선 시행하여 손상 정도를 확인할 수 있다.

SAM(Structural Aluminum Malleable)이라는 이름으로 널리 알려져 있는데 베트남 전쟁 중에 군의관 Dr. Sam Scheinberg가 껌 포장지의 은박 포일에서 영감을 얻어 개발하였다 한다. 얇은 알루미늄에 폴리에틸렌을 덧대어 너비와 길이가 다른 여러 형태로 제작되어 사용되고 있다. 그리고 해부학적인 모양으로 쉽게 변형할 수 있어 골절 부목이나 철사 부목보다 훨씬 편안하게 느낀다. 제조사에서는 변형이 쉬워 대부분의 팔다리 손상에 적용이 가능하다고 소개하고 있고, 인터넷 검색창에서 손쉽게 정보를 얻을 수 있으며 Youtube에서는 구체적인 적용법도 확인 가능하다.

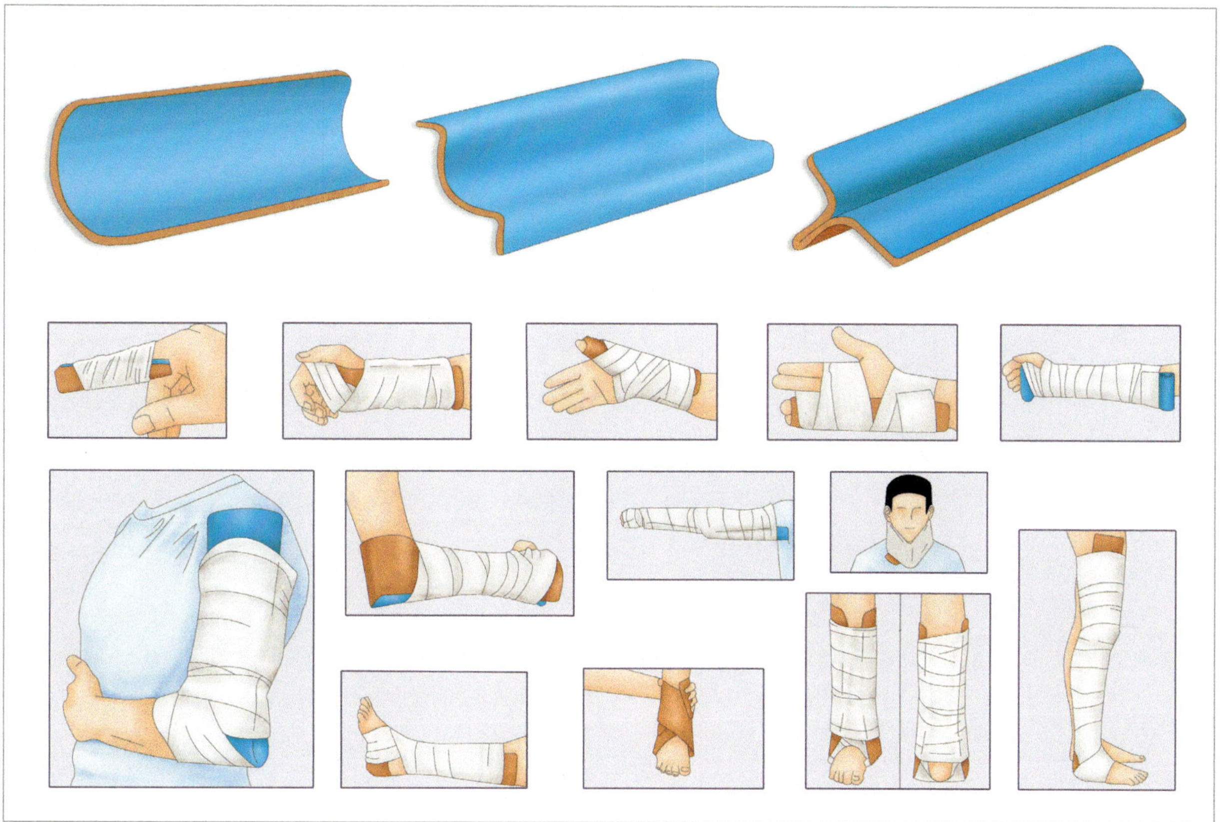

그림 14-11 알루미늄 부목의 여러 응용법

출처: 제조사 제공

알루미늄 부목은 손쉽게 적용할 수 있는 장점이 있지만 큰 관절과 움직임이 많은 관절(발목, 무릎 등)에는 고정력이 약하기 때문에 단독으로 사용할 수 없고 다른 부목과 함께 사용할 것이 권고된다.

V 진공 부목

1. 개요

우리나라 119구급대가 이송한 외상(사고부상) 환자 416,429건(낙상 207,215건/추락 17,454건) 중에서 65세 이상 노인에 의한 낙상은 99,343건으로 보이고 대부분의 낙상사고는 겨울철(30.7%)에 노인 낙상사고가 많은 특징이 있다.[3)]

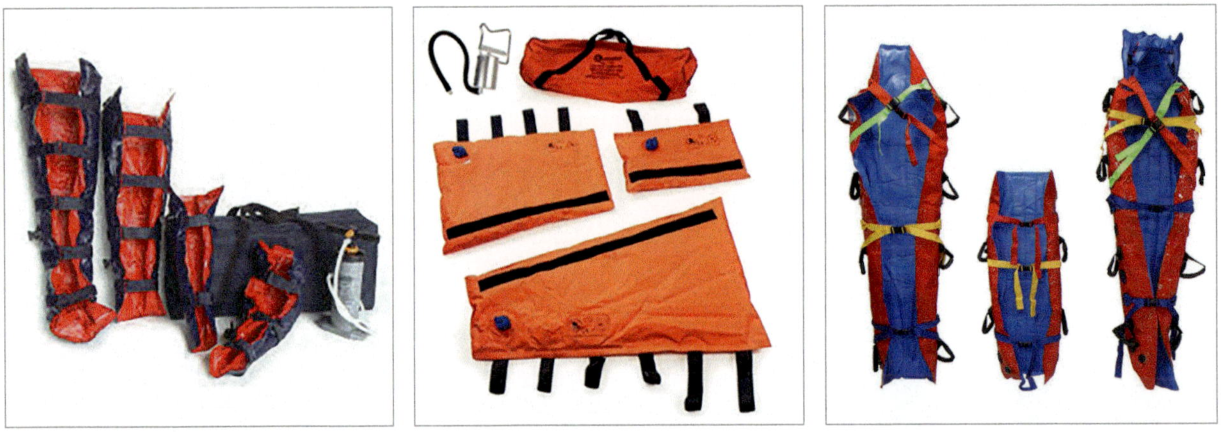

해부학적 구조를 고려한 형태 / 일반적인 형태 / 전신진공 부목

그림 14-12 진공 부목의 여러 형태들

젊은 연령에서는 낙상과 추락사고에서 팔다리 손상이 가장 흔하게 발생되고, 노인의 경우 집에서 넘어져 발생하는 엉덩이 관절 손상이 많은 특징이 있다. 진공 부목은 작은 팔다리 손상에서부터 엉덩이 관절 그리고 전신까지 고정할 수 있는 장비로 개발되어 왔다.

진공 부목의 개발환경에 대한 자료를 찾기가 어려우나 1970년대에 외상 환자의 급증과 단단한 보드(Pad)의 적절성(통증, 궤양, 고정력의 효율성 등) 논란에 대한 대안으로 개발된 것으로 보인다. 이것은 1973년경에 단단한 보드에 의한 이송과 진공 부목에 고정된 환자의 비교 연구들이 활발했던 것으로 추정할 수 있다. 진공 부목은 팔다리(상지와 하지) 손상에 있어 안정화해주는 역할을 하는 데 있어 효과적인 장비로 평가되고 있다.

골절(패드) 부목처럼 일정 길이로 상품화된 장비가 아니라 손상 부위에 따라 적절한 길이를 조절할 수 있으며 손상 부위를 그대로 감쌀 수 있는 장점이 있다. 합병증은 없으며 손상된 부위 그대로 고정할 수 있고, 골절 부목보다 자유롭게 형태를 구성할 수 있다. 알루미늄 부목이나 철사 부목보다 단단히 고정되어 편안함을 느낀다.

3) 소방청 2017년 119구급대 전국 통계

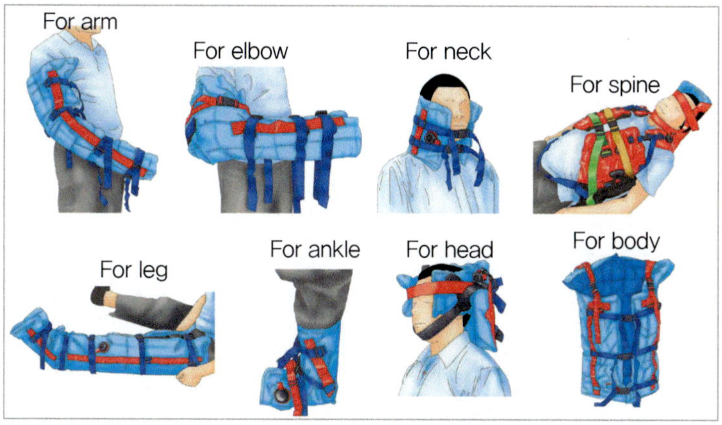

진공 부목의 다양한 활용법

출처: Landswick 제공

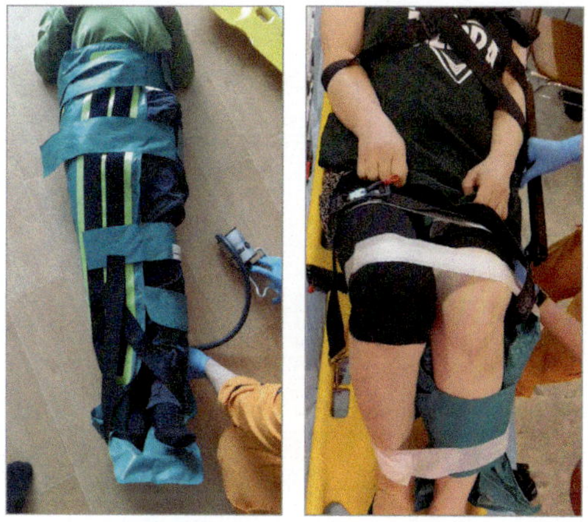

엉덩관절과 무릎 손상에 적용

그림 14-13 진공 부목의 다양한 응용법

2. 적응증과 작동원리

진공 부목은 작은 폴리에틸렌 알갱이가 들어가 있어 공기를 제거하면 단단히 고정되는 원리로 구성되어 있다. 하지만 부피가 크고, 압력을 제거하는 펌프가 필요하며 큰 부목의 경우는 진공 상태로 만드는데 시간이 걸리며(사실은 압력 제거하는데 팔목의 상당한 힘이 필요하다), 펌프가 없을 때 전동식흡인기를 이용하여 압력을 제거할 수도 있다.

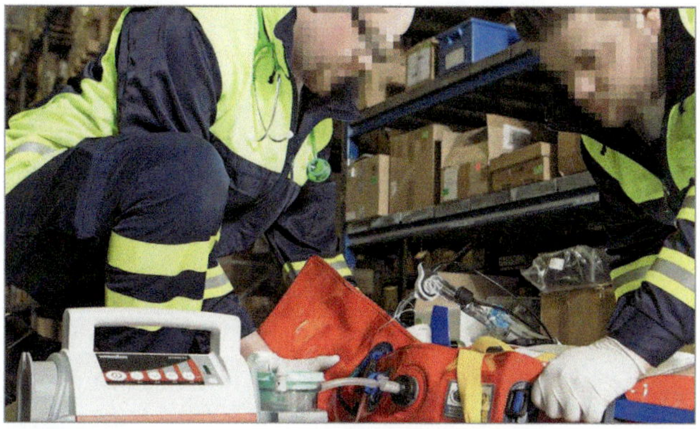

그림 14-14 압력제거 펌프가 없을 때 전동식흡인기를 활용할 수 있다.

3. 주의사항

진공 부목은 공기 부목과 함께 부목 표면이 비닐 또는 폴리에스터 재질로 제작되고 이음새 부분을 접합시키는 형태로 구성되어 있어 열이나 강한 압력, 날카로운 물체에 의해 손상될 수 있다. 손상된 부위로 공기가 새거나 외부 공기가 들어올 때 부목의 역할을 할 수 없어 근무교대나 사용 전 반드시 상태를 확인해야 한다. 한편, 보수 꾸러미가 들어 있기는 하지만 임시적인 조치일 뿐 수리 또는 교환을 해야 하는 문제가 있다.

척추 고정과 전신의 부목이 필요한 환자, 소아 또는 척추 손상이 의심되는 영아나 소아에게 전신고정을 하면 질식을 일으킬 수 있어 주의해야 한다. 항공 이송(고도가 낮은 국내 헬리콥터는 제외)을 할 때 고정력을 유지하기 위해서는 추가적인 진공을 할 필요가 있다.

4. 적용(사용)방법

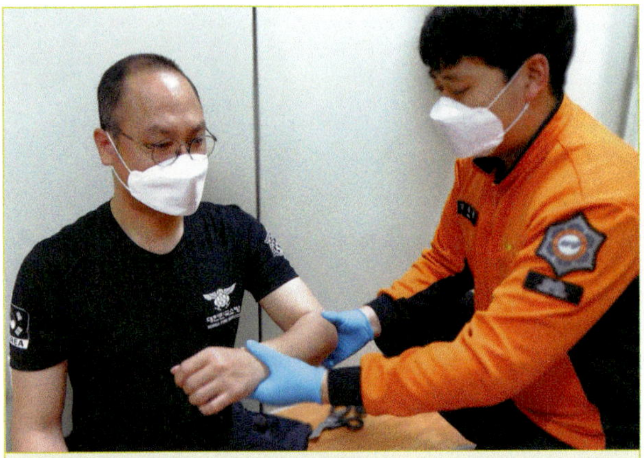

① 환자의 손상 부위를 평가한다.

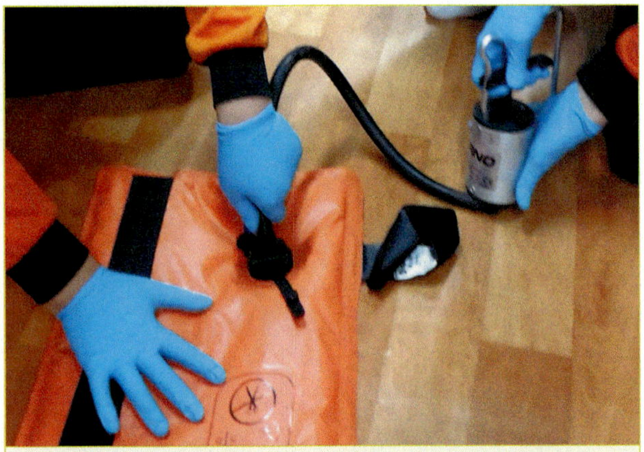

② 장비작동 상태를 점검한다.

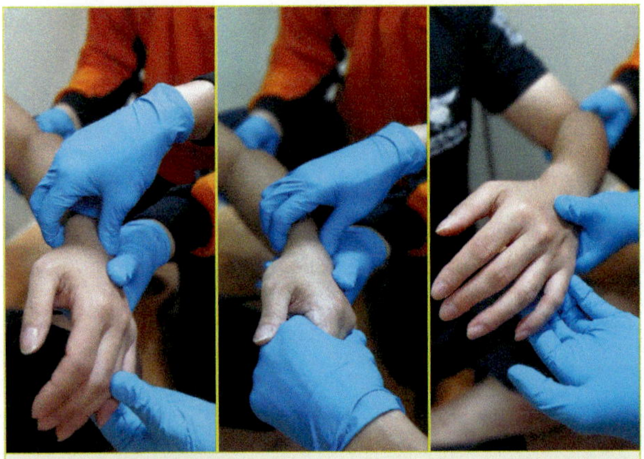

③ PMS를 확인한다.

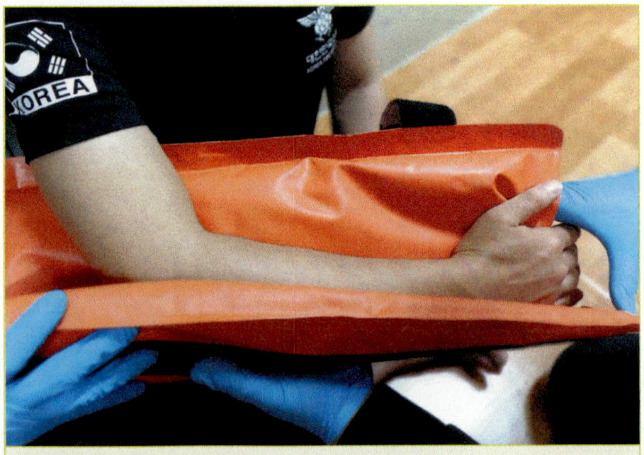

④ 적용 길이를 측정한다(손상되지 않은 팔).

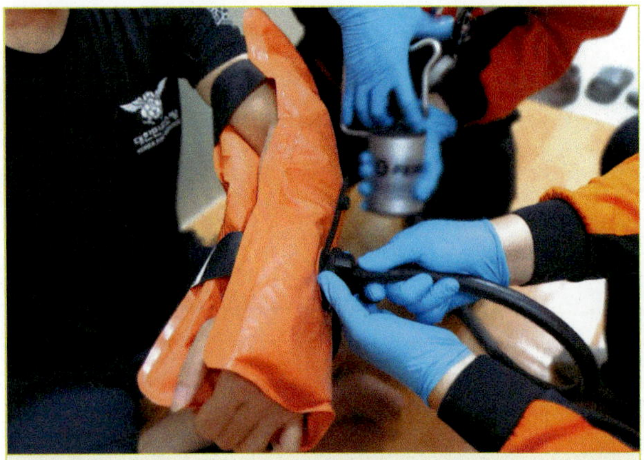

⑤ 부목 적용 후 진공 상태를 만든다.

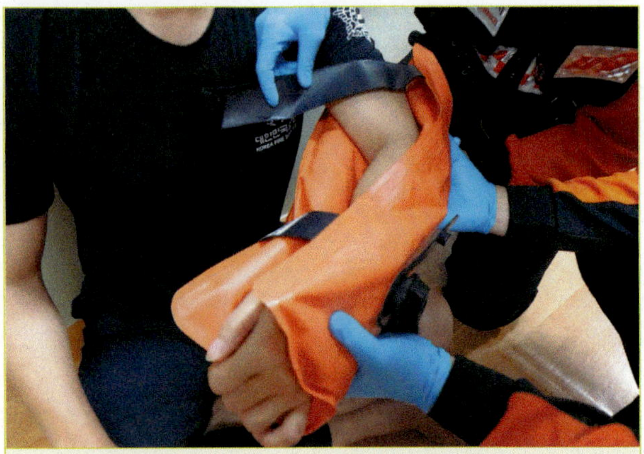

⑥ 압력제거 후 고정끈을 재고정한다.

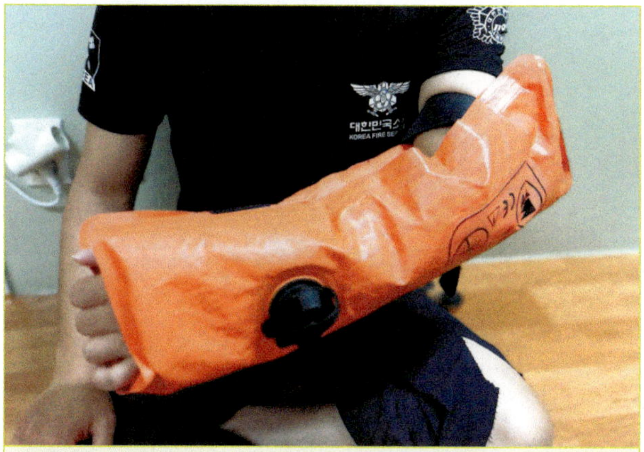

⑦ 부목 고정모습

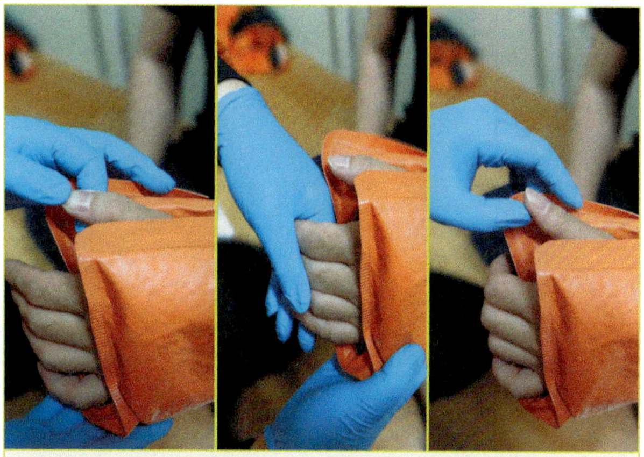

⑧ PMS를 확인한다.

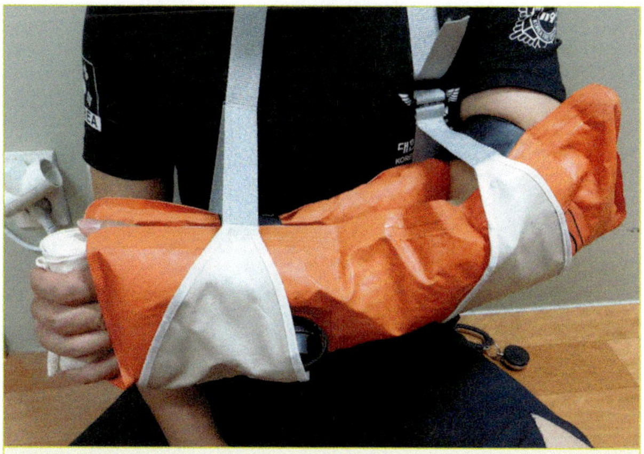

⑨ 주먹 쥔 자세와 팔걸이를 제공한다.

장비 소개

1. 골반 고정밴드

제조사		Sammedical/미국	VBM Medical Inc/독일	Teleflex/미국
구분 \ 모델명		SAM Pelvic Sling II	VBM Pelvic Sling	T-POD
사진		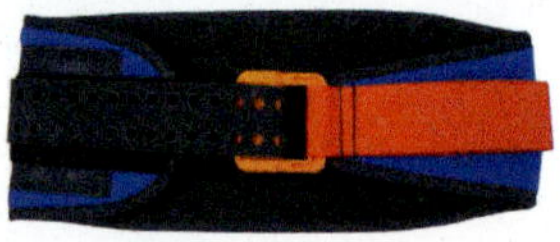	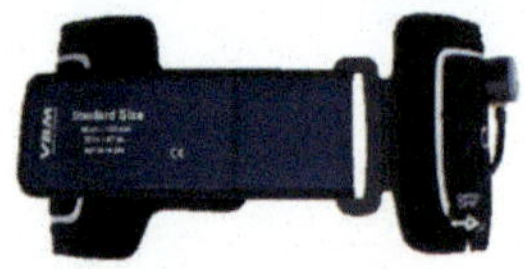	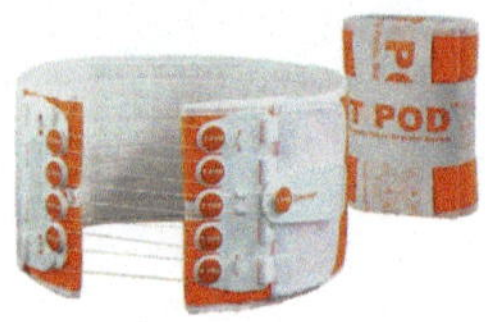
규격	고정방식	버클 조임방식	코프 압력식	폴리 시스템(도르래 원리)
	크기	길이: 152.5cm(Standard형) 폭: 18cm 버클: 7.2cm×6.8cm	골반둘레: 90~130cm	길이: 142cm 폭: 21cm
	조작방식	자동정지 기능의 버클 및 벨크로 타입	작동 압력: 70~100mmHg (max. 140mmHg)	당김끈을 버튼에 거는 방식
	방사선 투과	X-Ray, CT, MRI	X-Ray, CT, MRI	X-Ray, CT, MRI
특징		1. 자동정지 기능(Auto-Stop)의 버클을 사용 소리를 통해 적절한 압박 여부 확인 가능 2. 고정대를 착용하고 간단한 수술 가능	1. 3가지 사이즈 제공 • S junior 70~90cm • M Standard 90~110cm • L large 110~140cm (회전둘레 90~130cm) 2. 커프를 부풀리는 방식	1. 벨트 고정방식 2. 한 손으로 조임이 가능 당김끈을 버튼에 거는 도르래 원리 3. 환자 체형에 맞게 벨트를 절단하여 사용하는 것이 가장 이상적이다. (부직포 성질이 있는 벨트는 오염물 세척과 절단 후 재사용하기 어렵다.)
재사용		소독 후 재사용	소독 후 재사용	일회용

2. 견인 부목

제조사		Sager/미국	Kendric/미국
구분 \ 모델명		S-301(소아), S-304(성인)	TTD(Telford Traction Device)
사진			
규격	유형	Sager Tyoe	Kendrick Type
	크기	제공정보 없음	297mm×139mm×76mm 폴대길이 1400~1500mm
	무게	제공정보 없음	600g
	방사선 투과	X-ray 투과	X-ray 투과
	구성품	1. 견인 부목 2. 수납가방	1. 카본제질의 부목 2. 수납가방
특징		1. 전술용으로 개발되어 작고 가벼우면서 휴대성 좋음 2. 궁둥뼈 결절, 두덩뼈에 고정점을 만들고 발 끝으로 직접적인 반대 견인하는 방식으로 타 부위를 간섭(궁둥신경 압박, 골반자극)하지 않는다. 3. 6.8kg(15파운드)의 견인력 제공 4. 체중 제한이 없다. 5. 소아용/성인용 제품이 있음	1. 전술용으로 개발되어 작고 가벼우면서 휴대성이 좋음 2. 빠른 적용(제조사 매뉴얼에서 2분으로 소개) 3. 상지와 하지에 모두 적용이 가능 4. 체중의 10%(20파운드) 이하 견인 5. 소아, 청소년, 성인용 제품이 있음

제조사		Dynamed/미국	Reel/미국
구분 \ 모델명		Hare Traction Splint	reel Splint
사진			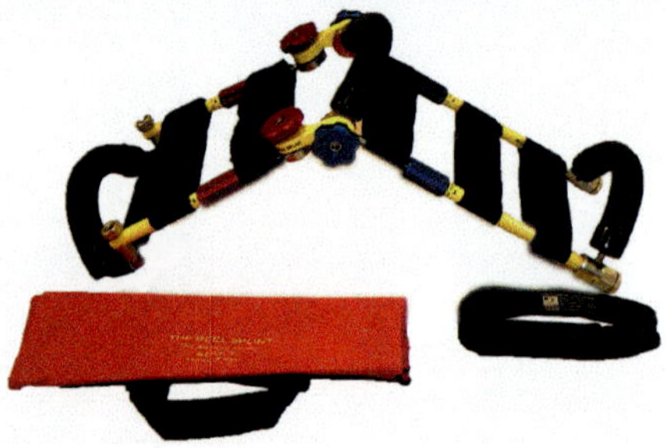
규격	유형	Hare Type	Reel(각도 조절) Type
	제품크기	1. 성인 136×22×8cm (접은 상태: 90×22×18cm) 2. 소아 118×18×17cm (접은 상태: 80×18×17cm)	1. 접은 상태: 견인 상태 99cm, 견인 없이 64cm 2. 펼친 상태: 견인 상태 129cm, 견인 없이 93cm 3. 너비: 프록스 24cm 중앙 27cm, 끝 21cm 수납 상태: 길이 45cm 너비 25cm
	무게	성인형 2kg/소아형 1kg	3.18kg~4.1kg
	방사선 투과	X-ray 투과	X-ray 투과
	구성품	1. 다리 고정용 끈 2. 발목 고정끈 3. 발목 걸이용 “S”자 고리	1. 본체(성인용) 2. 휴대용 케이스
특징		1. 가벼운 알루미늄 재질 2. 골반에 지지하고 발끝 방향으로 직접 견인하는 방식 3. 바른 자세로 누워 있고, 넓적다리 중간 골절에서 수축방지를 위한 목적용 4. 소아용으로 별도 제품이 있음	1. 접은 상태에서는 무릎 탈구와 무릎 이하 회전형 골절부의 움직임을 제한 2. 펼친 상태에서는 넓적다리 골절의 수축방지를 위해 견인 3. 소아용으로 별도 제작되지는 않음

3. 패드 부목

제조사		Ferno/미국	SPENCER/이탈리아	CPR 코리아/대한민국
구분 \ 모델명		Frac-Immobilizer	QC70091A	네오 스프린트
사진		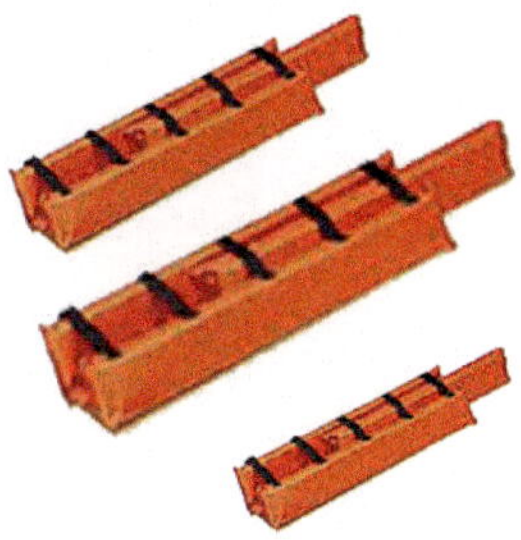		
규격	재질	나일론	나일론	내부 알루미늄 재질로 형태 변형 가능
	제품크기	1. 대: 80×41×5cm 2. 중: 64×41×5cm 3. 소: 40×41×5cm	1. 대: 390×735 mm 2. 중: 390×510 mm 3. 소: 300×310 mm	1. 팔, 다리 겸용-880mm 2. 다리용-395mm, 590mm 3. 팔뚝용-550mm 4. 팔용-580mm, 310mm
	고정방식	부직포 타입	부직포 타입	부직포 타입
	방사선 투과	X-ray 투과	X-ray 투과	X-ray 투과
	구성품	1. 3가지 크기(대, 중, 소) 2. 3가지 크기의 고정용 쿠션 3. 보관가방	1. 3가지 크기(대, 중, 소) 2. 보관가방	1. 6가지 크기(팔용 2, 팔뚝용 1, 다리용 2, 팔/다리 겸용 1) 2. 보관가방
특징		1. 부목의 내부는 나무판과 스티로폼으로 구성 2. 감염방지를 위해 부목과 패드는 PVC 재질로 코팅처리	1. 다리 부목 내부가 나무판과 스티로폼으로 구성 2. 발 받침대가 있어 고정하는데 편리	1. 부목의 안쪽 면이 부드러운 나일론 재질의 쿠션처리 2. 발 받침대가 있어 고정하는데 편리

4. 진공 부목

제조사		Ferno/미국	Hartwell/미국
구분 \ 모델명		상/하지용	EV 3000
사진		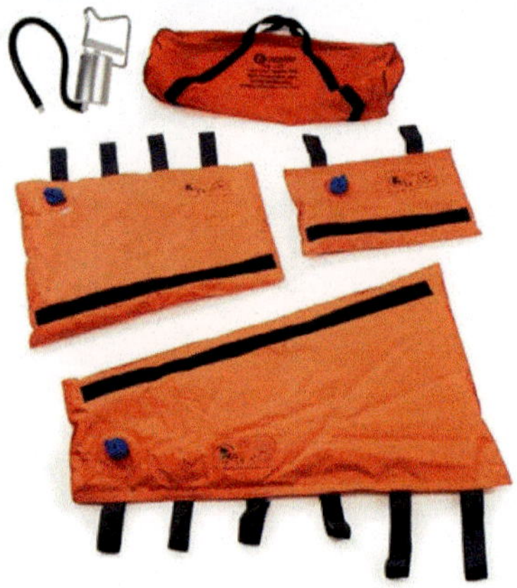	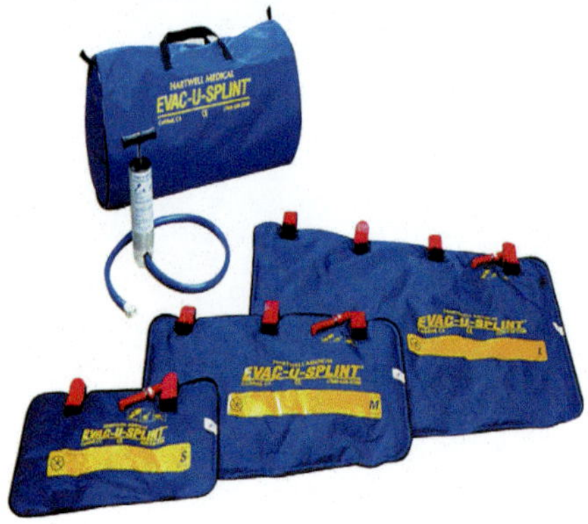
규격	재질	폴리에스테르	비닐/나일론
	크기	1. 대형: 109cm×69cm 2. 중형: 74cm×61cm 3. 소형: 51cm×33cm	1. 대형: 102cm×76cm 2. 중형: 70cm×51cm 3. 소형: 50cm×33cm
	무게	3kg	2.9kg
	방사선 투과	X-ray 투과	X-ray 투과
	주요 구성품	1. 진공 부목 3종 2. 수리키트 3. 보관/운반용 가방 4. 진공 펌프	1. 진공 부목 3종 2. 수리키트 3. 보관/운반용 가방 4. 진공 펌프
작동방식		진공펌프로 부목내부 공기가 제거될 때 내부 충진재(구슬)가 주물 형태로 고정된다.	
특징		1. 감염예방을 위해 부목 외피는 비닐 코팅처리 2. X-ray 촬영이 가능	1. 내부 알갱이가 한쪽으로 쏠리지 않도록 특수 디자인

제조사		Hartwell/미국	Red Leaf/중국
구분 \ 모델명		Fasplint Fullbody	my-6A1 my-VSA0A10
사진			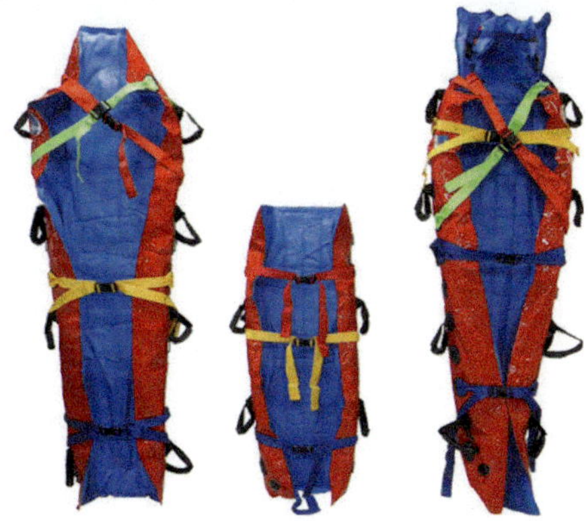
규격	재질	폴리우레탄	폴리우레탄
	크기	펼친 상태: 192cm×75cm×5cm 접은 상태: 58cm×61cm×13cm	210cm×100cm
	무게	4.5kg	8.5kg/최대하중 250kg
	주요 구성품	X-ray, MRI 촬영가능	X-ray, CT, MRI 촬영가능
작동방식		진공펌프로 부목내부 공기가 제거될 때 내부 충진재(구슬)가 주물 형태로 고정된다.	
특징		1. 머리에서 엉덩이까지의 척추고정 2. 진공 부목 자체에 운반용 손잡이가 없어 분리형 들것 등을 이용 3. 손상당한 형태에서 별도의 움직임 없이 그대로 고정이 가능 4. 수상구조에서도 적용가능	1. 척추 손상 의심 환자에 대한 전신고정 2. 부목 양쪽에 색깔별 고정끈이 있어 안전벨트 형태로 고정이 가능하다. 3. 부목 양쪽에 자체 손잡이가 있어 운반에 편리 4. 손상당한 형태에서 별도의 움직임 없이 그대로 고정이 가능

Reference

1. G. ELLIOT SMITH, Br Med J. The Most Ancient Splint 1908 Mar 28;1(2465):732–736.2.
2. Metz CM, Hak DJ, Goulet JA, Williams D: Pelvic fracture patterns and their corresponding angiographic sources of hemorrhage. *Ortho Clin North Am*, 35: 431–437, 2004.
3. J Bone Joint Surg Br Accurate placement of a pelvic binder improves reduction of unstable fractures of the pelvic ring. 2011 Nov;93(11):1524–8. DOI: 10.1302/0301-620X. 93B11.27023.
4. Balogh Z, Caldwell E, Heetveld M, et al: Institutional practice guidelines on management of pelvic fracture-related hemodynamic instability: do they make a difference? *J Trauma*, 58: 778–782, 2005.
5. An Extract from "Splinting fractured femurs: Then and now An earlier version was published in On Scene: The Journal of Outdoor Emergency Care, Summer 2006."
6. http://www.wildernessemergencycare.com/book/splint_femurs.htm
7. https://www.ems1.com/ems-products/patient-handling/articles/1680079-Vacuum-spine-boards-Transport-devices-of-the-future/

Chapter 15

중증 외상 Trauma
(인공호흡기, 초음파, 혈관검출기)

✧ 학습목적

중증 외상 환자에게 초음파를 이용하여 복강내출혈을 확인해 볼 수 있고, 호흡곤란 환자에게 인공호흡기를 사용할 수 있다.

✱ 현장상황

| 현장모습 | 79세 할머니가 길가에 앉아 있는데 주차되어 있는 택시가 브레이크가 풀려 할머니와 부딪쳤으며 뒷바퀴에 복부 한쪽이 깔려있었다. 환자는 통증에 반응하였고 혈압은 80/50mmHg, 맥박수는 130회/분이고, 호흡은 거칠고 힘들게 하고 있다. 복부팽만이 심하였고 복강내출혈이 의심되었다.

| 활력징후 | **혈압** 80/50mmHg, **맥박** 130회/분, **호흡** 11회/분

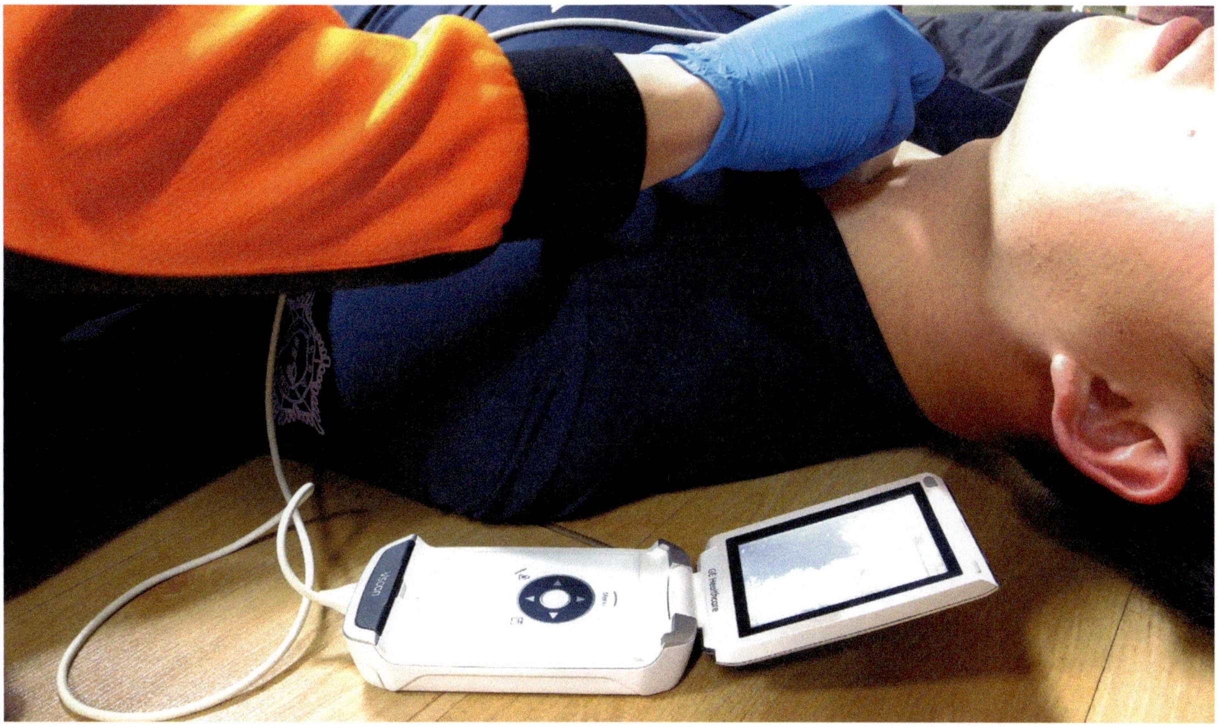

외상은 가장 흔한 사망원인이며, 장애를 유발하는 가장 흔한 원인이다. 중증 외상은 1시간 내 혹은 일정 시간에 외상센터로 이송하지 않으면 생존율을 보장받기 어렵다. 병원 전 사고 현장에서 다수사상자(외상자) 혹은 몇 명의 중증 외상 환자를 접하게 되면, 신속한 중증도 분류를 수행하여 중증 외상센터로 이송하여야 한다. 신속하고 정확한 중증도 환자의 분류는 근거리 종합병원으로 이송해야 하는지, 원거리 외상센터로 이송해야 하는지 혹은 항공 이송이 필요한지를 판단할 수 있으며, 외상 환자의 생존율을 올릴 수 있는 방법이다. 병원 전 단계 응급의료종사자는 사고 상황을 판단할 경우 환자평가는 물론 사고기전을 정확히 분석해야 하며 손상 부위를 예측하고 다발성 또는 중증 외상 환자를 분류할 수 있도록 하여야 한다.

중증 외상의 기준

생리학적 기준

- AVPU 의식수준 **V 이하** 또는 글라스고우 혼수척도 ≤13
- 수축기혈압 **<90mmHg**
- 분당 호흡수 **<10** 혹은 **>29**

신체검사 소견에 따른 기준

- **관통 또는 자상(머리, 목, 가슴, 배, 상완부, 대퇴부)**
- **동요가슴(flail chest)**
- **두 개 이상의 근위부 긴뼈 골절**
- **압궤(crushed), 벗겨진(degloved), 절단된(mangled) 사지**
- **손목, 발목 상부의 절단**
- **골반뼈 골절**
- **열린 또는 함몰 머리뼈(두개골) 골절**
- **마비**

손상기전에 따른 기준

- **추락**
  - 성인: **6m** 이상(건물 **3층** 높이 이상)
  - 소아: **3m** 이상(건물 **2층** 높이 이상)
- **고위험 교통사고**
  - 차체 눌림(찌그러짐): 30cm 이상
  - 자동차에서 이탈(튕겨져 나감)
  - 동승자의 사망
  - 차량 전복
- 자동차-보행자/자전거 충돌로 **나가떨어짐**, **치임** 또는 **시속 30km 이상의 속도**로 충돌함
- **오토바이 시속 30km 이상의 속도**
- 폭발에 의한 직접적 영향

중증외상센터로의 이송을 심각하게 고려해 볼 수 있는 환자의 의학적 질병상태 및 특수상황

이 분류에 해당될 경우 **이송병원 선정은 직접 의료지도를 요청하여 지도에 따른다.**

- 위험한 나이: 성인 55세 이상, 소아 15세 이하
- 항응고 질환, 출혈성 질환
- 화상과 외상이 동반된 경우
- 투석이 필요한 말기 신장(콩팥)질환
- 시간 지연에 민감한 사지 손상
- 임신 20주 이상
- 구급대원의 판단

참고: 119구급대원 현장응급처치 표준지침

I 인공호흡기 Ventilator

1. 개요

호흡곤란 환자(자발적 호흡이 어려운 환자)에게 인공호흡을 포함한 산소공급 장치이다. 환자를 장시간 이동하는 경우에는 항공기 이송 등에 매우 필요하다. 현대에서는 지상 이동공간에서도 외상 환자에게 호흡속도조절, 호흡깊이, 분당 호흡량 등을 조절하는 목적으로 인공호흡기를 사용하고 있다. 인공호흡기는 적절한 압력과 알람 장치가 있어야 하며, 환기를 자동 조절할 수 있어야 한다. 병원 전 단계에서는 몇 가지 간단한 형태로 인공호흡기를 이용할 수 있다.

2. 적응증과 작동원리

1) 보조조절환기 Assist Control Ventilation(ACV)

ACV mode는 병원 전 사고 현장에서 병원 이송까지 이용되는 방식이다. 보조조절환기는 미리 설정한 호흡수로 환기를 제공해 준다. 만약 환자가 호흡이 없다고 스스로 호흡(self respiration)을 시작하게 되면 보조환기와 호흡타이밍이 안 맞을 수 있다. 즉 흡기를 할 경우 과잉 팽창이 될 수 있다.

2) 간헐적 강제환기 Intermittent Mandatory Ventilation(IMV)

IMV mode는 호흡기준으로 미리 설정된 설정한 호흡수로 환기를 제공해 준다. 환자가 스스로 호흡을 시작하게 되면 자발호흡 호흡량만 제공받게 된다.

3) 호기말양압환기 Positive End-Expiratory Pressure(PEEP)

PEEP mode는 날숨(호기) 끝에 압력이 가해진다. 그 결과 폐포낭에 더 많은 시간 동안 공기가 채워져 호흡이 유지된다. 그러나 호기말에 압력이 증가되면 가슴 전체의 압력도 증가되어 심장으로의 혈류를 감소시킬 수 있다. 혈압이 낮거나, 의식이 흐려지는 외상 환자에게는 피해야 한다. 흉강내압의 증가는 머릿속 압력의 증가도 일으킬 수 있다.

3. 호흡기조절 설정

1) 호흡속도

성인의 경우 10~12회/분으로 초기 설정한다.

2) 일회 호흡량

일회 호흡량은 5~7mL/kg으로 설정한다. 그러나 외상 환자에서는 세부적으로 조절해야 한다.

3) 호기말양압호흡

초기에 5cmH_2O로 설정한다. 기관내삽관 전에 일반적으로 호기말양압의 양은 생리적으로 호기말

양압으로 알려진 것을 유지한다. 병원 전에 호기말양압이 필요한 외상 환자를 접할 수 있다. 호흡곤란으로 많은 양의 공기가 필요한 환자에게 무조건 양압을 늘릴 수는 없다. 호기말양압은 흉강내압뿐 아니라 긴장성 공기가슴증(기흉) 등 합병증을 증가시킬 수 있기 때문에 주의해야 한다.

4) 산소농도

외상 환자에서는 95% 이상을 유지하도록 설정한다.

5) 고압경보 등

고압경보는 환자가 정상적으로 호흡하는데 필요한 최대 흡기압력보다 $10cmH_2O$ 이상으로 설정되어야 한다. 경보를 $40cmH_2O$ 이상으로 설정하는 경우 이 수준을 넘는 경우 압력손상과 공기가슴증이 발생할 가능성이 있다. 설정 후 고압경보가 지속해서 울리면 환자에게서 호흡기를 제거하고 인공호흡장치와 기관내삽관 상태를 확인하고, BVM을 이용하여 환기를 해 주어야 한다.

환자는 항상 재평가를 해야 한다. 고압경보는 여러 가지 이유로 발생할 수 있다. 초기 외상 환자에서 긴장성 공기가슴증(긴장성기흉) 또는 기관내삽관 튜브에 저항을 일으키는 경우가 발생한다. 해결되지 않으면 재평가를 하고 전체적인 재점검이 필요하다. 병원 전 응급의료종사자가 인공호흡기를 사용할 때 고압경보 알람을 방치해서는 안 된다.

6) 저압경보 등

환자와 인공호흡기 사이에 연결 부분이 빠지거나 여러 가지 이유로 충분한 양의 호흡량을 잃게 되면 저압경보가 울린다. 대부분의 병원 전에서 사용하는 이동용 인공호흡기는 알람이 설정되어 있어 특별한 경우를 제외하고는 조정할 필요 없다.

4. 적용(사용)방법

1) 인공호흡기 기본 설정값

	유아 (5~10kg)	소아 (10~40kg)	성인 (40kg 이상)
분당 호흡수	20bpm	15bpm	12bpm
호흡 타입	Pressure(압력)	Pressure(압력)	Volume(용적)
1회당 호흡수	50mL	250mL	500mL
흡기시간	0.3sec	0.7sec	1.0sec
분당 최저환기량	0.5mL	1.0mL	3.0mL
모드	Assist/Ctrl	Assist/Ctrl	Assist/Ctrl

* 기기마다 설정이 조금씩 다를 수 있다.

2) 인공호흡기 MODE 설정

번호	MODE		설명
1	CMV	자발호흡이 없어 설정된 수치로 100% 기계적 호흡 방식 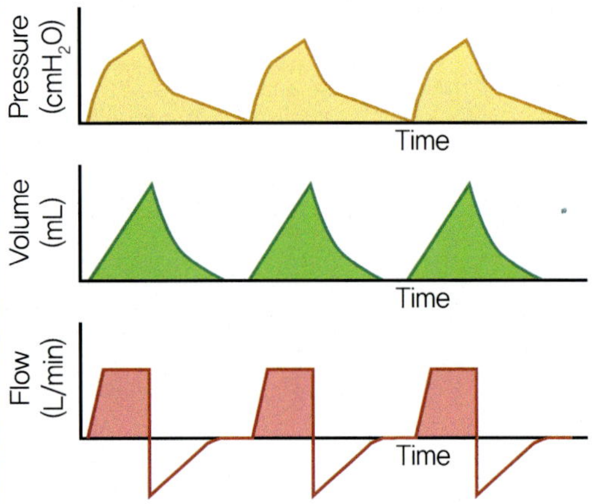 	Select→Assit/Ctrl 선택 유아, 소아는 Pressure로 성인은 Volume Sensinity[_]"O" 설정–CMV의 핵심
2	ACMV	100% 기계호흡하는 환자에게서 자발 노력 감지 시 보조적 기계호흡 공급 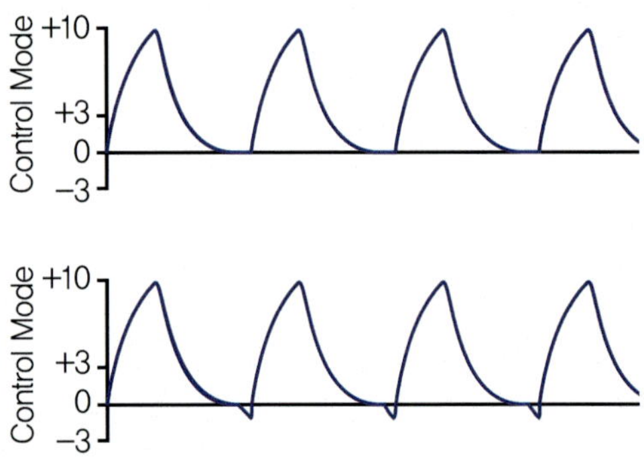 	Select→Assit/Ctrl 선택 Sensinity[1–9]설정 민감도↓ 거의 기계가 호흡 민감도↑ 얕은 Self로 감지하여 호흡수 증가
3	SIMV	기계호흡과 자발호흡이 함께 진행되며 자발호흡을 보조해 주는 방식 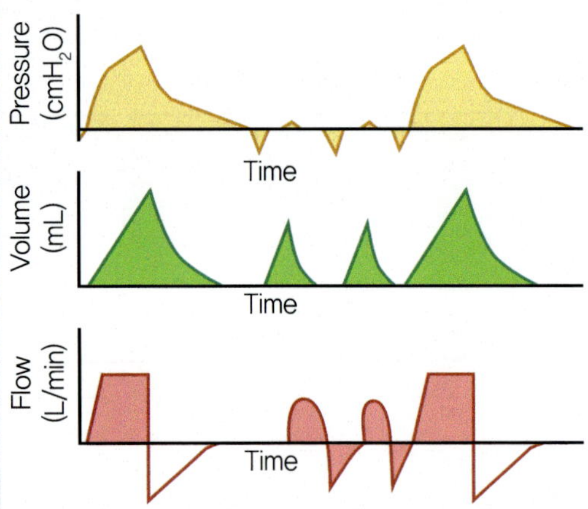 	자발 노력(Trigger)이 있을 때 기계적 호흡이 이루어지고, 없을 때는 설정된 호흡수에 따라 기계적인 호흡이 이루어짐 Select→SIMV/CPAP선택 Sensinity[1–9]설정

번호	MODE		설명
4	CPAP	자발호흡 100%에서 흡기, 호기 모두 양압 적용 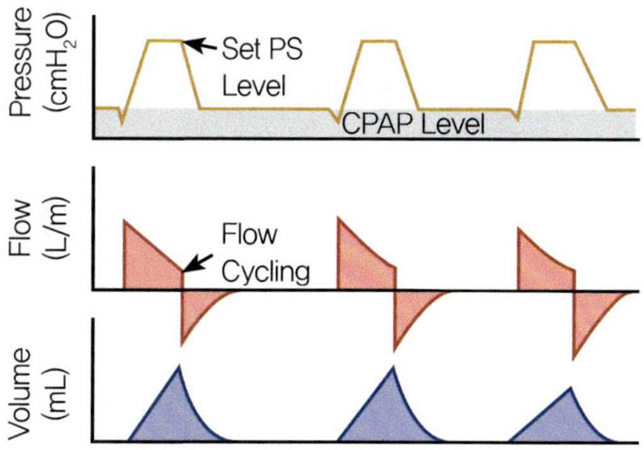	Select→SIMV/CPAP선택 Breath rate[_]설정 PEEP *PEEP(호기말양압): 인공호흡기 대상자 중 저산소혈증 개선을 위해 사용 호기말 폐내 압력을 설정하여 호기가 끝나도 폐포가 계속 팽창되도록 함

3) 주요 알람 확인

번호	경보 표시 내용	원인	해결 방법
1	DISC/SENSE	호스 연결 불량 및 막힘	연결이 제대로 되어 있는지 확인
2	HIGH PRES	호스 내 압력이 높음 (분비물로 인하여 기도가 막혀 공기 흐름이 원활하지 않고 압력이 올라감)	환자 기도 내 분비물을 빼낸 후 다시 연결
3	LOW PRES/ LOW MIN VOL	호스 내 압력이 낮음 (공기 누설 있을 때 발생함), 환자분당호흡량(VE)이 경보 설정량보다 작을 경우	1. 호스 연결 상태 확인 2. 기도삽관 ballooning 상태 확인 3. 환자 체위 상태 확인(측와위 시 빈번히 발생)
4	HIGH O_2 PRES	고압의 산소가 공급되고 있음	공급되는 산소 압력이 높음 (최대 압력 75PSIG)
5	LOW O_2 PRES	저압의 산소가 공급되고 있음	공급되는 산소 압력이 낮음 (최소 압력 35PSIG)
6	INOP	인공호흡 동작불능 상태 및 전원 고장 및 정전으로 작동을 중지함	외부 전원을 다시 연결한 후 ON/Standby 버튼을 눌러 인공호흡 시작

4) 기본셋팅

(1) LTV1200

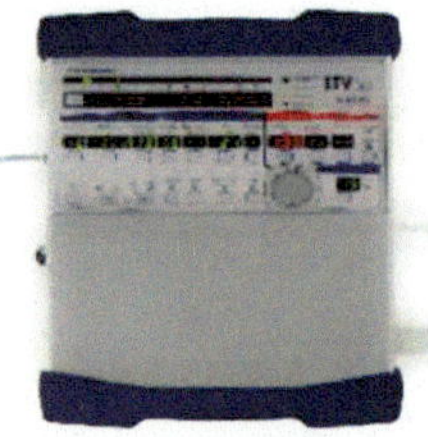 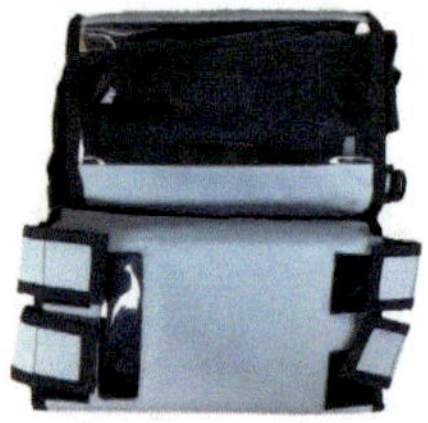  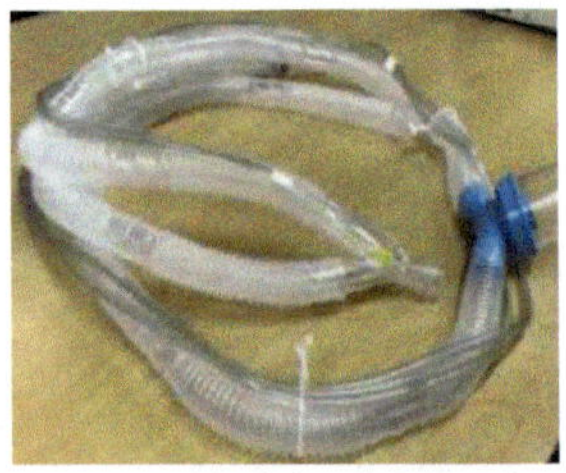

1. 우측면부에 'Flow Xducer'로 표시된 연결부에 유량감지용(흰색/노란색) 커넥터를 돌려 연결하고 'Exh Valve'라 표시된 연결부에 환자 호스를 연결한다.
2. 혼합공기 토출구 위치에 흡기호스를 연결한다.
3. Y자 커넥터에 환자의 삽관 유무에 따라 연결관에 사용하여 마무리한다.
4. 유량감지호스 내 물이 유입되지 않게 유의하며, 호스는 항상 위로 향하도록 유지한다.

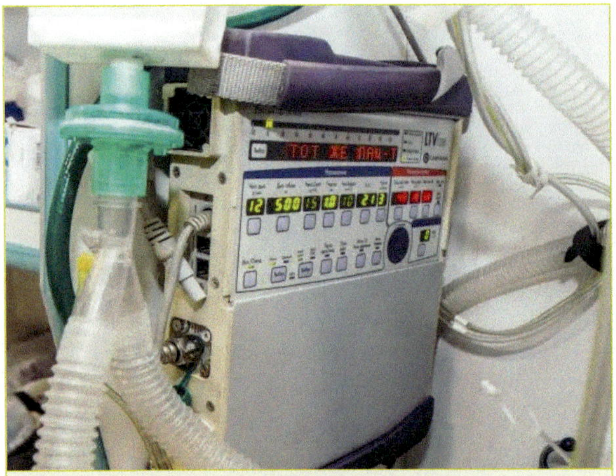

① 전원이 들어오면 "SAME PATIENT(기존 사용 환자)"가 표시된다.
환자에게 적용 전에 test를 해본다.

② 조절 다이얼을 돌려 "NEW PATIENT(새로운 환자)"로 설정한 후 선택(Select) 버튼을 누른다.

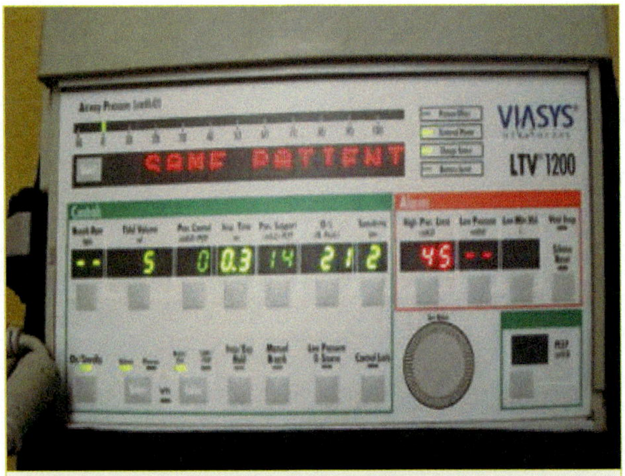

③ "INFANT(유아), PEDIATRIC(소아), ADULT(성인)"을 설정한 후 선택(Select) 버튼을 누른다.

(2) HAMILTON C-1

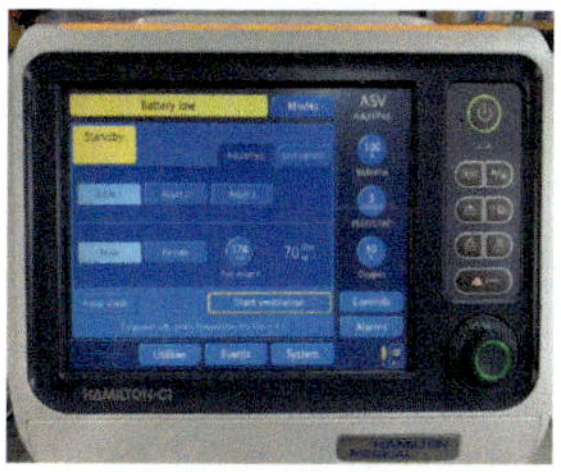

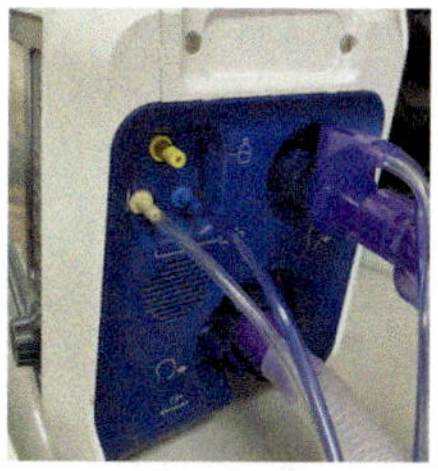

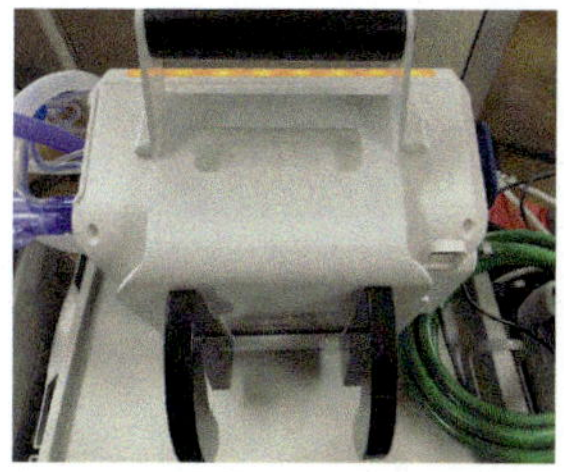

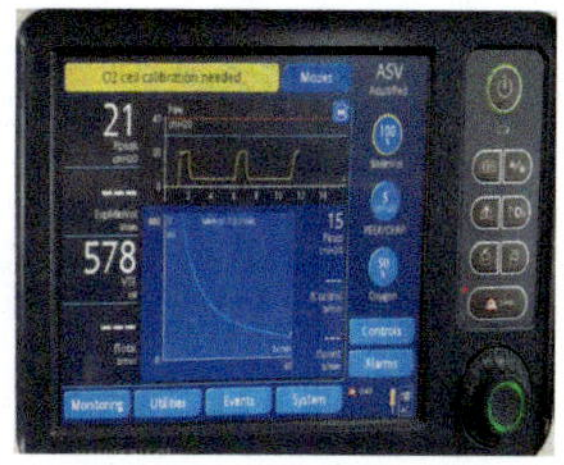

1. 위 그림에 우측면부에 흡기그림으로 표시된 연결부에 유량감지용(보라색 뭉치) 커넥터를 돌려 연결하고 'Exh Valve'라 표시된 연결부에 환자 호스(보라색호스)를 연결한다.
2. 위 그림의 혼합공기 토출구 위치에 흡기호스를 연결한다.
3. 유량감지호스 내 물이 유입되지 않게 유의하며, 호스는 항상 위로 향하도록 유지한다.

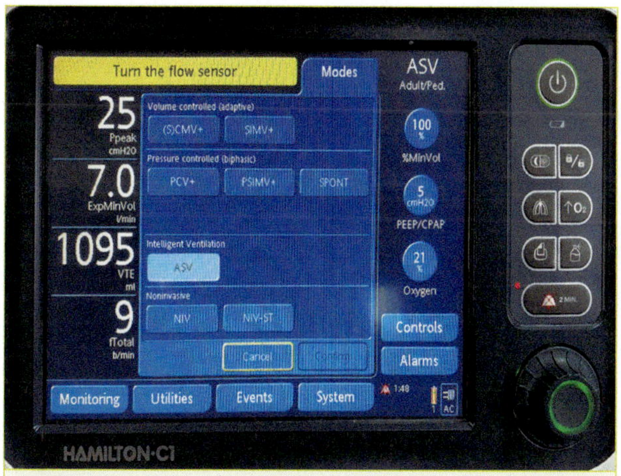

① 전원이 들어오면 화면이 전원이 들어오면서 표시된다.

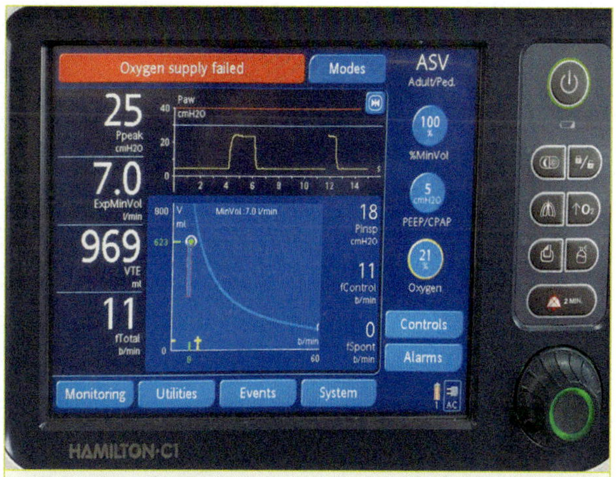

② 조절 다이얼을 돌려 필요한 모드를 설정한 후 선택(Select) 버튼을 누른다.

③ 산소값을 설정한 후 선택(Select) 버튼을 누른다.

(3) Oxylog 3000 plus

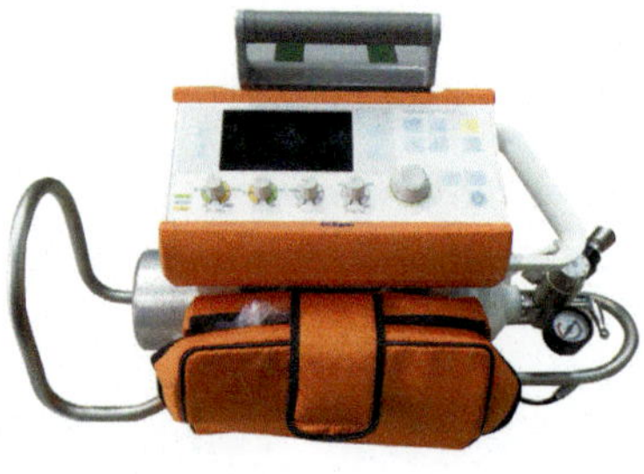

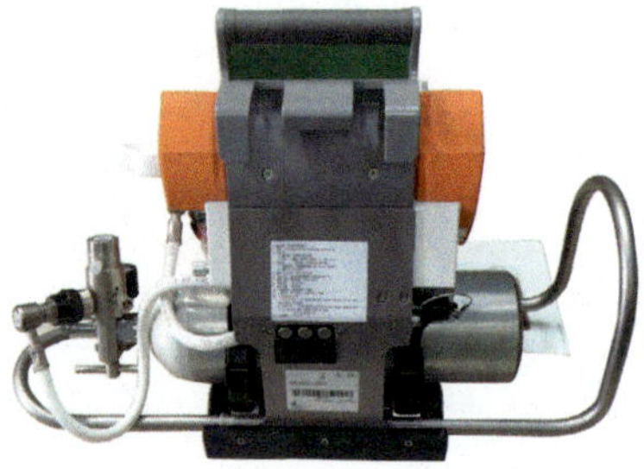

1. 환자용 서킷, 밸브, 유량센서, 90도 커넥터 및 테스트 렁을 연결하여 장비준비를 마친다.
2. 산소통의 산소를 확인한 후 미리 연결한다.
3. 유량감지호스 내 물이 유입되지 않게 유의하며, 호스는 항상 위로 향하도록 유지한다.

① CMV(IPPV) 인공호흡 모드

용적보증(CMV, IPPV) 인공호흡모드

가장 보편적으로 이용하는 인공호흡모드이다.

설정값

- Vt(일회호흡량): 환자에 맞는 일회호흡량을 그래픽화면 아래 로브를 조절하여 설정한다.
- f(호흡횟수): 환자에 맞는 일회 호흡횟수를 설정한다.
- Pmax: 일반적으로 45도 정도로 설정한다.
- FiO_2: 환자에 맞는 O_2 값을 설정한다.
- 세팅메뉴에서 Trigger 설정: 일반적으로 off로 되어 있으며, 로브를 조절하여 on으로 할 경우 CMV assist모드로 바뀌게 된다.
- PEEP 세팅: PEEP값은 환자에게 맞게 호기말양압을 설정한다.
- I:E 설정: 기본적으로 I:E는 1:1.5로 설정되어 있으며, 환자의 상태에 맞게 I:E를 로브를 사용하여 조절한다. 1:1.5~1:3을 권장한다.

② PCV + PS(BIPAP ASB) 인공호흡 모드 설정

기본적인 세팅은 CMV(IPPV)와 같으나 Vt 설정이 아닌 압력설정을 하는 인공호흡방식이다.

이 경우 화면 왼쪽 아래 Vt를 설정하는 것이 아니라 화면의 Pinsp를 설정하여 환자에게 맞는 압력을(용적은 아님) 전달하여 기계를 환기시킨다.

다른 인공호흡 세팅은 CMV(IPPV)와 동일하다.

II 초음파 Ultrasonics Wave

1. 개요

초음파(ultrasonics wave) 기기는 초음파를 인체 내로 보내고 반사되어 나오는 초음파를 되받아서 영상화시키는 장비다. 초음파 기기는 강도(밝기, 에코), 방향, 깊이에 따라 다르며, 조직의 성분과 구성에 따라서 그 밝기(에코)가 다르게 표현된다. 초음파 영상장치는 초음파 변환자(piezoelectric transducer)를 이용하여 전기신호를 초음파로 바꾸어 송신하고 관찰하고자 하는 물체로부터 반사되어 돌아오는 초음파 신호를 수신하여 전기 신호로 바꾼 후 이를 신호처리하여 영상 정보를 제공한다.

1) 휴대용 초음파의 Probe

주파수에 따른 탐촉자 분류

- 일반 탐촉자: 3.5MHz 탐촉자로 복부검사에 많이 이용되나 비만한 경우 심부검사가 어려울 수 있다.
- 고주파 탐촉자: 해상력이 좋지만 투과력이 약해 갑상샘, 목동맥, 관절 등 깊지 않은 장기 관찰에 사용한다.

① 볼록면 탐촉자(Curved Array Probe)

저주파(1~6MHz) 탐촉자로 침투력이 좋고 스캔하는 면이 둥글고 커서 체표면을 접촉할 수 있는 부분이 넓다. 초음파가 부채꼴로 주사되어 시야가 넓으며, 스캔 각도가 자유로워 복부나 골반 검사에 주로 이용한다. 그러나 체표면이 볼록하거나 갈비사이가 직각인 방향에서는 밀착이 안 되는 어려운 점이 있다.

② 선형 탐촉자(Linear Array Probe)

고주파로 스캔속도가 빠르고 해상도가 좋으나, 초음파가 직각으로 주시되기 때문에 프로브 넓이만큼 시야를 갖는다. 주로 목동맥, 갑상샘, 관절, 유방 등 깊이가 얕은 장기의 검사에 사용한다.

③ 소접촉면 탐촉자(Small Foot Probe)

탐촉자 머리부분이 좁아서 갈비사이(늑간) 관찰이 용이하다. 초음파가 부채꼴 모양으로 심부를 넓게 볼 수 있으며, 심장 검사에 많이 이용한다.

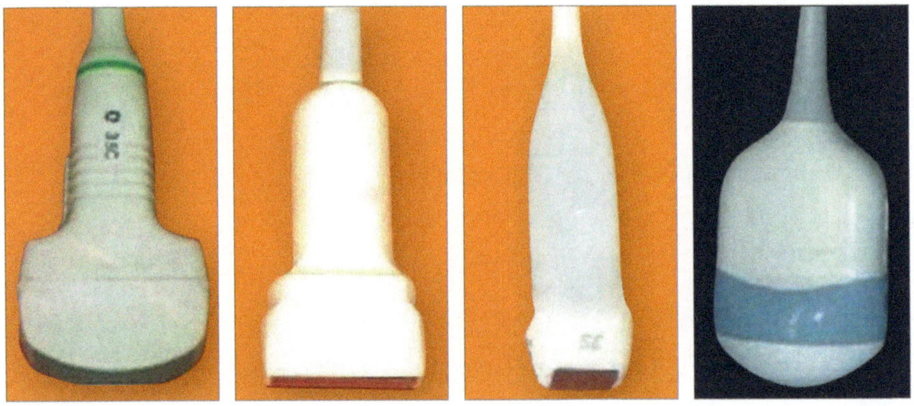

Convex　Linear　Sector　3-D Probe(2-5MHz)

그림 15-1 Probe의 이해

2) 휴대용 초음파의 구성 PT60A

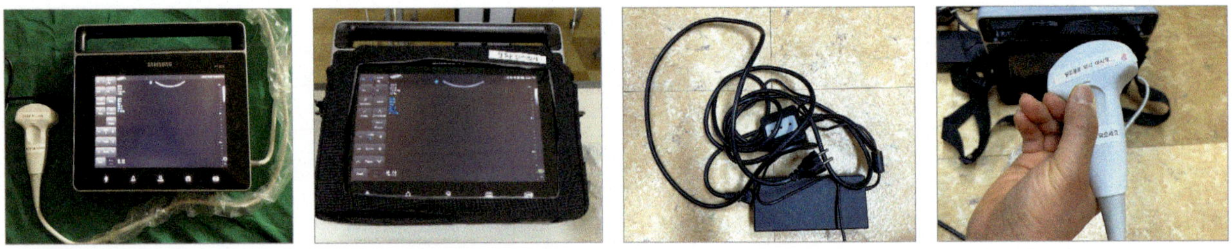

병원전과 응급실에서 사용가능

119구급대용으로 가방이 추가되어 있다.

전원에 충전기 일체형이 일반적이다.

휴대용 초음파는 일반적으로 프로브(probe) 1개로 되어 있다.

그림 15-2 휴대용 초음파의 구성(PT60A)

3) 휴대용 초음파의 구성 V-SCAN

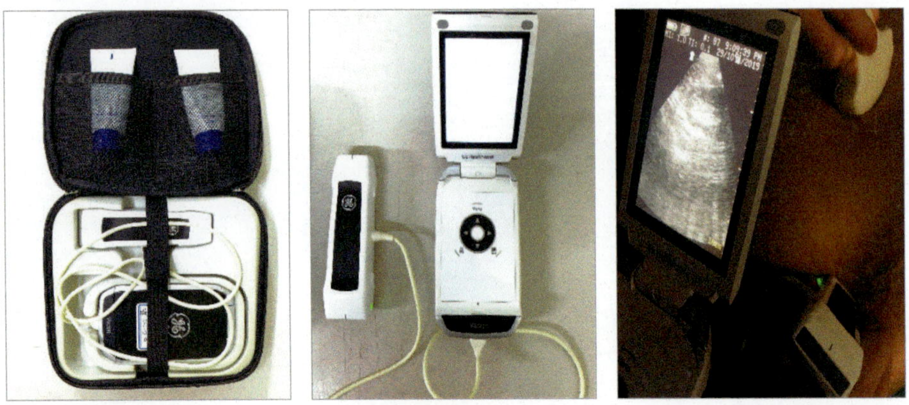

휴대용 초음파 팩 주로 병원 전에서 사용

119구급대용으로 가방이 추가되어 있다.

전원에 충전기 일체형이 일반적이다.

그림 15-3 휴대용 초음파의 구성(V-SCAN)

2. 적응증과 작동원리

1) 초음파의 장단점

(1) 초음파 검사의 장점

- X-선 피해가 없는 영상진단법
- 사용이 간편, 검사가 용이
- 부피가 작고, 이동성
- 원하는 모든 방향의 영상
- 움직임을 관찰
- 길이, 면적, 부피, 혈류속도, 혈류량
- 조직검사, 중재시술

(2) 초음파 검사의 단점

- 검사자의 지식과 기술에 좌우됨
- 적용 부위의 제한: 뼈, 폐, 소장, 대장
- 피사체의 조건에 따른 영향: 비만, 태아의 위치, 자세

2) 작동원리

(1) Ultrsound: 가청영역(16~20000Hz) 이상의 음파

- 강한 진동, 에너지
- 진단영역 초음파(1~10MHz)

(2) 초음파 발생: 전기 → 음파 → 전기

(3) 초음파 검사의 종류

- 회색도초음파
- 도플러초음파
- 색초음파/출력초음파
- 삼차원(입체)초음파

3. 주의사항

초음파는 방사선이 아니므로 특별한 주의사항은 없으나 기계적으로는 probe를 떨어뜨리지 않도록 해야 한다.

4. 적용(사용)방법

1) 복부초음파(Abdomen Sonogram) 부위별

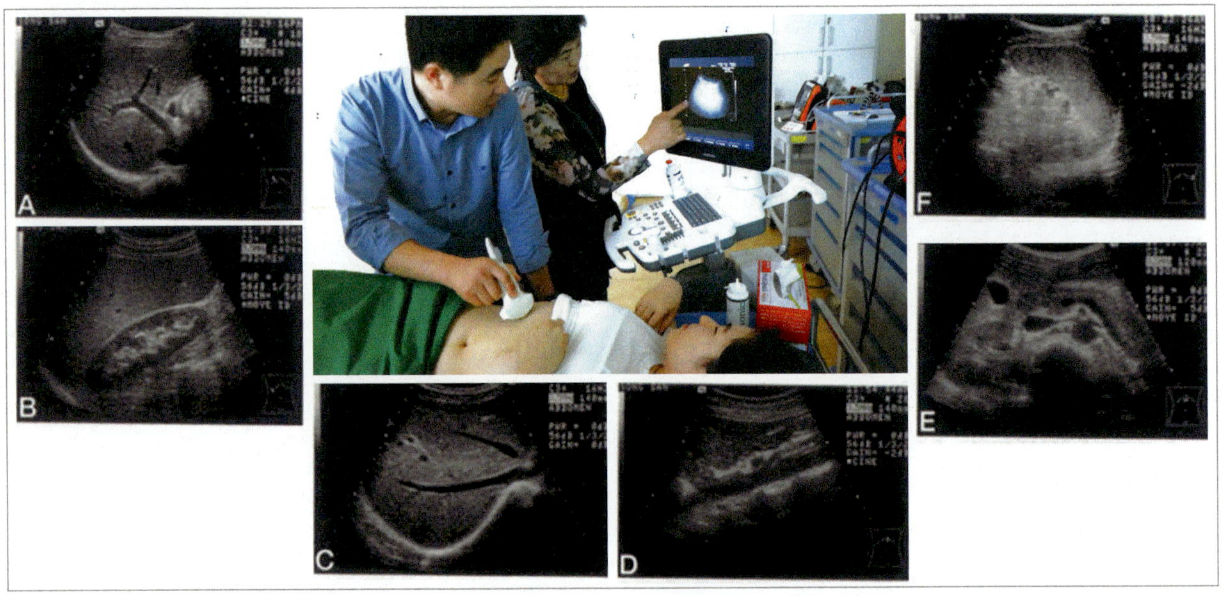

A, C. 간(Liver). B. 콩팥(신장, Kidney). D. 좌엽간(Left lobe of liver). E. 이자(췌장, Pancreas). F. 지라(비장, Spleen)

2) 복부초음파 장기별 세부방법

(1) 기본적인 복부초음파(Liver)–오른갈비아래스캔(Subcostal)

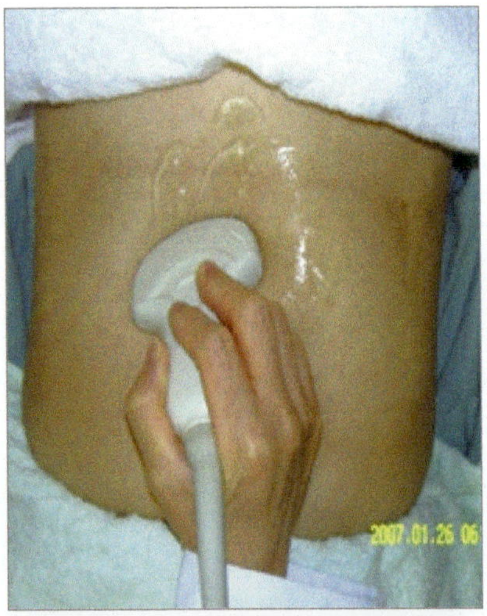

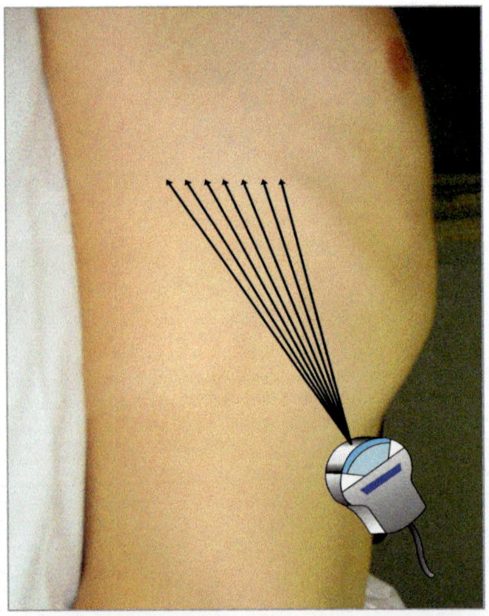

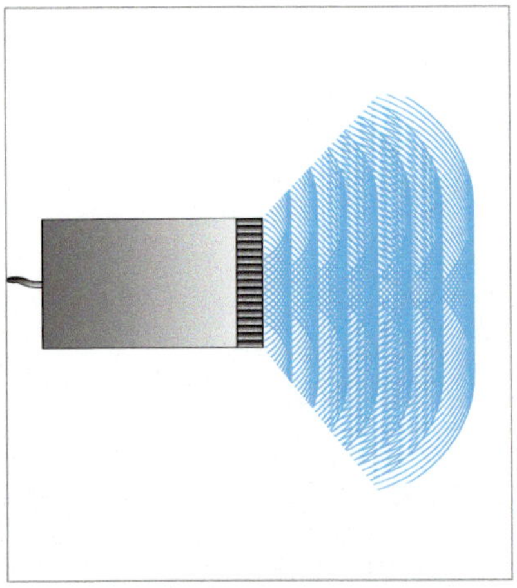

구연파의 합성

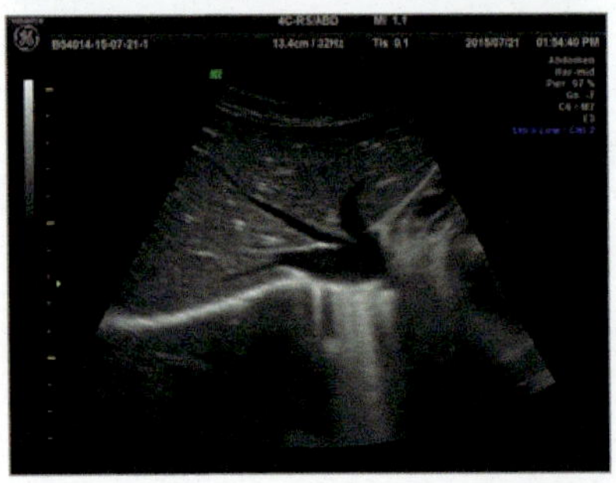

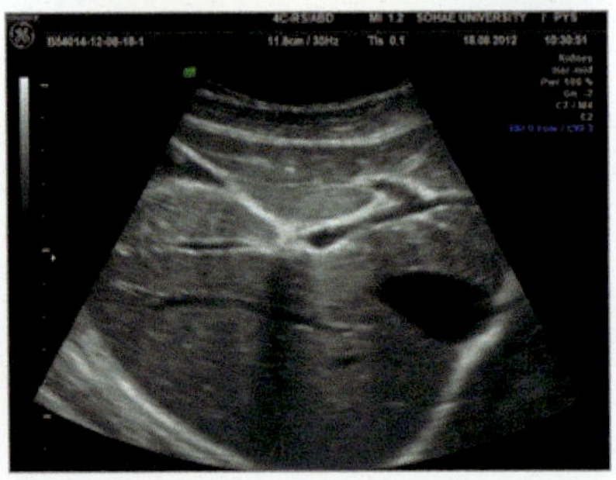

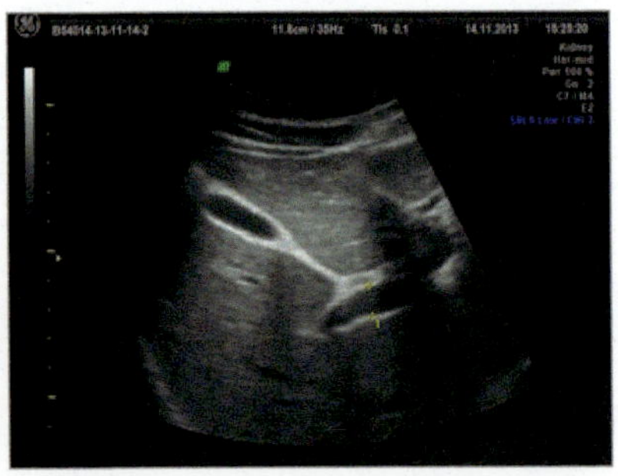

(2) 간좌엽(세로 Longi Scan)

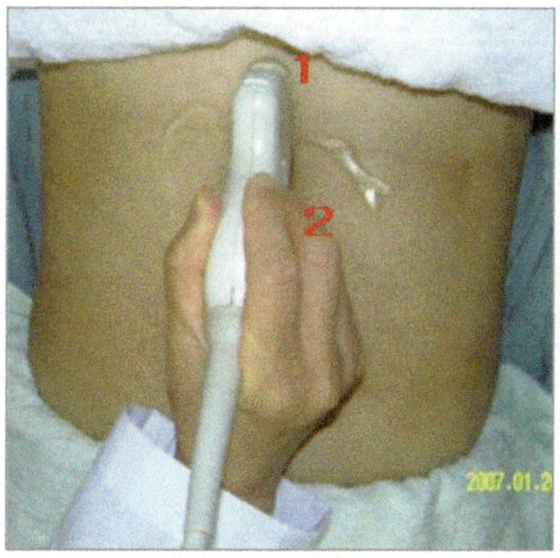

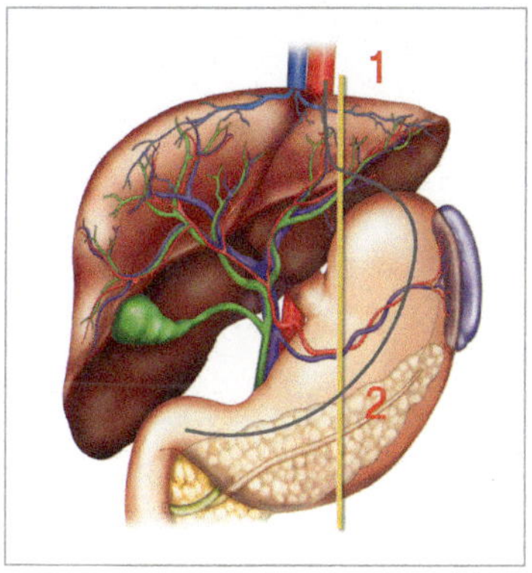

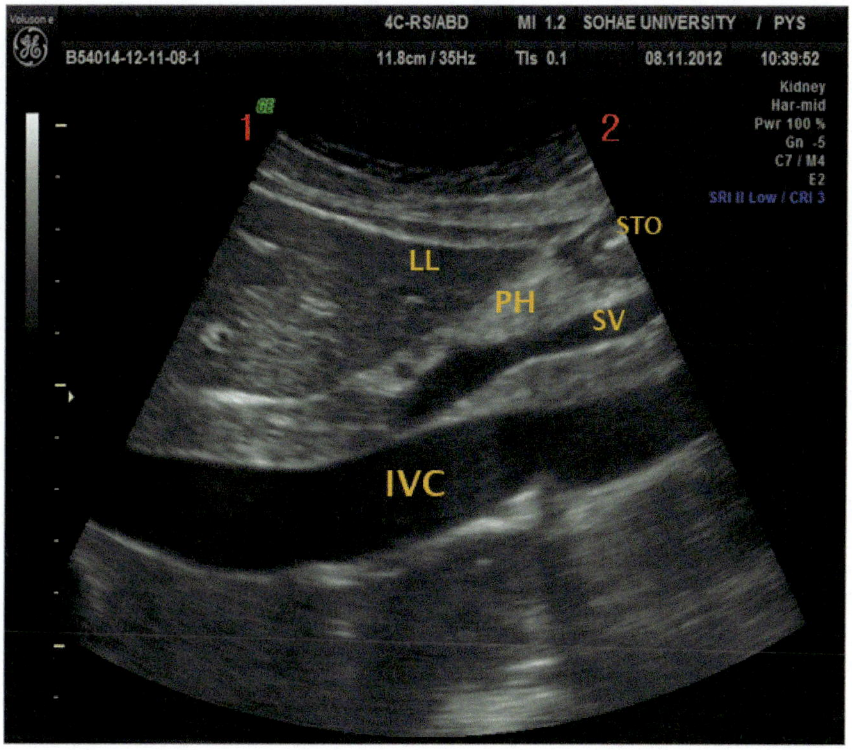

(3) 오른갈비아래스캔(Subcostal)

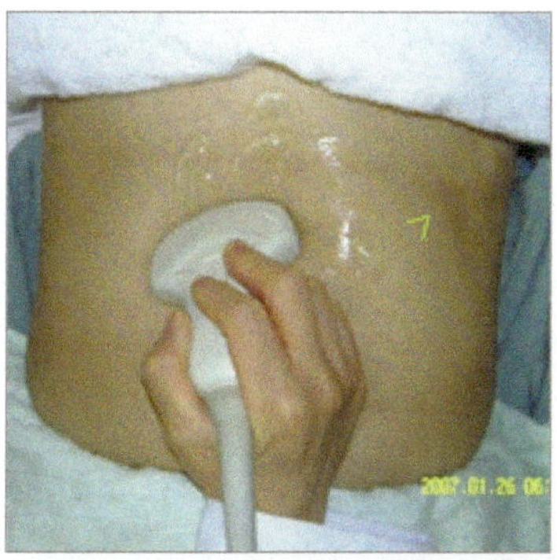

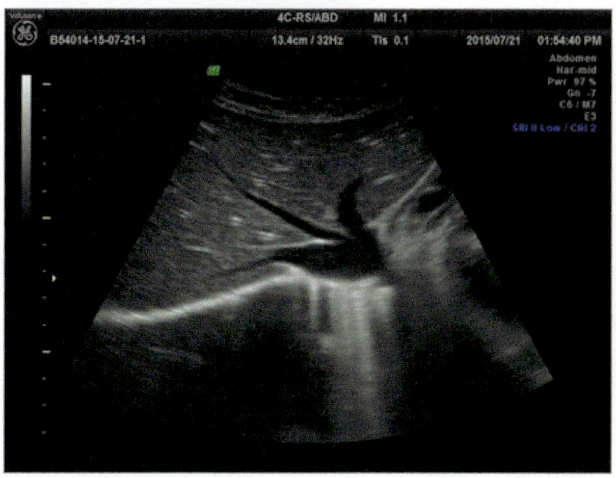

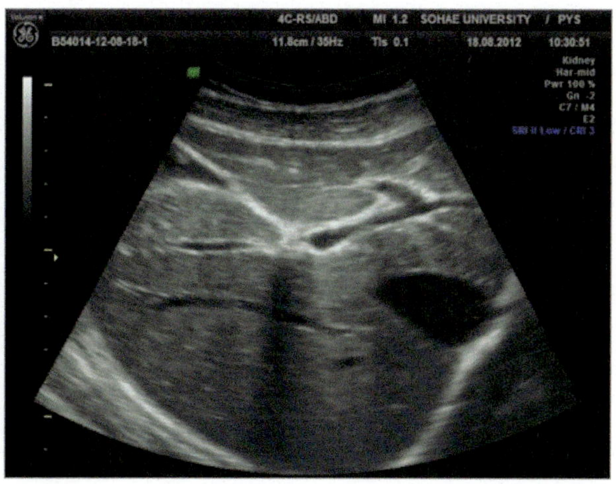

(4) 간우엽(Rt Lobe): 문맥, 오른갈비사이(Rt Intercostal Scan)

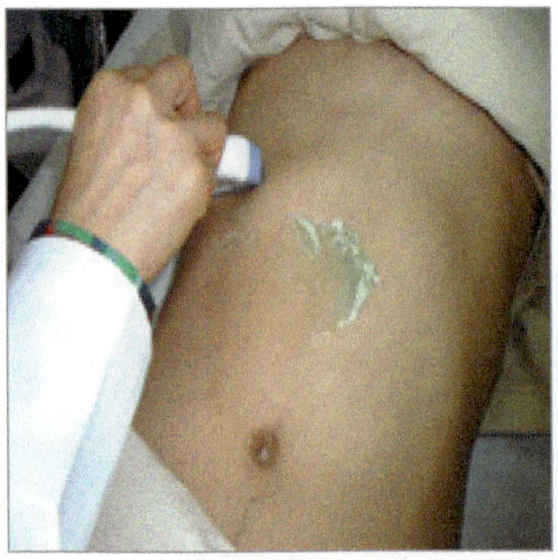

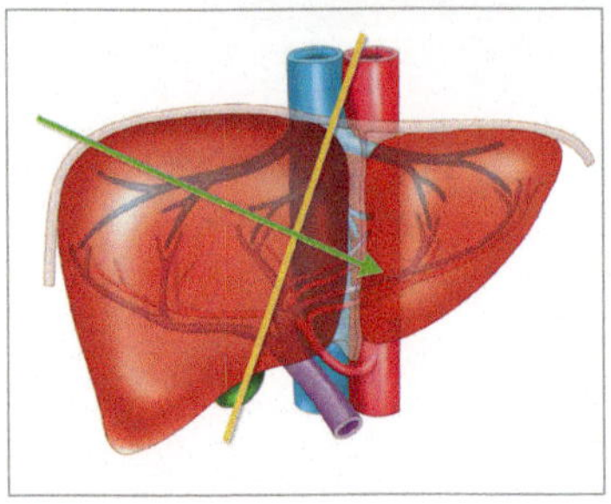

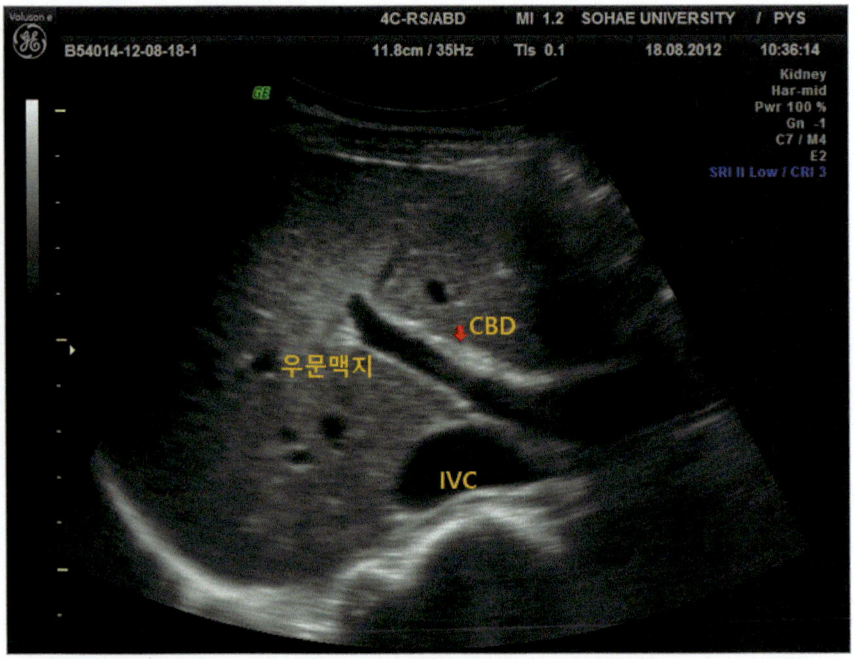

(5) Ascitis(뱃물)–Fluid

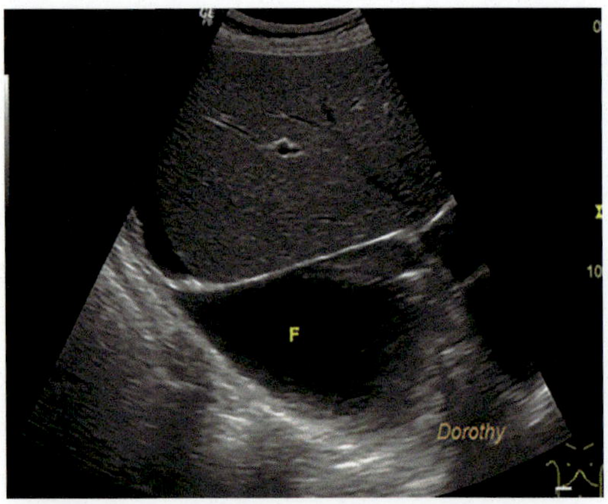

Pleural fluid

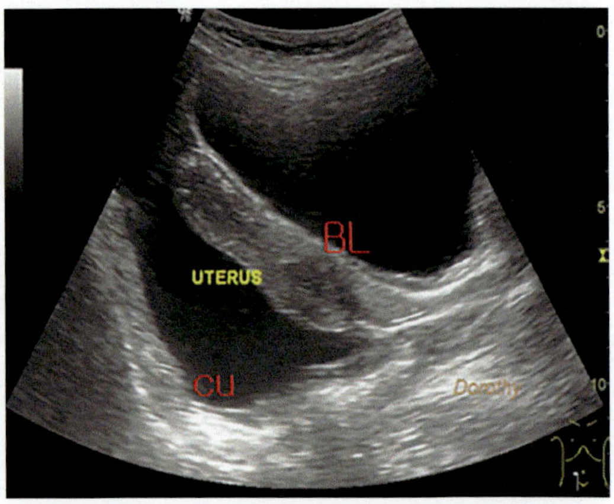

Cul–de sac

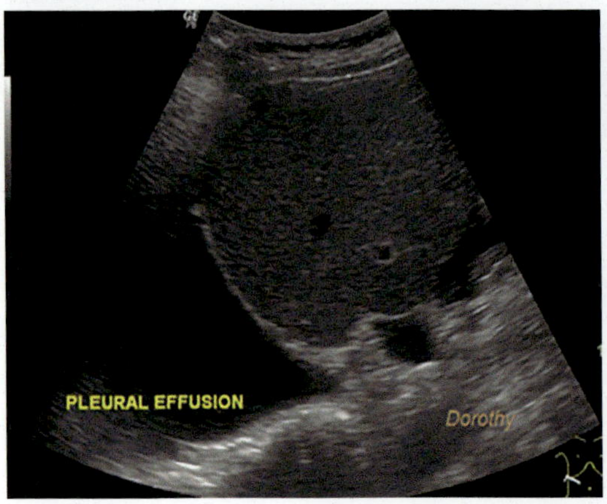

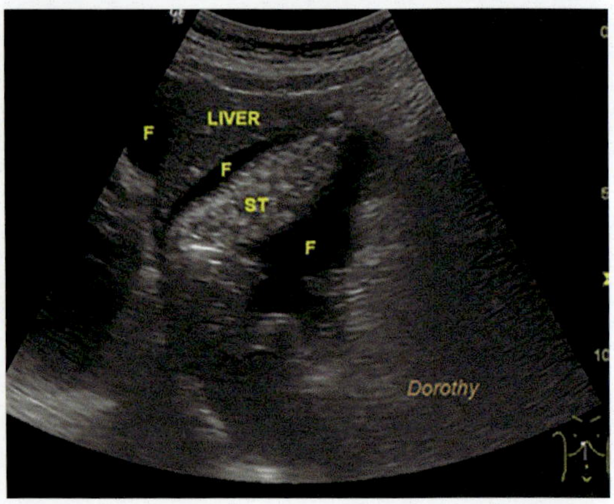

(6) 지라(Spleen)

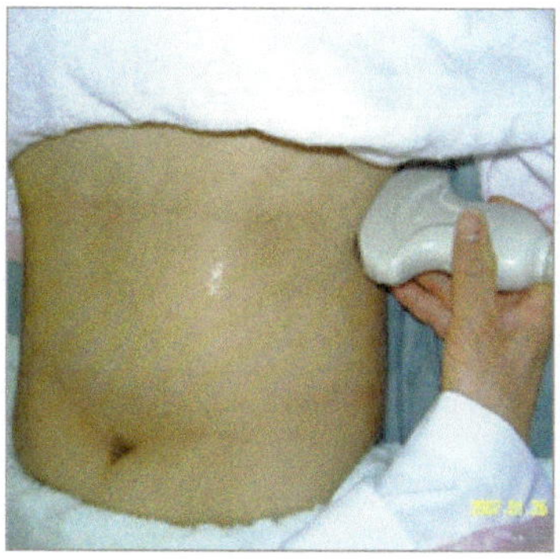

A * B * 0.5 = 20g

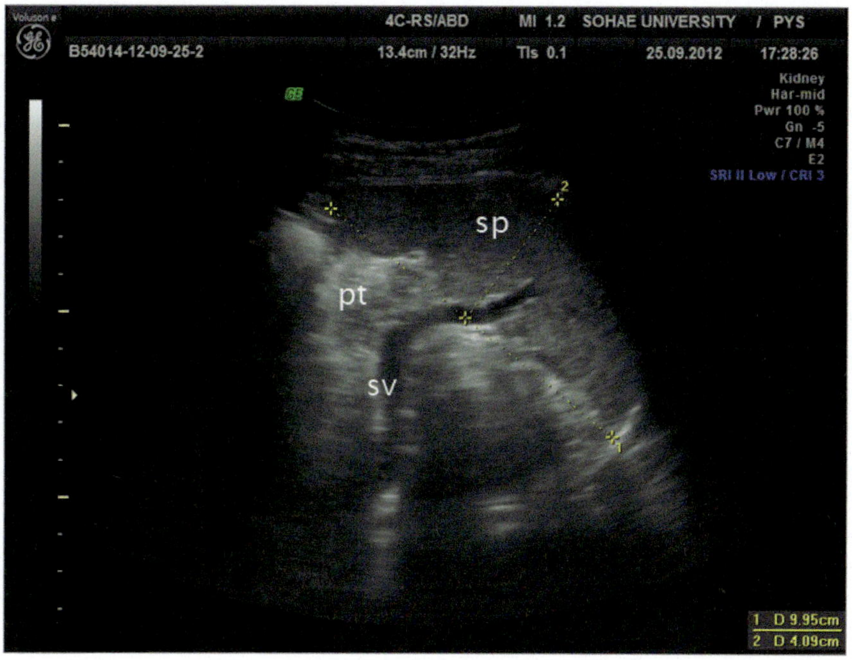

(7) 콩팥(Kidney-Supine)

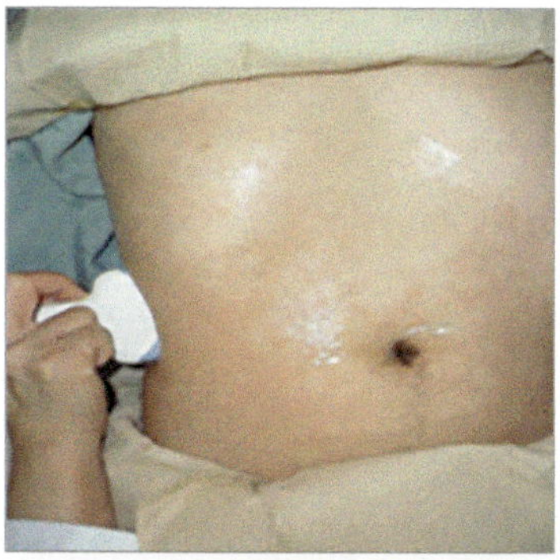

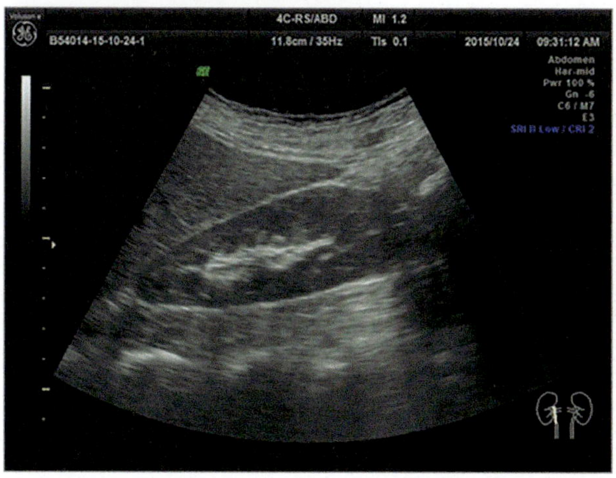

RT

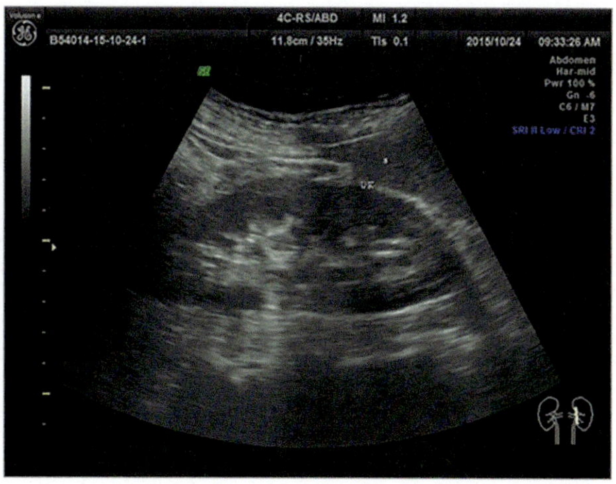

LT

(8) 콩팥(Kidney-Prone)

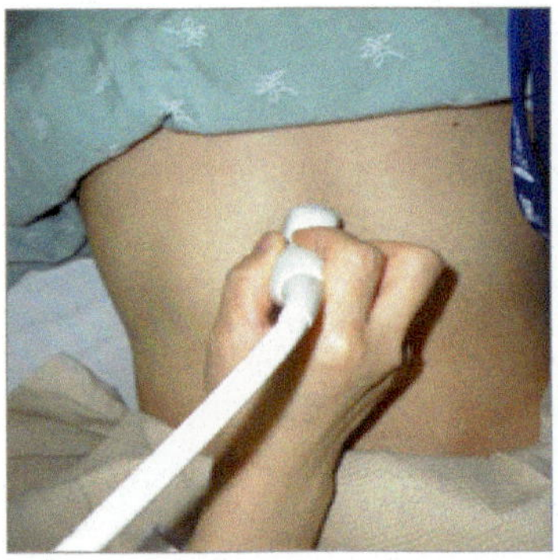

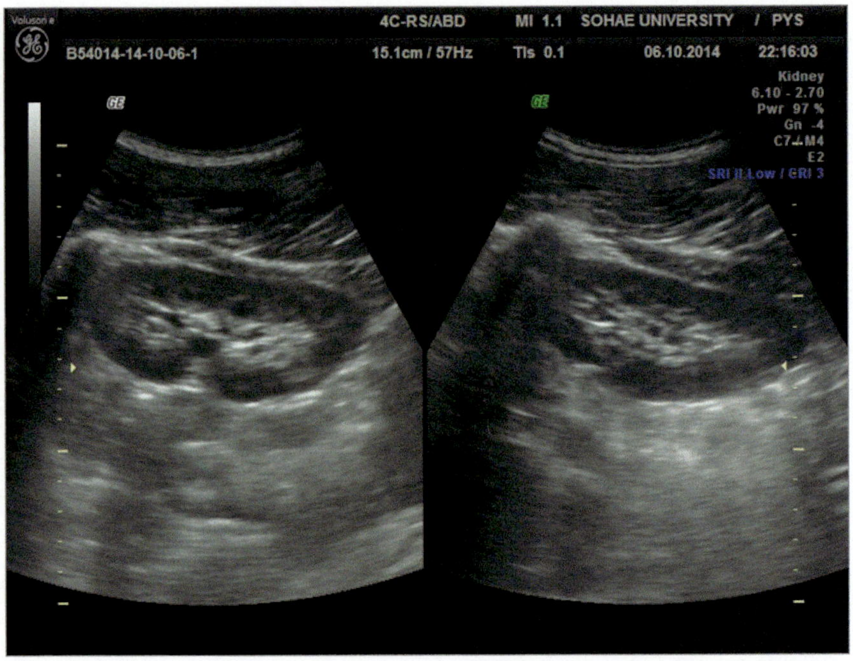

III 혈관검출기 Vein Viewer

1. 개요

병원 전 응급상황에서 환자의 정맥로 확보는 쉬운 술기는 아니다. 환자 상태는 물론이고, 날씨와 사고기전에 따라 병원과는 다르다. 혈관검출기는 환자의 혈관을 적외선 빛을 이용하여 피부 조직 내부의 혈관을 외부에서 관찰할 수 있기 때문에 혈관을 확보하는데 도움이 된다.

2. 적응증과 작동원리

혈관검출기는 헤모글로빈 흡수 근적외선 LED 조영방식을 사용하여 신체 어느 부위나 안전하게 적용 가능하다. 피부에 대한 접촉 없이 비침습적으로 피하 10mm까지 혈관의 위치를 찾을 수 있어 혈관 확보에 도움이 된다.

1) 3단계의 LED 표시로 투영된 혈관의 깊이 측정이 가능할 것

0~2mm　　2~4mm　　>4mm

그림 15-4 혈관의 깊이 측정

2) 3가지의 디스플레이 모드 변경이 가능할 것

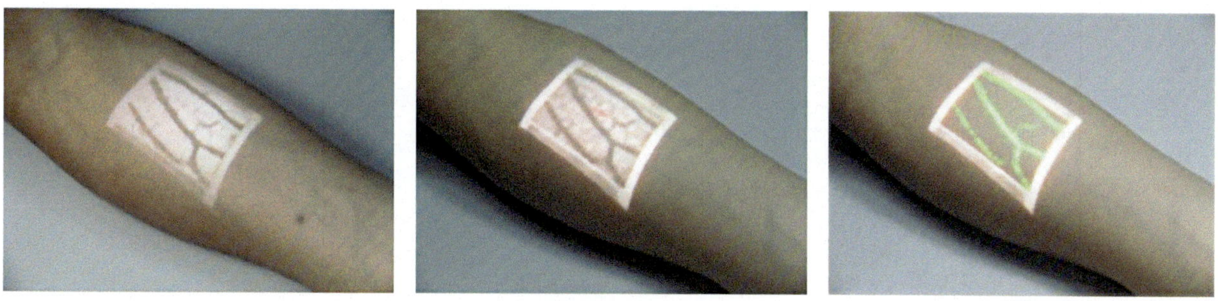

Basic 모드　　Enhance 모드　　Green 모드

그림 15-5 혈관 디스플레이

3) 투영된 이미지의 색상

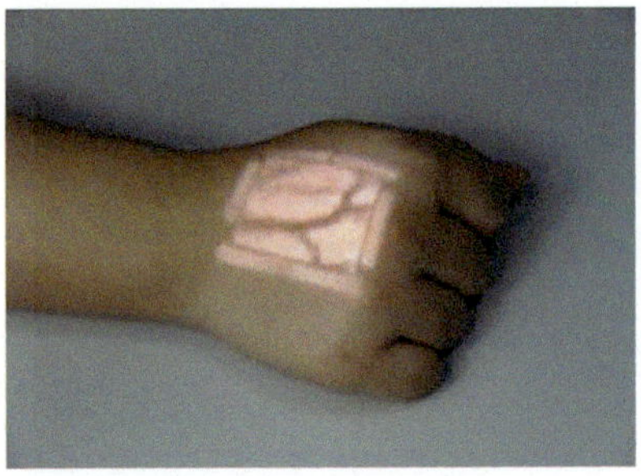

기본

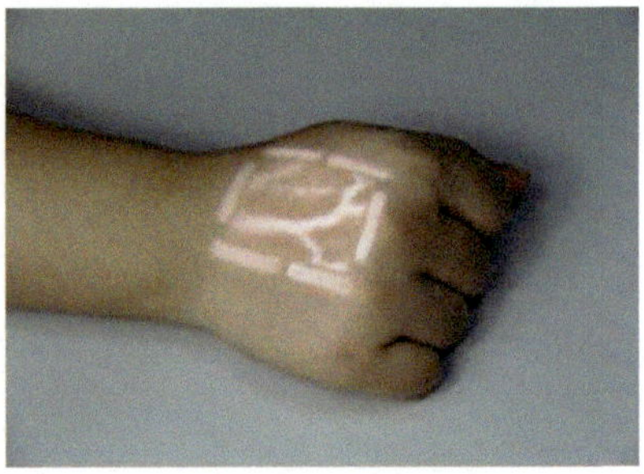

반전

그림 15-6 투영된 이미지 변화

- 초점 확인 기준이 있으며 충분한 밝기로 실내등이 별도로 없어도 된다.
- 이미지의 밝기와 크기 조절이 가능하다.
- 설치가 간단하고 고정이 가능하여 양손 모두 사용하여 주사가 가능하다.
- 환자와 접촉이 없어 감염의 우려가 없고 장비의 소독이 별도로 필요 없다.
- 성인, 소아 모두 사용이 가능하다.

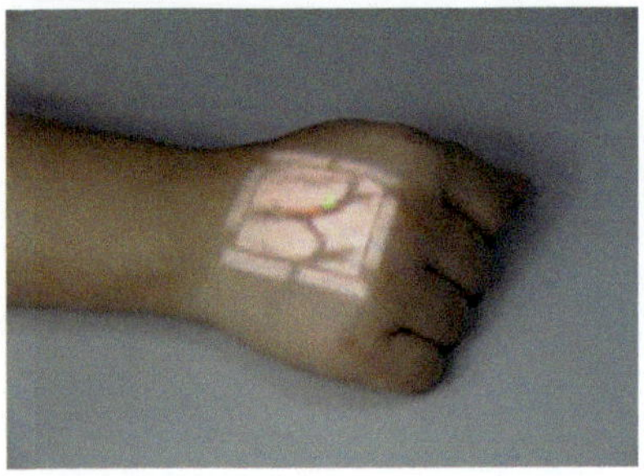

성인

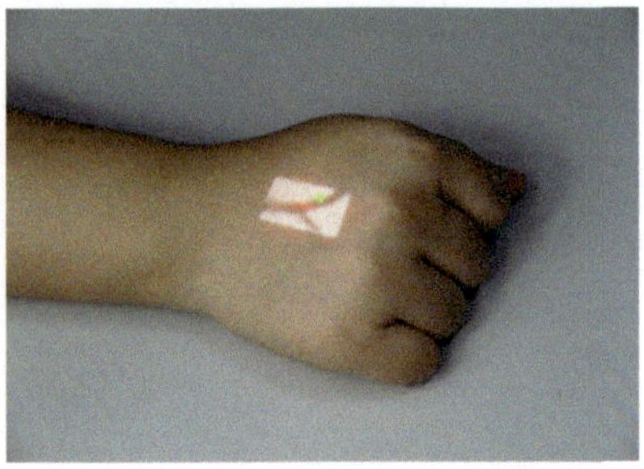

소아

그림 15-7 성인, 소아 혈관 이미지

- Desktop이나 support 악세서리 등을 이용해 고정하여 사용할 수 있으며, 360° 회전, 상하 조절이 가능하여 주사 부위에 적용할 수 있다.
- 충전식이므로 전기 콘센트에 연결할 필요가 없어 병원 전 단계에서 사용 가능하다.
- 혈관이 약한 유아 및 소아, 피하가 두꺼운 지방과다 환자, 잦은 주사용법의 장기입원 환자 등의 혈관주사가 어려운 환자에게 적용이 되어 환자와 보호자의 신뢰감에 도움이 된다.

3. 적용방법

❶ 주사 적용 부위를 선정한 후 혈관검출기를 적용하면 된다.

장비 소개

1. 휴대용인공호흡기

제조사		HAMILTON	Care Fusion
구분 \ 모델명		HAMILTON C-1	범용인공호흡기 LTV1200
사진		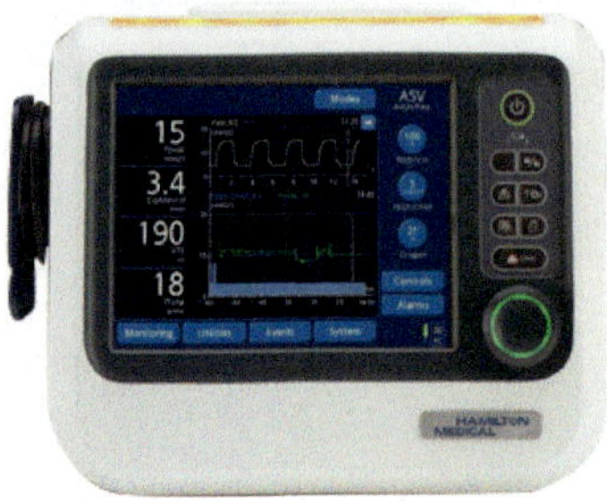	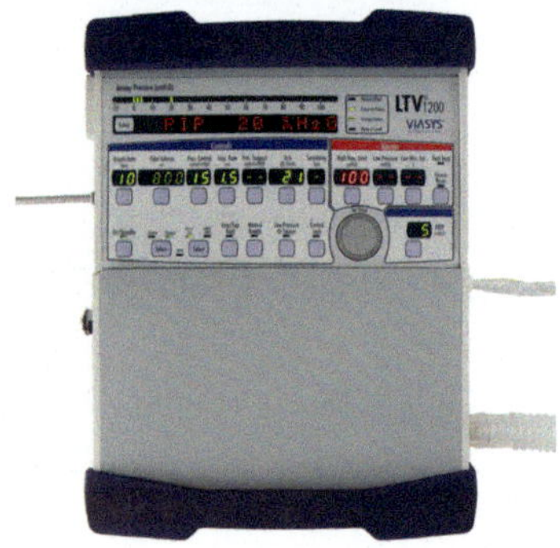
규격	호흡형태	음량 조절, 압력 조절, 압력 지원, 자발적 압력 조절식 응급 및 이송용 인공호흡기	음량 조절, 압력 조절, 압력 지원, 자발적 압력 조절식 응급 및 이송용 인공호흡기
	무게	6.5kg	6.5kg
	크기(높이×폭×길이)	29.8cm×31cm×24.5cm	8.4cm×27cm×38cm
	배터리	100 to 240 VAC ±10%, 50/60 Hz 12 to 28 VDC (total range 10.2 to 30.3 VDC) –50 VA typical, 150 VA maximum One battery, display brightness=80%: 240분	11–15 VDC, 90–250VAC, 47–63Hz 및 내부전지(정전 시 내부전지사용시간: 약 60분)
	환기모드	APVcmv/(S)CMV+, APVsimv/SIMV+, PCV+, PSIMV+, DuoPAP, APRV, SPONT	Contol, Assist/Control, SIMV, CPAP, NPPV
	산소사양	최대압력: 2.8 to 6 bar/41 to 87 psi 최소압력: Maximum 6 bar/87 psi	고압산소: 40~80 PSIG (2.8~5.5 bar) 저압산소: <80 lpm
	메시지 표시	• 다양한 경보설정 • 표시등 및 표시창 • 고정경보기능 등	• 다양한 경보설정 • 표시등 및 표시창 • 고정경보기능 등
	조절	별첨: 제품사양서 참조	별첨: 제품사양서 참조
특징		• 성인, 소아 및 신생아 인공호흡 가능 • 배터리 작동 시간 4시간 • 가스 실린더 또는 압축기로부터 독립 통합된 고유량 산소요법 • 비침습적 환기	• 터빈 기술의 적용으로 공기압축기가 없어도 작동이 되는 인공호흡기 • 다양한 인공호흡방법: 용적조절환기, 압력조절환기, 압력보조환기 및 비삽관식 환기 제공 • 고압의 산소뿐만 아니라 저압의 산소를 통해서 흡기호스 내의 산소농도를 조절 가능 • 환자의 타입(유아, 소아, 성인)을 선택하면 자동으로 초기 설정값이 정해짐 • 비행기, 헬기 등에서 사용하기 위한 충격 및 진동 시험에 대한 규격(MIL-STD-810E)을 통과한 제품임

제조사		Drager. Technology for Life
구분 \ 모델명		Oxylog 3000 plus
사진		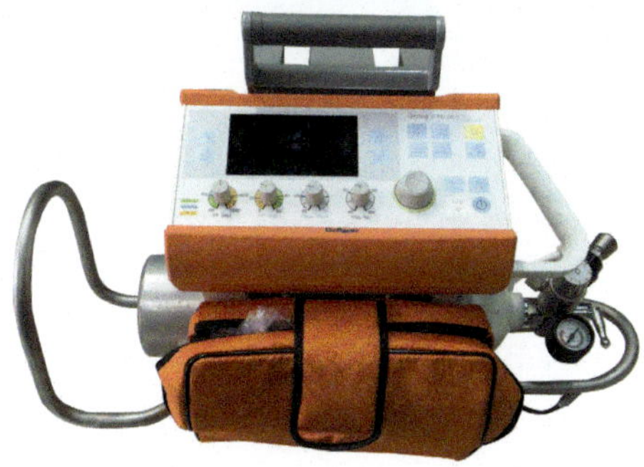
규격	호흡형태	50mL 이상의 조석 용적 또는 보조환기가 필요한 환자를 위한 시간 순환식, 용적 조절식 및 압력 조절식 응급 및 이송용 인공호흡기
	무게	5.8kg
	크기(높이×폭×길이)	11.4×7.2×6.9in(290×184×175mm)
	배터리	12/24/28 VDC; 5 A/2.5 A/2.1 A 리튬 이온 전지-(정전 시 내부전지 사용시간: 약 240분) (10~32 VDC)
	환기모드	Contol, Assist/Control, SIMV, CPAP, NPPV
	산소사양	고압산소: 20~60 저압산소: <80 lpm
	메시지 표시	• 다양한 경보설정 • 표시등 및 표시창 • 고정경보기능 등
	조절	별첨: 제품사양서 참조
특징		• 이송 중 고신뢰도 제공 • 통합 캐프노그래피 • 자동 고도 보상 (BTPS) • 고급 데이터 내보내기 기능성 • 광범위 인공호흡 모드와 AutoFlow® • 소아과 환자 전용 • Dräger 사용자 인터페이스 및 패밀리 플랫폼

2. 초음파기기

제조사		SAMSUNG	GE헬스케어
구분 / 모델명		PT60A	V-SCAN
사진		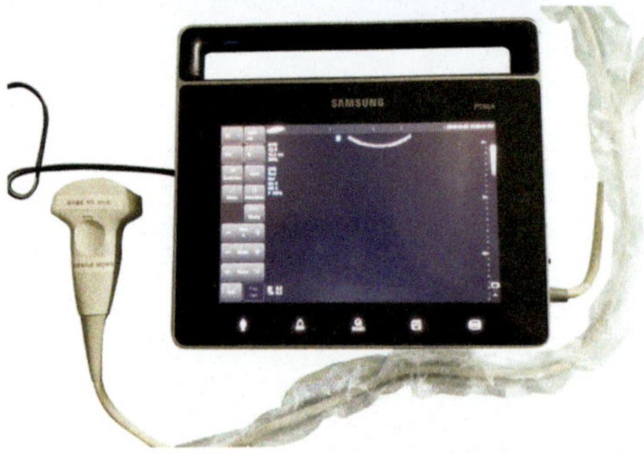	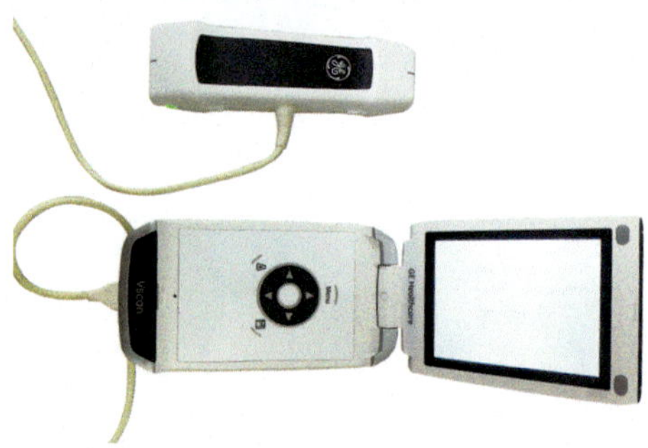
규격	전원	AC 어댑터를 연결하면 배터리팩이 자동충전	배터리, AC 어댑터
	모니터	터치스크린(Touch Screen) 터치 키보드 환자 정보 설정, 프로브 설정, Q-Scan, Save, Freeze 기능	흑백 이미지의 이미지 영역 • 위상 탐촉자: 최대 24cm 깊이에서 75도까지 가능할 것 • 직선형 탐촉자: 최대 8cm, Aperture • 칼라 흐름 영역은 30도 각도에서 혈류를 볼수 있음
	본체	본체(Console)의 내부는 주로 초음파 영상의 구현을 담당하는 장치로 구성	• 프로브가 장착된 브이스캔 1세트 • 음성 저장 기능과 스피커 기능
	정보저장 video-out	• Video Out 장치는 본체와 연결되어 디지털 및 아날로그 영상 출력들을 제공 • Video Out 장치는 우측의 AC 어댑터 입력 및 본체와 연결되는 DVI 영상 입력 포트를 가지며, 전면의 포트들로 VHS, S-VHS, B/W, IMAGE DVI 및 DVI 신호가 출력됨	• 브이스캔 데이터는 microSD카드로 최대 32GB 저장 • 데이터는 저장: 정지영상은 jpg, 동영상은 mpg, 음성은 wav로 저장 • 데이터는 검사 폴더에 저장
	배터리팩	리튬이온 배터리, AC 어댑터가 연결되어 있지 않거나 AC 어댑터를 이용한 전력 공급이 원활하지 않은 경우 배터리팩의 전력을 사용	• 범용 전원 공급 장치 100-240 V ~ 50/60Hz • 컴퓨터와 연결하는 USB (USB 2.0) • 배터리 충전 시간: 1시간(배터리 용량의 90% 충전) • 사용시간: 1시간
	프로브	1개의 프로브 초음파를 발생시켜 초음파 영상 구성을 위한 데이터를 획득하는 장치	1개의 프로브 초음파를 발생시켜 초음파 영상 구성을 위한 데이터를 획득하는 장치
	진단모드 (기본모드)	2D 모드(2D Mode) 컬러 도플러 모드(Color Doppler Mode) 파워 도플러 모드(Power Doppler Mode) M 모드(M Mode) PW 스펙트럴 도플러 모드(PW Spectral Doppler Mode)	• 심장, 복부, 방광, 선택된 말초혈관가능 • 흉막/흉체의 유체 및 움직임 감지가능 • Thyroid/Lung/Abdominal/Cardiac/Urology • Fetal/OB/Pediatric/Selected peripheral vessels • Support needle procedure with linear probe • Thoracic/pleural motion and fluid detection
특징		• 초음파를 이용하여 인체 내부기관(폐, 복부, 심장, 혈관, 근육, 장 등)의 손상을 신속히 관찰할 수 있음 • 스캔과 동시에 사용자 음성녹음 저장이 가능 • 배터리는 내장형으로 별도의 전원 연결 없이 사용이 가능	• 초음파를 이용하여 인체 내부기관(폐, 복부, 심장, 혈관, 근육, 장 등)의 손상을 신속히 관찰할 수 있음 • 스캔과 동시에 사용자 음성녹음 저장이 가능 • 배터리는 내장형으로 별도의 전원 연결 없이 사용이 가능 • 포켓사이즈로 휴대가 용이하고, 부팅시간이 짧고, 사용이 간편

3. 혈관검출기

제조사		Qingdao Bright Medical	CHRISITE
구분 \ 모델명		Vein Illuminator Pro – B500	혈관검출기 Vein Viewer Flex
사진		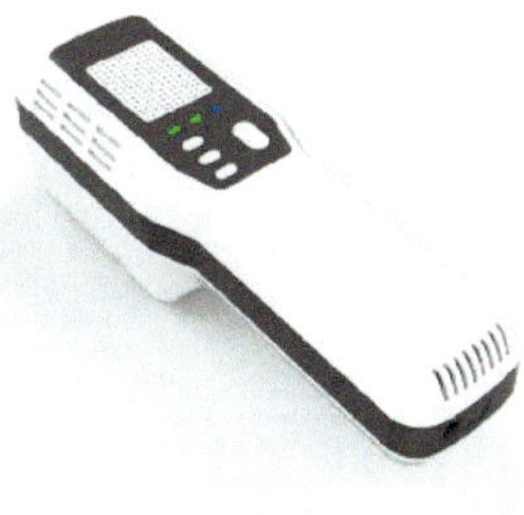	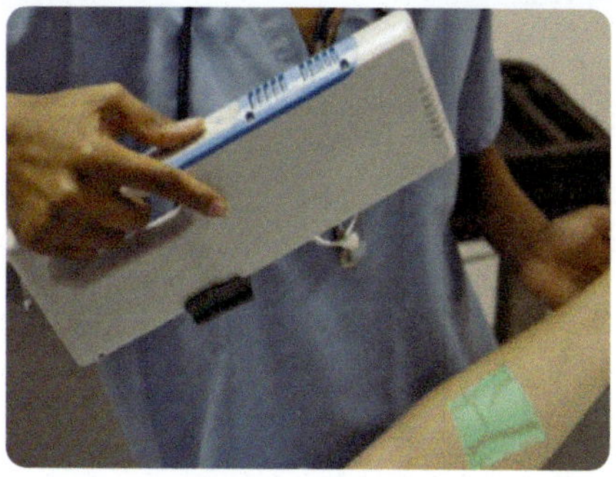
규격	전원	AC전원, 배터리 겸용 DC 12V, AC 220V 50Hz	AC전원, 배터리 겸용 50–60Hz
	무게	0.5kg	0.73kg
	크기	227mm×65mm×63mm	29.21×3.81×9.65cm
	해상도	360×240	
	적정사용온도		16~30℃
	최대 밝기		약 6 Lumens
	근적외선 최대 피부 침투 깊이	10mm	10mm
	배터리	배터리 작동 시간: ≤90mins 배터리: DC7.4V, 3000 mAH	배터리 작동 시간: 2시간
특징		• 피부에 대한 접촉 없이 비침습적으로 피하 10mm까지 혈관의 위치를 찾을 수 있음 • 헤모글로빈 흡수 근적외선 LED 조영방식을 사용하여 Laser 조영방식이 갖는 불편함과 단점을 보완하고 신체 어느 부위나 안전하게 적용 가능함	• 피부에 대한 접촉 없이 비침습적으로 피하 10mm까지 혈관의 위치를 찾을 수 있음 • 충전식이므로 전기 콘센트에 연결할 필요가 없음 • 크기가 작아 간편하고 사용가능 • 실시간으로 혈관을 보여줌

제조사		Transverse Industries Co.	Transverse Industries Co.
구분 / 모델명		EZvein I(DF-T79H2)	EZvein II (DF-T79A1)
사진			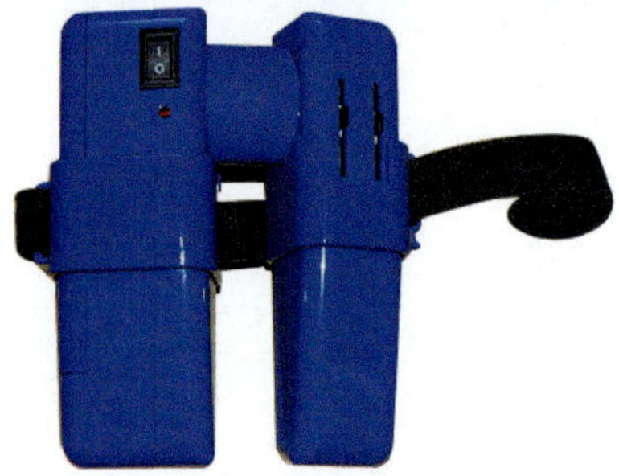
규격	전격전압	DC 3.7V(충전지) 규격: 18650 충전용배터리	DC 3.7V(충전지) 규격: 18650 충전용배터리
	무게	90g	130g
	크기	26.5mm×75mm	110.50mm×104.46mm×33.1mm
	LED 광원 조절부	가변 저항 rotary 스위치	두 개의 불빛 강도 레벨 스위치
	Light 발광 소자	적색, 황색 light (1~3W)	적색, 황색 light
특징		• 피부를 반투명으로 조명하여 검사 등 진료를 위한 강한 광원을 갖춘 조명기구로 본체를 팔위의 정맥 위에 올려놓고 사용 • 전원 버튼을 눌러 켜고 끌 수 있으며 LED광원이 조절됨 • 기기를 환자 팔의 목표로 하는 정맥 위에 올려놓고 고정시켜 사용	• 피부를 반투명으로 조명하여 검사 등 진료를 위한 강한 광원을 갖춘 조명기구로 손으로 잡고 정맥을 찾음 • 본체 위에 있는 부분을 돌려가며 전원을 켜고 끌 수 있으며 돌리면서 LED광원이 조절됨

Reference

1. 응급구조사를 위한 전문소생술기. 학예사. 2016.
2. 현장전문응급처치학. 아카데미아. 2020.
3. 임상술기. 군산출판사. 2012.
4. 응급의료종사자를 위한 방사선의 이해. 대학서림. 2020.

Chapter 16

감염보호장비
[PPE(개인보호장비), 구급차용 소독기·소독장비·소독약품]

✧ 학습목적

구급대원을 감염 환자로부터 스스로 보호하고 타 환자들에 대한 교차 감염을 예방하기 위한 보호구 착용법과 감염병 관리에 대한 전반적인 사항을 학습한다.

✱ 현장상황

| 현장모습 | 중국에 장기 출장근무를 하던 환자는 가슴통증이 있어 현지 병원을 방문한 뒤 니트로글리세린을 처방받고 한국에서 정밀 검사를 받는 것이 좋겠다는 의견을 받았다고 했다. 귀국 후 자가격리 5일째 저녁부터 간간이 가슴통증이 있었고 신고 6일째 아침부터 식은땀을 동반한 가슴통증과 호흡곤란 및 미열 증상이 있어 119에 신고하였다고 지휘센터에서 무전을 통해 전달받게 된다. 현장에 도착하였을 때 현관문은 열려 있었고 그는 의식이 흐릿해져 가는 상태로 몸을 가누기 힘들어 보였다. 구급대원이 환자 상태를 살피는 동안 의식이 사라졌고 호흡과 맥박이 느껴지지 않는 심정지 상태로 확인되었다.

| 활력징후 | **혈압** 0/0mmHg, **맥박** 0회/분, **호흡** 0회/분, **체온** 37.8℃

| 현장처치 | 모든 대원 보호복 5종(Level D 보호복, 고글, 장갑, N95 마스크, 덧신)을 착용 후 환자 접근, 체온측정과 병력청취 후 의료지도를 받아 스마트소생술(SALS)을 진행한다.

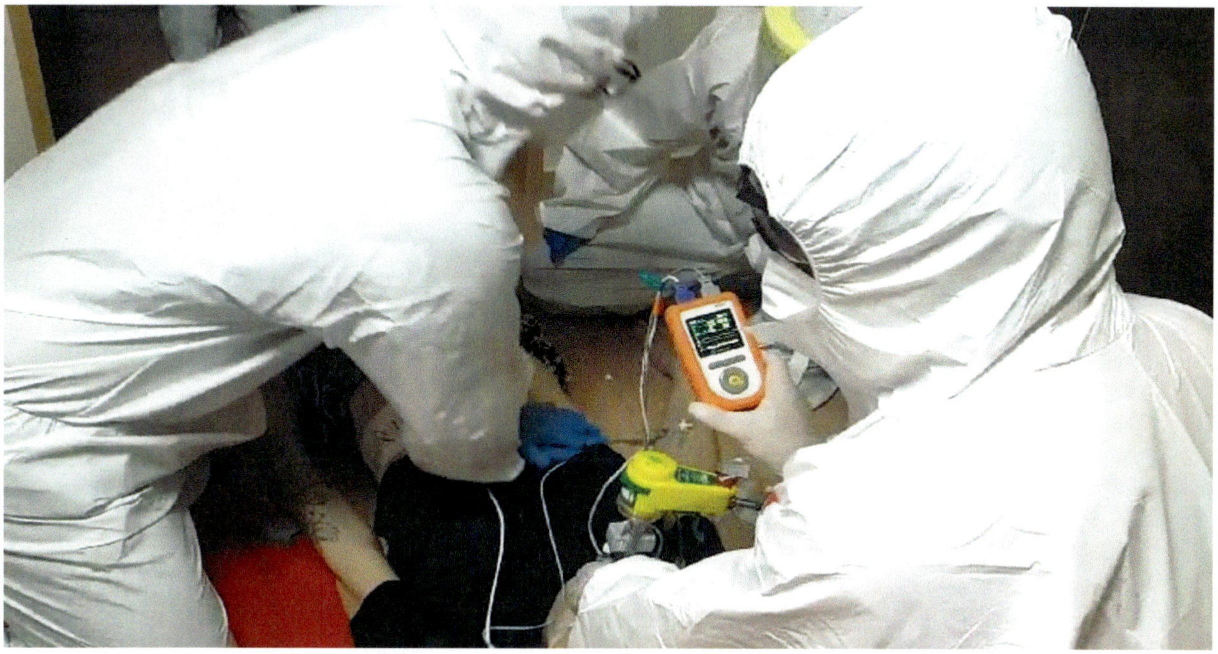

병원 전 단계에 이송체계의 대부분을 차지하는 119구급대는 다양한 질병과 외상 환자 이송을 함에 있어 사전에 질병에 대한 정보를 파악하기 어려운 상황이 대부분이다. "119 구조구급에 관한 법률"에 의해 감염관리에 대한 대책과 직무수행을 골자로 하는 법률로 그 활동을 하고 있으나 그들은 오로지 환자의 증상과 문진에 의해서만 정보를 얻을 수 있어 항상 감염성 질환에 노출되어 있다. 그 때문에 대원 보호를 위한 보호구 착용과 이송 후 감염관리를 소홀히 할 경우 대원 감염과 다른 환자에게 교차 감염을 일으킬 수 있는 매개체가 될 수 있다.

실제 해외 신종감염병인 2015년 중동호흡기증후군(MERS), 2019년 코로나바이러스-19(COVID-19) 감염병 사태에서 국가적 위기상황을 맞이하였고 대응체계를 개선하며 운영을 했으나 의료진과 구급대원이 진료와 이송 과정에서 확진 판정을 받는 사례가 발생하기도 했다. 만약 감염되었다면 적절한 사후조치를 받을 수 있도록 그 절차를 알고 있어야 한다.

접촉을 통한 감염성 질환 확산을 사전에 차단하기 위해서는 의료진과 병원 전 단계에 근무하는 응급의료종사자를 보호하기 위해 PPE(개인보호장비)와 접촉 후 소독 과정이 진행된다고 하지만, 이 과정에서 부적절한 감염관리 때문에 감염되는 사례가 발생하였기 때문에 응급의료종사자는 철저한 관리가 요구된다.

이 장에서는 감염성 질환 종류와 감염보호복 세트 착용·탈의 순서에 대해 중점적으로 알아보고, 주의점은 무엇인지, 소방에서 실제 사용하고 구급차용 소독기, 소독장비, 소독약품에 대해 알아보고자 한다.

다음은 응급의료종사자가 업무 중에 감염될 수 있는 감염병들이다.

표 16-1 법정감염병 분류 및 종류(2023. 2. 16. 시행)

구분	제1급 감염병	제2급 감염병	제3급 감염병	제4급 감염병
특성	생물테러감염병 또는 치명률이 높거나 집단 발생의 우려가 커서 발생 또는 유행 즉시 신고. 음압격리와 같은 높은 수준의 격리가 필요한 감염병 (17종)	전파가능성을 고려하여 발생 또는 유행 시 24시간 이내에 신고. 격리가 필요한 감염병 (23종)	발생을 계속 감시할 필요가 있어 발생 또는 유행 시 24시간 이내 신고하여야 하는 감염병 (26종)	유행 여부를 조사하기 위하여 표본감시 활동이 필요한 감염병 (23종)
종류	1. 에볼라바이러스병 2. 마버그열 3. 라싸열 4. 크리미안콩고출혈열 5. 남아메리카출혈열 6. 리프트밸리열 7. 두창 8. 페스트 9. 탄저 10. 보툴리눔독소증 11. 야토병 12. 신종감염병증후군 13. 중증급성호흡기증후군 (SARS) 14. 중동호흡기증후군 (MERS) 15. 동물인플루엔자 인체감염증	1. 결핵 2. 수두 3. 홍역 4. 콜레라 5. 장티푸스 6. 파라티푸스 7. 세균성이질 8. 장출혈성대장균감염증 9. A형간염 10. 백일해 11. 유행성이하선염 12. 풍진 13. 폴리오 14. 수막구균감염증 15. b형헤모필루스 인플루엔자 16. 폐렴구균감염증 17. 한센병	1. 파상풍 2. B형간염 3. 일본뇌염 4. C형간염 5. 말라리아 6. 레지오넬라증 7. 비브리오패혈증 8. 발진티푸스 9. 발진열 10. 쯔쯔가무시증 11. 렙토스피라증 12. 브루셀라증 13. 공수병 14. 신증후군출혈열 15. 후천성면역결핍증후군 (AIDS) 16. 크로이츠펠트-야콥병 (CJD) 및 변종크로이츠펠트-야콥병(vCJD)	1. 인플루엔자 2. 매독 3. 회충증 4. 편충증 5. 요충증 6. 간흡충증 7. 폐흡충증 8. 장흡충증 9. 수족구병 10. 임질 11. 클라미디아감염증 12. 연성하감 13. 성기단순포진 14. 첨규콘딜롬 15. 반코마이신내성장알균 (VRE) 감염증 16. 메티실린내성황색 포도알균(MRSA) 감염증

구분	제1급 감염병	제2급 감염병	제3급 감염병	제4급 감염병
종류	16. 신종인플루엔자 17. 디프테리아	18. 성홍열 19. 반코마이신내성황색포도알균(VRSA) 감염증 20. 카바페넴내성장내세균속 균종(CRE) 감염증 21. E형간염 22. 코로나바이러스감염증-19 23. 엠폭스	17. 황열 18. 뎅기열 19. 큐열 20. 웨스트나일열 21. 라임병 22. 진드기매개뇌염 23. 유비저 24. 치쿤구니야열 25. 중증열성혈소판감소증후군(SFTS) 26. 지카바이러스 감염증	17. 다제내성녹농균(MRPA) 감염증 18. 다제내성아시네토박터 바우마니균(MRAB) 감염증 19. 장관감염증 20. 급성호흡기감염증 21. 해외유입기생충감염증 22. 엔테로바이러스감염증 23. 사람유두종바이러스 감염증
신고 주기	즉시	24시간 이내	24시간 이내	7일 이내

표 16-2 구급대원이 노출될 수 있는 전염성 질환 현황[1)]

질병명	감염경로	백신유무	증상
에이즈/HIV	주사바늘, 점막(눈, 입)에의 혈액 튀김, 상처에의 혈액접촉	무	열, 야간발한, 체중감소, 기침
수두	호흡분비물, 수포와의 접촉	무	열, 발진, 수포
설사	배설물, 입	무	설사
풍진	호흡분비물	유	열, 발진
A형 간염	배설물, 입	무	열, 식욕부진, 황달, 피로
B형 간염	주사바늘, 점막(눈, 입)에의 혈액 튀김, 상처에의 혈액접촉, 구강대구강 인공호흡	유	열, 피로, 식욕부진, 오심, 두통, 황달
C형 간염	상동	무	상동
D형 간염	상동, 과거 또는 현재의 B형 간염바이러스에 따라 다름	무	B형 간염이 합병증, B형 간염의 심각성을 증가시킬 수 있음
non-A, non-B형 간염	경로가 다른 몇 가지 바이러스	무	열, 두통, 피로, 황달
단순포진 (Herpes Simplex)	점막의 접촉, 감염에 있어 손가락은 특히 위험있음	무	입주변의 피부상처
대상포진	습성 상처와의 접촉	무	피부상처
인플루엔자	공기	유	열, 피로, 식욕부진, 오심, 두통
이	머리와 머리의 접촉, 직접 접촉(통상 성적) 또는 속옷의 공동사용	무	심한 가려움증, 2차감염
홍역	호흡분비물, 콧물·가래와의 접촉, 전염성 강함	유	열, 발진, 기관지염
수막염	호흡분비물(바이러스성은 배설물, 입)	무	열, 심한 두통, 목경직, 목통증
단구증가증	호흡분비물 또는 타액	무	열, 목통증, 피로
이하선염	호흡분비물 및 타액접촉	유	열, 이하선의 부음
살모넬라증	음식물	무	열, 복통, 설사, 오심, 잦은 구토의 갑작스런 발병
옴	가까운 신체접촉	무	가려움, 손가락·손목·발목 등 접히는 부분의 작은 선상 흔적
매독	원칙적 성적접촉, 드물게 수혈	무	생식선 및 피부장애, 신경변성
폐결핵	공기	무	열, 야간발한, 체중감소, 기침
백일해	공기, 구강상처와의 직접접촉	유	야간 심한 기침, 기침이 가라앉고 나면 그르렁거림

1) 구급대원 감염관리 표준지침(SSG1-4, 현재 개정을 위해 논의 중임).

I 개인보호장비 Personal Protective Equipment(PPE)

1. 개요

개인보호장비(PPE)는 소방관, 군인, 화학자, 공장 노동자, 광부, 건설 노동자나 경찰관(다른 사람들도 포함)이 착용하는 장비를 포함하는 포괄적 용어로 사용되고 있다. 응급의료종사자는 감염병 환자를 신고받거나, 문진하는 과정에서 의심 환자로 판단되면 원칙적으로 환자가 발생한 담당 보건소 구급차로 병원이송을 한다. 예외적으로 보건소 구급차 이용이 불가능한 경우 119구급차 지원을 요청하는데 119구급차는 다수의 응급환자를 이송하기 때문에 환자나 보호자에게 이차감염의 매개체로 작용할 수 있어 철저한 감염보호복 착용이 필수다.

PPE의 역사

보호복의 역사는 전쟁과 산업발달로 발전되었는데 전쟁에서의 보호장비는 삼국시대(고대) 군인들이 스스로를 보호하기 위해 보호용 헬멧과 방검복(갑옷)을 착용한 것에서 찾을 수 있다. 당시 병사들이 착용한 헬멧과 방검복은 모두 청동기(외국은 철기)로 제작되었기에 상당히 무겁고 불편했겠지만, 신체 보호를 위해 착용하기 시작했었다.

산업에서는 1568년에 그려진 양봉 작업을 하는 노동자들이 신체 보호를 위해 보호복을 입은 모습을 그림으로 표현한 자료에서 알 수 있듯이 머리, 안면, 신체, 장화, 장갑까지 모두 착용한 모습이다. 이후, 산업혁명 이후로 노동자들의 안전을 위해 미국에서는 1970년 산업안전보건법 (Industrial Safety and Health Act of 1970)이 마련되면서부터 근로자를 위한 강제 규정으로 생기게 되었다. 우리가 현재 감염병 예방을 위해 착용하는 보호복은 유럽의 흑사병(14~17세기까지) 환자를 치료하던 의사와 성직자들이 착용하던 복장에서 찾을 수 있다.

Pieter Brueghel the Elder가 그린 보호복을 입은 양봉가

16세기 새 부리 마스크를 제작한 Dr. Charles Delorme

17세기 Plagye Doctor (흑사병 의사)의 모습

그림 16-1 PPE착용의 유래와 개발자

이들은 창이 큰 모자, 새 부리 모양의 마스크, 전신 가운, 장갑, 유리 안경, 부츠를 착용하고 있었는데 사람들은 죽음(흑사병)을 찾아가는 새(의사)라 하여 까마귀 의사라 부르기도 했다. 이들의 복장은 프랑스 왕실 의사였던 Charles Delorme(1584~1678)이 개발하여 당대 성직자와 의사들이 널리 사용하게 되었는데, 장갑과 부츠 등은 왁스를 묻혀 방수처리가 되도록 하였고 새 부리 모양의 앞이 긴 마스크는 공기감염을 막기 위해 식초에 적신 필터(천에 약초와 향신료를 섞음)를 채워 나쁜 기운을 막으려 했던 것으로 알려져 있다.

지금의 Level A~D 등급의 보호복은 2차 대전과 1970년대 산업화에 따라 생화학 사고에 대응하기 위해 개발되어 사용되고 있다.

2. 적응증과 주의사항

법정 감염병의 주요 증상인 호흡기계 증상과 염증성 질환의 주요 증상인 고열이 있는지(37.5℃) 최근 유행하는 질병에 대한 증상을 확인해야 한다. 신고접수 단계와 현장 출동 중, 환자와 접촉한 시점까지 파악한 정보를 바탕으로 적절한 보호복을 착용한다. 만약, 의심된다면 그에 따르는 단계의 보호복을 착용하는 것이 감염을 예방할 수 있다.

표 16-3 병원 전 단계 응급처치별 개인보호장비 권고안

응급처치		라텍스 장갑	마스크		보호 안경	가운	기타
			일반	KF94, N95			
기도유지	산소공급	○	○	–	×	×	
	흡입기 사용	○	○	–	○	×	
	기도유지기	○	○	–	×	×	
	전문기도기	○	○	–	○	×	
산소공급	산소공급	○	○	–	×	×	
	양압 환기	○	○	–	○	×	
심폐소생술		○	○	–	○	×	
정맥로 확보		○	○	–	○	×	
천식 환자 약재 흡입치료		○	○	–	×	×	
출혈	조절되는 출혈	○	○	–	×	×	
	조절되지 않는 출혈	○	○	–	○	○	
분만		○	○	–	○	○	
장비세척, 소독		○	○	–	○	×	
감염 환자 이송 후 차량 세척		○	–	○	○	○	
호흡기계 감염질환자		○	–	○	×	×	
1급 신종감염병 의심 환자		○	–	○	○	○	
1급 신종감염병 확진 환자		○	–	○	○	○	LEVEL D급

일상단계에서의 보호복 착용은 마스크, 라텍스 장갑, 보호 안경 3종을 착용하고, 혈액이나 기침 가래 등 체액이 묻을 수 있는 경우에는 일회용 가운이나 비닐 가운을 착용하여 보호받을 수 있다. 만약, 중동호흡기증후군이나 코로나바이러스와 같은 신종 감염병이 발생하여 해당 증상이 발생하거나 확진을 받은 환자를 이송하는 경우에는 Level D 등급의 보호복을 착용해야 한다.

감염보호복 세트에 포함되는 개인보호장비는(마스크, 장갑, 고글, 전신 보호복, 덧신) 일회용 및 방수가 원칙이다(SARS, PPE 기준적용). 보호복을 착용하고 활동할 경우 교차 감염을 최소화하기 위해 될 수 있는 한 최소한의 장비 사용과 횟수를 줄이고 동선을 좁히게 하는 것이 도움이 된다. 이송하는 경우 해당 병원에 미리 연락하여야 진료 가능 여부(증상에 따라 음압격리실의 준비상태 확인)를 확인할 수 있다. 감염보호복의 1차 목적은 감염원으로부터 대원을 보호하기 위한 것이라면 2차 목적은 전파를 방지하는 것이라 할 수 있다.

3. 감염보호복 세트(Level A~D) 종류

표 16-4 PPE의 등급별 특징과 착용 시기[1]

등급	특징	착용 시기
Level A 	보호구 특징	• **가장 높은 수준의 피부, 눈, 호흡기 보호** • 가스나 증기로부터 보호할 수 있는 캡슐형 보호복 • 양압식 공기호흡기(SCBA)를 보호복 안에 착용 • 내화학성 밀폐형 보호복 • 내화학성 보호 장갑, 장화 등 기타 장비
	착용 시기	• 가스, 액체, 입자상 물질이 최고 농도인 경우 • 화학 작용제, 시안 화합물, 살충제, 유독가스, 발암성 또는 전염성(예: 두창, 페스트) 등 극도의 위험한 물질 • 위험구역(Hot zone)에서 작업이 요구될 때
Level B 	보호구 특징	• **가장 높은 수준의 호흡기 보호** • 양압식 공기호흡기 • 내화학성 보호복 • 내화학성 보호 장갑, 부츠 등 기타 장비 ➲ 가스나 증기가 목이나 손목을 통해 노출될 수 있다.
	착용 시기	• 피부 및 눈의 보호가 Level A보다 낮은 경우 • 캡슐형 혹은 비캡슐형 액체 튐 보호의 • 극도로 위험한 물질과 접촉하는 일이 거의 없는 경우 • 위험구역 또는 경계구역(Warm zone)에서 작업이 요구될 때
Level C 	보호구 특징	• 낮은 수준의 호흡기 보호, 피부보호 (피부보호는 Level B와 비슷) • 공기정화식 호흡 보호구(APR) • 액체 튐 보호복(Splash protective) • 내화학성 보호 장갑, 부츠 등 기타 장비
	착용 시기	• 화학 물질이 어느 정도의 농도로 있는지 알려진 상황에서 피부로 흡수되는 위험이 없는 경우 • 제독 및 세척 시에 사용 • 고위험 병원체 오염 의심 시(예: 탄저병, 세균성 병원체에 대응)

등급	특징	착용 시기
Level D 	보호구 특징	• 피부, 호흡기 보호 • 일반적인 작업복 수준으로 호흡기 보호구 불필요(마스크 사용) • N95 , KF94 등급 마스크, 라텍스 장갑, 보호 안경 또는 안면 보호구(face shield), 신발 덮개와 함께 착용
	착용 시기	• 고위험 병원체의 오염이 의심되는 환자(예: SARS, MERS, COVID-19) • 지원구역(Cold zone)에서 사용

SARA, MERS, COVID-19 등 고위험성 병원체에 감염된 환자의 이송을 위해 음압 기능이 있는 들것의 필요성에 따라 휴대가 가능한 구조로 제작되었다. 대부분 배터리와 상용전원을 겸용으로 사용할 수 있는 구조이며, 음압을 유지하며 Viral Filter를 통해 환기할 수 있도록 제작되었다. 이것은 격리 기능과 운반기능이 통합되어 감염자 및 감염 의심 환자 이송용 장비로 생물학적, 화학적으로 오염된 환자를 통한 2차 오염 확산을 차단하며, 동시에 최대한 안정적으로 이동할 수 있다.

표 16-5 음압형 이송 들것의 형태

	구분		
제품 사진	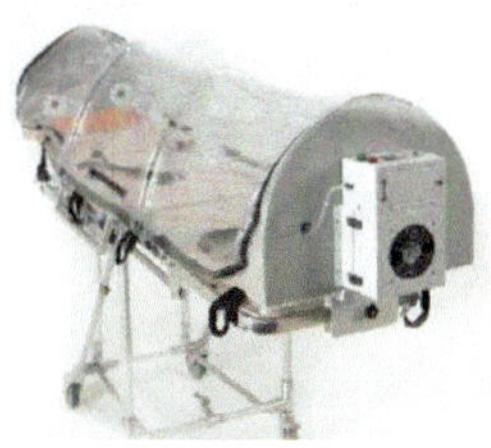		
제조국	한국(WOSEM)	미국(Air Boss Defense)	체코(EGOZLIN)
EBV-30제품명	WS-02	ISO-POD	바이오백 EBV-30/40
사이즈	1,930 × 550 × 400 (mm)	2,100 × 750 × 500 (mm)	203 × 64 × 56 (mm)
중량	본체 3.2kg (액세서리 포함)	본체 8kg (액세서리 포함 11kg)	본체 17.5kg (액세서리 포함 21kg)
주 재질	본체 – PVC	본체 – PVC / 글러브 – 니트릴	본체 – PVC / 글러브 – 니트릴
음압 성능	–50Pa ~ 50Pa	환기 유량: 170L/min	–75Pa ~ 135Pa
운전시간	약 6시간	약 6시간	12시간 (기본 6시간)

*환기 횟수: 국가격리 병상지침 및 생물 안전지침서를 근거로 급기풍량 측정 및 실체적 계산치에 의해 계산하며, 바람량 측정은 KSF2807 규정에 근거

4. 주의사항(질병관리본부 권고안)

① 감염 예방에 효과적이려면 개인보호구의 선택과 올바른 사용이 중요하다.

- 개인보호구 선택 시 비말·혈액 등 노출 유형에 따라 적합한 장비 선택
- 감염원과 접촉 전에 착용(예: 환자 접촉 전)
- 착용 시 보호구별 착용방법 준수(특히, 마스크의 밀착 상태)
- 사용한 개인보호구에 오염된 병원체가 주변을 오염시키지 않도록 주의
- 벗을 때 본인의 신체 부위와 주변을 오염시키지 않도록 주의

② 사용한 개인보호장비는 무조건 오염으로 간주하여 폐기한다.

③ 모든 개인보호장비는 일회용으로 사용하는 것을 원칙으로 한다.

④ 파손되거나 오염된 개인보호장비는 사용·보관하지 말고 폐기한다.

⑤ 눈에 보이지 않게 손과 신체 일부, 의복이 오염될 수 있으므로 개인보호장비를 벗은 후에 항상 손 위생(손 씻기 또는 손 소독)과 개인위생을 철저히 한다.

5. 감염보호복세트 착/탈의법

1) Level A 보호복 착/탈의법

Level A 보호복은 Hot zone에서 작업을 해야 하는 경우에 사용하는 것으로 탈의는 Warm zone에서 제독소를 거친 이후에 착용의 역순으로 탈의한다.

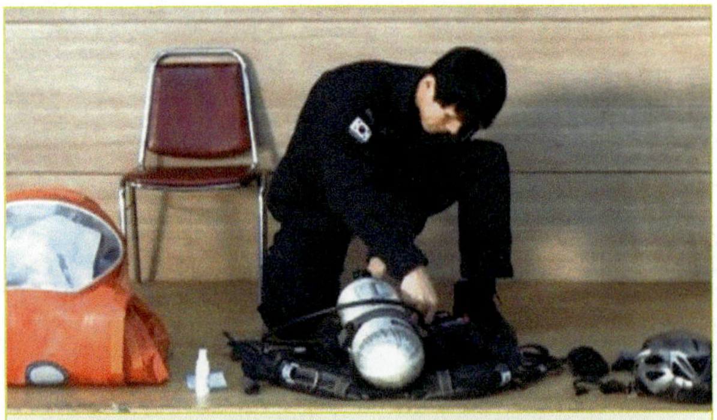

① 공기조절밸브호스를 공기호흡기에 연결한다.

② 공기호흡기 실린더를 개방한다.

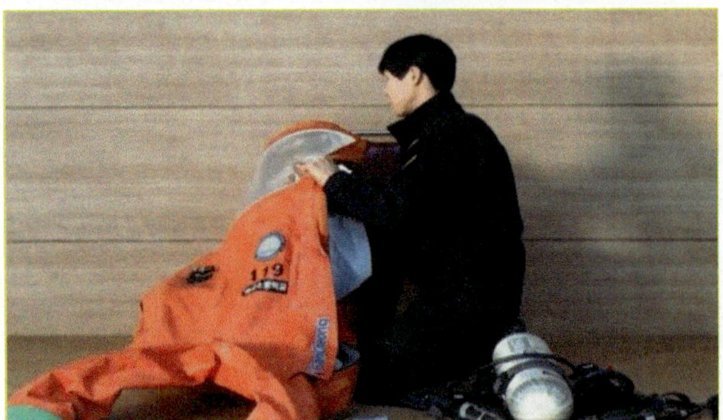

③ 화학보호복 안면창에 성애방지제를 도포한다. (손수건과 함께 휴대하는 것이 좋다.)

④ 화학보호복 하의를 착용한다.

⑤ 공기호흡기 면체를 목에 걸고 등지게 착용한다.

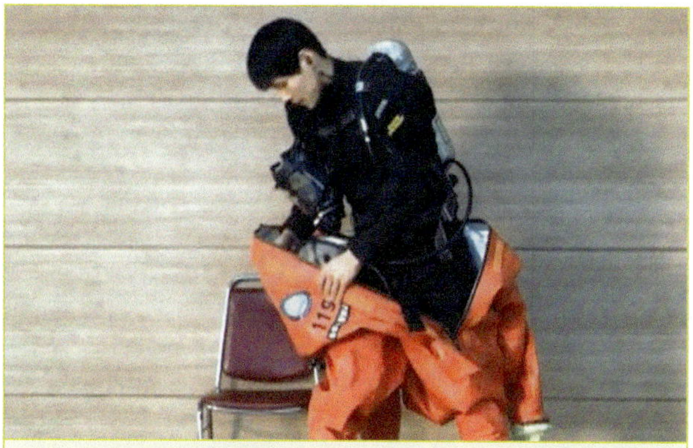

⑥ 무전기를 착용한다.

⑦ 공기조절밸브에 호스를 연결한다.

⑧ 면체를 착용하고 양압호흡으로 전환한다.

⑨ 헬멧과 장갑을 착용한다.

⑩ 보조자를 통해 상의를 착용 후 지퍼를 닫고 공기조절 밸브의 작동 상태 확인한다.

출처: 중앙소방학교 교재

2) Level B 보호복 착/탈의법

① 보호복과 공기호흡기를 검사한다.

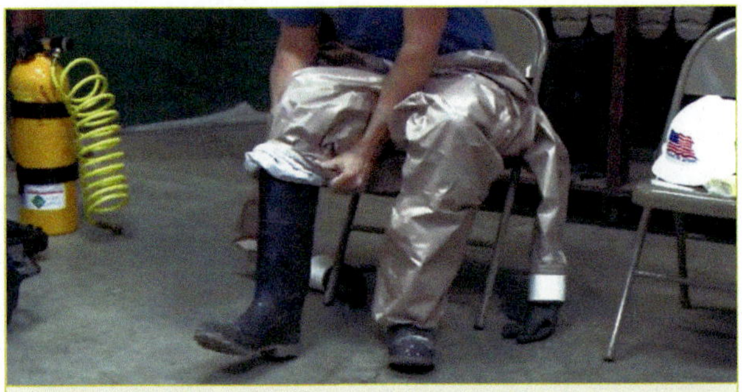

② 보호복을 착용한다.

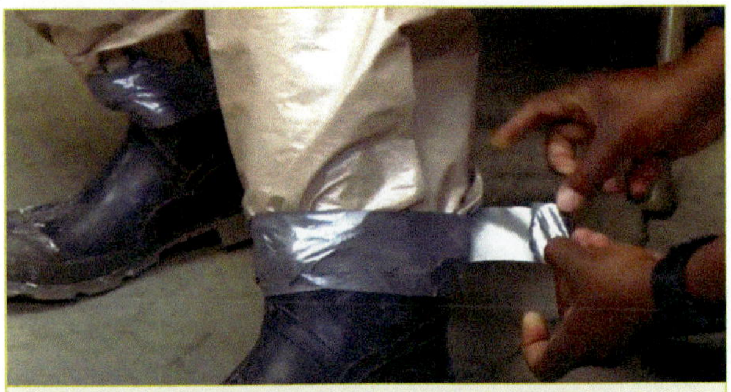

③ 활동화(장화)를 신고 보호복 바깥을 테이핑한다.

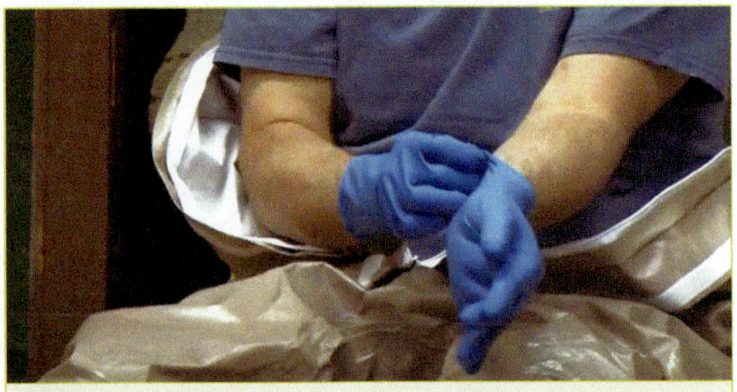

④ 속장갑을 착용한다.

⑤ 상의, 겉장갑 착용 후 테이핑 처리한다.

⑥ 공기호흡기를 착용한다.

⑦ 면체 착용 후 기밀시험을 한다.

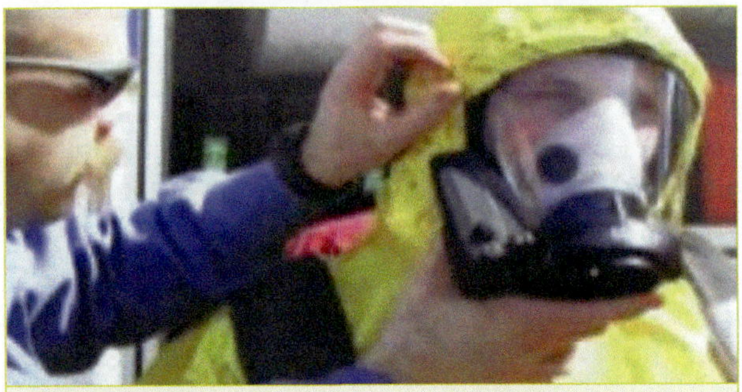

⑧ 후드를 착용한다.

출처: IUOE NTF – National HAZMAT Program (Youtube)

3) Level C 보호복 착/탈의법

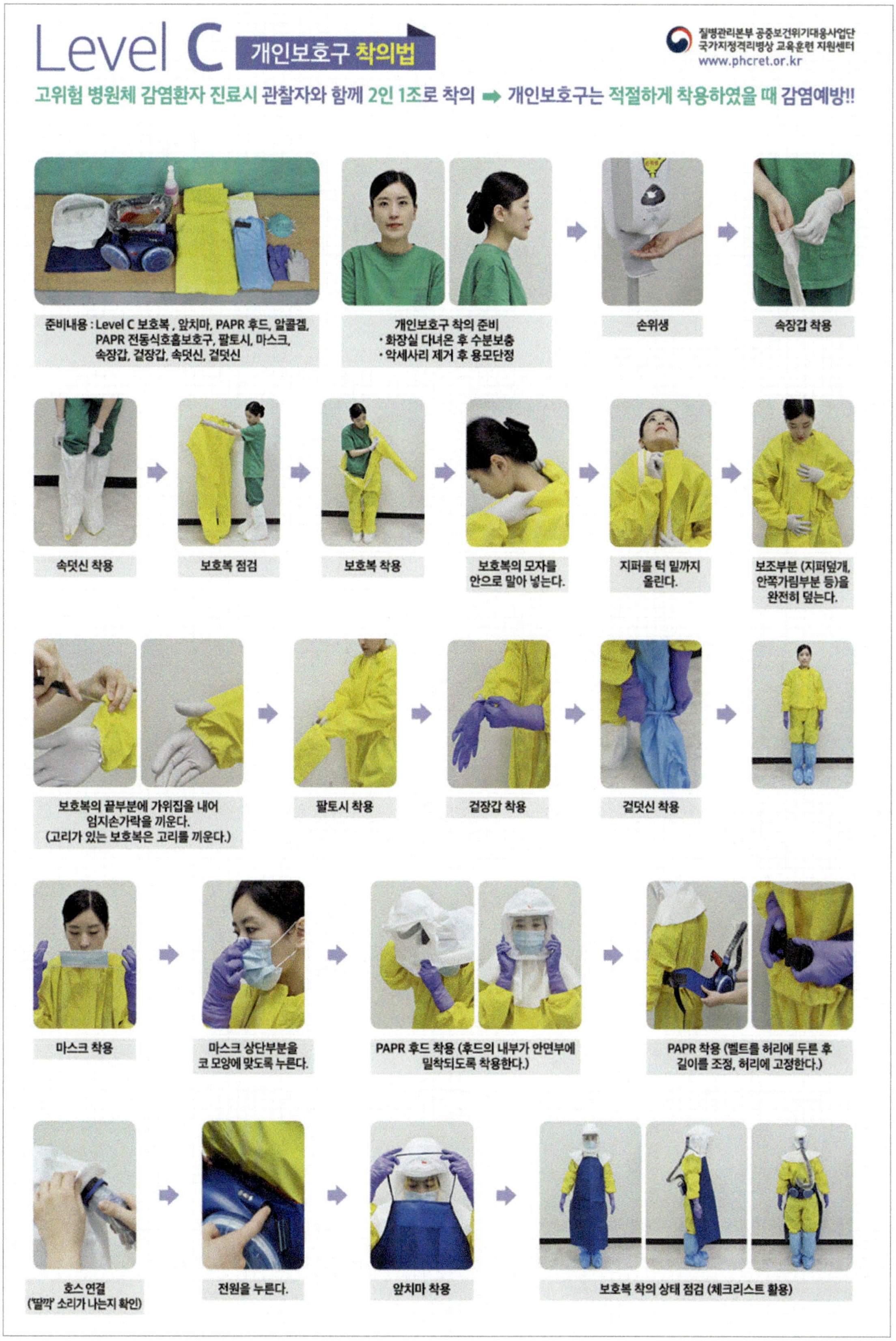

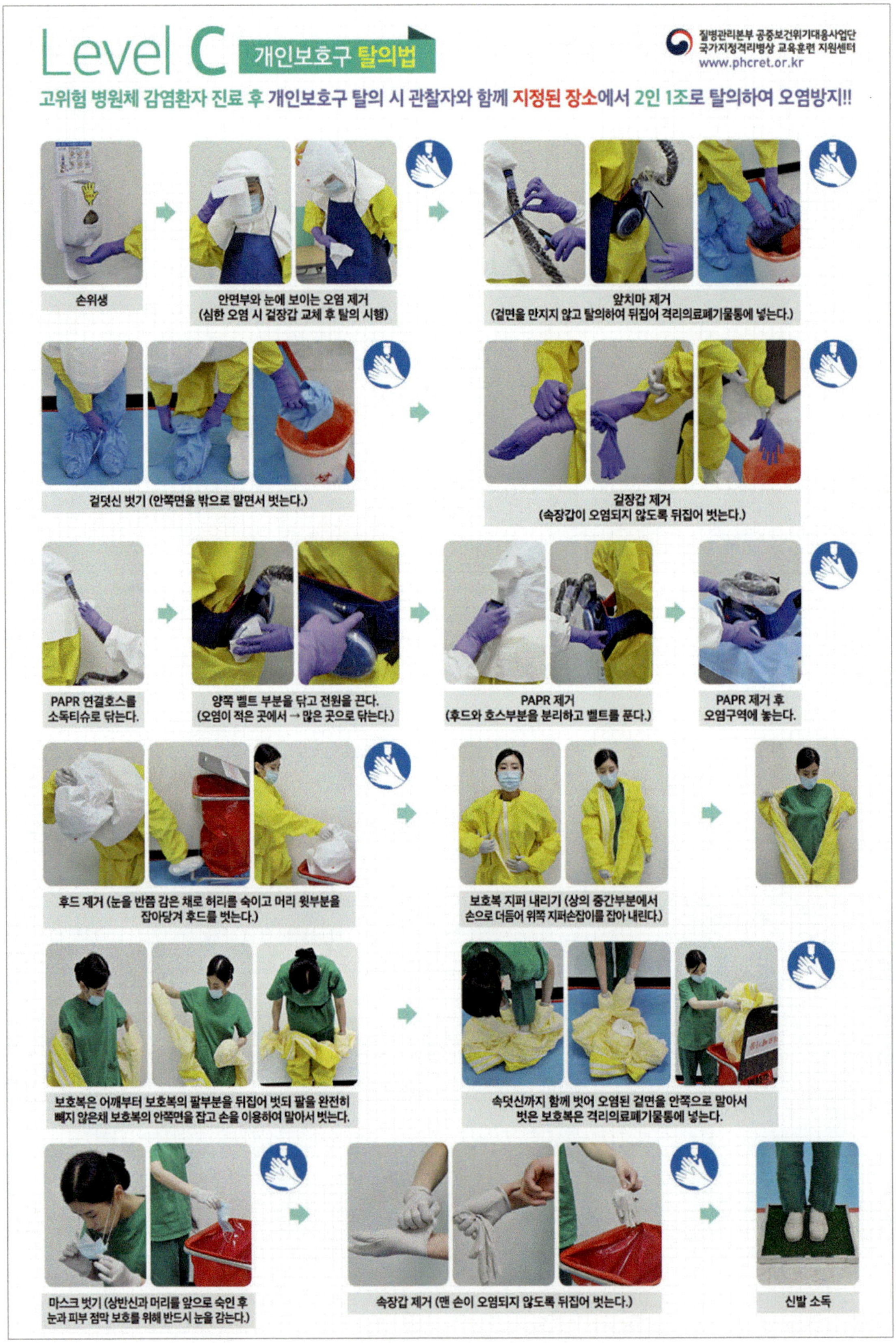
Level C 개인보호구 탈의법
질병관리본부 공중보건위기대응사업단
국가지정격리병상 교육훈련 지원센터
www.phcret.or.kr
고위험 병원체 감염환자 진료 후 개인보호구 탈의 시 관찰자와 함께 지정된 장소에서 2인 1조로 탈의하여 오염방지!!
손위생
안면부와 눈에 보이는 오염 제거
(심한 오염 시 겉장갑 교체 후 탈의 시행)
앞치마 제거
(겉면을 만지지 않고 탈의하여 뒤집어 격리의료폐기물통에 넣는다.)
겉덧신 벗기 (안쪽면을 밖으로 말면서 벗는다.)
겉장갑 제거
(속장갑이 오염되지 않도록 뒤집어 벗는다.)
PAPR 연결호스를
소독티슈로 닦는다.
양쪽 벨트 부분을 닦고 전원을 끈다.
(오염이 적은 곳에서 → 많은 곳으로 닦는다.)
PAPR 제거
(후드와 호스부분을 분리하고 벨트를 푼다.)
PAPR 제거 후
오염구역에 놓는다.
후드 제거 (눈을 반쯤 감은 채로 허리를 숙이고 머리 윗부분을
잡아당겨 후드를 벗는다.)
보호복 지퍼 내리기 (상의 중간부분에서
손으로 더듬어 위쪽 지퍼손잡이를 잡아 내린다.)
보호복은 어깨부터 보호복의 팔부분을 뒤집어 벗되 팔을 완전히
빼지 않은채 보호복의 안쪽면을 잡고 손을 이용하여 말아서 벗는다.
속덧신까지 함께 벗어 오염된 겉면을 안쪽으로 말아서
벗은 보호복은 격리의료폐기물통에 넣는다.
마스크 벗기 (상반신과 머리를 앞으로 숙인 후
눈과 피부 점막 보호를 위해 반드시 눈을 감는다.)
속장갑 제거 (맨 손이 오염되지 않도록 뒤집어 벗는다.)
신발 소독

4) Level D 보호복 착/탈의법

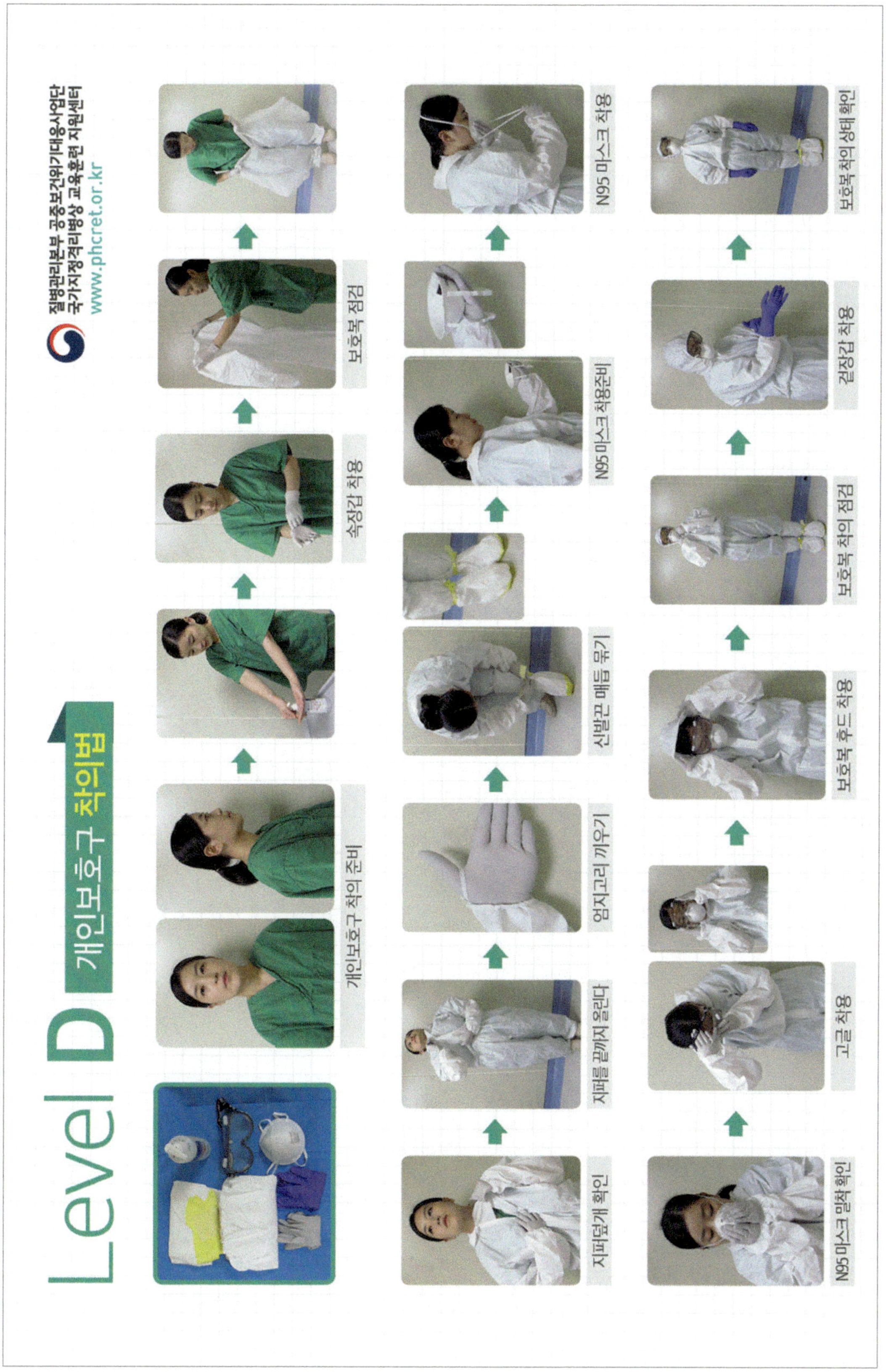

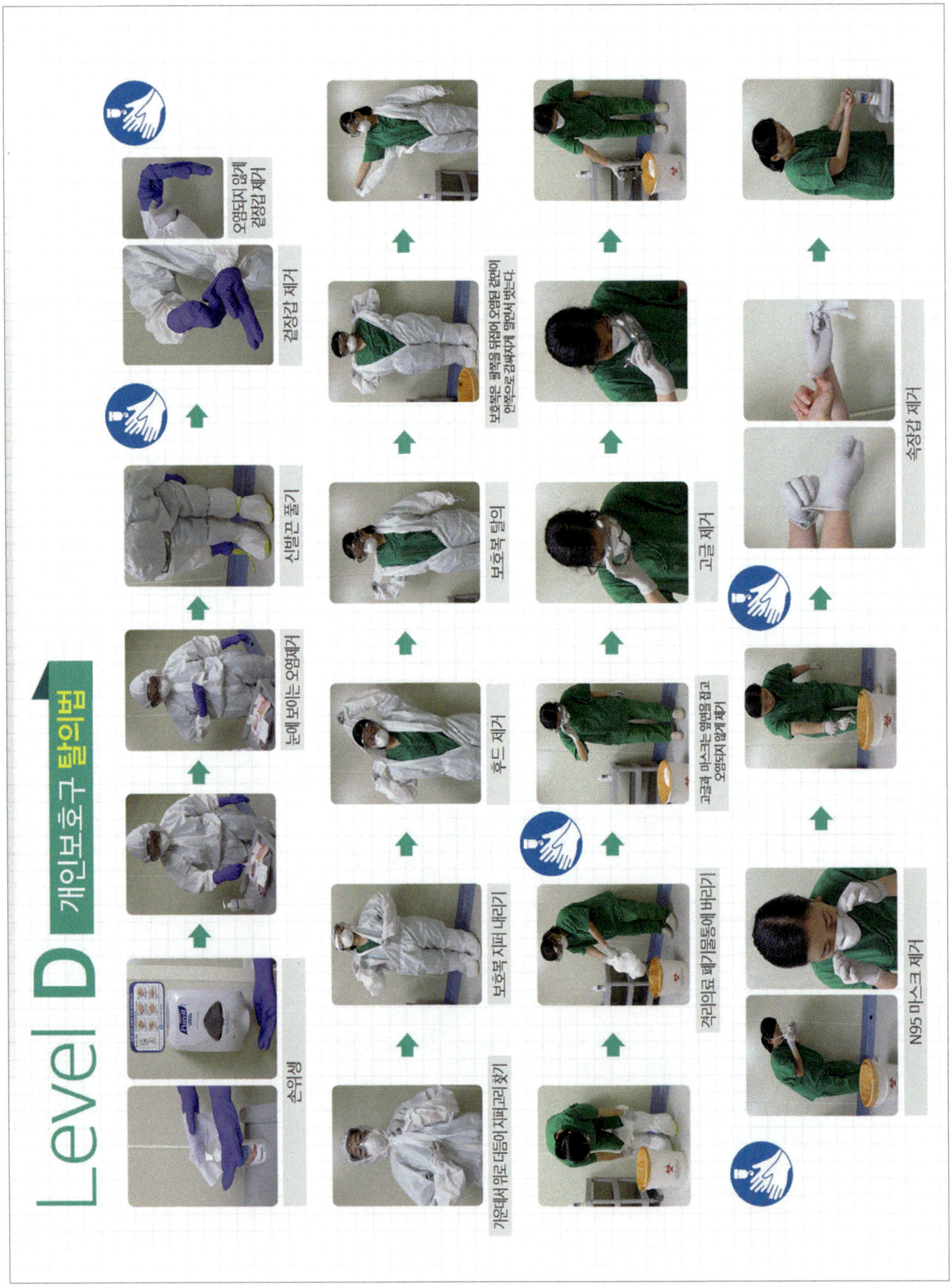
Level D 개인보호구 탈의법
손위생
눈에 보이는 오염제거
신발끈 풀기
겉장갑 제거
오염되지 않게 겉장갑 제거
가운데서 위로 더듬어 지퍼고리 찾기
보호복 지퍼 내리기
후드 제거
보호복 탈의
보호복은 팔쪽을 뒤집어 오염된 겉면이 안쪽으로 감싸지게 말면서 벗는다.
격리의료 폐기물통에 버리기
고글과 마스크는 옆면을 잡고 오염되지 않게 제거
고글 제거
N95 마스크 제거
속장갑 제거

II 구급차용 소독기 Ambulance Disinfector

1. 개요

우리나라 119구급대에 구급차용 소독기가 설치된 것은 2004년으로 추정된다. 서울소방본부 소속의 구급대원이 경기도 성남의 엘림메디칼에 건의하였고 E-TND라는 업체와 함께 해충방재를 위한 소독기를 기반으로 지금의 플루건같이 휴대용 장비로 처음 제작한 것으로 전해진다. 전 세계적으로 구급차에 소독기를 설치 운영하는 곳이 드물다(한국과 일본, 유럽의 일부 지역에서 사용). 대부분은 소독 약재를 뿌리거나 소독제를 묻힌 수건으로 닦아내는 것이 일반적인 구급차 내 소독방법이다. 우리나라에서는 크게 두 가지 형태로 사용되고 있다. 첫째, 오염물 제거 후 소독 약재 또는 락스 등을 이용하여 세척 후 닦아서 말리는 방법 둘째, 공간소독(최근에 도입된 개념으로 밀폐된 공간을 소독 약재 등으로 소독하는 형태) 후 일정 시간 건조 후 닦아내고 환기하는 방을 사용하고 있다.

구급차용 1세대 소독기는 소독약 분무 방식으로 '에코투르'[2]라는 약재를 에어로졸 형태로 구급차 안을 분무하는 형태로 사용되었다. 초기 모델은 고정된 곳을 분사하는 형태였지만 이후 모델에서는 노즐이 회전하여 골고루 분사하는 형태로 변화하기도 하였다. 소독은 구급 차량 내부를 소독 약재가 가득 채울 때 떠다니는 약제가 표면을 촉촉이 젖게 만드는 공간소독의 형태로 표면살균 형태이다. 약재 분무 후 5분 만에 병원균을 살균할 수 있고, 강력한 살균 효과가 있는 장점이 있었지만, 특유의 냄새와 노즐의 막힘 현상, 약제가 누적될 때 내성균 발생 우려 등의 우려가 있었다.

이후 2세대 소독기 형태는 오존을 이용한 살균소독 장비가 등장하게 되었다. 오존(O_3: Ozone)은 원자 3개가 결합하여 생성된 원소로서 그리스어로 '냄새가 나다'라는 이름에서 유래되어 1840년 명명되었다. 이름에서 알 수 있듯이 상온에서 특유의 비릿한 냄새가 나는 특징이 있고 산소를 방전시키거나 산소를 포함한 화합물을 분해할 때 발생한다. 즉, 공기와 전기를 이용해서 얻을 수 있는 것으로 우리 주변 일상생활 속에서도 소독을 위해 많이 활용되고 있다. 산화 반응 후 짧은 시간 내에 산소로 환원되는 특징을 가지고 있으며, 염소계 소독제와 비교하면 살균력은 수십 배, 살균속도는 수천 배 빨라 신속한 소독이 가능한 것으로 알려져 있다. 장점은 산화작용으로 세포의 구성성분인 핵산 RNA를 용해하는 높은 살균력이 내성균 발생 우려가 없다. 잔류성이 없고, 표면살균 능력이 있고, 상온에서 살균하고, 공기와 전기를 이용해서 쉽게 얻을 수 있다. 비내열성 재료에도 소독할 수 있다.

오존은 자연 상태에서도 0.03~0.05ppm 정도로 존재하고 있고 0.025ppm에서는 사람이 비릿한 냄새로 확인할 수 있으며 0.05ppm 이상에 노출되면 인체에 영향을 끼치기도 한다. 오존 노출 정도에 대한 것은 환경법에 따라 엄격히 관리되고 있는데 소독기에 적용된 오존 농도는 1ppm 농도로 적용되었다. 당시 언론 보도에서 사용자의 오존 노출에 대한 유해성 논란이 있었고 대안으로 3세대 소독기로 플라즈마 소독기가 보급되기 시작한다.

---

2) Eco thru는 Nano 입자의 성분으로 만든 PCMX(para chloro meta xylenol) 살균제로 병원균의 세포막을 형성하는 단백질을 파괴하여 사멸하는 약제로 비독성, 비자극성, 비부식성으로 의료용 소독제로 널리 사용되고 있다.

'플라즈마(Plasma)'는 미국의 물리학자 랭뮤어(Irving Langmuir)(1881~1951)가 1928년에 개념을 설명한 것으로 고체→액체→기체→제4의 물질 상태를 말하며 기체 방전 시 형성되는 이온화된 가스의 집합 상태를 플라즈마 상태라 한다.

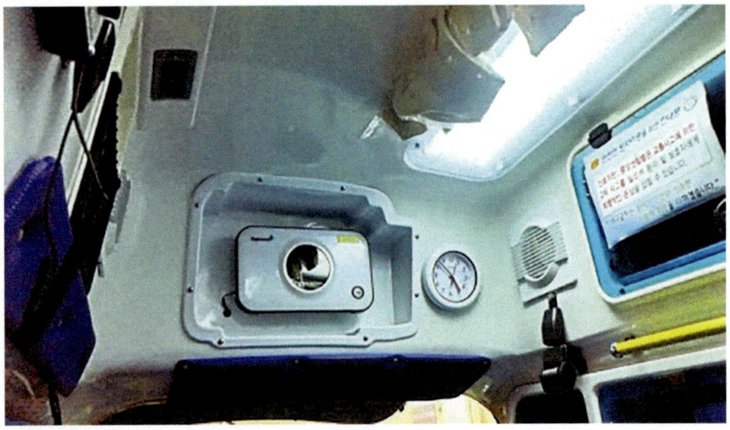

그림 16-2 구급차 내에 소독기가 설치된 모습

플라즈마가 진공 플라즈마와 대기압 플라즈마로 나뉘는데, 진공 플라즈마는 주로 전자 쪽의 산업에 활용되고 대기압 플라즈마는 바이오 의료 쪽에 활용되고 있다. 플라즈마 소독기는 1990년 이후에 소독기로 연구되기 시작하였고, 대기압 플라즈마에서 형성되는 산소활성종(ractive oxygen species)과 질소활성종(reactive nitrogen species)의 살균소독 기능이 바이러스와 세균을 살균하는 용도로 활용되고 있다. 플라즈마 소독기 일부 제품에서는 화학적인 플라즈마 방식에 의한 오존을 이용하여 소독과 탈취 목적으로 이용하고 있는데, 기존 오존 소독기에서 문제가 되었던 농도를 낮춰 0.05ppm을 적용하고 있다.

대부분의 플라즈마 소독기는 인체에 해가 없고, 반응 시간이 짧으며 염소나 오존보다 2배 이상 강한 살균력이 있는 OH Radical(수산기, hydroxyl radical)을 이용하고 있는데 제조사에 따라 필터를 추가로 적용하기도 한다.

표 16-6 구급차 소독기의 변화 과정에 따른 성능 비교

세대별	1세대 (2003~2010)				2세대 (2007~2015)		
제품 사진							
제조국	한국 (엔가드)				한국 (오존스 바이오)		일본 (DNC)
제품명	BVS-100	BVS-200	BVS-400		OKC-119S	OKC-119SN	OUD-1
주요기능	약제 분무소독, 탈취제 분무, 공기청정				훈증, 탈취, 공기정화		
특징	1. 약제 분무: PCMX가 주성분인 에코투르(Ecotru) 약제를 20㎛ 크기의 미립자 형태로 분사(ULV: Ulatra Low Volume)하며, 1회(2분) 40mL가 공기 중에 부유하며 약 10분 만에 병원균을 사멸시킴 2. 탈취기능: 혈액, 구토물, 분변 등의 냄새는 ULV 방식으로 분사하여 제거 3. 공기청정: 후기 BVS-400 모델에서 광촉매와 자외선램프사용				1. 오존 소독: 고농도 오존(O_3)에 의한 소독 2. 30분 작동 시 모든 병원균을 살균 훈증/오존 발생 3. 탈취기능: 훈증을 통해 자외선램프, 광촉매에 의한 살균 탈취 4. 공기청정: 광촉매, 자외선, 은나노, 음이온, 오존 이용 – 오존이 소독 후 산소로 분해되어 소멸함 5. 오존농도는 약 1ppm 이상 고농도로 발생, 발생량은 평균 600mg/h		
장점	1. 작동 시간이 짧고, 살균 지속성이 뛰어나며 환기 시간이 짧아 재출동에 대한 시간적 부담이 짧다. 2. 구급차 내부와 공개된 공간에 대한 표면 살균 효과가 있으며, 산화, 부식, 탈색 등의 부작용이 없다. 3. 소독 약제에 노출되어도 인체에 무해				1. 별도의 소모품이 필요 없어 저렴한 유지 2. 공기 흐름과 함께 오존이 구석구석 침투해 살균 및 탈취 3. 유기물 산화력이 높아 우수한 살균력 유지 4. 오존 발생 시 소리와 램프로 경보 5. 소비전력이 타 소독기에 비해 낮다.		
단점	1. 소독 약제와 탈취제, 탈취와 공기청정을 위한 소모품 구매비용 발생 2. 소독 액제 성분의 PCMX가 인체에 무해하다는 것은 미국환경청의 근거자료로 유통일 뿐 잔류 약제의 지속적인 누적에 관한 유해성 연구가 미비 3. 분무 노즐의 막힘 현상이 잦아 자체로 뚫어주거나 교환하는 불편함 4. 소독 약제가 해가 없다고 하나 냄새가 독함				1. 소독의 지속력이 없다(순간적인 소독기능). 2. 인체에 해로운 오존 흡입 시 호흡기 질환(천식, 폐렴) 발생 가능성(미국환경청, KBS 언론 보도) 3. 1회 소독 시 최소 40~60분간 출동 불가 4. 일본제품(OUD-1)은 차량 시동을 건 상태에서만 사용 5. 필터 교환 시 고비용 발생(70만 원가량) 6. 소독 후 반드시 환기를 해야 하는 불편함		

<table>
<tr><th>세대별</th><th colspan="3">3세대 (2015~현재)</th></tr>
<tr><td>제품 사진</td><td></td><td></td><td></td></tr>
<tr><td>제조국</td><td>한국 (다우코리아)</td><td>한국 (엔퓨텍)</td><td>아일랜드 (NOVAERUS)</td></tr>
<tr><td>제품명</td><td>DWK-DP100</td><td>HAS-1540</td><td>NV-200</td></tr>
<tr><td>주요기능</td><td colspan="2">훈증, 탈취, 공기정화</td><td>공기정화</td></tr>
<tr><td rowspan="2">특징</td><td>1. 플라즈마
2. UV 램프
3. 항균필터, 활성탄
4. 펜 풍속 5~10m/s</td><td>1. 플라즈마 UV램프
– 오존 발생량 20mg/h
2. HEPA, 카본필터
3. 펜 풍속 2m/s</td><td>1. DBD플라즈마
(Dielectric Barrier Discharge)
2. 소모품 없음
3. 펜 풍속 6m/s</td></tr>
<tr><td colspan="3">1. 플라즈마 활성 라디칼(Radical)이 구급차 내부 공기와 표면을 소독하는 공간소독 개념
2. OH Radical을 통해 세균과 바이러스를 순간적으로 살균
3. 오존기능 소독기는 방출량 0.05ppm 이하</td></tr>
<tr><td>장점</td><td colspan="3">1. 플라즈마에서 발생하는 오존이 탈취제로 이용된다.
2. 친환경적인 소독기
3. 저전력(보통 15W) 제품으로 차량 전원에 부담이 없다.
4. OH Radical은 산소활성화종 중에서 소독력이 가장 높다.</td></tr>
<tr><td>단점</td><td colspan="3">1. 필터와 램프 교환비용 발생
2. 오염도에 따라 펜 속도가 증가할 때 거슬리는 소음이 발생
3. 필터가 없는 종류에서는 공간 내 부유물질에 대한 필터링이 되지 않는다.</td></tr>
</table>

2. 적응증과 작동원리

1) 구급 차량 공간소독의 이해

환자와 접촉하고 이송할 때 차량 내부는 분비물과 혈액, 분변 등이 공기 또는 직접 접촉 때문에 이송 후에도 남아 있어 구급대원과 다른 환자에게 교차감염원의 통로가 될 수 있다.

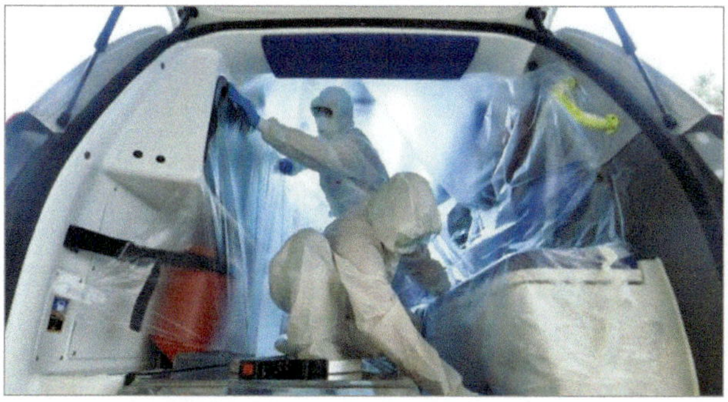

국내차량

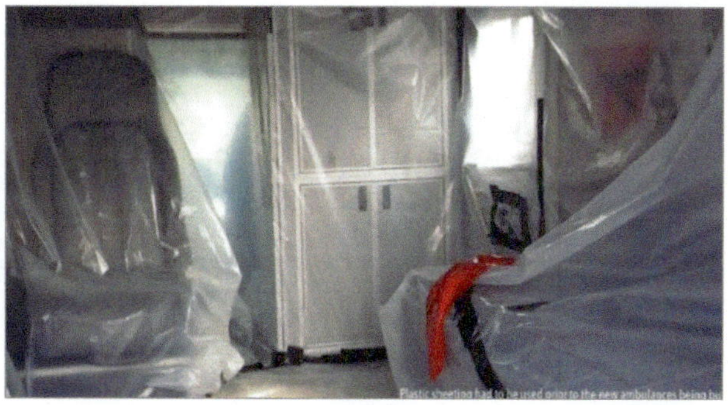

국외차량

그림 16-3 **구급차량 비닐 차단막 사용의 예**

가능하면 감염병 의심 환자가 차량 내 물품들과 직접 접촉이 덜 되도록 하는 것도 하나의 방법으로 제시되어 사용하였다. 소방청은 MERS 감염병 사태와 COVID-19 초기 단계에서 확진자 이송을 위해 구급 차량 내부에 비닐 차단막을 설치해서 운영하기도 하였다. 물론 초기 확진자 이송단계(대구지역) 이후에는 더는 사용하지 않는다. 이것은 이송 후 제거하는 과정에서 감염원 전파의 위험성이 있고, 완전한 밀봉이 어렵고 효율적이지 못해서이다.

차량소독의 개념은 기존의 공기를 소독하는 개념 위주에서 차량 내 모든 공간을 소독하는 개념으로 발전되어야 한다. 기존의 소독기는 차량 내부를 단순 공간적 개념으로 평면화된 공간을 소독하는 데 적합하고, 주 들것과 내부 접촉 사이(틈새)/약물 보관장/장비 보관함 등의 틈새를 소독하는 데 한계가 있었다. 구급차량 내부 고정식 공간 소독방법은 과거 약제 분사, 오존 소독, 플라즈마 소독의 방법으로 개선되고 있지만 아직 구급차 내부 공간 전체가 소독된다는 근거는 부족하다.

최근에는 차량에 고정된 형태가 아니라 외부 소독기를 이용하여 소독하는 방법들이 등장하게 되었다. 크게 차량 바깥에서 안으로 분사 등의 방법과 차량 내부에 싣고 문을 닫은 상태에서 소독하는 방식으로 구분할 수 있으며 소독형태는 분사방식 2종 및 분사 혼합방식 2종으로 소개되고 있다.

표 16-7 소독방식에 따른 분류와 성능 비교

	에어로졸 방식			증기화 방식		
제품 사진					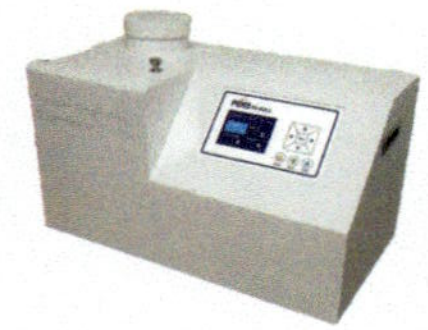	
제조국	한국	프랑스	한국	프랑스	한국	한국
제품명	플루건	Nocospray	PlaClin	STEAM GENERATOR 540H	PS-040LB (POSS)	HUEN IVH ER
소독방식	약제 분사방식	약제 분사방식	플라즈마로 활성화된 공기를 과산화수소를 분사	고온 생성된(150℃) 증기를 과산화수소와 혼합, 증기압력 조절기로 분사	초음파 진동방식에 의한 과산화수소 초미세입자 분사	과산화수소를 눈에 보이지 않는 입자로 증기화시켜 분출
입자 크기	20uμm	평균 5μm	20μm	4n	3μm	70 ~ 100n
멸균제	미산성 차아염소산나트륨	과산화수소 + 은 이온	과산화수소 (플라크린솔)	과산화수소 (MV600H)	과산화수소 (PHP 5.5)	과산화수소 (스테리그린)
멸균제 농도	사용 목적에 따라 다양	7.5%	4종 선택적 사용 (5%, 10%, 30%, 50%)	7.9% 스팀혼합 후 최대농도 3.5%	6% 이하 (5.5% 표준용액 사용)	35% (증기화)
멸균 범위	특정 부분 + 공간	공간	표면소독 + 특정 부분 공간	표면소독 + 특정 부분 공간	공간	공간
특징	다량의 음이온 발생 및 안전한 저온의 스팀 분사 방식	용도에 맞게 다양한 용액 사용 가능	감염 노출 정도에 따라 방역 수준 선택 가능	종류별 액세서리를 통해 부분 소독 가능 열 소독기로 사용가능	용도에 맞게 다양한 용액 사용 가능	30분 이내 소독
	사용자 직접 분무 개인 보호 장비 착용 필수	공간 내 설치 후 사용 (사용자 노출 無)	사용자 직접 분무 개인 보호 장비 착용 필수	사용자 직접 분무 개인 보호 장비 착용 필수	무인 전자동 제어 배터리와 AC상용전원 사용 화학적 인디게이터로 실시간 멸균여부 확인	무인소독 전자동 제어 자체개발 소독제와 화학적 지시제(Cl로 소독상태 확인)
사용사항	(편리성) – 사용자의 습관 / 방식의 차이에 의한 것으로 장비 사용의 목적 방향에 따라 달라질 수 있으며, 소독 후 잔여물이 없으므로 일부 제품은 닦거나 헹궈낼 필요 없음. (분사 / 투과성) – 성적서 따른 최상의 소독 효과를 보이며, 의료기관 또는 소방서, 생활 치료센터 등 고밀도 소독필요 군에 사용 중 (주의) 10μm 이하의 경우 폐에 영향을 줄 수 있으며, Aerosol화된 6% 이상의 과산화수는 유독물로 규정 (환경부 고시) ※ 개인 보호 장비 착용 필수					

【참고】 공간 살균 소독기 방법 및 유의점

○ 공간 소독 시 차량과 사무실에 설치 및 사용에 있어 "어디를? 어떻게? 그리고 안전한가?"를 고민해야 한다(환기의 방향, 장비의 구분에 맞는 소독방법 고려).

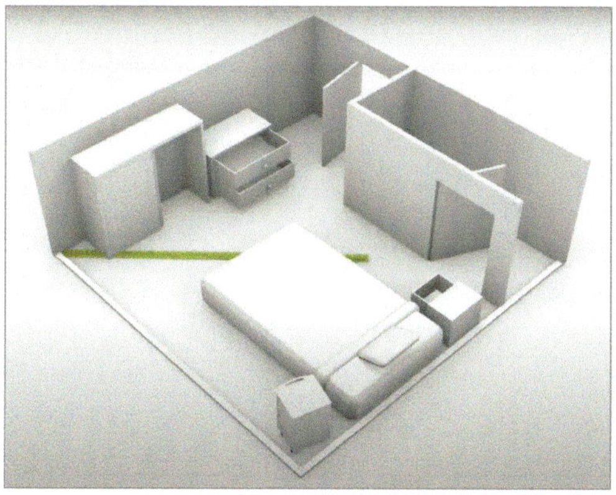

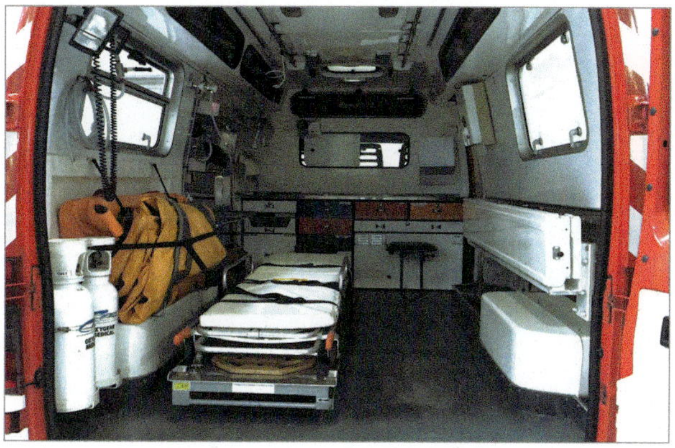

○ 방법이 정해지면 소독제 사용에 따른 "**개인보호장비 착용**"이다. 이는 물질안전보건자료(Material Safety Data Sheet; MSDS)에 따르면 과산화수소 노출농도에 따른 적절보호구를 제시하고 있으며, 이는 위에 제시된 모든 장비에 해당이 되며 매우 중요하다.

참고 과산화수소 노출농도에 따른 보호구 착용

노출농도	호흡용 보호구	보호복 등급
–10ppm 이하	적절한 필터 또는 정화통을 장착한 반면형 호흡보호구	Level D
–25ppm 이하	적절한 필터 또는 정화통을 장착한 비밀착형 후드/전동식 헬멧형 호흡보호구 혹은 연속흐름식 방진마스크	Level D
–50ppm 이하	적절한 필터 또는 정화통을 장착한 전면형 또는 전동식 반면형 또는 공기 공급형 연속흐름식/압력요구식 반면형 호흡보호구	Level C
–1,000ppm 이하	적절한 필터 또는 정화통을 장착한 전면형 또는 헬멧/후드 타입 압력 요구식 송기마스크	Level B
–10,000ppm 이하	적절한 필터 또는 정화통을 장착한 자가공기호흡식(SCBA) 또는 압력 요구식 자가공기공급식(SCBA) 호흡보호구	Level A

참고 살균 및 소독제 유효성분별 유해성 정보

분류	대표 유효성분	유해성 정보
염소계 화합물 (차아염소산류)	차아염소산나트륨 차아염소산칼슘 차아염소산 이염화이소시아뉼산나트륨	• 피부에 자극을 일으킬 수 있음 • 고농도 차아염소산은 화학적 화상을 유발할 수 있음 • 락스 등은 산성세정제나 합성세제와 혼합하여 사용 시 유해가스 발생 • 강산과 격렬히 반응하여 유독가스를 발생할 수 있음 • 암모니아, 아민 등 환원제와 폭발적으로 반응할 수 있음 • 금속 표면을 부식시킴
알코올	에탄올(에틸알코올) 이소프로필알코올 (이소프로판올)	• 피부염을 유발할 수 있음 • 눈과 점막에 자극을 유발할 수 있음 • 고농도 알코올 증기 흡입 시 호흡기 자극 유발, 중추신경계에 영향을 줄 수 있음 • 강산화제와 격렬히 반응할 수 있음 • 에탄올 소독제는 인화성이 있으므로, 화기를 사용 중인 실내에서는 사용을 피하고, 사용 후 직사광선을 피해서 보관
4급 암모늄화합물	벤잘코늄염화물	• 지속적으로 접촉 시, 피부에 자극을 일으킬 수 있음 • 흡입으로 인한 호흡곤란 등 급성독성을 일으킬 수 있음
과산화물	과산화수소	• 고농도의 과산화수소는 피부와 눈에 화학적 화상을 일으킬 수 있음 • 과산화수소 소독제는 락스 등 염소계 표백제나 다른 세정제와 함께 사용하지 않아야 함 • 반응성, 폭발성
페놀화합물	클로록실레놀	• 피부와 눈에 자극을 일으킬 수 있음 • 피부에 과민반응을 일으킬 수 있음

참고 코로나19 살균 및 소독제 성분별 유효 농도

분류	대표 유효성분	유효농도
염소화합물	차아염소산나트륨	0.05~1.0% [1,2,3,4,6] (유효염소량 500~10,000ppm)
	아염소산나트륨	0.23% [3,4]
알코올	에탄올	70~90% [2,3,4]
	이소프로판올	50% [3,4]
4급암모늄 화합물	벤잘코늄염화물	0.05~0.5% [1,3,4]
과산화물	과산화수소	0.5% [4]
	과아세트산	0.26% [5]
페놀화합물	클로록실레놀	0.12% [4]

Ⅲ 소독장비 Mechinical Compressor Device

1. 개요

1) 소독과 멸균의 정의

멸균이란? 병원성 미생물, 비병원성 미생물 등 모든 형태의 미생물을 완전히 파괴하는 과정을 말한다. 멸균은 대상으로 하는 물체의 표면 또는 그 내부에 분포하는 세균을 완전히 없애서 무균의 상태로 만드는 것이다. 소독은 병원균의 전파력이나 감염력을 없애서 안전한 상태로 만드는 것이다. 그러므로 멸균이 소독의 가장 안전한 상태로 볼 수 있다. 멸균은 물리적 방법과 화학적 방법을 사용할 수 있다. 물리적 방법은 고열, 방사선을 사용하는 것을 의미한다.

(1) 가압 증기멸균법(Steam Autoclave)

온도 121℃의 15기압에서 15~20분간 가열된 수증기로 멸균하는 방법이다. 이 방법은 가장 오래되고 잘 알려진 임상적인 멸균법으로 1872년 chamberiand에 의해 소개되었다. 적용시간은 내용물의 종류, 크기, 성질, 용기 포장지에 따라 달라지며 많이 넣으면 적정온도와 침투를 위해 오랜 시간이 필요하고, 높은 온도에서 짧은 시간이 걸리나 부식과 파손 등의 가능성이 있다.

(2) 가스멸균법(Ethylene Oxide, EO)

가스멸균은 증기멸균과 상호 보완적인 멸균방법으로 고온, 고압이나 습기로부터 특성이 변할 수 있는 것이나 구조적으로 증기멸균에 부적합한 의료기자재를 저온으로 멸균하는 기술이다. EO 가스멸균기는 “에틸렌옥사이드(EO)”와 “프레온(Freon)” 또는 “이산화탄소(CO_2)”의 혼합가스를 멸균매체로 사용하여 의료기자재를 멸균하는 장치로서 Ethylene Oxide Gas의 독성을 이용하여 바이러스 및 기타 미생물을 사멸시키는 화학적 소독기이다. 38~56℃의 저온에서 소독이 이루어지므로 저온멸균기라고도 한다. 미생물에 EO gas가 침투하여 단백 생균에 있는 수소 이온과 결합하여 불활성화된 반응 생성물로 변화해 세포대사나 DNA 복제를 방해하여 균을 사멸시키는 방법으로 멸균을 한다.

고열이나 습도에 민감하고 섬세하며 예리한 외과수술기구, 각종 플라스틱 및 고무제품, 각종 카테터 및 내시경 등 열에 약하고 습기에 예민한 기구들을 멸균하는데 유용하다.

(3) 프라즈마 소독기(Plasma Sterilizer)

플라즈마 멸균기는 기존의 EO Gas 소독기의 위험을 대체하는 친환경 멸균기로 주목받고 있다. 원리는 저온에서 과산화수소(hydrogen peroxide) 수용액을 이온과 전자 등으로 구성된 불안정하고 에너지가 높은 플라즈마 형태로 멸균한다. EO 가스멸균에 이어 보다 안전하며 효율적인 또 하나의 저온멸균방법으로 저온 플라즈마 멸균기는 열과 압력, 습기에 민감한 의료용품을 안전하고 효과적으로 멸균하여 변함없이 오래 사용할 수 있도록 한다. 고온, 고압, 습기에 재질 및 특성이 변할 수 있는 정밀 의료기구를 60℃ 이하의 저온과 진공 상태에서 단시간에 멸균하므로 변형 없이 오래 사용할 수 있다.

멸균 후 별도의 정화 과정 없이 즉시 사용할 수 있으므로 종래의 에틸렌옥시드(EO)가스 멸균에 비해 저렴하고 신속한 사용이 가능하여 효율성이 높다. 멸균제인 과산화수소 가스는 플라즈마에 의하여 분해된 후 산소와 소량의 물로 환원되어 배출되므로 환경에 전혀 무해하고 작업자, 환자에게 해를 끼칠 수 있는 잠재 위험성이 없다. 다만, 플라즈마의 농도가 1ppm 이상으로 높게 사용하게 될 경우 위해 우려가 있다(사용자가 임의로 값을 조정하지 않는 한 안전하다). 상용전원이 있는 곳이면 별도의 설비(압축공기, 배수라인 등) 없이 간편하게 설치가 가능하다.

표 16-8 멸균소독기의 성능 비교도

구분		가압 증기 멸균	EO 가스멸균	플라즈마 멸균
소독원리		가열된 수증기	EO가스	플라즈마
작동온도		121℃ (15pa)	38~56℃	45~60℃
소독범위		금속류 기구, 면류 (플라스틱, 고무 안 됨)	금속류 기구, 플라스틱, 고무, 면직류	금속류 기구, 면직류를 제외한 물품 (소독은 가능하나 금속류가 산화되거나 냄새가 심하기 때문)
소요시간	작동시간	15~20분	90~180분	39~70분
	환기	필요없음	7시간 이상	필요없음
	총 소요시간	15~20분	8.5~10시간	30~70분
장점		1. 침투력이 우수하여 커다란 포장, 다공성 제품, 면제품에 좋다. 2. 물, 화학용액, 배지의 멸균에 좋다. 3. 가장 신뢰성이 높은 멸균법이다. 4. 소독시간이 짧으며 사용하기 쉽다. 5. 소독기구의 독성이 없다.	1. 포장재질이나 기구의 구멍으로 투과된다. 2. 사용법이 쉽다. 3. 대부분의 도구를 소독할 수 있다.	1. 인체에 안전한 방법이다. 2. 잔류 독성이 없어 바로 사용 가능하다. 3. 사용방법이 간단하고 소독시간이 짧다. 4. 부식 또는 면직류를 제외한 대부분의 도구를 소독한다.
단점		1. 내열 기구(고무류는 변형) 소독용이다. 2. 일반 수돗물로는 고장의 원인이 된다. 3. 소독이 끝난 후 바로 열면 화상의 우려가 있다. 4. 챔버 내 남은 물기가 부식을 일으킬 수 있어 건조가 필요하다.	1. 소독 후 남아있는 EO가스를 제거해야 한다. 2. EO가스 독성이 있어 소독 중에 접근하지 않도록 한다. (환기시설 필요) 3. EO가스 충전 비용의 부담이 있다. 4. 사용시간과 정화시간이 길다.	1. OH-Radical은 산화력이 강해 금속이 녹슬거나 플라스틱의 산화 반응으로 인한 부작용의 우려가 있다. 2. 오래 사용하면 챔버가 녹슬 위험이 있고, 챔버에 일반적으로 사용하는 STS 316 스테인리스도 산화 반응이 서서히 발생한다. 3. 냄새 문제로 사람에 덮는 천 종류를 사용하지 못하고, 일반적으로 수술포는 사용하지 않는다. 4. 소독약품은 저렴하나 주기적인 물품교체 비용이 발생한다.

2. 소독기 종류별 사용법

표 16-9 멸균소독기의 종류별 사용법

자외선 소독기(KRS - 650D)	
제품명: KRS 650 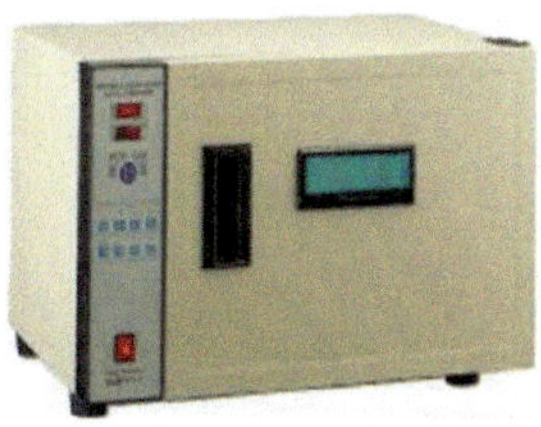	• 소독할 물건을 넣을 때 소독해야 될 면이 위쪽을 향하도록 위치시킨다. • 전원스위치를 켜짐(ON)으로 누르고 램프에 불빛이 들어오는 것을 확인한 후 소독한 물건을 정돈한다. 문을 닫으면 자외선램프는 꺼지도록 되어 있다. • 온도조절기는 65~70℃가 되도록 조절한다. • 살균시간은 10분 정도로 설정하여 소독을 시작한다. • 소독이 종료되면 전원스위치를 꺼짐(OFF)으로 한다.
고압증기멸균 소독기	
제품명: SKS-250 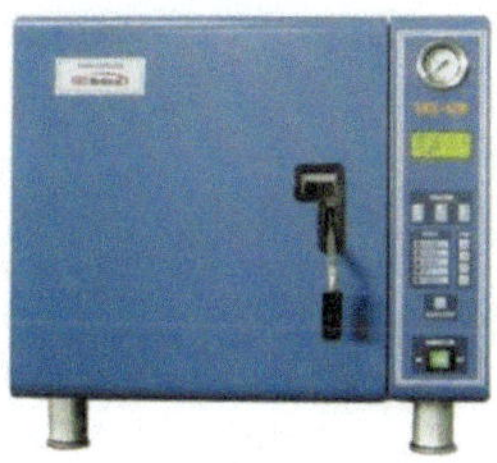 제품명: HS-3035BL 	• 압축된 증기법으로 물품을 멸균하는 기계로 증기의 기본온도는 100℃이지만 고압증기멸균 소독기 안의 압력이 증가하면 온도는 121℃까지 상승한다. 고압증기멸균에 의한 고열은 대부분의 세균을 즉시 사멸시키며 저항력이 강한 아포형성 세균도 20~30분 안에 사멸한다. • 멸균할 물품을 건조시킨 후 포장하여 소독기의 문을 열고 물품을 넣는다. • 소독기 속의 장비 또는 물품은 열에 충분히 노출되어야 하므로 너무 많이 넣거나 단단하게 묶으면 열의 노출을 억제할 수 있다. • 전원을 켜고 온도와 시간을 설정한다(115℃에서 30분, 121℃에서 20분, 126℃에서 15분). • 멸균이 완료되면 소독기 문을 열고 물품을 꺼낸 후 확인한다.
플라즈마 소독기	
제품명: HP – 3041  제품명: MK – PL60 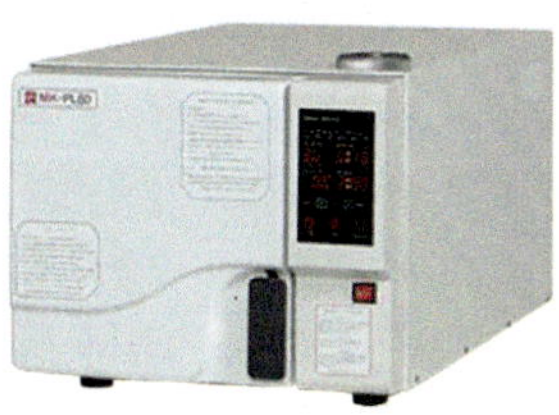	• 멸균기 사용 전에 멸균제의 인체접촉을 방지하기 위해 반드시 라텍스, 비닐장갑, 방수 장갑 및 보안경 등 개인안전장비를 착용해야 한다. • 소독할 장비를 깨끗이 세척 및 건조를 실시하고 전용 멸균포 또는 파우치를 이용하여 포장한 후 트레이에 올리고 챔버 안에 적재한다. • 멸균대상물을 트레이 위에 놓을 때 서로 겹쳐 쌓아서는 안되며, 또한트레이 위에 다른 트레이를 쌓아서 적재하지 않아야 한다. • 과산화수소 카트리지를 삽입하고 문을 닫는다. • 전원 버튼을 켜주고 메뉴 버튼을 눌러 원하는 멸균모드를 선택한 후 시작 버튼을 눌러준다. • 멸균이 완료되면 개인보호장비를 꼭 착용한 후 카트리지를 분리하여 의료용 폐기물로 처리한다.

<table>
<tr><th colspan="2">EO 가스소독기</th></tr>
<tr><td>제품명: SLS-30
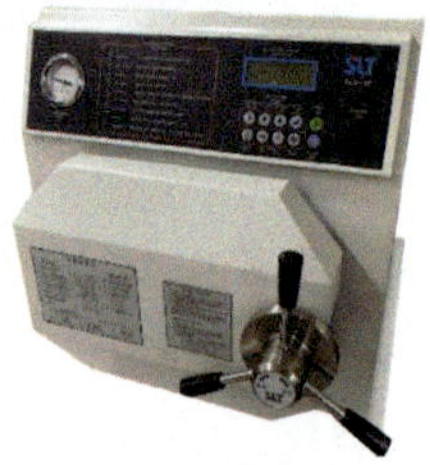</td><td rowspan="3">• 주위를 환기시키고 문을 열어 가스 카운터 횟수를 보고 가스 실린더의 잔류량을 확인한다.
• 전원코드에 선을 연결하고 전원스위치를 켜고 문을 열도록 한다.
• 멸균대상물을 준비하고 챔버 내에 적재한다(챔버 내에 적재한 후 습도유지를 위해 습도 판에 있는 습도 천에 물을 적신 후 사용).
• 문을 닫고 멸균물의 종류에 따라 사이클을 선택한다.
• 가스 실린더와 밸브를 열고 동작 버튼을 누른다.
• 프로그램 진행은 진공 → 멸균 → 배기 → 세정의 순서로 진행되며 진행 상황은 콘트롤 패널 윗부분의 프로그램 진행창에 LED 점등으로 확인할 수 있다.
• 사이클이 완료되면 경보음과 함께 LED창에 END라는 표시가 나타난다.
• 사이클이 끝나면 압력계가 “0”을 가리키는지 확인하고 문을 열도록 한다.
• 멸균대상물을 챔버에서 꺼내어 부유물이 있는지 확인하고 있다면 마른헝겁으로 제거한다.</td></tr>
<tr><td>제품명: MK-EO80
</td></tr>
<tr><td>제품명: HG-3041.P
</td></tr>
</table>

3. 각종 구급장비별 소독약제와 소독방법

표 16-10 각종 장비별 소독약제 사용법

소독대상	소독제	상품명	공급 농도	사용 농도	사용방법
기도확보					
구인두, 비인두 기도유지기 기도삽관 튜브세트					1회용 사용 (불가능한 경우 멸균하거나 높은 수준의 소독 후 사용)
후두경세트					
- handle	알코올	알코올	70%	70%	알코올 솜으로 닦는다.
- blade					고압증기멸균
후두마스크					1회용 사용 (불가능한 경우 EO가스)
기도확보 및 호흡유지					
백벨브마스크					1회용 사용 (불가능한 경우 멸균하거나 높은 수준의 소독 후 사용)
포켓마스크					

소독대상	소독제	상품명	공급 농도	사용 농도	사용방법
자동식 산소소생기	Sodium hypochlorite	락스	5.25%	1000ppm	1:50 (락스 원액 1mL + 물 49mL)으로 희석하여 30분간 담근 후 물로 세척하여 건조한다. (매 환자마다 소독)
충전식 흡인기					
– bottle	Sodium hypochlorite	락스	5.25%	1000ppm	1:50 (락스 원액 1mL + 물 49mL)으로 희석하여 30분간 담근 후 물로 세척하여 건조한다. (매 환자마다 소독)
– suction tip					1회용 사용 (불가능한 경우 멸균하거나 높은 수준의 소독 후 사용)
심장박동 회복					
자동제세동기	알코올	알코올	70%	70%	알코올 솜으로 닦는다.
심전도 감시장치					
– 기계	알코올	알코올	70%	70%	알코올 솜으로 닦는다.
– Electrode					1회용 사용
정상혈압 및 맥박유지					
산소포화도 측정기	알코올	알코올	70%	70%	알코올 솜으로 닦는다.
쇼크방지용 바지	Sodium hypochlorite	락스	5.25%	500ppm	1:100 (락스 원액 1mL + 물 99mL)으로 희석하여 내부와 외부에 뿌린 후 10~20분 후에 마른 천으로 닦아 낸다.
중추신경계 보호					
경추보호대 머리고정대 긴 척추고정판 구출고정장치	Sodium hypochlorite	락스	5.25%	500ppm	1:100 (락스 원액 1mL + 물 99mL)으로 희석하여 뿌린 후 10~20분 후에 마른 천으로 닦아 낸다.
사지보호					
부목 응급환자 이송기구 들것	Sodium hypochlorite	락스	5.25%	500ppm	1:100 (락스 원액 1mL + 물 99mL)으로 희석하여 뿌린 후 10~20분 후에 마른 천으로 닦아 낸다.
시트/보온모포					뜨거운 물에 세탁(단, 혈액이 많이 묻은 경우에는 폐기한다.)
대원 보호용 장비					
보호안경/허리보호대	Sodium hypochlorite	락스	5.25%	500ppm	1:100 (락스 원액 1mL + 물 99mL)으로 희석하여 뿌린 후 10~20분 후에 마른 천으로 닦아 낸다.
구급용 기구					
가위					
– 혈관과 점막에 접촉					고압증기멸균
– 손상되지 않은 피부 접촉	알코올	알코올	70%	70%	알코올 솜으로 닦는다.
곡반	Sodium hypochlorite	락스	5.25%	1000ppm	1:50 (락스 원액 1mL + 물 49mL)으로 희석하여 30분간 담근 후 물로 세척하여 건조한다. (매 환자마다 소독)
분만세트					고압증기멸균

표 16-11 각종 장비별 멸균소독의 범위

장비명	멸균			소독					
	고위험기구			준위험기구			비위험기구		
	고압증기	EO가스	플라즈마	글루타르알데이히드 (2%이상)	세척 후 70도에서 30분간 습열 멸균	7.5% 과산화수소	에타올/아이소프로판 70~90%	차아염소산나트륨 (1:500)	페놀소독제
기도확보									
구인두 기도기				○					
비인두 기도기				○					
후두경세트				○					
기도삽관튜브세트				○					
후두마스크				○					
기도확보 및 호흡유지									
백벨브마스크				○					
포켓마스크				○					
자동식 산소소생기				○					
충전식 흡인기				○					
심장박동 회복									
자동제세동기							○		
심전도감시장치							○		
정상혈압 및 맥박유지									
지혈대							○		
산소포화도 측정기							○		
쇼크방지용 바지							○		
중추신경계 보호									
경추보호대							○		
머리고정대							○		
긴척추고정판							○		
구출고정장치							○		
사지보호									
부목							○		
응급환자 이송기구									
들것							○		
시트							○		
체온유지용 보온모포							○		
대원 보호용 장비									
보호안경							○		
허리보호대							○		
구급용 기구									
기초인명 소생용 가방		○	○				○		
가위	○	○	○				○		
분만세트	○	○	○						
겸자	○	○	○	○					
곡반	○	○	○				○		

참고: 멸균 – 아포를 포함한 모든 미생물 사멸, 준위험 물품의 소독 – 모든 미생물과 일부 세균의 아포 사멸, 낮은 수준의 소독 – 결핵균이나 세균 아포 등과 같은 내성 미생물은 사멸시키지 못함

Reference

1. 중앙소방학교. 인명구조사 1급. p. 202
2. 오존텍(주)업체 설명자료.
3. Dickinson E. (1999). *Fire Service Emergency Care*, Upper Sadle River, NJ; Prentice-Hill, Inc.
4. SHR, "Pre-hospital Emergency Medical Service." Infection Prevention and Control Manual, 2017, SHR Point of Care Risk Assessment p. 8
5. www.phcret.or.kr. 질병관리본부 공중보건위기대응사업단. 국가지정격리병상 교육훈련 지원센터.

Chapter 17

흉부 손상 Chest Trauma
(흉부감압용 바늘, 수액압력기, IO)

✧ 학습목적

흉부 창상 환자에게 흉부감압술을 시행하고, 수액압력기를 이용하여 수액을 주입할 수 있다.

✱ 현장상황

| 현장모습 | 호텔 투숙객이 가슴에 피를 흘리고 쓰러져 있었다. 환자는 아직 움직이는 상태이고 호흡음이 매우 거칠게 들린다고 한다. 현장에서 확인해 본 결과 환자는 왼쪽 흉부에 칼로 인한 자상이 있었고 심한 출혈이 있었다.

| 활력징후 | **혈압** 90/60mmHg, **맥박** 120회/분, **호흡** 30회/분

이 장에서는 병원 전 단계 긴장성 공기가슴증(기흉) 환자를 평가하고 바늘 감압술을 이용하는 응급처치법을 익히고, 실제 사례에서 적용되었던 경험을 바탕으로 바늘 크기 및 적절한 사용법에 대해 지침을 제안하고자 한다.

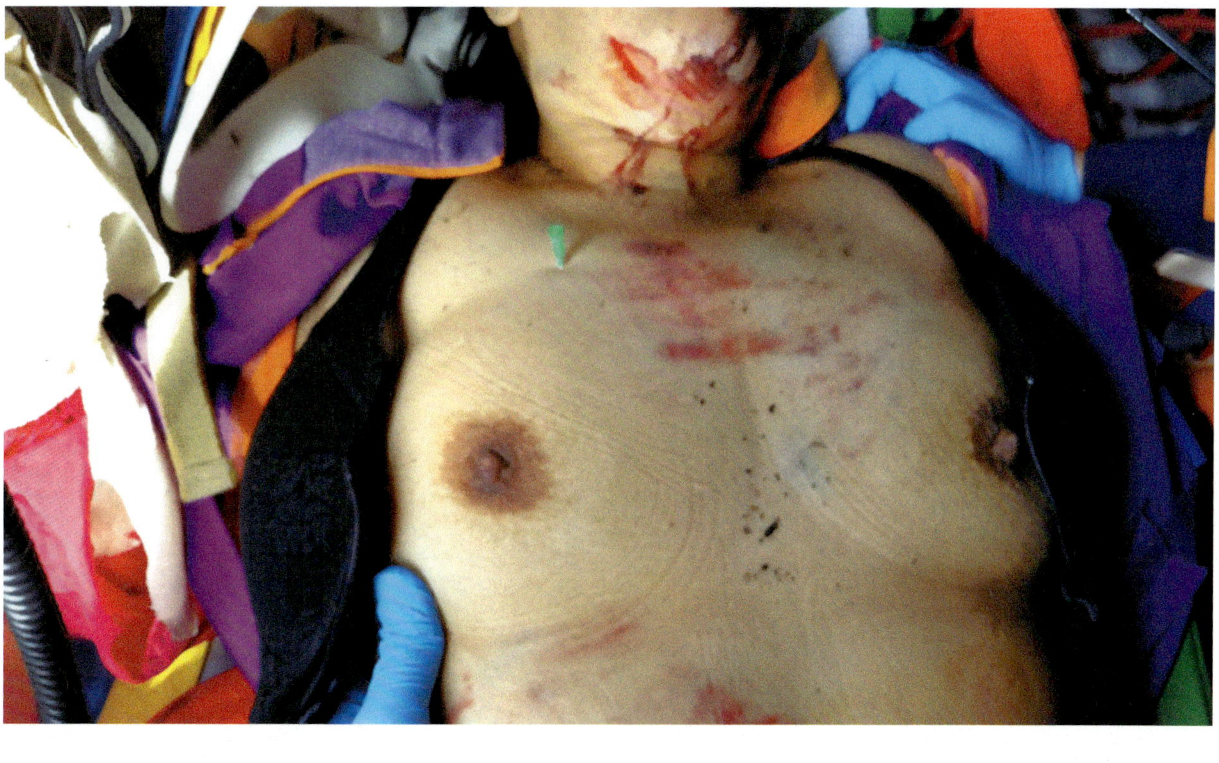

I 흉부 손상 Tension Pneumothorax-Needle Decompression

1. 개요

폐 손상은 단순 공기가슴증, 개방성 공기가슴증, 긴장성 공기가슴증, 혈액가슴증(혈흉), 폐쇄 공기가슴증, 폐 타박상 외상질식으로 구분할 수 있다. 특히 긴장성 공기가슴증은 흉강 내 공기가 흉막강에서 빠져나가지 못하고 공기가 축적되어 다른 장기를 압박한다. 긴장성 공기가슴증의 진행은 손상되지 않은 쪽의 폐와 심장을 압박하여 심박출력을 떨어뜨려 심부전과 호흡부전을 일으키게 된다. 혈액가슴증 또한 공기대신 혈액이 축적되는 상황으로 심한 출혈과 호흡곤란으로 결국 쇼크에 빠지게 되어 즉각적인 응급처치를 하지 않으면 사망에 이른다.

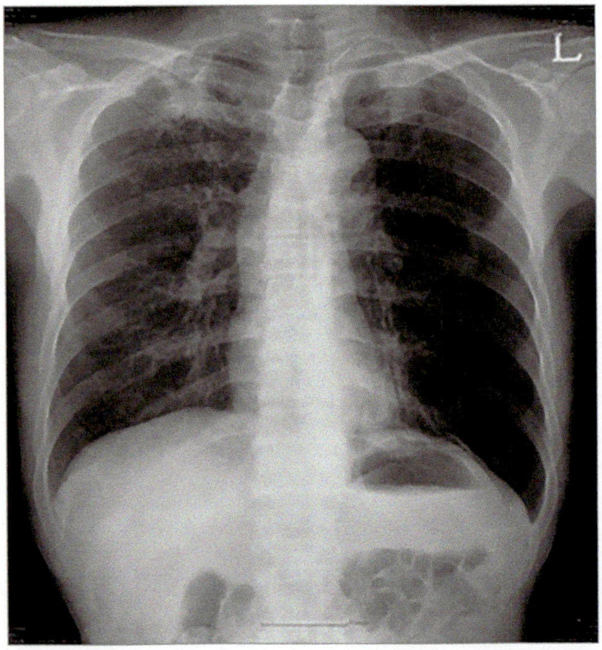

흉부 방사선 검사 X-ray(왼쪽 긴장성 공기가슴증)

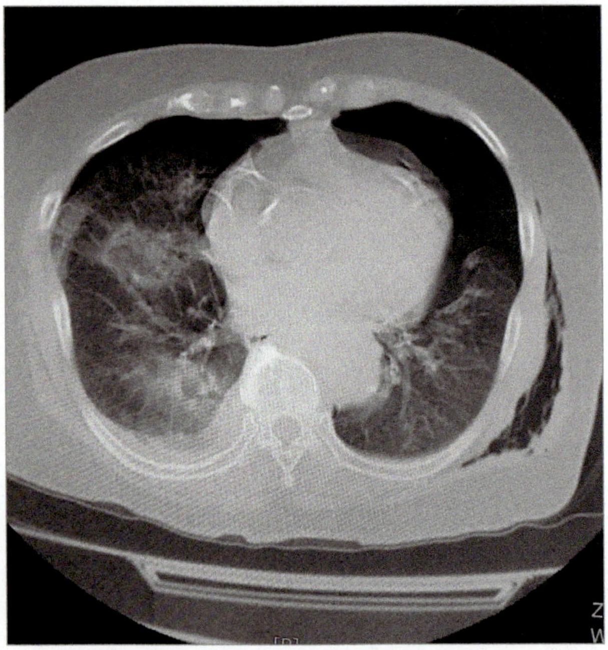

흉부 방사선 검사 CT(왼쪽 긴장성 공기가슴증)

그림 17-1

2. 적응증과 사용방법

1) 바늘 감압술

바늘 감압술은 바늘(카테터)을 손상된 쪽의 가슴 안으로 넣어 가슴막에 축적된 공기를 제거하는 방법이다. 카테터를 삽입하여 압력을 낮추는 것은 즉각적인 환기가 개선되어 환자의 호흡곤란을 해결할 수 있다. 긴장성 공기가슴증이 의심되는 환자에게 기관삽관이 되어 있는 경우, 바늘 감압술을 시행 전에 삽관 튜브의 위치가 기관지의 오른쪽으로 더 삽입되었는지 확인하여 폐의 환기가 되지 않는지 보아야 한다. 만일 깊이 삽입하거나 문제가 발생하였다면 바늘 감압술 전에 이러면 기관삽관 튜브의 위치를 변경한다.

2) 바늘 감압술 적용방법

바늘 감압술은 손상된 가슴부위의 빗장뼈 중간선과 갈비뼈 두 번째, 세 번째 사이의 공간에서 감압술을 시행한다. 특히 주의점은 세 번째 갈비뼈 바로 위쪽으로 바늘을 삽입하여야 혈관과 신경손상을 줄일 수 있다. 이 위치는 병원 전 처치 응급의료종사자가 접근하기 쉬운 방법이다. 외상 환자를 이송 중에 목 보호대를 착용시킨 후 들것에 바로 누운 자세로 고정하고 목 고정대를 적용하면 중간겨드랑선이 만나는 부위에 감압술을 시행하기는 어려울 수 있으나 시행하면 환자가 움직이는 동안에 카테터가 잘 빠지지 않는 장점도 있다. 바늘(카테터)을 공기가 나올 때까지 삽입시키고 공기가 나오면 삽입을 멈춘다. 바늘 감압술을 시행한 후 카테터가 빠지지 않도록 가슴에 테이프로 고정한다. 부적당한 위치(위치나 깊이)는 폐, 심장 또는 큰 혈관에 손상을 줄 수 있다.

3. 주의사항

1) 가슴정면 감압술 주의점

가슴 정면 빗장뼈 중간선을 이용한 감압술은 병원 전 처치 제공자가 접근하기 쉽고, 환자를 이동할 경우 카테터가 빠지거나 꺾일 가능성이 적다. 그러나 카테터의 부적절한 삽입은 대량출혈을 유발할 수도 있다. 또한 가슴벽 두께에 의해 카테터가 가슴막 안으로 들어가지 못하는 경우도 있다.

가장 쉬운 방법은 원래 흉관을 삽입하는 해부학적 무장막구역(bare area; triangle-ant and posterior axillary line과 nipple line으로 만들어지는 위치)에 삽관위치를 정하는 것이 가장 안전하다.

현재 국내에서 병원 전 단계 바늘감압술은 위험할수 있으므로 이송대상이 되는 의료기관에 알려주는 것도 좋은 방법이다.

2) 가슴중간겨드랑선 부위에서 바늘 감압술 주의점

가슴중간겨드랑선은 상대적으로 안전하고 효율적이지만, 가슴중앙겨드랑이선 부위 감압술은 환자를 이동할 때 카테터가 꺾이거나 빠질 위험이 있다.

3) 개방성 공기가슴증의 일방향 밸브

개방성 공기가슴증의 일방향 밸브는 감압 카테터의 지름이 환자의 기도보다 매우 작아서 카테터를 통한 공기의 흐름이 환기할 때 의미 있게 방해하기는 어렵다. 즉 일방향 밸브를 만드는 것은 임상적 관점에서 불필요할 수 있다. 상용화된 일방향 밸브는 고가이며, 글러브 등을 이용해서 만든 밸브는 시간이 걸린다. 지속적인 산소 공급이 중요하며, 필요하면 인공호흡기 사용도 고려해 봐야 한다.

4. 적용(사용)방법

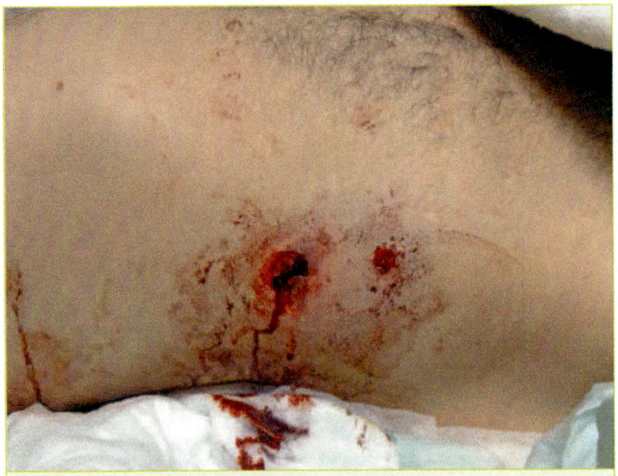

① 가슴에 출혈 있는 wound가 있으면 우선 거즈로 5분 정도 압박한다.
Dressing 반창고가 잘 붙지 않으니 피를 거즈로 잘 닦아낸다.

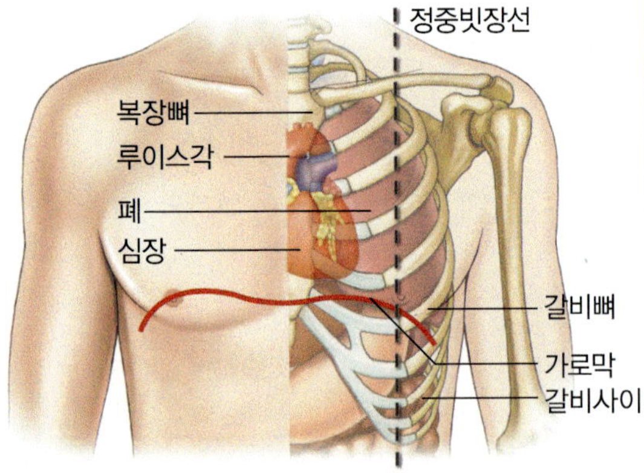

② 바늘 감압술 준비
손상된 쪽의 흉부에 삽입하기 위한 정확한 위치를 확인한다(빗장뼈 중앙선과 두 번째 갈비사이가 만나는 지점).

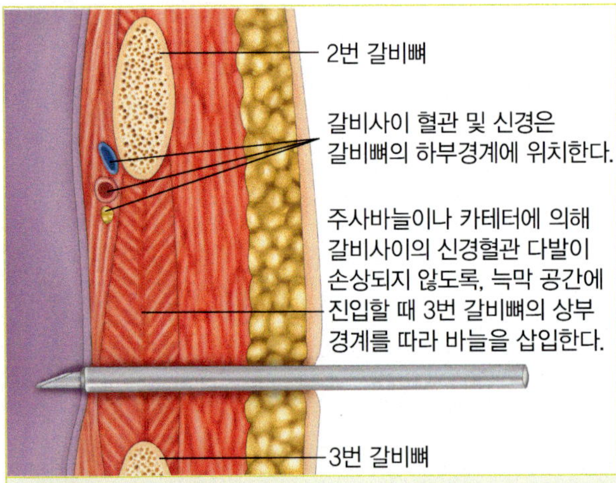

③ 바늘 감압술
14G, 16G, 18G 카테터를 정확한 위치에 90도로 찌른다.

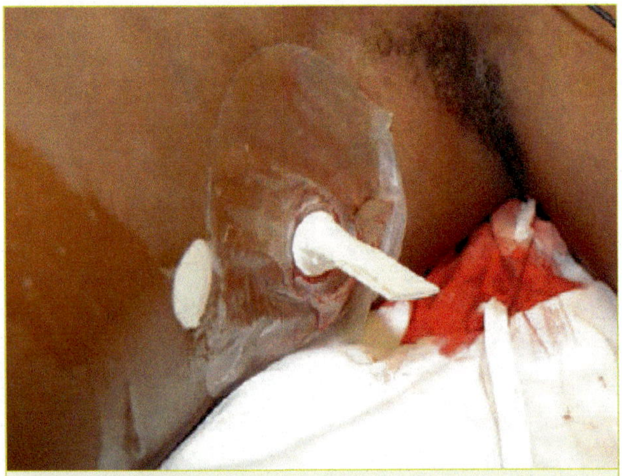

④ 일방향 밸브를 만들거나 3way를 연결시킨다.
애셔맨 체스트 실(Asherman chest seal) 상업용 제품도 있다.

II 출혈성 쇼크 Fluid, Intraosseous

정맥주사

1. 개요

다양한 외과적 상황에 따라 급속한 혈액의 손실은 급성출혈을 의미한다. 심각한 출혈의 가장 흔한 원인은 외상, 소화기 및 생식기 질환들 그리고 혈관질환 등도 있다. 정상 활력징후를 유지하지 못하며 조직관류와 산소 공급이 어려울 정도로 혈액이 소실되었을 때 쇼크가 발생한다. 이러한 출혈성 쇼크는 신속한 정맥주사를 이용하여 일부 예방할 수 있다. 정맥주사는 환자의 혈관 속으로 수액이 직접 투여되어 신속한 효과를 볼 수 있기 때문에 응급처치가 요구되는 상황에서 응급의료종사자가 수행하는 업무라 할 수 있다(아래 출혈량에 따른 수액요법).

표 17-1

분류	출혈 I	출혈 II	출혈 III	출혈 IV
의식상태	다소불안	불안	매우불안	혼미
맥박	<100	>100	>120	140회 이상
혈압	정상	정상	감소	감소
호흡	14~20	20~30	30~40	35회 이상
출혈량(mL)	750	750~1500	1500~2000	2000mL 이상
혈액손실(%)	15%	15~30%	30~40%	40% 이상
수액요법	생리식염수(N/S)	생리식염수(N/S)	N/S + 수혈	N/S + 수혈

2. 적응증과 사용방법

수액요법 적응증

① 약물이 완전히 흡수된다.

② 정맥 내로 수액 및 혈액을 공급할 수 있어 수분과 전해질을 공급할 수 있다.

③ 한 번 정맥확보는 정맥로를 확보한 다음 여러 차례에 걸쳐서 쉽게 투약할 수 있다.

④ 조직이나 위장관에서 흡수가 잘 안 되는 약물이나 흡수 전에 파괴되는 약물을 투여할 수 있다.

⑤ 정맥 내 주입이 지속적으로 가능하기 때문에 치료적 약물의 혈중 농도도 일정하게 유지할 수 있다.

⑥ 병원 전 IV catheter 18 G를 이용하여 수액투여하는 것을 권장하고 있다.

3. 주의사항

일반적인 절차 및 주의사항

① 국소 및 전신 감염

② 부작용의 급속한 발생

③ 혈관, 신경 및 조직의 손상 등

④ 계속적인 수액주입과 관련된 수액과잉 부담이나 전해질 불균형

4. 적용(사용)방법

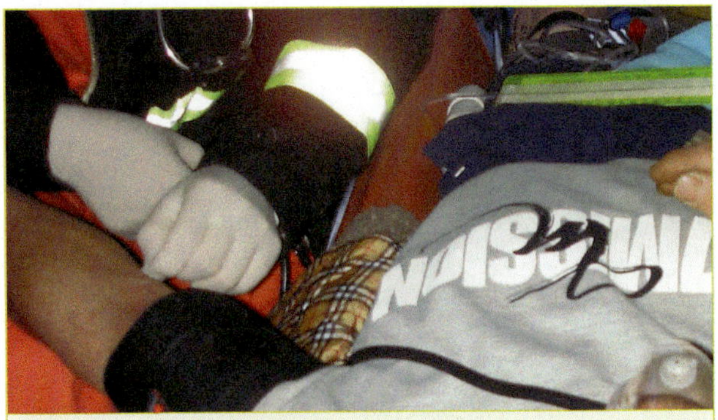

① 주사할 정맥을 선택하고 소독한다.

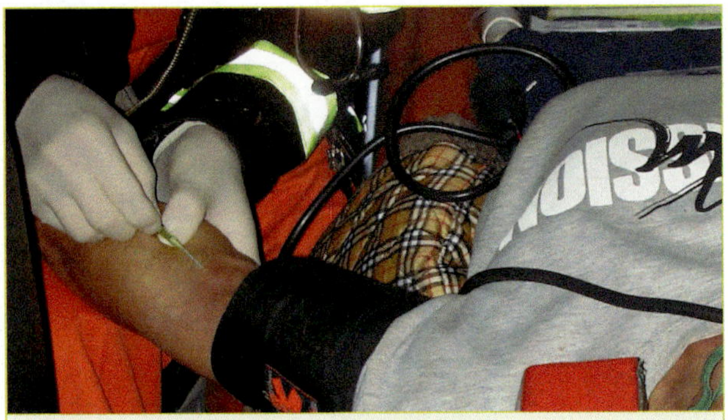

② 정맥을 천자한다.

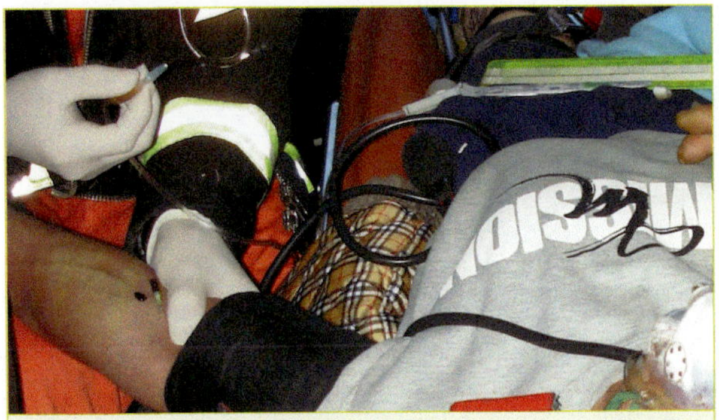

③ 수액과 연결한다.

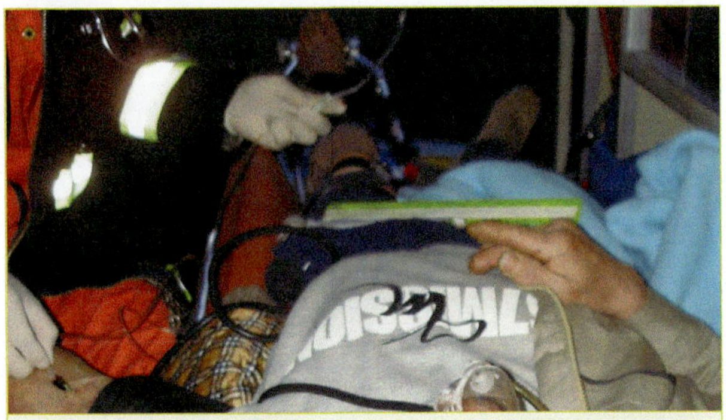

④ 수액량을 조절한다.

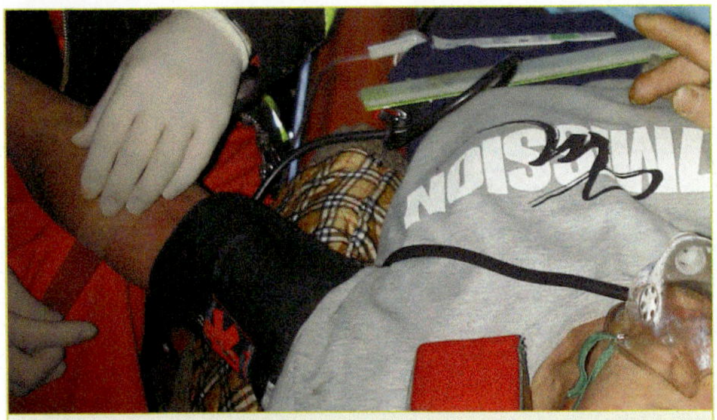

⑤ 주사 부위를 고정한다.

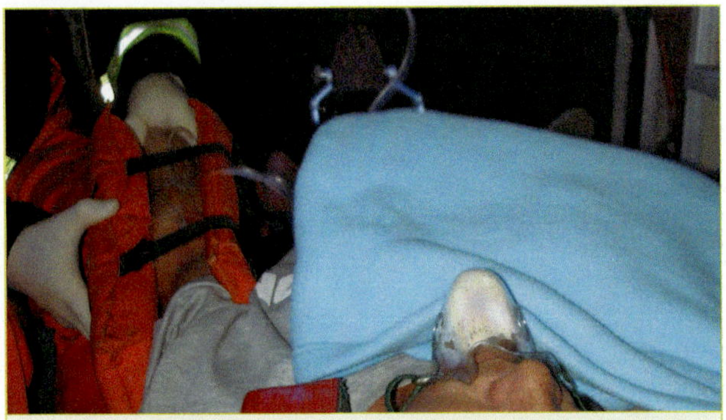

⑥ 필요시 팔을 고정한다.

⑦ 수액백을 넣고 적정한 압력을 가한다.

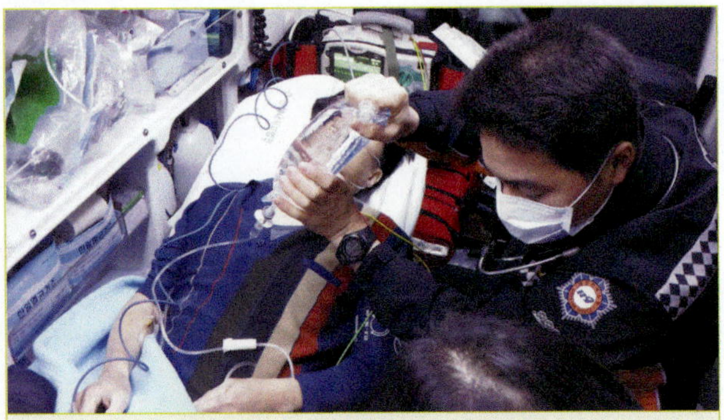

⑧ 필요한 경우 손으로 압력을 가할 수 있다.

골내주사(IO)

1. 개요

병원 전 응급상황에서 정맥로 확보는 쉬운 술기는 아니다. 성인의 혈관 라인을 확보하기 위한 방법으로 골내 경로(IO)가 있다. 골내 경로의 수액을 투여하기 시작한 것은 1941년 Dr. Warter E. Lee에 의해 처음으로 기술되었다. 골내 경로의 접근에는 어려 가지 방법이 있다. 이것은 적절하게 제작된 장치(예: F.A.S.T.1, pyng Medical Corporation)를 사용하여 복장뼈에 주사할 수 있다. Bone injection Gun("BIG", WaisMed)과 EZ-IO(vidacare Corp.)와 같이 별도로 제작된 장치를 사용하여 정강뼈 몸쪽, 넙다리뼈 먼쪽, 위팔뼈 몸쪽 또는 복장뼈(EZ-IO는 복장뼈 부위 제외)에 사용할 수 있다. 이러한 술기는 병원 전 단계에서 일반적으로 사용하기에 편리하게 되어 있다. 이송이 지연되거나 이송이 길어지는 경우에는 성인 외상 환자 치료에 골내투여 방법을 사용할 수 있다.

2. 적응증과 작동원리

적응증

- IV삽입이 불가능, 성공적이지 못할 때
- 심한 손상이나 질병으로 수액 공급이 필요시
- 심정지
- 심한 쇼크
- 무의식
- 일반적인 정맥주사가 불가능할 경우 수액과 약물에 대한 혈관 유지를 하기 위해 시행
- 다양한 상용 장비를 사용하여 성인과 소아에게 모두 시행(소아든 성인이든 성인 바늘을 사용하는 것이 더 좋을 수 있으며, 소아에 소아 바늘은 짧아서 보통 빠지는 경향이 있어 주의해야 한다.)

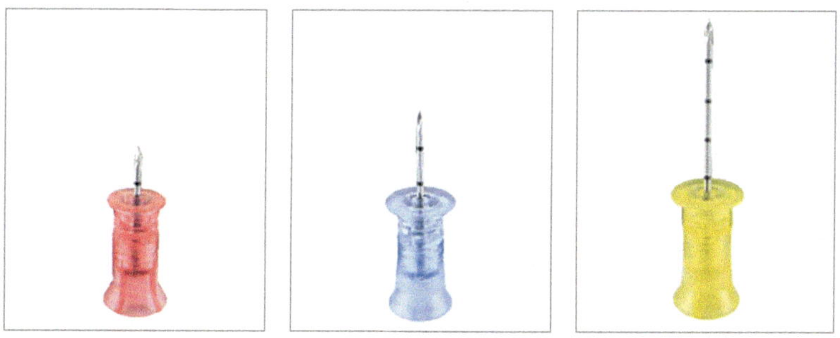

15mm 15게이지 Indicated for patients weighing 3~39kg	25mm 15게이지 Indicated for patients weighing 40kg	45mm 15게이지 Indicated for patients weighing excessive

그림 17-2 적정한 바늘 선택(EZ-IO® Needle Set Selection)

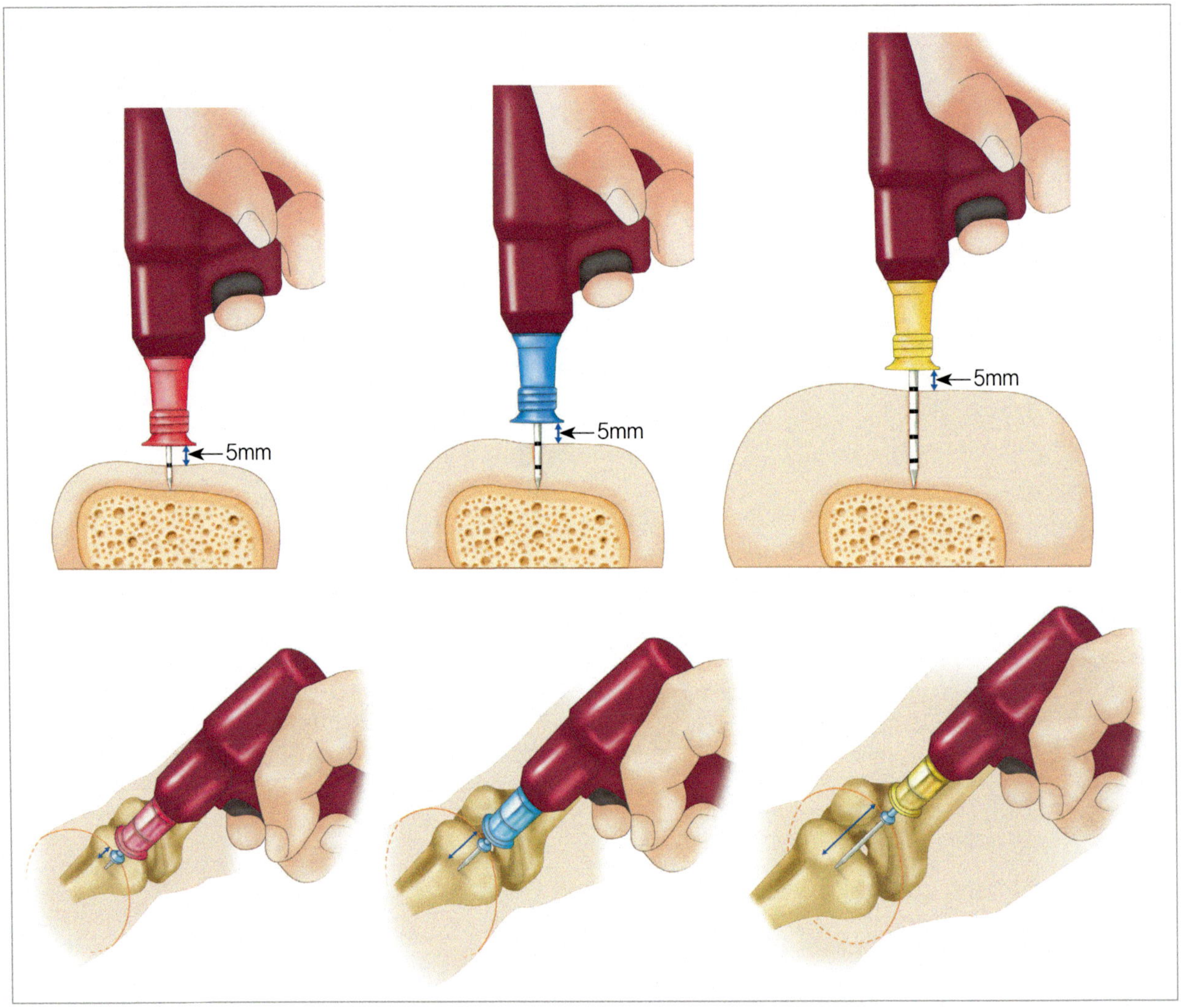

그림 17-3 접근방법(Appropriate Needle Selection)

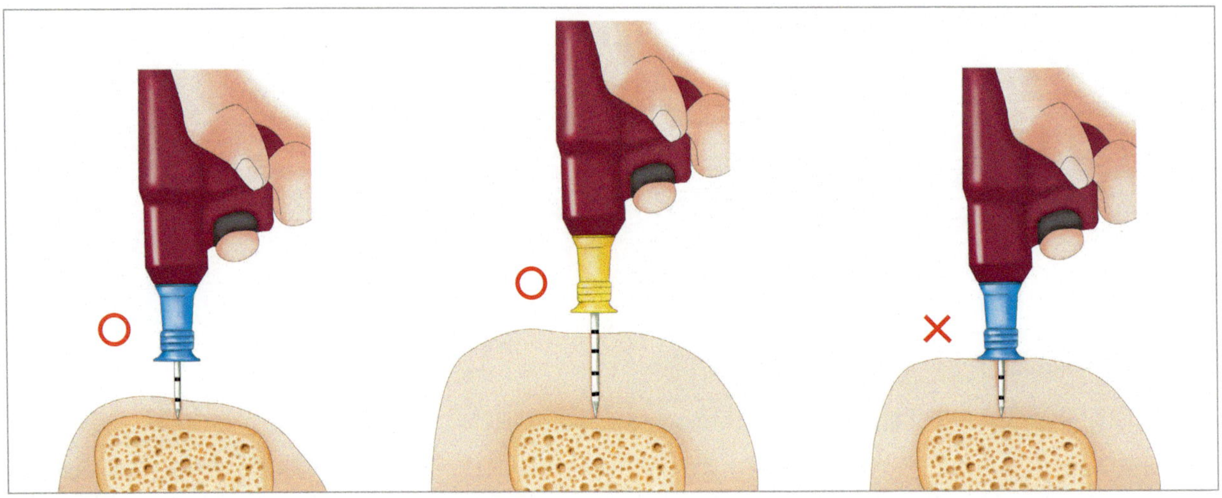

그림 17-4 적정한 바늘 깊이(Needle Set Selection)

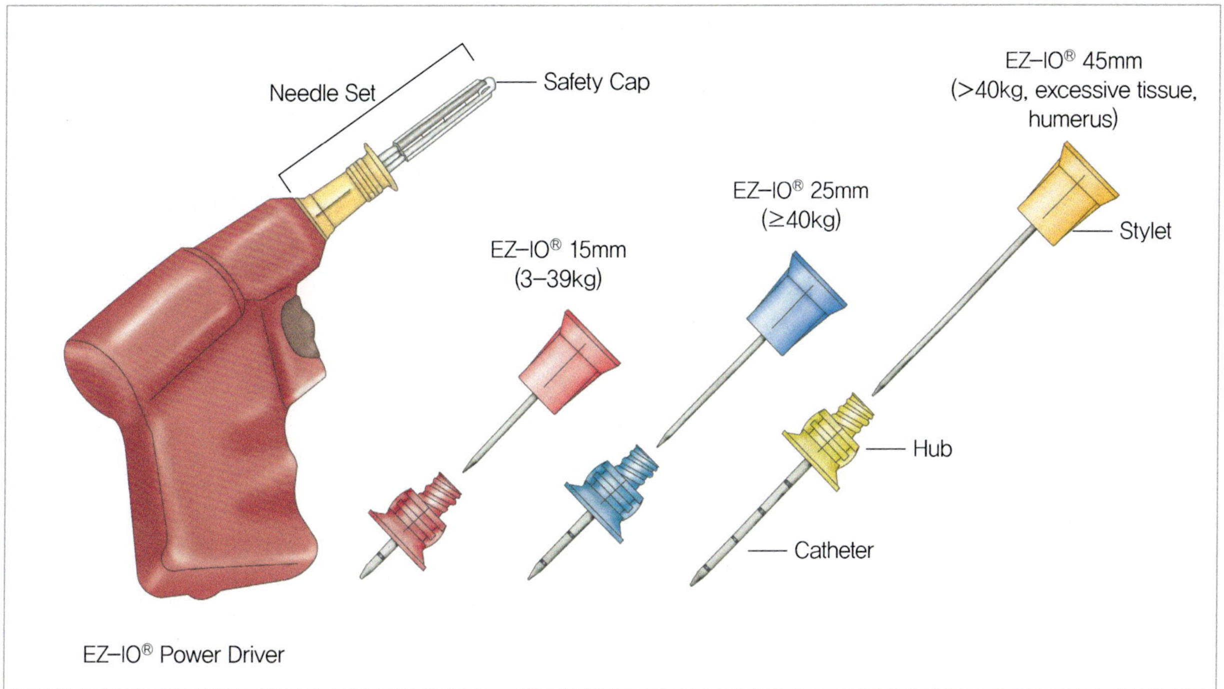

그림 17-5 연령별 바늘 선택 비교(EZ-IO® Power Driver and Needle Sets: Description)

3. 주의사항

1) 금기증

- 골형성부전(선천적으로 흔한 골절)
- 팔다리뼈의 기형이나 골절
- 팔다리의 감염

2) 합병증

- 수액누출(골수강 안으로 제대로 안 들어갔을 때)
- 감염(뼈, 피부)
- 구획증후군
- 성장판 손상(가장 신경써야 할 부분)
- 골절

4. 적용방법

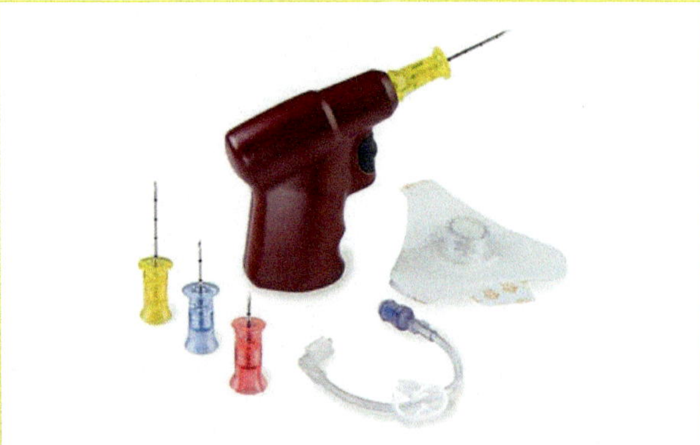

① 준비물: 골내 주사바늘, 골내 주사기, 적어도 5mL 멸균 생리식염수로 채워진 주사기, 소독제, 수액과 테이프를 포함한 장비를 조립한다. 적절한 신체분비물격리(BSI)를 시행하고 환자를 바로 누운 자세를 취해준다.

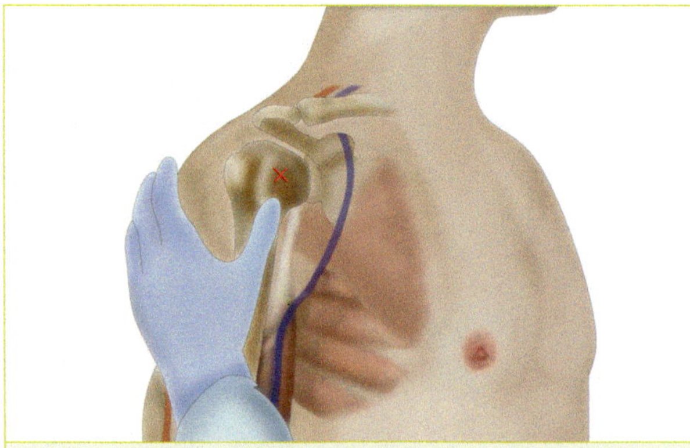

② 삽입위치 몸쪽위팔뼈(proximal humerus)를 확인한다. 심폐소생술 중에는 다리로의 순환이 적으므로 삽입 위치는 몸쪽위팔뼈가 적절하다.

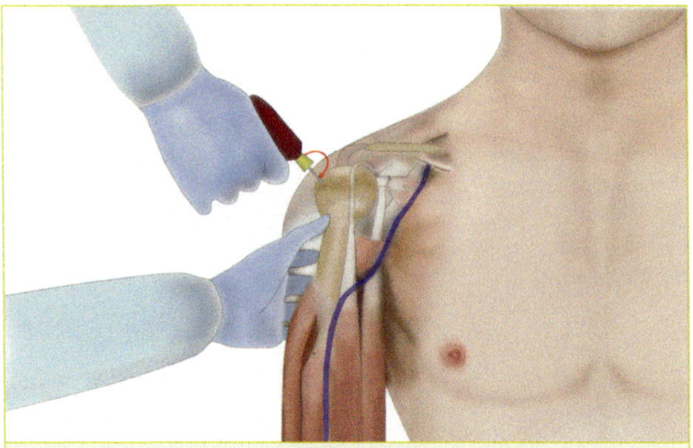

③ 선택된 뼈에 드릴과 바늘을 90° 각도로 잡고, 드릴을 작동시키고 피부를 통해 뼈의 피질 내로 삽입한다.

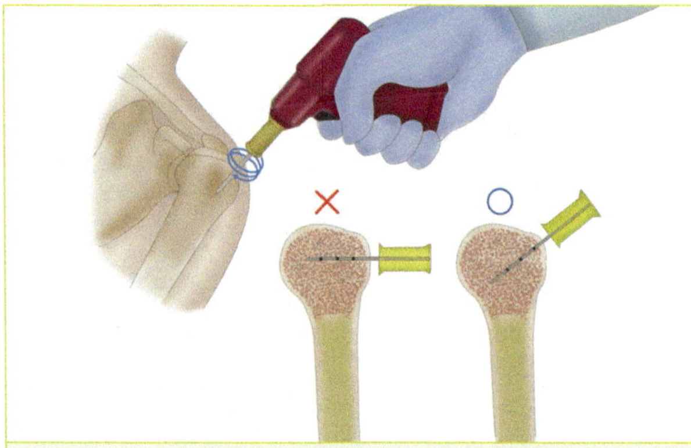

④ 바늘에 저항하는 느낌이 들지 않을 때 드릴의 작동을 멈춘다. 바늘을 고정하고 바늘로부터 드릴을 제거한다.

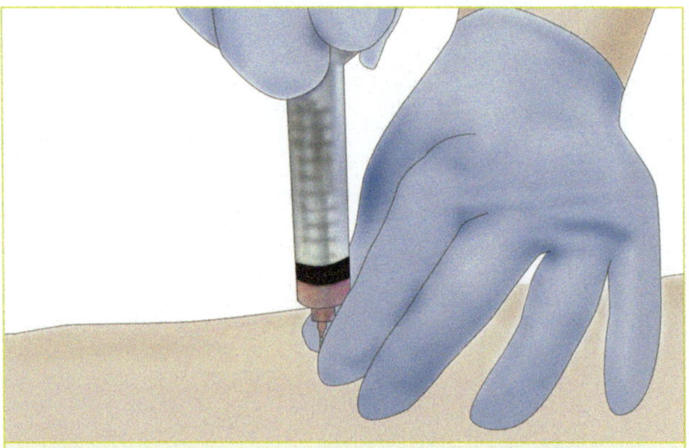

⑤ 생리식염수를 채운 주사기를 바늘 허브에 연결하여 골수 공간에서 생리식염수와 섞인 체액을 확인한다.

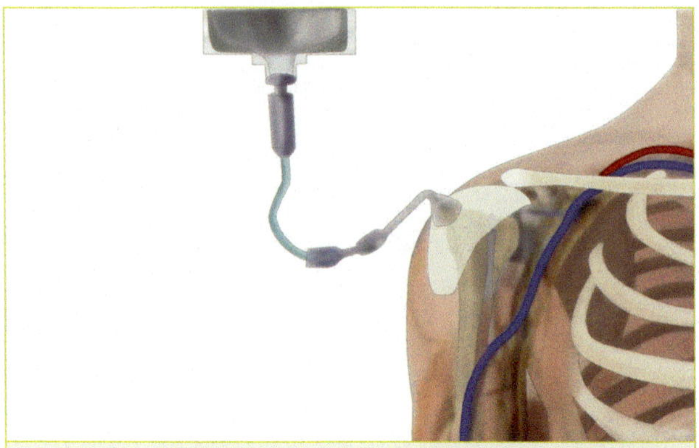

⑥ 5mL의 생리식염수를 주입하고, 침윤의 징후를 확인한다. 침윤의 징후가 없으면, 바늘 제거하고, 정맥주사용 수액세트를 연결하여 주입속도를 결정하고 바늘을 고정한다.

장비 소개

1. 흉부 감압술

제조사			NORTH AMERICAN RESCUE
모델명 / 구분		14, 16G IV 카테터	ARS FOR NEEDLE DECOMPRESSION
사진		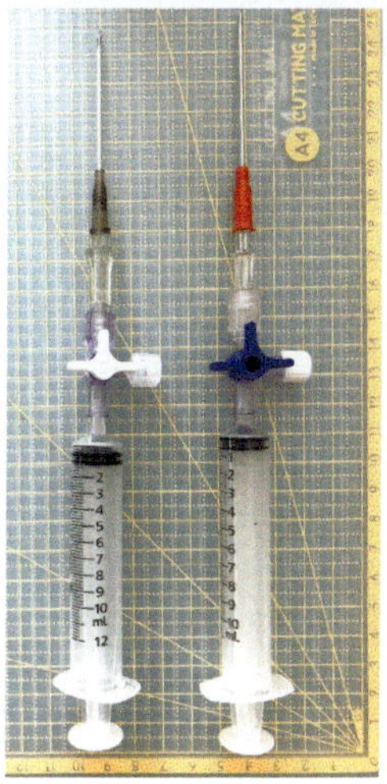 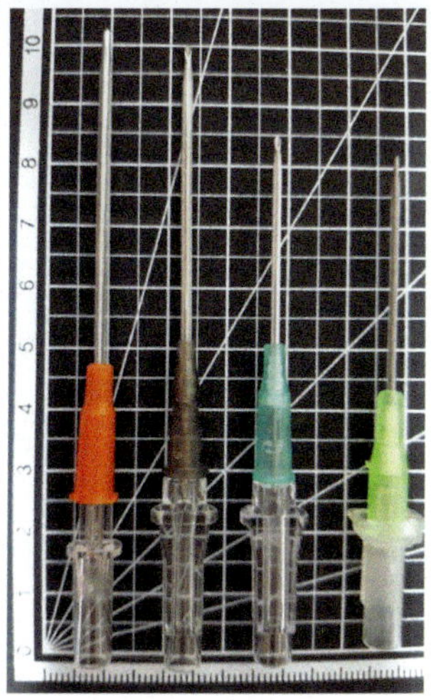	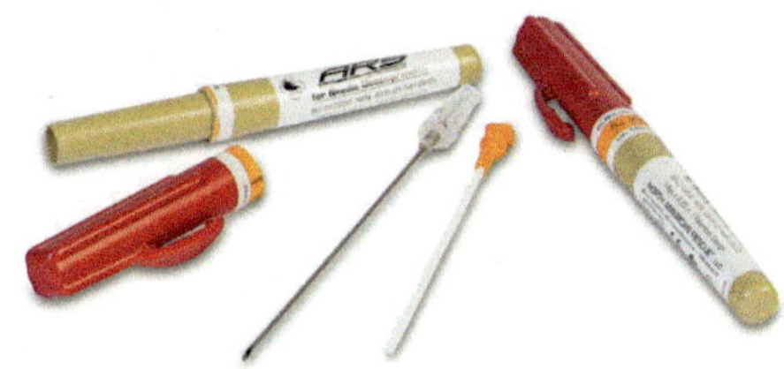 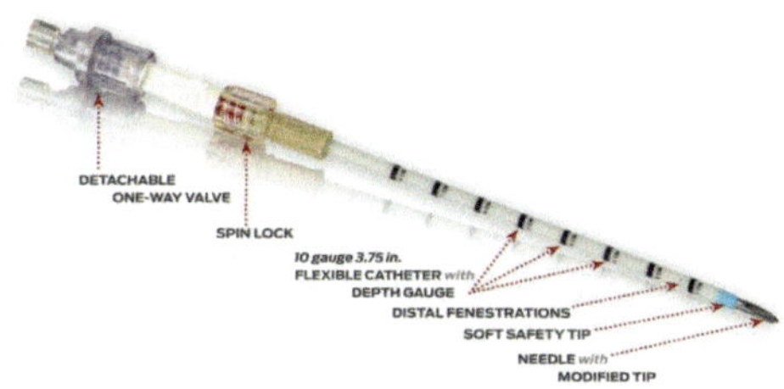
규격	크기	18, 16, 14 GAUGE	10, 14 GAUGE
	길이	14, 16 GAUGE = 8M	3.25 IN = 8.55CM
특징		• 일반 IV용 카테를 사용 • 길이가 맞으면 사용 가능 • 환자가 발생할 경우 카테터를 미리 3way와 주사기를 연결해 놓음	• 흉부감압전용 바늘 • 카테터 보호 튜브/ 견고한 바늘 • 바늘 위치를 즉시 확인할 수 있는 플래시 챔버 • 편리한 클립

2. 수액

제조사		대한약품	대한약품	대한약품	중외
구분 \ 모델명		생리식염수(수액용), 1000cc	하트만용액(수액용), 1000cc	하트만덱스액(500mL)	중외플라즈마솔주500mL (Plasma Sol Injection 500mL Choongwae)
사진		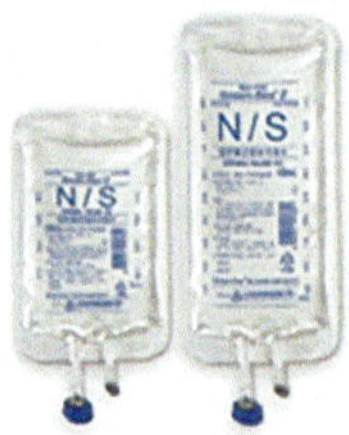			
규격	성상	약간 짠맛이 있는 무색투명한 액을 폴리트로필렌 폴리염화비닐 다층필름 플라스틱재질의 용기에 충진한 것	폴리프로필렌, 다층필름 플라스틱용기 또는 유리용기에 든 무색투명한 액	폴리프로필렌, 다층필름 플라스틱용기 또는 유리용기에 든 무색투명한 액	폴리염화비닐용기 또는 다층필름플라스틱용기에 든 무색투명한 액
	용법	• 피하 정맥, 점적 정맥 주사 또는 직장	• 보통 성인 1회 500~1,000mL를 점적 정맥 • 투여속도는 시간당 300~500mL (분당 75~120방울)	• 보통 성인 1회 500~1,000mL를 점적 정맥주사 • 투여속도는 포도당으로서 1시간에 체중 kg당 0.5g 이하 • 투여량, 투여속도는 연령, 체중, 증상에 따라 적절히 증감	• 보통 성인 1회 500~1,000mL를 점적 정맥주사 • 투여속도는 시간당 200mL로 함 • 투여량, 투여속도는 연령, 체중, 증상에 따라 적절히 증감
	용량	500mL 1000mL	1000mL	1000mL	500mL 1000mL
	효능효과	1. 수분 및 전해질 결핍 시의 보급(나트륨결핍, 염소결핍) 2. 주사제의 용해 희석제	1. 순환혈액량 및 조직간액의 감소 시 세포외액의 보급·보정 2. 대사성 산증의 보정	1. 순환혈액량 및 조직간액의 감소 시 세포외액의 보급·보정 2. 대사성 산증의 보정 3. 에너지 보급	1. 순환혈액량 및 조직간액의 감소 시 세포외액의 보급·보정 2. 대사성 산증의 보정
	저장방법	밀봉용기, 실온(1~30℃)보관	밀봉용기, 실온(1~30℃)보관	밀봉용기, 실온(1~30℃)보관	밀봉용기, 실온보존
특징		투여량, 염화나트륨 3g/500mL, 염화칼륨 150mg/500mL, 염화칼슘 100mg/500mL, 락트산나트륨 3.1g/500mL, 포도당 25g/500mL 투여속도는 연령, 체중, 증상에 따라 증감	투여량, 투여속도는 연령, 체중, 증상에 따라 적절히 증감한다. 1,000mL 중 유효성분 염화나트륨 6g 염화칼륨 0.3g 염화칼슘 0.2g 젖산나트륨액 6.2g (젖산나트륨으로서 3.1g) 기타첨가제 주사용수	염화나트륨 3g/500mL, 염화칼륨 150mg/500mL, 염화칼슘 100mg/500mL, 락트산나트륨 3.1g/500mL, 포도당 25g/500mL	글루콘산나트륨 251, 염화나트륨 263, 염화마그네슘 15, 염화칼슘 18.5, 초산나트륨 184

3. 수액 압력기

제조사		PAHSCO	에이스메디칼(주)
구분	모델명	M10105	자동압력 수액 펌핑기 AutoPC
사진		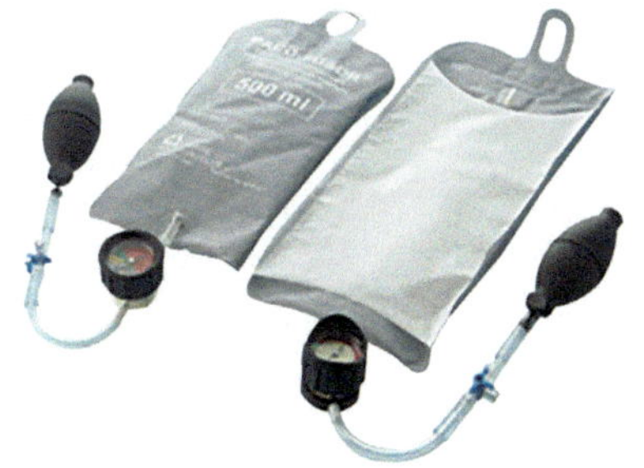	
규격	기본용도	수액 및 혈액 등을 적당한 압력을 가하여 빠르게 투여될 수 있도록 돕는 장비	내부에 부풀어 오르는 압력백이 IV Bag의 후면에 위치하여 장비의 동작과 함께 압력백이 부풀어 오르면서 IV Bag에 압력을 가해주어 일정한 압력으로 지속적인 약물주입을 해주는 장비
	무게	–	약 1.5kg(악세서리 제외)
	크기	–	(가로)385mm×(폭)353mm×(높이)80mm 이하
	배터리	–	전원: 100~220V, 50/60-Hz/ Rated Voltage DC 12V Ni-MH 배터리(충전용) 14.7V, 5시간 완충 후 7시간 사용
	압력	색깔 표시가 되어 있는 게이지가 달려 있어 압력의 상태를 확인할 수 있음 3단계 표시게이지: 노랑, 녹색, 빨강(300mmHg 넘지 않도록 주의표시)	100~300mmHg까지 5mmHg 단위로 조절이 가능
	용량	500~1000mL	500~1000mL
특징		• 제품 안쪽에 용액 백을 위치시킨 후 연결되어 있는 주입밸브를 눌러 공기의 압력을 가해주는 방식임 • 부드러운 벌브와 3-way방향 커넥터가 연결되어 있어 압력의 조절이 용이함 • 고정후크재질: PA(Polyamide) 재질일 것	• LED창이 있어 설정압력과 현재압력을 확인할 수 있음 • 약물백 걸이와 약물백 지지대가 있음 • 투명한 커버가 있어 약물의 잔량과 동작 상태를 쉽게 확인할 수 있음 • 설정압력보다 20mmHg 이상 높아지면 알람이 울리고 LED창에 "Hi"가 표시가 됨 • 외부전원 없이도 내장형 충전식 배터리로 사용 가능함

4. 골내도관(IO)

제조사		VIDACARE	CHRISITE
구분 \ 모델명		골강내 주사 SET EZ-IO	혈관검출기 Vein Viewer Flex
사진		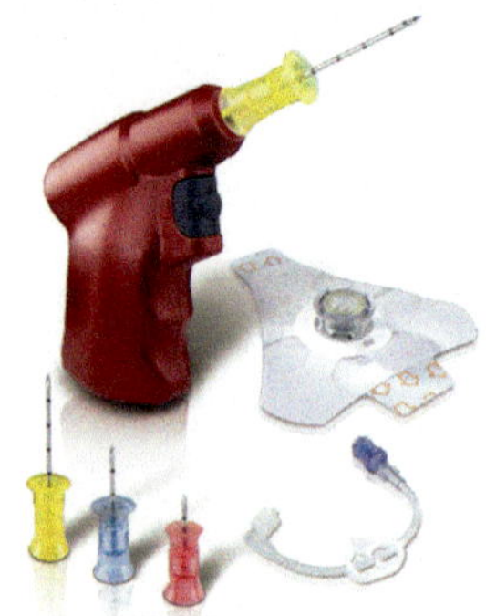	 
규격	전원	Sealed Lithium	–
	무게	315g(본체)	94.5g/85.6g
	크기	16.5×11.4×6.4cm	adult: 139×64.5×43.7(mm) Infant: 148.6×64.5×43.7(mm)
	바늘	Gauge: 15G	Gauge: 15G/18G
	길이(Length)	42mm	38.1mm
	깊이(Depth)		• 성인(25mm) • Age 9~12(18mm) • Age 3~9(14mm)
	근적외선 최대 피부 침투 깊이		정맥주사가 불가능한 응급 상황에서 제품 내부의 동력을 이용해 골강 내 혈관 접근을 가능하게 해 주는 기구
	주요구성품	• 전동식 의료용 핸드피스(1) • 주사바늘(Needle) 성인(5) • 주사바늘(Needle) 소아(5) • EZ-Connector(10) • Needle Vise(10)	본체 1ea, GO IO kit 1ea
특징		• 인위적인 힘을 가하지 않고 천공하는 기구에 내부 배터리의 동력을 이용해 회전력으로 신속한 골강(뼈) 내 주사가 가능할 것 • 주사바늘(Needle)은 특수 주사바늘과 동일하게 바늘과 카테터로 분리되어 환자에게는 카테터만 남아 통증을 최소화할 것 • 주사바늘의 카테터와 환자에게 주입되는 수액세트를 연결시키는 연결장치가 있어야 할 것 • 배터리 동력을 이용한 장치는 별도의 배터리의 교환 없이 500회 이상을 사용할 수 있어야 할 것 • 주사바늘(Needle)과 삽입동력장치는 자체자석되어 있어서 특별한 조작 없이 연결할 수 있어야 할 것 • 주사바늘(Needle)은 성인, 소아용으로 소독이 되어 있어야 할 것 • 주사바늘(Needle)에는 적절한 삽입 길이가 표시되어(guide mark) 있어야 할 것	• 인체의 뼈를 천공하는 기구로 내부 동력을 이용하여 신속한 골강 내 주사가 가능할 것 • 본체와 주사바늘이 일체형으로 준비 단계 없이 즉시 사용이 가능할 것 • 주사바늘은 바늘과 카테터로 분리되어 환자에게는 카테터만 남아 있을 것 • 제품은 멸균된 일회용으로 환자의 감염에 대한 우려가 없을 것

Reference

1. 심폐소생술과 전문 심장소생술, 넷째판, 1쇄 발행. 서울: 군자출판사. p. 70
2. 응급구조사를 위한 전문소생술기. 학예사. 2016.
3. 현장전문응급처치학. 아카데미아. 2020.
4. 한국전문소생술. 대한심폐소생술협회. 군자출판사.